普通高等教育“十二五”系列教材（高职高专教育）

普通高等教育“十一五”国家级规划教材（高职高专教育）

SHUDIAN XIANLU JICHU

输电线路基础

（第三版）

主　编　赵先德

副主编　乐海洪

编　写　戴仁发

主　审　李恒景　后力群

内 容 提 要

本书为普通高等教育“十二五”系列教材（高职高专教育），普通高等教育“十一五”国家级规划教材（高职高专教育）。

全书共分为七章，主要内容包括输电线路的基本知识、导线应力弧垂分析、导线安装计算、杆塔受力分析、杆塔强度计算、杆塔基础、输电线路路径选择和杆塔定位，较全面地介绍了输电线路设计的基本知识。本书在理论知识够用的前提下，充实了实际应用知识的内容。

本书主要作为高职高专院校、中等职业技术学校相关专业课程的专业教材，也可作为电力行业的培训教材，还可供从事输配电工程设计、运行、管理等工作的工程技术人员参考。

图书在版编目（CIP）数据

输电线路基础/赵先德主编. —3 版. —北京：中国电力出版社，2012.2（2022.11重印）

普通高等教育“十二五”规划教材. 高职高专教育

普通高等教育“十一五”国家级规划教材. 高职高专教育

ISBN 978-7-5123-2561-6

Ⅰ.①输... Ⅱ.①赵... Ⅲ.①输电线路—高等职业教育—教材 Ⅳ.①TM726

中国版本图书馆 CIP 数据核字（2011）第 281741 号

中国电力出版社出版、发行

（北京市东城区北京站西街 19 号 100005 http://www.cepp.sgcc.com.cn）

廊坊市文峰档案印务有限公司印刷

各地新华书店经售

*

2006 年 5 月第一版

2012 年 2 月第三版 2022 年11月北京第十六次印刷

787 毫米×1092 毫米 16 开本 23 印张 564 千字

定价 **59.00** 元

前　言

本书体现了职业教育的性质、任务和培养目标，符合职业教育的课程教学基本要求和有关岗位资格和技术等级要求，具有思想性、科学性、适合国情的先进性和教学的适应性，符合职业教育的特点和规律，具有明显的职业教育特色，符合国家有关部门颁发的技术质量标准。本书既可以作为学生学历教育教学用书，也可以作为职业资格和岗位技能培训教材。

随着我国电力事业的蓬勃发展，各级电压等级的输电线路不断兴建与竣工。目前，正在运行使用的输、配电线路电压等级已包括了 10、35、66、110、220、330、500、750、1000kV 九个级别，在我国经济建设中已发挥重要的作用。

输电线路工程尤其是超高压和特高压输电线路工程，是国家经济建设的生命线工程。不言而喻，架空输电线路的作用是极其重要的。

本书着重介绍了输电线路导线、杆塔和基础的受力分析方法及基本计算，输电线路路径和杆塔位选定的技术要求，并对导线安装的主要设计图样、杆塔的典型设计和基础的常用规格做了简单介绍。编写的主要依据和参考是现行的 GB 50545—2010《110～750kV 架空输电线路设计规范》、DL/T 5219—2005《架空送电线路基础设计技术规定》、DL/T 5122—2000《500kV 架空送电线路勘测技术规程》和 DL/T 5154—2002《架空送电线路杆塔结构设计技术规定》，参考了专家编撰的部分专业书籍，并融合作者长期从事工程实践及教学经验的积累。

本书实践性很强，涉及的公式较多，计算量较大。因此，在编写过程中，本书内容坚持“针对性、实用性、适用性”的原则，在理论知识够用的前提下，充实了实际应用知识的内容；在注重讲清基本概念、基本原理、基本方法的同时，尽可能避免繁琐的数学公式推导和大篇幅的理论分析。

本书由江西电力职业技术学院赵先德主编并进行统稿工作，江西电力设计院乐海洪进行验证和校核工作，江西电力职业技术学院戴仁发参与编写。

本书由江西省电力公司超高压分公司李恒景、江西电力职业技术学院后力群主审，提出了许多宝贵意见，在此表示感谢。

本书在编写过程中，还得到了江西电力设计院诸位高级工程师的帮助，在此表示诚挚的谢意。由于编者水平有限，书中内容难免有疏漏或不妥之处，敬请广大读者批评指正。

编　者

2011 年 12 月

目　录

第一章　输电线路的基本知识

第一节　输电线路的概述

电能是能量的一种表现形式。电能在现代社会里已成为国民经济发展和提高人民生活水平必不可少的二次能源。

电能有许多优点：首先，它可简便地转换为另一种形式的能量，满足人们的各种需求。例如，工厂里的电动机，就是将电能转换成机械能，推动各种机械设备；人们常用的电灯，是将电能转换成光能；空调、冰箱是将电能转换成冷、热能等。其次，电能经过高压输电线路，还可输送很长的距离，供给远方用电。电厂大部分建在动力资源所在地。例如，水力发电厂建在水力资源点，即集中在江河流域水位落差大的地方；火力发电厂大都集中在煤炭、石油和其他热源的产地；风力发电厂建在风力能量集中的偏僻旷野或海上。而大电力负荷中心，则多集中在工业区和城市。因而发电厂和负荷中心间往往相距很远，从而发生了电能输送的问题，产生了承担这一输送任务的输电线路。最后，电能与其他能源不同，它不能大规模储存。

输电线路是电力系统中实现电能远距离传输的一个重要环节，它包括架空线路和电缆线路。其任务是输送电能，是电力系统的动脉，其架设、运行状态直接决定电力系统的安全和效益。

一、电力系统组成和输电线路的分类

（一）电力系统组成

电力系统主要由五部分组成，即发电厂的发电机与升压变电站、输电线路、降压变电站、配电系统和用户，如图 1 - 1 所示。

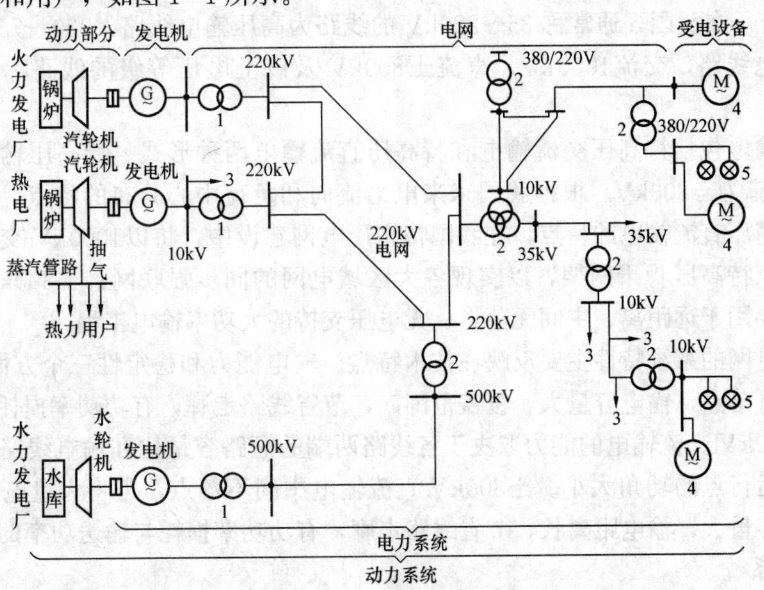

图 1 - 1　电力系统和电网示意图

1—升压变压器；2—降压变压器；3—负荷；4—电动机；5—电灯

发电厂的发电机所转换出的电能，经过升压变压器、输电线路送到降压变电站降压后，送到配电系统，再由配电线路把电能分配到各用户，这样一个整体称为电力系统。电力系统中除发电机和用电设备外的部分，即输变电设备及各种不同电压等级的输电线路所组成的部分，称为电力网，简称电网。电力系统中再加上发电厂的动力部分所组成的整体，称为动力系统。

1. 发电厂

发电厂的基本任务是把其他形式的能量转变为电能。发电厂按所用能量的不同，可分为水力发电厂、火力发电厂和原子能发电厂，另外还有太阳能、风力、地热、潮汐和沼气发电厂等。目前，我国已形成的大型电力系统中，主要以火力发电厂为主。发电厂的主要设备有发电机、汽轮机、水轮机和锅炉等。

2. 变电站

变电站（所）是转换和分配电能的场所。发电厂发出的电能通过升压变电站升压后由输电线路输出，降压变电站（所）则将线路输送来的电能降压后分配至配电系统。变电站（所）主要由升（降）压变压器、断路器、互感器及二次设备构成。

3. 输电线路

输电线路是电力网的重要组成部分。交流输电线路的三相导线分别与两端变压器的三个绕组连接，每相导线分别用字母 A、B、C 表示（或以黄、绿、红三种颜色表示），线路每三相称为一回路或单回路。输电线路与换流站正、负极相连接，并输送到另一个换流站的输电线路称为直流输电线路。总之，将发电厂发出的电力输送到消费电能的地区（也称负荷中心），或进行相邻电网之间的电力互送，使其形成互联电网或统一电网，保持发电和用电或两电网之间供需平衡的线路，称为输电线路。

为减少电能在输送过程中的损耗，根据输送距离和输送容量的大小，输电线路采用各种不同的电压等级。目前，我国采用的各种不同电压等级有 35、66、110、220、330、500、750、1000kV。在我国，通常称 35～220kV 的线路为高压输电线路，330～750kV 的线路称为超高压输电线路，交流1000kV、直流±800kV 及以上电压等级的线路称为特高压输电线路。

特高压输电包括特高压交流输电和特高压直流输电两种形式。特高压输电中，交流为1000kV，直流为±800kV。根据我国未来电力流向和负荷中心分布的特点，以及特高压交流输电和特高压直流输电的特点，在我国特高压电网建设中，将以1000kV 交流特高压输电为主形成国家特高压骨干网架，以实现各大区域电网的同步强联网；±800kV 特高压直流输电，则主要用于远距离、中间无落点、无电压支持的大功率输电工程。

特高压电网的系统特性主要反映在技术特点、输电能力和稳定性三个方面。1000kV 交流输电中间可落点，输电容量大，覆盖范围广，节省线路走廊，有功功率损耗与输送功率的比值小；1000kV 交流输电的能力取决于各线路两端的短路容量比和输电线路距离，输电稳定性取决于运行点的功角大小。±800kV 直流输电中间不落点，可将大量电力直送大负荷中心，输电容量大，输电距离长，节省线路走廊，有功功率损耗与输送功率的比值较大。

4. 配电系统

配电的功能是在消费电能的地区接受输电网受端的电力，然后进行再分配，输送到城市、郊区、乡镇和农村，并进一步分配和供给工业、农业、商业、居民以及特殊需要的用电部门。担负分配电能任务的线路，称为配电线路。我国配电线路的电压等级有380/220V、6、10、35、110、220kV，其中把1kV以下的线路称为低压配电线路，1～10kV线路称为高压配电线路。

5. 用户

用户是指在供电企业管辖范围分界点以内的工矿企事业和居民，包括属用户所有的变电站、线路和各种用电设备。

(二) 输电线路的分类

1. 输电线路按结构分类

输电线路按结构不同可分为电缆线路和架空输电线路。架空输电线路（或称架空线路）和电缆线路相比，具有投资省、易于发现故障以及便于维修等特点。电缆线路不易受雷击、自然灾害及外力破坏，供电可靠性高，不影响城市美观，故在城网建设中的使用越来越多，但电缆的制造、施工、检查和处理事故较困难，工程造价也较高。架空线路显著的优点包括结构简单、施工周期短、建设费用低、技术要求低、检修维护方便和输送容量大等，因此远距离输电线路多采用架空输电线路。本书只介绍高压架空输电线路的基础知识。

2. 输电线路按电流性质分类

架空输电线路按电流性质不同又可分为交流输电线路和直流输电线路。交流电的电压、电流大小及方向随时间按正弦波变化。采用交流电是为了使发电机、变压器、电动机等具有高的能量转换效率，降低它们的制造成本。目前，电力系统绝大多数采用三相交流输电，随着交流输电容量的增大、线路距离的增长以及电网的复杂化，使系统稳定性问题日益突出。另外，高电压远距离交流输电线路感抗、容抗所引起的电压变化，需要装设大量的补偿设备，以解决无功补偿、稳定性、操作过电压等一系列问题。这就使得操作运行复杂化，投资增大。

直流电的电压、电流大小及方向不随时间变化。高压远距离直流输电线路不存在感抗、容抗的问题，与交流输电线路相比有着显著的优点，现在世界上已有许多条高压直流输电线路在运行。我国±500kV直流输电线路已广泛运用在三峡电站外送、跨区域联网等项目中，目前正在建设±800kV和±600kV直流输电项目。

(1) 直流输电的基本原理。图1-2所示为一个最简单的直流输电系统，其中包括直流输电线路和两个换流站。两个换流站的直流端，分别接在直流输电线路的两端，交流端分别连接两个交流系统。换流站装有换流器，它的功用是实现交流电和直流电之间的转换。

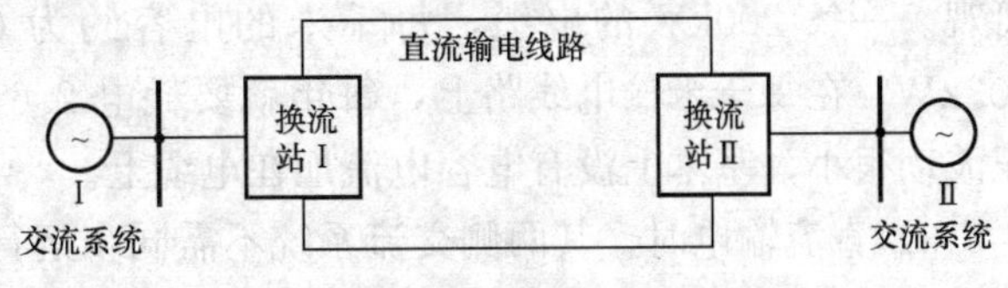

图1-2 直流输电系统原理图

从交流系统Ⅰ向交流系统Ⅱ输电时，换流站Ⅰ把交流系统Ⅰ（送电端）的三相交流电流转换成直流电流，通过直流输电线路送到换流站Ⅱ，换流站Ⅱ再把直流电流转换成三相交流电流送入交流系统Ⅱ。由交流电转换成直流电和由直流电转换成交流电的过程分别称为整流和逆变。也就是说，在送端需将交流电转换成直流电（称为整流），而在受端又必须将直流电转换为交流电（称为逆变），然后才能送到受端交流系统中去。送端进行整流的场所称为整流站，受端进行逆变的场所称为逆变站，整流站和逆变站可统称为换流站。实现整流和逆变转换的装置分别称为整流器和逆变器，它们统称为换流器。

（2）直、交流输电比较。高压直流输电方式与高压交流输电方式相比，有明显的优越性。历史上仅仅由于技术的原因，才使得交流输电代替了直流输电。下面先就交流电和直流电的主要优缺点作出比较，从而说明它们各自在应用中的价值。

交流电的优点主要表现在发电和配电方面：利用建立在电磁感应原理基础上的交流发电机可以很经济方便地把机械能（水能、风能……）、化学能（石油、天然气……）等其他形式的能转化为电能；交流电源和交流变电站与同功率的直流电源和直流换流站相比，造价大为低廉；交流电可以方便地通过变压器升压和降压，这给配送电能带来极大的方便，这是交流电与直流电相比所具有的独特优势。

（3）直流电在输电方面的主要优点如下：

1）输送相同功率时，线路造价低。对于架空线路，交流输电通常采用 3 根导线，而直流单极只需 1 根，直流输电双极只需 2 根。对于电缆线路，直流输电的投资费用和运行费用都更为经济，这也是越来越多的大城市采用地下直流电缆线路的原因。

直流输电采用两线制，以大地或海水作回线，与采用三线制三相交流输电相比，在输电线截面积相同和电流密度相同的条件下，即使不考虑集肤效应，也可以输送相同的电功率，而输电线和绝缘材料可节约 1/3。

如果考虑到集肤效应和各种损耗（绝缘材料的介质损耗、磁感应的涡流损耗、架空线路的电晕损耗等），输送同样功率交流电所用导线截面积大于或等于直流输电所用导线截面积的 1.33 倍。因此，直流输电所用的线材几乎只有交流输电的一半。同时，直流输电杆塔结构也比同容量的三相交流输电杆塔结构简单，其线路走廊占地面积也少。

2）在电缆输电线路中，直流输电线路没有电容电流产生，而交流输电线路存在电容电流，引起损耗。在一些特殊场合，必须用电缆线路输电。例如，高压输电线路经过大城市时，采用地下电缆线路；输电线路经过海峡时，要用海底电缆线路。如果用交流输电方式，除了有芯线的电阻损耗外，还有绝缘中的介质损耗以及铅包和铠装中的磁感应损耗等；而用直流输电方式，则基本上只有芯线的电阻损耗。

由于电缆芯线与大地之间构成同轴电容器，在交流高压输电线路中，空载电容电流极为可观。一条 200kV 的电缆，每千米的电容约为 0.2μF，每千米需供给充电功率约 3×103kW，在每千米输电线路上，每年就要耗电 2.6×10^7kW·h。而在直流输电中，由于电压波动很小，基本上没有电容电流加在电缆上。

3）直流输电时，其两侧交流系统不需同步运行，而交流输电必须同步运行。交流远距离输电时，电流的相位在交流输电系统的两端会产生显著的相位差；联网的各系统交流电的频率虽然规定统一为 50Hz，但是实际上常产生波动。这两种因素引起交流系统不能同步运行，需要用复杂庞大的补偿系统和综合性很强的技术加以调整，否则就可能在设备中形成强大的循环电流而损坏设备，或造成不同步运行的停电事故。在技术不发达的国家，交流输电距离一般不超过 300km；而直流输电线路实现电网互联时，其两端的交流电网可以用各自的频率和相位运行，不需进行同步调整。

4）直流输电发生故障的损失比交流输电的小。两个交流系统若用交流线路互联，则当一侧系统发生短路时，另一侧要向故障一侧输送短路电流，因此使两侧系统原有断路器切断短路电流的能力受到威胁，需要更换断路器。而在直流输电中，由于采用晶闸管装置，电路功率能迅速、方便地进行调节，直流输电线路上基本不向发生短路的交流系统输送短路电流，故障侧交流系统的短路电流与没有互联时一样，因此，不必更换两侧原有断路器及载流设备。

在直流输电线路中，各级是独立调节和工作的，彼此没有影响。所以，当一极发生故障时，只需停运故障极，另一极仍可输送不少于一半功率的电能。但在交流输电线路中，任一相发生永久性故障，必须全线停电。

线路有功损耗小。直流线路没有感抗和容抗，也就没有无功损耗。而且由于直流架空线路具有“空间电荷”效应，即集肤效应，其电晕损耗和无线电干扰均比交流架空线路的要小。

另外提醒一下，在直流输电系统中，只有输电环节是直流电，发电系统和用电系统仍然是交流电。

直流输电的主要特点与其两端需要换流以及输送的是直流电这两个基本点有关。直流输电的发展与换流技术的发展特别是大功率电力电子技术的发展，有着密切的关系。目前绝大多数直流输电工程采用晶闸管换流，今后随着新型电力电子器件（如 IGBT、IGCT、碳化硅器件等）在直流输电中的应用将会明显地改善直流输电的运行性能。

二、架空输电线路的结构

为保证输电线路带电导线与地面之间保持一定距离，必须用杆塔来支撑导线，如图 1-3 所示。相邻两基杆塔中心线之间的水平距离 l 称为档距。相邻两基承力杆塔之间的几个档距组成一个耐张段，如图中 5 号～9 号杆塔为一个耐张段，该耐张段由四个档距组成。如果耐张段中只有一个档距则称为孤立档，如图中 9 号和 10 号杆塔之间。一条输电线路总是由多个耐张段组成的，其中包括孤立档。

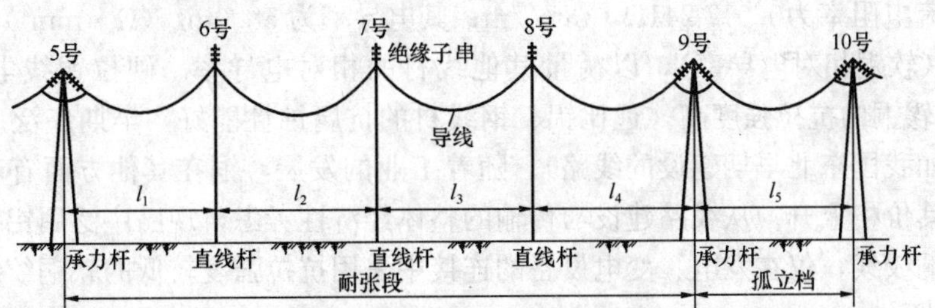

图 1-3　输电线路的组成

架空输电线路杆塔的组成元件主要有导线、避雷线、金具、绝缘子、杆塔、拉线和基础，如图 1-4 所示。

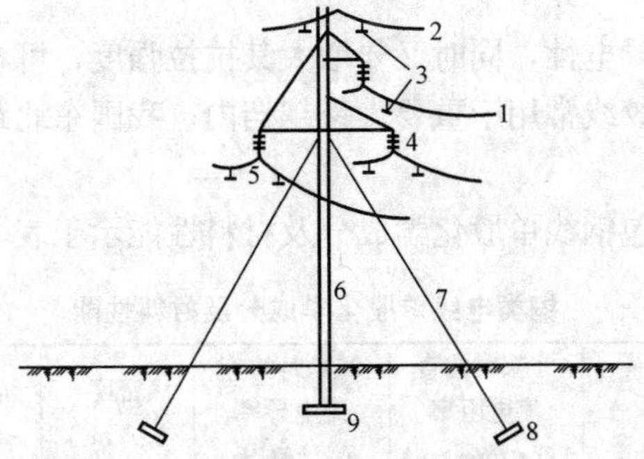

图 1-4　输电线路杆塔的组成元件

1—导线；2—避雷线；3—防振锤；4—绝缘子；5—线夹；
6—杆塔；7—拉线；8—拉线盘；9—底盘

第二节　架空输电线路导线及导线型号

一、架空输电线路导线

导线用来传输电流、输送电能。一般输电线路每相采用单根导线，对于大容量输电线路，为了减小电晕以降低电能损耗，并减小对无线电、电视等信号的干扰，多采用相分裂导线，即每相采用两根、三根、四根或更多根导线。我国第一条330kV刘家峡水电厂—天水—关中超高压输电线路采用了双分裂导线。我国第一条750kV青海官亭—甘肃兰州东的超高压输电线路采用的是六分裂导线。我国第一条晋东南—南阳—荆门1000kV输电线路示范工程采用8×LGJ-500/35型钢芯铝绞线，猕猴保护区拟采用8×LGJ-630/45型或扩径导线方案。目前，我国在500kV输电线路中推荐采用四分裂导线。

导线按材料性质可分铜线、铝线、铝合金线、铝包钢线、铜包钢线和钢线等。架空输电线路经常使用的多股绞线是用上述材料扭绞制成的绞线，如铜绞线、铝绞线、钢绞线、铝合金绞线、铝包钢绞线、铜包钢绞线及不同材料构成的复合绞线，如钢芯铝绞线、钢芯铝合金绞线、钢芯铝包钢绞线、钢芯铜包钢绞线及光纤复合钢铝混绞线等。下面介绍上述导线材料制成的单股和多股导线的性能和用途。

（一）铜线、青铜线和铜包钢线

1. 铜线

在各种导电金属中，铜是仅次于银的良好导电体。软铜的电阻率在各种铜材中最低，在20℃时的直流电阻率为0.017 241Ω·mm^2/m；其电导率为58.0m/（Ω·mm^2），常将此定为100%IACS（软铜相对电导率），以衡量其他线材的相对电导率。硬拉铜线电导率为97%IACS，但比软铜的抗拉强度高，远比铝、钢线材的抗腐蚀性能好，早期广泛应用于架空输电线路上（如我国东北早期建设的线路）。随着工业的发展，铜在其他方面有着不可代替的需求，促使其价格上升。从线路建设与传输的整体经济性考虑，现已广泛用铝线和钢芯铝绞线替代了纯铜绞线，仅在发电、变电设备的连接中采用抗拉强度较低的软铜绞线。

2. 青铜线

青铜线也称铜合金线，根据所含少量其他金属的成分不同又分镉青铜线、磷青铜线以及铍青铜线等。其特点是抗拉强度高，主要用于重要大跨越档内。

3. 铜包钢线

为了充分利用铜的良导电性，同时又要增大其抗拉强度，可在钢丝的表面熔镀上一层铜导体，制成铜包钢线，其绞线常用于重要大跨越档内，我国东北跨越松花江线路的个别大跨越档中就采用过这种导线。

硬铜线、青铜线、铜包钢线单股化学成分及材料性能示于表1-1中。

表1-1　铜类电线单股化学成分及材料性能

线材名称	化学成分	20℃时的直流电阻率（Ω·mm^2/m）	20℃时的直流电导率（%IACS）	密度（g/cm^3）	抗拉强度（MPa）	弹性系数（MPa）	线膨胀系数（$\times10^{-6}$/℃）
硬铜线	Cu-1号铜，含铜≥0.995，杂质锡、铋、铁、锌等≤0.005	0.017 77	97	8.94	390	128 000	17.0

续表

线材名称	化学成分	20℃时的直流电阻率 (Ω·mm²/m)	20℃时的直流电导率 (%IACS)	密度 (g/cm³)	抗拉强度 (MPa)	弹性系数 (MPa)	线膨胀系数 (×10⁻⁶/℃)
青铜线	Cu-1 号铜分别加入适量的镉、磷、铍等	0.02～0.05	80～35	8.94	700～1000	128 000	18.0
铜包钢线	优质碳素钢丝外包 Cu-1 号铜	0.028～0.046	60～40	8.1～8.5	600～900		

（二）硬铝线、铝合金线及铝包钢线

1. 硬铝线

铝也是良好的导电体，软铝电导率约为软铜的 62%。由于铝的密度比铜的小且价格低廉，从总的输电经济性看铝优于铜，从而得到广泛应用。架空输电线路上采用的导线均是硬拉铝线，虽然其抗拉强度高于软铝线，但是纯铝绞线仍仅适用于小档距的低压配电线路中。对于较大档距的高压线路，常使用抗拉强度较高的钢芯铝绞线。

另外，电线制造标准中规定硬铝线的电阻率不得大于0.028 264Ω·mm²/m（即电导率不小于 61%IACS）。我国生产的铝材由于含硅杂质较高，即使采用 AL∞特一级高纯度电工铝材，若不再进行纯化，其电导率也难以达到要求。目前广泛采用 AL∞或 AL0 铝加入少量稀土元素（Re），可以除去铝中的非金属杂质、细化晶粒，使其电阻率降至软铝的水平(0.028Ω·mm²/m)，同时也改善了铝的机械和抗腐蚀性能。这种铝线常称为稀土铝线，符合我国硬铝线标准。

2. 铝合金线

为提高铝线的抗拉强度，在纯铝（如国产 AL∞或 AL0）中加入少量的镁、硅元素或镁、硅、稀土元素，经特殊热处理制成铝、镁、硅或铝、镁、硅、稀土合金线。用这种铝合金单丝可绞制成纯铝合金绞线、钢芯铝合金绞线和光纤复合架空地线（OPGW）等。

普通铝及铝合金线的长期容许线温规定为 70℃。为了增加载流量、提高线温，同时又不使其抗拉强度下降，在铝中加入少量锆（Zr）和稀土元素，可将铝合金的再结晶温度提高到 300℃以上，并能使晶粒细化，依此法生产出的耐热铝合金线，其电导率和抗拉强度与硬铝线的相近，但线温可提高到 150～230℃。目前国外广泛采用这种铝合金线绞成的耐热钢芯铝绞线，以增大输送容量。

3. 包钢线

在钢丝表面包一层纯铝，在铝处于半熔状态时压铸冷拔形成不同铝层厚度的具有高抗拉强度、良导电性能的铝包钢丝。常用此法制成铝包钢绞线、铝包钢芯铝绞线或铝包钢芯铝合金绞线和 OPGW 线中加强机械强度的导体。

铝线类单丝的化学成分及材料性能如表 1-2 中所示。

表 1-2　硬铝线、铝合金线和铝包钢线单丝化学成分及材料性能

线材名称	化学成分	20℃时的直流电阻率 (Ω·mm²/m)	20℃时的直流电导率 (%IACS)	密度 (g/cm³)	抗拉强度 (MPa)	破断时的延伸率 (%)	弹性系数 (MPa)	线膨胀系数 (×10⁻⁶/℃)
硬铝线	AL∞或 AL0 号铝再净化，使杂质含量：铁≤0.2%、硅≤0.08%、铜≤0.01%	0.028 264	61	2.7	160～190	1.5～2.0	61 800	23.0

续表

线材名称	化学成分	20℃时的直流电阻率 ($\Omega\cdot mm^2/m$)	20℃时的直流电导率 (%IACS)	密度 (g/cm^3)	抗拉强度 (MPa)	破断时的延伸率 (%)	弹性系数 (MPa)	线膨胀系数 ($\times10^{-6}$/℃)
铝镁硅高强度铝合金线	AL∞或AL0加镁约0.6%、硅约0.6%或另加稀土元素约0.1%	0.032 8	52.5	2.7	294	4.0	63 700	23.0
铝包钢线	优质碳素钢丝表面包8%～25%铝包钢线标称半径厚的纯铝层	0.085～0.043	20～40	6.6～4.5	1340～680	1.5（铝层）		

（三）钢线

钢线的导电性能很差且随交流电流的增大而下降，抗腐蚀性能也较差，但其抗拉强度很高且价格低廉。用低碳钢制成的镀锌低强度软钢线（常称镀锌铁线）可用于农村小负荷配电线路的导线，其电导率为13%IACS。硬拉高碳钢线抗拉强度很高，其电导率更低，其镀锌钢丝可制成镀锌钢绞线用作架空地线，也曾用双绞结构大截面的镀锌钢绞线作为大跨越导线。

钢线的化学成分及材料性能列于表1-3中。

表1-3　钢线的化学成分及材料性能

线材名称	化学成分	20℃时的直流电阻率 ($\Omega\cdot mm^2/m$)	20℃时的直流电导率 (%IACS)	密度 (g/cm^3)	抗拉强度 (MPa)	破断时的延伸率 (%)	弹性系数 (MPa)	线膨胀系数 ($\times10^{-6}$/℃)
软钢线	低碳素钢	0.133	13.0	7.80	600～700	≫4	196 000	12.0
硬钢线	高碳素钢	0.191 6	9.0	7.80	1200～1600	2～4	196 000	12.0

影响线材性能的因素分为以下两个：

(1) 线材纯度。线材的纯度对其性能影响很大，纯度低会使其电导率下降。铝线材的纯度低时，其杂质又会破坏表面的氧化膜而加速电化和化学腐蚀。钢最易受腐蚀，因此钢线必须表面镀锌防腐，而钢线中若含硫、磷、铬等杂质多时会使材料变脆、变硬且难以牢固镀锌。

(2) 线材的电阻率。当线材构成的绞线流过交流电且线温高于20℃时，其平均电阻率要比表1-1～表1-3中所列的直流电阻率增大。当通过交流电流时，由于集肤作用使电流密度不均，相当于有效截面减少而使电阻增大。特别是钢线磁性材料，集肤效应中涉及的磁导率μ又是电流的函数，因此钢线的电阻又与交流电流有关。当用线材单丝构成绞线时，因其层股长度比绞合后的轴向长度增大，也使平均电阻率（或电阻）变大。冷拔后的硬线材比软线材电阻率增大。

（四）多股线

导线从结构上分为单股线和多股线。多股线分为多股实芯绞线、扩径绞线、自阻尼型绞线和紧缩型绞线等。

1. 多股实芯绞线

多股实芯绞线广泛应用于输电线路上，如铝（或铝合金）绞线、钢绞线和钢芯铝绞线等。多股绞线与同截面的单股线相比，柔性好、易弯曲，从而可减轻因曲折或振动所产生的弯曲应力，各股强度上的缺陷点不会集中于同一断面，使整体强度保持均匀。

绞线的扭绞方式通常用同心分层扭绞（单绞），相邻层间扭绞方向相反，如图1-5（a)所示。当股丝数目特别多时，为提高结构的稳定性和电线柔性，有时将电线做成双绞，即由许多按单绞构成的线束，再按单绞制成整条电线，如图1-5（b）所示。著名的意大利 Messina 海峡3650m 的大跨越导线就是采用这种双绞结构。

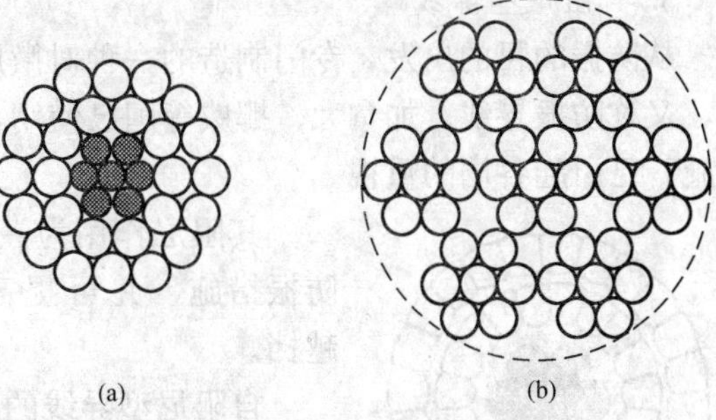

图1-5　单绞和双绞实芯绞线截面外形图

(a) 单绞；(b) 双绞

2. 扩径绞线

所谓扩径绞线，就是在相同的导电截面下所构成的绞线外径比实芯绞线的外径增大的导线。这种绞线又分空芯型、支撑芯型、填充型和层间支撑型等多种。其用途主要为增大导线外径，以减少高压线路和变电站母线的电晕和无线电干扰。在 20 世纪初、中期美国的高压线路上常采用扩径导线，我国在 330kV 高海拔地区线路上和变电站母线上也采用过扩径导线。

(1) 空芯型导线。空芯型导线的外形图如图 1-6 所示。它的每股导体制成带扣的拱形断面，各股相扣连而成圆管形并扭绞制成。为保证扣连的强度和抗拉要求，该导线需用铜材加工，其加工制造工艺复杂，使其难以广泛应用。

(2) 工形支撑芯型导线。该种导线的截面外形图如图 1-7 所示。支撑芯架通常用“工”形或“U”形铜或铝材料拧成螺旋管作为非受力绕线支架，其上的内层绕钢线股，外层依次绕铝线股。国内生产厂也有用镀锌金属软管作支撑的扩径绞线，用于电厂或变电站的母线上。

(3) 填充型导线。该种线芯为钢绞线，外面绕两层浸渍过、不水溶的细纸绳或塑料绳，其中每层混入两股铝线以保证横断面的稳定性，较外层或表面层缠绕铝股。其截面外形图同实芯绞线，如图 1-5（a）所示。

(4) 层间支撑型导线。该种导线与填充型相似，只是不加填充料，而是在钢芯与铝股层间缠绕 1～2 层每层 4 根（或更多）的拱形或圆形铝线股作支撑层，外面再密布铝线股，其截面外形图如图 1-8 所示。国内高海拔地区、部分 330kV 线路上曾采用过这种单层拱形支撑型扩径导线。

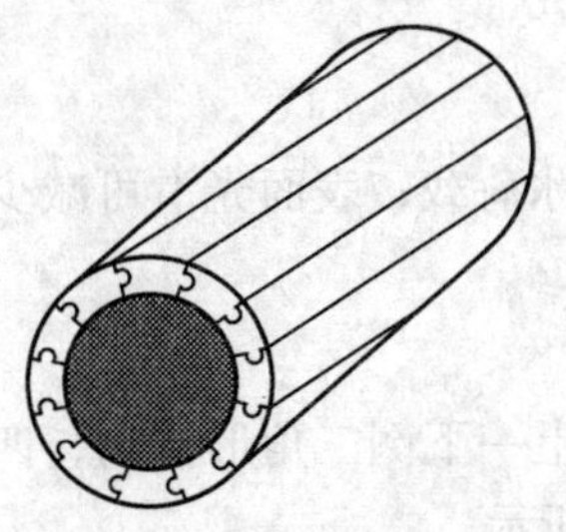
图1-6　空芯型导线外形图

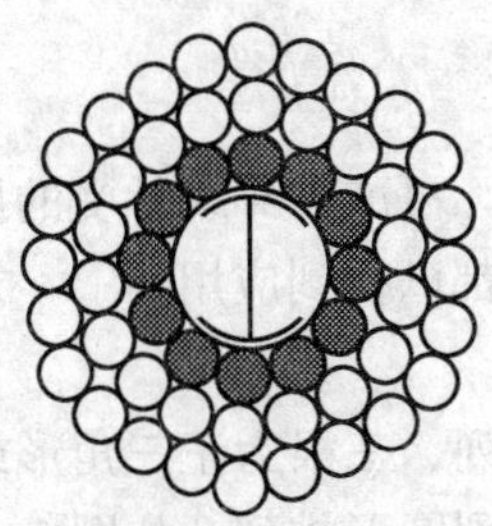
图1-7　工形支撑芯导线截面外形图

图1-8　层间支撑型导线截面外形图

3. 自阻尼型导线

从防振的目的出发，专门制造的一种对微风振动有很大阻尼作用的导线，称自阻尼型导线，又称防振导线。加拿大、挪威等国已使用，认为使用它可以提高运行应力而不必加防振措施，已引起各国的重视。

图 1-9 自阻尼型导线截面外形图

其阻尼作用为一般绞线的 3～15 倍，因此可以不必采取其他防振措施，并可提高导线的平均运行应力，常用于线路大跨越档。

自阻尼型导线的结构有多种，常用的结构形式（国内生产的）是在铝线层之间及铝线层与钢芯之间保持 0.3～3mm 的间隙，铝线股呈拱形断面以保持层体和间隙的稳定性。其截面外形图如图 1-9所示。它利用各层的固有频率不同，振动时产生动态干扰和层间的摩擦、碰击耗能，起到消振作用。

其他形式的自阻尼型导线多是在股层间介入软金属或高滞后作用的非金属材料，以提高自阻尼作用。

另外，国内外新兴一种小弧垂钢芯铝绞线，其中钢芯采用高强度钢丝，铝股采用软态或半硬态铝线，架线时预加较大张力拉出铝股使之塑性伸长、松弛，架线后铝股基本不受张力。因此，它能消耗较多振动能量，并提高铝股的耐振性能；同时可提高线温，增加传输容量。

4. 紧缩型导线

紧缩型导线是将圆线同心绞线通过特殊的模压而成。其使外层线股挤成扇状，整根导线有一光滑的圆柱形表面。经压缩减小了空隙和外径，不仅使风、冰荷载减少，还有利于阻止导线的舞动，但易产生微风振动。其截面外形图如图 1-10 所示。

图 1-10 紧缩型导线截面外形图

国外生产的铝合金线，机电性能良好。如日本生产的 1 号铝合金线抗拉强度为 308.7MPa，美国生产的6201铝合金线抗拉强度为 313.6～333.2MPa，均大于我国生产的钢芯铝绞线的抗拉强度。

国外大跨越档中，要求导线具有特高抗拉强度，采用过硅铜线、镀锌钢线、铝包钢线等；线路经过海边及污秽地区，为提高导线的抗腐蚀能力，延长使用寿命，制造了各种防腐蚀导线，例如镀铝钢线、钢芯涂防腐油等。北欧一些国家生产钢芯铝绞线时，钢芯就涂以凡士林进行防腐蚀保护。意大利跨越麦西拿海峡的导线涂有防腐剂。美国用镀铝钢线作导线钢芯。

5. 光滑导线

光滑导线的外径较普通导线略小，可减少导线承受的风和冰荷载；表面光滑可减少导线舞动现象。因而在欧洲、美国、日本都已得到应用。

6. 分裂导线

分裂导线一般每相两根为水平排列、三根为正三角形或两上一下倒三角形排列、四根为正方形排列、六根为鼓形排列、八分裂圆形排列，如图 1-11 所示。

分裂导线在超高压线路得到广泛使用。它除具有表面电位梯度小、临界电晕电压高的特性外，还有以下优点：单位电抗小，其电气效果与缩短线路长度相同；单位导纳大，等于增

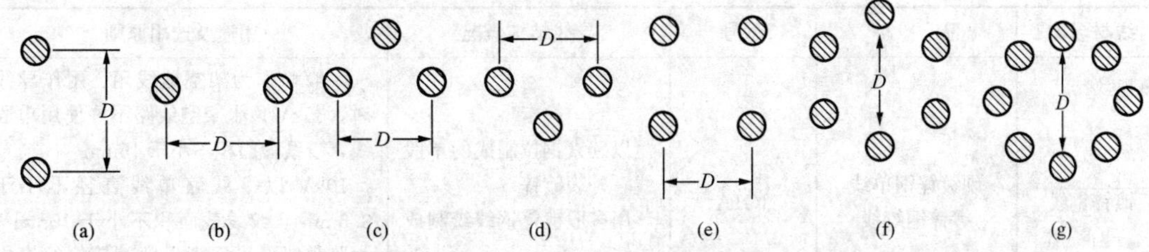

图 1-11 分裂导线示意图

(a) 双分裂垂直排列；(b) 双分裂水平排列；(c) 三分裂正三角形排列；(d) 三分裂倒三角形排列；(e) 四分裂正方形排列；(f) 六分裂鼓形排列；(g) 八分裂圆形排列

加了无功补偿；用普通标号导线组成，制造较方便。分裂导线装间隔棒可减少导线振动，实测表明双分裂导线比单根导线减小振幅 50%，减少振动次数 20%，四、六、八分裂导线减少得更大。

（五）常见的导线种类、用途以及选用原则（见表 1-4）

表 1-4　　导线的种类、用途及选用原则

线材名称	品　种	型号	导线结构概况	用途及选用原则
硬铝线	硬圆铝单线		用硬拉铝制成的单股线	输电线路不许使用
	铝绞线	JL	用圆铝单线多股绞制的统线	对 35kV 架空线路铝绞线截面积不小于 $35mm^2$，对 35kV 以下线路其截面积不小于 $25mm^2$
钢芯铝绞线	铝钢截面比 m=1.7～21	JL/G1A	内层（或芯线）为单股或多股镀锌钢绞线，主要承担张力；外层为单层或多层硬铝绞线，为导电部分	对普通强度钢芯，铝钢截面比 m 在 12 以上的常称特轻型，用于变电站母线及小档距低压线路。m 在 6.5～12 的常称轻型，用于一般平丘地区的高压线路。m 在 5～6.5 的常称正常型，用于山区及大档距线路。m 在 4～5.0 的常称加强型，用于重冰区及大跨越地段。m 在 1.72 以下的常称特强型，多作为良导体架空地线。另有钢芯稀土铝绞线 LXGJ，与 LGJ 型结构尺寸相同，其电导率、延伸率、耐腐蚀性优于 LGJ 型
防腐型钢芯铝绞线	轻防腐 中防腐 重防腐	JL/G1AF	结构形式及机械、电气性能与普通钢芯铝绞线相同 轻防腐型——仅在铜芯上涂防腐剂 中防腐型——仅在钢芯及内层铝线上涂防腐剂 室防腐型——在钢芯和内、外层铝线均涂防腐剂	用于沿海及有腐蚀性气体的地区

续表

线材名称	品　种	型号	导线结构概况	用途及选用原则
镀锌钢线	硬镀锌钢单线 镀锌钢绞线	JG1A	以碳素钢拉制成的单股线，外表镀锌 用多股镀锌钢线绞制成绞线	一般均作为架空地线用。用作导线时，35kV以上架空线路不许使用单股线，绞线截面积不小于16mm² 10kV以下线路单线直径不小于3.5mm²，绞线截面积不小于10mm²；大跨越档可采用高强度镀锌钢绞线作芯线或导线，但作导线时应具有较高的电导率
铝合金线	铝合金单线 铝合金绞线 钢芯铝合金绞线	JLH JLHA2 JLHA1/1AG	以铝、镁、硅合金拉制的圆单线或用多股做成绞线，抗拉强度接近铜线，电导率及质量接近铝线	抗拉强度高，可减少弧垂，降低线路造价。单股线在线路上不许使用。加强型钢芯铝合金绞线常用作线路大跨越档导线（尚有耐高温高强度铝合金绞线）
铝包钢绞线	铝包钢绞线		以单股钢线为芯，外面包以铝层，做成单股及多股绞线	线路的大跨越档、地线通信、良导体地线等
铝包钢芯铝绞线		JL/LB1A	芯线为铝包钢绞线，外层为单层或多层铝绞线	用于轻腐蚀地带，作良导体地线等
压缩型（光体）钢芯铝绞线	普通型 加强型		将一般钢芯铝绞线，进行径向压缩，外层线变成扇形，表面光滑	LGJY型适用于农村、山区小档距及具有一定拉力强度的线路；LGJJY型适用于农村、山区大档距及拉力强度较大的线路 与普通钢芯铝线比较，同截面积时强度高，同强度时外径小、空气动力系数低，因此承受风压荷载、冰雪荷载能力低
硬铜线	硬圆铜单线 硬铜绞线		用硬拉铜制成的单股线或用多股制成绞线	铜导线在一般情况下不推荐使用。必须使用铜线时，导线最小截面积规定如下：35kV以上线路不许使用单股线，绞线截面积不小于25mm²；10kV及以下线路单股线截面积不小于16mm²，绞线截面积不小于16mm²
光缆复合架空地线	光纤、铝包钢线和铝线	OPGW	芯线为光导纤维的光缆，外层绞绕承受张力的铝包钢线和导电用的铝线或铝合金线	用于兼作系统通信、远动、保护、遥测、遥控等通信传输的线路架空地线

二、架空输电线路导线型号

GB/T 1179—2008《圆线同心绞架空导线》为新制定的国家标准，替代GB 1179—1983《铝绞线及钢芯铝绞线》、GB 9329—1988《铝合金绞线及钢芯铝合金绞线》，内容包括了架空输电线路用圆线同心绞合各类架空绞线11个种类、29种型号，推荐规格共707个。该标准规定的导线型号和名称如表1-5所示。

表 1-5　**导线型号和名称**

型　号	名　称
JL	铝绞线
JLHA2、JLHA1	铝合金绞线
JL/G1A、JL/G1B、JL/G2A、JL/G2B、JL/G3A	钢芯铝绞线
JL/G1AF、JL/G2AF、JL/G3AF	防腐型钢芯铝绞线
JLHA2/G1A、JLHA2/G1B、JLHA2/G3A	钢芯铝合金绞线
JLHA1/G1A、JLHA1/G1B、JLHA1/G3A	钢芯铝合金绞线
JL/LHA2、JL/LHA1	铝合金芯铝绞线
JL/LB1A	铝包钢芯铝绞线
JLHA2/LB1A、JLHA1/LB1A	铝包钢芯铝合金绞线
JG1A、JG1B、JG2A、JG3A	钢绞线
JLB1A、JLB1B、JLB2	铝包钢绞线
T	铜绞线
K	扩径导线

1. 架空输电线路导线用单线代号

GB/T 1179—2008 标准规定的产品型号对应于 IEC 61089 命名原则，采用汉语拼音符号表示型号。

(1) 类别代号。同心绞合—J、防腐—F。

(2) 硬圆铝线—LY，状态：硬拉—9。

(3) 架空绞线用铝合金圆线—LH，高强度系列—A，性能—1 或 2。

(4) 电工用铝包钢线—LB，导电系列（20.3%IACS 和 27%IACS）—1 或 2，机械性能系列—A 或 B。

(5) 绞线用镀锌钢线—G，强度系列（普通、高强和特高强）—1、2 或 3，镀层厚度等级（普通和加厚）—A 或 B。

2. GB/T 1179—2008 标准引用单线名称和代号

(1) 硬圆铝线—LY9 省略为 L。

(2) 高强度铝合金线—LHA1 和 LHA2。

(3) 20.3%IACS 铝包钢线—LB1A 和 LB1B，27%IACS 铝包钢线—LB2。

(4) 普通强度镀锌钢线—G1A 和 G1B，高强度镀锌钢线—G2A 和 G2B，特高强度镀锌钢线—G3A。

3. 产品型号

(1) 导线型号第一个字母均用 J，表示同心绞合。

(2) 单一导线在 J 后面为组成导线的单线代号。

(3) 组合导线在 J 后面为外层线（或外包线）和内层线（或线芯）的代号，两者用“/”分开。

(4) 在 J 字母后插入防腐代号 F，则表示导线采用涂防腐油结构。

4. 产品表示方法

(1) 产品用型号、规格号、绞合结构及 GB/T 1179—2008 的编号表示。

(2) 规格号表示相当于硬拉圆铝线的导电截面积，单位为 mm^2。

（3）绞合结构用构成导线的单线根数表示。单一导线直接用单线根数，组合导线采用前面为外层线根数，后面为内层线根数，中间用“/”分开。

【例 1-1】 请指出下列型号的含义：JL-500-37、JLHA1-500-37、JL/G1A-500-45/7、JLHA1/G3A-500-54/7、JL/LB1A-500-54/7、JLB1A-40-19、JG1A-40-19。

解 JL-500-37：由 37 根硬铝线绞制成的铝绞线，其截面积为 500mm²。

JLHA1-500-37：由 37 根 1 型高强度铝合金线绞制成的铝合金绞线，其总导电截面积相当于 500mm² 硬铝线。从附录 B 的表 3 中可查到其实际截面积为 581mm²。

JL/G1A-500-45/7：由 45 根硬铝线和 7 根 A 级镀层普通强度镀锌钢线绞制成的钢芯铝绞线，硬铝线的截面积为 500mm²。从附录 B 的表 4 中可查到镀锌钢绞线的实际截面积为 34.6mm²。

JLHA1/G3A-500-54/7：由 54 根 1 型高强度铝合金线和 7 根 A 级镀层特高强度镀锌钢线绞制而成的钢芯铝合金绞线，铝合金线的导电截面积相当于 500mm² 硬铝线。从附录 B 的表 6 中可查到铝合金线的实际截面积为 581mm²，镀锌钢线的截面积为 75.3mm²。

JL/LB1A-500-54/7：由 54 根硬铝线和 7 根 20.3％IACS 电导率 A 型铝包钢线绞制成的铝包钢芯铝绞线。从附录 B 的表 9 中可查到硬铝线的实际截面积为 484mm²，铝包钢线的实际截面积为 62.8mm²。

JLB1A-40-19：由 19 根 20.3％IACS 电导率 A 型铝包钢线绞制成的铝包钢绞线，铝包钢线的截面积为 120mm²，相当于 40mm² 硬铝线的导电性。

JG1A-40-19：由 19 根 A 级镀层普通强度镀锌钢线绞制成的镀锌钢绞线，钢线的截面积为 271.1mm²，相当于 40mm² 硬铝线的导电性。

第三节 避 雷 线

在输电线路中，除了输送电能的导线之外，还有防止雷击导线而在杆塔最高处架设的避雷线，又称架空地线或地线。当雷击杆塔时，避雷线对导线起分流耦合和屏蔽作用，降低导线绝缘子上的感应过电压。

避雷线悬挂于杆塔顶部，并在每基杆塔上均通过接地线与接地体相连接。当雷云放电雷击线路时，因避雷线位于导线的上方，雷首先击中避雷线，并借以将雷电流通过接地体泄入大地，从而减少雷击导线的概率，保护线路绝缘免遭雷电过电压的破坏，起到防雷保护作用。总结起来，避雷线大致有以下一些作用：①防止雷直击导线；②雷击塔顶时对雷电流有分流作用，减少流入杆塔的雷电流，使塔顶电位降低；③对导线有耦合作用，降低雷击塔顶时导线绝缘上的电压；④对导线有屏蔽作用，降低导线上的感应过电压；⑤平时作为电力通信线。

目前避雷线有多种，分为普通地线（镀锌钢绞线）、电力架空光缆（OPGW 等）和良导体地线（铝包钢绞线、钢芯铝绞线、钢芯铝合金绞线等）。地线应满足电气和机械使用条件的要求，可选用镀锌钢绞线或复合型绞线。

验算短路热稳定时，地线的允许温度宜取下列规定值：

（1）钢芯铝绞线和钢芯铝合金绞线可采用 200℃。

（2）钢芯铝包钢绞线和铝包钢绞线可采用 300℃。

（3）镀锌钢绞线可采用 400℃。

(4) OPGW 的允许温度应用产品试验保证值。

一、镀锌钢绞线

钢绞线内钢丝应为同一直径、同一强度、同一锌层级别，钢绞线内钢丝锌层级别分为特A、A、B 三级。

钢绞线的直径和捻距应均匀，切断后不松散，钢绞线内钢丝应紧密，不应有交错、断裂和折弯现象。

钢绞线的力学性能应符合国家标准中力学性能（见附录 C）的要求。钢绞线按公称抗拉强度分为1175、1270、1370、1470MPa 和1570MPa 五级。

钢绞线的镀层质量应符合要求，例如热镀锌钢丝表面应镀上均匀连续的锌层，不得有裂纹和露斑。

钢绞线按断面结构分为四种，如表 1-6 所示。

表 1-6　　钢绞线断面结构

结构	1×3	1×7	1×19	1×37
断面				

钢绞线的主要用途如表 1-7 所示。

表 1-7　　钢绞线主要用途推荐表

用　途	结　构	规格 (mm)	横截面积 (mm^2)
110～500kV 高压和超高压输电线路架空地线及杆塔用拉线	1×7	7.8	35
	1×7	9.0	50
	1×7	10.5	70
	1×19	11.0	70
	1×19	13.0	100
	1×19	15.0	135
	1×37	15.5	150
	1×37	16.8	165
	1×37	17.5	180
邮电线杆架空拉线	1×7	5.4	—
	1×7	6.0	—
	1×7	6.6	—
	1×7	9.0	—

二、电力架空光缆

随着国民经济的高速发展、用电负荷的增长、供电区域的扩大，使得电力系统通信容量不断增长，光纤通信逐渐取代微波通信、载波通信，在电力系统中传输保护信号和调度通信方面起着越来越重要的作用。光纤通信已成为电网建设和电网改造的一个重要组成部分。

由于光纤以其独特的抗干扰性、质量小、容量大等优点，不但可以满足电力系统中通信及自动化的需要，而且可以将富余的容量提供给社会（有待开发），既可以提高电网的供电可靠性，又可以取得良好的经济效益。

电力特种光缆是适应电力特殊的应用环境而发展起来的一种架空光缆体系。它将光缆技术和输电线技术相结合，架设在不同电压等级的电力杆塔上和输电线路上，具有高可靠、长寿命等突出优点，在我国电力通信领域普遍使用并在主干网络上使用的已越来越普及。

电力特种光缆与普通光缆相比，具有以下特点：

其一，经济可靠。电力特种光缆充分利用电力系统的特有资源（高压架空输电线路、铁塔等），与电力网架结构紧密结合在一起建设，具有经济、可靠、快捷和安全的特点。

其二，电力特种光缆是安装在不同电压等级的各种电力杆塔上，相对于普通光缆，对其电气特性、机械特性和光纤特性，如抗电腐蚀、电压等级、档距、材料、张力、覆冰、风速、外部环境以及酸碱性等均有特殊的要求。

与架空导线平行的电力特种光缆泛指为电力架空光缆。它按材料可分金属光缆和介质光缆两大类，按敷设形式可分为（输电线路）复用型、（杆塔）添加型和（输电线路）附加型三大类。它们分别是光纤复合地线 OPGW、光纤复合相线 OPPC、金属自承光缆 MASS、全介质自承光缆 ADSS、捆绑光缆 ADL 和缠绕光缆 GWWOP 等六种，如表 1-8 所示。

表 1-8　电力架空光缆的分类

序号	光缆名称	材料分类	安装形式	主要使用场合
1	光纤复合地线 OPGW	金属光缆	（输电线路）复用型	新建线路或替换原有地线或相线
2	光纤复合相线 OPPC			
3	金属自承光缆 MASS		（杆塔）添加型	老线路通信改造，在原有杆塔上架设
4	全介质自承光缆 ADSS	介质光缆		
5	捆绑光缆 ADL		（输电线路）附加型	老线路通信改造，在原有输电线路上加挂
6	缠绕光缆 GWWOP			

（1）OPGW（Optical Fiber Composite Overhead Ground Wire）光缆，也称光纤复合架空地线。把光纤放置在架空高压输电线路的地线中，用以构成输电线路上的光纤通信网，这种结构形式兼具架空地线与通信双重功能，一般称为 OPGW 光缆。

OPGW 光缆突出的特点是将通信光缆和高压输电线路上的架空地线结合成一个整体，将光缆技术和输电线路技术相融合，成为多功能的架空地线，既是避雷线又是架空光缆，同时还是屏蔽线，在完成高压输电线路施工的同时，也完成了通信线路的建设，非常适用于新建的输电线路。

几种 OPGW 光缆断面结构示意图如图 1-12 所示。

（2）ADSS（AllDielectricSelf-Supporting）光缆，称为全介质自承式光缆。全介质即光缆所用的是全介质材料。自承式是指光缆自身加强构件能承受自重及外界负荷。这一名称就点明了这种光缆的使用环境及其关键技术：因为是自承式，所以其机械强度举足轻重；使用全介质材料是因为光缆处于高压强电环境中，必须能耐受强电的影响；由于是在电力杆塔上架空使用，所以必须有配套的挂件将光缆固定在杆塔上。因此，ADSS 光缆有三个关键技术，即光缆机械设计、悬挂点的确定和配套金具的选择与安装。

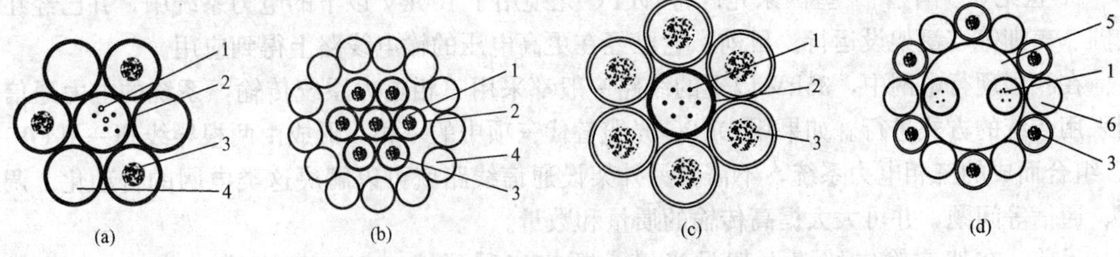

图 1-12　几种 OPGW 光缆断面结构示意图

1—光纤；2—不锈钢钢管（铝管/塑管）；3—铝包钢线；4—铝合金线；
5—螺旋型带槽铝合金骨架；6—镀锌钢管

ADSS 光缆除具有一般光缆的优点（通信容量大、中继距离长、抗雷击及电磁干扰、保密性好）外，还有其独特的优点：

1）具有良好的经济性。可与各种电压等级的输电线路同塔架设，不需新立杆塔，不需新占地，施工速度快，工期短，大大节省了建设费用。

2）具有建设的灵活性。可带电架设光缆，不影响输电线路的正常运行。

3）具有维护的方便性。与输电线路互相独立，不影响输电线路和光缆的正常维修。

4）具有较强的抗冲击性。光缆具有较好的防弹功能。

几种无金属自承式光缆（ADSS）的断面结构示意图如图 1-13 所示。

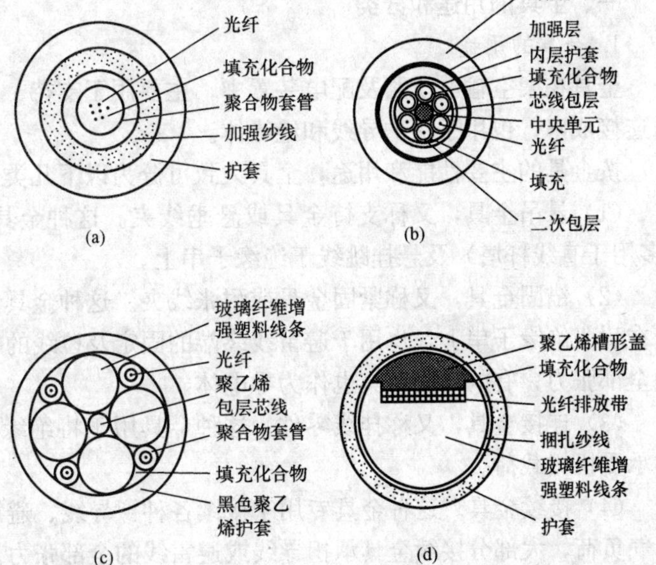

图 1-13　几种无金属自承式光缆（ADSS）的断面结构示意图

（3）GWWOP 光缆是一种直接缠绕在架空地线上的光缆，它沿着输电线路以地线为中轴螺旋状地缠绕在地线上，形成了一种依附于输电线路支承的光传输媒介。

（4）ADL（AL-Lash）光缆是一种通过一条或两条抗风化的胶带捆绑在地线或相线上，减少了光缆由于弯曲缠绕而引起的衰减和增加的长期应力。该光缆的缆径和柔性介于 ADSS 光缆和 GWWOP 光缆之间，有一定的抗张强度，与 GWWOP 光缆一样依附于输电线路架设，所不同的是 ADL 光缆是与输电线路平行架设的，用金属线或非金属线螺旋形地将光缆捆在地线上。

（5）OPPC（Optical Fiber Composition Phase Conductor）光缆是将光纤单元复合在相线中的光缆。

OPPC 光缆充分利用电力系统自身的线路资源，避免在频率资源、路由协调、电磁兼容等方面与外界的矛盾，是用于电力通信的一种新型特种电力架空光缆。

20世纪80年代，一些国家允许将OPPC光缆用于150kV以下的电力系统中，并已经在欧洲、美洲等广泛架设运行。目前，它已经在更高电压的输电线路上得到应用。

在我国现行电网中，35kV以下的线路一般都采用三相电力系统传输，系统的电力通信则采用传统的方式进行。如果用OPPC光缆替代三项中的一相，形成由两根导线和一根OPPC组合而成的三相电力系统，不需要另外架设通信线路就可以解决这类电网的自动化、调度、通信等问题，并可大大提高传输的质量和数量。

目前，在架空输电线路上架设光缆主要有三种形式：OPGW光缆，GWWOP光缆（GWWOP光缆仅在20世纪90年代中后期少量采用，进入21世纪基本在国内没有采用）和ADSS光缆。利用架空输电线路走廊，在线路杆塔上进行架设。OPGW光缆通常用于新建的输电线路上，GWWOP光缆和ADSS光缆通常用于已建成的输电线路上。其中，ADSS光缆由于投资少，架设时一般不需输电线路停电，设计施工、维护等较GWWOP光缆方便，已在建成的输电线路上得到广泛的应用。

第四节 输电线路金具

一、金具的用途和分类

1. 金具的用途

金具在架空输电线路及配电装置中，主要用于支持、固定和接续裸导线、导体及将绝缘子连接成串，也用于保护导线和绝缘体。

按金具的主要性能和用途，金具大致可分为以下几类：

(1) 悬吊金具，又称支持金具或悬垂线夹。这种金具主要用来悬挂导线于绝缘子串上（多用于直线杆塔）及悬挂跳线于绝缘子串上。

(2) 锚固金具，又称紧固金具或耐张线夹。这种金具主要用来紧固导线的终端，使其固定在耐张绝缘子串上，也用于避雷线终端的固定及拉线的锚固。锚固金具承担导线、避雷线的全部张力，有的锚固金具也作为导电体。

(3) 连接金具，又称挂线零件。这种金具用于将绝缘子连接成串及金具与金具的连接。它承受机械载荷。

(4) 接续金具。这种金具专用于接续各种裸导线、避雷线。接续金具承担与导线相同的电气负荷，大部分接续金具承担导线或避雷线的全部张力。

(5) 防护金具。这种金具用于保护导线、绝缘子等，例如保护绝缘子用的均压环，防止绝缘子串上拔用的重锤及防止导线振动用的防振锤、护线条等。

(6) 接触金具。这种金具用于硬母线、软母线与电气设备的出线端子相连接，导线的T接及不承力的并线连接等。由于这些连接处是电气接触，因此要求接触金具有较高的导电性能和接触稳定性。

(7) 固定金具，又称电厂金具或大电流母线金具。这种金具用于配电装置中的各种硬母线或软母线与支柱绝缘子的固定、连接等，大部分固定金具不作为导电体，仅起固定、支持和悬吊的作用。但由于这些金具用于大电流，因此其所有元件均应无磁滞损耗。

2. 金具的分类

金具的分类关系到金具产品系列规划、金具标准的制定及科学管理。金具的分类方法主要按金具结构性能、安装方法及使用范围来划分，以往的分类是分为线路金具、变电金具和电厂金具三大门类九大系列。由于线路金具也用于变电站和发电厂，因此，将电力金具分为架空输电线路金具和配电装置金具两大体系，共有以下八类：

悬垂线夹类，以字母 C 表示；耐张线夹类，以字母 N 表示；连接金具类，无分类代表字母，型号首字按产品名称首字，但不与分类分代表字母重复；接续金具类，以字母 J 表示；防护金具类，以字母 F 表示；T 接金具类，以字母 T 表示；设备线夹类，以字母 S 表示；母线金具类，以字母 M 表示。

二、金具型号的编制

金具型号的编制方法是根据国标 DL/T 683—2010《电力金具产品型号命名方法》，电力金具产品型号标记一般由汉语拼音字母（简称字母）和阿拉伯数字（简称数字）组成，不应使用罗马数字或其他数字。标记中使用的字母应采用大写汉语拼音字母，I 和 O 不应使用。字母不应加角标。标记中使用的符号应采用乘号（*）、左斜杠（/）、短划线（—）、小数点（·），即电力金具的型号标记如下：

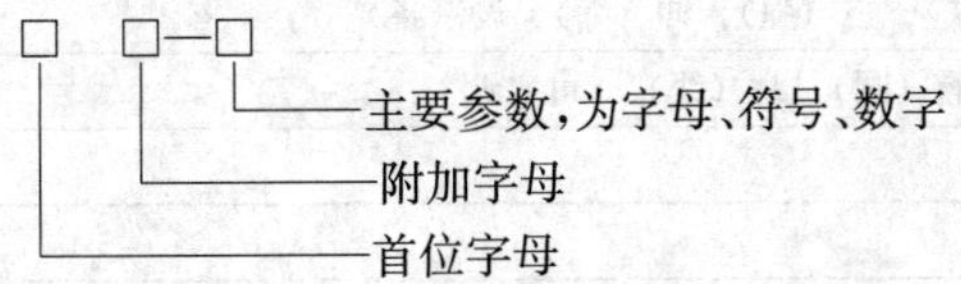

（一）首位字母的含义

型号标记首位字母的代表含义是：①分类类别；②连接金具产品的系列名称。

首位字母用金具类别或名称的第一个汉字的汉语拼音的第一个字母表示。当首位字母出现重复时，或需使用字母 I 和 O 时，可选用金具类别或名称的第二个汉字的汉语拼音的第一个字母表示，也可选用其他字母表示，或用附加字母来区分，如表 1-9 所示。

表 1-9　　首位字母含义

字母	表示类别	表示连接金具产品的名称	字母	表示类别	表示连接金具产品的名称
D		调整板	Q		球头
E		EB 挂板	S	设备线夹	
F	防护金具		T	T 形线夹	
G		GD 挂板	U		U 形
J	接续金具		V		V 形挂板
L		联板	W		碗头
M	母线金具		X	悬垂线夹	
N	耐张线夹		Y		延长
P		平行	Z		直角

（二）附加字母的含义

附加字母是对首位字母的补充表示，以区别不同的型式、结构、特性和用途，同一字母允许表示不同的含义。一般附加字母代表的含义见表 1 - 10（但不限于表 1 - 10）。

表 1 - 10　一般附加字母代表的含义

字母	代表含义
B	板、爆压、并（沟）、变（电）、避（雷）、包
C	槽（形）、垂（直）
D	倒（装）、单（板、联、线）、导（线）、搭（接）、镀锌、跑（道）
F	方（形）、封（头）、防（晕、盗、振、滑）、覆（铜）
G	固（定）、过（渡）、管（形）、沟、钢、间隔垫
H	护（线）、环、弧、合（金）
J	均（压）、矩（形）、间（隔）、支（架）、加（强）、（预）绞、绝
K	卡（子）、（上）扛、扩（径）
L	螺（栓）、立（放）、拉（杆）、菱（形）、轮（形）、铝
N	耐（热、张）、（户）内
P	平（行、面、放）、屏（蔽）
Q	球（绞）、轻（型）、牵（引）
R	软（线）
S	双（线、联）、三（腿）、伸（缩）、设（备）
T	T（形）、椭（圆）、跳（线）、（可）调
U	U（形）
V	V（形）
W	（户）外
X	楔（形）、悬（垂）、悬（挂）、下（垂）、修（补）
Y	液压、圆（形）、（牵）引
Z	组（合）、终（端）、重（锤）、自（阻尼）

（三）主参数

1. 数字

主参数中的数字用以表述下列中的一种或多种组合：

（1）表示适用于导线的标称截面积（mm²）或直径（mm）。

（2）当产品可适用于多个标号的导线时，为简化主参数数字，采用组合号以代表相应范围内的导线标称直径，或按不同产品型号单独设组合号。组合号见表 1 - 11。

表 1 - 11　组　合　号　(mm)

组合号	导地线直径 D		组合号	导地线直径 D	
	用于导线	用于地线		用于导线	用于地线
0	$5.4 \leqslant D < 8.0$		6	$30.0 \leqslant D < 35.0$	$20 \leqslant D < 23$
1	$8.0 \leqslant D < 12.0$	$6.4 \leqslant D < 8.6$	7	$35.0 \leqslant D < 39.0$	
2	$12.0 \leqslant D < 16.0$	$8.6 \leqslant D < 12.0$	8	$39.0 \leqslant D < 45.0$	
3	$16.0 \leqslant D < 18.0$	$12.0 \leqslant D < 14.5$	9	$45.0 \leqslant D < 51.0$	
4	$18.0 \leqslant D < 22.5$	$14.5 \leqslant D < 17$	10	$51.0 \leqslant D < 70.0$	
5	$22.5 \leqslant D < 30.0$	$17 \leqslant D < 20$			

(3) 表示标称破坏载荷标记，按 GB/T 2315 的规定执行。

(4) 表示间距（mm、cm）。

(5) 表示母线规格（mm、mm^2）。

(6) 表示母线片数及顺序号。

(7) 表示导线根数。

(8) 表示圆杆的直径或长度（mm、cm）。

2. 字母

主参数中的字母是补充性的区分标记，字母代表的含义分述如下：

(1) 以 A、B、C 作为区分标记，见表 1-12。

表 1-12　　区分标记

区分标记字母	区分总长度	区分引流角度（°）	区分附属构件
A	短形	0	附碗头挂板
B	长形	30	附 U 形挂板
C		90	

(2) 以字母作为区分导线型号标记，导线的型号和名称表示方法按 GB/T 1179 执行，见表 1-5。

(3) 其他字母的含义见表 1-10。

(四) 型号命名细则

1. 悬垂线夹

悬垂线夹的型号标记为

X　×　×　×-×/××

　1　2　3　4　　5　6

其中：

1—悬垂线夹的握力类型：G—固定型，H—滑动型，W—有限握力型。

2—回转轴中心与导线轴线间的相对位置：默认表示下垂式，K—上扛式，Z—中心回转式。

3—表征悬垂线夹防晕性能：A—普级，B—中级，C—高级，D—特级。

4—悬垂线夹标称破坏载荷，与表征数字的对应关系见表 1-13。

5—悬垂线夹线槽直径，mm。

6—表征悬垂线夹船体材质：默认表示铝合金，K—可锻铸铁（马铁），Q—球铁，G—铸钢。

表 1-13　　表征数字与标称破坏载荷的对应关系

表征的数字	4	6	8	10	12	15	20	25	30	35
标称破坏载荷（kN）	40	60	80	100	120	150	200	250	300	350

注意，防晕性能等级的说明为：①普级：海拔高度 1000m 及以下的 500kV 或±500kV 架空线路，含海拔高度 4000m 以下的 330kV 架空线路；②中级：海拔高度 1000m 及以下的 750kV 架空线路，含海拔高度 1000～4000m 的 500kV 或±500kV 架空线路；③高级：海拔

高度1500m及以下的1000kV或±800kV架空线路，含海拔高度1000～4000m的750kV架空线路；④特级：海拔高度1500～4000m的1000kV或±800kV架空线路。

【例1-2】 试述XGA-6/14K和XWZC-20/46型悬垂线夹的命名含义。

解 如表1-14所示。

表1-14 悬垂线夹命名解释

型　号	握力类型	防晕性能	标称破坏载荷（kN）	线槽直径（mm）	转动方式	船体材质
XGA-6/14K	固定型	普级	60	14	下垂式	可锻铸铁
XWZC-20/46	有限握力型	高级	200	46	中心回转式	铝合金

2. 耐张线夹

耐张线夹的型号标记为

N× -×-××

　1　2　3　4

其中：

1—安装方式：B—爆压型，L—螺栓型，T—钳压型，X—楔形，V—液压型，J—预绞式。

2—导线的型号，默认表示钢芯铝绞线，其他型号见表1-5。

3—导线的标称截面积，其表示方法参照GB/T 1179，见附录B。

4—引流线夹角度：A—0°，B—30°。

【例1-3】 试述NY-400/35A、NY-JLHA1/LB1A-450/60B和NL-JG1A-85型耐张线夹的命名含义。

解 如表1-15所示。

表1-15 耐张线夹命名解释

型　号	安装方式	导线型号	导线标称截面积（mm²）	引流线夹角度（°）
NY-400/35A	液压型	钢芯铝绞线	400/35	0
NY-JLHA1/LB1A-450/60B	液压型	铝包钢芯铝合金绞线	450/60	30
NL-JG1A-85	螺栓型	钢绞线	85	

3. 接续金具

接续金具的型号标记为：

J× ×-×-×

　1　2　3　4

其中：

1—安装方式：B—爆压型，G—并沟线夹，L—螺栓型，T—钳压型，X—修补条，V—液压型，J—预绞式。

2—钢芯接续方式：默认表示对接，D—搭接。

3—导线的型号，默认表示钢芯铝绞线，其他型号见表1-5。

4—导线的标称截面积，其表示方法参照GB/T 1179，见附录B。

【例1-4】 解释JY-400/35、JYD-JLHA1/LB1A-450/60、JX-JL/LB1A-300/50、JG-JL-95型接续金具的命名含义。

解 如表1-16所示。

表 1-16　　接续金具命名解释

型　号	类型	安装方式	钢芯接续方式	导线型号	导线标称截面积（mm^2）
JY-400/35	接续管	液压型	对接	钢芯铝绞线	400/35
JYD-JLHA1/LB1A-450/60	接续管	液压型	搭接	铝包钢芯铝合金绞线	450/60
JX-JL/LB1A-300/50	补修条			铝包钢芯铝绞线	300/50
JG-JL-95	并沟线夹			铝绞线	95

4. 连接金具

(1) 连接金具的首位字母见表 1-9。

(2) 连接金具的型号标记为

××× - ×/×/×

1 2 3 4 5 6

各字母表征的含义见表 1-17。

表 1-17　　连接金具各字母表征的含义

1	2	3	4	5	6
U—U 形挂环（板）	默认表示普通型 B—UB 挂板 L—加长型		标称破坏载荷(t)		
Q—球头挂环	默认表示环体截面为圆形 P—环体截面为半圆形和方形的组合 H—具有延长功能，环体截面为圆形		标称破坏载荷(t)		
W—碗头挂板	默认表示单板型 S—双板型	J—安装均压环	标称破坏载荷(t)		
Y—延长环或延长杆	H—延长环 Z—直角延长拉杆 P—平行延长拉杆		标称破坏载荷(t)	连接长度(mm)	
GD—GD 挂板			标称破坏载荷(t)		
EB—EB 挂板			标称破坏载荷(t)		
V—V 形挂板			标称破坏载荷(t)		
Z—直角挂板	默认表示双板 D—单板		标称破坏载荷(t)		
P—平行挂板	默认表示双板 I—单板 S—板间距不同 T—可调长组合平行挂板		标称破坏载荷(t)	连接长度(mm)	
D—调整板	B—可调长单板		标称破坏载荷(t)	最小连接长度（mm）	最大连接长度（mm）
PQ—牵引板			标称破坏载荷(t)		
L—联板	默认表示普通对称三角形联板 P—不对称三角联板 F—方形联板		标称破坏载荷(t)		底部相距最远的两孔距离（mm）
	X—悬垂联板，适用于中心回转式悬垂线夹或下垂式悬垂线夹 K—悬垂联板，适用于上扛式悬垂线夹	默认表示适用于 I 形悬垂串 V—适用于 V 形悬垂串	标称破坏载荷（对 V 形悬垂串为单肢标称载荷）(t)	导线分裂数	导线分裂间距（mm）

5. 防护金具

(1) 间隔棒。

间隔棒的型号标记为

FJ××-××/××

1 2 3 4 5 6

其中：

1—间隔棒的结构型式：G—刚性间隔棒，R—柔性间隔棒，Z—阻尼间隔棒。

2—框架形状：默认表示正多边形，S—十字形，J—矩形，T—梯形，Y—圆环形。

3—分裂数，用数字表示。

4—分裂间距，cm。

5—适用的导线外径，mm。

6—表征间隔棒防晕性能：A—普级，B—中级，C—高级，D—特级。

注：防晕性能等级划分同前所述。

【例 1-5】 解释 FJZ-840/35C 和 FJZY-640/30D 型间隔棒的命名含义。

解 如表 1-18 所示。

表 1-18 **间隔棒命名解释**

型　号	间隔棒结构型式	框架形状	分裂数	分裂间距（cm）	适用导线外径（mm）	防晕性能
FJZ-840/35C	阻尼间隔棒	正八边形	8	40	35	高级
FJZY-640/30D	阻尼间隔棒	圆环形	6	40	30	特级

(2) 防振锤。

防振锤的型号标记为

F×××-×××

123 4 5 6

其中：

1—防振锤的结构型式：D—对称型防振锤，R—非对称型防振锤。

2—锤头的结构型式：G—扭转式（狗骨头形），T—筒式，Y—音叉式，Z—钟罩式。

3—防振锤的线夹型式：默认表示螺栓型线夹，J—预绞式线夹。

4—适用的导线外径，用组合号表示。

5—导线的型号，钢绞线用 G 表示，默认表示其他类型导线。

6—表征防振锤防晕性能：默认表示不防晕，A—普级，B—中级，C—高级，D—特级。

注：防晕性能等级划分同前所述。

【例 1-6】 解释 FDZ-6C、FRYJ-5B 和 FDT-3G 型防振锤的命名含义。

解 如表 1-19 所示。

表 1-19 **防振锤命名解释**

型　号	防振锤结构型式	锤头结构型式	线夹结构型式	适用导线外径（mm）	绞线类型	防晕性能
FDZ-6C	对称型防振锤	钟罩式	螺栓型	30～35	导线	高级
FRYJ-5B	非对称扭转式防振锤	音叉式	预绞式线夹	22.5～30.0	导线	中级
FDT-3G	对称型防振锤	筒式	螺栓型	12～14.5	钢绞线	不防晕

(3) 均压环、屏蔽环和均压屏蔽环。

1) 均压环型号标记为

FJ - ×××× - ××

  1 2 3 4 5 6

其中:

1—电压等级: 10—1000kV, 8—±800kV, 7—750kV, 6—±660kV, 5—500kV/±500kV, 3—330kV。

2—绝缘子串型: X—I 形悬垂串, V—V 形悬垂串, N—耐张串。

3—绝缘子联数: 1, 2, 3…。

4—绝缘子类型: 默认表示盘式, H—合成绝缘子。

5—绝缘子联间距, mm, 默认表示单联。

6—附加字母: D—用于绝缘子串倒装, T—十字形悬垂联板, B—变电。

2) 屏蔽环型号标记为

FP - ×× - ××

  1 2 3 4

其中:

1—电压等级: 10—1000kV, 8—±800kV, 7—750kV, 6—±660kV, 5—500kV/±500kV, 3—330kV。

2—默认表示悬垂串, N—用于耐张串。

3—默认表示用于线路, B—表示用于变电。

4—用字母 J 表示安装在间隔棒上, 其他默认。

3) 均压屏蔽环型号标记为

FJP - ×× - ××

  1 2 3 4

其中:

1—电压等级: 10—1000kV, 8—±800kV, 7—750kV, 6—±660kV, 5—500kV/±500kV, 3—330kV。

2—默认表示用于悬垂串: N—用于耐张串。

3—默认表示子导线间距和联间距一致, 导线间距/联间距为 450mm/500mm 时用数字"1"表示, 子导线间距/联间距为 500mm/600mm 时用数字"2"表示。

4—绝缘子方向: 默认表示正装, D—倒装。

【例 1-7】 试述 FJ-5X2-450T 型均压环、FP-10N-J 型屏蔽环和 FJP-5N-D 型均压屏蔽环的命名含义。

解 如表 1-20 所示。

(4) 护线条。

护线条的型号标记为

FYH - ××

  1 2

其中:

1—导线外径，mm。

2—护线条材质类型：默认表示铝合金，B—铝包钢，G—钢。

表 1-20　　均压环、屏蔽环和均压屏蔽环命名解释

型　号	环的类型	说　明
FJ-5X2-450T	均压环	用于 I 形双联十字联板悬垂串，电压等级为 500kV/±500kV 线路，绝缘子联间距为 450mm 的均压环
FP-10N-J	屏蔽环	用于 1000kV 耐张串的屏蔽环，安装在间隔棒上
FJP-5N-D	均压屏蔽环	用于 500kV/±500kV 线路，倒装式耐张串均压屏蔽环

6. 重锤

重锤的型号标记为

FZC×-××

　1　2 3

其中：

1—材质类型：默认表示铸铁，G—钢。

2—重锤质量，kg。

3—防腐方式：默认表示涂漆，D—镀锌。

7. T 形线夹

T 形线夹的型号标记为

T××-××-×/××-×

1 2　3 4　5　6 7　8

其中：

1—连接主导线的型式：L—螺栓型，Y—压缩型。

2—连接引下线的型式：B—引流板，L—螺栓型，Y—压缩型。

3—主导线的型号，见表 1-5。

4—主导线标称截面积，其表示方法参照 GB/T 1179。

5—主导线的数目：默认表示为单根，双线及以上用阿拉伯数字表示，如“2”表示是双线。

6—引下线的型号，见表 1-5。

7—引下线的标称截面积，其表示方法参照 GB/T 1179，见附录 B。

8—主导线及引下线分裂间距，主导线（cm）×引下线（cm）。

【例 1-8】　试述 NY-400/35A、NY-JLHA1/LB1A-450/60B 和 NL-JG1A-85 型 T 形线夹的命名含义。

解　如表 1-21 所示。

表 1-21　　T 形线夹命名解释

型　号	连接主导线型式	连接引下线型式	主导线型号	主导线标称截面	主导线数目	引下线型号	引下线标称截面积（mm^2）	主导线分裂间距（mm）	引下线分裂间距（mm）
TYY-JL/G1A-400/35-2/JL-300-400 400	压缩型	压缩型	钢芯铝绞线	400/35	2	铝绞线	300	400	400
TLL-JLHA2-630/JL-300	螺栓型	螺栓型	铝合金绞线	630	1	铝绞线	300		

8. 设备线夹

设备线夹的型号标记为

S××-×-××-×××

　1 2 3　4 5　6 7 8

其中：

1—连接导线的型式：L—螺栓型，Y—压缩型。

2—端子板的材料：默认表示为铝材，G—铜铝过渡。

3—导线的型号，见表 1-5。

4—导线的标称截面积，其表示方法参照 GB/T 1179，见附录 B。

5—导线的数目：默认表示为单根，S—双线。

6—导线分裂间距，mm。

7—端子板的角度，见表 1-12。

8—端子板外形尺寸，长（mm）×宽（mm）。

【例 1-9】 试述 NY-400/35A、NY-JLHA1/LB1A-450/60B 和 NL-JG1A-85 型设备线夹的命名含义。

解 如表 1-22 所示。

表 1-22　设备线夹命名解释

型　号	导线数目	连接导线型式	端子板材料	导线型号	导线标称截面积（mm^2）	导线分裂间距（mm）	端子板角度（°）	端子板外形尺寸（mm）
SYG-JL/G1A-400/35S-450A200×150	2	压缩型	铜铝过渡	钢芯铝绞线	400/35	450	0	长 200 宽 150
SL-JLHA1-400-4008250×150	1	螺栓型	铝材	铝合金绞线	400	400	30	长 250 宽 150

本书着重介绍架空输电线路金具。架空输电线路金具分为五类，即悬垂线夹类、锚固金具（耐张线夹）类、连接金具类、接续金具类和防护金具类。

三、悬垂线夹

悬垂线夹用于将导线固定在直线杆塔的悬垂绝缘子串上，或将避雷线悬挂在直线杆塔上，也可用于换位杆塔上支持换位导线以及非直线杆塔上跳线的固定。悬垂线夹承受导线（或避雷线）垂直方向和顺线方向的荷载。要求悬垂线夹对导线（或避雷线）应有一定的握力。

1. U 形螺栓式悬垂线夹

U 形螺栓式悬垂线夹由可锻铸铁制造的线夹船体、压板及 U 形螺栓组成。它利用两个 U 形螺栓压紧压板使导线固定在线夹船体中，船体由两块钢板冲压而成的挂板吊挂，挂板安装在船体两侧的挂轴上，线夹转动轴和导线在同一轴线上，回转灵活。由于挂板有一定宽度，若挂板摆动过大，其边缘将碰到 U 形螺栓上，因此，挂板与船体间的摆动角应不大于 45°。U 形螺栓式悬垂线夹握力较大，适用于安装中小截面的铝绞线及钢芯铝绞线。在安装时，导线外应包缠 1mm×10mm 的铝包带 1～2 层。U 形螺栓式悬垂线夹的形状示意图如图 1-14所示。其型号有 U-1～U-4，适用于绞线直径范围（包括加包缠物）5.0～26mm。

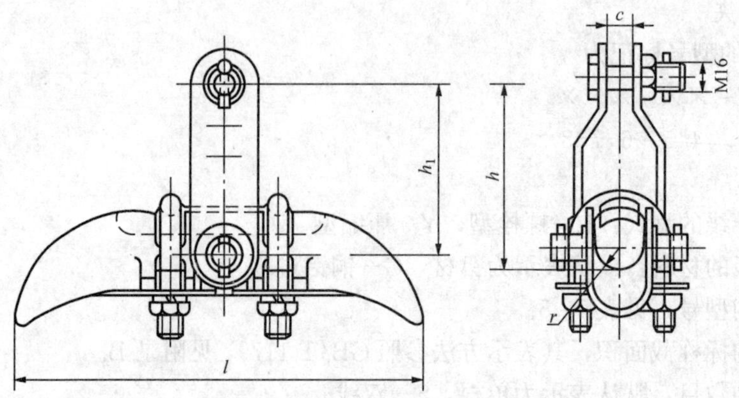

图 1-14　U形螺栓式悬垂线夹的形状示意图

2. 带碗头挂板悬垂线夹

110～220kV 输电线路上直线杆塔的悬垂绝缘子串所用的悬式绝缘子，一般均采用 XP-70 型。在悬垂线夹上加装 XP-70 型绝缘子配套用的 WS-7 型碗头挂板，不但可以缩短绝缘子串长度，而且减少挂板弯矩。线夹可直接与 XP-70 型绝缘子相连，也可与公称直径 $\phi16$ 的其他球窝绝缘子相连。

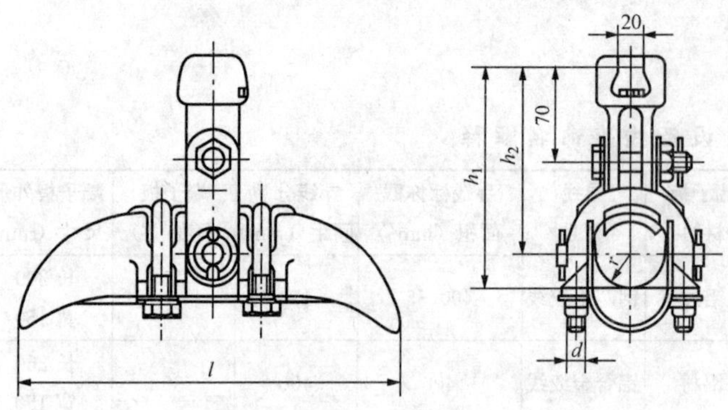

图 1-15　带碗头挂板悬垂线夹的形状示意图

加装碗头挂板悬垂线夹适用于安装大截面的钢芯铝绞线及包缠预绞式护线条的钢芯铝绞线。

带碗头挂板悬垂线夹的形状示意图如图 1-15 所示。其型号为 CGU-5A～CGU-6A，适用于绞线直径范围（包括加包缠物）为 23.0～45.0mm。

3. 防晕型悬垂线夹

防晕型悬垂线夹由高强度铝合金制造的两片喇叭形船体，两个（或四个）螺栓（用以夹紧船体）和船体外中部悬吊部位的钢箍组成。防晕型悬垂线夹具有较高的粗糙度及流线形结构，可以减少电晕的产生。这种线夹用于330～500kV，悬挂 300～400mm² 的钢芯铝绞线。

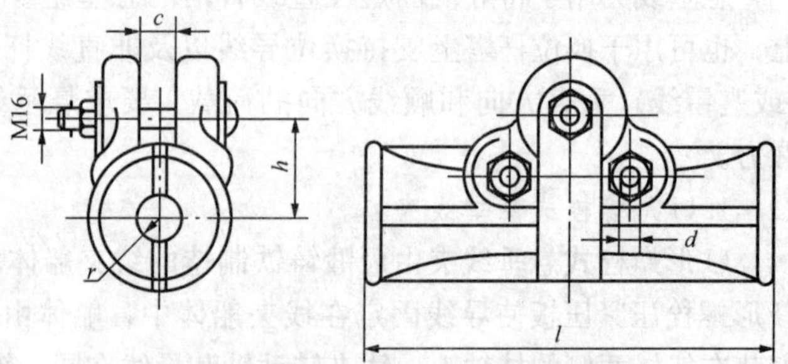

图 1-16　防晕型悬垂线夹的形状示意图

由于防晕型悬垂线夹以非磁性材料制造，可以减少磁滞损耗，节约电能，因此用于 220kV 线路上代替常用的用可锻铸铁制造的线夹，有很好的经济效益。

防晕型悬垂线夹分为线路用和跳线用两类。跳线用的防晕线夹也可用于变电站，线夹握力要求较小。

防晕型悬垂线夹的形状示意图如图 1-16 所示。其型号为 CGF-6～CGF-7，适用于导线直径范围为 34～41mm；型号 CGF-300、CGF-1400，适用于绞线直径范围（包括加包缠物）为49～57mm。

4. 铝合金悬垂线夹

线夹船体及压板以铝合金铸造而成，无挂板，悬挂点位于导线轴线上方。这种线夹强度高、质量小、磁损小，适用于安装中小截面的铝绞线及钢芯铝绞线。

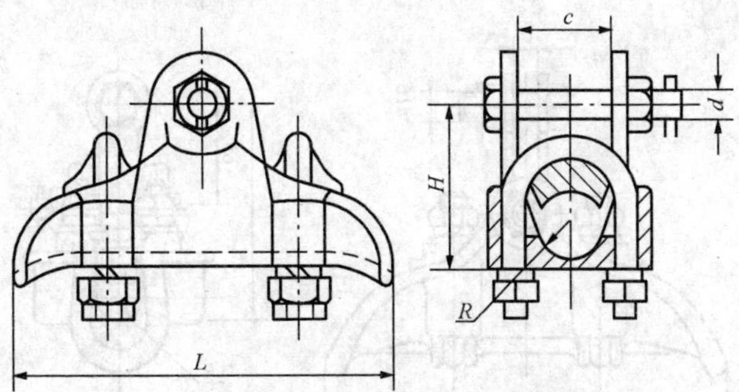

图 1-17　铝合金悬垂线夹的形状示意图

铝合金悬垂线夹的形状示意图如图 1-17 所示。其型号有 CGH-3～CGH-7，适用于绞线直径范围（包括加包缠物）为 13.68～45.0mm。

5. 垂直排列双悬垂线夹

220kV 线路采用双分裂导线呈垂直排列布置时，虽然增加了杆塔高度，但是不需装间隔棒，可减少维护工作量。

与双分裂导线垂直排列布置相适应的垂直排列双悬垂线夹由两个普通的船体吊挂在一副整体钢制挂板上构成。这种线夹可以单独在挂板上转动，受到风荷载时，线夹与绝缘子一起摆动。

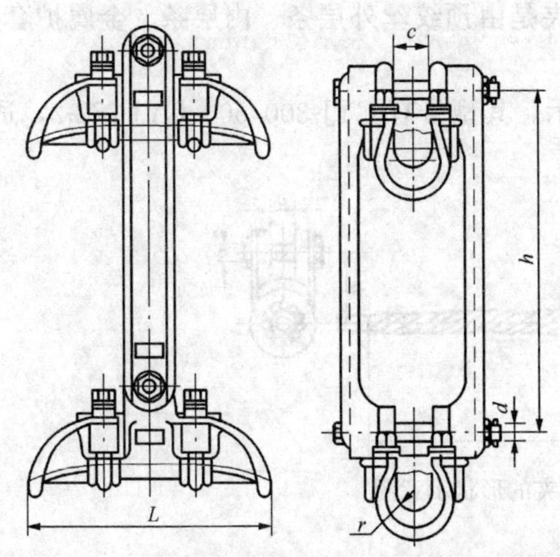

图 1-18　垂直排列双悬垂线夹的形状示意图

垂直排列双悬垂线夹的形状示意图如图1-18 所示。其型号有 CCS-4～CCS-6，适用于绞线直径范围（包括加包缠物）为 21.0～45.0mm。

6. 坐立式悬垂线夹

坐立式悬垂线夹是防晕型悬垂线夹的另一种结构形式。这种线夹的本体、压板全是由铝合金材料制造的，固定轴位于导线轴线的下方，借助环首螺栓安装在上杠联板上。

坐立式悬垂线夹由非磁性材料制造，消除了磁滞损耗；强度高，握力大；表面光滑，边缘呈流线形，减少了电晕的产生。它与下垂铝合金线夹可组成 500kV 线路悬垂组合。

坐立式悬垂线夹的形状示意图如图 1-19、图 1-20 所示。其型号有 CGF-5K～CGF-6K、CGF-5X～CGF-6X，适用于导线直径范围（包括加包缠物）为 23.7～45.0mm。

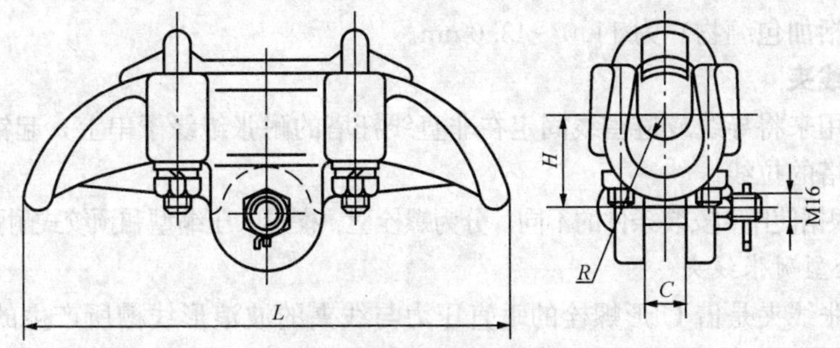

图 1-19　坐立式悬垂线夹的形状示意图（CGF-K 型）

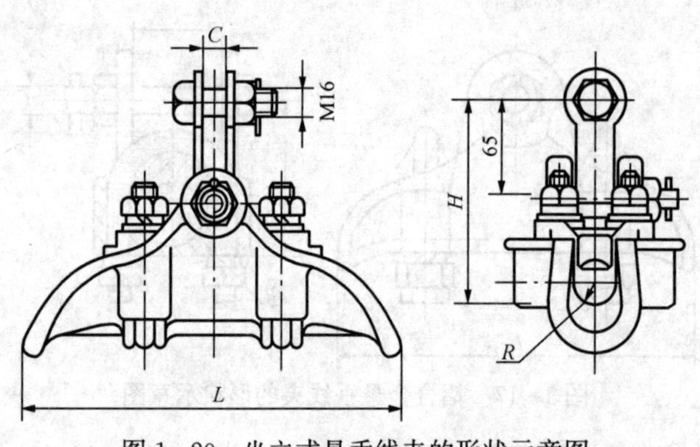

图 1-20　坐立式悬垂线夹的形状示意图
（500kV 线路用 CGF-X 型）

7. 预绞式悬垂线夹

预绞式悬垂线夹由硅橡胶制成的双曲线腰鼓形包箍、包箍外缠绕铝合金预绞丝，在预绞丝外装以铝合金制成的带悬挂板的包箍、包箍外再加上U形钢（或铝合金）带组成。

预绞式悬垂线夹利用双曲线腰鼓形包箍包住导线于悬挂处，具有握力大、电晕小、质量小以及磁损小的特点，可用于重冰及档距较大的地区。

导线、地线用的预绞式悬垂线夹是由预绞丝、金属护套及胶垫组成，用作架空地线、导线的悬垂线夹。

光纤复合地线（OPGW）用的预绞式悬垂线夹是由预绞丝外层条、内层条、金属护套、胶垫组成，用于架空光纤复合地线的悬垂线夹。

预绞式悬垂线夹的形状示意图如图 1-21 所示。其型号有 CYJ-300/50、CYJ-272-2，适用于导线直径范围为 24.2～27.2mm。

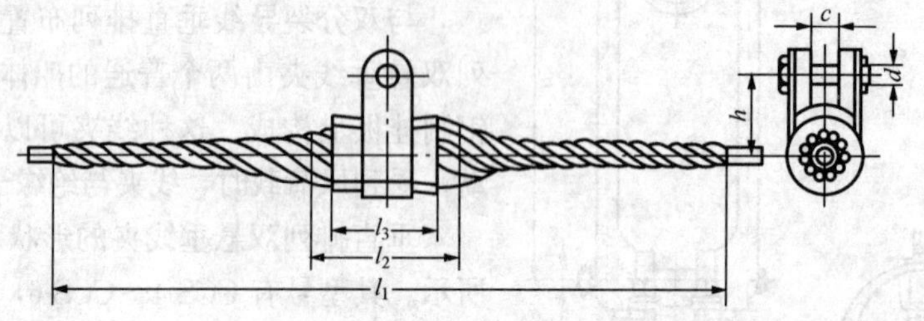

图 1-21　预绞式悬垂线夹的形状示意图

8. 加强型悬垂线夹

架空线路通过重冰区时，导线必须选用承重大且铝钢截面比小的钢芯铝绞线或钢芯铝合金绞线。其配套的悬垂线夹也与一般正常线路使用的有所区别，主要区别有：

（1）线夹应有较高的垂直破坏载荷；

（2）即使在邻档覆冰不均衡的条件下，导线仍不应从线夹中滑出，线夹应有足够的握力。对避雷线用悬垂线夹，其握力不小于钢绞线额定抗拉力的 25%；钢芯铝绞线用的悬垂线夹，其握力不小于导线额定抗拉力的 30%。

加强型悬垂线夹的形状示意图如图 1-22 所示。其型号有 CGJ-2、CGJ-5，适用于绞线直径范围（包括加包缠物）为 11.0～43.0mm。

四、耐张线夹

耐张线夹用来将导线或避雷线固定在非直线杆塔的耐张绝缘子串上，起锚固作用，也用来固定拉线杆塔的拉线。

耐张线夹根据使用和安装条件的不同，分为螺栓型、楔形、压缩型和预绞式耐张线夹四大类。

（一）螺栓型耐张线夹

螺栓型耐张线夹是借U形螺栓的垂直压力与线夹的波浪形线槽所产生的摩擦效应来固定导线的。现行标准的倒装式耐张线夹又充分利用了线夹弯曲部分产生的摩擦力，从而减轻

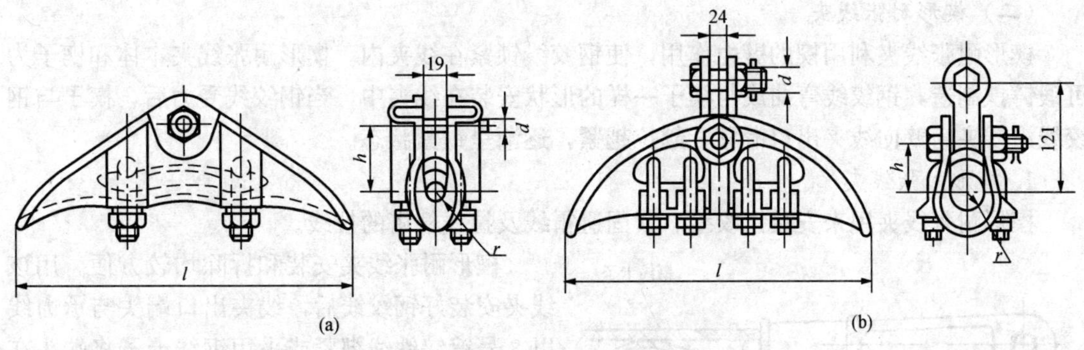

图 1-22　加强型悬垂线夹的形状示意图
(a) CGJ-2 型；(b) CGJ-5 型

了 U 形螺栓的承载应力，提高了线夹的握力，减少了螺栓数量。这种线夹一般适用于安装中小截面的铝绞线、铜绞线和钢芯铝绞线。在安装导线时，一种方法是在被安装的导线上缠以与导线相同材料制造的金属带，通常安装铝绞线及钢芯铝绞线时缠绕 1mm×10mm 的铝包带；另一种方法是制造时就在线夹的线槽内及压板上衬以垫片。

安装螺栓型耐张线夹时最好采用测力扳手，将螺栓均匀地拧紧，而且尽可能在地面上或特制的操作台（栏）上进行，以确保线夹对导线有足够的握力。

1. 倒装式螺栓型耐张线夹

倒装式螺栓型耐张线夹的本体和压板由可锻铸铁制造，适用于安装中小截面铝绞线及钢芯铝绞线。

倒装式螺栓型耐张线夹的形状示意图如图 1-23 所示。其型号有 NLD-1～NLD-4，适用于绞线直径范围（包括加包缠物）为 5.0～23mm。

2. 铝合金螺栓型耐张线夹

铝合金螺栓型耐张线夹采用高强度铝合金铸造，具有强度高、抗腐性能好，并具有节能效果。

铝合金螺栓型耐张线夹的形状示意图如图 1-24 所示。其适用于配电线路的型号有 NLL-16、NLL-19、NLL-22、NLL-29，适用于输电线路的型号有 NLL-21、NLL-27、NLL-35。

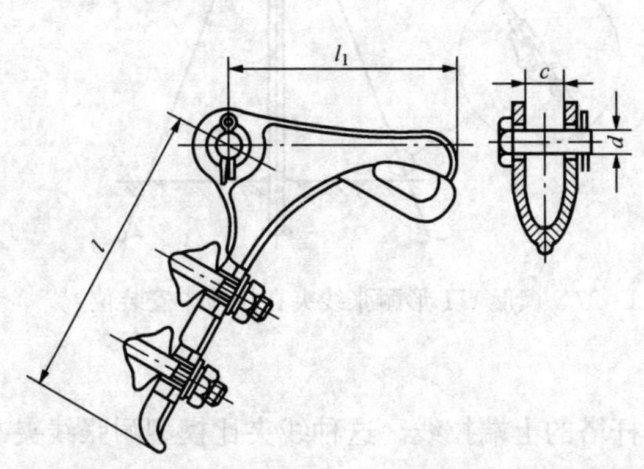

图 1-23　倒装式螺栓型耐张线夹的形状示意图

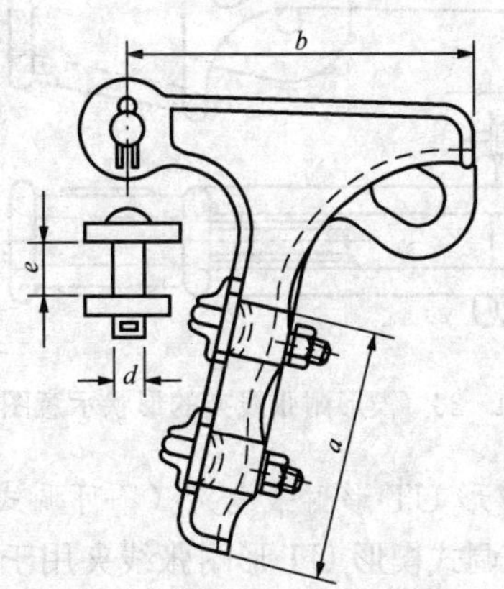

图 1-24　铝合金螺栓型耐张线夹的形状示意图

（二）楔形耐张线夹

楔形耐张线夹利用楔的劈力作用，使钢绞线锁紧在线夹内。楔形耐张线夹本体和楔子为可锻铸铁制造，钢绞线弯曲成与楔子一样的形状安装在线夹中，当钢绞线受力后，楔子与钢绞线沿线夹筒壁向线夹出口滑移，越拉越紧，逐渐呈锁紧状态。

1. 楔形耐张线夹

楔形耐张线夹用来安装钢绞线、紧固避雷线及拉线杆塔的拉线。

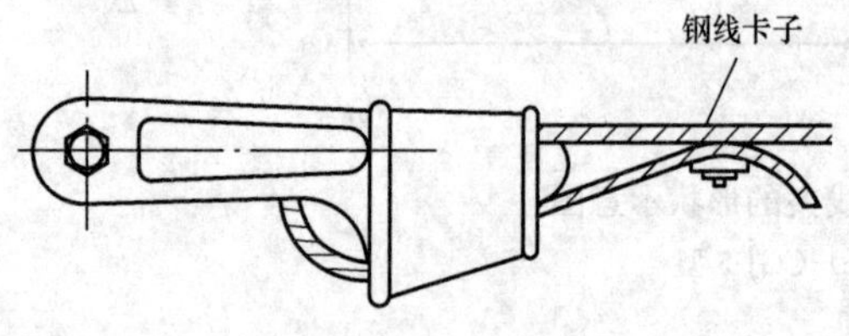

图 1-25 楔形耐张线夹安装图

楔形耐张线夹安装和拆除均较方便。用该线夹安装好钢绞线后，线夹出口端头与承力线以 8 号镀锌铁线绑紧或采用钢线卡子将端头在切线点固定，如图 1-25 所示。

楔形耐张线夹的形状示意图如图 1-26 所示。NE-1 型楔形耐张线夹适用于钢绞线型号为 JG1A-25～JG1A-35，NE-2 型楔形耐张线夹适用于钢绞线型号为 JG1A-50～JG1A-70。

2. 楔形 UT 形耐张线夹

拉线杆塔的拉线在安装或运行过程中，均须调整拉线的拉力，使之平衡。为便于拉线的安装或调整，均将可调整的楔形 UT 形耐张线夹装在拉线下端伸出的拉线棒附近，如图 1-27所示。

拉线的调整可采用楔形 UT 形耐张线夹，楔形 UT 形耐张线夹由楔母、楔子和具有一定调整范围的长 U 形螺栓组成。该线夹既用来固定拉线，又用来调整拉线长度。

楔形 UT 形耐张线夹的形状示意图如图 1-28 所示。这种线夹适用于安装 JGA1-25～JGA1-70 型镀锌钢绞线，适用于 JG1A-25～JG1A-35 型钢绞线的型号有 NUT-1，适用于 JG1A-50～JG1A-70 型钢绞线的型号有 NUT-2。

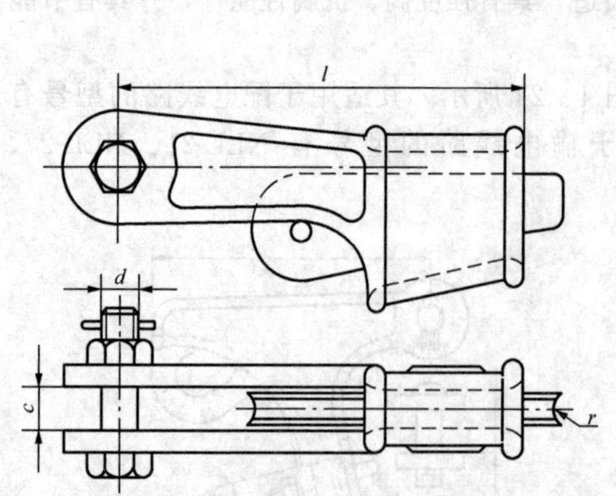

图 1-26 楔形耐张线夹的形状示意图

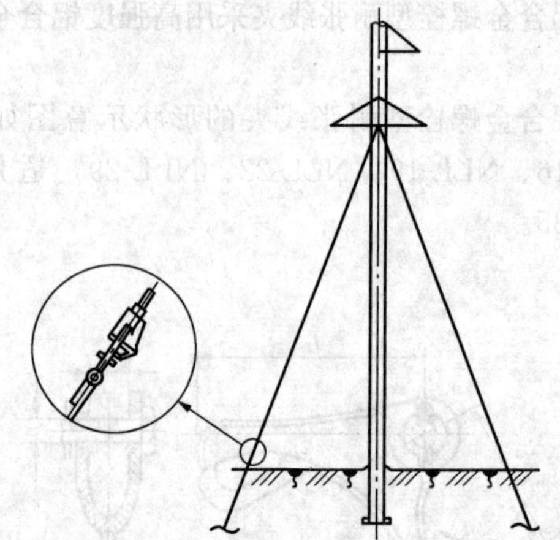

图 1-27 楔形 UT 形耐张线夹在拉线中安装位置

3. 楔形 UT 形耐张线夹（不可调式）

不可调式楔形 UT 形耐张线夹用于固定拉线杆塔的上端拉线。这种线夹比楔型耐张线夹安装方便。它的 U 形螺栓是不能调整长度的，但用这种 UT 形耐张线夹固定上端拉线可以减少连接金具。

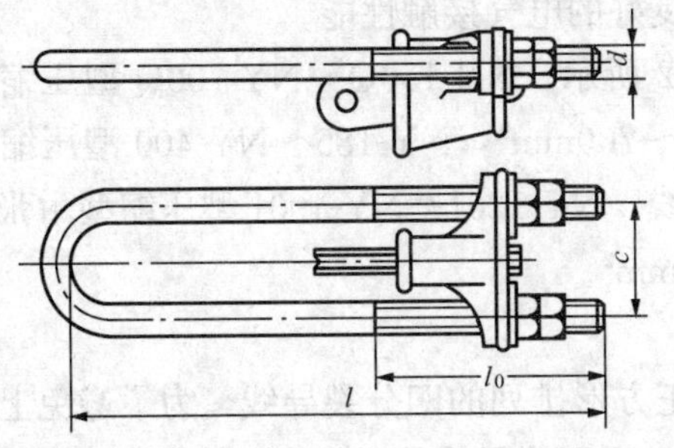

图 1-28　楔形 UT 形耐张线夹的形状示意图

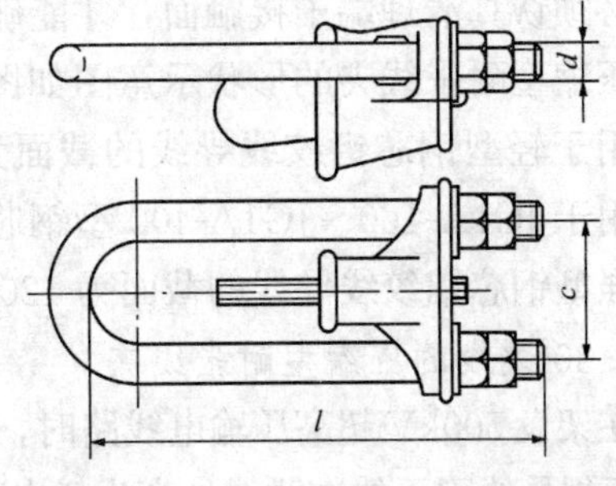

图 1-29　不可调式楔形 UT 形耐张线夹的形状示意图

不可调式楔形 UT 形耐张线夹的形状示意图如图 1-29 所示。其适用于JG1A-100～JG1A-120 型钢绞线的型号有 NU-3，适用于 JG1A-135～JG1A-150 型钢绞线的型号有 NU-4。

定型的楔形耐张线夹和 UT 形耐张线夹均为单楔结构，因此在安装时应注意楔子受力方向，安装错误会使钢绞线在线夹出口处受到极大的弯曲应力，导致钢绞线破断和线夹的机械强度降低。线夹的正确安装方法如图 1-30 所示，线夹的错误安装方法如图 1-31 所示。

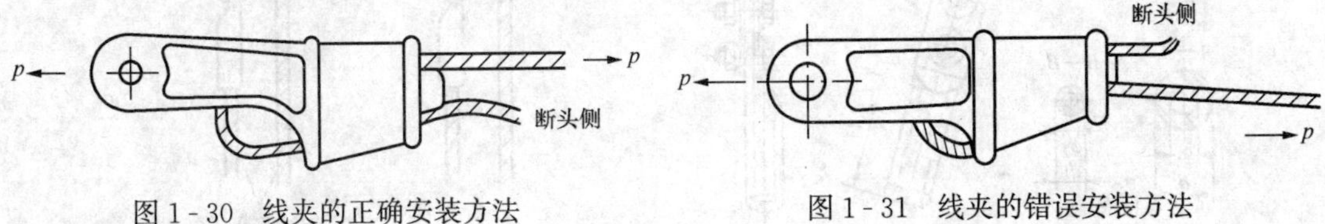

图 1-30　线夹的正确安装方法　　图 1-31　线夹的错误安装方法

（三）压缩型耐张线夹

用螺栓型耐张线夹安装大截面钢芯铝绞线时，线夹的握力达不到规定的要求，因而必须采用压缩型耐张线夹。

压缩型耐张线夹由铝管与钢锚组成，钢锚用来接续和锚固钢芯铝绞线的钢芯，然后套上铝管本体，以压力使金属产生塑性变形，从而使线夹与导线结合为一个整体。按通常采用的结构形式，线夹的钢锚承受导线全部压力，因此它的机械强度应与导线额定抗拉力相配合。

压缩型耐张线夹的安装可采用液压或爆压。采用液压时，必须用一定规格的钢模以液压机进行压缩。定型的压缩型耐张线夹，不论钢管和铝管，均为圆形，压缩后为正六角形，六角形对边尺寸应为管外径的 0.866 倍。采用爆压时，可以用一次爆压或二次爆压（即先压钢锚，套进铝管再爆压铝管），爆压前将铝线端头剥露的钢芯后部铝线内层铝丝剥留 10mm，插入钢锚的防烧孔内，以防爆压时烧伤钢芯。

制造压缩型耐张线夹所用的材料应符合标准和工艺要求。由于压缩型耐张线夹不但承受导线全部拉力，而且作为导电体，因此，不论采用液压或爆压进行线夹的安装，都必须严格遵守有关操作规程。

1. 常规钢芯铝绞线用压缩型耐张线夹

压缩型耐张线夹的铝管采用拉制铝管，跳线引流端子板由铝管压扁而成。这种线夹安装方便，跳线由接线端子另行安装，其长度有调整的余地。但这种线夹增加了电气接触点，安装时必须认真清理端子接触面，才能确保有良好的电气接触性能。

压缩型耐张线夹的形状示意图如图 1 - 32 所示。NY-150Q～NY-700Q 型压缩型耐张线夹适用于轻型钢芯铝绞线导线的截面为 150～700mm²，NY-185～NY-400 型压缩型耐张线夹适用于 JG1A-160～JG1A-400 型钢芯铝绞线，NY-120J～NY-400J 型压缩型耐张线夹适用于加强型钢芯铝绞线导线的截面为 120～400mm²。

2. 30°跳线的压缩型耐张线夹

在架设 500kV 超高压输电线路时，采用正方形排列的四分裂导线，为了避免上两根导线与下两根导线引下线在跳线处产生碰击和磨伤，上两根导线的耐张线夹的跳线选用 30°安装。

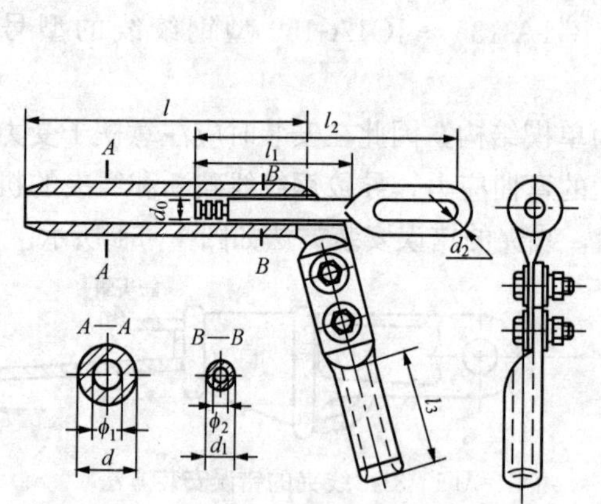

图 1 - 32 常规钢芯铝绞线用压缩型耐张线夹的形状示意图

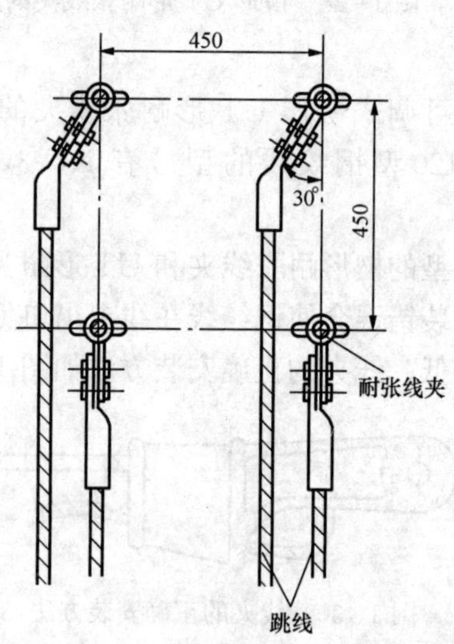

图 1 - 33 四分裂导线跳线的直跳、绕跳和空中跳的安装示意图

线夹适用于四分裂导线跳线的直跳、绕跳和空中跳，安装示意图如图 1 - 33 所示；30°跳线的压缩型耐张线夹的形状示意图如图 1 - 34 所示。型号 NY-300Q-1、NY-400Q-1，适用于导线直径为 23.7、27.36mm，型号 NY-300-1、NY-400-1，适用于导线直径为 25.2、27.68mm；型号 NY-300J-1、NY-400J-1，适用于导线直径为 25.68、29.18mm。

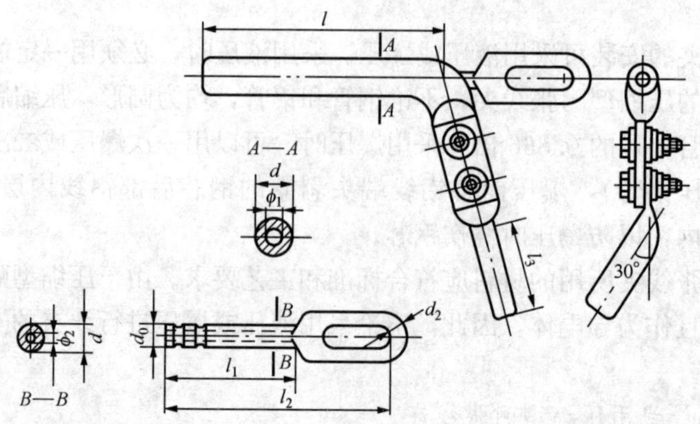

图 1 - 34 30°跳线的压缩型耐张线夹的形状示意图

3. 圆线同芯绞钢芯铝绞线用耐张线夹

圆线同芯绞钢芯铝绞线用耐张线夹的形状示意图如图 1 - 35 所示。型号 NY-250/20～NY-1250/50，适用于钢芯铝绞线导线直径范围为 21.6～47.9mm。

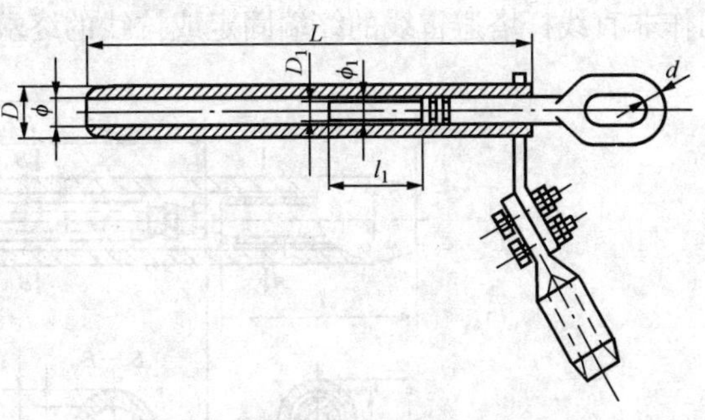

图 1 - 35　圆线同芯绞钢芯铝绞线用耐张线夹的形状示意图

4. 铝合金线夹用压缩型耐张线夹

铝合金线夹用压缩型耐张线夹由铝管本体与钢锚组成，由于没有钢芯，钢锚仅有环箍没有钢管。环箍部分与铝管压缩后为一个整体，以传递整根导线拉力。

铝合金线夹用压缩型耐张线夹的形状示意图如图 1 - 36 所示。型号 NY-95H～NY-600H，适用于铝合金绞线导线直径范围为 12.5～32.0mm。

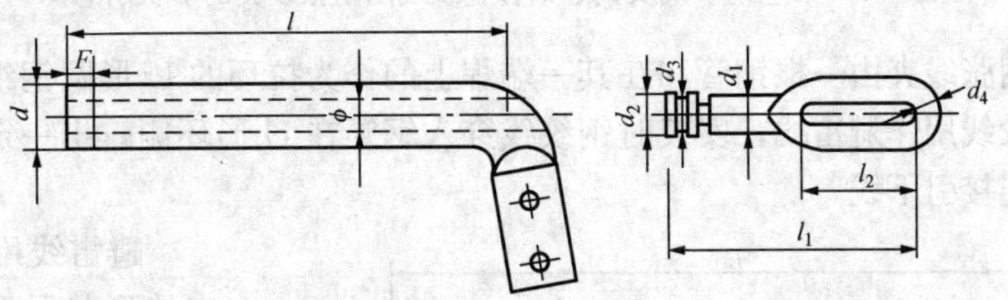

图 1 - 36　铝合金线夹用压缩型耐张线夹的形状示意图

5. 良导体——铝包钢绞线、铝合金绞线用及高强度钢芯铝绞线用耐张线夹

作为架空避雷线的良导体，现在广泛使用铝包钢绞线、铝合金绞线或铝钢截面比 $m=1.71$ 的高强度钢芯铝绞线。这些导线的接续，由于钢芯截面大，钢管外径超过绞线总外径，用耐张线夹接续时，铝管压缩铝线部分均要增加铝套，以填充铝管与导线之间存在的较大间隙。

根据实验，铝包钢绞线也可用钢管进行接续，用钢管接续后，再套上铝管本体，导流由铝管承担，铝管基本上不承受机械荷载。

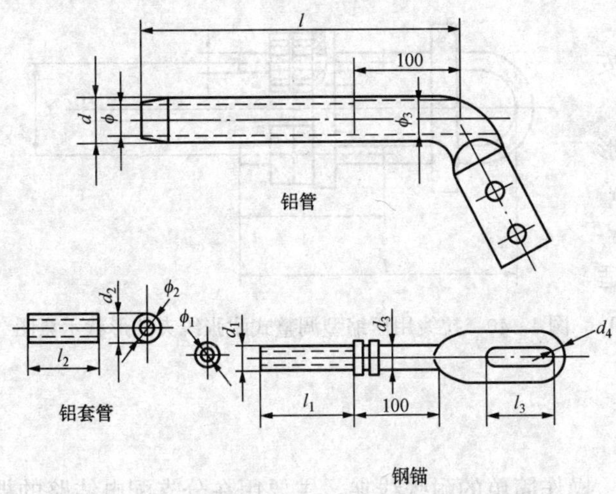

图 1 - 37　高强度钢芯铝绞线用耐张线夹的形状示意图

高强度钢芯铝绞线用耐张线夹的形状示意图如图 1 - 37 所示。型号 NY-50/30～NY-120/70，适用于高强度钢芯铝绞线用耐张直径范围 11.6～18.0mm。铝包钢绞线及钢芯铝合金绞线用耐张线夹的形状示意图如图 1 - 38 所示。型号 NGLJ-45～NGLJ-120 适用铝包钢绞线直径范围为 8.4～14.0mm，型号 NBHU-88、NBHU-99 适用于钢芯合金绞线直径为 17.5、14.7mm。

6. 避雷线用压缩型耐张线夹

避雷线用压缩型耐张线夹供安装 JG1A-35～JG1A-150 型的钢绞线，

用作非直线杆塔避雷线的终端固定或拉线的终端固定。

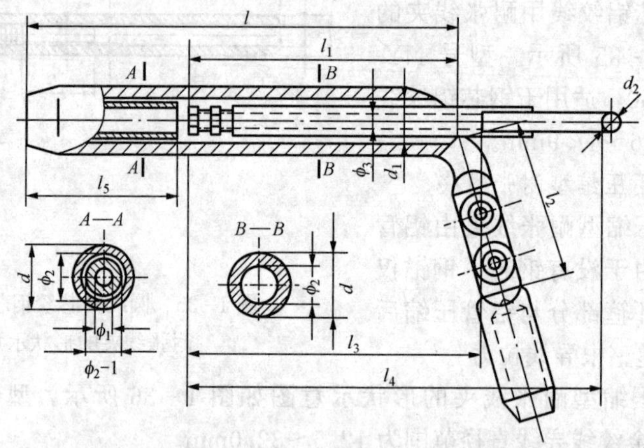

图 1-38 铝包钢绞线及钢芯铝合金绞线用耐张线夹的形状示意图

原压缩型耐张线夹由一根钢管和在其一端焊上的作为拉环的U形圆钢组成，现改为整锻加工。如钢绞线用作避雷线，安装时钢绞线穿入钢管在U形环侧露出一定长度，固定于杆塔上，用于连接引下线。

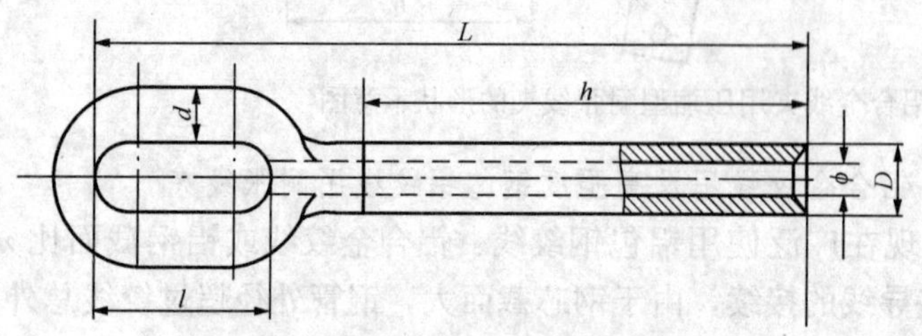

图 1-39 避雷线用压缩型耐张线夹的形状示意图

避雷线用压缩型耐张线夹的形状示意图如图 1-39 所示。型号 NY-35G、NY-55G、NY-88G，NY-100GC、NY-125GC、NY-150GC，NY-50G～NY-135G，分别适用于钢绞线直径范围为 7.8、9.6、11.5，13.0、14.5、16.0，9～15mm。

7. 拉线用压缩型调整式耐张线夹

拉线用压缩型调整式耐张线夹用来固定拉线和调整拉线。该线夹由钢压接管、可调整的长U形螺栓及拉板组成。

线夹加工工艺简单、安全可靠，安装方法可采用液压也可采用爆压。

拉线用压缩型调整式耐张线夹的形状示意图如图 1-40 所示。型号 NLY-100B、NLY-120B、NLY-135B，NLY-100C、NLY-125C、NLY-150C，分别适用于钢绞线直径范围为 13、14、15mm，13、14.5、16mm。

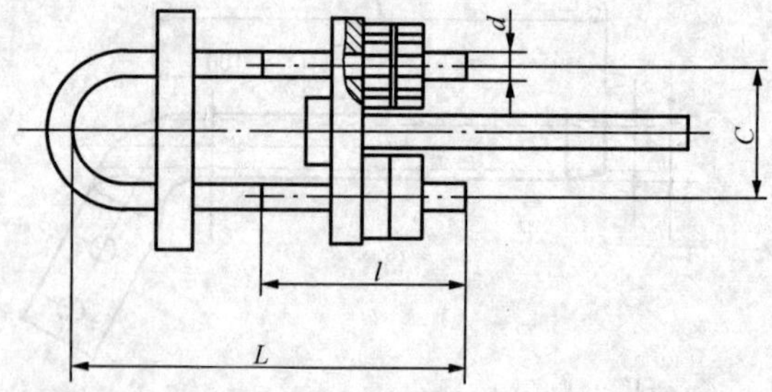

图 1-40 拉线用压缩型调整式耐张线夹的形状示意图

（四）预绞式导线耐张线夹

1. 预绞式导线耐张线夹

预绞式导线耐张线夹是一种拉力强、操作简单的耐张线夹，主要用在分支配电线路的裸导线和架空绝缘导线上。它的拉力优于目前国内常用的耐张线夹，因此，可替代在线路上常用的包括螺栓型在内的耐张线夹。

预绞式导线耐张线夹的结构简单，其预绞丝双腿绞合形成空管，后部为预成型的绞环。预绞丝双腿形成的空管缠绕在导线上时就可以产生极强的握紧力，而绞环用以固定在绝缘子上。独特的原理和结构使该种线夹具有以下独特的性能和鲜明的特点：

(1) 强度高：每个导线耐张线夹均有一段额外的预绞长度，从而保证耐张强度可达导线额定拉断力。

(2) 耐腐蚀性好：材质与导线完全一致，从而保证较强的耐腐蚀性。

(3) 安装简单：各种导线线夹均可快捷、简便地用手工在现场安装，无需任何专用工具，由一人即可完成操作。

(4) 安装质量易于保证：导线线夹的安装质量易于保证，一致性强，不需专门训练，肉眼即可进行检验，外观简洁美观。

(5) 通用性强：可与多种金具配套使用。

但是，预绞式导线耐张线夹的价格是目前线路上常用的包括螺栓型在内的耐张线夹价格的10倍左右，因而，增加了输电线路工程的造价。因此，预绞式导线耐张线夹只在小范围内使用，至今尚未得到普及。

预绞式导线耐张线夹的形状示意图如图1-41所示。

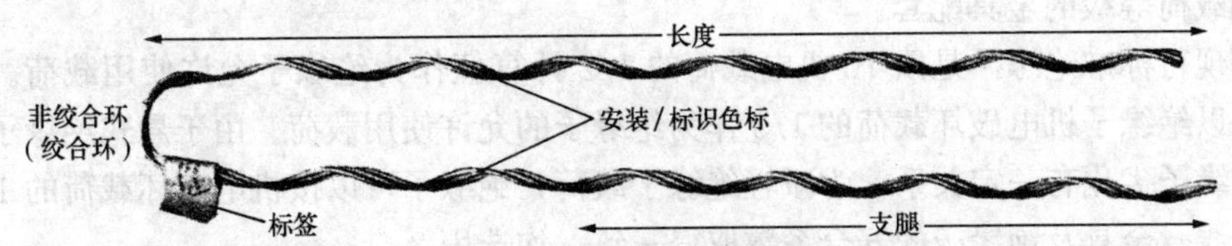

图1-41　预绞式导线耐张线夹的形状示意图

注：安装/识别色标：指示安装的起始点，同时可以帮助鉴别线夹的型号；
非绞合环：作为标准形式，适用于小尺寸的导线；
绞合环：对于较大尺寸的导线，采用绞合环来适应不同类型的金具；
标签：指示产品编号及公称尺寸。

2. 预绞式拉线耐张线夹

预绞式拉线耐张线夹的种类较多，可分为用于普通拉线的普通拉线线夹、可调拉线线夹以及用于固定大型铁塔、微波塔拉线的大型拉线线夹等。预绞式拉线耐张线夹可替代目前国内在线路杆塔上常用的固定拉线的UT形耐张线夹、楔形耐张线夹等。

预绞式拉线耐张线夹的结构非常简单，预绞丝双腿绞合形成空管，后部为预成型的绞环。预绞丝双腿形成的空管缠绕在拉线上时即可产生强握紧力，而绞环用以固定在地锚或杆塔上。

预绞式拉线耐张线夹的形状示意图如图1-42所示。

五、连接金具

连接金具用来将悬式绝缘子组装成串，悬挂在杆塔上。直线杆塔用的悬垂线夹及非直线杆塔用的耐张线夹与绝缘子串的连接，也是由连接金具组装在一起的。其他如拉线杆塔的拉线金具与杆塔的锚固，也都要使用连接金具。

(一) 连接金具的安全系数、破坏载荷系列和分类

1. 连接金具安全系数

连接金具用于各种情况的连接。连接金具的机械强度按标称破坏载荷系列划分为载荷等

图 1-42 预绞式拉线耐张线夹的形状示意图

注：安装/识别色标：绞合起点；
标签：标明产品型号、外形尺寸等；
短腿-长腿：安装后，鉴别属于每条腿的线条，安装过程中，短腿应先安装。

级，载荷等级相同的连接金具具有广泛的互换性。

根据《110～750kV 架空送电线路设计规范》规定，金具的机械强度安全系数一般不小于下列数值：

线路正常情况 2.5

线路事故情况 1.5

实际上连接金具在设计时，为了简化金具载荷等级、扩大金具的互换性，金具的机械强度不按导线拉力选定，而是按绝缘子的机电破坏载荷来确定，每一种形式或相同载荷的绝缘子与相同载荷等级的金具配套。

我国现行标准绝缘子是以 1h 机电载荷的 1/2 计算值作为绝缘子允许使用载荷。但国际上一般是以绝缘子机电破坏载荷的 1/3 作为绝缘子的允许使用载荷。由于悬式绝缘子的使用载荷与绝缘子劣化有一定关系，为减轻绝缘子载荷，绝缘子可以按机电破坏载荷的 1/2.5 计算，则导线、金具及绝缘子的安全系数取得一致，均选用 2.5。

例如，单串 XP-70 型绝缘子用的连接金具，其破坏载荷不小于 70kN；单串 X-4.5 型绝缘子用的连接金具，其破坏载荷不小于 60kN，为简化载荷等级，均使用 70kN 级。

两串绝缘子用连接金具的破坏载荷则为单串的 2 倍，三串绝缘子用的连接金具，其破坏载荷不少于单串绝缘子破坏载荷的 3 倍。

为了使相同机械强度的连接金具，具有普遍的互换性，方便运行检修，相同机械强度的连接金具所用的销钉、螺栓直径及受力部位尺寸应力求统一。

2. 破坏载荷系列

连接金具标称破坏载荷系列分为 13 个等级：40、70、100、120、160、210、250、300、400、500、600、800、1000kN。

3. 分类

根据连接金具的使用条件和结构特点，连接金具可分为三大系列：①球—窝系列连接金具。球—窝系列连接金具是专用金具，它是根据与绝缘子连接的结构特点设计出来的，用于直接与绝缘子相连接。②环—链系列连接金具。环—链系列连接金具是通用金具，采用环与环相连的结构，属于线—线接触金具。③板—板系列连接金具。板—板系列连接金具也是通用金具，它的连接必须借助于螺栓或销钉才能实现。

（二）球—窝系列连接金具

球—窝系列连接金具是与球窝型结构的悬式绝缘子配套使用的连接金具，包括各种球头挂环、碗头挂板等。球—窝系列连接金具的优点是没有方向性，挠性大，可转动，装、卸均方便，有利于带电作业。球—窝系列连接金具的窝均配有锁紧销。XP系列绝缘子的160kN级及以下锁紧销，采用W型推拉销，其形状示意图如图1-43所示。210kN级及以上的锁紧销采用R型推拉销，其形状示意图如图1-44所示。推拉销的特点是绝缘子装卸时只需将推拉销从销孔拉出（但仍挂在铁帽窝内）推进，无需取出，并可重新打入，既方便装卸，又可避免推拉销丢失。

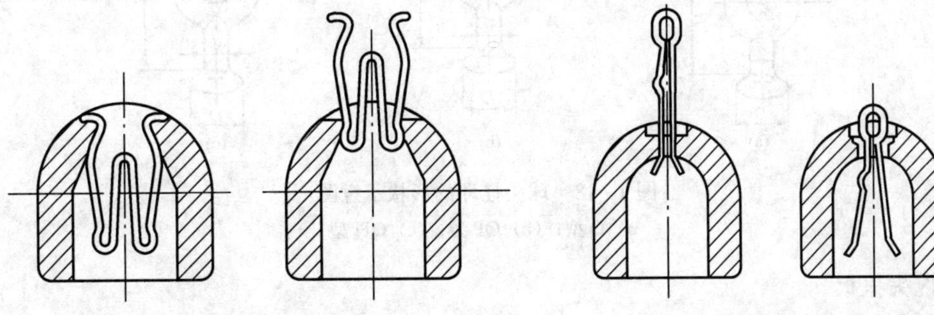

图1-43　W型推拉销的形状示意图　　图1-44　R型推拉销的形状示意图

连接金具的螺栓尾部所用的锁住销，过去采用开口销，因钢质开口销经热镀锌后失去弹性且锈蚀，现一律采用销子材料为铜质或不锈钢，解决了长期用热镀锌钢开口销而不能解决的锈蚀问题。闭口销比开口销具有更多的优点，闭口销装入销孔后就会自动弹开，不需将销尾弯曲45°；当拔出销孔时比较容易，锁住可靠，带电装卸灵活。闭口销插入和安装后情况如图1-45所示。

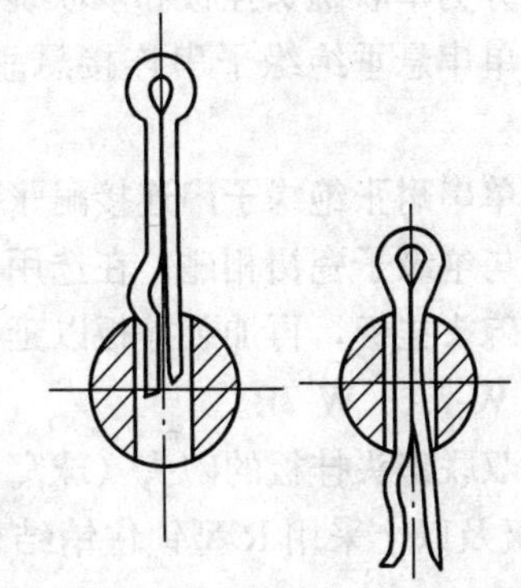

图1-45　闭口销插入和安装后情况

1. 球头挂环

球头挂环用来与球窝型悬式绝缘子上端钢帽的窝连接，避免了因连接点产生点接触造成的应力集中。球头挂环根据使用条件分为圆环接触和螺栓杆面接触两种。

专用于与圆环相接触的球头挂环形状示意图如图1-46所示。专用于与螺栓杆面相接触的球头挂环形状示意图如图1-47所示。

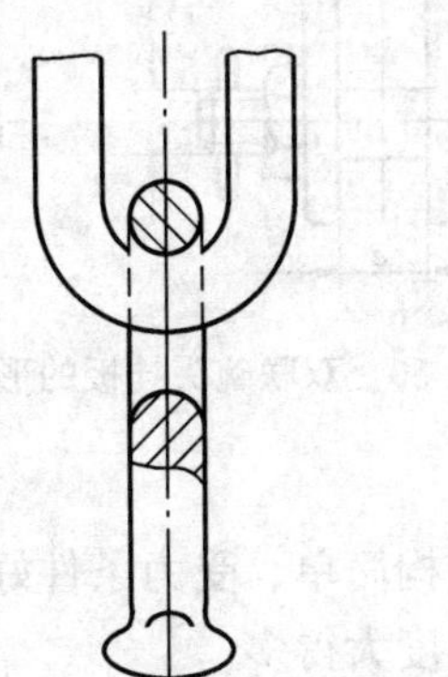

图1-46　专用于与圆环相接触的球头挂环形状示意图

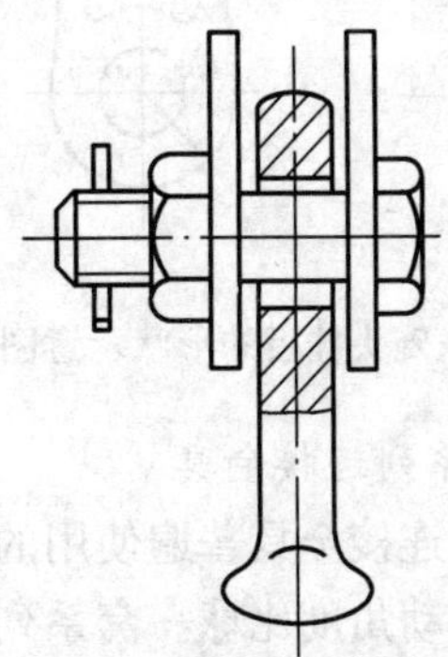

图1-47　专用于与螺栓杆面相接触的球头挂环形状示意图

球头挂环的形状示意图如图 1-48 所示。其型号为 Q-7、QP-7、QP-10、QP-12、QP-16、QP-20、QP-21、QP-30 和 QH-7。

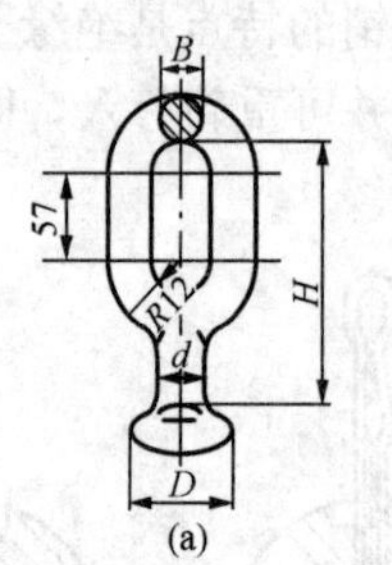

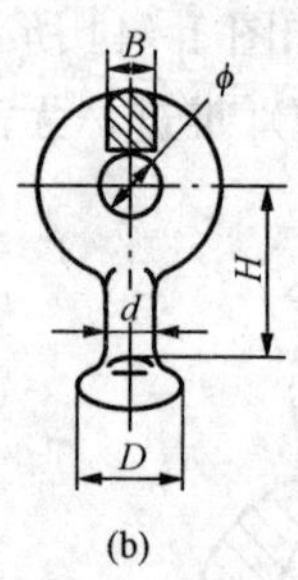

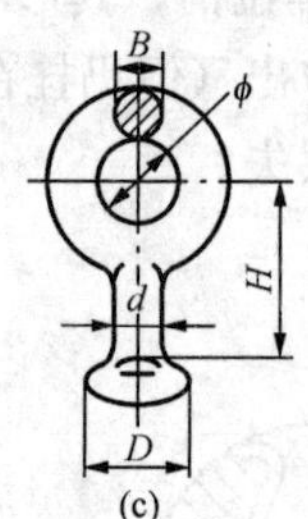

图 1-48　球头挂环的形状示意图

(a) Q型；(b) QP 型；(c) QH 型

2. 碗头挂板

碗头挂板用来连接球窝型绝缘子下端的钢脚（又称球头）。碗头挂板按结构和使用条件不同分为单联碗头挂板和双联碗头挂板。

单串悬垂绝缘子串连接悬垂线夹时，应选用较短的单联碗头挂板，以减短绝缘子串长度。

单串耐张绝缘子串连接耐张线夹时，应选用长尺寸的单联碗头挂板，以避免耐张线夹的跳线与绝缘子瓷裙相碰；在选用长尺寸的单联碗头挂板仍然不能满足要求时，应选用较短的单联碗头挂板，再加装挂板以延长距离。单联碗头挂板的形状示意图如图 1-49 所示，其型号为 W-7A、W-7B。

双联碗头挂板的碗头（球窝）有两种结构形式：16t 级以下采用 W 型锁住销结构形式，20t 级及以上采用 R 型锁住销结构形式。双联碗头挂板的形状示意图如图1-50所示。其型号为 WS-7、WS-10、WS-16、WS-21 和 WS-21R、WS-30R。

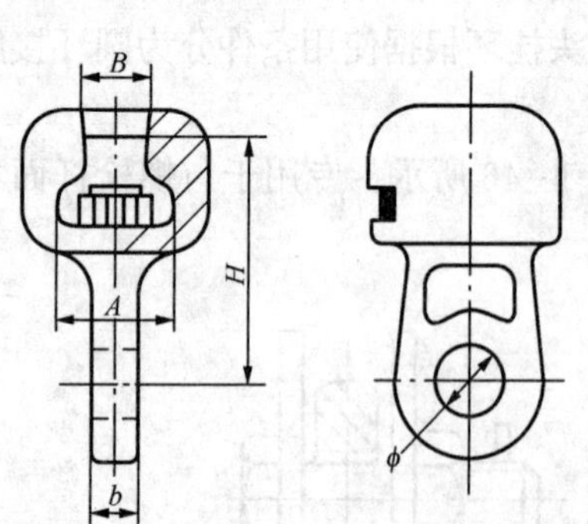

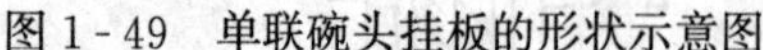

图 1-49　单联碗头挂板的形状示意图

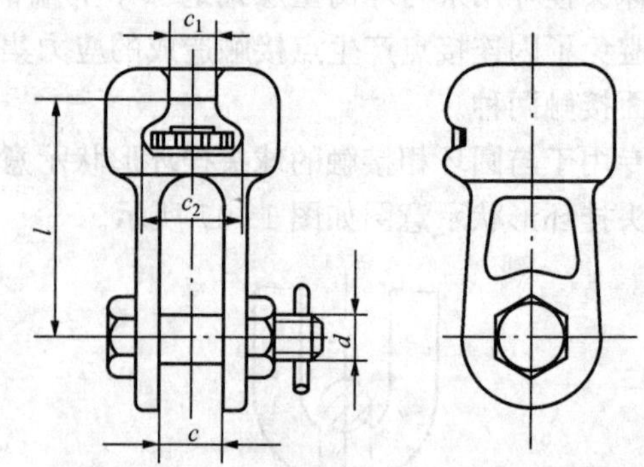

图 1-50　双联碗头挂板的形状示意图

（三）环—链系列连接金具

环—链连接是连接金具普遍使用的结构形式，其结构简单、受力条件好、转动灵活、不受方向的限制，转动角度比球—窝系列连接金具转动角度大得多。

环—链系列连接金具包括 U 形挂环、直角环、延长环（又名平行环或椭圆环）及 U 形螺栓等。

1. U 形挂环

U 形挂环是以圆钢锻制而成，用途较广，可以单独使用，也可以两个串装使用，如图 1-51所示。

U 形挂环的形状示意图如图 1-52 所示。其型号有 U-7、U-10、U-12、U-16、U-21、U-25、U-30、U-50。

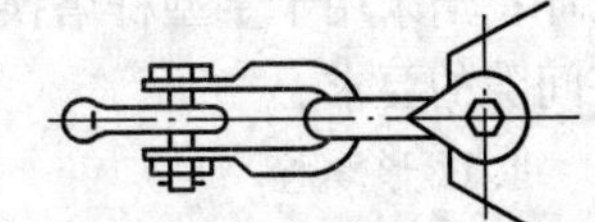
图 1-51　U 形挂环串装使用

加长 U 形挂环是用来与楔形线夹配套的连接金具。加长 U 形挂环的形状示意图如图 1-53 所示。其型号有 UL-7、UL-10、UL-12、UL-16、UL-21。

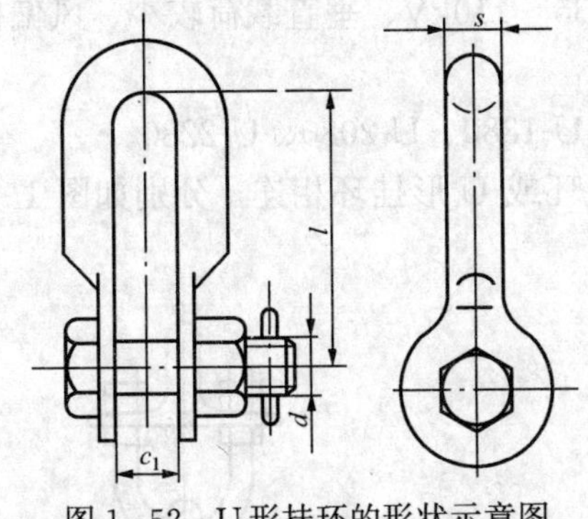

图 1-52　U 形挂环的形状示意图

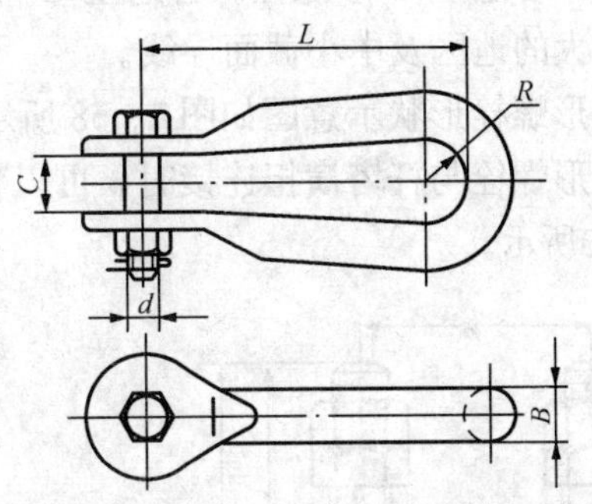

图 1-53　加长 U 形挂环的形状示意图

2. 直角环

直角环是用来连接槽型悬式绝缘子上端钢帽的连接金具。直角环下端环半径为 22mm，与槽型悬垂绝缘子钢脚尺寸一致，以便与槽型悬垂绝缘子配套使用，如图 1-54 所示。

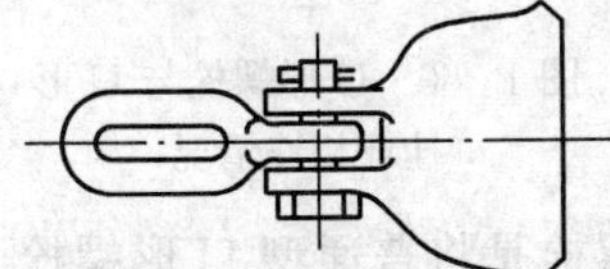
图 1-54　直角环与槽型悬式绝缘子配套使用

直角环的形状示意图如图 1-55 所示，型号为 ZH-7。

3. 延长环

延长环由圆钢对焊或整体锻制而成，用于环形金具的连接，以加长连接尺寸或转变连接方向，如图 1-56 所示。

延长环的形状示意图如图 1-57 所示。其型号为 PH-7、RH-10、RH-12、RH-16、RH-21、RH-25、RH-30。

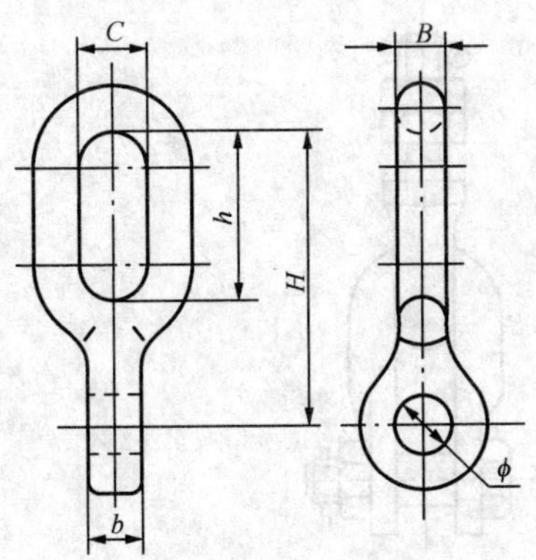

图 1-55　直角环的形状示意图

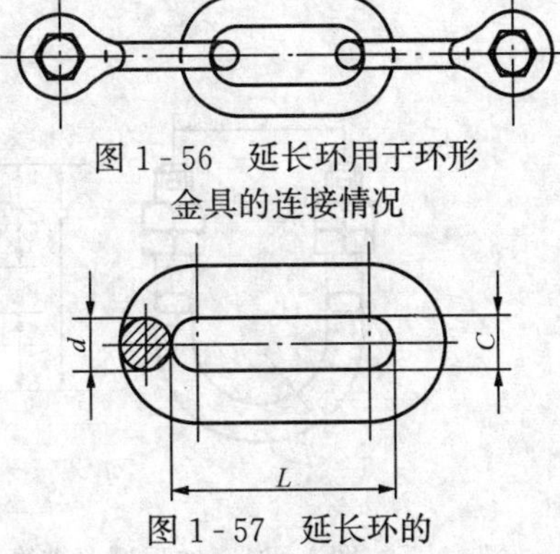
图 1-56　延长环用于环形金具的连接情况

图 1-57　延长环的形状示意图

在孤立档紧线时，采用延长环可以解决过牵引的施工问题；在非直线杆塔上，两串耐张绝缘子串之间的跳线，由于风偏致使对横担的间隙距离不足时，也可以在绝缘子串上加装延长环；当采用干字型杆塔换位时，在耐张绝缘子串上有时也要加装延长环，以满足跳线对杆塔间隙的要求。

4. U 形螺栓

U 形螺栓用于直线杆塔悬挂悬垂绝缘子串、避雷线悬垂组合，作为杆塔横担的首件。这种 U 形螺栓不能采用缩杆工艺和减少螺纹底径的生产方式制造。U 形螺栓分为两种：一种是普通型 U 形螺栓，另一种是加强型（带缘台的）U 形螺栓。

（1）普通型 U 形螺栓。普通型 U 形螺栓适用于 35～110kV、垂直载荷较小、风偏横向弯矩不大的地区及中小截面导线。

U 形螺栓形状示意图如图 1 - 58 所示。其型号为 U-1880、U-2080、U-2280。

U 形螺栓与杆塔横担连接时，可以直接与球头挂环或 U 形挂环相连，分别如图 1 - 59、图1 - 60所示。

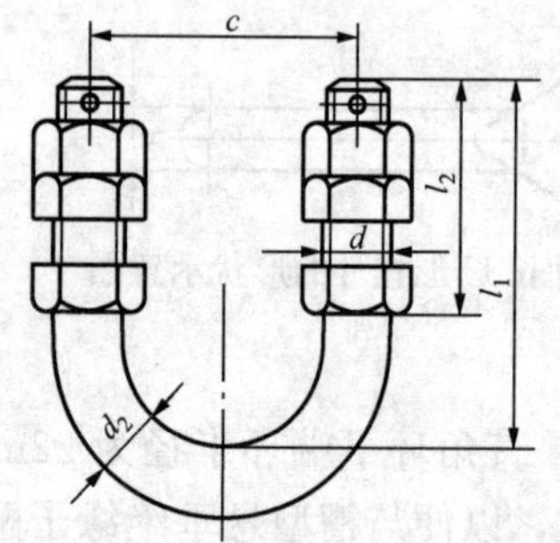

图 1 - 58　U 形螺栓形状示意图

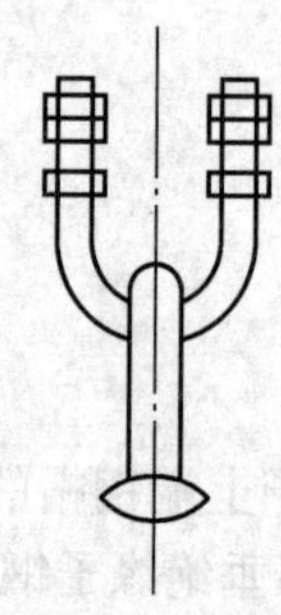
图 1 - 59　U 形螺栓与球头挂环相连情况

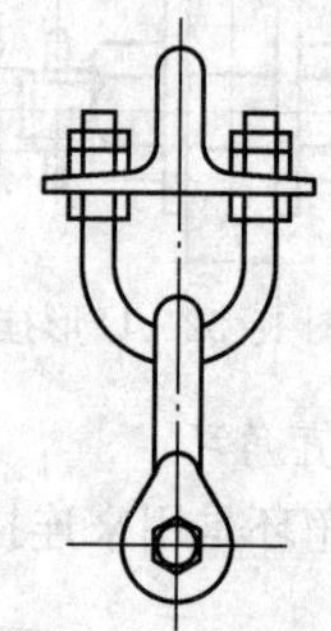
图 1 - 60　U 形螺栓与 U 形挂环相连情况

（2）加强型（带缘台）U 形螺栓。加强型（带缘台）U 形螺栓是将普通型 U 形螺栓下端的螺母改为与螺杆锻成一个带缘整体。U 形螺栓螺纹部分安装于横担钢板上方，风偏时，横向荷载由缘台作为支撑点，螺杆受弯而不损伤螺纹，提高了 U 形螺栓的横向承载能力。

加强型（带缘台）U 形螺栓的形状示意图如图 1 - 61 所示。其型号有 UJ-1880、UJ-2080、UJ-2280。

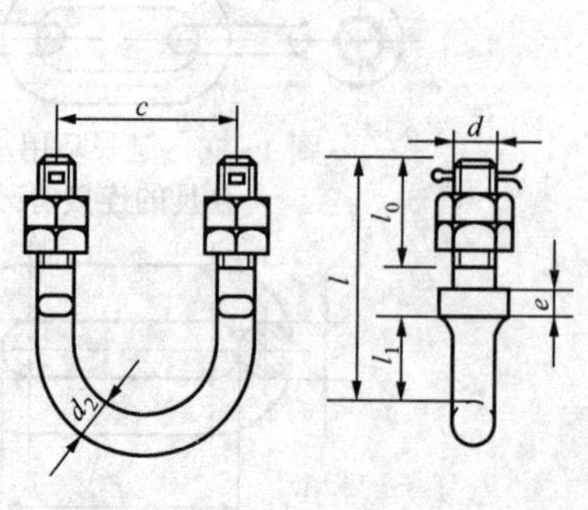

图 1 - 61　加强型（带缘台）U 形螺栓的形状示意图

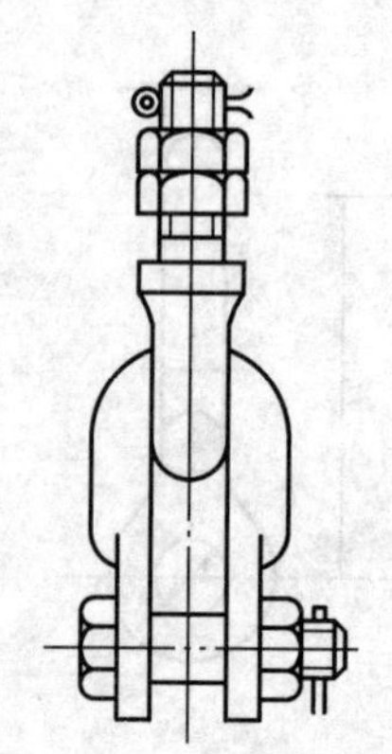
图 1 - 62　加装长椭圆球头环情况

加强型（带缘台）U形螺栓适用于电压为220kV及以上，线路导线截面较大的悬垂绝缘子串。但由于螺杆带缘，用一般球头挂环无法组装，必须加装长椭圆球头环或加装U形挂环，如图1-62所示。

5. 避雷线悬垂吊架

避雷线悬垂吊架由钢锻制的吊杆及生铁铸造的垫块组成。它用于ϕ190mm、ϕ230mm锥形钢筋混凝土电杆及ϕ300mm、ϕ400mm等径电杆上吊挂避雷线悬垂线夹，如图1-63所示。

避雷线悬垂吊架的形状示意图如图1-64所示，有DJ-1839、DJ-2244、DJ-2451、DJ-2762四种型号。

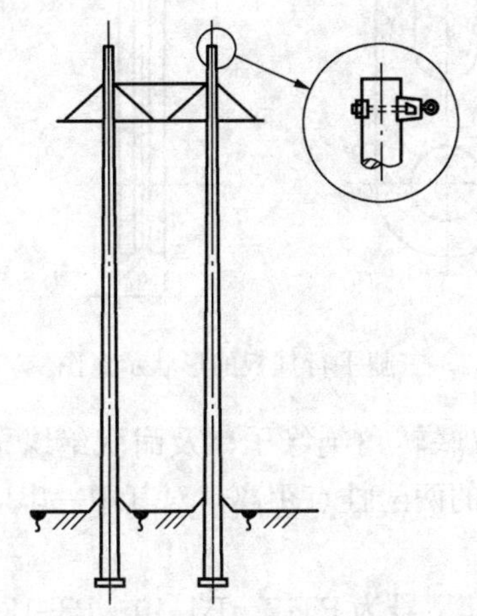

图1-63　避雷线悬垂吊架使用情况

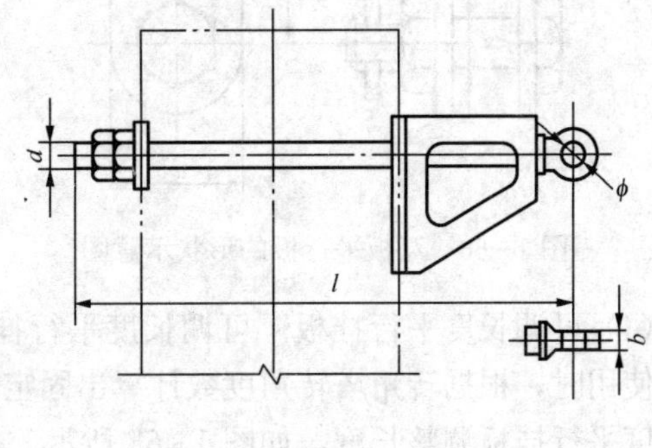

图1-64　避雷线悬垂吊架的形状示意图

（四）板—板系列连接金具

板—板连接是连接金具普遍使用的简单结构形式。对盘形悬式绝缘子使用的板—板系列连接金具是双腿槽型与单腿扁脚的结构。

板—板系列连接金具，主要包括平行挂板、直角挂板、U形挂板、联板、牵引板、调整板、十字挂板和联板支撑等。

1. 平行挂板

平行挂板用于单板与单板及单板与双板的连接，仅能改变组装件长度，而不能改变连接方向。平行挂板多采用中厚钢板以冲压和剪割工艺制成。

定型的平行挂板分为单板平行挂板、双板平行挂板及单板转换双板的平行挂板。

（1）单板平行挂板。单板平行挂板多用于与楔形线夹配套组装，将楔形线夹固定在杆塔包箍法兰上或与双板平行挂板组装以增加连接长度。单板平行挂板的形状示意图如图1-65所示。其型号为PD-7、PD-10、PD-12、PD-6A。

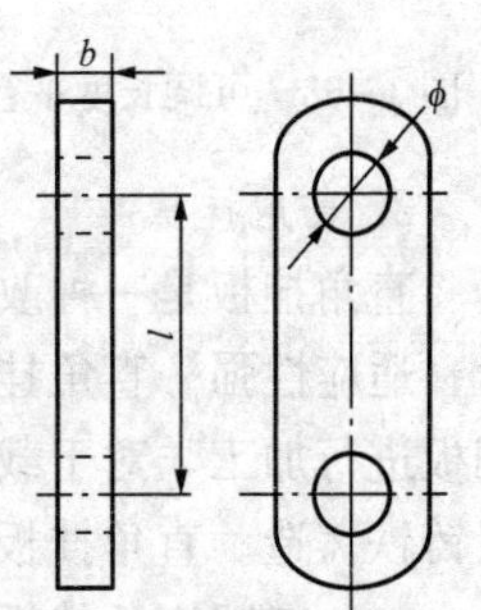

图1-65　单板平行挂板的形状示意图

（2）双板平行挂板。双板平行挂板用于与槽型绝缘子组装、转角塔耐张绝缘子串延长长度及与其他金具连接。210kN及300kN级的各种不同长度的双板平行挂板用于500kV线路的耐张及转角绝缘子串以增加串长。双板平行挂板的形状示意图如图

1-66所示。其型号有 P-7～P-50、P-2118、P-3054、P-5026 等。

（3）三腿平行挂板。三腿平行挂板用于双板与单板的过渡连接和槽型绝缘子耐张串与耐张线夹的连接，悬挂悬重锤的挂架的加长也使用三腿平行挂板。三腿平行挂板的形状示意图如图 1-67 所示，型号为 PS-7。

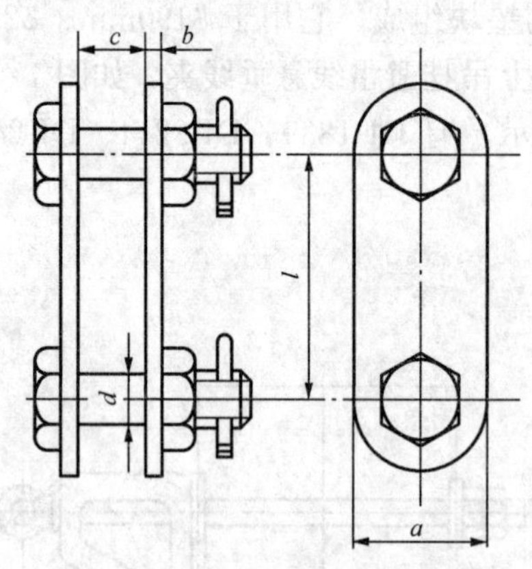

图 1-66 双板平行板的形状示意图

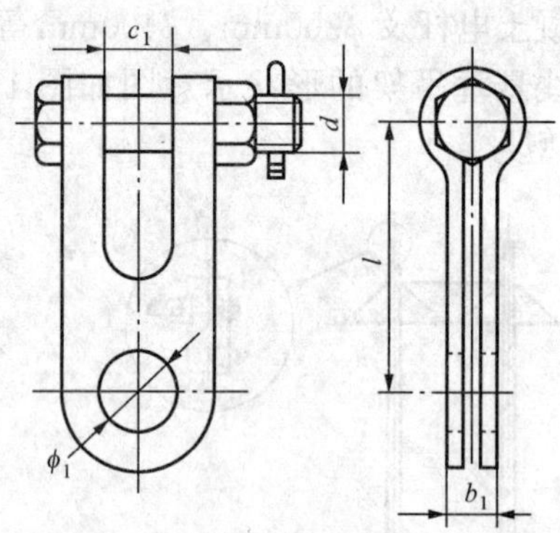

图 1-67 三腿平行挂板的形状示意图

（4）可调长度平行挂板。可调长度平行挂板专供双联转角绝缘子串及耐张绝缘子串使用。使用时，根据转角塔转角度数计算出固定绝缘子串的两悬挂点距离，对其中一串应加可调长度平行挂板调整长度，如图 1-68 所示。

可调长度平行挂板的形状示意图如图 1-69 所示。其型号为 PT-7、PT-10、PT-12、PT-16、PT-21、PT-30。

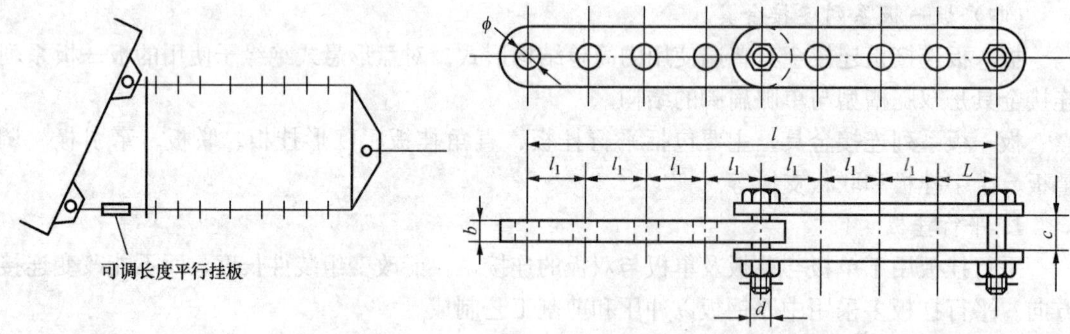

图 1-68 可调长度平行挂板的使用情况　　图 1-69 可调长度平行挂板的形状示意图

2. 直角挂板

直角挂板是一种改变连接方向的转向连接金具，由于其连接方向互成直角，因此变换灵活、适应性强。直角挂板一般采用中厚钢板经冲压弯曲而成。根据结构特点直角挂板可采用钢板进行加工，对于载荷等级较大的直角挂板可采用球墨铸铁或铸钢制造，但不允许采用可锻铸铁铸造。直角挂板可分为三腿直角挂板和四腿直角挂板两种。

（1）三腿直角挂板。三腿直角挂板的一端与单板相接，另一端与双板金具相接。三腿直角挂板的形状示意图如图 1-70 所示。其型号为 ZS-7、ZS-10、ZS-665。

（2）四腿直角挂板。四腿直角挂板用于连接互成直角的单板，它可以直接与杆塔横担相连，作为绝缘子串的首件，也可用于连接绝缘子及其他改变连接方向的任何连接。

用钢板制造的四腿直角挂板的形状示意图如图1-71所示。其型号为 Z-7、Z-10、Z-12、Z-16、Z-21、Z-25。

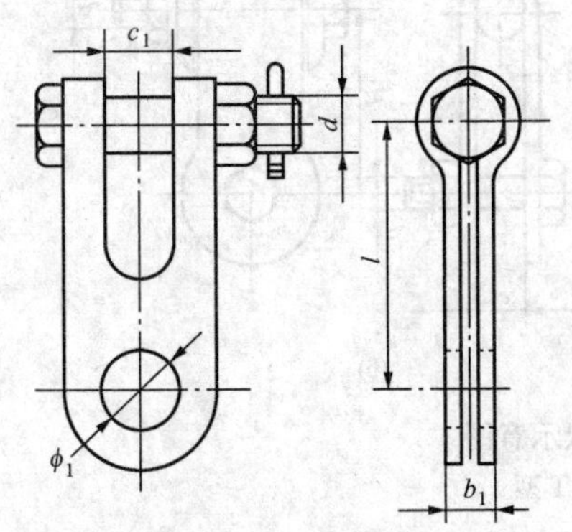

图1-70　三腿直角挂板的形状示意图

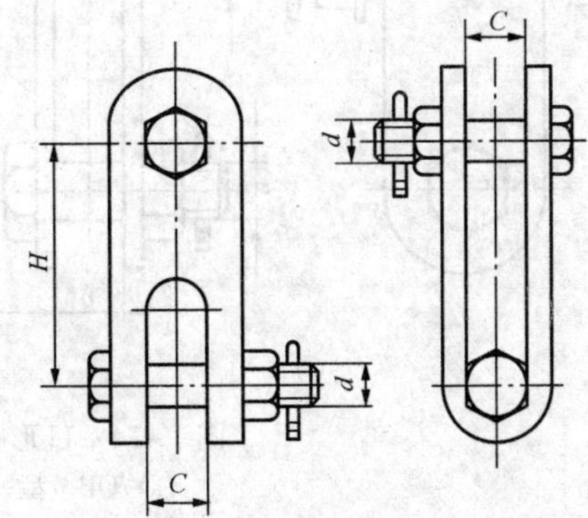

图1-71　用钢板制造的四腿直角挂板的形状示意图

用于500kV线路的直角挂板采用球墨铸铁或铸钢制造的四腿直角挂板形状示意图如图1-72所示，型号为 Z1-25。

3. U 形挂板

U 形挂板用于将悬垂绝缘子串或耐张绝缘子串与杆塔横担连接。

悬垂绝缘子串与杆塔横担的连接采用 U 形挂板时，顺线路方向转动灵活，风偏时摆动中心移至挂板下端螺栓中心，从而可避免第一片绝缘子瓷裙与杆塔横担相碰。U 形挂板正确的安装方法如图 1-73 所示。

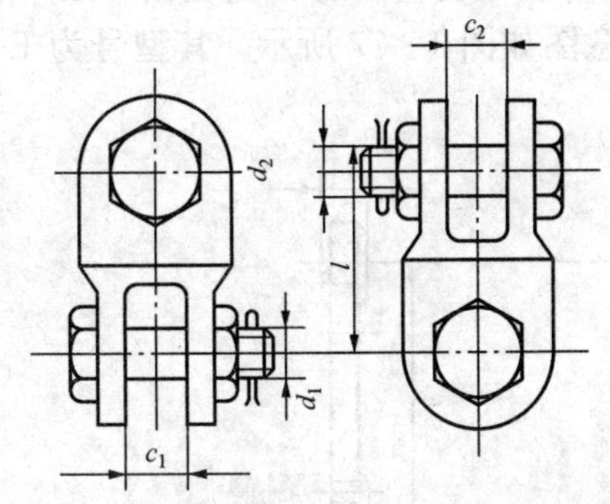

图1-72　采用球墨铸铁或铸钢制造的四腿直角挂板的形状示意图

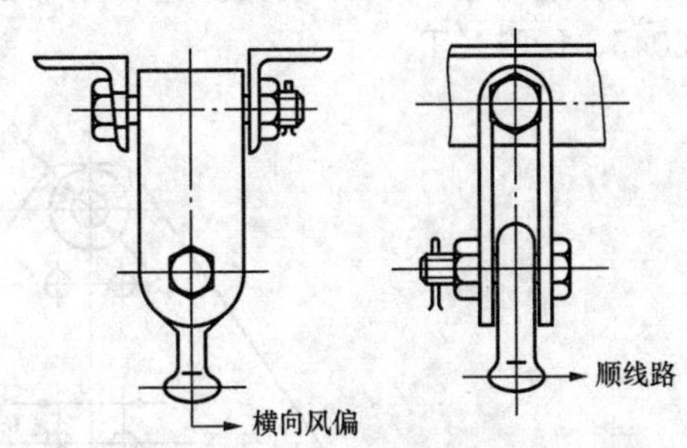

图1-73　U 形挂板正确的安装方法

U 形挂板的形状示意图如图 1-74 所示。其型号为 UB-7、UB-10、UB-12、UB-16、UB-21、UB-30、UB-12T、UB-16T、UB-21T、UB-30T。

4. 联板

联板用于双联绝缘子串及多联绝缘子串的并联组装、绝缘子串与两根导线及多根导线的组装、双根拉线的组装等。根据使用条件，联板分为九种。

(1) L 型联板（一）。用于双联耐张绝缘子串与单导线组装（见图 1-75）、单串绝缘子与两根分裂导线组装的 L 型联板（一）的形状示意图如图 1-76 所示。其型号为 L-1040、L-1240、L-1640、L-2140、L-2540、L-3040。

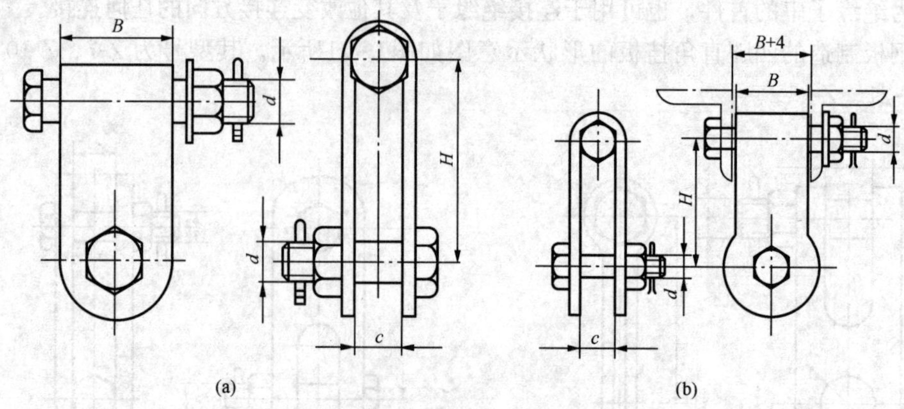

图 1-74　U 形挂板的形状示意图
(a) UB-7 型；(b) UB-12T 型

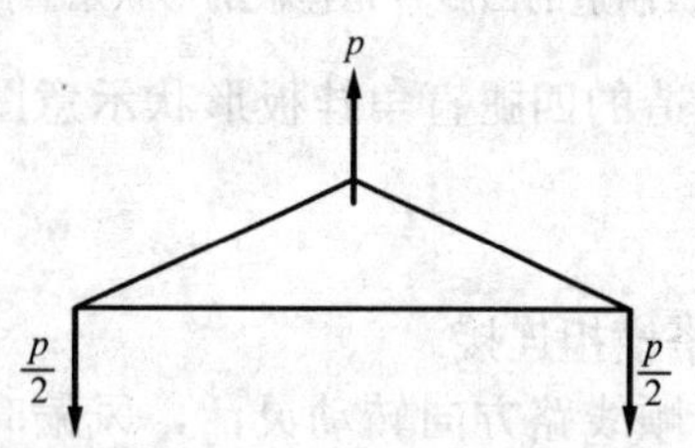

图 1-75　L 型联板（一）使用情况

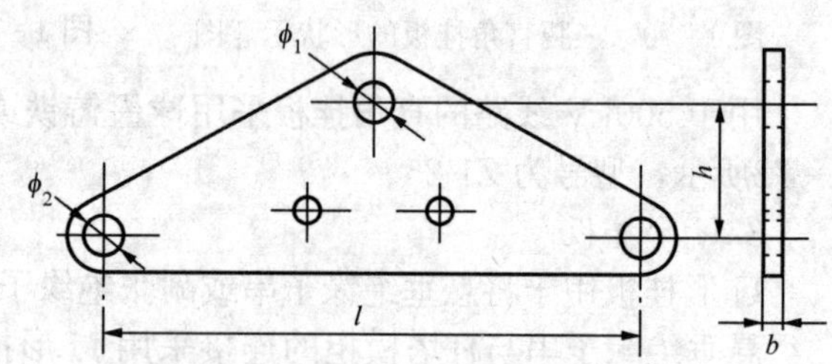

图 1-76　L 型联板（一）的形状示意图

(2) L 型联板（二）。用于单联绝缘子串与两根分裂导线组装的 L 型联板（二）上可装均压环，适用于 500kV 线路。这种联板的形状示意图如图 1-77 所示。其型号为 L-2145、L-3045、L-2145T。

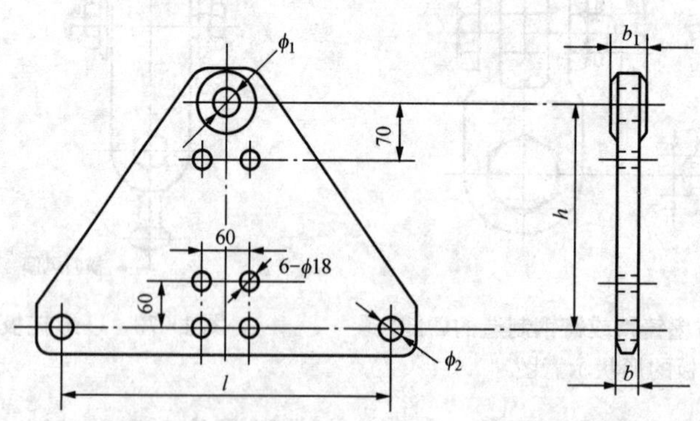

图 1-77　L 型联板（二）的形状示意图

(3) L 型联板（三）。用于组成三联绝缘子串并联用的 L 型联板（三）的使用情况如图 1-78 所示。这种联板的形状示意图如图 1-79 所示，型号有 L-2160、L-3060。

(4) LF 型联板。LF 型联板用于双联绝缘子串（悬垂串或耐张串）中连接两根分裂导线，如图 1-80 所示。

LF 型联板的形状示意图如图 1-81 所示。其型号为 LF-2140、LF-2540、LF-3040、LF-3055四种。

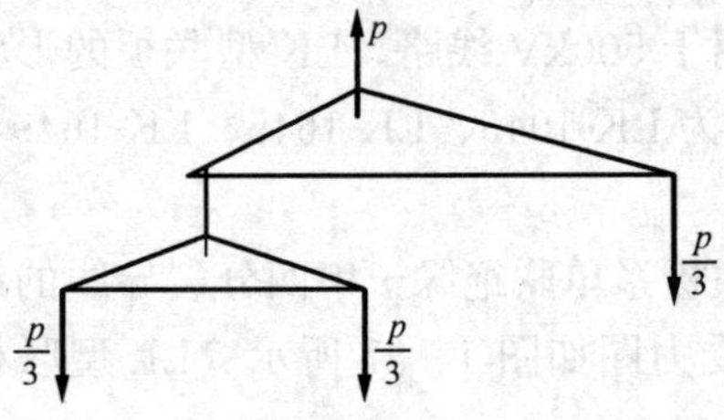

图 1-78　L 型联板（三）使用情况

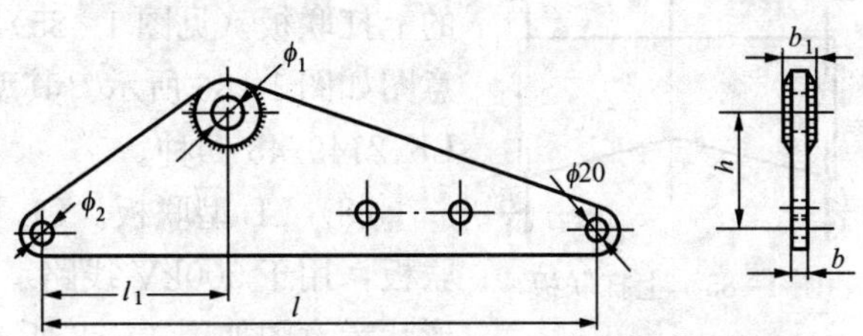

图 1-79　L 型联板（三）的形状示意图

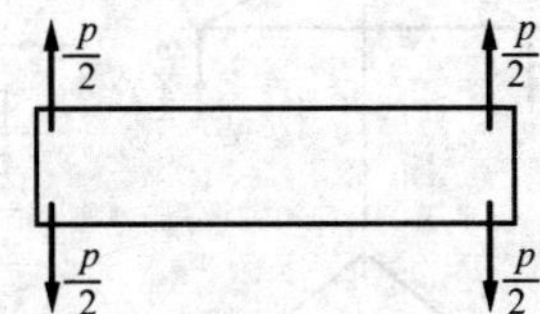

图 1-80　LF 型联板使用情况

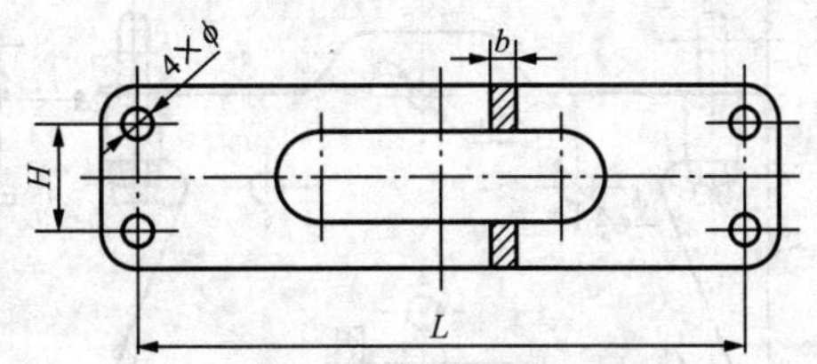

图 1-81　LF 型联板的形状示意图

（5）LJ 型联板。LJ 型联板用于单联悬垂绝缘子串与双分裂导线的 330kV 线路和双联耐张绝缘子串与双分裂导线的 330kV 线路，联板上可安装均压屏蔽环。LJ 型联板的使用情况和形状分别如图 1-82、图 1-83 所示。其型号为 LJ-1040、LJ-1240、LJ-1640、LJ-2540、LJ-3040。

（6）LE 型联板。LE 型联板系单联悬垂绝缘子串四分裂导线的整体联板［见图 1-84（a)］，用于 500kV 线路。LE 型联板的形状示意图如图 1-84（b）所示。其型号为 LE-1645、LE-2145、LE-3045。

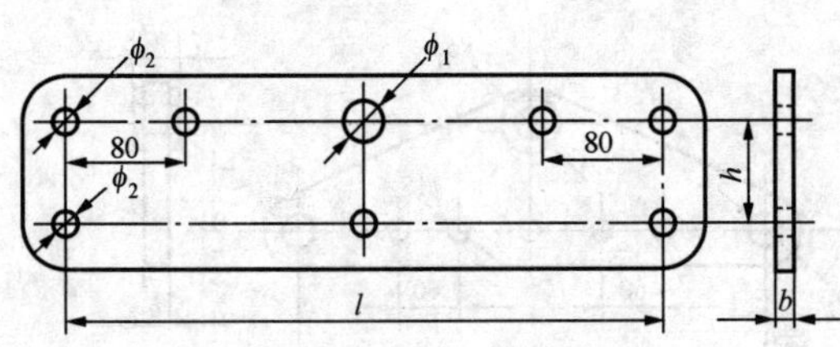

图 1-82　LJ 型联板的使用情况

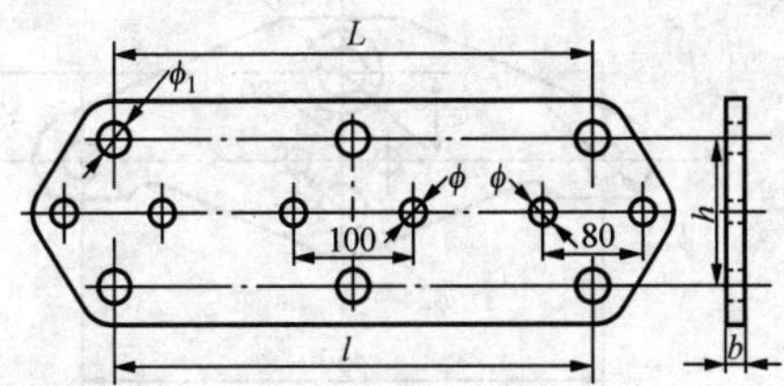

图 1-83　LJ 型联板的形状示意图

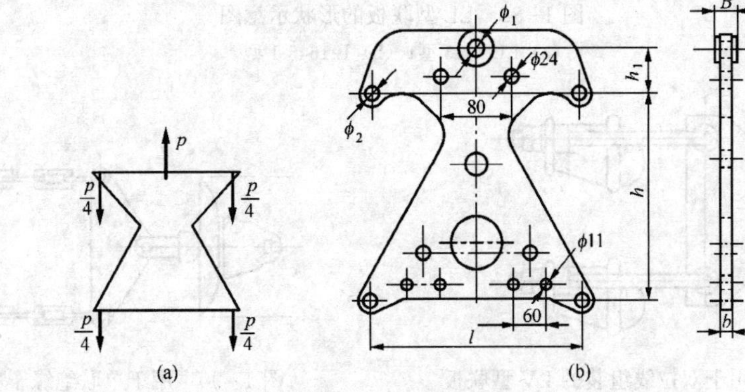

图 1-84　LE 型联板

（a）使用情况；（b）形状示意图

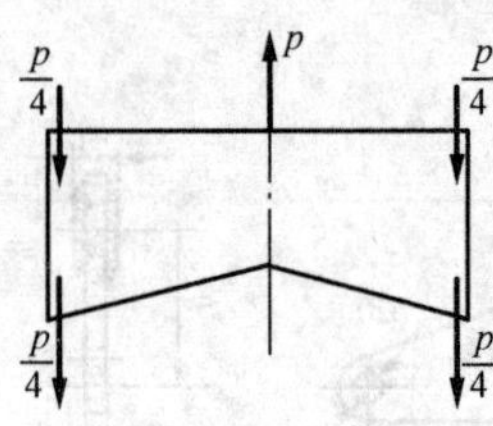

图 1-85 上扛联板

（7）LK 型联板。LK 型联板系单联悬垂绝缘子串四分裂导线的上扛联板（见图 1-85），用于 500kV 线路。LK 型联板的形状示意图如图 1-86 所示。其型号为 LK-1045、LK-1645、LK-1649/45、LK-2149/45 四种。

（8）LL 型联板。LL 型联板系单联绝缘子串四分裂导线的组合联板，用于 500kV 线路。其受力图如图 1-87 所示。LL 型联板的形状示意图如图 1-88 所示。

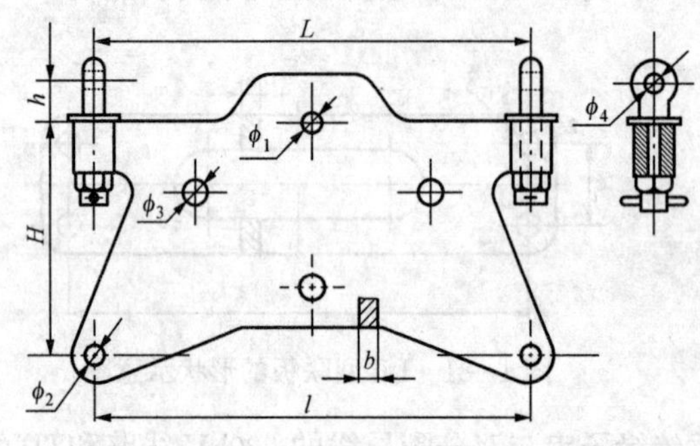

图 1-86 LK 型联板的形状示意图

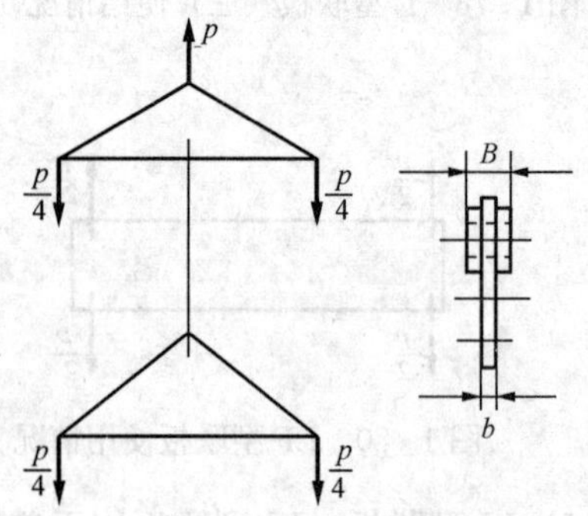

图 1-87 LL 型联板的受力图

（9）LV 型联板。LV 型联板用于双拉线组装（见图 1-89）及单联绝缘子串紧固双母线（见图 1-90）。LV 型联板的形状示意图如图 1-91 所示。其型号为 LV-0712、LV-1020、LV-1214、LV-2115 和 LV-3018。

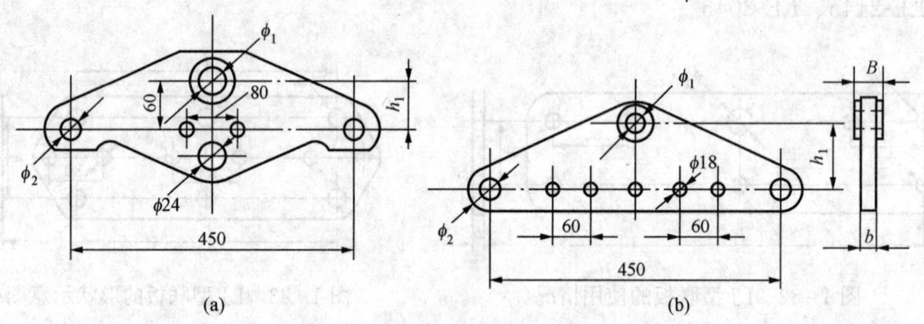

图 1-88 LL 型联板的形状示意图

（a）LL-1645 型；（b）L-1645-1 型

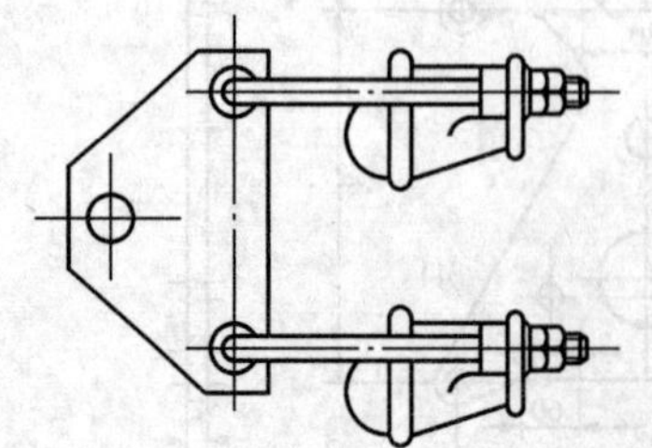
图 1-89 用于双拉线组装的 LV 型联板

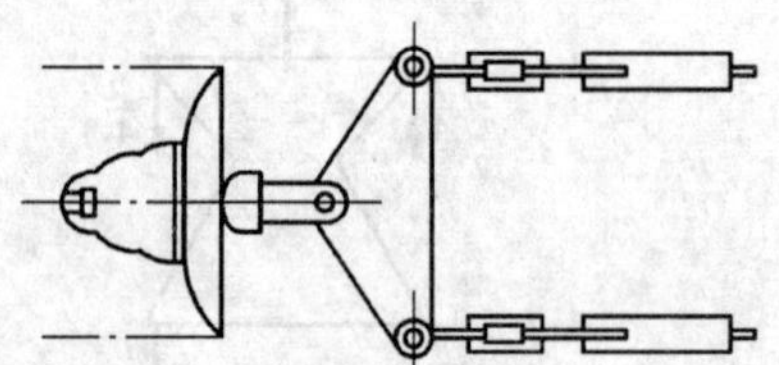
图 1-90 用于单联绝缘子串紧固双母线的 LV 型联板

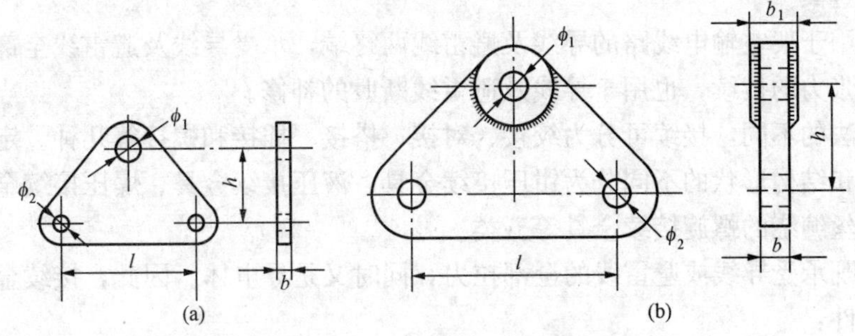

图 1-91 LV 型联板的形状示意图

(a) LV-0712 型；(b) LV-2115 型

5. 调整板

调整板是一块多孔且孔距不同的钢板，串联于绝缘子串的连接金具中，以调整双联并联绝缘子串长度；串联于分裂导线的耐张绝缘子串的连接金具与耐张线夹之间，以调整两根分裂导线的弛度。

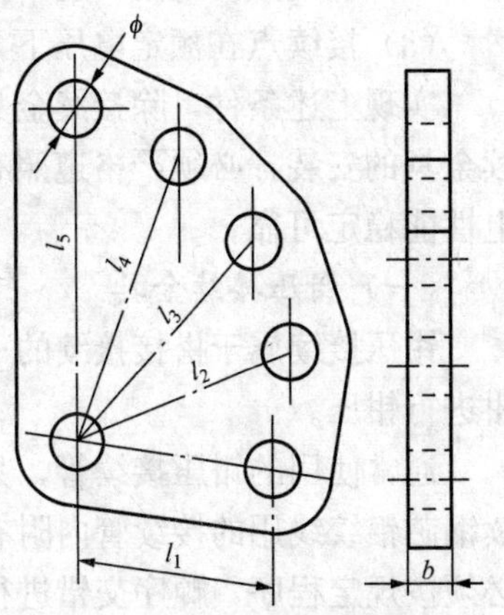

图 1-92 调整板的形状示意图

调整板的形状示意图如图 1-92 所示。其型号为 DB-7、DB-10、DB-12、DB-16、DB-21、DB-25、DB-30、DB-50。

6. 十字挂板

十字挂板是用于在变电站单联耐张或悬垂绝缘子串上安装均压屏蔽环的特殊挂板，如图 1-93 所示。

十字挂板的形状示意图如图 1-94 所示。其型号为 SZ-9、SZ-16。

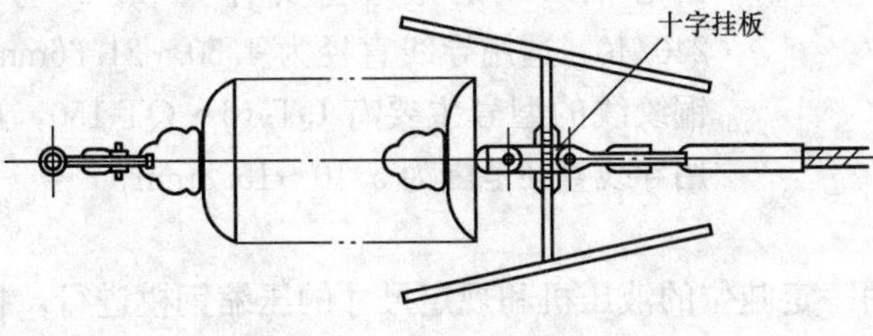

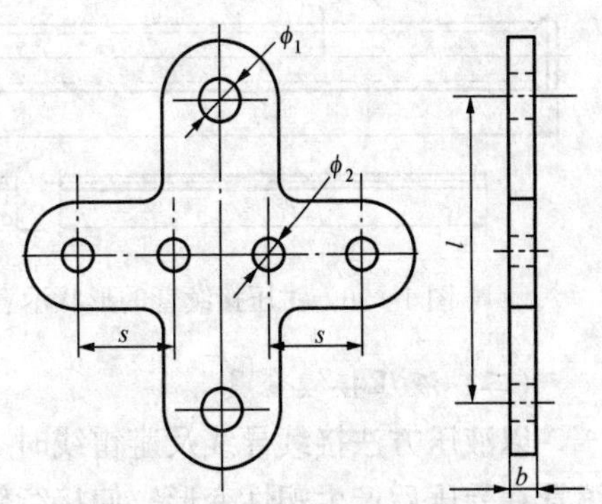

图 1-93 十字挂板的使用情况

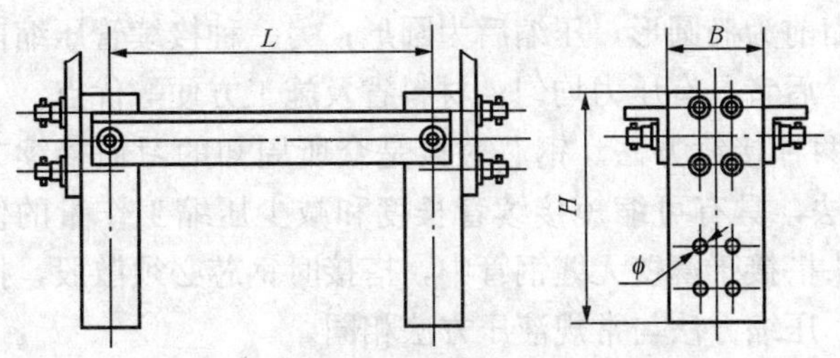

图 1-95 联板支撑的形状示意图

图 1-94 十字挂板的形状示意图

7. 联板支撑

两串绝缘子串之间无联板连接，每串绝缘子分别与横担固定后，以联板支撑保持两串绝缘子串间的距离。联板支撑的形状示意图如图 1-95 所示，型号为 ZCJ-45。

六、接续金具

接续金具用于架空输电线路的导线及避雷线两终端，承受导线及避雷线全部张力的接续和不承受全部张力的接续，也用于导线及避雷线断股的补修。

按接续方法的不同，接续可分为绞接、对接、搭接、插接和螺接等几种。定型的接续金具按施工方法和结构形状的不同分为钳压接续金具、液压接续金具、爆压接续金具、螺栓接续金具及预绞丝缠绕的螺旋接续金具等五类。

接续金具既承受导线或避雷线的全部拉力，同时又是导电体。因此，接续金具接续后必须满足以下条件：

（1）接续点的机械强度，应不小于被接续导线计算拉断力的 90%；

（2）接续点的电阻，应不大于被接续等长导线的电阻；

（3）接续点在额定电压下，长期通过最大负荷电流时，其温升不得超过导线的温升。

实现上述条件，除接续金具的尺寸应正确确定以外，主要取决于安装的质量。因此，接续金具的安装，必须严格遵照有关施工技术规程所规定的程序认真进行，以保证接续点的机电性能稳定可靠。

（一）钳压接续金具

钳压接续属于搭接接续的一种，将导线端头搭接在薄壁的椭圆形管内，以液压钳或机动钳进行钳压。

通常使用的钳压接续管，只能接续中小截面的铝绞线、钢芯铝绞线、铜绞线和铁线。接续钢芯铝绞线用的接续管内附有衬垫。钳压接续时，接续管置于重叠的两线端之间，钳压时必须按规定程序，顺序交错进行，钳压部位凹槽的深度必须符合安装规定，以保证接续管对导线的握力符合要求。

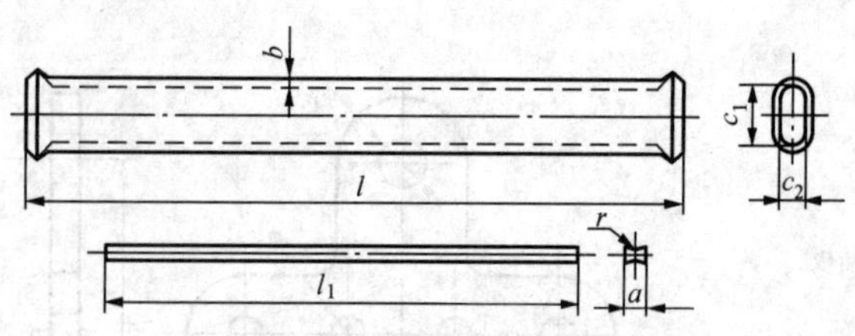

图 1-96 钳压接续管的形状示意图

钳压接续管的形状示意图如图 1-96 所示。其铝绞线的型号主要有 JT-16L～JT-185L，适用导线直径 5.10～17.5mm；钢芯铝绞线的型号主要有 JT-10/2～JT-240/40，适用导线直径为 4.50～21.66mm；铜绞线的型号主要有 QT-16～QT-150，适用导线直径范围为 5.10～15.8mm。

（二）液压接续金具

以液压方法接续导线及避雷线时，用一定吨位的液压机和规定尺寸的压缩钢模进行，接续管在受压后产生塑性变形，使接续管与导线成为一整体。因此，液压接续有足够的机械强度和良好的电气接触性能。

接续管形状有两种：一种接续管压缩前为椭圆形，压缩后为圆形；另一种接续管压缩前为圆形，压缩后为正六角形或扁六角形。后者具有压力均匀、材料省及施工方便等优点。

液压接续分为钢芯对接与钢芯搭接两种接续方法。钢芯对接是众所周知的习惯接续方法；钢芯搭接是新近试验成功的接续方法，具有可缩短接续管长度和减少压缩工作量的优点。钢芯搭接液压接续时，先将钢芯端头搭接于薄壁无缝钢管中，搭接时钢芯必须散股，搭接后填充两根单股钢丝，然后进行液压，压缩方法与常规液压方法相同。

1. 铝绞线接续管

铝绞线的接续通常采用椭圆形的铝绞线接续管进行钳压接续。这种接续管很长，钳压模数较多，施工并不方便。如液压设备配套，采用对接液压接续管，可缩短管长，减少压缩次数。截面积为240mm² 以上的铝绞线多用于城市无轨电车馈电线路。

铝绞线接续管的形状示意图如图 1-97 所示。其型号为 JY-150L～JY-800L，适用于直径为 15.7～36.9mm。

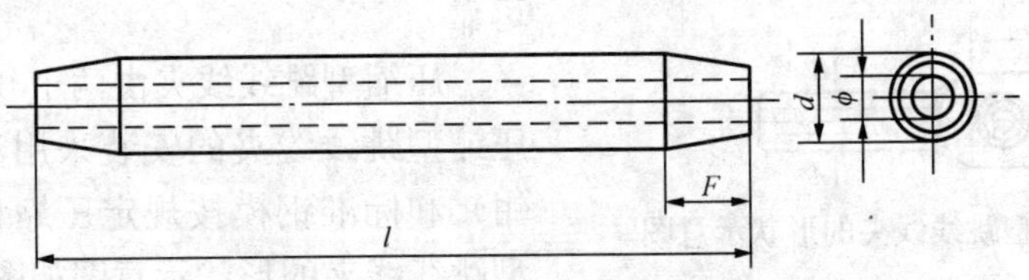

图 1-97 铝合金绞线接续管的形状示意图

2. 铝合金绞线接续管

铝合金绞线机械强度大、铝材硬度高，不适于用椭圆形接续管进行搭接钳压接续，必须使用圆形接续管进行对接压缩。

铝合金绞线接续管的形状示意图如图 1-97 所示，其型号为 JY-95H～JY-600H，适用于直径范围为 12.5～32.0mm。

3. 钢芯铝绞线及钢芯铝合金绞线接续管（钢芯对接）

钢芯铝绞线及钢芯铝合金绞线接续管由钢管和铝管组成。钢管采用含碳量较低的钢或10 号优质无缝钢管制造，或采用圆钢经钻孔制造，管材硬度应低于 133HB，具有硬度低、塑性好、握力大等特点。铝管采用纯度不低于 99.5%的铝经拉制而成，拉制后的铝管应进行退火处理，其硬度不超过 25HB。

钢芯铝绞线及钢芯铝合金绞线接续管的形状示意图如图 1-97 所示。它的型号有 JY-95～JY-240、JY-300HGJ～JY-500HGJ，适用于直径范围为 13.7～30.16mm。

4. 架空避雷线良导体接续管

作为架空避雷线的良导体有铝包钢绞线、钢芯铝合金绞线及铝钢截面比 $m=1.71$ 的钢芯铝绞线。这些导线的特点是钢芯强度高、外径大，接续时钢芯采用对接。接续用钢管的外径均大于导线总外径，钢管外套以铝管供载流用，由于铝线与铝管之间的间隙较大，需在钢管两端加套铝套管后再进行液压。

架空避雷线良导体接续管的形状示意图如图 1-97 所示。它的型号有JY-50/30～JY-120/70。

5. 钢芯铝绞线接续管（钢芯散股搭接）

具有钢芯的各种组合绞线（钢芯铝绞线、钢芯铝合金绞线及钢芯铝包钢绞线等），习惯的接续方法是钢芯对接。这种钢芯对接的接续管较长，当通过放线滑车时容易产生弯曲变形。若采用钢芯搭接，接续管的管长可缩短 1/2，铝管总长也可相应缩短。当采用短钢管进行钢芯搭接接续时，钢芯必须散股自由搭接；为增加密实度，钢芯搭接后需填入 2～3 根单股钢丝。钢芯搭接接续时的压缩方法与一般液压方法相同。

采用钢芯搭接具有钢管材料省、造价低，铝管短、节约铝材，施工时压缩模数减少、提高施工效率等优点。钢芯铝绞线（钢芯散股搭接）接续管的形状示意图如图 1-97 所示。它的型号为 JYD-300/15～JYD-800/70，适用于具有钢芯的各种组合绞线直径为 5.01～10.80mm。

6. 压缩型跳线线夹

对非直线杆塔，当采用螺栓型耐张线夹时，耐张绝缘子串跳线的接续，采用并沟线夹、钳压接续管或压缩型跳线线夹。运行经验证明，采用钳压接续管和压缩型跳线线夹进行的跳线接续，其电气接触性能稳定，运行可靠。

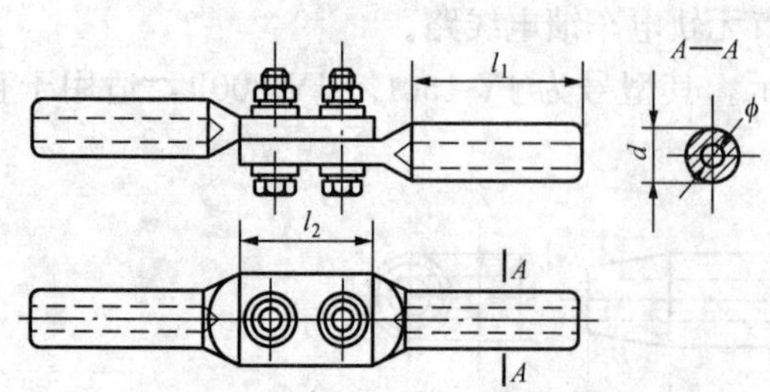

图 1-98 压缩型跳线线夹的形状示意图

压缩型跳线线夹由两个 0°设备线夹组成。压缩型跳线线夹的安装采用液压机（或液压钳）和标准钢模按规定压缩程序进行。压缩型跳线线夹的形状示意图如图 1-98 所示。它的型号为 JYT-35/6～JYT-210/35，适用于跳线直径为 8.16～20.38mm。

（三）爆压接续金具

爆压接续与液压接续相比，不用搬运笨重的液压工具，效率高，因而特别适用于山区输电线路的架设。

保证爆压接续质量的关键在于严格按爆压操作规程进行施工。

采用什么样的爆压工艺决定了所采用接续管的结构形状和尺寸。有的液压管也适用于爆压，有的液压管不适用于爆压。大截面钢芯铝绞线配有专用的爆压接续管。

1. 椭圆形爆压接续管

椭圆形爆压接续管用于中小截面的铝绞线和钢芯铝绞线，爆压时导线搭接于管中。爆压接续管的管长比钳压接续管的大为缩短。定型的爆压椭圆接续管的长度为：

70mm² 及以下钢芯铝绞线用爆压接续管，其长度为钳压接续管管长的 1/2。

95mm² 及以上钢芯铝绞线用爆压接续管，其长度为钳压接续管管长的 1/3。

在工程施工中，如爆压接续管供货不及时，可以按上述原则，用钳压接续管改制。

椭圆形爆压接续管的形状示意图如图1-99所示。它的型号为 JTB-35/6～JTB-240/40，适用于铝绞线、钢芯铝绞线直径为 8.16～21.66mm。

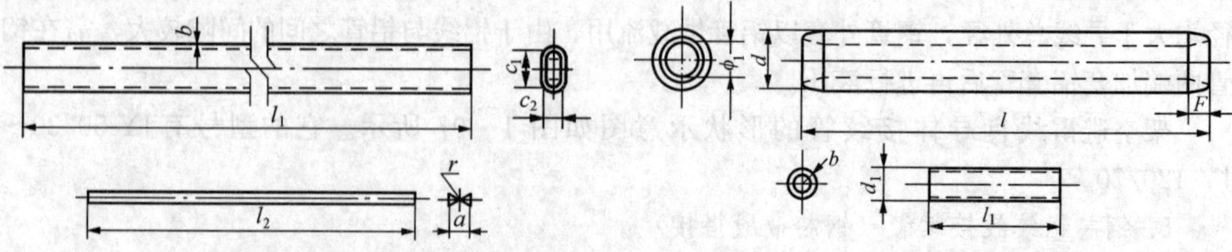

图 1-99 椭圆形爆压接续管的形状示意图

图 1-100 大截面钢芯铝绞线圆形爆压接续管的形状示意图

2. 大截面钢芯铝绞线圆形爆压接续管

大截面钢芯铝绞线的爆压采用薄壁短钢管，钢芯散股搭接，钢芯铝绞线的内层铝线剥露 10mm 插入钢管内，套上铝管后一次爆压，以防止钢芯烧伤。铝管长度比常规对接爆压接续管减少约 30%，有利于放线施工。

大截面钢芯铝绞线圆形爆压接续管的形状示意图如图 1-100 所示。它的型号为 JBD-

300Q～JBD-500Q，适用于钢芯铝绞线直径为23.7～29.18mm。

3. 避雷线用钢绞线圆形爆压接续管

避雷线用钢绞线的爆压采用圆形薄壁无缝钢管，钢绞线散股搭接。避雷线用钢绞线圆形爆压接续管的形状示意图如图1-101所示。它的型号为JBD-35G～JBD-100G，适用于钢绞线直径为7.8～13.0mm。

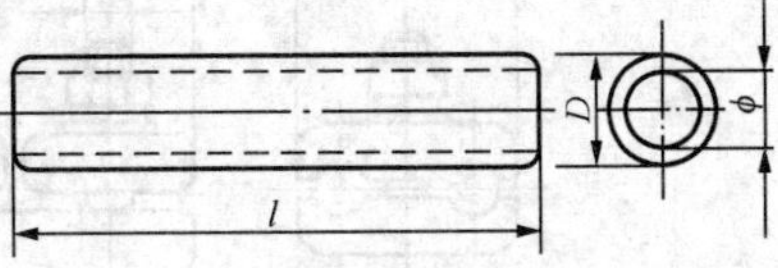

图1-101 避雷线用钢绞线圆形爆压接续管的形状示意图

（四）螺栓接续金具

导线和避雷线用螺栓接续仅适用于不承受张力的部位。螺栓接续的电气性能依靠螺栓压力来保证，因此，接续质量取决于安装质量并需加强定期维护。

架空线路上导线和避雷线常用的螺栓接续金具有并沟线夹、钢线卡子等。

并沟线夹用于中小截面的铝绞线或钢芯铝绞线以及架空避雷线的钢绞线在不承受张力的位置上的接续，还用于非直线杆塔的跳线接续，如图1-102所示。

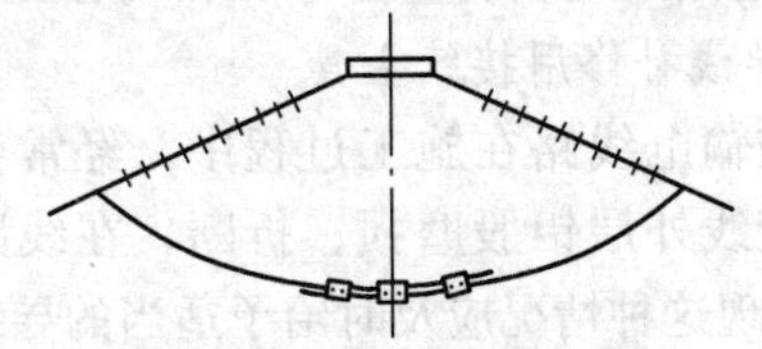

图1-102 用并沟线夹接续

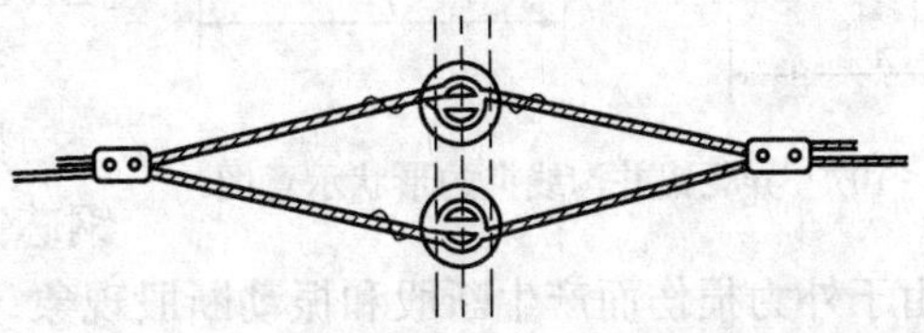

图1-103 用并沟线夹固定分流线的示意图

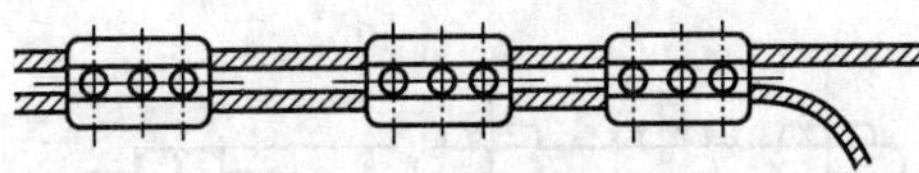

图1-104 用并沟线夹进行引下线的T接接续

图1-103所示为10～35kV直线承力杆上，双针式绝缘子的分流线以并沟线夹固定的示意图。

在20kV及以下的线路上采用并沟线夹可进行引下线的T接接续，如图1-104所示。

在中小型降压变电站或变电台使用并沟线夹进行接续，如图1-105所示。

1. 铝绞线及钢芯铝绞线用铝并沟线夹

铝绞线及钢芯铝绞线用铝并沟线夹采用铝合金制造。它适用于两根直径相同的16～240mm^{2}的铝绞线及钢芯铝绞线的接续。铝绞线及钢芯铝绞线用铝并沟线夹安装时应清除线夹线槽的氧化膜及被接续导线表面的氧化膜，涂以导电脂，再将螺栓均匀地压紧。铝绞线及钢芯铝绞线用铝并沟线夹的形状示意图如图1-106所示。它的型号有JB-0～JB-4，适用于铝绞线—钢芯铝绞线直径为5.40～21.28mm。

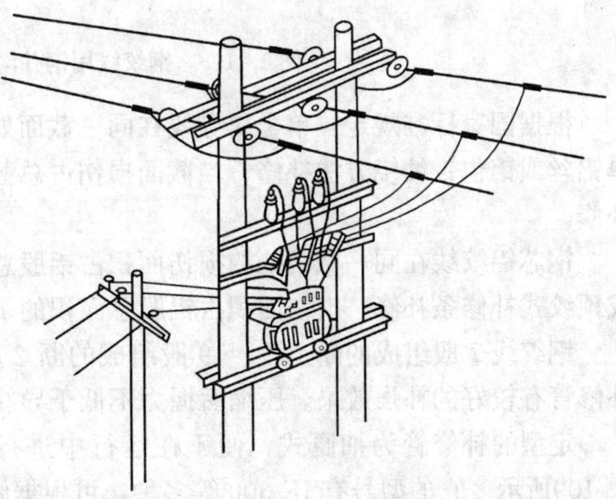

图1-105 中小型变电站用并沟线夹进行接续

异径铝并沟线夹选用高强度铝合金型材以热挤压工艺制造，适用于不同直径导线的接续。异径铝并沟线夹的形状示意图如图1-107所示，其型号有JBY-1～JBY-3。

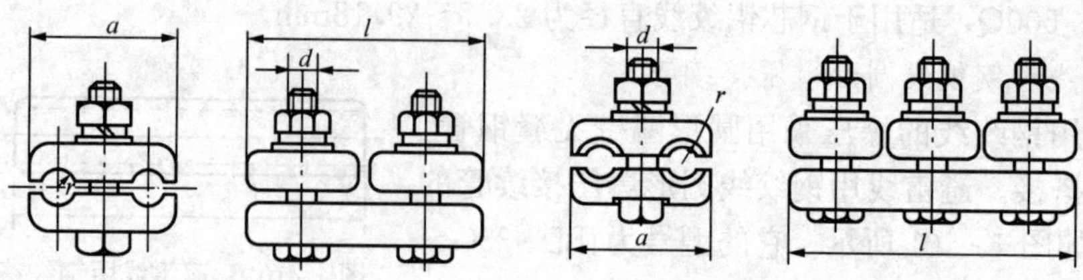

图 1-106 铝绞线及钢芯铝绞线用铝并沟线夹的形状示意图

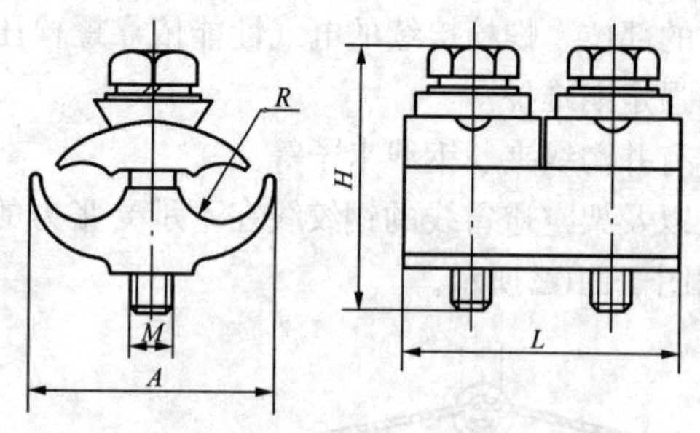

图 1-107 异径铝并沟线夹的形状示意图

2. 钢绞线用钢并沟线夹

钢绞线用钢并沟线夹，用于架空避雷线在杆塔上连接跳线及引下线的接续，也可用于拉线，作为辅助线夹。钢绞线用钢并沟线夹的形状示意图如图1-108所示。它的型号有 JBB-1～JBB-3，适用于钢绞线直径为 6.6～14.0mm。

3. 导线补修用接续金具

架空输电线路在施工过程中，经常会发生钢芯铝绞线外层铝股磨损、折断，在线路运行中也会由于外力损伤而产生断股和振动断股现象。发现这种情况应及时给予适当的导线补修处理，避免散股的继续扩大而导致机械强度的降低。

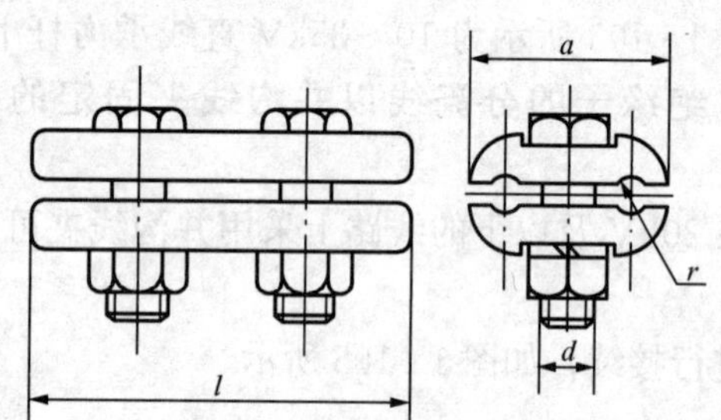

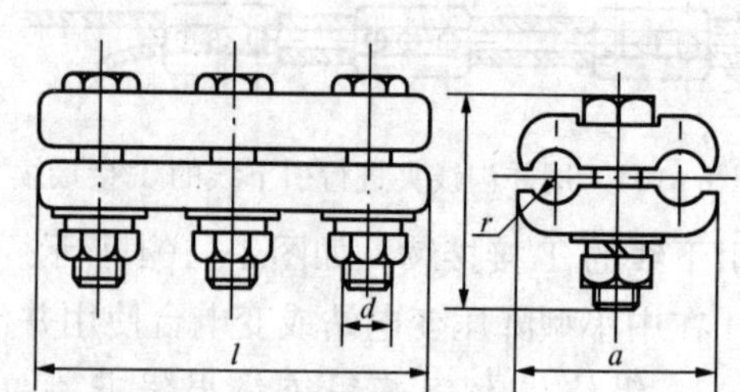

图 1-108 钢绞线用钢并沟线夹的形状示意图

根据国家标准规定：单金属导线在同一截面处损伤面积占总截面的 7%以下，可以采用单铝丝或铝包带缠绕方法补修；当截面损伤占总截面积的 7%～17%时，应采用补修管进行补修。

钢芯铝绞线在同一截面处的损伤面积占铝股总面积的 7%以下，可采用单铝丝、铝包带或预绞式补修条补修；损伤面积占铝股总面积的 7%～25%，应采用补修管进行补修。

钢绞线 7 股组成的断 1 股、19 股组成的断 2 股，应采用补修管进行补修。采用压缩型补修管有较好的补强效果。压缩后握力不低于导线或避雷线计算拉断力的 90%。

定型的补修管为抽匣式，便于在运行中进行补修。压缩型补修管的形状示意图如图 1-109所示。它的型号有 JE-300 等多种，可根据修补导线的大小来选择。

预绞丝补修条是以铝合金预制成形的富有弹性的螺旋状单丝，安装时不需任何工具，拆卸下的预绞丝仍可重新利用。但这种补修条仅能用于断股 7%及以下损伤范围不大的线段上，以使断股范围不致扩大，但达不到补强效果。预绞丝补修条的形状示意图如图 1-110

所示。

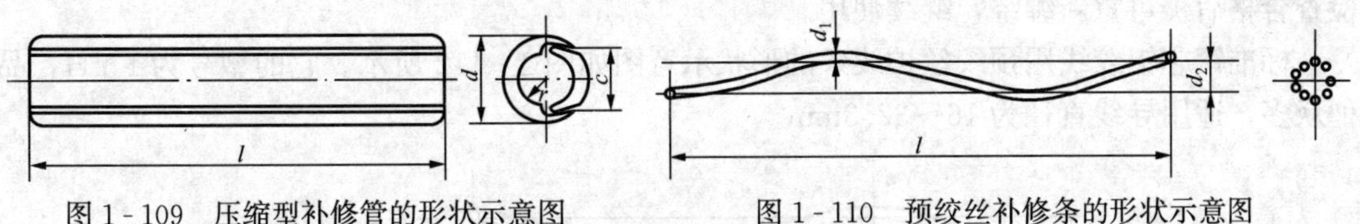

图 1-109　压缩型补修管的形状示意图　　图 1-110　预绞丝补修条的形状示意图

（五）预绞式导线接续条

预绞式导线接续条，可分为普通接续条、钢芯铝绞线接续条（全张力接续条）和跳线接续条等。钢芯铝绞线接续条由内层钢芯接续条、填充条和外层接续条三层接续条组成，用于钢芯铝绞线的断线接续、破损线修复等场合。与目前广泛使用的接续管、爆压管相比，钢芯铝绞线接续条具有接续质量好、易于安装、耐腐蚀、不影响导线原有机械特性和电气性能等特点，使用接续条可以说是真正意义上的“接续”。

钢芯铝绞线接续条的形状示意图如图 1-111 所示。外部线条由铝合金制成，需分组和喷砂处理。内部线条由镀锌钢丝制成，需分组和喷砂处理。填充条由铝合金制成，不一定需要分组，不喷砂处理。中心标记是安装中对齐线条的参照标记，色标用于鉴别适用导线的尺寸。

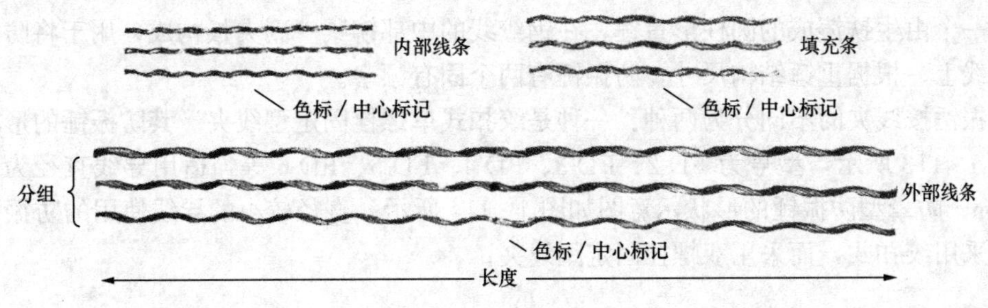

图 1-111　钢芯铝绞线接续条的形状示意图

七、防护金具

防护金具包括用于导线和避雷线的机械防护金具及用于绝缘子的电气防护金具两大类。

（一）机械防护金具

机械防护金具有防止导线和避雷线振动的护线条、防振锤、间隔棒及悬重锤等。

1. 防振金具

架空输电线路导线和避雷线的振动，是由风引起的在垂直面上的周期性摆动，且在整个档距内形成一系列振幅不大的驻波。导线长期振动会使导线材料产生附加的机械应力，随着时间的推移致使导线产生疲劳而断裂。

导线的振动对线路的安全运行威胁很大，除引起导线断股以外，还可能使绝缘子钢脚松动脱落、金具配件磨损，甚至造成杆塔的破坏。

目前对导线的振动保护有以下两种防振金具：

（1）预绞丝护线条。用具有弹性的高强度铝合金丝按规定根数为一组制成螺旋状的预绞丝护线条，紧缠在导线外层，装入悬挂点的线夹中，以增加导线刚度，减少在线夹出口处导线的附加弯曲应力，加强导线抗震能力。预绞丝护线条成形内径比导线外径小 15%～17%，因此，借助于材料弹性压紧在导线上，不产生滑移。预绞丝护线条安装简单，不需携带任何工具，运行维护也很方便。当检查预绞丝护线条内部导线是否有断股时，可拆开预绞丝，经检查合格后仍可重新缠绕，继续使用。

标准钢芯铝绞线用预绞丝护线条的形状示意图如图 1-112 所示。它的型号为 FYH，品种众多，适用导线直径为 16～32.3mm。

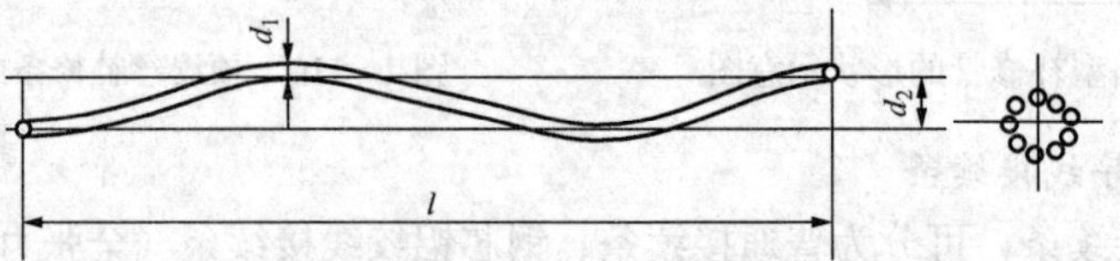

图 1-112 标准钢芯铝绞线用预绞丝护线条的形状示意图

（2）防振锤。消除导线振动的有效方法是在导线上加装防振锤。

防振锤由一定质量的重锤和具有较高弹性、高强度的镀锌钢绞线及线夹组成。防振锤的消振性能与防振锤的有效工作频率范围有关。当导线产生振动时，悬挂在导线上的防振锤的相对运动吸收了导线的振动能量，从而降低和消除了导线的振动。各种防振锤根据结构、质量和几何尺寸的不同，均具有一定的固有频率。

1）司脱客型防振锤。定型的防振锤属于司脱客型，它由一根高强度的钢绞线两端分别固定着一个由生铁铸成的圆柱形重锤，在钢绞线的中部铆紧一副夹板构成，用于将防振锤安装在导线上。根据重锤结构尺寸，防振锤有两个固有频率。

防振锤按线夹的不同分为两种：一种是绞扣式单螺栓固定型线夹。其防振锤的形状示意图如图 1-113 所示，型号为 FD-2、FD-3、FD-4、FD-5、FD-6 等，适用导线直径为10.8～23.0mm。防晕型防振锤的形状示意图如图 1-114 所示。直径较小的导线使用的防振锤的线夹不宜采用绞扣式，而采用双螺栓固定型线夹。

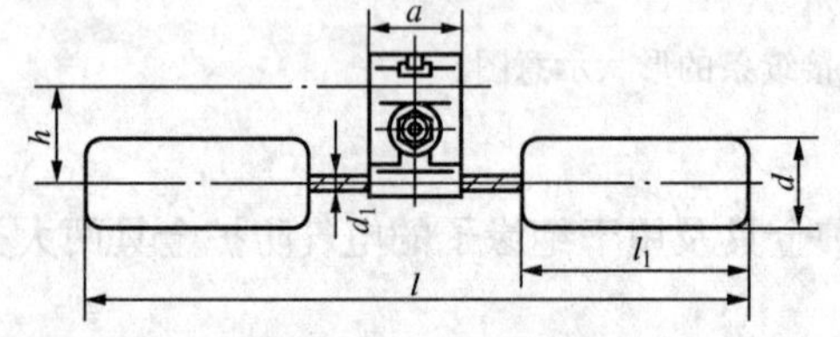

图 1-113 绞扣式单螺栓固定型防振锤

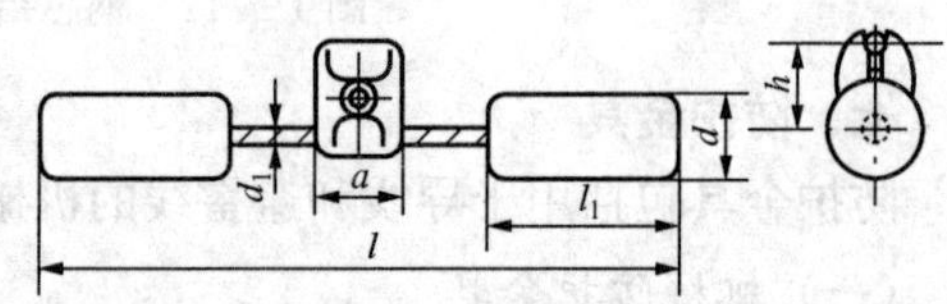

图 1-114 防晕型防振锤的形状示意图

2）多频防振锤。多频防振锤的钢绞线两端用不同质量的锤头，悬挂点距钢绞线两端也不等长，利用这种结构，可获得四个固定频率，适应的频率较宽。重锤用生铁铸成 U 形，以防止在高频振动时，锤头碰磨钢绞线。为了防止发生电晕，固定防振锤在导线上的线夹采用了两种不同结构和材料：对 330kV 及以上线路，防振锤用线夹以热挤压铝合金制造；对 220kV 及以下线路，防振锤用线夹采用钢材制造。

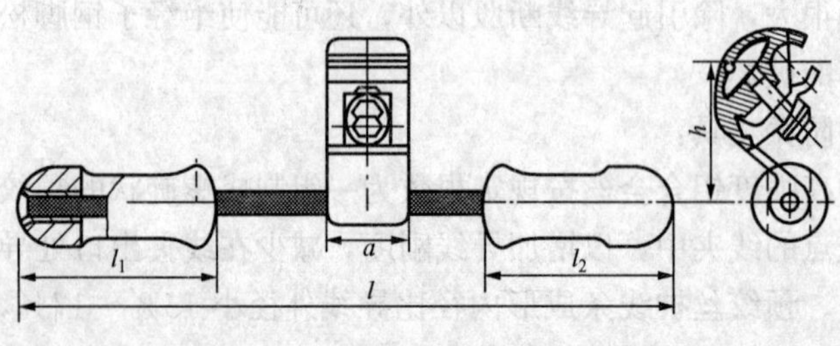

图 1-115 多频防振锤的形状示意图

多频防振锤的形状示意图如图 1-115所示。它的型号为 FR-1R、FR-2R、FR-3R、FR-3F、FR-4F，适用导线、避雷线直径为 7～35mm。

3）防振环。防振环是将常规防

振锤由生铁铸造的锤头改为圆钢锻制的U形环，压缩在钢绞线的两端而成。两环与垂直导线的偏角均为30°，以使振动时产生扭矩，消耗振动能量，提高消振效果。由于防振环不采用铸造工艺，因而具有制造简单等优点。

防振环的形状示意图如图1-116所示。它的型号有FH-1～FH-5，适用导线直径为8.4～27.68mm。

2. 间隔棒

远距离、大容量的超高压输电线路每相导线采用了两根、四根及以上的分裂导线。目前220kV及330kV的输电线路采用双分裂导线，500kV输电线路采用三分裂及四分裂导线，电压高于500kV的超高压输电线路采用六分裂及更多分裂的导线。

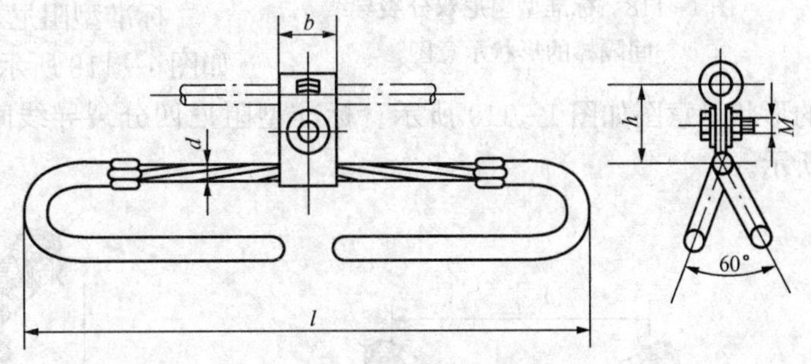

图1-116 防振环的形状示意图

为了保证分裂导线线束间距保持不变以满足电气性能，降低表面电位梯度，及在短路情况下导线线束间不致产生电磁力而造成相互吸引碰撞，或虽引起瞬间的吸引碰撞，但事故消除后即能恢复到正常状态，因而在档距中相隔一定距离安装了间隔棒。安装间隔棒对次档距振荡和微风振动也可起到一定的抑制作用。

根据结构特点，间隔棒分为球绞间隔棒、环绞间隔棒、阻尼间隔棒和单绞式间隔棒等。定型的间隔棒为双分裂导线用球绞间隔棒，适用于220kV及330kV双分裂导线，也可组合安装成三分裂、四分裂导线用的间隔棒，以简化线路结构，为运行维护创造方便条件。

双分裂导线用间隔棒组装成三分裂或四分裂导线用间隔棒的安装示意图如图1-117所示。

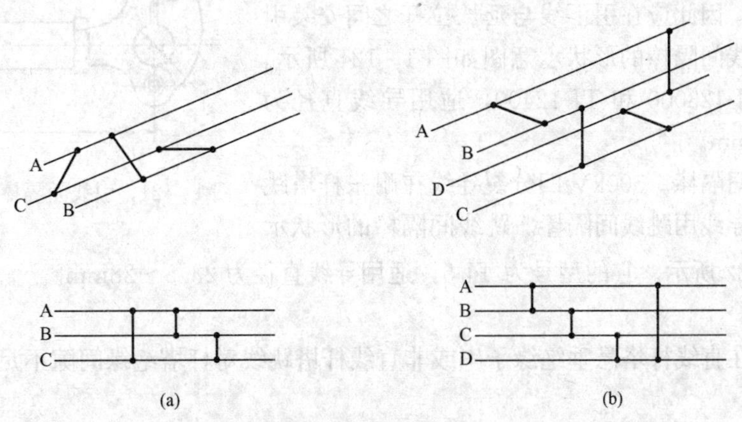

图1-117 三、四分裂导线间隔棒安装示意图

(a) 三分裂导线间隔棒安装示意图；(b) 四分裂导线间隔棒安装示意图

(1) 分裂阻尼间隔棒。我国第一条500kV超高压输电线路的四分裂导线采用了单铰式间隔棒，运行证明该间隔棒性能较差，因而新建工程分别选用了阻尼圆环间隔棒和阻尼十字形间隔棒。这两种间隔棒由于选用硅橡胶作为阻尼元件，提高了间隔棒的阻尼特性，克服了

导线蠕变出现的线夹松动现象。

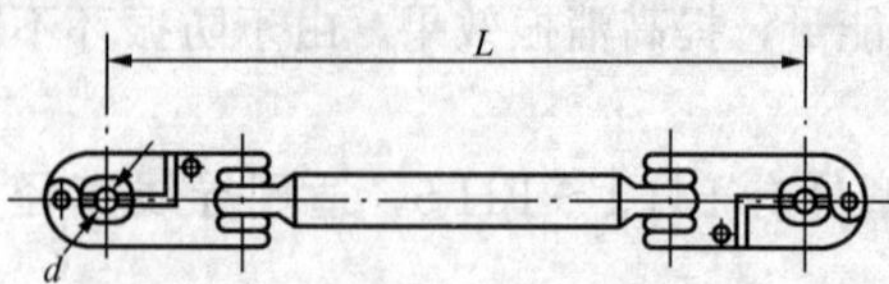

图 1-118　标准型阻尼双分裂导线间隔棒的形状示意图

标准型阻尼圆环间隔棒采纳了上述两种阻尼间隔棒的优点，具有二次阻尼系统，且部件标准化、通用化，可分别组成双分裂、三分裂、四分裂及多分裂导线的不同间距的间隔棒系列产品。

标准型阻尼双分裂导线间隔棒的形状示意图如图 1-118 所示。标准型阻尼三分裂导线间隔棒的形状示意图如图 1-119 所示。标准型阻尼四分裂导线间隔棒的形状示意图如图 1-120 所示。

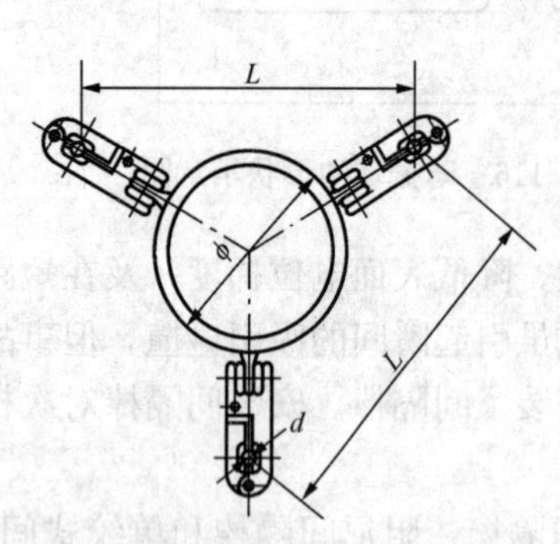

图 1-119　标准型阻尼三分裂导线间隔棒的形状示意图

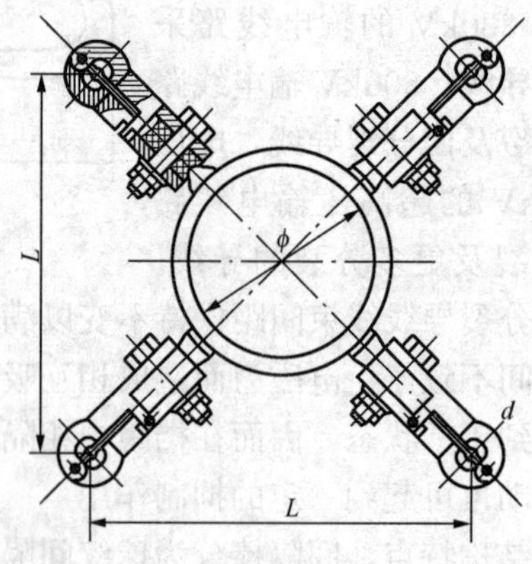

图 1-120　标准型阻尼四分裂导线间隔棒的形状示意图

（2）引线间隔棒。500kV 四分裂导线的上两根导线引流线引下时，会碰到下两根导线，当导线摆动时会产生导线的磨伤。因此应在引下线与延长拉杆之间安装引线间隔棒。引线间隔棒的形状示意图如图 1-121 所示。它的型号为 TJ-123000 和 TJ-12400，适用导线直径为 23.76、27.63mm。

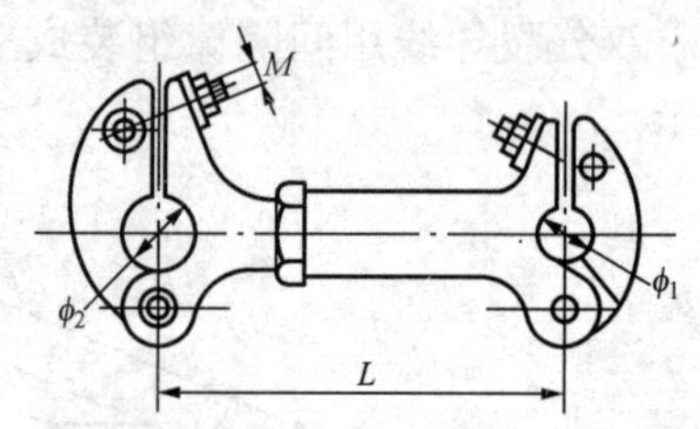

图 1-121　引线间隔棒的形状示意图

（3）跳线间隔棒。500kV 四分裂导线在耐张杆塔跳线上固定四根导线用跳线间隔棒。跳线间隔棒的形状示意图如图 1-122 所示。它的型号为 TJ-5，适用导线直径为 23.5～28mm。

3. 悬重锤

悬重锤是在直线杆塔悬垂绝缘子串或非直线杆塔跳线对杆塔绝缘间隙不足时采用的保护金具。

架空输电线路需采用增加绝缘子串垂直荷重、降低导线悬挂点和使用 V 形绝缘子串等措施补救的情况有：

（1）直线杆塔的悬垂绝缘子串风偏角超过允许值，对杆塔绝缘间隙不足时；

（2）直线杆塔悬垂绝缘子串或避雷线悬垂组合产生上拔时；

（3）采用直线杆塔换位，悬垂绝缘子串向塔身偏移，对杆塔绝缘间隙不足时；

（4）旧线路升压运行而导致对杆塔构件绝缘间隙不足时。

根据上述各种情况的偏移角算出增加垂直荷重值，在绝缘子串下面加挂悬重锤。

悬重锤由重锤片、重锤座和挂板组成。重锤片用生铁制造，每片重15kg，每个重锤座可以装三片重锤片，根据实际需要重锤片超过三片可加挂三腿平行挂板，每加一个挂板可以增挂三片重锤。悬挂重锤用一般悬垂线夹时，线夹应增加挂重锤挂板，悬挂方法如图1-123所示。

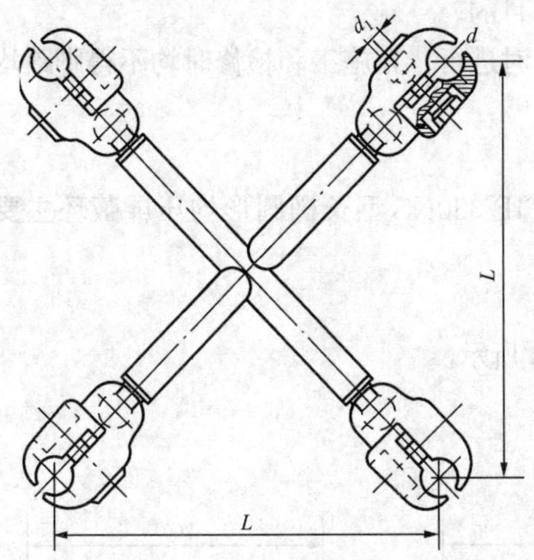

图1-122　跳线间隔棒的形状示意图

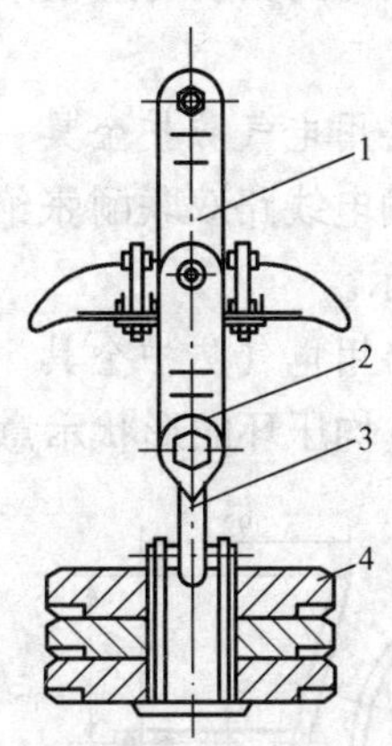

图1-123　悬挂方法

1—悬垂线夹；2—挂重锤挂板；3—U形挂环；4—重锤

悬重锤的形状示意图如图1-124所示。其型号为ZX-3～ZX-17，质量为45～225kg。

（二）电气防护金具

1. 种类

电气防护金具有绝缘子串用的均压环，防止产生电晕的屏蔽环及均压和屏蔽组成整体的均压屏蔽环。

电压220kV及以下线路，除高海拔地区外，一般不需安装均压环。近年来架空避雷线采取对地绝缘，以供通信需要，避雷线用绝缘子本身带有放电间隙，也无需另配其他电气防护金具。

（1）均压环。在超高压线路中，绝缘子串的绝缘子片数很多，绝缘子串中的每片绝缘子上的电压分布不均，靠近导线的第一片绝缘子承受了极高的电压，因此第一片绝缘子劣化率很高。为改善绝缘子串中绝缘子的电压分布，在绝缘子串上加装了均压环。均压环由无缝钢管制成，结构形式有圆形、长椭圆形、倒三角形和轮形等。安装均压环时，其钢管边缘在第一片绝缘子瓷裙以上或等高线上效果最好，一般安装在距第一片绝缘子瓷裙75～100mm处，以避免第一片绝缘子附件早期出现电晕。均压环的边缘至绝缘子裙边距离为150～250mm。工程上选用时均应通过试验来确定最佳尺寸。

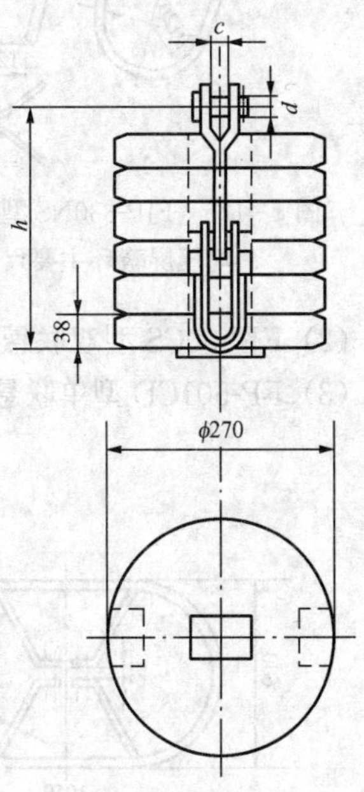

图1-124　悬重锤的形状示意图

（2）屏蔽环。330kV以上电压的输电线路和变电站，由于电压很高，当导线和金具表面的电位梯度大于临界值时，就会出现电晕放电现象。这种现象除消耗一定电量外，还对无线电产生干扰。加装屏蔽环后，形成了均匀电场，就不可能产生电晕放电。

（3）均压屏蔽环。在330kV及500kV线路上，为简化均压环和屏蔽环的安装条件，大多将这两种环设计成一个整体，称为均压屏蔽环。一般来说，均压环本身除均压外，还起屏蔽作用。均压环是对绝缘子的保护，屏蔽环是对金具的保护。因此，屏蔽环自身应屏蔽，即管的表面应光洁无毛刺，以达到自身不产生电晕的目的。

均压环和屏蔽环的安装均应在架线后附件安装时进行。在施工和检修时均不得脚踏均压环，以避免变形。

2. 330kV线路用电气防护金具

330kV架空输电线路双联耐张绝缘子串用的FJP-330NS型长椭圆形均压屏蔽环主要尺寸如图1-125所示。

3. 500kV线路用电气防护金具

（1）单联悬垂均压环的形状示意图如图1-126所示。

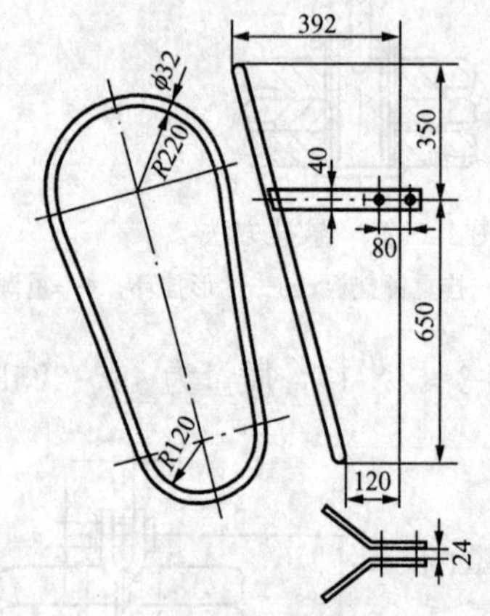

图1-125 FJP-330NS型长椭圆形均压屏蔽环主要尺寸

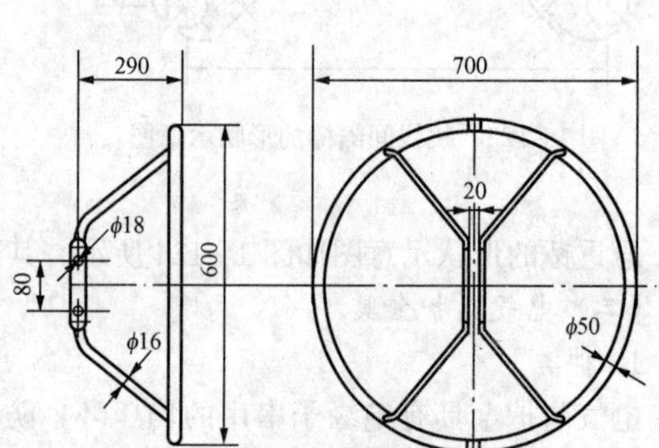

图1-126 单联悬垂均压环的形状示意图

（2）FJ-500CS型双联悬垂均压环的形状示意图如图1-127所示。

（3）FP-501CD型单联悬垂轮形屏蔽环的形状示意图如图1-128所示。

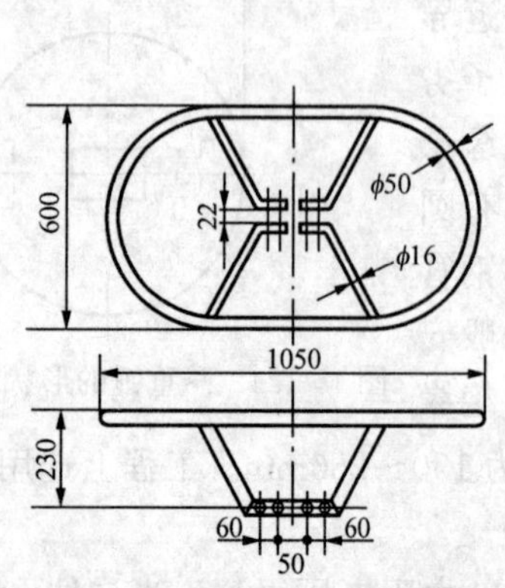

图1-127 FJ-500CS型双联悬垂均压环的形状示意图

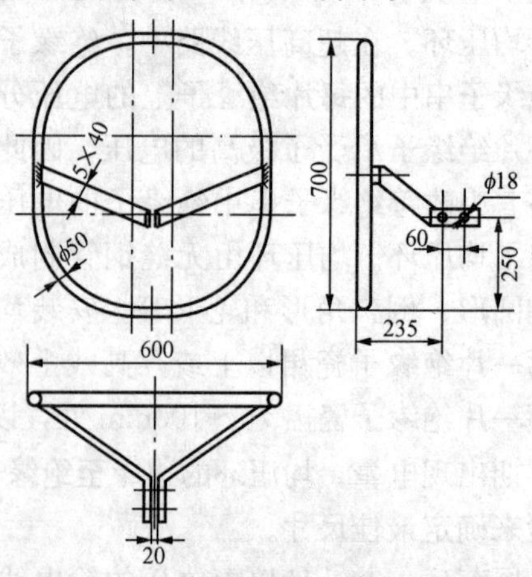

图1-128 FP-501CD型单联悬垂轮形屏蔽环的形状示意图

(4) FP-500NS 型双联耐张椭圆形均压屏蔽环的形状示意图如图 1-129 所示。

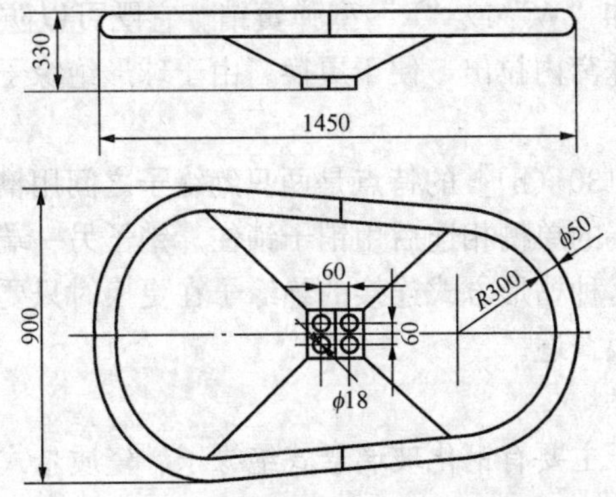

图 1-129　FP-500NS 型双联耐张椭圆形均压屏蔽环的形状示意图

第五节　线路绝缘子和绝缘子串

绝缘子是线路绝缘的主要元件之一，用来支承或悬吊导线使之与杆塔绝缘，保证线路具有可靠的电气绝缘强度。

我国使用在高压输电线路上的绝缘子已趋向统一化和系列化，主要包括针式绝缘子、悬式绝缘子、横担绝缘子、棒形绝缘子和复合绝缘子等。我国用得最广、最多、最悠久的还是瓷质悬式绝缘子和钢化玻璃悬式绝缘子，本节主要讨论这两种绝缘子。首先叙述绝缘子的分类、型号标志、构造和架空输电线路对绝缘子性能的基本要求等。

绝缘子的型号由代表产品形式、结构特征、安装连接形式与附加特征的汉语拼音字母和代表设计顺序与特性数字的阿拉伯数字组成。

悬式绝缘子的种类很多，它可以分别按连接方式、绝缘介质材料和承载能力大小分类。

一、按连接形式分类

按连接形式分类时，悬式绝缘子主要有球形和槽形两种。用球形、槽形连接的绝缘子外形示意图如图 1-130 所示。

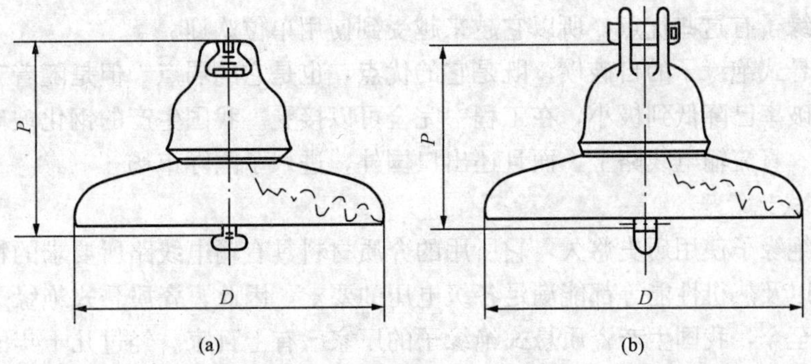

图 1-130　用球形、槽形连接的绝缘子外形示意图

(a) 球形绝缘子；(b) 槽形绝缘子

球形绝缘子［见图1-130（a）］采用球头与钢帽中的球窝相连。为防止球头从球窝内脱出，在球窝内，球头底部加“W”或“R”型弹簧销。它既可以防止球头从球窝内脱出，又可用专用工具将弹簧销从球窝内拉出，便于更换。由于球形绝缘子具有施工方便的特点，所以使用广泛。

槽形绝缘子［见图1-130（b）］的特点是两只绝缘子之间用槽形连接，即钢帽上端的双槽与另一只绝缘子钢脚下端的单槽相连后用销子锁住。销子另一端有一小孔，以便穿入开口销，可防止销子脱落。用这种槽形方式连接的绝缘子在更换时只要将销子拔出，绝缘子就能脱卸，施工方便，使用也很普遍。

二、按绝缘子介质分类

按介质分类时，绝缘子主要有钢化玻璃悬式绝缘子、瓷质悬式绝缘子、半导体釉和合成绝缘子。

1. 钢化玻璃悬式绝缘子

以玻璃为介质的钢化玻璃悬式绝缘子已广泛地应用在500kV及其以下的输电线路上，一部分已用在750kV和1100kV试验线路上。目前全世界使用数量已超过2亿片。钢化玻璃悬式绝缘子具有以下优点：

（1）制造钢化玻璃悬式绝缘子的全部过程可以实行机械化、自动化。

（2）制造钢化玻璃悬式绝缘子的一个工厂所需投资，比新建一个制造瓷质悬式绝缘子厂的投资低。

（3）钢化玻璃悬式绝缘子的机械强度高，钢化玻璃强度为80～120MPa（而陶瓷为40MPa），钢化玻璃悬式绝缘子是瓷质悬式强度的2.3倍。若以单摆冲击试验来说，钢化玻璃悬式绝缘子是瓷质悬式绝缘子的1～1.7倍（平均值），因而使用钢化玻璃悬式绝缘子可以大大减少绝缘子的构造材料和质量，可以降低制造成本和线路造价。

（4）由于玻璃的透明性，在外形检查时容易发现细小裂缝和内部损伤等缺陷。

（5）由于钢化玻璃悬式绝缘子具有出现各种损伤时均会发生自破的特点，所以在运行中可以不必进行预防性试验，从而减轻劳动强度，提高经济效益。

（6）由于钢化玻璃悬式绝缘子表面强度高，使表面不易产生裂缝，玻璃介质在1/50μs冲击时，其平均击穿强度达1700kV/cm，约为瓷质的3.8倍，而耐弧性能比瓷质高，电气性能好，所以它的电气强度在整个运行过程中一般保持不变，老化过程比瓷质更慢。正因为钢化玻璃悬式绝缘子有这些优点，所以它越来越受到使用单位欢迎。

钢化玻璃悬式绝缘子的自破性，既是它的优点，也是它的弱点。但是随着工艺水平的不断提高，年自破率已降低到极小，在工程中完全可以接受。我国生产的钢化玻璃悬式绝缘子不但使用在交、直流输电线路上，而且还出口国外，进入了国际市场。

2. 瓷质悬式绝缘子

瓷质悬式绝缘子使用历史悠久，它所用的介质材料具有输电线路所要求的特性，机械负荷、电气性能以及热机性能等都能满足各级电压的要求。因此，瓷质悬式绝缘子在输电线路中一直使用。至今，我国生产瓷质悬式绝缘子的厂家已有上百家。经过几十年的努力，其产品质量大大提高，20世纪80年代以后生产的瓷质悬式绝缘子，其年劣化率可稳定在十万分之几，这一指标已接近日本NGK（碍子）公司生产的十万分之二的水平。瓷质悬式绝缘子产品种类基本齐全，不但能满足我国电力事业发展的需要，而且还出口国外。

然而普通的瓷质悬式绝缘子存在两方面的致命弱点：一是在污秽潮湿条件下，绝缘子在工频电压作用下绝缘性能急剧下降，常产生局部电弧，严重时会发生闪络；二是绝缘子串或单个绝缘子的电压分布不均匀，在电场集中的部位常引起电晕，因而产生无线电干扰。不均匀的电压分布，极易导致瓷体老化，而半导体釉绝缘子可以克服这些缺点。

3. 半导体釉绝缘子

半导体釉绝缘子是一种新型的绝缘子。它的特点是在绝缘子外层含半导体釉。这种半导体釉中的功率损耗使表面温度比环境温度高出几摄氏度，从而在雾与严重污秽环境中可以防止由此凝聚所形成的潮湿，以此可以提高污秽绝缘子在潮湿环境下的工频绝缘强度。半导体釉的种类，目前以氧化锡与少量氧化锑高温合成，再添加于基础釉中而制得的一种，其热稳定性较好。前苏联、日本、加拿大等国家都在研制和使用半导体釉绝缘子。我国已研究生产出锑锡型半导体釉绝缘子。

4. 合成绝缘子

合成绝缘子是近几年来出现的一种新型绝缘子，其基本结构示意图如图 1 - 131 所示。这是一种高强度优质轻型绝缘子。自 1967 年以来，先后有 30 多个国家安装了合成绝缘子。它的特点是质量小、体积小、运输费用低，安装设备方便、省时，可以省去清洗和检测零值绝缘子等工作，它强度大，各种电气性能好，内外绝缘基本相等，属于不击穿型结构，一般不会发生内部击穿的零值问题。以质量来说，一座 500kV 普通直线塔，若使用瓷质悬式绝缘子，则总重达 600kg；而使用合成绝缘子，则只需要用 3 只，总质量仅有 75kg。两者质量比达 8 倍。所以，合成绝缘子的优越性是显而易见的。

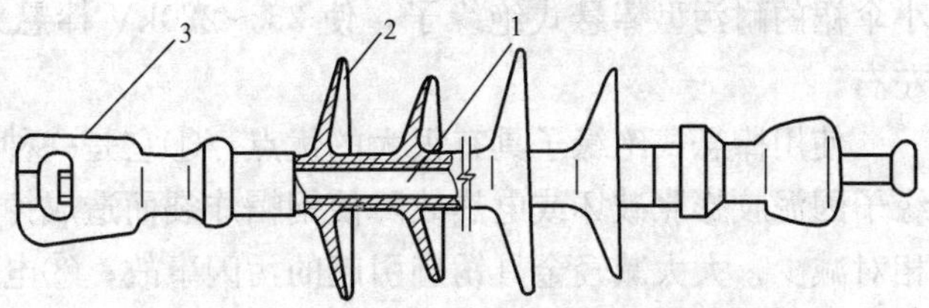

图 1 - 131　合成绝缘子基本结构示意图

1—芯棒；2—伞裙护套；3—金属端头

合成绝缘子的结构形式很多，但基本上由芯棒、伞盘、金属端头（帽窝或碗头）等几部分组成。芯棒一般由环氧树脂玻璃纤维引拔棒制成，其抗拉强度大于 600MPa。如用直径 18mm 的芯棒，可使合成绝缘子的额定荷载高达 130～170kN，合成绝缘子在抗震、阻尼、抗疲劳断裂以及抗污闪、抗老化等性能方面都远远超过其他类型绝缘子，在国外已广泛地使用在 69～765kV 输电线路上。美国首先将其用在 400kV 线路上，对在该线路上同时安装爬电距离为 3.53cm/kV 的瓷质悬式绝缘子和合成绝缘子进行比较，发现该线路的瓷质悬式绝缘子每隔 60 天必须清扫一次，否则就会闪络，而合成绝缘子在运行的 6 年间未清扫，也没有发生闪络。美国最近又建了一条 11.5km、1500kV 的试验线路，全部采用合成绝缘子。1977 年，加拿大在 736kV 线路上也安装试用合成绝缘子。我国使用合成绝缘子的历史还不是很长，但已取得了飞速的进展。我国先后有武汉电力大学、清华大学、华东电力集团公司、湖北襄樊、山东淄博、河北保定、浙江温州、上海虹桥、广东东莞、辽宁大连等单位或地区在研究、开发和生产合成绝缘子，并在 35～500kV 的线路上得到了应用，其运行情况良好，得到了较为满意的效果。

5. 棒悬式绝缘子

棒悬式绝缘子也是近几年出现的一种新型绝缘子。随着输电系统的不断发展和对盘形悬式绝缘子运行长期积累的经验和教训，盘形悬式绝缘子存在一定的局限性，即随着时间的推移，会产生一定的劣化，致使绝缘子的机械承载能力和绝缘性能下降，尤其是在污秽或雷击闪络的同时，多次伴随着钢帽的爆裂、导线永久性接地甚至系统解裂的严重事故。在这种情况下，棒悬式绝缘子应运而生。棒悬式绝缘子的结构示意图如图 1-132 所示。

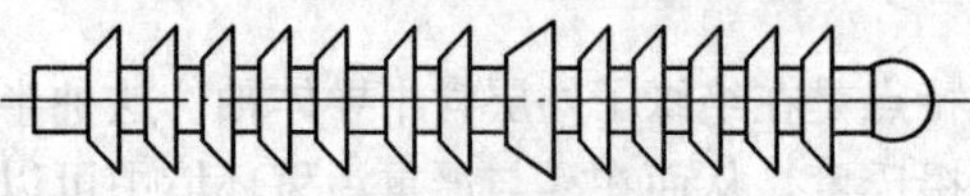

图 1-132 棒悬式绝缘子的结构示意图

棒悬式绝缘子的两端是金属连接构件，中间是高强度铝质瓷制成的绝缘体，而瓷件的长度可以根据需要而定。如德国生产的单个棒悬式绝缘子元件长度可达 1.7m。根据绝缘的需要也可制成一个元件、两个元件或三个元件，相互串接而成。高强度铝质瓷的抗拉强度一般可以达到 60MPa，但实际使用抗拉强度远低于此值。如目前棒悬式绝缘子的质量处于世界领先地位的日本和德国，它们对铝质瓷抗拉强度仅取 23MPa 和 35MPa，而我国取 36MPa 左右，与德国相近。棒形瓷件在构造上有直棒形和有伞裙两种。我国目前生产的 35kV 和 60kV 是采用等径伞裙的普通棒悬式绝缘子，为提高污耐压水平，在 110kV 及以上则采用大小伞裙的耐污型棒悬式绝缘子，使 35～220kV 棒悬式绝缘子的爬电距离均达到 2.5cm/kV 左右。

使用棒悬式绝缘子具有很大的优点：①它是一种不可击穿结构，从而避免了盘形瓷质绝缘子因泥胶膨胀破坏或电热故障使钢帽炸裂而造成掉串的永久性故障；②长棒形使金具数量相对减少，大大减轻金具锈迹引起的污闪事故；③电气性能优良，爬电比距的增大，使耐污性能大为提高；④使无线电干扰水平大大改善；⑤根本不存在零值或低值绝缘子的问题，从而省去对绝缘子的检测、维护和更换等工作。

日本和德国在这种棒悬式绝缘子的制造质量上处于领先地位。德国生产的棒悬式绝缘子年平均故障率仅仅只有十万分之八，而在超高压线路中采用双串并联的棒悬式绝缘子至今从未发生故障。我国的棒悬式绝缘子过去由于受到瓷的强度和工艺水平的限制而发展缓慢，而现在已经攻克高强度铝质瓷配方。近年来，我国已研制成功并开发出 20、25、30 型高强棒式绝缘子和 35、110、220kV 高强度棒悬式绝缘子系列产品，同时还研制成功超高强度瓷配方和憎水釉配方，开发了 330、380、500kV 超高强瓷棒悬式绝缘子的超高压系列产品。

三、按承载能力大小分类

我国生产的绝缘子基本上是按承载能力大小分类。根据 GB/T1001.1—2003《标称电压高于1000V 的架空线路绝缘子　第 1 部分：交流系统用瓷或玻璃绝缘子元件——定义、试验方法和判定准则》和 GB 7253—2005《盘形悬式绝缘子元件尺寸与特性》，按标准化、系列化、通用化要求，分为 40、70、100、120、160、210、300、400kN 和 530kN 九个等级。其中有瓷质悬式绝缘子、钢化玻璃悬式绝缘子，形状有槽形、球形等，系列比较齐全。

四、绝缘子的标识含义

我国生产的绝缘子型号根据 GB/T 7253—2005 标准的规定：由第一个字母 U，表示悬式绝缘子；第二个数字，是规定的机电或机械破坏负荷的千牛数的标志，第三个字母 B 或 C，分别表示球窝或槽形连接；第四个字母 S 或 L，则表示短结构或长结构高度；第五个字母 P 置于最后，表示污秽地区的大爬距绝缘子。

型号说明如下：

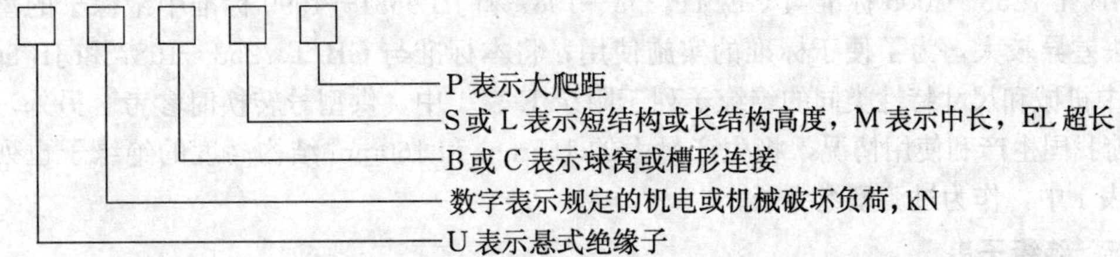

表 1-23、表 1-24 为球窝连接和槽形连接绝缘子串元件的机械和尺寸特性规定值。

表 1-23　球窝连接的绝缘子串元件的机械和尺寸特性规定值

型　号	机电或机械破坏负荷（kN）	绝缘件的最大公称直径 D（mm）	公称结构高度 P（mm）	最小公称爬电距离（mm）	标准连接标记 d_1
U40B	40	175	110	190	11
U40BP	40	210	110	295	11
U70BS	70	255	127	295	16
U70BL	70	255	146	295	16
U70BLP	70	280	146	440	16
U100BS	100	255	127	295	16
U100BL	100	255	146	295	16
U100BLP	100	280	146	440	16
U120B	120	255	146	295	16
U120BP	120	280	146	440	16
U160BS	160	280	146	315	20
U160BSP	160	330	146	440	20
U160BL	160	280	170	340	20
U160BLP	160	330	170	525	20
U210B	210	300	170	370	20
U210BP	210	330	170	525	20
U300B	300	330	195	390	24
U300BP	300	400	195	590	24
U400B	400	380	205	525	28
U530B	530	380	240	600	32

表 1-24　槽形连接的绝缘子串元件的机械和尺寸特性规定值

型　号	机电或机械破坏负荷（kN）	绝缘件的最大公称直径 D（mm）	公称结构高度 P（mm）	最小公称爬电距离（mm）	标准连接标记
U70C	70	255	146	295	16C
U70CP	70	280	146	440	16C
U100C	100	255	146	295	16C
U100CP	100	280	146	440	16C
U120C	120	255	146	295	16C
U120CP	120	280	146	440	16C
U160C	160	280	170	340	19C
U160CP	160	330	170	525	19C
U210C	210	300	178	370	22C
U210CP	210	330	178	525	22C

注　机电或机械破坏负荷大于 210kN 的绝缘子未作规定。如有需要，应最好使用在表 1-23 中规定的球窝连接绝缘子。

GB/T 7253—2005标准与GB/T 7253—1987和JB 9681—1999标准中绝缘子的型号编制方法差异较大，为了便于标准的实施使用，将本标准与GB/T 7253—1987和JB 9681—1999中机械和尺寸特性类同的绝缘子列于附录E表1中，供型号转换时参考。另外，考虑到目前我国生产和使用情况，将生产量大的155mm和160mm结构高度的绝缘子也列入附录E表1中，作为过渡型绝缘子。

五、绝缘子串

架空导线处于绝缘的空气介质中，由于电压等级较高，为保证导线对地有必要的绝缘间隙，需将数只悬式绝缘子串接起来，与金具配合组成架空线悬挂体系即绝缘子串。根据受力特点，在直线型杆塔上组成悬垂绝缘子串，耐张杆塔上组成耐张绝缘子串。输电线路的绝缘配合，应使线路能在工频电压、操作过电压、雷电过电压等各种条件下安全可靠地运行。

1. 悬垂绝缘子串

悬垂绝缘子串用于直线杆塔上。在一般情况下，采用单串悬垂绝缘子串就能满足设计要求，其组装形式如图1-133（a）所示。当线路跨越山谷、河流或重冰区以及线路导线的综合荷载很大时，超过了单串绝缘子串所允许的荷载范围，在这种情况下需采用双串悬垂绝缘子串，如图1-133（b）所示。采用V形组装的目的是限制绝缘子串摇摆，以减少塔头尺寸及减少线路走廊宽度。V形绝缘子串用以控制绝缘子串的风偏角，可以解决摇摆角过大的问题，如图1-133（c）所示。

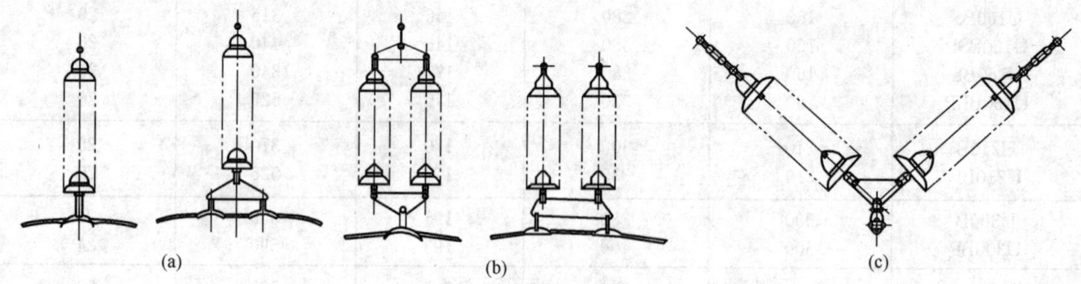

图1-133　悬垂绝缘子串的结构示意图

（a）单串；（b）双串；（c）V形

2. 耐张绝缘子串

耐张绝缘子串用于耐张、转角和终端杆塔，承受导线的全部张力。当导线截面积在185mm^{2}及以下时，普遍用单串耐张绝缘子串，如图1-134（a）所示。当导线截面积较大或遇到特大档距，导线张力很大时，可采用双串或四串耐张绝缘子串，四联串相对使用较多，特别是在大跨越工程中。耐张、转角和终端杆塔两侧导线用跳线连接［见图1-134（d）］，图中跳线绝缘子串用以限制跳线的风偏角，保证跳线对杆塔各部分空气间隙的要求。

除了由单片绝缘子组成的绝缘子串之外，还有棒悬式合成绝缘子。棒悬式合成绝缘子适用于高压输电线路，尤其用于污秽地区能有效地防止污闪事故，是目前广泛使用的瓷绝缘子的换代产品。

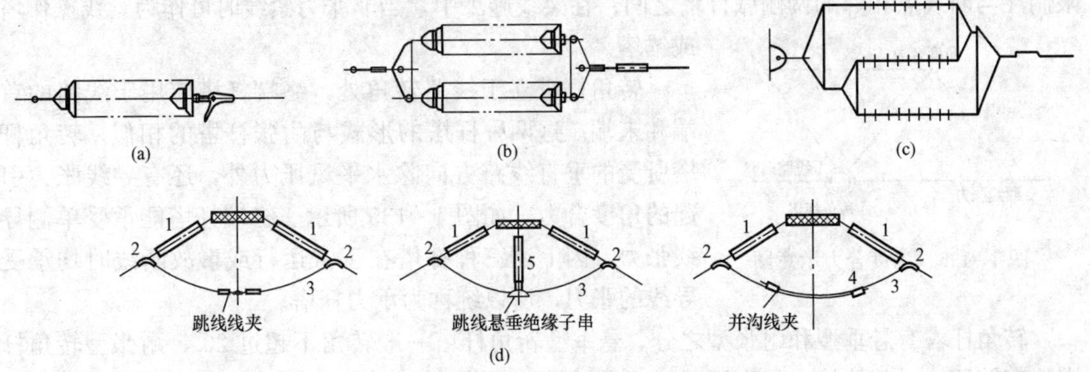

图 1-134　耐张绝缘子串的结构示意图

(a) 单串；(b) 双串；(c) 三串；(d) 跳线连接

1—耐张绝缘子串；2—耐张线夹；3—跳线；4—并沟线夹；5—跳线绝缘子串

第六节　杆塔及杆塔基础

一、杆塔

杆塔用来支持导线和避雷线及其附件，并使导线、避雷线、杆塔之间，以及导线和地面及交叉跨越物或其他建筑物之间保持一定的安全距离。

线路杆塔采用得是否合理对于线路的经济性、供电的可靠性、维护和检修的方便性，影响都很大。因此，合理地选择杆塔结构、形式以及计算条件，是建设输电线路项目中重要环节之一。

(1) 输电线路的杆塔按受力性质，分为悬垂型和耐张型两种。悬垂型包括直线杆塔、直线换位杆塔和直线转角杆塔等，耐张型包括直线耐张杆塔、转角杆塔和终端杆塔等。

杆塔选型应从安全可靠、维护方便并结合施工、制造、地形、地质和基础形式等条件进行技术经济比较。在平地和丘陵等便于运输和施工的地区，宜因地制宜地采用拉线杆塔和钢筋混凝土杆。

在走廊清理费用比较高及走廊较狭窄的地带，宜采用导线三角形排列的杆塔；在非重冰区还宜结合远景规划采用双回线路或多回线路杆塔；在重冰区地带宜采用单回线路导线水平排列的杆塔；在城市或城效可采用钢管杆塔。

直线杆塔是位于相邻两承力杆塔之间的中间杆塔，在线路正常运行情况下不承受导线的张力，而仅承受导线、避雷线、绝缘子和金具等的重力及风引起的水平力，只有在杆塔两侧档距悬殊或一侧发生断线时，才承受一定的顺线路方向的不平衡张力。

一般直线杆塔如需要带转角，在不增加塔头尺寸时不宜大于 5°。悬垂转角杆塔的转角角度，对 500kV 和 330kV 及以下杆塔分别不宜大于 20°和 10°。

带转动横担或变形横担的杆塔不应用于居民区、检修困难的山区、重冰区、交叉跨越点以及两侧档距或标高相差较大容易发生误动作的杆塔位。

耐张杆塔是能承受较大的两侧导线张力差的杆塔，在正常运行时，能承受导线对杆塔的不平衡张力；在事故断线情况下，能承受住导线对杆塔的断线张力，使断线故障的影响范围限制在与断线点相邻的两耐张杆塔之间；在架线施工中，当非张力紧线时可作为紧线操作塔或锚塔。

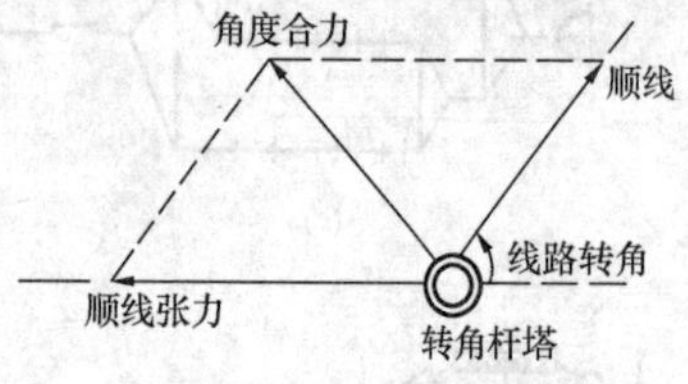

图 1 - 135　角度合力示意图

转角杆塔立于线路转角处，终端杆塔应用于线路的首端和末端。这两种杆塔的形式与耐张杆塔的相似。转角杆塔所受的垂直线路方向除水平风压力外，还有导线张力引起的角度合力，如图 1 - 135 所示。终端杆塔能承受单侧导线张力。因上述三种杆塔在正常运行或事故断线时均承受导线的张力，所以统称为承力杆塔。

转角杆塔有悬垂型和耐张型之分。悬垂型转角杆塔一般转角不超过 20°，耐张型转角杆塔除有转角外，其他特点与作用同于正常型耐张杆塔。换位杆塔和跨越杆塔也有悬垂型和耐张型之分，而终端杆塔、分支杆塔必为耐张型。

（2）杆塔按其材料分，主要有钢筋混凝土杆和铁塔。钢筋混凝土杆因其具有经久耐用、维护简单、节约钢材等优点，因而在 220kV 及以下电压等级线路上使用比较广泛。

钢筋混凝土杆按其制造方式又可分为普通钢筋混凝土杆和预应力钢筋混凝土杆两种。预应力钢筋混凝土杆是在混凝土浇制前，对钢筋施以拉伸张力，待混凝土凝固后，将钢筋锚固并撤去张力，这时钢筋回缩而使混凝土受一预压应力作用。当电杆承受荷载而受拉时，这种预压应力可部分或全部抵消混凝土受拉时所受拉应力而不致产生横向裂缝，从而克服了普通钢筋混凝土杆易产生横向裂缝的缺点。

铁塔的选用应从安全可靠、维护方便并结合施工、制造、地形、地质和基础形式等条件进行技术经济比较。一般用于荷载较大、交通不便等地区。具体详述在第五章第四节。

二、杆塔基础

输电线路杆塔基础分为电杆基础和铁塔基础，其形式应根据杆塔形式、沿线地形、工程地质、水文以及施工、运输等条件进行综合考虑确定。

杆塔基础是将杆塔固定在地面上，以保证杆塔不发生倾斜、倒塌、下沉等的设施。如钢筋混凝土杆直接埋入土中，由于电杆横截面积很小，则在地耐力较差的情况下，电杆就会发生下沉现象。

1. 电杆基础

为防止电杆下沉，往往在电杆底部垫一块面积较大如图 1 - 136 所示形式的钢筋混凝土制板——底盘，底盘就是防止电杆下沉的基础。拉线的作用一方面提高杆塔的强度，承担外部荷载对杆塔作用力，以减少杆塔的材料消耗量；另一方面，连同拉线棒和拉线盘，起到将杆塔固定在地面上，以保证杆塔不发生倾斜和倒塌。

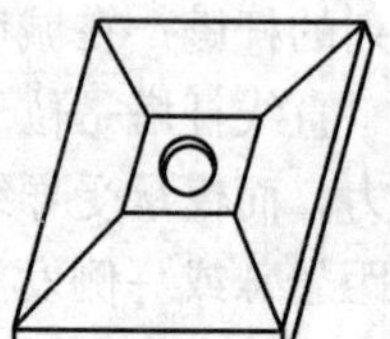

图 1 - 136　电杆底盘

2. 铁塔基础

输电线路所采用的基础类型，按其承载力的特性大致可分为如下几类：

（1）“大开挖”基础类。这类基础是指埋置于预先挖好的基坑内并将回填土夯实的基础。它是以扰动的回填土构成抗拔土体保持基础的上拔稳定。由于扰动的黏性回填土，虽经夯实也难恢复原有土的结构强度，因而就其抗拔性能而言这类基础是不够理想的基础形式。实践证明，这类基础的主要尺寸均由其抗拔稳定性能所决定，为了满足上拔稳定性的要求，必须加大基础尺寸，从而提高了基础造价。

“大开挖”基础具有施工简便的特点，是工程设计中最常用的基础形式，主要有混凝土基础、普通钢筋混凝土基础和装配式基础等。

(2) 掏挖扩底基础类。这类基础是指以混凝土和钢筋骨架灌注于以机械或人工掏挖成的土胎内的基础。它是以天然土构成的抗拔土体保持基础的上拔稳定，适用于在施工中掏挖和浇注混凝土时无水渗入基坑的黏性土中。它能充分发挥原状土的特性，不仅具有良好的抗拔性能，而且具有较大的横向承载力。

掏挖扩底基础具有节省材料、取消模板及回填土工序、加快工程施工进度和降低工程造价等优点。

(3) 爆扩桩基础类。这类基础是指以混凝土和钢筋骨架灌注于以爆扩成型的土胎内的扩大端的短桩基础。它适用于可爆扩成型的硬塑和可塑状态的黏性土中，在中密的、密实的砂土以及碎石土中也可应用。由于其抗拔土体基本接近于未扰动的天然土，因而它也具有较好的抗拔性能，同时扩大端接触的持力层为一空间曲面，其下压承载力也比一般平面底板有所提高。

爆扩桩基础也具有掏挖扩底基础类的优点，只是施工中成型的工艺和尺寸检查尚有一定困难。

(4) 岩石锚桩基础类。这类基础是指以水泥砂浆或细石混凝土和锚筋灌注于钻凿成型的岩孔内的锚桩或墩基础。它具有较好的抗拔性能，特别是上拔和下压地基的变形比其他类基础都小，适用于山区岩石覆盖层较浅的塔位。

岩石锚桩基础由于充分发挥了岩石的力学性能，从而大量地降低了基础材料的耗用量，特别在运输困难的高山地区更具有明显的经济效益。但岩石地基的工程地质鉴定工作比较麻烦。

(5) 钻孔灌注桩基础类。这类基础是指用专门的机具钻（冲）成较深的孔，以水头压力或水头压力和泥浆护壁，放入钢筋骨架和水下浇注混凝土的桩基。它是一种深型的基础形式，适用于地下水位高的黏性土和砂土等地基，特别是跨河塔位。

(6) 倾覆基础类。这类基础是指埋置于经夯实的回填土体内的，承受较大倾覆力矩的电杆基础、窄基铁塔的单独基础和宽基铁塔的联合基础。电杆的倾覆基础被广泛采用。而铁塔的联合基础由于施工较复杂且耗用材料又多，因此只有在荷载大、地基差的条件下，用其他类型基础在技术上有困难时方可采用。

铁塔基础根据地形、地质和施工条件的不同，所采用的类型也不同，如表 1-25 所示。

表 1-25 **铁塔基础类型**

类 型	适用范围	示 意 图
“大开挖”基础类	常用	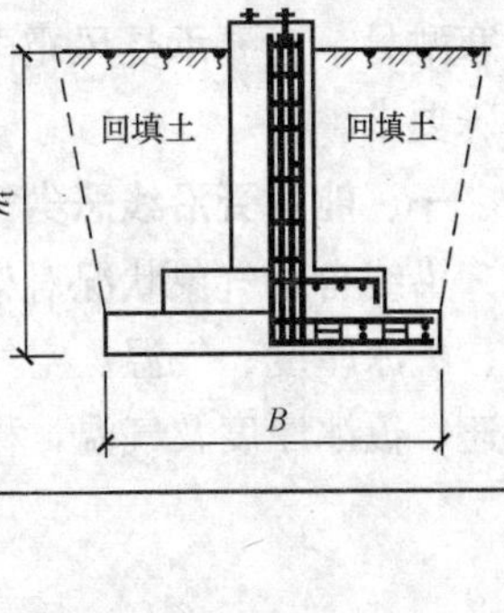 回填土 回填土 h_1 B

续表

类　型	适用范围	示　意　图
掏挖基础	无地下水，可掏挖成形的土质	
装配式基础	缺砂石和水的地区以及不适合现场浇制的地区，可采用预制钢筋混凝土基础，运输困难的地区可采用金属基础，对腐蚀性强的土质应加防腐措施或不用	
浇注式基础	跨河流冲刷的深基础或爆破成型的短桩基础	设计地面 Y X　O　X Y
岩石基础	山区岩石地区	坡度 1/6～1/8

第七节　架空输电线路的运行环境及要求

架空输电线路将电能从发电厂输送到负荷中心，沿途需翻山越岭、跨江过河，既要经受严寒酷暑，还要承受风霜雨雪。严酷的环境条件对架空输电线路提出了应与大自然相适应的特殊要求。

一、能耐受沿线恶劣气象的考验

沿线自然气象状况对架空输电线路的影响有电气和机械两个方面。有关气象参数有风速、覆冰厚度、气温、空气湿度及雷电活动的强弱等。对机械强度有影响的气象参数主要为风速、覆冰厚度及气温，称为架空输电线路设计气象条件三要素。

（一）气象条件三要素

1. 风速

风对架空输电线路的影响主要有三方面：首先，风吹在导线、杆塔及其附件上，增加了作用在导线和杆塔上的荷载。其次，导线在由风引起的垂直线路方向的荷载作用下，将偏离无风时的铅垂面，从而改变了带电导线与横担、杆塔等接地部件的距离。再次，导线受风的作用经常出现的是均匀低风速（0.5～10m/s）下将引起振动；在稳定的中速风（5～15m/s）的作用下将引起舞动；当分裂加间隔棒时有时会发生次档振动。导线的振动和舞动都将危及线路的安全运行。为此，必须充分考虑风的影响。

输电线路设计气象条件，应根据沿线的气象资料的数理统计结果，参考附近已有线路的运行经验确定。基本风速、基本冰厚按以下重现期确定：750kV 输电线路、500kV 输电线路及大跨越 50 年；110～330kV 输电线路及大跨越 30 年。

如沿线的气象与表 1-21 典型气象区接近，宜采用典型气象区所列数值。

确定最大设计风速时，应按当地气象台、站 10min 时距平均的年最大风速作样本，并宜采用极值 I 型分布作为概率模型。统计风速的高度如下：110～750kV 输电线路按离地面 10m 统计；各级电压大跨越按历年大风季节平均最低水位 10m 统计。

输电线路的最大设计风速，应按最大风速统计值选取。山区输电线路的最大设计风速，如无可靠资料，应按附近平原地区的统计值提高 10%选用。

110～330kV 输电线路的基本风速，不应低于 23.5m/s；500～750kV 输电线路基本风速，不宜低于 27m/s。

大跨越最大设计风速，如无可靠资料，宜将附近平地输电线路的风速统计值换算到与大跨越线路相同电压等级陆上线路重现期下历年大风季节平均最低水位以上 10m 处，并增加 10%，然后考虑水面影响再增加 10%后选用。大跨越最大设计风速不应低于相连接的陆上输电线路的最大设计风速。必要时，还宜按稀有风速条件进行验算。

因此，在线路设计时和运行过程中均需广泛搜集、积累沿线风速资料。但应注意，若气象台、站的风仪高度及测记方法不一定符合架空输电线路采用的要求，就需经过一定方法，将其换算到架空输电线路的设计风速。另外，在离地不同高度的风速大小是不同的，当导线高度较高，如跨越江河等地段，其风速还应计及高度影响。

在运行中可根据地面物的征象，按表 1-26 风力等级表估计风速大小。

表 1-26　风力等级表

风力等级	名　称	地面物的征象	相当风速（m/s）
0	无风	静，烟直上	0～0.2
1	软风	烟能表示风向，但风向标不能转动	0.3～1.5
2	轻风	树叶及微枝摇动不息，旌旗展开	1.6～3.3
3	微风	人面感觉有风，树叶微响，风向标能转	3.4～5.4
4	和风	能吹起地面灰尘和纸张，小树枝摇动	5.5～7.9
5	轻劲风	有叶的小树摇摆，内湖的水有波	8.0～10.7
6	强风	大树枝动摇，导线呼呼有声，举伞困难	10.8～13.8
7	疾风	全树动摇，迎风步行感觉不便	13.9～17.1

续表

风力等级	名　称	地 面 物 的 征 象	相当风速（m/s）
8	大风	微枝折断，人向前行感觉阻力甚大	17.2～20.7
9	烈风	烟囱顶部及屋瓦被吹掉	20.8～24.4
10	狂风	内陆很少出现，可掀起树木或摧毁建筑物	24.5～28.4
11	暴风	陆上很少，有大破坏	28.5～32.6
12	飓风	陆上绝少，很大规模的破坏	大于 32.6

2. 覆冰厚度

输电线覆冰对输电线路安全运行的威胁主要有如下几方面：一是由于导线覆冰，荷载增大，引起断线、连接金具破坏，甚至发生倒杆等事故；二是由于覆冰严重，使导线弧垂显著增大，造成导线与被跨越物或对地距离过小，引起放电闪络事故等；三是由于不同时脱冰使导线跳跃，易引起导线间以及导线与避雷线间闪络，烧伤导线或避雷线。发生冰害事故时，往往正值气候恶劣、冰雪封山、通信中断、交通受阻、检修十分困难之时，从而造成电力系统长时间停电。

当天空中的“过冷却”水滴及湿雪下降碰到地面上低于0℃的冷物体后，便会在物体表面冻结成冰。由于气候条件和地理条件的不同，覆冰种类大致可分雾凇和雨凇两类。

雾凇粒径较小的过冷却水滴，随气流浮动，在碰击物体瞬间即冻结成冰凌，呈干增长方式。冰体白色疏松，相对密度小，附着力较弱，通常在物体的迎风面冻结。雾凇密度较轻（$0.1\sim0.4\times10^3$ kgf/m^3），形呈针状或羽毛状结晶，冻结不密实。雨凇密度则较大（$0.5\sim0.9\times10^3$ kgf/m^3），冻结成浑然一体的透明状冰壳，附着力很强，导线覆冰常指这类雨凇而言。

雨凇粒径较大的过冷却水滴，碰撞在物体上，先散开成水膜然后冻结成冰凌，呈湿增长方式。冰体透明坚固，相对密度大，附着力强，常伴有冰柱。形成雨凇的气象条件多在$-10\sim0$℃，风速5～15m/s，湿度约80%以上。与覆冰和地理条件也很有关系。地形条件能促使“过冷却”雨下降外，覆冰的形成还与地形、地势条件及输电线离地高度有关。如平原的突出高地、暴露的丘陵顶峰和高海拔地区，迎风山坡、垭口、风道，特别是坡向朝河流、湖泊及水库等地区，其覆冰情况均相对较严重。在同一地点，导线悬挂点距地面越高覆冰也越严重。覆冰的形成，空气湿度是必要条件，在我国北方，虽然气温较低，但是由于空气相对较干燥，覆冰反而不如南方有些地区严重。南方有些地区导线积雪有时直径可达15cm左右，这种现象在北方是极少的。

输电线路设计时覆冰按等厚中空圆形考虑，其密度取0.9g/cm^3，且取110～330kV为30年一遇，750、500kV为50年一遇的最大值。

3. 气温

气温的变化，引起导线热胀冷缩，从而影响输电线的弧垂和应力。显然，输电线路经过地区的历年来最高气温和最低气温是我们特别关心的。因为气温越高，导线由于热胀引起的伸长量越大，弧垂增加越多，所以需考虑导线对被交叉跨越物和对地距离应满足的要求；反之，气温越低，线长缩短越多，应力增加越多，所以需考虑导线机械强度应满足的要求。另外，年平均气温、最大风速时的气温也必须适当选择。

（二）组合气象条件和典型气象区

输电线路在运行中将连续经历各种气象条件，我们要对所有气象条件进行分析、计算是不可能的，也是不必要的。在实际工程中，只要把握了对线路各部件起控制作用的几种气象条件，也就把握了所有气象条件对输电线路的影响。因此，我们必须结合实际情况，慎重地分析原始气象资料，对风速、覆冰厚度和气温进行合理的组合，概括出既在一定程度上反映自然界的气象规律，又适合线路结构上的技术经济合理性及设计计算的方便性的“组合气象条件”。气象条件一般常用的组合有九种：最高气温、最低气温、年平均气温、最大风速、最大覆冰、内过电压（操作过电压）、外过电压（大气过电压），以及安装情况和事故断线情况。

为了设计、制造上的标准化和统一，根据我国不同地区的气象情况和多年的运行经验，我国各主要地区组合后的气象条件归纳为九个典型气象区，其气象参数的组合如表 1 - 27 所示。

表 1 - 27　全国典型气象区气象参数

<table>
<tr><th colspan="2">气象区</th><th>Ⅰ</th><th>Ⅱ</th><th>Ⅲ</th><th>Ⅳ</th><th>Ⅴ</th><th>Ⅵ</th><th>Ⅶ</th><th>Ⅷ</th><th>Ⅸ</th></tr>
<tr><td rowspan="7">大气温度（℃）</td><td>最高</td><td colspan="9">+40</td></tr>
<tr><td>最低</td><td>−5</td><td>−10</td><td>−10</td><td>−20</td><td>−10</td><td>−20</td><td>−40</td><td>−20</td><td>−20</td></tr>
<tr><td>覆冰</td><td colspan="9">−5</td></tr>
<tr><td>最大风速</td><td>+10</td><td>+10</td><td>−5</td><td>−5</td><td>+10</td><td>−5</td><td>−5</td><td>−5</td><td>−5</td></tr>
<tr><td>安装情况</td><td>0</td><td>0</td><td>−5</td><td>−10</td><td>−5</td><td>−10</td><td>−15</td><td>−10</td><td>−10</td></tr>
<tr><td>雷电过电压</td><td colspan="9">+15</td></tr>
<tr><td>操作过电压、年平均气温</td><td>+20</td><td>+15</td><td>+15</td><td>+10</td><td>+15</td><td>+10</td><td>−5</td><td>+10</td><td>+10</td></tr>
<tr><td rowspan="5">风速（m/s）</td><td>最大风速</td><td>31.5</td><td>27</td><td>23.5</td><td>23.5</td><td>27</td><td>23.5</td><td>27</td><td>27</td><td>27</td></tr>
<tr><td>覆冰</td><td colspan="7">10*</td><td colspan="2">15</td></tr>
<tr><td>安装情况</td><td colspan="9">10</td></tr>
<tr><td>雷电过电压</td><td>15</td><td colspan="8">10</td></tr>
<tr><td>操作过电压</td><td colspan="9">0.5×最大风速（不低于 15m/s）</td></tr>
<tr><td colspan="2">覆冰厚度（mm）</td><td>0</td><td>5</td><td>5</td><td>5</td><td>10</td><td>10</td><td>10</td><td>15</td><td>20</td></tr>
<tr><td colspan="2">冰的密度（g/cm³）</td><td colspan="9">0.9</td></tr>
</table>

*　一般情况下覆冰同时风速 10m/s，当有可靠资料表明需加大风速时可取为 15m/s。

由于我国幅员辽阔，气象情况复杂，九个典型气象区不能完全包括，所以，各大区甚至各省区又根据本地区的气象特点，划分出本地区的典型气象区。在实际使用中，总是将线路沿线实际气象数据与典型气象区相比较，采用其中最接近的某一典型气象区的数值。

二、合理选择导线的形式、截面积和应力

（一）导线形式

根据导线的作用，制作导线的材料应选择电导率高、耐热性能好、具有一定的机械强度，且质量小、制造方便、价格低廉的。因此，常用的材料有铜、铝、钢等。由于铜的价格较贵，架空输电线路一般不采用铜线。铝导电性能好，但机械强度低，而钢机械强度较高，

但导电性能较差，所以导线一般制成以铝作为主要材料的钢芯铝绞线。目前列入国家标准的导线型号和名称如表1-28所示。

表1-28　导线型号和名称

型　号	名　称	型　号	名　称
JL	铝绞线	LJ/G1AF	防腐型钢芯铝绞线
LJ/G1A	钢芯铝绞线	JG1A	钢绞线

铝绞线由多股铝线绞合而成。由于铝的机械强度低，允许拉力小，所以档距不能放得很大；如果档距较大，为保证导线对地距离的要求，则需增加杆塔高度。所以，铝绞线多用于电压低、档距小的配电线路。

钢芯铝绞线的结构形式是在镀锌钢绞线的外层再扭绞若干层铝股线。由于交流电的集肤效应，电流的大部分集中在导线外层通过，导线中心基本不通过电流，所以钢芯铝绞线外层采用导电性能好的铝，内层采用机械强度高的钢，从而充分利用了两种材料的优点。

如在钢芯铝绞线的某一层间均匀地涂敷防腐材料，即为防腐型钢芯铝绞线，它具有对盐、碱、酸等气体腐蚀的抵抗力，用于沿海及有腐蚀的环境中。

镀锌钢绞线是由镀锌钢丝绞合而成的，由于它导电性能较差，一般用作避雷线。

导线规格用标称截面积表示，例如标称截面积为400mm^2的铝绞线表示为JL/G1A-400-45/7，由45根硬铝线和7根A级镀层普通强度镀锌钢线绞制成的钢芯铝绞线，硬铝线的截面积为400mm^2。从附录B的表4中可查到镀锌钢线的截面积为27.7mm^2。

导线的机械物理特性主要是综合拉断力（或计算拉断力）、弹性系数、温度热膨胀系数及导线的质量。它们的物理意义与力学中的定义相同，分述如下。

1. 导线的瞬时破坏应力

对导线做拉伸试验，将测得的综合拉断力除以导线的截面积，即是综合破坏应力，有

$$\sigma_p = \frac{T_p}{A} \tag{1-1}$$

式中　σ_p——综合破坏应力，MPa；

T_p——综合拉断力，N；

A——导线截面积，mm^2。

一般导线制造时要求对成品绞线进行拉断力试验，在计算时应按制造商提供的数据进行计算。在本书中T_p可取额定拉断力。

2. 导线弹性系数

导线弹性系数是指在弹性限度内，导线受拉力作用时，其应力与相对变形的比值，可表示为

$$E = \frac{\sigma}{\varepsilon} = \frac{Tl}{A\Delta l} \tag{1-2}$$

式中　E——导线的弹性系数，MPa；

σ——导线受拉时的应力，MPa；

ε——导线受拉时的相对变形，$\varepsilon = \frac{l}{\Delta l}$；

T——作用于导线的轴向拉力，N；

l、Δl——导线的原长和受拉引起的绝对伸长，m。

钢芯铝绞线由具有不同弹性系数的钢线和铝线两部分组成，在受到拉力 T 作用时，钢线具有应力 σ_s，铝线应力为 σ_a，平均应力为 σ，三者之间并不相等。但由于钢芯与铝股紧密绞合在一起，所以认为钢部与铝部的伸长量相等，即钢线部分和铝线部分的应变相等。由于总体的平均应力 σ 与应变 ε 之比为架空线的弹性系数 E，所以其应变为

$$\varepsilon = \frac{\sigma}{E} = \frac{T}{EA}$$

同理钢部和铝部的应变分别为

$$\varepsilon_s = \frac{\sigma_s}{E_s} = \frac{T_s}{E_sA_s}, \varepsilon_a = \frac{\sigma_a}{E_a} = \frac{T_a}{E_aA_a}$$

式中　T、T_s、T_a——架空线的总拉力、钢部承受拉力和铝部承受拉力；

A、A_s、A_a——架空线的总截面积、钢线部分截面积和铝线部分截面积。

由三者应变相等和等比性质可得

$$\frac{T}{EA} = \frac{T_s}{E_sA_s} = \frac{T_a}{E_aA_a} = \frac{T_s + T_a}{E_sA_s + E_aA_a}$$

因为
$$T = T_s + T_a, A = A_s + A_a$$

所以有
$$EA = E_sA_s + E_aA_a \text{ 或 } E = \frac{E_sA_s + E_aA_a}{A_s + A_a}$$

在上式中同除 A_s 得

$$E = \frac{E_sA_s + E_aA_a}{A_s + A_a} = \frac{E_sA_s/A_s + E_aA_a/A_s}{A_s/A_s + A_a/A_s} = \frac{E_s + E_aA_a/A_s}{1 + A_a/A_s}$$

令铝钢截面积比 $m = A_a/A_s$，所以上式可化简为

$$E = \frac{E_s + mE_a}{1 + m} \tag{1-3}$$

式中　E_s——钢线的弹性系数，可取200 900MPa；

E_a——铝线的弹性系数，可取60 300MPa。

由式（1 - 3）可以看出，钢芯铝绞线综合弹性系数的大小不仅与钢、铝两部分的弹性系数有关，而且还与铝钢截面比例有关。实际上，钢芯铝绞线的弹性系数还与其扭绞角度和使用张力等因素有关，式（1 - 3）的计算值比实际值偏大。工程中应采用电线产品样本中给出的试验值，但在练习中可按附录 D 表 1、表 2 的钢芯铝绞线的最终弹性系数和铝绞线的最终弹性系数。

3. 钢芯铝绞线的温度线膨胀系数

钢芯铝绞线温度每升高 1℃引起的相对变形，称为导线的温度线膨胀系数，可表示为

$$\alpha = \frac{\varepsilon}{\Delta t} \tag{1-4}$$

式中　α——导线的温度线膨胀系数，1/℃；

ε——导线由于温度变化所发生的相对变形；

Δt——温度变化量，℃。

在钢芯铝绞线中：铝的线膨胀系数 α_a 较大，约为 23×10^{-6} 1/℃，钢的线膨胀系数 α_s 较小，约为 11.5×10^{-6} 1/℃；钢芯铝绞线的温度线膨胀系数 α 介于 α_s 与 α_a 之间。

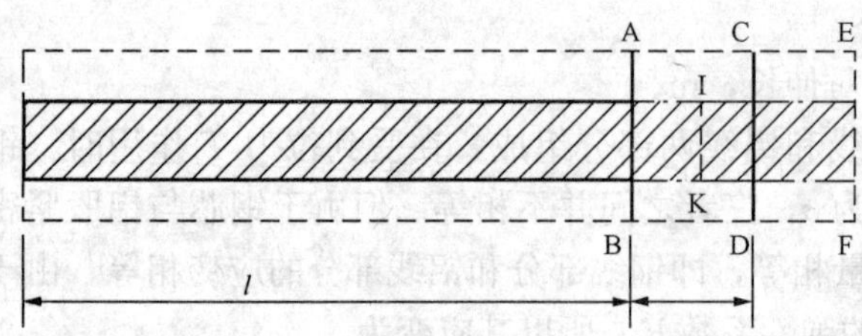

图 1-137　钢芯铝绞线的温度膨胀示意图

图 1-137 所示为钢芯铝绞线的温度膨胀示意图，在初始温度下，线端位置为 AB。当温度升高 Δt，如铝部与钢芯之间没有关系，则铝伸长至 EF，钢伸长至 IK，但由于铝部与钢芯紧密结合在一起，所以只能有相同的伸长，设到达 CD。这表明铝部受到了压缩，钢芯受到了拉伸。在平衡位置 CD，铝部承受的压缩力与钢芯的拉伸力相等。不考虑绞线的扭角影响时，有

$$E_s(\alpha-\alpha_s)\Delta t A_s = E_a(\alpha-\alpha_a)\Delta t A_a$$

整理并将 $m = A_a/A_s$ 代入，可以得到

$$\alpha = \frac{E_s\alpha_s + mE_a\alpha_a}{E_s + mE_a}$$

在练习中钢芯铝绞线、铝绞线的温度线膨胀系数 α 可查附录 D 中的表 1 和表 2，钢绞线的温度线膨胀系数 α 可取 11.5×10^{-6}1/℃。

4. 导线的质量

导线的质量常以每千米长导线的质量值表示，单位为 kg/km。

输电导线的机械物理特性和规格见附录 B，在应用时需注意标称截面积和计算截面积不相等，在施工现场进行导线力学估算时，有时可用标称截面积，但在精确计算时则应采用计算截面积。另外，对于钢芯铝绞线还应注意铝钢截面比，如铝的标称截面积为 200mm^2 的钢芯铝绞线有 JL/G1A-200-18/1、JL/G1A-200-26/7 型两种，它们的外径、计算截面积、额定抗拉力及其他机械物理特性和电气参数均不相同。

（二）导线截面积选择的要求

导线是用以传输电能的导体，导线截面积的大小直接影响到线路运行的经济性。因此，输电线路导线截面积选择对不同电压等级输电线路的导线选择，适用的判据不同。但总体上看，应归结为技术性和经济性两个方面。

技术性方面，一般要求所选导线能满足控制线路电压降、导线发热、无线电干扰、电视干扰、可听噪声的要求，并具备适应线路气象和地形条件的机械特性。

经济方面，宜按照系统需要根据经济电流密度选择；也可按系统输送容量，结合不同导线的材料进行比选，通过年费用最小法进行综合技术经济比较后确定。

线路年运行费低，符合总的经济利益。线路年运行费是指为维持正常运行而每年支出的费用，它包括电能损失费、折旧费、修理费和维护费。其中电能损失费、折旧费及修理费是与导线截面积有关的。导线截面积越大，导线中的电能损耗就越小，但线路的初建投资会增加，且线路的折旧费和修理费也随之增加；反之，导线截面积小，线路初建投资会减小，线路的折旧费、修理费也随之减小，但线路中的电能损耗则必将增加。因此，必须综合考虑各方面因素，进行必要的经济技术比较，进行合理选择。

验算导线允许载流量时，导线的允许温度：钢芯铝绞线和钢芯铝合金绞线一般采用+70℃，必要时可采用+80℃；大跨越可采用+90℃。钢芯铝包钢绞线（包括铝包钢绞线）可采用+80℃（大跨越可采用+100℃），或经试验决定。镀锌钢绞线可采用+125℃。环境

气温宜采用最热月平均最高温度。风速采用0.5m/s（大跨越采用0.6m/s）。太阳辐射功率密度采用0.1W/cm²。

所选定的导线截面积必须大于按机械强度所要求的最小截面积，详见表1-29。

表1-29 按机械强度要求的导线最小截面积

导线结构	导线材料	最小截面积（mm²）	备注
多股	铝、铝合金、钢芯铝绞线	35	单股导线不允许使用
	其他材料（铜、钢）	16	

输电线路的导线截面积和分裂形式应满足电晕、无线电干扰和可听噪声等要求。海拔不超过1000m的地区，采用现行国标中钢芯铝绞线外径不小于表1-30所列数值，可不必验算电晕。

表1-30 可不必验算电晕的导线最小外径（海拔不超过1000m）

杆称电压（kV）	110	220	330		500			750		
导线外径（mm）	9.6	21.6	33.6	2×21.6 3×17.1	2×36.24	3×26.82	4×21.6	4×36.9	5×30.20	6×25.50

（三）导线的应力和弧垂

悬挂于两基杆塔之间的一档导线，由于导线本身的重力及风压、覆冰重力等荷载作用，导线任意横截面上必有内力存在，导线单位横截面上的内力称为导线应力。导线上任意点至导线两侧悬挂点的连线之间的铅垂距离称为导线上该点的弧垂，如图1-138所示。

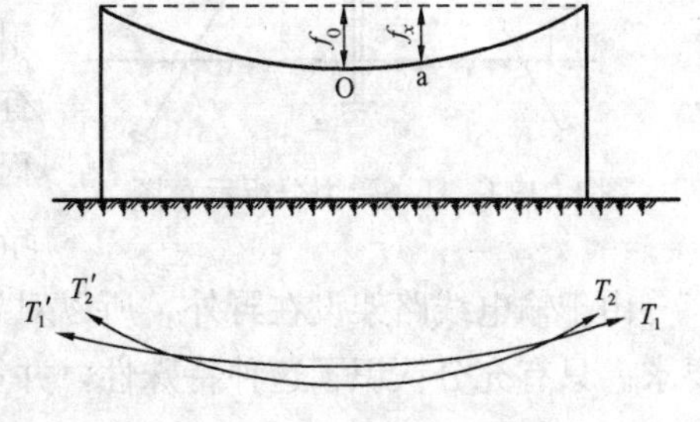

图1-138 导线的弧垂和拉力

应力和弧垂的大小是相互联系的，在架设导线时，导线的松紧程度直接关系到导线及杆塔的受力大小和导线对被跨越物及地面的距离，影响到输电线路的安全和经济性。所以，导线的应力、弧垂是线路设计、施工和运行中的重要技术参数。

三、必须满足电气间隙和防雷要求

输电线路的电气间隙有两方面内容：一是导线与导线、导线与避雷线之间的距离要求，二是导线和杆塔接地部分、导线与被交叉跨越物、导线与地面之间的距离要求。对于导线之间及导线与杆塔接地部分之间的距离，一般可按在各种运行情况下保证空气间隙不发生闪络的条件确定。但导线和地面之间的距离应考虑人们日常活动的因素，即需考虑行人、车辆等的正常活动范围，并保证安全。导线与地面的最小距离要求如表1-31所示。

另外，导线与避雷线间的距离应按防雷保护要求确定，并保证输电线路具有一定的耐压水平，才能保证线路运行的可靠性。

表 1-31 导线与地面的最小距离 (m)

线路经过地区	标称电压（kV）				
	110	220	330	500	750
居民区	7.0	7.5	8.5	14	19.5
非居民区	6.0	6.5	7.5	11（10.5*）	15.5**（13.7***）
交通困难地区	5.0	5.5	6.5	8.5	11.0

* 数值用于导线三角排列的单回路；

** 数值对应农业耕作区；

*** 数值对应非农业耕作区。

四、能承受各种气象条件的荷载作用

以一基打拉线单杆为例，导线、避雷线的重力及风压力均由杆塔承担，其中重力是垂直向下的，风压力是水平的。如图 1-139 所示，P_B、P_D 为避雷线和导线传递至杆塔的风压力，G_B、G_D 为避雷线和导线传递至杆塔的重力。另外，电杆任一横截面上还有电杆本身及其附件的重力和杆身风压的作用。在这些外力作用下，首先，杆塔强度必须满足要求，不能因此而发生断裂破坏；其次，必须具有一定的刚度，保证电杆变形在允许范围内；最后，外力作用于杆塔，使杆塔具有向一侧倾斜的趋势，所以必须有一定的设施——基础，以保证杆塔稳定。在实际工程中，只要其中之一不能满足要求，就将危及输电线路的安全运行。

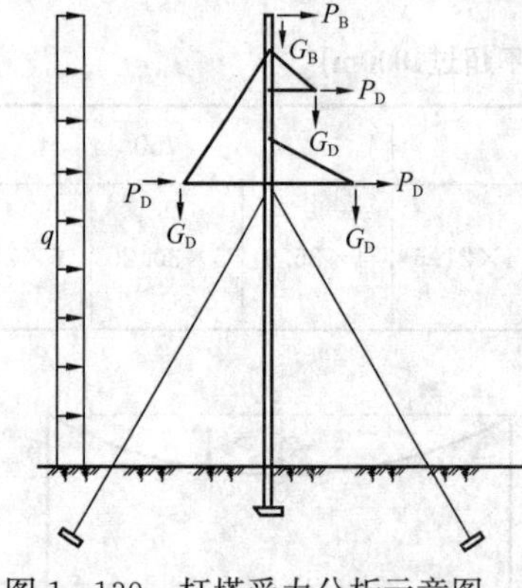

图 1-139 杆塔受力分析示意图

由于输电线路架设在野外，所以对导线、杆塔、基础以及输电线路的路径都提出了特殊要求。只有充分认识了这种特殊性，并贯彻到线路的设计、施工、运行中去，才能保证线路的安全运行。

第八节 输电线路施工图

输电线路施工图是各项设计原则和设计思想的具体体现，是从事输电线路施工的依据，也是从事输电线路运行和检修的重要技术文件。一般来说，输电线路施工图有六部分。

一、总体部分

总体部分包括线路路径图、杆塔及基础一览图、线路杆塔明细表、线路平断面图、线路换位图及与通信线路平行关系图等。

（1）线路路径图。它是通过测量最终确定的线路走向图，一般绘于五万分之一或十万分之一地形图上，图上绘出了线路起点、终点、转角点及转角度数和中间经过位置。它对线路施工中的器材堆放、运输和工地布置以及线路运行中巡线和检修工作安排能起指导作用。

（2）基础及杆塔一览图。它给出了全线所使用的杆塔型号、高度及使用条件一览表，全线所使用的基础型式及尺寸等基本信息。

(3) 线路杆塔明细表。它是全线情况的概括。它按杆塔编号逐号写出杆塔、档距、导线和避雷线、附件、接地装置、基础、交叉跨越等的简要情况，是分析全线路概况、进行施工测量和施工的重要技术文件，其形式如表 1-32 所示。

(4) 线路平断面图。设计根据平断面图定出杆塔位置、型号、高度、基础施工基面和土石方开挖量。施工参照平断面图确定放线位置、紧线位置、弧垂观测档；按照交叉跨越处被跨越物的垂直距离对照现场情况，在放线、紧线过程中采取保护措施，并在施工后作为检查的依据。

(5) 线路换位图。在导线的各种排列方式中，除等边三角形排列外，其他排列方式均不能保证导线的线间距离相等，因而三相导线的电感、电容及三相阻抗都不相等，造成三相电流的不平衡。这种不平衡对发电机、电动机和电力系统的运行以及对输电线路附近的弱电线路均会带来一系列不良影响。为了避免这些影响，各相导线应在空间轮流交换导线的位置，以平衡三相阻抗。图 1-140 所示为三相导线的换位示意图，图中 l 为线路总长度。

经过完全换位的线路，其各相导线在空间每一位置的各段长度之和相等。进行一次完全换位通常称为完成了一个换位循环。

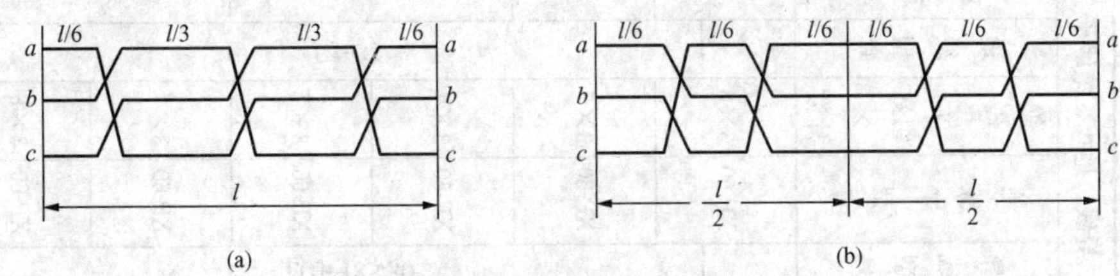

图 1-140 输电线路换位示意图

(a) 单循环换位；(b) 双循环换位

在中性点直接接地的电网中，当线路长度在 100～200km 之间，一般应有一个换位循环；线路长度大于 200km，则一般宜安排两个或多个换位循环。

线路如有换位，应由设计部门提供线路换位示意图和换位安装图。

(6) 与通信线路平行关系图。线路邻近如有通信线路，则应有与通信线路平行关系图和通信线保护装置图。

二、导线部分

导线部分包括导线、避雷线机械特性曲线图、安装曲线图（参见图 3-1）和特殊耐张段安装表等。这些图表是施工人员进行导线和避雷线的紧线安装时，确定观测弧垂的依据，同时也是进行验收和运行检查的依据。

三、杆塔部分

杆塔部分包括杆塔施工说明、电杆的组装图和零件加工图、铁塔的总图和分段加工图。杆塔的组装图和加工图均可兼作杆塔制造厂加工用和现场施工人员组装用。

四、基础部分

基础部分包括基础一览表、基础配制表、基础施工说明和基础施工图。

表 1 - 32

线路杆塔明细表

工程名称：220kV××××输电线路

耐张段长(m)	代表档距(m)	杆塔 编号	杆塔 名称	杆塔 型号	杆塔 呼称高(m)	施工基面(m)	档距(m)	悬挂点高差(m)	水平档距(m)	垂直档距(m)	线路水平转角	导线型号	绝缘子型号	绝缘子组数×片数	地线型号	悬垂线夹(组)	耐张线夹(组)	导线护线条(组)	导线防振锤(个)	地线防振锤(个)	被交叉跨越物名称及交叉角	对被交叉跨越物的防护措施	备注
		60	转角	Jt2							右 6°07″	LGJ-185/30	XP-60	3×8	GJ-35		6						
							322												3 3	4 4			
		61	直线	ZV2					309.5				XP-60	3×7		3							
							297												3 3	2 2			
		62	直线	ZV2					357.5				XP-60	3×7		3							
							418												6 6	4 4			
		63	直线	ZV2					424				XP-60	3×7		3							
							430												6 6	4 4			
		64	直线	ZV2+3					302.5				XP-60	3×7		3							
							175												3 3	2 2			
		65	转角	Jt2							左 18°56″		XP-60	3×8			6						大号侧耐张绝缘子串倒挂

五、绝缘子、金具部分

输电线路绝缘子、金具、附件的组装方式，只要线路上有的都应有组装图，如悬垂绝缘子串组装图、耐张绝缘子串组装图、防振锤安装图等，以便施工时应用。

六、接地部分

由于输电线路杆塔形式不同，经过地区的土壤电阻率不同，因此接地装置的形式也将不同。设计部门根据具体情况，选择了相应的接地装置型号，并提出了相应的安装要求。

复习与思考题

1. 电能具有什么优点？

2. 输电线路如何在电力系统中实现电能传输？

3. 什么叫电力网？

4. 电力线路可分为哪几类？我国目前有几种电压等级？你所在省区有哪些电压等级的电力线路？

5. 阐述直流输电的基本原理。

6. 直流电在输电方面具有哪些主要优点？

7. 什么叫档距、耐张段和孤立档距？

8. 架空输电线路直线杆塔由哪些元件组成？

9. 对架空输电线路导线有何作用？采用分裂导线具有什么意义？

10. 架空输电线路导线按材料性质可分为哪几种？为何不采用铜线架设？

11. 导线从结构上可分为哪几种？多股绞线与同截面的单股线相比具有什么特点？

12. 钢芯铝绞线的用途及选用原则是什么？

13. 请指出下列型号的含义：JL-800-61、JLHA1-800-61、JL/G1A-800-84/7、JLHA1/G3A-800-84/7、JL/LB1A-800-84/7、JLB1A-100-37、JG1A-63-37。

14. 分裂导线在超高压线路中为什么得到广泛使用？

15. 避雷线在输电路线中有什么作用？

16. 避雷线的材料有几种？电力特种光缆与普通光缆相比，具有什么特点？

17. 解释 OPGW 光缆的含义。

18. 在架空电力线路及配电装置中，金具可分为哪几类？作用是什么？

19. 架空线路常用哪些连接金具？

20. 绝缘子的主要作用是什么？按绝缘子介质如何分类？

21. 绝缘子串有哪些组装方式？各用于什么场合？

22. 杆塔在架空输电线路中起什么作用？

23. 杆塔按其受力可分为哪几类？各自的受力特点是什么？

24. 杆塔基础有何作用？

25. 什么是设计气象条件三要素？最大设计风速、覆冰厚度是如何取值的？

26. 什么是“组合气象条件”？常用的组合气象条件有哪几种？

27. 试了解你所在省区的气象分区情况及组合气象条件参数。

28. 输电线路常用的导线为何种形式？它的优点是什么？

29. 架空线路一般采用哪几种导线？指出下列导线型号的意义：LJ120、LGJ-185/30、LGJF-210/35、GJ-35。

30. 导线截面选择应满足哪几方面要求？

31. 什么是导线弧垂？解释导线的拉力与弧垂之间的关系。

32. 杆塔在外力作用下需满足哪几方面的要求？

33. 输电线路施工图包括哪几部分？主要有哪些内容？

第二章 导线应力弧垂分析

建设一条架空输电线路，必须符合经济合理、安全适用的原则，既要充分利用材料的强度，又要保证安全运行。

对于悬挂在架空线路杆塔上的导线，当外界温度变化时，将引起导线的伸长或收缩，而当导线上的荷载变化时，也将引起导线的弹性变形，这两种现象都会使导线的长度发生变化。通过计算可知：档距一定时，导线长度的微小变化也会导致导线应力和弧垂的发生变化。导线长度缩短，将使导线应力增大，弧垂减小；反之，导线伸长，将使导线应力减小，弧垂增大。显然，在线路设计时，必须计算导线的应力和弧垂，确定和掌握导线在各种气象条件下的应力和弧垂的变化情况，并保证当导线应力最大时，其值不超过导线强度允许值，而当弧垂最大时，要保证导线的对地安全距离，从而保证线路设计经济合理、运行安全可靠。

本章学习导线的应力、弧垂和线长的力学分析，避雷线的分析方法与导线相同，因此除特别指明者外，本章中导线泛指导线和避雷线。

第一节 导线的比载

在进行导线的受力分析时，首先需明确作用在导线上的荷载。作用在导线上的荷载有导线的自重、导线覆冰重和导线所受垂直于线路方向的水平风压，用符号“g”表示。为便于分析计算，工程中用比载来计算导线的荷载。所谓比载即单位长度、单位截面积导线上的荷载。换句话说，即将单位长度（1m）导线上的荷载折算至单位截面积（mm^2）上的数值。因此，比载的单位为 $N/(m \cdot mm^2)$。

在导线的应力弧垂分析中，常用的比载有七种，分为垂直、水平、综合比载三类。

一、垂直比载

垂直比载包括自重比载和冰重比载，作用方向垂直向下。

1. 自重比载 g_1

导线自重比载即导线自身重力引起的比载。我国制造的各种规格导线，均给出每千米长导线的质量 G，其大小不受气象条件变化的影响，因此自重比载计算式为

$$g_{1(0,0)} = \frac{9.807G}{A} \times 10^{-3} \tag{2-1}$$

式中 G——导线单位质量，kg/km；

A——导线截面积，mm^2；

$g_{1(0,0)}$——导线自重比载，$N/(m \cdot mm^2)$。

2. 冰重比载 g_2

冰重比载是架空导线覆冰重力引起的比载，即导线上覆有冰层时，其冰筒重力由导线来承受。将 1m 长导线上的覆冰荷载折算到每平方毫米导线截面积上的数值称为冰重比载。

1m 长冰筒（见图 2-1）的体积和重力分别为

$$V=\frac{\pi}{4}[(d+2b)^2-d^2]=\pi b(d+b)$$

$$G_2=9.807Vr\times10^{-3}=9.807\pi b(d+b)r\times10^{-3}$$

式中　b——覆冰厚度，mm；

d——导线计算直径，mm；

V——1m 长冰筒的体积，cm^3；

r——冰的密度，g/cm^3；

G_2——1m 长冰筒的重力，N。

当冰的密度 $r=0.9g/cm^3$ 时，冰的重力为

$$G_2=27.728b(d+b)\times10^{-3}$$

则冰重比载为

$$g_{2(b,0)}=\frac{27.728b(d+b)}{A}\times10^{-3}\qquad(2-2)$$

式中　$g_{2(b,0)}$——导线冰重比载，$N/(m\cdot mm^2)$。

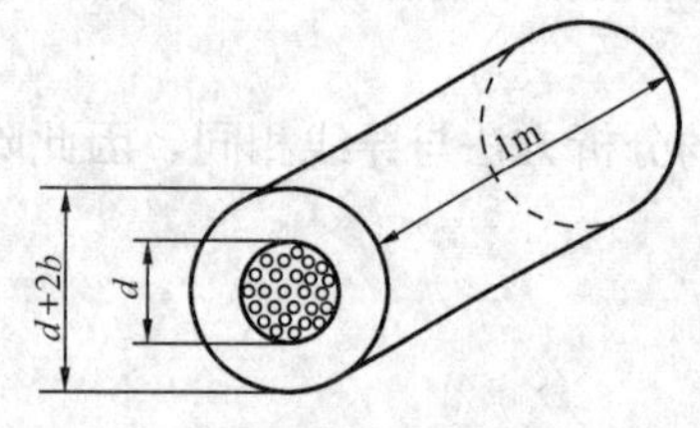

图 2-1　覆冰的体积

3. 覆冰时垂直总比载 g_3

当导线覆冰时，其垂直总比载为自重比载和冰重比载之和，计算式为

$$g_{3(b,0)}=g_1+g_2\qquad(2-3)$$

式中　$g_{3(b,0)}$——覆冰时垂直总比载，$N/(m\cdot mm^2)$。

二、水平比载

水平比载是由导线受垂直于线路方向的水平风压引起的比载。水平比载包括无冰风压比载和覆冰风压比载，方向作用在水平面内。

1. 基本风压

作用于导线上的风压是由空气运动时的动能所引起的。欲求风压比载，需要知道作用于架空线上的基本风压。基本风压是指空气的动能在迎风体单位面积上产生的压力。当流动气流以速度 v 携带着动能吹向迎风物体，速度降为零时，其动能将全部转换为对物体的静压力，根据流体力学中的伯努利方程，基本风压为

$$W_v=\frac{1}{2}\rho v^2$$

式中　W_v——风速 v 时的风压标准值，N/m^2 或 Pa；

v——风速，m/s；

ρ——空气密度，kg/m^3。

基本风压与风速和空气密度有关，而空气密度 ρ 是海拔、气温和湿度的函数，不同地区不同季节的 ρ 值存在差异。我国对风速的测量仪表，如维尔达式风压板和达因风管式风速仪都是利用风压换算成风速读数，换算时一般取 $\rho=1.25kg/m^3$（标准大气压下，气温为 10℃ 时的干燥空气密度）。这对高海拔地区由于 ρ 较小，测得的风速读数偏小，但气象部门并未根据当地空气密度进行风速订正。我国气象台、站以往大多采用上述风压式测风仪，因此对这类风速资料在计算风压时仍取 $\rho=1.25kg/m^3$ 是正确的。但今后随着连续自记资料的增

多，多采用风杯式测风仪，所测风速读数与空气密度无关，因此计算风压时应采用当地的实际空气密度。我国部分地区大风时空气密度计算值以及 $2/\rho$ 值在附录 F 表 1 列出，仅供参考。

一般情况下可采用标准空气密度 $\rho=1.25\text{kg/m}^3$。此时的基本风压计算式为

$$W_v = 0.625v^2 = \frac{v^2}{1.6} \tag{2-4}$$

2. 无冰时导线风压比载 g_4

考虑到整个档距的风速不可能一样大，架空线的迎风面积形状（体形）对空气流动的影响，以及风向与线路走向间常存在一定的角度，所以计入风速不均匀系数和风载体形系数。

则无冰时风压比载为

$$\begin{aligned} g_{4(0,v)} &= \alpha\beta_c\mu_{sc}d\frac{W_v}{A}\times\sin\theta\times10^{-3} \\ &= 0.625\alpha\beta_c\mu_{sc}d\frac{v^2}{A}\times\sin\theta\times10^{-3} \end{aligned} \tag{2-5}$$

式中 $g_{4(0,v)}$——无冰时风压比载，$\text{N/(m}\cdot\text{mm}^2)$；

α——风压不均匀系数，应根据设计基本风速，按照表 2-1 确定；

β_c——500kV 和 750kV 线路导线及地线风荷载调整系数，仅用于计算作用于杆塔上的导线及地线风荷载（不含导线及地线张力弧垂计算和风偏角计算），β_c 应按照表 2-1 确定；其他电压级的线路 β_c 取 1.0；

μ_{sc}——导线或地线的体形系数：线径小于 17mm 或覆冰时（不论线径大小）应取 $\mu_{sc}=1.2$；线径大于或等于 17mm，μ_{sc}取 1.1；

θ——风向与线路方向的夹角。

表 2-1　风压不均匀系数 α 和导地线风载调整系数 β_c

风速 v (m/s)		$v\leqslant20$	$20\leqslant v<27$	$27\leqslant v<31.5$	$v\geqslant31.5$
α	计算杆塔荷载	1.00	0.85	0.75	0.70
	设计杆塔（风偏计算用）	1.00	0.75	0.61	0.61
β_c	计算 500、750kV 杆塔荷载	1.00	1.2	1.20	1.30

3. 覆冰时的风压比载 g_5

此时，导线的迎风面积因覆冰而增大，即受风面的宽度变为 $d+2b$。受风面积增大，同时风载体形系数也与未覆冰不同。规程规定，线径小于 17mm 或覆冰时（不论线径大小）应取 $\mu_{sc}=1.2$。所以，覆冰时风压比载计算式可将式（2-5）中的导线直径 d 改为 $d+2b$ 得到，即

$$g_{5(b,v)} = 0.625\alpha\beta_c\mu_{sc}(d+2b)\frac{v^2}{A}\sin\theta\times10^{-3} \tag{2-6}$$

式中 $g_{5(b,v)}$——覆冰时的风压比载，$\text{N/(m}\cdot\text{mm}^2)$。

三、综合比载

综合比载有无冰综合比载和覆冰综合比载两种。在有风气象条件时，作用在导线上的荷

载有垂直方向的自重、冰重比载和水平方向的风压比载，因此，导线的综合比载为这两个方向的比载的矢量和。

1. 无冰有风时的综合比载 g_6

无冰有风时，作用在导线上的比载有垂直比载 $g_{1(0,0)}$ 和水平比载 $g_{4(0,v)}$，其综合比载如图 2-2（a）所示，即

$$g_{6(0,v)} = \sqrt{g_{1(0,0)}^2 + g_{4(0,v)}^2} \tag{2-7}$$

2. 有冰有风时的综合比载 g_7

导线有冰有风时，导线上作用着垂直比载 $g_{3(b,0)}$ 和水平比载 $g_{5(b,v)}$，如图 2-2（b）所示。其综合比载为

$$g_{7(b,v)} = \sqrt{g_{3(b,0)}^2 + g_{5(b,v)}^2} \tag{2-8}$$

应当指出，自重比载 g_1 也有综合比载的性质，即为导线无冰无风时的综合比载。

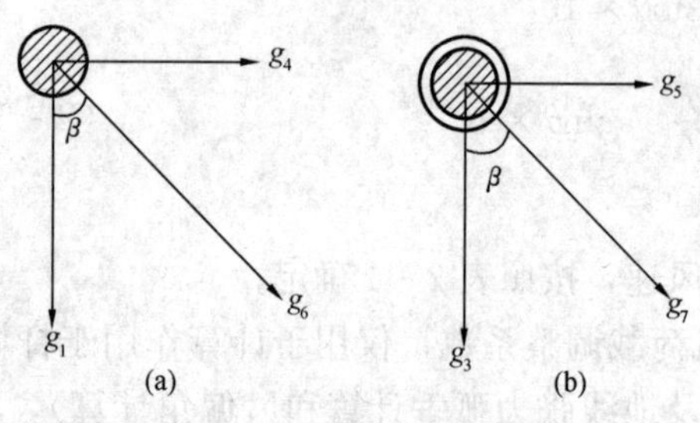

图 2-2 导线的综合比载

（a）无冰有风时；（b）有冰有风时

特别需注意，上述比载有七种，在使用时应根据计算气象条件和计算目的正确选用相应的比载。如在计算导线应力时必须选用导线的综合比载，而综合比载有 g_1、g_6、g_7 三个，这就需根据计算气象条件选用其中一个，如无冰无风时应取 g_1，有冰有风时应取 g_7。同时，同一导线型号的同一种比载，随着气象参数的不同也有不同的数值，此时就需根据计算气象条件中气象参数（覆冰厚度 b 和风速 v）来查取。

【例 2-1】 设某 220kV 架空线路通过第Ⅴ气象区，风向垂直于线路，导线为 JL/G 1A-250-26/7 型。试计算其比载。

解 从附录 B 表 4 中查得：JL/G 1A-250-26/7 型导线的计算总和截面积 $A=291\text{mm}^2$，绞线直径 $d=22.2\text{mm}$，计算质量 $G=1007.7\text{kg/km}$。气象参数从表 1-27 中查得，覆冰厚度 $b=10\text{mm}$；覆冰时的风速为 10m/s；最大风速为 27m/s，根据式（2-1）～式（2-8）计算导线的各种比载。

1. 垂直比载

（1）导线自重比载为

$$g_{1(0,0)} = \frac{9.807G}{A} \times 10^{-3} = \frac{9.807 \times 1007.7}{291} \times 10^{-3} = 33.961 \times 10^{-3}$$

（2）覆冰时冰重比载为

$$g_{2(10,0)} = \frac{27.728b(d+b)}{A} \times 10^{-3} = \frac{27.728 \times 10 \times (22.2+10)}{291} \times 10^{-3} = 30.682 \times 10^{-3}$$

（3）覆冰时垂直总比载为

$$g_{3(10,0)} = g_1 + g_2 = 33.961 \times 10^{-3} + 30.682 \times 10^{-3} = 64.643 \times 10^{-3}$$

2. 水平比载

（1）无冰时风压比载。

风速为 10m/s 时，有

$$g_{4(0,10)}=0.613\alpha\mu_{sc}\beta_c d\frac{\nu^2}{A}\times\sin90^\circ\times10^{-3}$$

$$=0.613\times1.0\times1.1\times1.0\times22.2\times\frac{10^2}{291}\times1\times10^{-3}=5.144\times10^{-3}$$

风速为 15m/s 时，有

$$g_{4(0,15)}=0.613\alpha\mu_{sc}\beta_c d\frac{\nu^2}{A}\times\sin90^\circ\times10^{-3}$$

$$=0.613\times1.0\times1.1\times1.0\times22.2\times\frac{15^2}{291}\times1\times10^{-3}=11.574\times10^{-3}$$

风速为 27m/s 时，有

$$g_{4(0,27)}=0.613\alpha\mu_{sc}\beta_c d\frac{\nu^2}{A}\times\sin90^\circ\times10^{-3}$$

$$=0.613\times0.85\times1.1\times1.0\times22.2\times\frac{27^2}{291}\times1\times10^{-3}=31.876\times10^{-3}$$

（2）有冰有风时风压比载为

$$g_{5(10,10)}=0.613\alpha\mu_{sc}\beta_c(d+2b)\frac{\nu^2}{A}\times\sin90^\circ\times10^{-3}$$

$$=0.613\times1.0\times1.2\times1.0\times(22.2+2\times10)\times\frac{10^2}{291}\times1\times10^{-3}=10.667\times10^{-3}$$

3. 综合比载

（1）无冰有风时综合比载。

风速为 10m/s 时综合比载为

$$g_{6(0,10)}=\sqrt{g_{1(0,0)}^2+g_{4(0,10)}^2}\times10^{-3}=\sqrt{33.961^2+5.144^2}\times10^{-3}$$

$$=34.348\times10^{-3}$$

风速为 15m/s 时综合比载为

$$g_{6(0,15)}=\sqrt{g_{1(0,0)}^2+g_{4(0,15)}^2}\times10^{-3}=\sqrt{33.961^2+11.574^2}\times10^{-3}$$

$$=35.879\times10^{-3}$$

风速为 27m/s 时综合比载为

$$g_{6(0,27)}=\sqrt{g_{1(0,0)}^2+g_{4(0,27)}^2}\times10^{-3}=\sqrt{33.961^2+31.876^2}\times10^{-3}$$

$$=46.577\times10^{-3}$$

（2）有冰有风时综合比载为

$$g_{7(10,10)}=\sqrt{g_{3(10,0)}^2+g_{5(10,10)}^2}\times10^{-3}=\sqrt{64.643^2+10.667^2}\times10^{-3}$$

$$=65.517\times10^{-3}$$

以上所得比载值的单位均为 N/（m·mm^2），或 MP/m。

第二节　导线应力的概念及允许应力

一、导线应力的概念

悬挂于两基杆塔之间的一档导线，在导线自重、冰重、风压等荷载作用下，任一横截面上均有一内力存在。根据材料力学中应力的定义可知，导线应力是指导线单位横截面积上的内力。因导线上作用的荷载是沿导线长度均匀分布的，所以一档导线中各点的应力是不相等的，且导线上某点应力的方向与导线悬挂曲线该点的切线方向相同。从而可知，一档导线中导线最低点应力的方向是水平的。

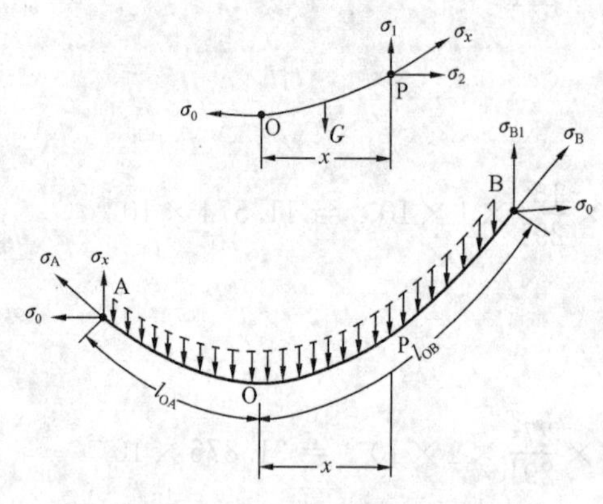

图 2-3　架空线悬挂曲线受力图

如图 2-3 所示，取导线最低点 O 至任意一点 P 的一段导线分析：设 P 点应力为 σ_x，方向为 P 点的切线方向，导线最低点应力为 σ_0，方向为水平方向。将 σ_x 分解为垂直方向 σ_1 和水平方向 σ_2 两个分应力，则根据静力平衡条件可知 $\sigma_2=\sigma_0$，即档中导线各点应力的水平分量均相等，且等于导线最低点应力 σ_0。另一方面，一个耐张段在施工紧线时，直线杆上导线置于放线滑车中，当忽略滑车的摩擦力影响时，各档导线最低点的应力均相等。所以，在导线应力、弧垂分析中，除特别指明者外，导线应力都指档中导线最低点的水平应力，常用 σ_0 表示。

悬挂于两基杆塔间的一档导线，其弧垂与应力的关系，弧垂越大，导线的应力越小；反之，弧垂越小，应力越大。因此，从导线强度安全角度考虑，应加大导线弧垂，从而减小应力，以提高安全系数。但是，若片面地强调增大弧垂，则为保证带电导线的对地安全距离，在档距相同的条件下，必须增加杆高，或在相同杆高条件下缩小档距，结果使线路基建投资成倍增加。同时，在线间距离不变的条件下，增大弧垂也就增加了运行中发生混线事故的机会。

二、导线的允许应力

安全和经济是一对矛盾，人们的处理方法是在导线机械强度、电气强度允许的范围内，尽量减小弧垂，从而既最大限度地利用导线的机械强度和不同电压情况下的电气强度，又降低了杆塔高度。

导线机械强度允许的最大应力称为最大允许应力，用 $[\sigma_{max}]$ 表示。

导、地线在弧垂最低点的设计安全系数不应小于 2.5，悬挂点的设计安全系数不应小于 2.25。地线、光纤复合架空地线（OPGW）的设计安全系数，宜大于导线的设计安全系数。导、地线在弧垂最低点的最大允许应力，其计算式为

$$[\sigma_{max}]=\frac{T_P}{2.5A}=\frac{\sigma_P}{2.5} \tag{2-9}$$

式中　$[\sigma_{max}]$——导、地线最低点的最大允许应力，MPa；

T_P——导、地线的额定抗拉力，N；

A——导、地线的总截面积，mm^2；

σ_P——导、地线的计算额定应力，MPa；

2.5——导、地线最小允许安全系数。

在一条线路的设计、施工过程中，一般应使导线在各种气象条件中，当出现最大应力时的应力恰好等于导线的最大允许应力。但是由于地形或孤立档等条件限制，有时必须把最大应力控制在比最大允许应力小的某一水平上。导、地线在弧垂最低点的设计安全系数不应小

于2.5，悬挂点的设计安全系数不应小于2.25。地线、光纤复合架空地线（OPGW）的设计安全系数，宜大于导线的设计安全系数。在稀有气象条件下，相应的悬挂点最大张力不应超过拉断力的77%。

因此，常把设计时所取定的最大应力气象条件时导、地线应力的最大使用值称为最大使用应力，用σ_{max}表示，则

$$\sigma_{max}=\frac{T_P}{KA}=\frac{\sigma_P}{K} \tag{2-10}$$

式中　σ_{max}——导线最低点的最大使用应力，MPa；

K——导线强度安全系数。

由此可知，当$K=2.5$时，有$\sigma_{max}=[\sigma_{max}]$，这时导线按正常应力架设；当$K>2.5$时，则$\sigma_{max}<[\sigma_{max}]$，这时导线按松弛应力架设。

工程中，一般导线安全系数均取2.5，但变电站进出线档的导线最大使用应力常是受变电站进出线构架的最大允许拉力控制的；对档距较小的其他孤立档，导线最大使用应力则往往是受紧线施工时的允许过牵引长度控制；对个别地形高差很大的耐张段，导线最大使用应力又受导线悬挂点应力控制。在这些情况下，导线安全系数均大于2.5，为松弛应力架设。

导线的应力是随气象条件变化的。导线最低点在最大应力气象条件时的应力为最大使用应力，则其他气象条件时的应力必小于最大使用应力。

第三节　悬点等高时导线弧垂、线长和应力的关系

一、导线悬挂曲线解析方程式

悬挂在杆塔上的一档导线，由于档距很大，导线材料的刚性对导线悬挂于空中的几何形状影响很小，所以可忽略不计，而将导线假定为一根处处铰接的柔软的链条。另外，作用于导线的荷载是沿导线线长均匀分布的，如图2-4所示。于是，可以把导线悬挂曲线看成是一条理想柔韧的悬链线，其解析方程为悬链线方程。悬链线方程包含双曲函数，由它推导出的其他计算式也较为繁复，因此，工程中在误差允许的前提下，取其简化形式。简化形式有两种：其一，将沿线长均布的荷载简化为沿档距两侧导线悬挂点的连线均匀分布[见图2-4（a）]，由此得到一套计算式称为斜抛物线式计算式；其二，将荷载简化为沿档距均匀分布[见图2-4（b）]，由此得到一套计算式称为平抛物线式计算式。三种计算式列于附录G表1中，供参考。

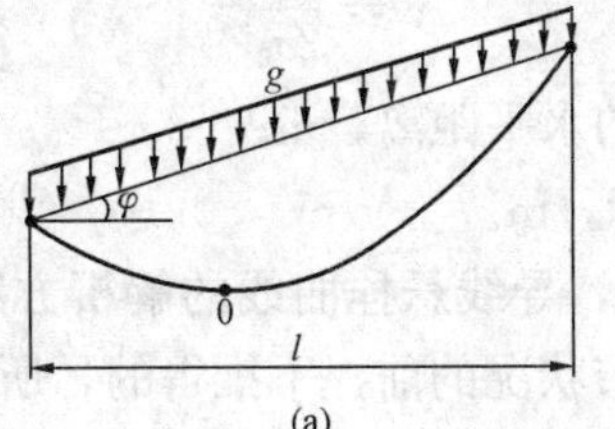

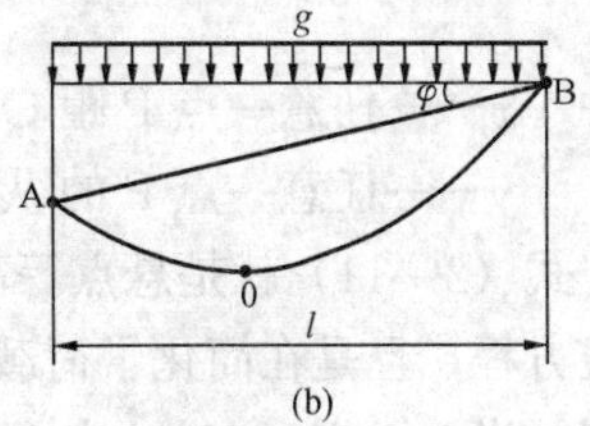

图2-4　计算方法的简化原则

（a）近似为斜抛物线；（b）近似为平抛物线

在工程中，当悬点高差h和档距l之比小于15%，应用平抛物线式已能满足精度要求；当$h/l\geqslant15\%$时，则可应用斜抛物线式；只有高差很大或档距很大，要求精确计算时，才应用悬链线精确式进行计算。在本书中只应用平抛物线式进行分析。

位于平原地区的线路，其导线悬点是等高的，此时如档距不大，则因档中导线的实际长度 L 和档距 l 相差很小，即 $L\approx l$，就可以假定作用在导线上的荷载沿档距均匀分布，并由此来建立悬挂曲线解析方程。

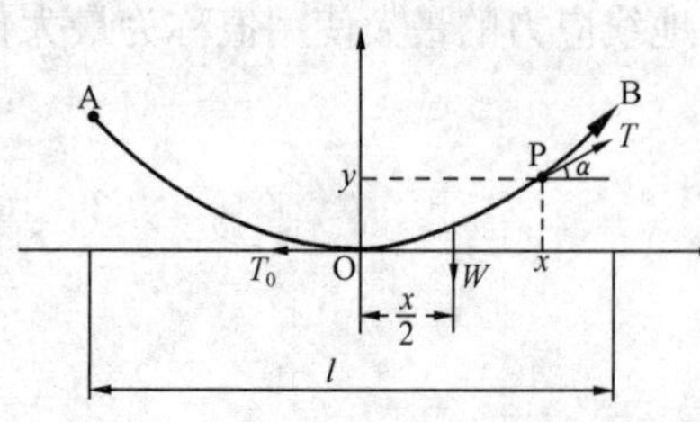

图 2-5 悬点等高时的受力分析图

如图 2-5 所示，已知悬点 A、B 等高的一档导线，档距为 l，在一定气象条件下，导线最低点应力为 σ_0，比载为 g，并设比载沿档距均匀分布。现取 OP 段导线进行分析。

过导线最低点建立直角坐标系，并设导线任意点 P 的切向应力为 σ_x，导线截面积为 A，则 OP 段导线在三个力作用下处于平衡状态：

作用于 O 点，水平向左的张力为

$$T_0=\sigma_0 A$$

作用于 P 点，切线方向的张力为

$$T=\sigma_x A$$

作用于 OP 段导线上的总荷载为

$$W=gxA$$

因假定荷载沿档距均布，所以总荷载 W 的作用点在 $x/2$ 处。于是，根据静力平衡条件 $\sum M_P=0$，有

$$T_0 y=\frac{1}{2}Wx$$

将 T_0 和 W 计算式代入上式，则有

$$\sigma_0 A y=\frac{1}{2}gx^2 A$$

$$y=\frac{g}{2\sigma_0}x^2 \tag{2-11}$$

式中 x——任意一点 P 距 O 点的水平距离，m；

y——任意一点 P 的纵坐标，m。

式（2-11）就是悬点等高时，导线悬挂曲线的解析方程。由于该方程实际上是一条抛物线方程，且是在简化了荷载分布状况的前提下推得的，所以称为平抛物线近似式。经计算证明，当 $h/l<10\%$ 时，应用该解析式已足够满足工程精度要求。

二、弧垂和应力的关系

导线弧垂的一般定义是指导线悬挂曲线上任意一点至两侧悬挂点连线的垂直距离。如图 2-6 所示，f_x 为任意点 x 处的弧垂，f_0 为档距中点1/2处的弧垂。

在一定气象条件下，导线最低点应力 σ_0、比载 g 为已知。图 2-6 中档距为 l，导线悬挂点等高，所以悬点 A、B 的连线为一平行于 x 轴的水平线，且档中导线最低点位于档距中点，则导线上任意一点的弧垂 f_x 可表示为

$$f_x=y_B-y_x$$

由式（2-11）有

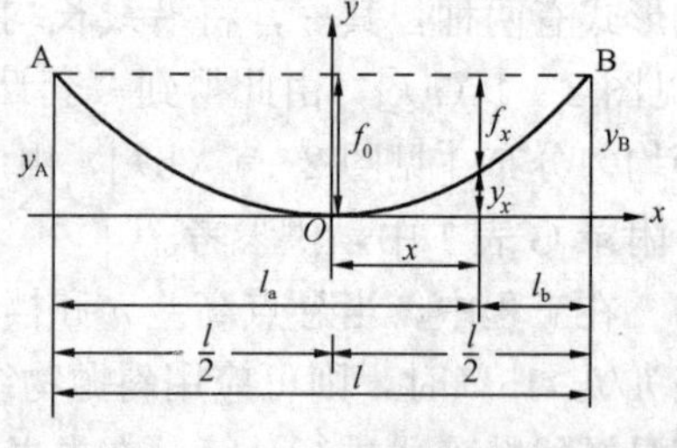

图 2-6 导线的弧垂

$$y_B = \frac{g}{2\sigma_0}\left(\frac{l}{2}\right)^2 = \frac{gl^2}{8\sigma_0}$$

$$y_x = \frac{g}{2\sigma_0}x^2$$

将 y_B、y_x 计算式代入 f_x 计算式并整理，则有

$$f_x = \frac{g}{2\sigma_0}\left(\frac{l}{2}+x\right)\left(\frac{l}{2}-x\right) \tag{2-12}$$

令 $l_a=\frac{l}{2}+x$、$l_b=\frac{l}{2}-x$，则有

$$f_x = \frac{g}{2\sigma_0}l_a l_b \tag{2-13}$$

其中，l_a、l_b 的意义如图 2-6 所示，即将档距以弧垂计算点分段，一部分为 l_a，另一部分为 l_b。而档距中点 $l_a=l_b=l/2$，根据式（2-13）得

$$f_x = \frac{g}{2\sigma_0}l_a l_b = \frac{g}{2\sigma_0}\times\frac{l}{2}\times\frac{l}{2} = \frac{gl^2}{8\sigma_0}$$

即

$$f_x=\frac{gl^2}{8\sigma_0} \tag{2-14}$$

由式（2-13）、式（2-14）可见，导线弧垂与应力成反比，与档距的平方成正比，即应力越大，弧垂越小；档距越大，弧垂越大。由图 2-5 直观地可见，当悬点等高时，档中最大弧垂发生在档距中点，即导线最低点。

三、任意点应力和最低点应力的关系

同一档距内，导线各点的应力是不相等的，如图 2-5 所示，取 OP 段导线进行受力分析。设导线最低点应力为 σ_0，P 点应力为 σ_x，W 为作用在 OP 段导线上的总荷载，作用于 $x/2$ 处，则有

$$T_0 = \sigma_0 A$$
$$T = \sigma_x A$$
$$W = gxA$$

将 T 分解为水平分量 T_1 和垂直分量 T_2，则有

$$T = \sqrt{T_1^2 + T_2^2}$$

根据静力平衡条件有

$$\sum X=0,\ T_1=T_0=\sigma_0 A$$
$$\sum Y=0,\ T_2=W=gxA$$

因此

$$T=\sigma_x A=\sqrt{(\sigma_0 A)^2+(gxA)^2}$$

$$\sigma_x = \sqrt{\sigma_0^2+(gx)^2} = [\sigma_0^2+(gx)^2]^{\frac{1}{2}}$$

将上式按二项式定理展开

$$(a^2+b^2)^{\frac{1}{2}} = a+\frac{b^2}{2a}+\cdots$$

近似地取等式右边的前两项，得

$$\sigma_x = \sigma_0 + \frac{g^2x^2}{2\sigma_0} \tag{2-15}$$

又因 $y_x=\frac{g}{2\sigma_0}x^2$，则有

$$\sigma_x=\sigma_0+gy_x \tag{2-16}$$

式中 σ_x——计算点P处切向应力，MPa；

σ_0——导线最低点应力，MPa；

g——计算气象条件时导线比载，N/(m·mm²)；

x——计算点P与导线最低点间水平距离，m；

y_x——计算点P处纵坐标，m。

式（2-15）、式（2-16）就是档中任意点应力 σ_x 和导线最低点应力 σ_0 的关系式。由以上推导分析可知：

（1）在同一档导线中，各点应力是不相等的，但若将任意点应力 σ_x 分解为水平分量 σ_1 和垂直分量 σ_2，则由式 $T_1=T_0=\sigma_0A$ 可知，各点应力的水平分量均相等，且等于导线最低点应力 σ_0。

（2）任意点应力的垂直分量 σ_2 是由计算点至导线最低点间一段导线上作用的荷载引起的，因此是变化的。导线最低点应力的垂直分量为零，所以应力最小；计算点距导线最低点越远，其应力的垂直分量越大，导线应力越大。

（3）悬点等高时档中导线最低点在档距中央，对导线悬挂点A、B有 $x_A=x_B=\frac{l}{2}$，$y_A=y_B=f_0$ 所以有

$$\sigma_A=\sigma_B=\sigma_0+gf_0 \tag{2-17}$$

式中 σ_A、σ_B——导线悬点应力，MPa；

f_0——档距中点导线弧垂，m。

四、线长和应力的关系

悬挂于两侧悬点间的一档导线的线长，可根据弧线的长度微分 $dL=\sqrt{(dy)^2+(dx)^2}$，沿其全档进行定积分求得。现因悬点等高，所以

$$L=2\int_0^{\frac{l}{2}}\sqrt{1+\left(\frac{dy}{dx}\right)^2}\,dx \tag{2-18}$$

因为 $y=\frac{g}{2\sigma_0}x^2$，所以

$$\frac{dy}{dx}=\frac{gx}{\sigma_0} \tag{2-19}$$

将式（2-19）代入式（2-18），得

$$L=2\int_0^{\frac{l}{2}}\sqrt{1+\left(\frac{gx}{\sigma_0}\right)^2}\,dx \tag{2-20}$$

在输电线路工程中，档距一般均在几百米范围内，所以 $\frac{gx}{\sigma_0}$ 的值总是小于1的，因而利用 $\sqrt{1+x}\approx1+\frac{x}{2}$ 对式（2-20）进行简化可得

$$L=2\int_0^{\frac{l}{2}}\left(1+\frac{g^2}{2\sigma_0^2}x^2\right)dx \tag{2-21}$$

对式（2-21）进行积分计算得

$$L = l + \frac{g^2 l^3}{24\sigma_0^2} \tag{2-22}$$

进一步利用 $f_0 = \frac{gl^2}{8\sigma_0}$ 代入式（2-22）得

$$L = l + \frac{8f_0^2}{3l} \tag{2-23}$$

式中 L——一档导线线长，m。

其他符号意义同前。

一档导线长度 L 和档距 l 相比，其增量 ΔL 为

$$\Delta L = L - l = \frac{g^2 l^3}{24\sigma_0^2} \tag{2-24}$$

由式（2-24）可见，线长增量 ΔL 与导线应力 σ_0 的平方成反比。从而可知，在一定档距 l 时，线长发生变化，而应力将随线长增量成平方倍变化，同时由弧垂计算式（2-14）可知，弧垂也将成平方倍变化。因此，在施工紧线过程中，当导线浮空，弧垂将达到设计值时，应放慢牵引速度。

【例 2-2】 设导线应力为 50MPa，导线比载为 40×10^{-3}N/(m·mm²)。试用平抛物线近似式和悬链线精确式计算档距为 100～1000m 时，导线的弧垂和线长，并进行比较。

解 平抛物线计算式 $f_0 = \frac{gl^2}{8\sigma_0}$，则有

$$L = l + \frac{8f_0^2}{3l}$$

悬链线精确计算式可以从附录 G 表 1 中查得

$$f_0 = \frac{\sigma_0}{g}\mathrm{ch}\frac{gl}{2\sigma_0} - \frac{\sigma_0}{g}$$

$$L = \frac{2\sigma_0}{g}\mathrm{sh}\frac{gl}{2\sigma_0}$$

将已知条件分别代入上述各式，两种计算方法的计算结果列于表 2-2 中。由表 2-2 可以看出，档中导线的长度与档距相比，增加很小，如档距为 500m，则 $L/l = 1.00668$。所以，将沿导线长度均布的荷载简化为沿档距均布是合理的。

表 2-2 两种计算方法计算结果的比较 (m)

档距	弧垂			线长		
	平抛式计算值	悬链式计算值	误差（%）	平抛式计算值	悬链式计算值	误差（%）
100	1.00	1.00	—	100.03	100.03	—
200	4.00	4.00	—	200.21	200.21	—
300	9.00	9.01	0.11	300.72	300.72	—
400	16.00	16.03	0.19	401.71	401.71	—
500	25.00	25.08	0.32	503.33	503.34	0.002
600	36.00	36.17	0.47	605.76	605.78	0.003
700	49.00	49.32	0.65	709.15	709.18	0.004
800	64.00	64.55	0.85	813.65	813.72	0.009
900	81.00	81.88	1.07	919.44	919.57	0.014
1000	100.00	101.34	1.32	1026.67	1026.88	0.020

另外，从表 2 - 2 中可见，在档距小于 300m 时，两种计算方法所产生的弧垂误差小于 0.01m，线长误差小于 0.01m。在档距为 700m 时，弧垂误差为 0.65%，线长误差为 0.004%，弧垂误差的绝对值为 0.32m。因此，在悬点等高且档距不太大时，按平抛物线近似式计算导线的弧垂和线长是完全能满足工程精度要求的。但当档距较大时，如本例中档距为 1000m 时，弧垂误差显著增大为 1.32%，其绝对值为 1.34m。此时为安全起见，应按悬链线精确式进行计算或在定位时注意适当留有裕度。

【例 2 - 3】 某档距为 200m，导线的比载为 40×10^{-3}N/(m·mm^2)。试分别计算导线应力为 50～150MPa 时，导线的弧垂和线长，并进行比较。

解 按平抛物线近似式进行计算，结果列于表 2 - 3 中。由表 2 - 3 可看出三点：

表 2 - 3 不同应力时弧垂、线长的比较

应力（MPa）	弧垂（m）	线长（m）
50	4.0	200.21
100	2.0	200.05
150	1.33	200.02

（1）档中线长的微小变化，将引起弧垂的较大变化。如线长从 200.21m 减少 0.16m，弧垂即从 4.0m 减少到 2.0m。这也就是在施工紧线时，当观测弧垂人员报告导线已经浮空时，紧线人员就应放慢收线速度的原因。

（2）档中线长的微小变化，将引起导线应力的较大变化。如例 2 - 3 中，线长从 200.21m 减少 0.16m，应力从 50MPa 增加到 100MPa，如再收紧 0.03m，应力进一步增加到 150MPa。这一点对孤立档紧线尤其需要引起注意。因紧线时，在弧垂观测符合设计要求后，需再适当收紧导线（称过牵引），以便安装耐张线夹并将其挂上耐张绝缘子串。过牵引将引起导线应力显著增加，但施工中一般要求过牵引后导线应力不得超过其破坏应力的 50%。如例 2 - 3 中，当设计应力为 50MPa、弧垂为 4.0m，则过牵引 0.19m 时，应力增加到 150MPa。此时对铝钢截面比大于 5 的标准导线，均已接近或超过破坏应力的 50%。因此，在孤立档特别是小档距孤立档紧线时，必须严格按设计图样所给定的允许过牵引长度进行施工。

（3）弧垂误差比较：若以悬链线弧垂公式作为准确公式，则在同样条件下（即 l，g，σ，h 相同），由平抛物线公式算得的弧垂偏小，且随着$\dfrac{gl}{\sigma_0}$的增加而误差增大。

弧垂公式的选择关系到导线使用应力的误差和导线对跨越物的间距误差问题。由于悬链线精确式计算复杂，因此一般工程设计与施工常采用平抛物线近似式，即导线偏于拉紧，使应力偏大。线路在一般使用档距和应力下，$\dfrac{f_m}{l}=\dfrac{gl}{8\sigma_0}$在 0.1 以下，弧垂减小值不超过 2%，也可近似地认为应力增大值不超过 2.0%。由于导线使用应力考虑了较大的安全系数，而且如此程度的应力增量同施工测量误差、悬挂点应力增量，振动附加应力，接头强度降低等因素比较并不占显著地位，因此可认为是容许的。然而在实际架线中往往并不能保证均以平抛物线的小弧垂架线，如连续档中有悬挂点等高档和不等高档，若在等高档观测弧垂，而不等高档内的弧垂必然要大于平抛物线计算值。因此，对于大档距和大高差的档距，在杆塔定位与施工架线中，要采取措施避免对地或跨越物引起间距不足（如定位时留出裕度）。因为对大档距和大高差的档距不仅弧垂误差的百分数大，且其绝对值往往大到不能容许的程度（如弧垂是 100m，误差 2%就是 2m）。

在一般情况下，当$\frac{h}{l}>15\%$时，应考虑用斜抛物线公式计算和架设弧垂，斜抛物线公式是比较精确的，且随着$\frac{h}{l}$增大反而误差更小。然而斜抛物线无法刻制“通用”的弧垂曲线定位模板，可考虑用悬链线弧垂模板定位，按不同条件用平抛物线或斜抛物线弧垂设计与架设，这样对间距、应力计算等均有照顾。

第四节 小高差档距中导线弧垂、线长和应力的关系

线路经过地区的地形总是起伏不平的，且使用的杆塔高度也不一律相同，这就必将引起一档导线两侧悬点的高度不相等。一档导线两侧悬点的高度差简称高差。一般说，如高差小于档距的15%，即$h/l<15\%$，则称为小高差档距。此时，导线的应力、弧垂及线长等可采用平抛物线近似式进行计算。

一、弧垂和应力的关系

导线悬点不等高时，导线最低点不在档距中点，若过导线最低点O建立直角坐标（见图2-7），则导线悬挂曲线的解析方程式为

$$y=\frac{g}{2\sigma_0}x^2$$

式中 g——比载；

σ_0——最低点应力。

由图2-7几何关系可知，导线任意点的弧垂f_x和悬点高差可分别表示为

$$f_x=y_B-y_x-h_x$$
$$h=y_B-y_A$$

因为 $$y_A=\frac{g}{2\sigma_0}x_A^2$$

$$y_B=\frac{g}{2\sigma_0}x_B^2$$

所以 $$h=\frac{g}{2\sigma_0}(x_B^2-x_A^2)$$

式中 x_A、x_B——O点至A、B点的水平距离。

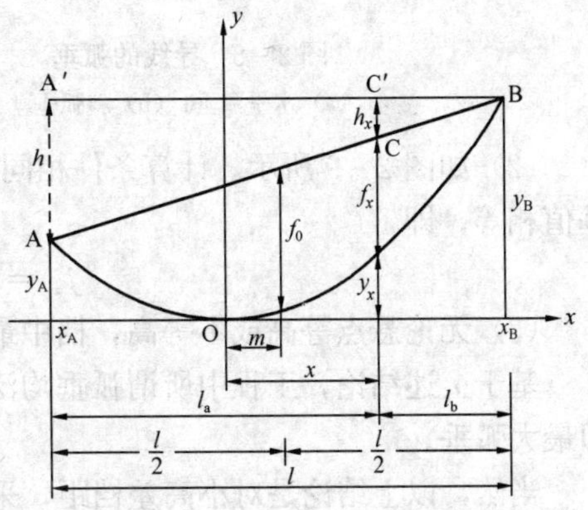

图2-7 悬点不等高时弧垂

根据图2-7的几何关系可知，△AA′B相似于△CC′B，所以

$$h_x=\frac{x_B-x}{x_A+x_B}h$$

将h计算式代入该式，经整理可得

$$h_x=\frac{g}{2\sigma_0}(x_B-x_A)(x_B-x)$$

然后，将y_B、y_x、h_x表示式代入f_x表示式，并整理可得

$$f_x=\frac{g}{2\sigma_0}(x_A+x)(x_B-x)=\frac{g}{2\sigma_0}l_al_b \tag{2-25}$$

式中符号意义同前。

式（2 - 25）就是基点不等高时，任意点 x 处的弧垂计算式。对档距中点，$l_a = l_b = \frac{l}{2}$ 代入式（2 - 25）即得悬挂点不等高时的中点弧垂计算式：

$$f_0 = \frac{gl^2}{8\sigma_0} \tag{2-26}$$

将式（2 - 25）、式（2 - 26）与式（2 - 13）、式（2 - 14）相比较可见，其公式的形式及符号意义完全相同，因此可以得出如下在应用上非常有益的结论：

（1）当悬点不等高时，两悬点的连线是倾斜的，如图 2 - 8（b）所示。为了和悬点等高时相区别，有时将悬点不等高时相应各点弧垂称为斜弧垂，而将悬点等高时相应各点弧垂称为水平弧垂，如图 2 - 8（a）所示。但当采用平抛物线近似式计算弧垂时，弧垂大小与高差无关。

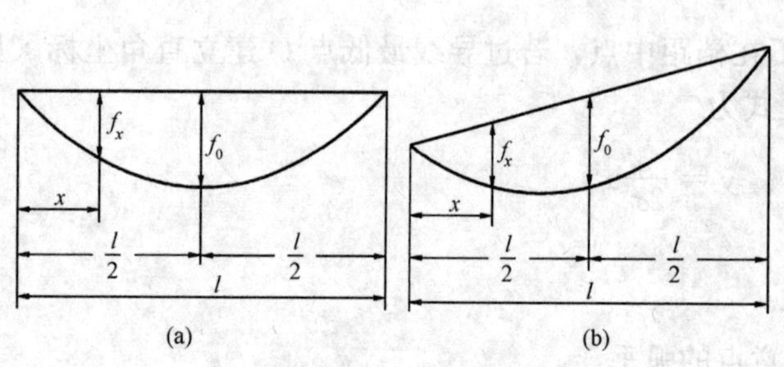

图 2 - 8　导线的弧垂

（a）水平弧垂；（b）斜弧垂

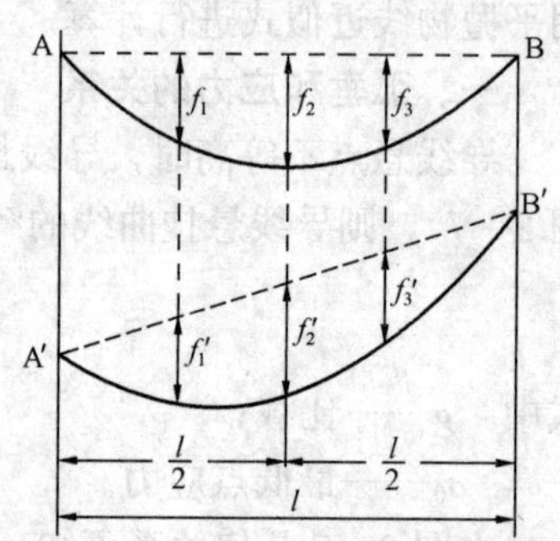

图 2 - 9　斜弧垂与水平弧垂的关系

（2）如图 2 - 9 所示，计算条件相同时，悬点不等高和悬点等高两种情况在相同点的弧垂值相等，即

$$f_1 = f'_1, f_2 = f'_2, \cdots$$

（3）无论悬点等高或不等高，档中最大弧垂均发生在档距中点。

基于上述结论，工程中所谓弧垂均泛指斜弧垂，且除特别指明外，均指档距中点弧垂，即最大弧垂。

当然，以上结论是对小高差档距，采用平抛物线近似式计算而言的。如采用悬链线精确式计算，则弧垂与高差有关，且当悬点有高差时，最大弧垂发生在档距中点稍偏向高悬点侧的地方。

二、交叉跨越校验

导线对地面、建筑物、树木、铁路、道路、河流、管道、索道及各种架空线路的距离，应根据导线运行温度＋40℃（若导线按允许温度＋80℃设计时，导线运行温度取＋50℃）情况或覆冰无风情况求得的最大弧垂计算垂直距离，根据最大风情况或覆冰情况求得的最大风偏进行风偏校验。计算上述距离，可不考虑由于电流、太阳辐射等引起的弧垂增大，但应计及导线架线后塑性伸长的影响和设计、施工的误差。重冰区的线路，还应计算导线覆冰不均匀情况下的弧垂增大。大跨越的导线弧垂应按导线实际能够达到的最高温度计算。

输电线路与主干铁路、高速公路交叉，采用独立耐张段。输电线路与标准轨距铁路、高速公路及一级公路交叉时，如交叉档距超过 200m，最大弧垂按导线温度计算时，导线的温度应按不同要求取＋70℃或＋80℃计算。

输电线路与电信线、电力线、房屋建筑、铁路及公路等交叉跨越时，必须保证在正常运行情况下，导线出现最大弧垂时，在交叉跨越处导线与被跨越物间的垂直距离不小于表2-4所列数值。

表 2-4　输电线路导线与被交叉跨越物之间的最小垂直距离　(m)

线路经过地区	标称电压（kV）				
	35～110	220	330	500	750
居民区	7.0	7.5	8.5	14	19.5
非居民区	6.0	6.5	7.5	11 (10.5)*	15.5** (13.7)***
交通困难地区	5.0	5.5	6.5	8.5	11.0
步行可以达到的山坡	5.0	5.5	6.5	8.5	11.5
步行不能到达的山坡、峭壁和岩石	3.0	4.0	5.0	6.5	8.5
导线与建筑物之间的最小垂直距离	5.0	6.0	7.0	9.0	11.5
边导线与规划建筑物之间的最小距离	4.0	5.0	6.0	8.5	11.0
边导线与建筑物之间的水平距离	2.0	2.5	3.0	5.0	6.0
导线与树木之间的垂直距离	4.0	4.5	5.5	7.0	8.5
导线与树木之间的净空距离	3.5	4.0	5.0	7.0	8.5
导线与果树、经济作物、城市绿化灌木及街道树之间的最小垂直距离	3.0	3.5	4.5	7.0	8.5

*　数值用于导线三角排列的单回路；

**　数值对应农业耕作区；

***　数值对应非农业耕作区。

输电线路通过居民区宜采用固定横担和固定线夹。输电线路不应跨越屋顶为燃烧材料做成的建筑物。对耐火屋顶的建筑物，如需跨越时应与有关方面协商同意，500kV 及以上电压的输电线路不应跨越长期住人的建筑物；跨越非长期住人的建筑物或邻近民房时，房屋所在位置离地面 1.5m 处的未畸变电场不得超过 4kV/m。

输电线路经过经济作物和集中林区时，宜采用加高杆塔跨越不砍伐通道的方案。当跨越时，导线与树木（考虑自然生长高度）之间的垂直距离。当砍伐通道时，通道净宽度不应小于线路宽度加通道附近主要树种自然生长高度的 2 倍，通道附近超过主要树种自然生长高度的非主要树种树木应砍伐。

对于输电线路与弱电线路的交叉角，可根据弱电线路等级来确定。对于一级弱电线路交叉角不应小于 45°；二级弱电线路交叉角不应小于 30°。但输电线路跨越弱电线路不包括光缆和埋地电缆。

输电线路与铁路、道路、河流、管道、索道及各种架空线路交叉或接近，应符合表2-5的要求。

表 2-5　送电线路与铁路、公路、河流、管道、索道及各种架空线路交叉或接近的基本要求

<table>
<tr><td colspan="2">项　目</td><td colspan="4">铁　路</td><td colspan="2">公　路</td><td colspan="2">电车道（有轨及无轨）</td></tr>
<tr><td colspan="2">导线或地线
在跨越档内接头</td><td colspan="4">标准轨距：不得接头
窄轨：不得接头</td><td colspan="2">高速公路、一级公路：不得接头
二、三、四级公路：不限制</td><td colspan="2">不得接头</td></tr>
<tr><td colspan="2">邻档断线情况的检验</td><td colspan="4">标准轨距：检验
窄轨：不检验</td><td colspan="2">高速公路、一级公路：检验
二、三、四级公路：不检验</td><td colspan="2">检验</td></tr>
<tr><td rowspan="2">邻档断线情况的最小垂直距离（m）</td><td>标称电压（kV）</td><td colspan="3">至轨顶</td><td>至承力索或接触线</td><td colspan="2">至路面</td><td>至路面</td><td>至承力索或接触线</td></tr>
<tr><td>110</td><td colspan="3">7.0</td><td>2.0</td><td colspan="2">6.0</td><td>—</td><td>2.0</td></tr>
<tr><td rowspan="3">最小垂直距离（m）</td><td rowspan="2">标称电压（kV）</td><td colspan="3">至轨顶</td><td rowspan="2">至承力索或接触线</td><td colspan="2" rowspan="2">至路面</td><td rowspan="2">至路面</td><td rowspan="2">至承力索或接触线</td></tr>
<tr><td>标准轨</td><td>窄轨</td><td>电气轨</td></tr>
<tr><td>110
220
330
500
750</td><td>7.5
8.5
9.5
14.0
19.5</td><td>7.5
7.5
8.5
13.0
18.5</td><td>11.5
12.5
13.5
16.0
21.5</td><td>8.0
4.0
5.0
6.0
7.0(10)</td><td colspan="2">7.0
8.0
9.0
14.0
19.5</td><td>10.0
11.0
12.0
16.0
21.5</td><td>3.0
4.0
5.0
6.5
7（10）</td></tr>
<tr><td rowspan="3">最小水平距离（m）</td><td rowspan="2">标称电压（kV）</td><td colspan="4" rowspan="2">杆塔外缘至轨道中心</td><td colspan="2">杆塔边缘至路基边缘</td><td colspan="2">杆塔外缘至路基边缘</td></tr>
<tr><td>开阔地区</td><td>路径受限制地区</td><td>开阔地区</td><td>路径受限制地区</td></tr>
<tr><td>110
220
330
500
750</td><td colspan="4">交叉：30m
平行：最高杆（塔）高加 3m</td><td>交叉：8m
10m（750kV）
平行：最高杆（塔）高</td><td>5.0
5.0
6.0
8.0（15）
10（20）</td><td>交叉：8、
10m（750kV）
平行：最高杆（塔）高</td><td>5.0
5.0
6.0
8.0
10.0</td></tr>
<tr><td colspan="2">附加要求</td><td colspan="4">不宜在铁路出站
信号机以内跨越</td><td colspan="2"></td><td colspan="2"></td></tr>
<tr><td colspan="2">备　注</td><td colspan="4"></td><td colspan="2">括号内为高速公路数值。
高速公路路基边缘指公路下缘的排水沟</td><td colspan="2"></td></tr>
</table>

<table>
<tr><td colspan="2">项　目</td><td>通航河流</td><td>不通航河流</td><td>弱电线路</td><td>电力线路</td><td>特殊管道</td><td>索　道</td></tr>
<tr><td colspan="2">导线或地线在
跨越档内接头</td><td>一、二级：不得接头
三级及以下：不限制</td><td>不限制</td><td>不限制</td><td>110kV 及以上线路：不得接头
110kV 以下线路：不限制</td><td>不得接头</td><td>不得接头</td></tr>
<tr><td colspan="2">邻档断线情况的检验</td><td>不检验</td><td>不检验</td><td>Ⅰ级：检验
Ⅱ、Ⅲ级：不检验</td><td>不检验</td><td>检验</td><td>不检验</td></tr>
<tr><td rowspan="2">邻档断线情况的最小垂直距离（m）</td><td>标称电压（kV）</td><td colspan="2">—</td><td>至被跨越物</td><td>—</td><td>至管道
任何部分</td><td>—</td></tr>
<tr><td>110</td><td colspan="2">—</td><td>1.0</td><td>—</td><td>1.0</td><td>—</td></tr>
</table>

续表

项　目	标称电压（kV）	通航河流：至五年一遇洪水位	通航河流：至最高航行水位的最高船桅顶	不通航河流：至百年一遇洪水位	不通航河流：冬季至冰面	弱电线路：至被跨越物	电力线路：至被跨越物	特殊管道：至管道任何部分	索道：至索道任何部分
最小垂直距离（m）	110	6.0	2.0	3.0	6.0	3.0	3.0	4.0	3.0
	220	7.0	3.0	4.0	6.5	4.0	4.0	5.0	4.0
	330	8.0	4.0	5.0	7.5	5.0	5.0	6.0	5.0
	500	9.5	6.0	6.5	11（水平）10.5（三角）	8.5	6.0（8.5）	7.5	6.5
	750	11.5	8.0	8.0	15.5	12.0	7（12）	9.5	8.5(顶部)11(底部)

项　目	标称电压（kV）	边导线至斜坡上缘（线路与拉纤小路平行）	弱电线路与边导线间：开阔地区	弱电线路与边导线间：路径受限制地区	电力线路与边导线间：开阔地区	电力线路与边导线间：路径受限制地区	边导线至管、索道任何部分：开阔地区	边导线至管、索道任何部分：路径受限制地区（在最大风偏情况下）
最小水平距离（m）	110	最高杆（塔）高	最高杆（塔）高	4.0	最高杆（塔）高	5.0	最高杆（塔）高	4.0
	220			5.0		7.0		5.0
	330			6.0		9.0		6.0
	500			8.0		13.0		7.5
	750			10.0		16.0		9.5（管道）8.5（顶部）11（底部）

项　目	通航河流、不通航河流	弱电线路	电力线路	特殊管道、索道
附加要求	最高洪水位时，有抗洪抢险船只航行的河流，垂直距离应协商确定	送电线路应架设在上方	电压较高的线路一般架设在电压较低线路的上方。同一等级电压的电网公用线应架设在专用线上方	（1）与索道交叉，如索道在上方，索道的下方应装保护设施 （2）交叉点不应选在管道的检查井（孔）处 （3）与管、索道平行、交叉时，管、索道应接地
备　注	（1）不通航河流指不能通航，也不能浮运的河流 （2）次要通航河流对接头不限制 （3）需满足航道部门协议的要求		括号内的数值用于跨越杆（塔）顶	（1）管、索道上的附属设施，均应视为管、索道的一部分 （2）特殊管道指架设在地面上输送易燃、易爆物品管道

注　1. 跨越杆塔（跨越河流除外）应采用固定线夹。

2. 邻档断线情况的计算条件：+15℃，无风。

3. 输电线路与弱电线路交叉时，交叉档弱电线路的木质电杆，应有防雷措施。

4. 输电线路跨越110kV及以上线路、铁路、高速公路及等级公路、通航河流及输油输气管道等时，悬垂绝缘子串宜采用双联串（对500kV线路并宜采用双挂点），或两个单联串。

5. 路径狭窄地带，如两线路杆塔位置交错排列，导线在最大风偏情况下，对相邻线路杆塔的最小水平距离，不应小于下列数值：

标称电压：	110kV	220kV	330kV	500kV	750kV
距离：	3.0m	4.0m	5.0m	7.0m	9.5m

6. 跨越弱电线路或电力线路，如导线截面按允许载流量选择，还应校验最高允许温度时的交叉距离，其数值不得小于操作过电压间隙，且不得小于0.8m。

7. 杆塔为固定横担，且采用分裂导线时，可不检验邻档断线时的交叉跨越垂直距离。

8. 当导、地线接头采用爆破压接方式时，线路跨越二级公路的跨越档内不允许有接头。

9. 重要交叉跨越确定的技术条件，需征求相关部门的意见。

为此，设计部门应在排定杆位时进行交叉跨越校验，而施工、运行部门也需进行交叉跨越限距检查和校验，其计算方法如下。

如图 2 - 10 所示，导线悬点 A、B 的高程分别为 H_A、H_B，被交叉跨越物的高程为 H_P，交叉跨越点至两侧杆塔的水平距离分别为 l_a、l_b，交叉跨越档档距为 l，这些均可通过测量得到，为已知值。导线与被交叉跨越物间的垂直距离 d 从图中几何关系可知

$$d = H_B - h_x - f_x - H_P \tag{2-27}$$

而

$$h_x = \frac{H_B - H_A}{l} l_b,\ l_b = l - l_a$$

$$f_x = \frac{g}{2\sigma_0} l_a l_b$$

式中　g、σ_0——最大弧垂时导线垂直比载，N/(m·mm²) 和应力，MPa。

将计算得 f_x、h_x，代入式（2 - 27），即可求得垂直距离 d。$d \geqslant [d]$ 满足要求。$[d]$ 为表 2 - 4、表 2 - 5 所列最小垂直距离。

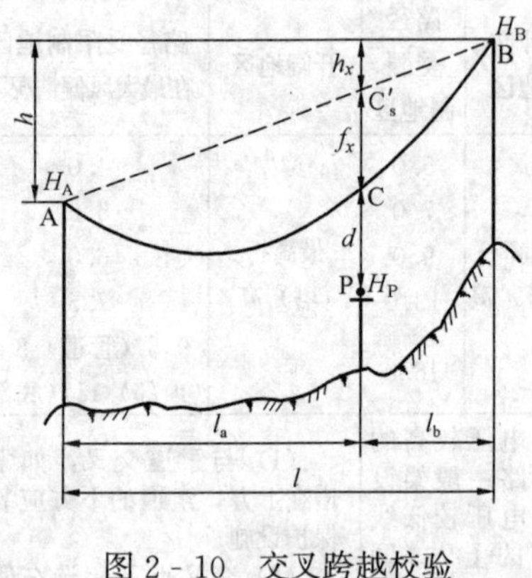

图 2 - 10　交叉跨越校验

在运行、维护过程中，常用绝缘测绳或其他方法直接测出导线与被交叉跨越物间的垂直距离。但测量时往往并非最大弧垂气象条件，所以需将测得的垂直距离换算到最大弧垂气象条件时的垂直距离，然后进行校验。此时可采用如下方法：

（1）在现场实测导线和被交叉跨越物间垂直距离 d、交叉跨越点至两侧杆塔的水平距离 l_a 和 l_b 及测量时气温 t。

（2）从导线机械特性曲线图（设计部门提供的设计图，参阅本章第十节）中查取气温 t 时的应力 σ_{01} 和最大弧垂时应力 σ_{02}，则实测气温时交叉跨越点弧垂为

$$f_{1x} = \frac{g}{2\sigma_{01}} l_a l_b$$

最大弧垂时交叉跨越点弧垂为

$$f_{2x} = \frac{g}{2\sigma_{02}} l_a l_b$$

最大弧垂时弧垂与测量时弧垂的差为

$$\Delta f = f_{2x} - f_{1x}$$

（3）导线与被跨越物间的最小垂直距离为

$$d_0 = d - \Delta f$$

（4）如 $d_0 \geqslant [d]$，则交叉跨越限距满足要求，否则不满足要求。

需指出的是，输电线路之间交叉跨越，必须电压等级高的线路在上方。因此，如被交叉跨越线路在校验线路的上方，则应按校验线路的最上层导线（或避雷线）的最小弧垂进行校验。

【例 2 - 4】　某 500kV 输电线路中有一档导线跨越弱电线路，交叉跨越档布置如图 2 - 10所示。已知导线悬点高程 H_A=50m、H_B=65m，交叉跨越点高程 H_P=47m，档距 l=

300m，交叉跨越点距两悬点的水平距离 $l_a=200\text{m}$、$l_b=100\text{m}$，导线最小应力 $\sigma_0=50\text{MPa}$，比载 $g=34.047\times10^{-3}\text{N/(m}\cdot\text{mm}^2)$。试校验交叉跨越距离能否满足要求。

解　交叉跨越点导线弧垂为

$$f_x=\frac{g}{2\sigma_0}l_al_b=\frac{34.047\times10^{-3}}{2\times50}\times200\times100=6.81(\text{m})$$

交叉跨越点导线与弱电线路间垂直距离为

$$d=H_B-h_x-f_x-H_P=H_B-\frac{h}{l}l_b-f_x-H_P=65-\frac{15}{300}\times100-6.81-47=6.19(\text{m})$$

从表 2-5 中查得，500kV 线路导线与弱电线路最小垂直距离［d］＝8.5m，本例 $d<$［d］，所以交叉跨越距离不满足要求，且应根据具体情况提出解决的方法。

【例 2-5】　某 220kV 输电线路，在运行中发现在某档中新架有一条 10kV 配电线路（见图 2-11），用绝缘测绳测得交叉跨越点垂直间距 d＝4.5m，测量时气温为 10℃。问最高气温(＋40℃)时交叉跨越距离能否满足要求？

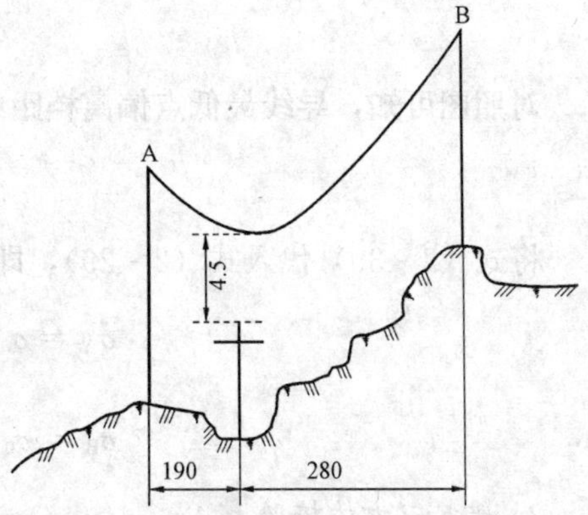

图 2-11　交叉跨越距离检查（m）

解　首先从有关设计资料中查取 $t=10℃$ 和 $t_m=40℃$ 时该档所在耐张段导线应力和比载。现设已查得为 $t=10℃$ 时，$\sigma_1=120\text{MPa}$；$t_m=40℃$ 时，$\sigma_2=100\text{MPa}$；$g=34.047\times10^{-3}\text{N/(m}\cdot\text{mm}^2)$，则测量时导线弧垂为

$$f_{1x}=\frac{g}{2\sigma_1}l_al_b=\frac{34.047\times10^{-3}}{2\times120}\times190\times280=7.55(\text{m})$$

最高气温时导线弧垂为

$$f_{2x}=\frac{g}{2\sigma_2}l_al_b=\frac{34.047\times10^{-3}}{2\times100}\times190\times280=9.06(\text{m})$$

弧垂增量为

$$\Delta f=f_{2x}-f_{1x}=9.06-7.55=1.51(\text{m})$$

最高气温时交叉跨越距离为

$$d_0=d-\Delta f=4.5-1.51=2.99(\text{m})$$

查表 2-5 知［d］＝4.0m。本例 $d_0<$［d］，所以交叉跨越距离不够，需采取措施，如将 10kV 线路降低或改道。

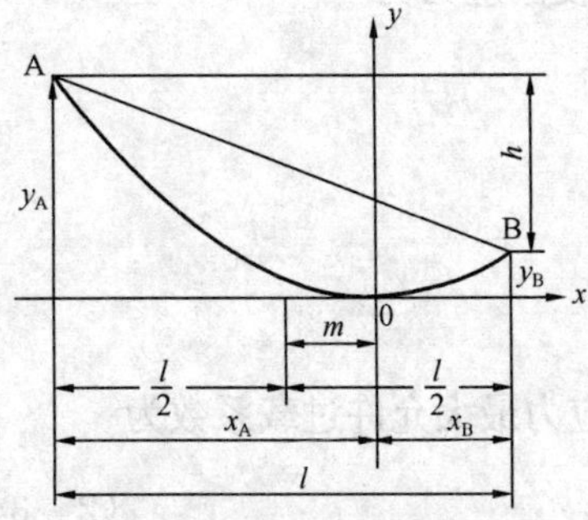

图 2-12　悬点应力计算

三、悬点应力和最低点应力的关系

1. 悬点应力

如图 2-12 所示，在悬点不等高时，导线最低点不在档距中点，而向低悬点侧偏移了 m 值，按式（2-16）得出悬点 A、B 的应力分别为

$$\left.\begin{aligned}\sigma_A&=\sigma_0+gy_A\\\sigma_B&=\sigma_0+gy_B\end{aligned}\right\}\qquad(2-28)$$

只要确定了 y_A、y_B 的值，即可求得悬点应力 σ_A、σ_B。

由图可知，导线悬点高差为

$$h = y_A - y_B = \frac{g}{2\sigma_0}(x_A^2 - x_B^2) \tag{2-29}$$

因为 $$x_A + x_B = l$$

所以 $$x_A = l - x_B$$

将上式代入式（2-29）中，并整理即得

$$\left.\begin{aligned} x_A &= \frac{l}{2} + \frac{\sigma_0 h}{gl} \\ x_B &= \frac{l}{2} - \frac{\sigma_0 h}{gl} \end{aligned}\right\} \tag{2-30}$$

对照图可知，导线最低点偏离档距中点的偏移值为

$$m = \frac{\sigma_0 h}{gl} \tag{2-31}$$

将式（2-30）代入式（2-29），即得悬点应力计算式为

$$\left.\begin{aligned} \sigma_A &= \sigma_0 + \frac{g^2 l^2}{8\sigma_0} + \frac{\sigma_0 h^2}{2l^2} + \frac{gh}{2} \\ \sigma_B &= \sigma_0 + \frac{g^2 l^2}{8\sigma_0} + \frac{\sigma_0 h^2}{2l^2} - \frac{gh}{2} \end{aligned}\right\} \tag{2-32}$$

2. 悬点应力的校验

正如本章第二节中所述，导线力学分析中都是以导线最低点应力作为控制条件的，因此有关规程对导线最低点应力安全系数作了规定。但从式（2-32）可知，一档导线中高悬点应力最大，它与导线悬点高差和档距有关。为保证导线在悬点处的机械强度，当悬点高差过大时，应验算悬点应力。一般规定悬点应力可比弧垂最低点应力高10%。

悬点应力应按最大应力气象条件进行校验，即在最大应力气象条件时，高悬点应力应满足条件

$$\sigma_{Am} \leqslant 1.1[\sigma_m] \tag{2-33}$$

式中 $[\sigma_m]$——导线最大允许应力，MPa；

σ_{Am}——高悬点最大应力，MPa。

因 $[\sigma_m] = \frac{\sigma_P}{2.5}$，将其代入式（2-33），则有

$$\sigma_{Am} \leqslant 0.44\sigma_P$$

在工程中，有时安全系数为 $K>2.5$ 的某一值，则最大使用应力为

$$\sigma_m = \frac{\sigma_P}{K} \quad 或 \quad \sigma_P = K\sigma_m$$

式中 σ_P——导线计算破坏应力，MPa。

将 σ_P 表示式代入 σ_{Am} 表示式，得

$$\sigma_{Am} \leqslant 0.44K\sigma_m$$

记 $\frac{\sigma_{Am}}{\sigma_m} = \xi$，$\xi$ 称为悬点应力过载系数。由上式可得悬点应力最大允许过载系数为

$$\xi = 0.44K \tag{2-34}$$

因 $K \geqslant 2.5$，由式（2-34）可知，$\xi \geqslant 1.1$，即悬点应力可较最大允许应力大10%。

在工程中，为方便起见通常根据档距和高差的关系来判定悬点应力是否超过规定值。如前所述，在最大应力气象条件时，高悬点应力为

$$\sigma_{\mathrm{Am}}=\sigma_{\mathrm{m}}+g_{\mathrm{m}}y_{\mathrm{A}}=\sigma_{\mathrm{m}}+\frac{g_{\mathrm{m}}^{2}}{2\sigma_{\mathrm{m}}}x_{\mathrm{A}}^{2}$$

所以
$$\frac{\sigma_{\mathrm{Am}}}{\sigma_{\mathrm{m}}}=1+\frac{g_{\mathrm{m}}^{2}}{2\sigma_{\mathrm{m}}^{2}}x_{\mathrm{A}}^{2}\leqslant 0.44K$$

$$x_{\mathrm{A}}\leqslant\frac{\sigma_{\mathrm{m}}}{g_{\mathrm{m}}}\sqrt{0.88K-2}$$

因为
$$x_{\mathrm{A}}=\frac{l}{2}+\frac{\sigma_{\mathrm{m}}h}{g_{\mathrm{m}}l}$$

所以
$$\frac{l}{2}+\frac{\sigma_{\mathrm{m}}h}{g_{\mathrm{m}}l}\leqslant\frac{\sigma_{\mathrm{m}}}{g_{\mathrm{m}}}\sqrt{0.88K-2}\tag{2-35}$$

式中　h——两相邻悬点的最大允许高差，m；

l——档距，m；

K——导线强度安全系数；

g_{m}——最大应力气象条件时导线比载，N/(m·mm²)；

σ_{m}——导线最大使用应力，MPa。

对式（2-35）进行移项整理，并取其极限值

$$h=l\sqrt{0.88K-2}-\frac{g_{\mathrm{m}}l^{2}}{2\sigma_{\mathrm{m}}}\tag{2-36}$$

当 $K=2.5$ 时，式（2-36）可进一步简化为

$$h=0.45l-\frac{g_{\mathrm{m}}l^{2}}{2\sigma_{\mathrm{m}}}\tag{2-37}$$

在工程中，可据式（2-36）或式（2-37），作出悬点应力校验曲线，如图 2-13 所示。在现场只需根据各档档距和高差，在校验曲线图上进行校验。

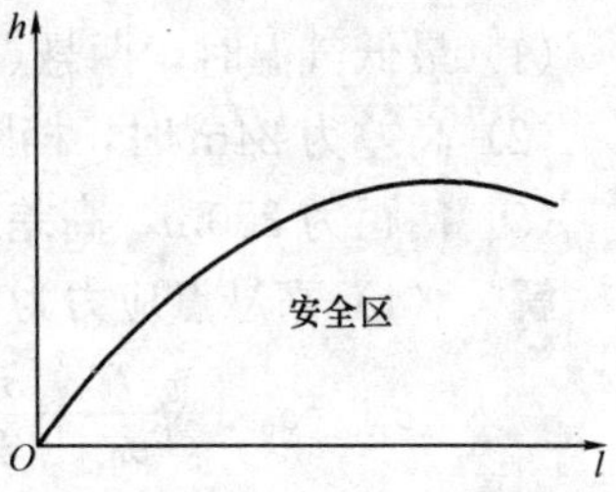

图 2-13　悬点应力校验曲线

3. 导线允许档距的分析

上面我们根据对悬点应力的规定，建立了最大允许高差 h 和档距 l 的关系。我们把高差为 h，高悬点应力为 $\sigma_{\mathrm{Am}}=1.1\,[\sigma_{\mathrm{m}}]$ 时所对应的档距，称为高差 h 时导线的允许档距，用 l_{m} 表示。

将式（2-35）变形成如下形式

$$l^{2}-\frac{2\sigma_{\mathrm{m}}}{g_{\mathrm{m}}}\sqrt{0.88K-2l}+\frac{2\sigma_{\mathrm{m}}h}{g_{\mathrm{m}}}=0$$

然后应用求根公式 $x=\dfrac{-b\pm\sqrt{b^{2}-4ac}}{2a}$，求解可得允许档距为

$$l_{\mathrm{m}}=\frac{\sigma_{\mathrm{m}}}{g_{\mathrm{m}}}\sqrt{0.88K-2}+\sqrt{\frac{\sigma_{\mathrm{m}}^{2}}{g_{\mathrm{m}}^{2}}(0.88K-2)-\frac{2\sigma_{\mathrm{m}}h}{g_{\mathrm{m}}}}\tag{2-38}$$

若 $K=2.5$，则式（2-38）可简化为

$$l_{\mathrm{m}}=0.45\frac{\sigma_{\mathrm{m}}}{g_{\mathrm{m}}}+\sqrt{0.2\frac{\sigma_{\mathrm{m}}^{2}}{g_{\mathrm{m}}^{2}}-\frac{2\sigma_{\mathrm{m}}h}{g_{\mathrm{m}}}}\tag{2-39}$$

特别在悬点等高（$h=0$）且 $K=2.5$ 时，则式（2-39）可进一步简化为

$$l_{\mathrm{m}}=0.9\frac{\sigma_{\mathrm{m}}}{g_{\mathrm{m}}} \tag{2-40}$$

由式（2-36）～式（2-40）可见，导线的最大允许高差和最大允许档距均和最大使用应力有关。以式（2-36）为例，当档距 l 一定时，减小最大使用应力 σ_{m}，即增大安全系数 $K\left(K\text{ 在 }2.27\sim\frac{0.88\sigma_{\mathrm{P}}^2}{g_{\mathrm{m}}^2l^2}+2.2727\text{之间时}\right)$，则最大允许高差 h 也随之增大。例如，JLHA1/G1B-400-45/7 型导线，在第Ⅱ气象区时，最大应力气象条件为最大覆冰，$g_7=40.169\times10^{-3}\mathrm{N/(m\cdot mm^2)}$，计算破坏应力为 $\sigma_{\mathrm{P}}=363.74\mathrm{MPa}$，设档距 $l=200\mathrm{m}$，当 $K=2.5$ 时，最大允许高差 $h=83.92\mathrm{m}$；当 $K=3$ 时，最大允许高差增大为 153.37m。同理，据式（2-38），当高差 h 一定时，导线允许档距随安全系数 K 的增大而增大。所以，在实际线路工程中，当由于地形条件限制，悬点应力超过规定值，而又无法以改变档距或高差的方法解决时，可采用降低最大使用应力，即增大安全系数的方法解决，此时即所谓松弛应力架设，安全系数 $K>2.5$。

另外，将式（2-37）两边同除以 l，并令 $n=h/l$，n 称为高差比，则高差比的极限值为

$$n=0.45-\frac{g_{\mathrm{m}}l}{2\sigma_{\mathrm{m}}} \tag{2-41}$$

由式（2-41）可见，n 随档距 l 增加而减小，高差比极限值最大不超过 0.45，且恒为正。所以，在正常应力架设导线时，高差和档距的比值必须小于 0.45。

【例 2-6】 某输电线路在丘陵地带有一悬点不等高档距，已知档距为 250m，悬点高差为 24m，安全系数 $K=2.5$，最大应力发生在最低气温，$\sigma_0=125\mathrm{MPa}$，最低温时导线比载 $g=34.047\times10^{-3}\mathrm{N/(m\cdot mm^2)}$，试求：

（1）最低气温时，两悬点的应力？

（2）高差为 24m 时，档距最大允许放到多大？

（3）档距为 250m，高差超过多大时，悬点应力将超过规定？

解 （1）高悬点应力为

$$\begin{aligned}\sigma_{\mathrm{A}}&=\sigma_0+\frac{g^2l^2}{8\sigma_0}+\frac{\sigma_0h^2}{2l^2}+\frac{gh}{2}\\&=125+\frac{(34.047\times10^{-3}\times250)^2}{8\times125}+\frac{125\times24^2}{2\times250^2}+\frac{34.047\times10^{-3}\times24}{2}\\&=126.057(\mathrm{MPa})\end{aligned}$$

低悬点应力为

$$\begin{aligned}\sigma_{\mathrm{B}}&=\sigma_0+\frac{g^2l^2}{8\sigma_0}+\frac{\sigma_0h^2}{2l^2}-\frac{gh}{2}\\&=125+\frac{(34.047\times10^{-3}\times250)^2}{8\times125}+\frac{125\times24^2}{2\times250^2}-\frac{34.047\times10^{-3}\times24}{2}\\&=125.24(\mathrm{MPa})\end{aligned}$$

（2）因此时 $K=2.5$，按式（2-39）计算允许档距为

$$l_{\mathrm{m}}=0.45\frac{\sigma_{\mathrm{m}}}{g_{\mathrm{m}}}+\sqrt{0.2\frac{\sigma_{\mathrm{m}}^2}{g_{\mathrm{m}}^2}-\frac{2\sigma_{\mathrm{m}}h}{g_{\mathrm{m}}}}$$

$$=0.45\times\frac{125}{34.047\times10^{-3}}+\sqrt{0.2\times\left(\frac{125}{34.047\times10^{-3}}\right)^2-\frac{2\times125\times24}{34.047\times10^{-3}}}$$

$$=3239(\text{m})$$

(3) 按式（2 - 37）计算，有

$$h=0.45l-\frac{g_{\text{m}}l^2}{2\sigma_{\text{m}}}=0.45\times250-\frac{34.047\times10^{-3}\times250^2}{2\times125}$$

$$=104(\text{m})$$

需指出，此时$\frac{h}{l}=\frac{104}{250}=41.6\%$，即当高差比 $n<0.416$ 时，悬点应力均不超过规定。但当实际高差比 $n\geqslant10\%$时，应按斜抛物线近似式或悬链线精确式计算。

四、线长和应力的关系

悬点不等高时一档线长的积分式与悬点等高时相似，只要将积分区间进行修正即得

$$L=\int_{-x_{\text{A}}}^{x_{\text{B}}}\left(1+\frac{g^2}{2\sigma_0^2}x^2\right)\text{d}x$$

将式（2 - 30）代入，并进行积分，即得

$$L=l+\frac{g^2l^3}{24\sigma_0^2}+\frac{h^2}{2l}\tag{2-42}$$

该线长计算式其计算值偏大，且正误差随高差比 h/l 的增大而增大。为缩小式（2 - 42）的正误差，常取式（2 - 43）进行线长计算

$$L=\frac{l}{\cos\beta}+\frac{g^2l^3}{24\sigma_0^2}\tag{2-43}$$

式中　β——悬点高差角。

式（2 - 43）在工程应用范围内仍偏于正误差，但近似程度比式（2 - 42）要好些。

第五节　水平档距和垂直档距

一、水平档距和水平荷载

悬挂于杆塔上的一档导线，由于风压作用而引起的水平荷载将由两侧杆塔承担。风压水平荷载是沿线长均布的荷载。在平抛物线近似计算中，假定一档导线长等于档距，若设每米长导线上的风压荷载为 p，则 AB 档（见图 2 - 14）导线上的风压荷载 $P_1=pl_1$，由 AB 两杆塔平均承担；AC 档导线上的风压荷载 $P_2=pl_2$，由 AC 两杆塔平均承担。对 A 杆来说，所要承担的总风压荷载为

$$P=\frac{P_1}{2}+\frac{P_2}{2}=p\left(\frac{l_1}{2}+\frac{l_2}{2}\right)$$

令

$$l_{\text{h}}=\frac{l_1}{2}+\frac{l_2}{2}\tag{2-44}$$

则

$$P=pl_{\text{h}}$$

式中　p——每米导线上的风压荷载，$\text{N/(m}\cdot\text{mm}^2)$；

l_{h}——杆塔的水平档距，m；

l_1、l_2——计算杆塔前后两侧档距，m；

P——导线传递给杆塔的风压荷载，N。

由此可知，某杆塔的水平档距就是该杆两侧档距之和的算术平均值。水平档距是用来计算导线传递给杆塔的水平荷载的。

单位长度导线上的风压荷载 p，根据比载的定义可按下述方法确定：当计算气象条件为有风无冰时，比载取 g_4，则 $p=g_4A$；当计算气象条件为有风有冰时，比载取 g_5，则 $p=g_5A$。因此，导线传递给杆塔的水平荷载为

$$\left.\begin{aligned}&\text{无冰时} \quad P = g_4Al_\text{h}\\ &\text{有冰时} \quad P = g_5Al_\text{h}\end{aligned}\right\} \tag{2-45}$$

式中 A——导线截面积，mm^2。

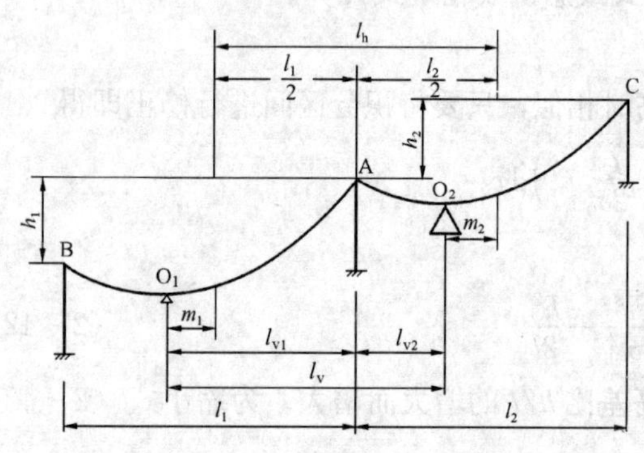

图 2-14 水平档距和垂直档

二、垂直档距和垂直荷载

1. 垂直荷载

如图 2-14 所示，O_1、O_2 分别为 l_1 档和 l_2 档内导线的最低点。l_1 档内导线的垂直荷载（自重，冰重荷载）由 B、A 两杆塔承担，且以 O_1 点划分，即 BO_1 段导线上的垂直荷载由 B 杆承担，O_1A 段导线上的垂直荷载由 A 杆承担。同理，AO_2 段导线上的垂直荷载由 A 杆承担，O_2C 段导线上的垂直荷载由 C 杆承担。以 A 杆为例，导线传递给 A 杆的垂直荷载为

$$G = gAL_{O_1A} + gAL_{AO_2}$$

在平抛物线近似计算中，设线长 L 等于档距 l，即 $L_{O_1A}=l_{v1}$，$L_{AO_2}=l_{v2}$，则

$$G = gA(l_{v1} + l_{v2}) = gAl_v \tag{2-46}$$

式中 G——导线传递给杆塔的垂直荷载，N；

g——导线的垂直比载，$\text{N/(m} \cdot \text{mm}^2)$；

l_{v1}、l_{v2}——计算杆塔的一侧垂直档距分量，m；

l_v——计算杆塔的垂直档距，m；

A——导线截面积，mm^2。

2. 垂直档距

由图 2-14 可知，计算垂直档距就是计算杆塔两侧档导线最低点 O_1 和 O_2 之间的水平距离。由式（2-46）可知，导线传递给杆塔的垂直荷载与垂直档距成正比。

以图 2-14 中 A 杆为例，A 杆两侧的垂直档距分量分别为

$$l_{v1} = \frac{l_1}{2} + m_1$$

$$l_{v2} = \frac{l_2}{2} + m_2$$

m_1、m_2 分别为 l_1 档和 l_2 档中导线最低点对档距中点的偏移值，由式（2-31）可得

$$m_1 = \frac{\sigma_0 h_1}{gl_1}$$

$$m_2=\frac{\sigma_0 h_2}{gl_2}$$

结合图 2-14 中所示最低点偏移方向，A 杆的垂直档距为

$$l_{\mathrm{v}}=l_{\mathrm{v1}}+l_{\mathrm{v2}}=\frac{l_1}{2}+\frac{\sigma_0 h_1}{gl_1}+\frac{l_2}{2}-\frac{\sigma_0 h_2}{gl_2}=l_{\mathrm{h}}+\frac{\sigma_0}{g}\left(\frac{h_1}{l_1}-\frac{h_2}{l_2}\right)$$

综合考虑各种高差情况，可得垂直档距的一般计算式为

$$l_{\mathrm{v}}=l_{\mathrm{h}}+\frac{\sigma_0}{g}\left(\pm\frac{h_1}{l_1}\pm\frac{h_2}{l_2}\right) \tag{2-47}$$

式中　g、σ_0——计算气象条件时导线的比载和应力，N/(m·mm^2) 和 MPa；

h_1、h_2——计算杆塔导线悬点与前后两侧导线悬点间高差，m。

式（2-47）括号中正负号的选取原则：以计算杆塔导线悬点高为基准，分别观测前后两侧导线悬点，如对方悬点低则取正，对方悬点高则取负。

式（2-46）中导线垂直比载 g 应按计算气象条件选取，如计算气象条件无冰，比载取 g_1，如有冰，比载应取 g_3。而式（2-47）中比载 g 为计算气象条件时综合比载。

3. 垂直档距与悬点高差的分析

由式（2-47）可知，垂直档距与悬点高差有关。结合工程中的实际情况，对垂直档距的特性综述如下：

（1）当悬点等高时，即 $h_1=h_2=0$，则 $l_{\mathrm{v}}=l_{\mathrm{h}}$。所以，导线最低点位于档距中央，水平档距与垂直档距相等，且不随气象条件变化。

（2）垂直档距的大小和档距、高差及气象条件（σ_0、g）有关，且当档距、高差一定时，垂直档距随气象条件变化而变化。

（3）垂直档距的大小和地形有关，在工程中可能出现表 2-6 所列的几种情况。

表 2-6　　垂直档距大小在实际工程中的几种情况

类型	实际工程中可能出现的情况图	情　况　说　明
1	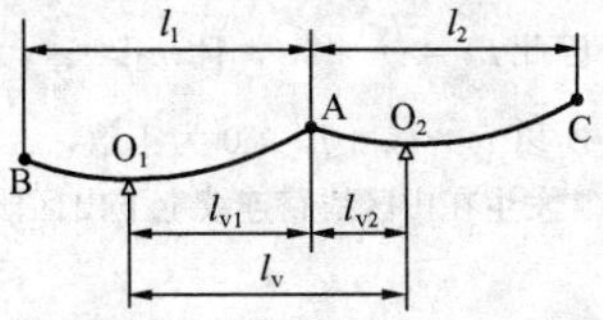 l_1　l_2　A　O_1　O_2　B　C　l_{v1}　l_{v2}　l_{v}	导线最低点 O_1 和 O_2 均落在各自档距范围内，因此 A 杆垂直档距为正值，A 悬点受下压力作用
2	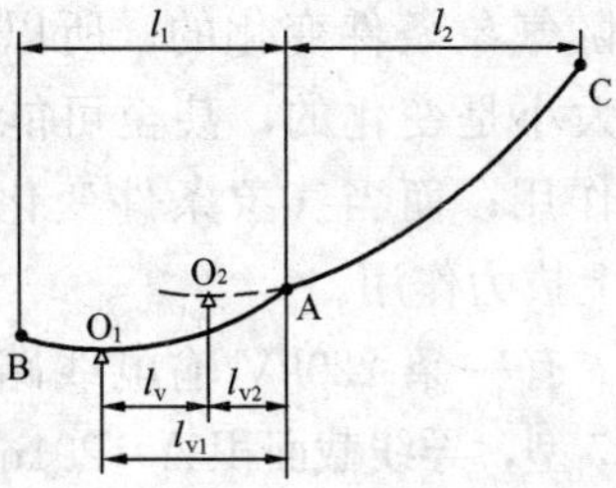 l_1　l_2　C　O_2　A　O_1　B　l_{v}　l_{v2}　l_{v1}	O_1 点落在档距 l_1 范围内，因此 l_{v1} 为正值；但 O_2 点落在档距 l_2 范围之外，且 A 悬点比 C 悬点低，即该侧垂直档距分量为 $l_{\mathrm{v2}}=\frac{l_2}{2}+m_2$，且 $m_2>\frac{l_2}{2}$，故 l_{v2} 为负值。由于 $\lvert l_{\mathrm{v1}}\rvert>\lvert l_{\mathrm{v2}}\rvert$，所以 $l_{\mathrm{v}}=l_{\mathrm{v1}}+l_{\mathrm{v2}}>0$，因此 l_{v} 为正值，A 悬点受下压力作用

续表

类型	实际工程中可能出现的情况图	情 况 说 明
3	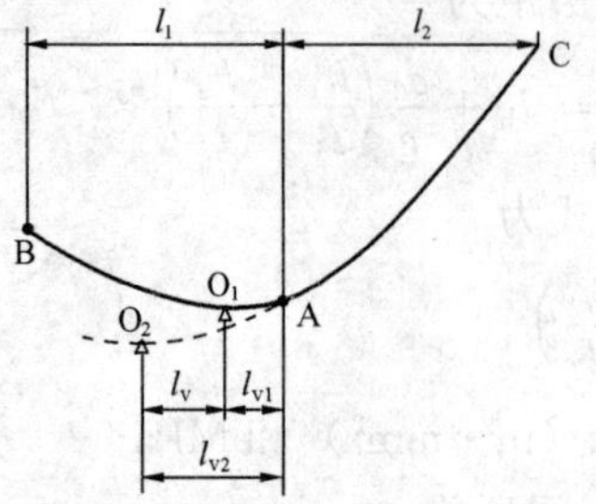	情况和类型 2 的图相似，但这时 $\|l_{v1}\| < \|l_{v2}\|$，所以 $l_{v1}+l_{v2}<0$，l_v 为负值，导线传递到 A 悬点的垂直力 $G=gAl_v$ 为负值，即受方向向上的作用力，称为受上拔力作用
4	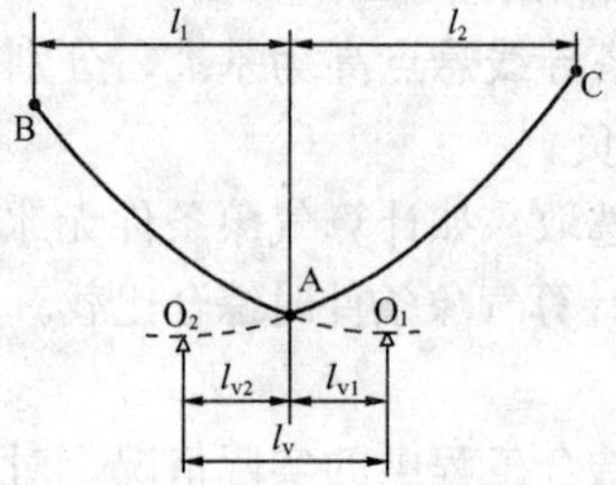	两档距导线的最低点均落在相应的档距范围之外，且 B、C 悬点均比 A 悬点高，即两侧垂直档距分量分别为：$l_{v1}=\frac{l_1}{2}-m_1$，$l_{v2}=\frac{l_2}{2}-m_2$，且 $m_1>\frac{l_1}{2}$，$m_2>\frac{l_2}{2}$。所以 $l_v=l_{v1}+l_{v2}<0$，l_v 为负值，A 悬点受上拔力作用
5	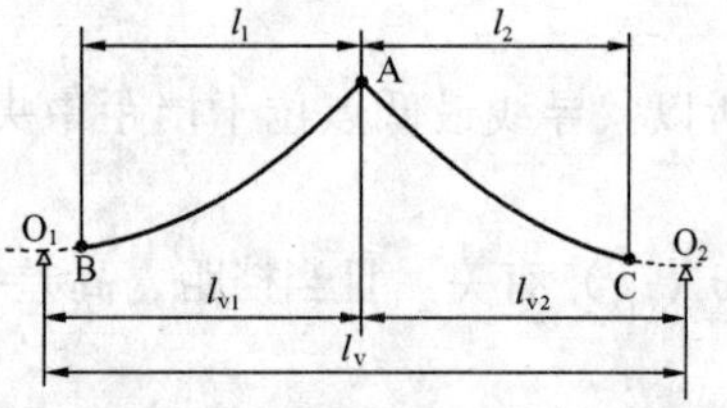	两档距导线最低点均落在相应的档距范围之外，且 B、C 悬点均比 A 悬点低，即 $l_{v1}=\frac{l_1}{2}+m_1$，$l_{v2}=\frac{l_2}{2}+m_2$，l_{v1}、l_{v2} 均为正值，l_v 为正值，A 悬点受下压力作用。这种情况一般出现在位于山顶的杆塔，垂直档距较大，杆塔所受下压力较大，工程中常称之为压档
6	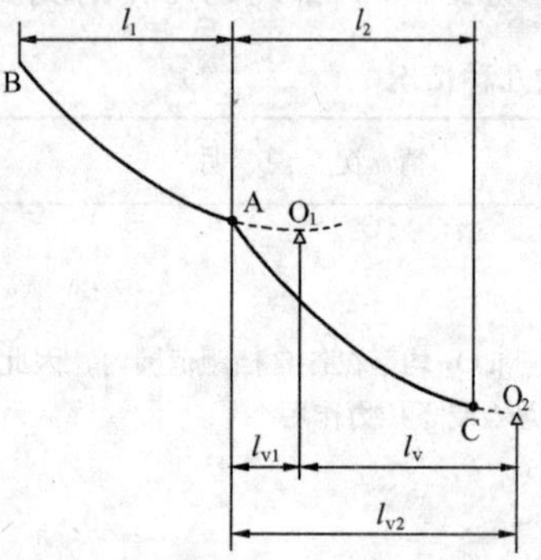	两档距导线最低点均落在其相应的档距范围之外，但 l_1 档导线 B 悬点比 A 悬点高，故 $l_{v1}=\frac{l_1}{2}-m_1$，为负值；l_2 档导线 C 悬点比 A 悬点低，因此 $l_{v2}=\frac{l_2}{2}+m_2$，且 $m_2>\frac{l_2}{2}$，为正值。因 $\|l_{v1}\|>\|l_{v2}\|$，所以 $l_v=l_{v1}+l_{v2}>0$ 为正值，A 悬点受下压力作用。这种情况常发生在山区线路连续上下山区段

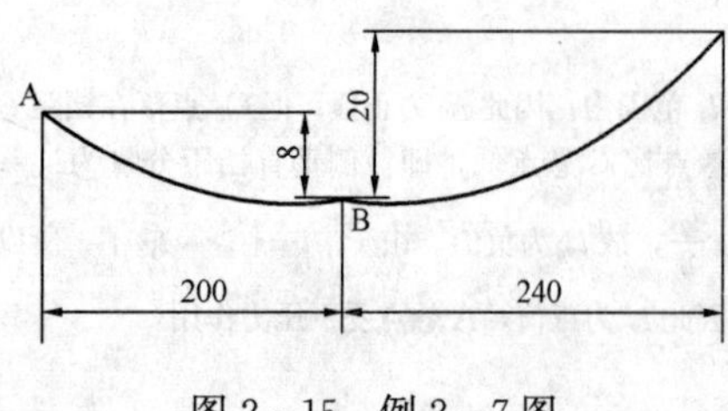

图 2 - 15　例 2 - 7 图

垂直档距是随气象条件变化的，所以对同一悬点，所受垂直力大小是变化的，甚至可能在某一气象条件受下压力作用；而当气象条件变化后，在另一气象条件则受上拔力作用。

【例 2 - 7】　有一条 220kV 输电线路，导线为 JL/G 1A-250-26/7 型，导线截面积 $A=291\text{mm}^2$，线路中某杆塔前后两档布置如图 2 - 15 所示。在大风气象条件时导线比载 $g_{7(0,0)}=33.961\times10^{-3}\text{N/(m}\cdot\text{mm}^2)$，$g_{4(0,27)}=31.876\times10^{-3}\text{N/(m}\cdot\text{mm}^2)$，$g_{6(0.27)}=46.577\times10^{-3}\text{N/(m}\cdot\text{mm}^2)$。试求：

(1) 若导线在大风气象条件时应力 $\sigma_0=90\text{MPa}$，B杆塔的水平档距和垂直档距各为多大?

(2) B悬点两侧垂直档距的分量各是多少?

(3) 作用于悬点B的水平荷载和垂直荷载各为多大?

(4) 当导线应力为多少时，B杆塔垂直档距可能出现上拔力?

解　(1) 水平档距为

$$l_h=\frac{l_1}{2}+\frac{l_2}{2}=\frac{200}{2}+\frac{240}{2}=220(\text{m})$$

垂直档距为

$$\begin{aligned}l_v&=l_h+\frac{\sigma_0}{g_6}\left(\pm\frac{h_1}{l_1}\pm\frac{h_2}{l_2}\right)\\&=220+\frac{90}{46.577\times10^{-3}}\times\left(-\frac{8}{200}-\frac{20}{240}\right)=-18.32(\text{m})\end{aligned}$$

(2) B悬点两侧垂直档距分量分别为

$$l_{v1}=\frac{l_1}{2}-m_1=\frac{l_1}{2}-\frac{\sigma_0h_1}{g_6l_1}=\frac{200}{2}-\frac{90\times8}{46.577\times10^{-3}\times200}=-22.71(\text{m})$$

$$l_{v2}=\frac{l_2}{2}-m_2=\frac{l_2}{2}-\frac{\sigma_0h_2}{g_6l_2}=\frac{240}{2}-\frac{90\times20}{46.577\times10^{-3}\times240}=-41.02(\text{m})$$

(3) 水平荷载为

$$P=g_4Al_h=31.876\times10^{-3}\times291\times220=2040.70(\text{N})$$

垂直荷载为

$$G=g_7Al_v=33.961\times10^{-3}\times291\times(-18.32)=-181.05(\text{N})\ (\text{上拔力})$$

所以，这时相当于表2-6中第四种的情况，垂直力计算结果为负值，说明方向向上，悬点B受上拔力作用。

(4) 按式 (2-47) 和图2-15所示情况，要求 $l_v>0$，即

$$l_h+\frac{\sigma_0}{g}\left(-\frac{h_1}{l_1}-\frac{h_2}{l_2}\right)\geqslant0$$

$$\sigma_0\leqslant\frac{gl_h}{\dfrac{h_1}{l_1}+\dfrac{h_2}{l_2}}\leqslant\frac{46.577\times10^{-3}\times220}{\dfrac{8}{200}+\dfrac{20}{240}}\leqslant75.53(\text{MPa})$$

即导线应力 $\sigma_0\leqslant75.53\text{MPa}$，则 $l_v\geqslant0$。

在此可以看到，在比载不变时对于低悬点，垂直档距随应力增加而减小；反之，对高悬点，则垂直档距随应力增加而增大。确切地说，垂直档距随气象条件的变化是由应力和比载的比值 σ_0/g 决定的，对低悬点，在 σ_0/g 最大的气象条件时垂直档距最小；对高悬点，在 σ_0/g 最大的气象条件时垂直档距最大。

三、杆塔的上拔校验

由前面分析已知，在实际工程中，有的杆塔的垂直档距或某侧垂直档距分量可能出现负值。对于直线杆塔，如垂直档距为负值，悬点受上拔力作用，将使横担承受向上的弯曲力矩，从而影响横担的机械强度和稳定；同时对于耐张杆塔，由于导线上拔，使悬垂绝缘子串的风偏角增大，造成导线对杆塔的空气间隙不足，危及安全运行。对耐张杆塔，如某侧垂直档距分量为负值，且其上拔力足以使耐张绝缘子串上翘时，将引起绝缘子瓷裙积水、积雪和

积污，从而降低绝缘子强度。因此，必须对杆塔进行上拔校验，以便采取相应措施。

1. 直线杆塔导线上拔校验

直线杆塔在任何气象条件下都不允许有上拔力作用于悬点。因此，必须检查在最不利的气象条件时，杆塔的垂直档距是否小于零。

导线上拔总是发生在悬点较低的杆塔，由例 2-7 已知，对悬点较低的杆塔，垂直档距随 σ_0/g 的值增加而减小。分析各种组合气象条件的 σ_0/g 值的情况可知，最低气温时应力较大，而比载较小，则 σ_0/g 的值较大。因此，直线杆塔上拔的校验气象条件为最低气温。

综上所述可知，直线杆塔的上拔校验，就是要计算最低气温时被校验杆塔的垂直档距 l_v，如 $l_v \leqslant 0$，则该杆塔悬点受上拔力作用。此时可调整杆位、杆高以使 $l_v > 0$；也可悬挂重锤，以使悬点受下压力作用。重锤重力必须大于或等于上拔力，重锤悬挂如图 2-16 所示。如果需安装的重锤过重，杆塔结构不允许时，则需同时调整杆位或杆高，或将直线杆塔改为轻型耐张杆塔。

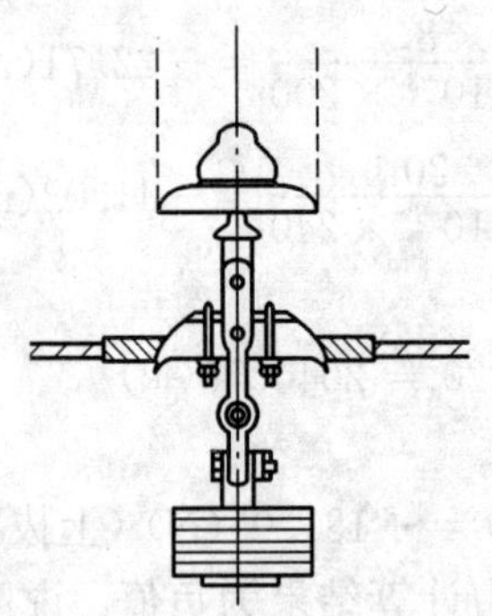
图 2-16 悬挂重锤示意图

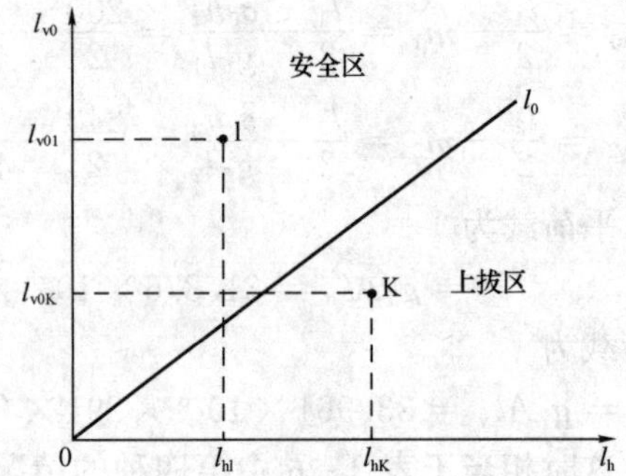

图 2-17 直线杆上拔校验曲线

在工程中，现场定位时逐基杆塔进行计算校验是不现实的，为此，设计部门总是提供了如图 2-17 所示的导线上拔校验曲线，以便现场校验。

该曲线是根据低温时 $l_v=0$ 的校验临界条件，通过两种气象条件下的垂直档距换算式（2-48），换算为定位气象条件下的校验条件式［式（2-49）］后，按式（2-49）制作的。所以，校验时只需从平断面图上查取被校验杆塔定位气象条件时的水平档距 l_h 和垂直档距 l_{v0}，然后在校验曲线图上进行校验，如图 2-17 所示。

$$l_{v0} = \frac{\sigma_0 g}{g_0 \sigma}(l_v - l_h) + l_h \tag{2-48}$$

$$l_{v0} = \left(1 - \frac{\sigma_0 g}{g_0 \sigma}\right) l_h \tag{2-49}$$

式中 l_h——水平档距，m；

g、σ、l_v——已知气象条件的比载、应力和垂直档距。在此已知气象条件为最低气温；

g_0、σ_0、l_{v0}——待求气象条件的比载、应力和垂直档距。在此待求气象条件为定位（最大弧垂）气象条件。

2. 耐张杆塔的上拔校验

如图 2-18（a）所示，耐张杆塔上悬挂耐张绝缘子串，杆塔两侧分属两个不同耐张段，耐张杆 A 的垂直档距 $l_v=l_{v1}+l_{v2}$，其中 l_{v1}、l_{v2} 分别为 A 杆两侧档导线的垂直档距分量。

耐张绝缘子串的正常悬挂形式如图 2-18（b）所示，绝缘子串下垂，瓷裙向着导线。但当耐张杆塔某侧档的垂直档距分量为负值，耐张绝缘子串受上拔力作用，如上拔力足够大，则耐张绝缘子串将处于上翘的状态，如图 2-18（c）所示。此时如仍然瓷裙向着导线，则将引起瓷裙积水、雪、污垢等，使绝缘强度降低。因此，当耐张绝缘子串在常年运行情况下（即年平均气温、无风、无冰）出现上翘现象时，我们就将该串耐张绝缘子串倒挂，即瓷裙向着杆塔，如图 2-18（d）所示。所以，耐张杆塔的上拔校验通常称为耐张绝缘子串倒挂校验。

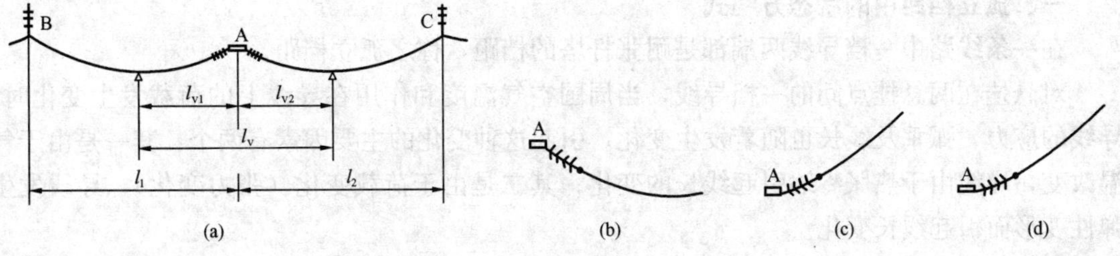

图 2-18 耐张绝缘子串的倒挂

判别耐张绝缘子串倒挂的临界条件，取年平均运行应力气象条件下（即年平均气温气象条件），杆塔一侧导线的垂直荷载（上拔力）等于耐张绝缘子串的重力 G_j，即

$$l_{v1}g_1A=-G_j \text{ 或 } l_{v1}=-\frac{G_j}{g_1A} \tag{2-50}$$

因耐张杆塔一侧导线的垂直档距分量为

$$l_{v1}=\frac{l_1}{2}-\frac{\sigma_0h_1}{gl_1}$$

将其代入式（2-50），并整理可得

$$h_1=\frac{g_1}{2\sigma_0}l_1^2+\frac{G_j}{\sigma_0A}l_1 \tag{2-51}$$

式中 h_1——悬点高差，m；

g_1——导线自重比载，N/(m·mm²)；

σ_0——校验侧耐张段导线在年平均气温时应力，MPa；

l_1——档距，m；

G_j——耐张绝缘子串重力，N；

A——导线截面积，mm。

该式表明如耐张杆塔一侧档距为 l_1，且相邻导线悬点比耐张杆塔导线悬点高，则耐张绝缘子串不倒挂的最大高差为 h_1。据此可制作校验曲线，如图 2-19 所示。在现场定位时，如相邻杆塔导线悬点比校验耐张杆塔导线悬点高，即可根据档距 l_1 和高差 h_1 及校验侧耐张段代表档距 l_0，在校验曲线上校验是否需倒挂。

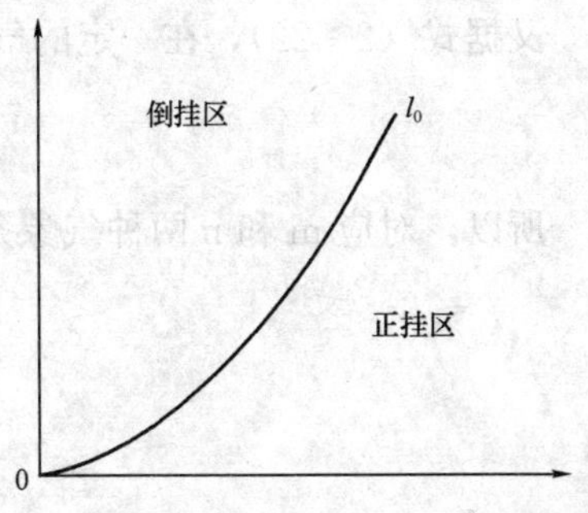

图 2-19 耐张绝缘子串倒挂校验曲线

第六节 导线的状态方程式

悬挂于两悬挂点间的一档导线，当气象条件发生变化，即导线上作用的荷载或环境气温发生变化时，其悬挂中的导线线长也随之发生变化，进而引起导线的应力、弧垂发生相应的变化。为保证导线在施工与运行中的安全可靠性，就必须掌握这种导线应力随气象条件变化的规律，而反映一定代表档距的耐张段中，导线应力变化与气象条件变化间的关系方程——导线的状态方程，就是这一规律的数学表达式。在已知一种气象条件及应力时，应用状态方程式就可以求另一种气象条件下的应力。

一、孤立档距中的状态方程式

在一条线路中一档导线两端都是耐张杆塔的档距，称之孤立档距。

对悬挂在两悬挂点间的一档导线，当周围空气温度和作用在导线上的荷载发生变化时，导线的应力、弧垂及线长也随着发生变化。引起这种变化的主要因素有两个：其一是由于气温改变，导线由于热胀冷缩引起线长的变化；其二是由于荷载变化（张力变化），导线发生弹性变形而引起线长变化。

对于一档导线，设档距为 l，气象条件从 m 状态（即气温 t_m、比载 g_m、应力 σ_m）变化到 n 状态（即气温 t_n、比载 g_n、应力 σ_n），则一档线长从 L_m 变化为 L_n，线长的这种变化可认为是分两步完成的：首先由于气温的变化，使导线线长由于热胀冷缩从 L_m 变化到 L_t；然后，由于应力的变化，导线发生弹性变形，导线线长从 L_t 变化为 L_n，这个变化过程，根据物理学中已建立的概念可表示为

$$L_t = [1+\alpha(t_n - t_m)]L_m$$

$$L_n = \left[1+\frac{1}{E}(\sigma_n - \sigma_m)\right]L_t$$

将 L_t 代入 L_n 计算式中可得

$$L_n = L_m[1+\alpha(t_n - t_m)]\left[1+\frac{1}{E}(\sigma_n - \sigma_m)\right]$$

将上式展开，将出现$\frac{\alpha}{E}$（$t_n - t_m$）（$\sigma_n - \sigma_m$）项，考虑到 α 和 $1/E$ 的数值很小，它们的乘积更小，因此将其舍去，从而上式简化为

$$L_n = L_m\left[1+\alpha(t_n - t_m)+\frac{1}{E}(\sigma_n - \sigma_m)\right] \tag{2-52}$$

又据式（2-22），在一定的气象条件下，线长 L 和应力 σ_0 之间有如下关系：

$$L = l + \frac{g^2 l^3}{24\sigma_0^2}$$

所以，对应 m 和 n 两种气象条件，导线线长可分别表示为

$$\left.\begin{aligned} L_m &= l + \frac{g_m^2 l^3}{24\sigma_m^2} \\ L_n &= l + \frac{g_n^2 l^3}{24\sigma_n^2} \end{aligned}\right\}$$

将该式代入式（2-52），则有

$$l+\frac{g_n^2 l^3}{24\sigma_n^2}=l+\frac{g_m^2 l^3}{24\sigma_m^2}+\left[\alpha(t_n-t_m)+\frac{1}{E}(\sigma_n-\sigma_m)\right]\left(1+\frac{g_m^2 l^3}{24\sigma_m^2}\right)$$

因上式中$\frac{g_m^2 l^3}{24\sigma_m^2}$项数值较小，所以它与方括号中数值的乘积很小，可舍去，并将等式两侧同乘以 E/l，则得

$$\sigma_n-\frac{Eg_n^2 l^2}{24\sigma_n^2}=\sigma_m-\frac{Eg_m^2 l^2}{24\sigma_m^2}-\alpha E(t_n-t_m) \tag{2-53}$$

式中　g_m、g_n——已知气象条件和待求气象条件时比载，N/(m·mm²)；

t_m、t_n——已知气象条件和待求气象条件时气温，℃；

σ_m、σ_n——已知气象条件和待求气象条件时导线应力，MPa；

α、E——导线热膨胀系数，1/℃和弹性系数，MPa；

l——档距，m。

式（2-53）即为导线在孤立档中的状态方程式（不计耐张绝缘子串的影响）。由式(2-53)可见，当已知一种气象条件（气温 t_m、比载 g_m）时导线应力为 σ_m，求另一种气象条件（气温 t_n、比载 g_n）时的应力 σ_n，由于状态方程式中只有待求应力 σ_n 是未知的，所以是可求的。

因状态方程式中除 σ_n 外，其他数据均为已知，所以通常将其写成如下形式：

$$\left.\begin{aligned}A&=\frac{Eg_n^2 l^2}{24}\\ B&=\sigma_m-\frac{Eg_m^2 l^2}{24\sigma_m^2}-\alpha E(t_n-t_m)\end{aligned}\right\} \tag{2-54}$$

代入式（2-53）得

$$B=\sigma_n-\frac{A}{\sigma_n^2}\qquad 或\qquad \sigma_n^2(\sigma_n-B)=A$$

该三次方程的系数 A 恒为正，B 可正可负，根据笛卡儿关于方程系数符号法规则和导线力学的物理概念可知，方程只有一个正实数根，就是 σ_n 的有效解。

求 σ_n 可用计算机求解，也可用计算尺试探求解。但目前计算尺已被计算器取代，在此介绍一种借助于计算器能运算余弦函数和双曲函数的功能，求解方程准确解的方法。

导线状态方程：$\sigma_n^3-B\sigma_n^2-A=0$ 或 σ_n^2（σ_n-B）$=A$

判别式：$\Delta=\frac{13.5A}{|B|^3}+C$

其中 $B>0$ 时，$C=1$；$B<0$ 时，$C=-1$。

如果 $\Delta\geqslant1$，有 $\theta=\mathrm{arcch}\Delta$，$\sigma_n=\frac{|B|}{3}\left(2\mathrm{ch}\frac{\theta}{3}+C\right)$

如果 $\Delta<1$，有 $\theta=\arccos\Delta$，$\sigma_n=\frac{|B|}{3}\left(2\cos\frac{\theta}{3}+C\right)$

【例 2-8】　由导线状态方程 $\sigma_n^3-10\sigma_n^2-100=0$ 求 σ_n。

解　$B=10$，$C=1$，$|B|=10$，$A=100$

$\Delta=\frac{13.5A}{|B|^3}+C=\frac{13.5\times100}{10^3}+1=2.35>1$

$\theta=\mathrm{arcch}\Delta=\mathrm{arcch}2.35=1.498\ 867\ 634$

$$\sigma_n=\frac{|B|}{3}\left(2\text{ch}\frac{\theta}{3}+C\right)=\frac{10}{3}\left(2\text{ch}\frac{1.498\ 867\ 634}{3}+1\right)=10.849\ 529\ 04$$

【例 2-9】　由导线状态方程 $\sigma_n^3+10\sigma_n^2-100=0$ 求 σ_n。

解　$B=-10$，$C=-1$，$|B|=10$

$$\Delta=\frac{13.5A}{|B|^3}+C=\frac{13.5\times100}{10^3}-1=0.35<1$$

$$\theta=\arccos\Delta=\arccos0.35=69.512\ 684\ 89$$

$$\sigma_n=\frac{|B|}{3}\left(2\cos\frac{\theta}{3}+C\right)=\frac{10}{3}\left(2\cos\frac{69.512\ 684\ 89}{3}+1\right)=2.795\ 568\ 899$$

二、连续档的代表档距及档距中央应力状态方程式

状态方程式（2-53）是按不计耐张绝缘子串影响的孤立档推导而得的。在实际工程中，一个耐张段往往有许多档距连在一起，称为连续档耐张段。由于地形条件的限制，连续档的各档档距及悬点高度不可能相等，那么连续档耐张段中导线应力随气象条件变化的规律如何呢？

连续档耐张段中的导线在安装时，各档导线的水平张力（水平应力）是按同一数值架设的，因此悬垂绝缘子串处于铅垂状态。当气象条件发生变化后，各档导线的水平张力（水平应力）将因各档档距及悬点高度的差异而不相等，这时，各直线杆塔上的悬垂绝缘子串将因两侧水平张力不相等而向张力大的一侧偏斜，偏斜的结果又促使两侧水平张力获得基本平衡。所以，除档距长度、悬点高差相差十分悬殊者外，一般情况下，耐张段中各档导线在一种气象条件下的水平张力（水平应力）总是相等或基本相等的。这个相等的水平应力可称为该耐张段内导线的代表应力，而这个代表应力所对应的档距就称为该耐张段的代表档距，即连续档耐张段的多个档距对应力的影响可用一个代表档距来等价反映。

当耐张段中各档悬点高差 $h/l<10\%$时，则该耐张段的代表档距可按式（2-55）计算：

$$l_0=\sqrt{\frac{l_1^3+l_2^3+\cdots+l_n^3}{l_1+l_2+\cdots+l_n}}=\sqrt{\frac{\sum l_i^3}{\sum l_i}} \tag{2-55}$$

式中　l_0——耐张段的代表档距，m；

　　l_i——耐张段中各档档距，m。

此时，连续档的档距中央应力状态方程式与式（2-53）完全相同，只是式中的档距 l 应以代表档距 l_0 代入。而孤立档不考虑耐张绝缘子串的影响时，其代表档距即为档距本身，所以导线的状态方程式可统一为式（2-53），只要把 l 理解为代表档距 l_0 即可。

【例 2-10】　在例 2-1 中，某耐张段各档档距分别为 200、230、300、240、250、210m，各档悬点高差 h/l 均小于 10%。导线为 JL/ G1A-250-26/7 型，经过气象区为全国第Ⅴ气象区，已知该耐张段最大覆冰时导线应力为 120.5MPa。试求最高气温时的导线应力。

解　首先从表 1-27 中查得气象参数为：

最高覆冰时　　$v=10$，$b=10$，$t_m=-5$

最高气温时　　$v=0$，$b=0$，$t_n=+40$

由例 2-1 可得　$g_n=g_{1(0,0)}=33.961\times10^{-3}$ [N/（m·mm²）]

$g_m=g_{7(10,10)}=65.517\times10^{-3}$ [N/(m·mm²)]

由附录 D 表 2 查得

热膨胀系数　$\alpha=18.9\times10^{-6}1/℃$

弹性系数　$E=76\,000\text{MPa}$

其次，计算耐张段的代表档距，有

$$l_0=\sqrt{\frac{\sum l_i^3}{\sum l_i}}=\sqrt{\frac{200^3+230^3+300^3+240^3+250^3+210^3}{200+230+300+240+250+210}}=245.06(\text{m})$$

再利用式（2-54）求解最高气温时导线应力。此时最大覆冰为已知条件，最高气温为待求条件，则

$$A=\frac{Eg_n^2l_0^2}{24}=\frac{76\,000\times(33.961\times10^{-3})^2\times245.06^2}{24}=219\,335.105\,8$$

$$B=\sigma_m-\frac{Eg_m^2l_0^2}{24\sigma_m^2}-\alpha E(t_n-t_m)$$

$$=120.5-\frac{76\,000\times(65.517\times10^{-3})^2\times245.06^2}{24\times120.5^2}-18.9\times10^{-6}\times76\,000(40+5)$$

$$=-0.337\,4$$

$$\sigma_n^2(\sigma_n+0.337\,4)=219\,335.105\,8$$

$$B=-0.337\,4,C=-1,|B|=0.337\,4,A=219\,335.105\,8$$

$$\Delta=\frac{13.5A}{|B|^3}+C=\frac{13.5\times219\,335.105\,8}{|-0.337\,4|^3}-1=77\,083\,321.5>1$$

$$\theta=\text{arcch}\Delta=\text{arcch}\,77\,083\,321.5=18.853\,5$$

$$\sigma_n=\frac{|B|}{3}\left(2\text{ch}\frac{\theta}{3}+C\right)=\frac{|-0.337\,4|}{3}\left(2\text{ch}\frac{18.853\,5}{3}-1\right)=60.19(\text{MPa})$$

答：该耐张段最高气温时的应力为60.19MPa。

第七节　临　界　档　距

架空输电线路的导线应力是随代表档距的不同和气象条件的改变而变化的。对同一耐张段，导线应力随气象条件变化的变化规律符合导线状态方程式，即前面已讨论的当已知某一气象条件下的导线应力，可利用状态方程式求得另一气象条件时的导线应力。由此可知，应用状态方程式求解待求气象条件下导线应力时，必须首先选定某一气象条件及导线应力为已知。在此，我们把首先选定的已知气象条件及应力称为导线应力设计的控制条件。控制条件包括控制应力和出现控制应力的气象条件。

控制条件从状态方程式的求解角度说可以是任意指定的，在实际工程中也可以是根据各档导线的具体情况而给定的任一限定条件。比如需限制档内导线弧垂不得超过某一值，则最大弧垂气象条件和最大限制弧垂值所对应的导线应力就是一控制条件。但一般情况下，在设计时所考虑的控制条件有如下两类：

（1）在导线应力随气象条件变化的过程中，其最大应力不得大于最大使用应力；

（2）在年平均气温时导线应力不得大于年平均运行应力（年平均运行应力根据防振措施确定，参见第三章第四节）。

对一确定的耐张段，影响导线应力大小的因素主要为气温和荷载（比载）。因此，可能出现最大应力的气象条件有最低气温、最大覆冰和最大风速。综上所述，导线应力计算的控

制条件有如下四种：

（1）最大使用应力和最低气温；

（2）最大使用应力和最大覆冰；

（3）最大使用应力和最大风速；

（4）年平均运行应力和年平均气温。

一、临界档距

以上四种控制条件，并不是在全部代表档距范围都同时起控制作用的，对不同的代表档距，其控制条件可能不同。这一点我们利用状态方程式（2-53）进行分析即可清楚，有

$$\sigma_n - \frac{Eg_n^2 l_0^2}{24\sigma_n^2} = \sigma_m - \frac{Eg_m^2 l_0^2}{24\sigma_m^2} - \alpha E(t_n - t_m)$$

在状态方程式中，如果代表档距 l_0 趋近于零，则两种状态下的应力关系为

$$\sigma_n = \sigma_m - \alpha E(t_n - t_m)$$

上式表明，当代表档距较小时，导线应力仅与气温有关，外荷载的大小对应力的影响甚微，即应力变化主要是气温降低，导线收缩，从而使应力增大。因此，小代表档距耐张段，最低气温可能出现最大应力。

若将状态方程式以 l_0^2 除之，并令代表档距 l_0 趋近于无穷大，则两种状态下应力关系为

$$\sigma_n = \frac{g_n}{g_m}\sigma_m$$

上式表明，当代表档距很大时，导线应力主要取决于外荷载的大小，而气温的变化对应力的影响很小。因此，大代表档距耐张段最大荷载时可能出现最大应力。

从以上分析可见，当代表档距 l_0 由零逐渐增大，在 l_0 较小时，导线应力主要受气温的影响，最低气温将是应力控制气象条件；当 l_0 不断增大，应力受气温影响的程度逐渐减小，而受比载影响的程度逐渐增大；当 l_0 很大时，应力完全由比载决定，而与气温无关，最大比载所对应的气象条件将是应力控制气象条件。进而可以推想，在这个变化过程中，必然存在这样一个代表档距，即在此代表档距时，最大比载和最低气温两种气象条件的导线应力分别等于各自的控制应力。这个代表档距即为两种控制条件之间的临界档距，用 l_j 表示。因控制条件有四种，对它们进行两两组合，则有六种不同组合。显而易见，每一种组合的两种控制条件之间均有一临界档距，所以，临界档距共有六个。

根据临界档距的概念，利用状态方程式可推导得临界档距的计算式为

$$l_j = \sqrt{\frac{\frac{24}{E}(\sigma_m - \sigma_n) + 24\alpha(t_m - t_n)}{\left(\frac{g_m}{\sigma_m}\right)^2 - \left(\frac{g_n}{\sigma_n}\right)^2}} \qquad (2-56)$$

式中 l_j——临界档距，m；

σ_m、σ_n——两种控制条件的控制应力，MPa；

g_m、g_n——两种控制气象条件时的比载，N/(m·mm²)；

t_m、t_n——两种控制气象条件时的气温，℃；

α——导线的线膨胀系数，1/℃；

E——导线的弹性系数，MPa。

由式（2-56）可见，当两种控制条件的控制应力相等时，式（2-56）可简化为

$$l_j = \sigma_m \sqrt{\frac{24\alpha(t_m - t_n)}{g_m^2 - g_n^2}} \tag{2-57}$$

式中符号意义同前。

二、有效临界档距的判别

在整个代表档距数轴上，一种控制条件的控制档距区间是连续的。因此，四种控制条件即使都起控制作用，也只能是四个档距区间。所以，真正有意义的临界档距最多不会超过三个。若在代表档距数轴上的不同区间有不同的控制条件，则相邻区间起分界作用的临界档距称为有效临界档距。临界档距的计算值有六个，而有效临界档距最多只有三个，因此必须进行判别，以确定有效临界档距，进而确定控制条件及其控制代表档距范围。其判别方法如下：

（1）对四种控制条件分别计算 g/σ 的值，并由小到大分别给予 A、B、C、D 编号。当遇有两种控制条件的 g/σ 值相等时，则分别计算这两种控制条件的 $\sigma+\alpha Et$ 值，取其数值较小的控制条件编入序号，而数值较大者实际上不起控制作用，予以舍弃，这时控制条件减少为 A、B、C 三个，临界档距数也减少到三个。

（2）假设按最大可能，仍有四种控制条件 A、B、C、D，即有六个临界档距 l_{AB}、l_{AC}、l_{AD}、l_{BC}、l_{BD}、l_{CD}，将计算所得的临界档距按表 2-7 排列。

（3）从 g/σ 值最小的 A 栏开始判别。首先察看本栏内各临界档距中有无零或虚数值，只要其中有一个临界档距值为零或虚数，则该栏内所有临界档距均被舍弃，即该栏内没有有效临界档距，这时可转到下一栏（如 B 栏）进行判别。

表 2-7　有效临界档距判别表

A	B	C
$l_{AB}=$	$l_{BC}=$	$l_{CD}=$
$l_{AC}=$	$l_{BD}=$	
$l_{AD}=$		

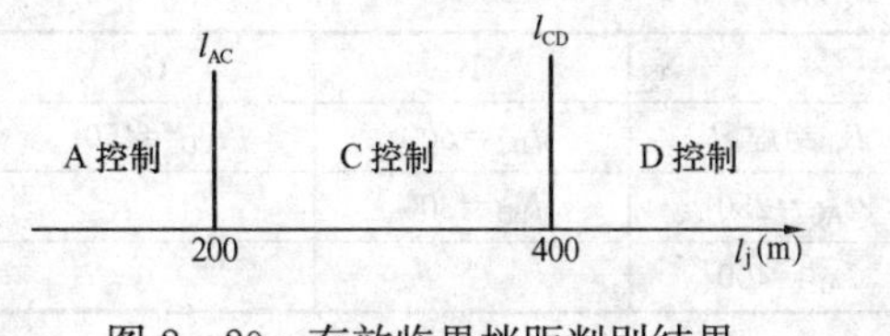

图 2-20　有效临界档距判别结果

若栏内所有临界档距值均不为零或不为虚数，则选取该栏中最小的一个临界档距为第一个有效临界档距（如 l_{AB}）。于是 A 栏内与 A 组合的其他临界档距（如 l_{AC}、l_{AD}）即可舍弃。选得的第一个有效临界档距（如 l_{AB}）系为下标中第一个字母表示的控制条件（如 A）所控制的档距范围的上限值；下标中后一个字母表示的控制条件（如 B）所控制的档距范围的下限值。

（4）紧接着对所选得的第一个有效临界档距下标中后一个字母所代表的栏进行判别，也即判别后个字母所代表的控制条件所控制的档距范围的上限值，并确定下一个控制条件。如第一个有效临界档距为 l_{AB}，则对 B 栏进行判别；若第一个有效临界档距为 l_{AC}，则对 C 栏进行判别，这时 B 栏被跨越，即 B 栏没有有效临界档距而全部被舍弃。确定了需判别的栏后，用（3）中的方法选取第二个有效临界档距。

（5）根据上述原则，依次类推，直至判别到最后一栏如 C 栏。若有效临界档距下标中后一个字母为 D，判别结束。例如在判别 A 栏时，选取的第一个有效临界档距为 l_{AD}，则判

别结束，有效临界档距只有一个，为 l_{AD}。

通过上述有效临界档距的判别，最后得一组有效临界档距，这组有效临界档距的下标是依次连接的。将这组有效临界档距标在代表档距数轴上，即将数轴分成若干区间，然后可按有效临界档距下标字母确定每一区间的控制条件。例如，当有效临界档距 l_{AC}＝200m、l_{CD}＝400m 时，其控制情况如图 2-20 所示。

判别结果的意义为，当代表档距 l_0＜200m 时，导线应力受 A 控制条件控制；当代表档距 l_0 在 200～400m 之间时，导线应力受 C 控制条件控制；当代表档距 l_0≥400m 时，导线应力受 D 控制条件控制。从而在利用状态方程求解导线应力时，只需根据代表档距值确定其控制条件，然后将控制条件作为状态方程中的已知条件，即可求取其他气象条件时的应力。

在有效临界档距判别过程中，如在 A、B、C 三栏中均有零或虚数，则没有有效临界档距，此时所有可能的代表档距，其导线应力均受 D 控制条件控制。

【例 2-11】 试判别表 2-8（1）～（4）各表的有效临界档距并确定控制条件。

表 2-8　　临 界 档 距 表

（1）

A	B	C
l_{AB}＝150	l_{BC}＝300	l_{CD}＝450
l_{AC}＝250	l_{BD}＝500	
l_{AD}＝400		

（2）

A	B	C
l_{AB}＝250	l_{BC}＝300	l_{CD}＝450
l_{AC}＝150	l_{BD}＝500	
l_{AD}＝400		

（3）

A	B	C
l_{AB}＝虚数	l_{BC}＝500	l_{CD}＝450
l_{AC}＝250	l_{BD}＝300	
l_{AD}＝400		

（4）

A	B	C
l_{AB}＝虚数	l_{BC}＝300	l_{CD}＝虚数
l_{AC}＝250	l_{BD}＝虚数	
l_{AD}＝400		

解　表（1），A 栏没有零和虚数，取最小的 l_{AB}＝150m 为第一个有效临界档距；到 B 栏，同理，l_{BC}＝300m 为第二个有效临界档距；到 C 栏，l_{CD}＝450m 为第三个有效临界档距。判别结果及控制条件如图 2-21（a）所示。

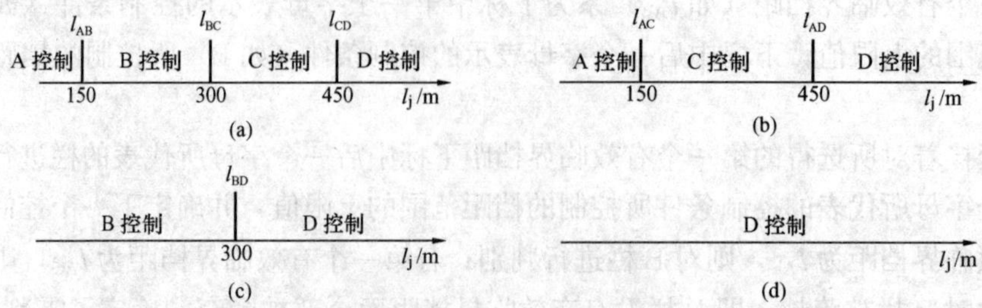

图 2-21　例 2-11 判别结果图

表（2），A 栏 l_{AC}＝150m 为第一个有效临界档距；跳过 B 栏到 C 栏，l_{CD}＝450m 为第二个有效临界档距。判别结果如图 2-21（b）所示。

表（3），A栏有一个虚数，全部舍去；到B栏，$l_{BD}=300m$为有效临界档距；跳过C栏，即只有一个有效临界档距。判别结果如图2-21（c）所示。

表（4），因A、B、C三栏中均有虚数，三栏均全部舍去，即没有有效临界档距。判别结果如图2-21（d）所示。

【例2-12】　某220kV输电线路，导线为钢芯铝绞线JL/G1A-250-26/7型，经过全国第Ⅴ气象区，导线强度安全系数为2.5，防振锤防振。试确定该线路导线应力控制条件。

解　（1）计算数据。首先从表1-28及附录B表4、附录D表2中查取有关数据：

导线截面积　$A=291mm^2$

导线直径　$d=22.2mm$

热膨胀系数　$\alpha=18.9\times10^{-6}1/℃$

弹性系数　$E=76\ 000MPa$

额定抗拉力　$T_P=87\ 670N$

导线最大使用应力　$\sigma_m=\dfrac{T_P}{KA}=\dfrac{87\ 670}{2.5\times291}=120.51(MPa)$

年平均运行应力　$\sigma_{mP}=\dfrac{0.25T_P}{A}=\dfrac{0.25\times87\ 670}{291}=75.32(MPa)$

其他数据列于表2-9中。

表2-9　　计算数据表

气象条件	风速 (m/s)	覆冰 (mm)	气温 (℃)	控制应力 (MPa)	比载 [N/(m·mm²)]	g/σ (1/m)	编号
最大风速	27	0	10	120.51	31.876×10^{-3}	2.645×10^{-4}	A
最低气温	0	0	−10	120.51	33.961×10^{-3}	2.818×10^{-4}	B
年平均气温	0	0	15	75.32	33.961×10^{-3}	4.509×10^{-4}	C
最大覆冰	10	10	−5	120.51	65.517×10^{-3}	5.442×10^{-4}	D

（2）临界档距计算。

临界档距计算式为

$$l_j=\sqrt{\frac{\frac{24}{E}(\sigma_m-\sigma_n)+24\alpha(t_m-t)}{\left(\frac{g_m}{\sigma_m}\right)^2-\left(\frac{g_n}{\sigma_n}\right)^2}}$$

将有关数据代入公式进行计算，有

$$l_{jAB}=\sqrt{\frac{\frac{24}{76\ 000}\times(120.51-120.51)+24\times18.9\times10^{-6}\times(10+10)}{\left(\frac{31.876\times10^{-3}}{120.51}\right)^2-\left(\frac{33.961\times10^{-3}}{120.51}\right)^2}}=虚数$$

因为，根据判别方法（3），只要其中有一个临界档距值为零或虚数，则该栏内所有临界档距均被舍弃，即该栏内没有有效临界档距，这时可转到下一栏（如B栏）进行判别。所以我们不必计算l_{AC}、l_{AD}，只要计算B、C栏，即l_{BC}、l_{BD}、l_{CD}，因此有

$$l_{jBC}=\sqrt{\frac{\frac{24}{76\,000}\times(120.51-75.32)+24\times18.9\times10^{-6}\times(-10-15)}{\left(\frac{33.961\times10^{-3}}{120.51}\right)^2-\left(\frac{33.961\times10^{-3}}{75.32}\right)^2}}=\text{虚数}$$

同理，我们不必计算 l_{jBD}，只要计算 l_{jCD}，因此有

$$l_{jCD}=\sqrt{\frac{\frac{24}{76\,000}\times(75.32-120.51)+24\times18.9\times10^{-6}\times(5+15)}{\left(\frac{33.961\times10^{-3}}{75.32}\right)^2-\left(\frac{65.517\times10^{-3}}{120.51}\right)^2}}=237.4(\text{m})$$

（3）有效临界档距判别（见表 2 - 10），判别结果如图 2 - 22 所示。

表 2 - 10　有效临界档距判别表　（m）

A	B	C
l_{AB}＝虚数 l_{AC}＝ l_{AD}＝	l_{BC}＝虚数 l_{BD}＝	l_{CD}＝237.4

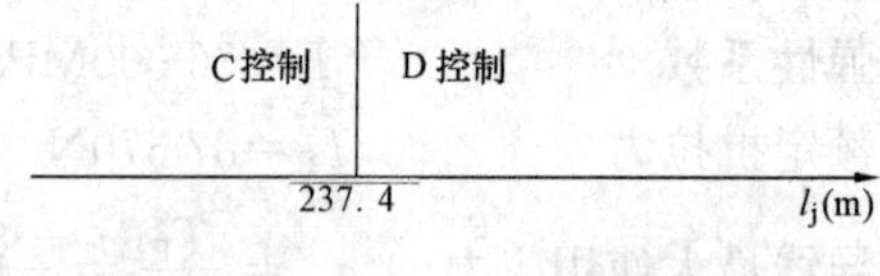

图 2 - 22　例 2 - 12 判别结果图

（4）结论。

小于 237.4m，由年平均气温气象条件控制，控制应力为 75.32MPa；大于 237.4m，由最大覆冰气象条件控制，控制应力为 120.51MPa。

第八节　最大垂直弧垂气象条件的判定

在前面章节中已经知道，输电线路的导线与地面及所有被交叉跨越物之间，必须满足一定的安全距离要求，否则就不能安全运行。而弧垂是随气象条件变化而变化的，所以，为保证导线在全部气象条件下都满足对地面和其他被交叉跨越物间的安全距离要求，我们必须找出最大垂直弧垂气象条件，并使该气象条件时的交叉跨越距离及对地距离满足要求，则其他气象条件也必定满足要求。

最大垂直弧垂可能在最高气温或最大垂直比载（覆冰无风）气象条件时出现。对于一确定的耐张段，其最大垂直弧垂气象条件必为其中之一，判定时可采用三种方法。

一、临界比载法

对同一代表档距 l_0，若垂直比载为 g_L、气温为 t_3 时的导线弧垂恰与最高气温时导线弧垂相等，则比载 g_L 称为临界比载。临界比载计算式为

$$g_L=g_1+\frac{\alpha E g_1}{\sigma_1}(t_m-t_3)\qquad(2-58)$$

式中　g_L——临界比载，N/(m·mm²)；

g_1——自重比载，N/(m·mm²)；

σ_1——最高气温时代表档距 l_0 导线的应力，MPa；

t_m——最高气温，℃；

t_3——覆冰时气温，℃。

其他符号意义同前。

分析式（2 - 58）可知，临界比载 g_L 与高温时应力 σ_1 有关，即对一条线路而言，判据

g_L 不是唯一的。因此，实际应用时按以下方法进行：

（1）一个确定耐张段的判别。

对于一个确定的耐张段，代表档距 l_0 已知，则可据 l_0 在设计部门提供的导线机械特性曲线（参见本章第十节）上查取最高气温时应力 σ_1，然后代入式（2-58）计算得到临界比载 g_L，再与覆冰无风时垂直比载 g_2 比较：

$g_L < g_3$，最大垂直弧垂发生在覆冰无风；

$g_L > g_3$，最大垂直弧垂发生在最高气温。

（2）线路全线的判别。

1）估计全线可能的代表档距范围，然后从导线机械特性曲线上查取最高气温气象条件时，可能代表档距范围内的最大应力 σ_m 和最小应力 σ_n。

2）分别将 σ_m 和 σ_n 代入式（2-58）计算得到最小临界比载 g_L（以最大应力 σ_m 代入）和最大临界比载 g_{Lm}（以最小应力 σ_n 代入）。

3）将覆冰面风时垂直比载 g_3 与 g_L 比较：

当 $g_3 > g_{Lm}$时，最大垂直弧垂发生在覆冰无风气象条件；

当 $g_3 < g_{Ln}$时，最大垂直弧垂发生在最高气温气象条件；

当 $g_{Ln} < g_3 < g_{Lm}$时，则有一部分代表档距最大垂直弧垂发生在最高气温，而另一部分代表档距最大垂直弧垂发生在覆冰无风，这时需进一步确定分界点。

二、临界应力法

设某一确定代表档距 l_0，覆冰无风时的应力为 σ_3，比载为 g_3，则弧垂 $f_3=\dfrac{g_3 l_0^2}{8\sigma_3}$。

在同一代表档距，高温时应力为 σ_1，比载为 g_1，则弧垂 $f_1=\dfrac{g_1 l_0^2}{8\sigma_3}$。

设想高温时应力为 $\sigma_1=\sigma_L$，则有弧垂 $f_1=f_3$，即

$$\frac{g_1 l_0^2}{8\sigma_L}=\frac{g_3 l_0^2}{8\sigma_3}$$

则
$$\frac{g_1}{\sigma_L}=\frac{g_3}{\sigma_3} \quad 或 \quad \sigma_3=\sigma_L\frac{g_3}{g_1}$$

将覆冰无风和最高气温两种气象条件代入状态方程式，得

$$\sigma_L-\frac{Eg_1^2 l^2}{24\sigma_L^2}=\sigma_3-\frac{Eg_3^2 l^2}{24\sigma_3^2}-\alpha E(t_m-t_3)$$

再将 $\sigma_3=\sigma_L\dfrac{g_3}{g_1}$的关系式代入并简化得

$$\sigma_L=\frac{g_3}{g_1}\sigma_L-\alpha E(t_m-t_3)$$

$$\sigma_L=\frac{\alpha E g_1(t_m-t_3)}{g_3-g_1} \tag{2-59}$$

式中 σ_L——临界应力，MPa；

g_3——覆冰无风时垂直比载，N/(m·mm²)。

从分析式（2-59）可见，临界应力 σ_L 是唯一的，判别方法如下：

按式（2-59）计算得到临界应力 σ_L 后，在导线机械特性曲线上以 σ_L 为应力坐标作一 l_0 坐标轴的平行线，有三种可能情况，如图 2-23 所示。

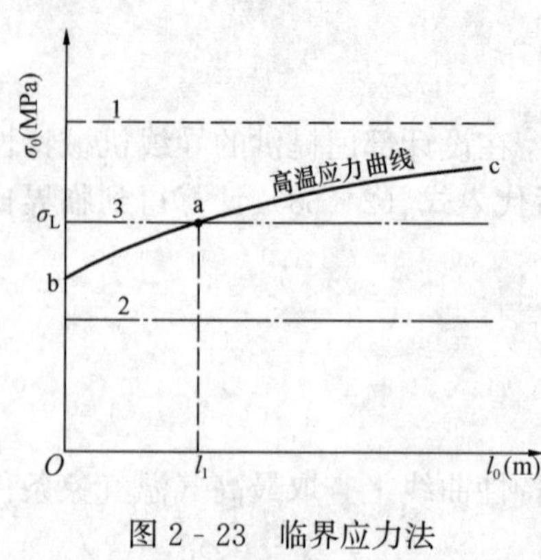

图 2-23 临界应力法

（1）最高气温时的应力曲线全部在 σ_L 线的下方，即 $\sigma_1 < \sigma_L$，则因弧垂和应力成反比，最大垂直弧垂发生在最高气温气象条件。

（2）最高气温时的应力曲线全部在 σ_L 线的上方，所以最大垂直弧垂发生在覆冰无风气象条件。

（3）最高气温时的应力曲线与 σ_L 线相交于 a 点（有时也可能有两个交点），则因 ba 段应力曲线在 σ_L 线下方、ac 段应力曲线在 σ_L 线上方、a 点所对应的代表档距为 l_1，所以，当 $l_0 < l_1$ 时，最大垂直弧垂发生在最高气温时；当 $l_0 > l_1$ 时，最大垂直弧垂发生在覆冰无风时。

三、最简单的是最大弧垂比较法

最大弧垂可能发生在最高气温时或最大垂直荷载时（如覆冰），要看哪种情况的 g/σ 大小而定。可用上述的“临界比载”、“临界应力”来判别。临界比载及临界应力均是基于导线覆冰时该覆冰比载或该应力下导线发生的弧垂与最高气温时的垂直弧垂相等的情况下求出的，判断最大弧垂不够直观。

当 $\dfrac{g_7}{\sigma_7} > \dfrac{g_1}{\sigma_1}$ 时，最大垂直弧垂发生在覆冰时，反之发生在最高气温时。g_7、σ_7 为覆冰时的综合比载及应力，g_1、σ_1 为最高气温时的自重力比载及应力。

需要说明的是，以往都是以覆冰、无风时的垂直比载 g_3 及相应的应力 σ_3 来比较最大弧垂，这是不够安全的，由于覆冰时多伴有一定的风速，且弧垂有左右摆动振荡的可能，因此这里改用覆冰有风时的综合比载 g_7 和相应的应力 σ_7 情况下的风偏弧垂作为可能发生最大的垂直弧垂进行比较，且省略 g_3 时 σ_3 的专项应力计算。

上述 σ_1、σ_7 均指某一代表档距下的应力，随着代表档距不同而变，进行判别时要考虑应力的变化范围。

【例 2-13】 有一条架空输电线路，导线为 JL/G1A-250-26/7 型，线路经过Ⅴ标准气象区，覆冰厚为 10mm。导线高温时应力曲线如图 2-24 所示，线路可能代表档距范围为 150～450m。试判定该线路最大垂直弧垂气象条件。

解 查附录 B 表 4、附录 D 表 2，得 JL/G1A-250-26/7 型导线有关参数为

弹性系数	$E = 76\,000$MPa
热膨胀系数	$\alpha = 18.9 \times 10^{-6}$ 1/℃
自重比载	$g_1 = 33.961 \times 10^{-3}$N/（m·mm²）
自重、冰重总比载	$g_3 = 64.643 \times 10^{-3}$N/（m·mm²）
最高气温	$t_m = 40$℃
覆冰时气温	$t_3 = -5$℃

（1）临界比载法判别。由应力曲线可查得，在代表档距 150～450m 范围内，最高气温时最大应力 $\sigma_m = 61.55$MPa，最小应力 $\sigma_n = 53.57$MPa，则

$$g_{Ln} = g_1 + \frac{\alpha E g_1}{\sigma_{1m}}(t_m - t_3)$$

$$= 33.961 \times 10^{-3} + \frac{18.9 \times 10^{-6} \times 76\,000 \times 33.691 \times 10^{-3} \times (40 + 5)}{61.55}$$

$$=69.63\times10^{-3}\,[\mathrm{N/(m\cdot mm^2)}]$$

$$g_{\mathrm{Lm}}=g_1+\frac{\alpha E g_1}{\sigma_{1\mathrm{n}}}(t_{\mathrm{m}}-t_{\mathrm{n}})$$

$$=33.961\times10^{-3}+\frac{18.9\times10^{-6}\times76\,000\times33.961\times10^{-3}\times(40+5)}{53.57}$$

$$=74.939\times10^{-3}\,[\mathrm{N/(m\cdot mm^2)}]$$

因为 $g_{\mathrm{Lm}}>g_3$，所以最大垂直弧垂发生在最高气温气象条件。

（2）临界应力法判别。计算临界档距为

$$\sigma_{\mathrm{L}}=\frac{\alpha E g_1(t_{\mathrm{m}}-t_3)}{g_3-g_1}=\frac{18.9\times10^{-6}\times76\,000\times33.961\times10^{-3}\times(40+5)}{(64.643-33.961)\times10^{-3}}$$

$$=71.546(\mathrm{MPa})$$

结合图 2-24 应力曲线进行判别，σ_{L} 位于 σ_1 的上方，即 $\sigma_{\mathrm{L}}>\sigma_1$，所以最大垂直弧垂发生在最高气温气象条件。

从上述可知，两种判别方法结果相同。

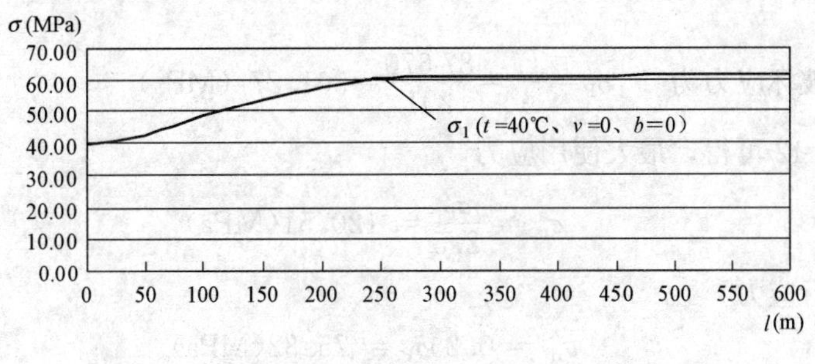

图 2-24 例 2-13 图

第九节 导线应力、弧垂计算步骤

总结前述导线应力、弧垂分析方法，导线应力、弧垂计算步骤以例 2-14 说明。

【例 2-14】 某 220kV 输电线路，导线为 JL/G1A-250-26/7 型，线路经过全国第Ⅴ气象区，安全系数 $K=2.5$，防振锤防振，年平均运行应力 $\sigma_{\mathrm{cp}}=0.25\sigma_{\mathrm{P}}$。线路中有一耐张段布置如图 2-25 所示，试求：

（1）第二档中交叉跨越通信线的垂直距离能否满足要求？

（2）4 号杆塔的最大、最小垂直档距及最大上拔力？

解 通过计算可明确本章各节内容的相互联系及应用方法。计算时可按如下步骤：

（1）根据题意查找和计算基本参数；

（2）计算临界档距，并进行判别；

（3）计算代表档距，确定本耐张段的控制条件；

（4）确定计算气象条件并计算各计算气象条件时的应力；

（5）进行各具体项目的计算。

1. 根据题意查找和计算基本参数

导线物理特性参数附录 D 表 2 查得：

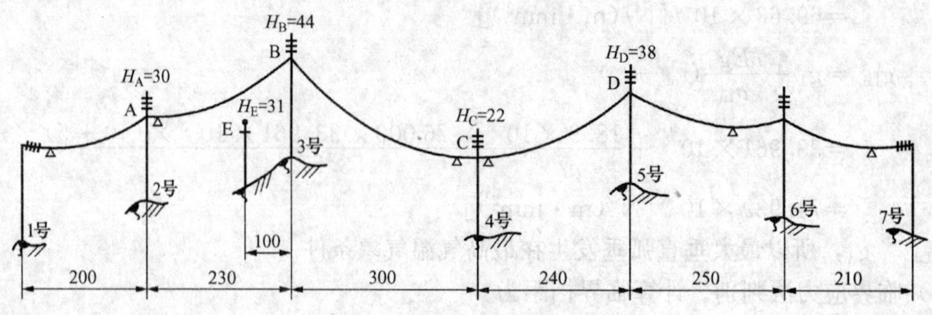

图 2 - 25　耐张段布置图（m）

弹性系数　　$E=76\ 000\text{MPa}$

热膨胀系数　　$\alpha=18.9\times10^{-6}\ 1/℃$

再由附录 B 表 4 查得：

截面积 $A=291\text{mm}^2$；外径 $d=22.2\text{mm}$；千米重量 $G=1007.7\text{kg/km}$；额定抗拉力 $T_P=87\ 670\text{N}$

计算瞬时破坏应力为　$\sigma_P=\dfrac{T_P}{A}=\dfrac{87\ 670}{291}=301.27$（MPa）

根据例 2 - 12 可得，最大使用应力

$$\sigma_m=\frac{\sigma_P}{2.5}=120.51(\text{MPa})$$

年平均运行应力

$$\sigma_{cp}=0.25\sigma_P=75.32(\text{MPa})$$

比载的计算，详见例 2 - 1。

2. 计算临界档距并判别（详见例 2 - 12）

小于 237.4m 由年平均气温气象条件控制，控制应力为 75.32MPa；大于 237.4m 由最大覆冰气象条件控制，控制应力为 120.51MPa。

3. 代表档距计算并确定控制条件

代表档距计算式为

$$l_0=\sqrt{\frac{\sum l_i^3}{\sum l_i}}=\sqrt{\frac{200^3+230^3+300^3+240^3+250^3+210^3}{200+230+300+240+250+210}}=245.06(\text{m})$$

结合有效临界档距判别结果可知，该耐张段应力计算控制气象条件为最大覆冰气象条件，控制应力为 $\sigma_m=120.51\text{MPa}$。

4. 交叉跨越校验和垂直档距计算

（1）交叉跨越距离校验应按最大垂直弧垂气象条件进行，所以需进行判别。

首先应用状态方程式求出高温时的应力。计算过程详见例 2 - 10，该耐张段最高气温时应力为 60.19MPa。

然后进行最大垂直弧垂气象条件判别。计算过程详见例 2 - 13，则

$$g_{Lm}=74.939\times10^{-3}[\text{N/(m}\cdot\text{mm}^2)]$$

因为 $g_{Lm}>g_3$，所以最大垂直弧垂发生在最高气温气象条件。

再进行交叉跨越校验

$$f_e = \frac{g}{2\sigma_0} l_a l_b = \frac{33.961 \times 10^{-3}}{2 \times 53.57} \times 130 \times 100 = 4.12(\text{m})$$

$$d = H_B - h_e - f_e - H_E = 44 - \frac{44 - 30}{230} \times 100 - 4.12 - 31 = 2.79(\text{m})$$

从表 2-5 中可查得 220kV 输电线路导线与弱电线路最小垂直距离 $[d] = 4.0\text{m}$，因 $[d] > d$，所以交叉跨越距离不符合要求，对 3 号杆塔需进行处理。

(2) 垂直档距计算。由垂直档距计算式 $l_v = l_h + \frac{\sigma_0}{g}\left(\pm\frac{h_1}{l_1} \pm \frac{h_2}{l_2}\right)$可见，耐张段中杆位一经排定，杆塔的垂直档距大小取决于 σ_0/g 值的大小且随之变化。对于位子低洼处的杆塔，若括号中两项之和为负值，则 σ_0/g 值小，垂直档距大；反之，垂直档距小。因此，一般位于低洼处的杆塔，其最大垂直档距发生在最大弧垂条件，最小垂直档距发生在最低气温；而位于高处的杆塔则相反。

本题中因 4 号杆位于低洼处，最大弧垂气象条件为最高气温，所以最大垂直档距为

$$l_{vm} = \frac{300 + 240}{2} + \frac{60.19}{33.961 \times 10^{-3}} \times \left(-\frac{22}{300} - \frac{16}{240}\right) = 21.87(\text{m})$$

求最小垂直档距之前，需先求最低气温时应力，即

$$A = \frac{E g_n^2 l^2}{24} = \frac{76\,000 \times (33.961 \times 10^{-3} \times 245.06)^2}{24} = 219\,335.105\,8$$

$$B = \sigma_m - \frac{E g_m^2 l^2}{24\sigma_m^2} - \alpha E(t_n - t_m)$$

$$= 120.51 - \frac{76\,000 \times (65.517 \times 10^{-3} \times 245.06)^2}{24 \times 120.51^2} - 18.9 \times 10^{-6} \times 76\,000(-10 + 5)$$

$$= 71.482\,5$$

$$\sigma_n^3 - 71.482\,5\sigma_n^2 - 219\,335.105\,8 = 0$$

$$\Delta = \frac{13.5A}{|B|^3} + C = \frac{13.5 \times 219\,335.105\,8}{|71.482\,5|^3} + 1 = 9.106\,6$$

$$\theta = \text{arcch}\Delta = \text{arcch}\,9.106\,6 = 2.899\,1$$

$$\sigma_n = \frac{|B|}{3}\left(2\text{ch}\frac{\theta}{3} + C\right) = \frac{|71.482\,5|}{3}\left(2\text{ch}\frac{2.899\,1}{3} + 1\right) = 95.52(\text{MPa})$$

最小垂直档距为

$$l_{vm} = \frac{300 + 240}{2} + \frac{95.52}{33.961 \times 10^{-3}} \times \left(-\frac{22}{300} - \frac{16}{240}\right) = -123.77(\text{m})$$

(3) 最大上拔力为

$$G = g_1 l_{vm} A = 33.961 \times 10^{-3} \times (-123.77) \times 291 = -1\,223.21(\text{N})(\text{上拔力})$$

从上述计算中可见，垂直档距随气象条件变化，最大、最小值可相差很多，如本例中相差 145.64m。所以，即使在最大弧垂时垂直档距为正，但若相邻两档导线最低点偏移值之和 $(m_1 + m_2)$ 为负值，都应进行导线上拔校验。

第十节 导线机械特性曲线

在线路设计过程中，为了设计计算的方便，总是首先计算导线在各种不同气象条件下和

不同代表档距时的应力和弧垂，并把计算结果以横坐标为代表档距，纵坐标为应力（或弧垂）绘制成各种气象条件时代表档距和应力（或弧垂）的关系曲线，这些曲线就称为导线的应力、弧垂曲线（简称导线机械特性曲线），如图 2-26 所示。

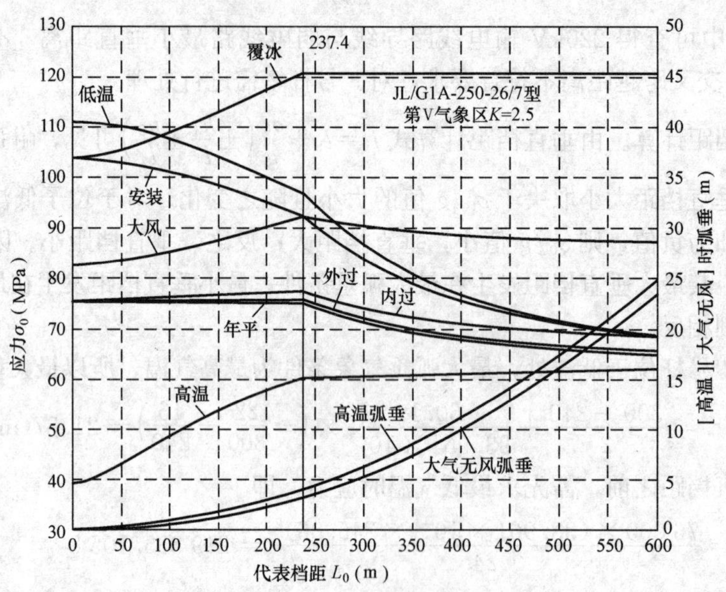

图 2-26　导线机械特性曲线

导线机械特性曲线是根据广泛调查分析沿线有关气象数据等资料的前提下确定的设计条件，包括导线型号、气象区、安全系数和防振措施（以确定年平均运行应力）后，通过下述计算程序绘制的。设计条件中任意改变其中之一，就有不同的机械特性曲线，所以应用时必须明确设计条件，特别是输电线路较长时，可能在线路不同区段采用不同的设计条件，此时尤其需要注意。

导线机械特性曲线的计算程序如下：

（1）确定导线型号及设计气象区。

（2）确定导线在各种气象条件时的比载。

（3）确定导线的安全系数及防振措施，计算导线最大使用应力和年平均运行应力。

（4）计算临界档距并进行有效临界档距判别，确定控制条件及控制范围。

（5）以有效临界档距判别结果为已知条件，逐一求出其他各种气象条件下各种代表档距值时的应力和弧垂值。

（6）以代表档距为横坐标，应力（或弧垂）为纵坐标，绘制各种气象条件时的应力、弧垂曲线。

导线机械特性曲线并不需要按所有气象条件计算和绘制，根据工程需要一般需计算和绘制的曲线项目如表 2-11 所示。

从图 2-26 中可看出，导线机械特性曲线中的应力曲线在以有效临界档距分段的每个区间中，都有一条应力曲线是水平的，该应力曲线即为该区间的控制条件应力曲线，其他各种气象条件的应力曲线在该区间则是单调上升或下降的，而有效临界档距点则是应力曲线的一个折点，但是连续的。如图 2-26 中，在 $l_0<237.4$m 的区段中，年平均气温时应力曲线是

水平的；在 $l_0>237.4\text{m}$ 的区段中，最大覆冰时的应力曲线是水平的，有效临界档距为 $l_j=237.4\text{m}$。

表 2-11　导线机械特性曲线计算项目表

计算项目＼气象条件		大风	覆冰	安装	事故	低温	高温	平温	内过电压	外过电压	
										有风	无风
应力曲线	导线	△	△	△	△	△	△	△	△	△	△
	避雷线	△	△	△	△		△				△
弧垂曲线	导线	△	*				△				△
	避雷线										△

△　表示需绘制的曲线；

*　表示当导线最大弧垂发生在最大垂直比载时，应计算覆冰（无风）和稀有覆冰（无风）时的弧垂曲线；

空格栏表示可不计算。

有了导线的机械特性曲线，就掌握了导线在运行过程中各种气象条件下的应力状态。当已知耐张段代表档距时，就能方便地在曲线中查得该耐张段在各种气象条件时的应力。

【例 2-15】　试计算并绘制 JL/G1A-250-26/7 型导线，经过第Ⅴ气象区中的机械特性曲线。导线安全系数 $K=2.5$，防振锤防振。

解　(1) 确定各种气象条件及已知条件参数，可得表 2-12。

表 2-12　第Ⅴ类气象区的各种气象条件及已知条件参数

编　号	气象条件	风　速 (m/s)	气　温 (℃)	冰　厚 (mm)	比载 [N/(m·mm²)]
1	最低气温	0	−10	0	33.961×10^{-3}
2	平均气温	0	15	0	33.961×10^{-3}
3	最大风速	27	10	0	31.586×10^{-3}
4	最大覆冰	10	−5	10	65.517×10^{-3}
5	最高气温	0	40	0	33.961×10^{-3}
6	安 装	10	−5	0	34.348×10^{-3}
7	事 故	0	0	0	33.961×10^{-3}
8	外过电压	10	15	0	34.348×10^{-3}
9	内过电压	15	15	0	35.879×10^{-3}

(2) JL/G1A-250-26/7 型导线的有关参数，汇集于表 2-13 中。

表 2-13　JL/G1A-250-26/7 型导线有关参数

导线截面积 A (mm²)	导线直径 d (mm)	弹性系数 E (MPa)	线膨胀系数 α (1/℃)	计算拉断力 (N)	单位重量 (kg/km)	导线安全系数 K	最大使用应力 (MPa)	新线系数 1.000 年平均系数	年平均运行应力 (MPa)
291.00	22.20	76 000	18.9×10^{-6}	87 670	1007.7	2.5	120.51	25%	75.32

(3) 临界档距计算及判别详见例 2-12。

(4) 逐一计算各种气象条件时的应力特性和弧垂。

表 2-14 已知条件及参数

已知条件 \ 控制区间 \ 参数	年平均气温	最大覆冰
	0～237.4m	237.4m～∞
t_m（℃）	+10	−5
b_m（mm）	0	10
v_m（m/s）	0	10
g_m［$\times10^{-3}$N/（m·mm²）］	33.961	65.517
σ_m（MPa）	75.32	120.51

1）以各档距范围的控制条件为已知条件，有关数据如表 2-14 所示。

2）以计算项目的气象条件为待求条件，已知参数如表 2-12 所示。

3）利用状态方程式（2-53），求得各待求条件下的应力和弧垂，在此以一种气象条件为例。最高气温 $t_n=40℃$，$g_m=33.961\times10^{-3}\text{N/m}\cdot\text{mm}^2$，计算结果列入表 2-15 中。

（5）绘制机械特性曲线如图 2-26 所示。

表 2-15 应力特性计算表

控制条件	l	l^2	A	B	Δ	θ	σ	f
年平均气温 $g_m=33.961\times10^{-3}$N/（m·mm²） $\sigma_m=75.32$MPa $t_m=15℃$	0	0	0	39.41	1	0	39.41	0
	50	2500	9130.68	37.800 5	3.282 1	1.857 6	42.79	0.25
	100	10 000	36 522.73	32.972 1	14.754 9	3.383 6	48.50	0.88
	150	22 500	82 176.15	24.924 8	72.645 0	4.978 7	53.57	1.78
	200	40 000	146 090.94	13.658 5	775.013 9	7.346 0	57.64	2.95
	237.4	56 358.76	205 837.60	3.126 9	90 888.979 4	12.110 5	60.10	3.98
最大覆冰 $g_m=65.517\times10^{-3}$N/（m·mm²） $\sigma_m=120.51$MPa $t_m=-5℃$	250	62 500	228 267.092 7	−2.626 43	170 089.562 1	12.737 228	60.25	4.40
	300	90 000	328 704.613 5	−28.365 7	193.427 340 4	5.958 042 4	60.74	6.29
	350	122 500	447 403.501 7	−58.784 9	28.732 768 27	4.050 882 4	61.09	8.51
	400	160 000	584 363.757 3	−93.884	8.533 285 486	2.833 670 6	61.35	11.07
	450	202 500	739 585.380 3	−133.663	3.181 088 49	1.824 696 1	61.55	13.97
	500	250 000	913 068.370 8	−178.122	1.181 154 674	0.593 186 2	61.70	17.20
	550	302 500	1 104 812.729	−227.26	0.270 723 805	1.296 651 5	61.82	20.77
	600	360 000	1 314 818.454	−281.079	−0.200 691 2	1.772 859 8	61.91	24.68

【例 2-16】 有一输电线路中某耐张段各档档距分别为 200、250、297、220、250m，导线为 JL/GIA-250-26/7 型，线路经过第Ⅴ气象区，安全系数 $K=2.5$，防振锤防振。试求该耐张段中间一档最高气温时的应力及中点弧垂。

解 耐张段代表档距为

$$l_0=\sqrt{\frac{\sum l_i^3}{\sum l_i}}=\sqrt{\frac{200^3+250^3+297^3+220^3+250}{200+250+297+220+250}}=250(\text{m})$$

因该线路设计条件与例 2-14 中相同，因此可根据 $l_0=250$m，在机械特性曲线图 2-26 上查取最高气温时应力 $\sigma_0=60.25$MPa，则中间一档 $l=297$m 的中点弧垂为

$$f_0=\frac{gl^2}{8\sigma_0}=\frac{33.961\times10^{-3}\times297^2}{8\times60.25}=6.215(\text{m})$$

第十一节 避雷线最大使用应力的确定

前面各节所述的导线应力、弧垂和线长的分析计算方法同样适用于避雷线。但避雷线是高压和超高压输电线路最基本的防雷保护措施，其主要作用是防止雷直击导线。此外对雷电流起分流作用，减小流入杆塔的雷电流，使塔顶电位降低；对导线起耦合作用，降低雷击杆塔时绝缘子串上电压；对导线起屏蔽作用，降低导线上感应电压。所以对避雷线必须从防雷保护这一要求出发来确定敷设方式及其最大使用应力。

一、避雷线截面积的选择

架空避雷线均采用镀锌钢绞线。根据长期的运行经验，避雷线与导线配合选用，其配合如表 2-16 所示。

表 2-16　地线采用镀锌钢绞线时与导线配合表

导线型号		LGJ-185/30 及以下	LGJ-185/45～LGJ-400/35	LGJ-400/50 及以上
镀锌钢绞线最小标称截面积（mm^2）	无冰区	35	50	80
	覆冰区	50	80	100

500kV 及以上输电线路无冰区、覆冰区地线采用镀锌钢绞线时最小标称截面积应分别不小于 80、100mm^2。

二、避雷线敷设要求

输电线路的防雷设计，应根据线路电压、负荷性质和系统运行方式，结合当地已有线路的运行经验，地区雷电活动的强弱、地形地貌特点及土壤电阻率高低等情况，在计算耐雷水平后，通过技术经济比较，采用合理的防雷方式。

架设地线是输电线路最基本的防雷措施之一。地线在防雷方面具有以下功能：①防止雷直击导线；②雷击塔顶时对雷电流有分流作用，减少流入杆塔的雷电流，使塔顶电位降低；③对导线有耦合作用，降低雷击杆塔时塔头绝缘（绝缘子串和空气间隙）上的电压；④对导线有屏蔽作用，降低导线上的感应过电压。

各级电压的输电线路，采用下列保护方式：

（1）500～750kV 输电线路应沿全线架设双地线。

（2）220～330kV 输电线路应沿全线架设地线，年平均雷暴日数超过 15 的地区或运行经验证明雷电活动轻微的地区，可架设单地线，山区宜架设双地线。

（3）110kV 输电线路宜沿全线架设地线，在年平均雷暴日数不超过 15 或运行经验证明雷电活动轻微的地区，可不架设地线。无地线的输电线路，宜在变电站或发电厂的进线段架设 1～2km 地线，且应装设自动重合闸装置。

（4）60kV 线路，负荷重要且所经地区年平均雷暴日数为 30 以上地区，宜沿全线架设地线。对不沿全线架设地线的 60kV 线路，也应在变电站或发电厂的进线段架设 1～2km 的地线。

（5）35kV 及以下线路，一般不沿全线架设地线，但应在变电站或发电厂的进线段架设 1～2km 地线。

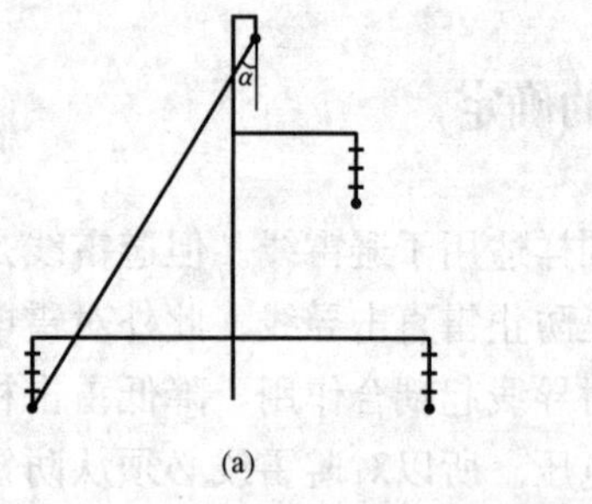
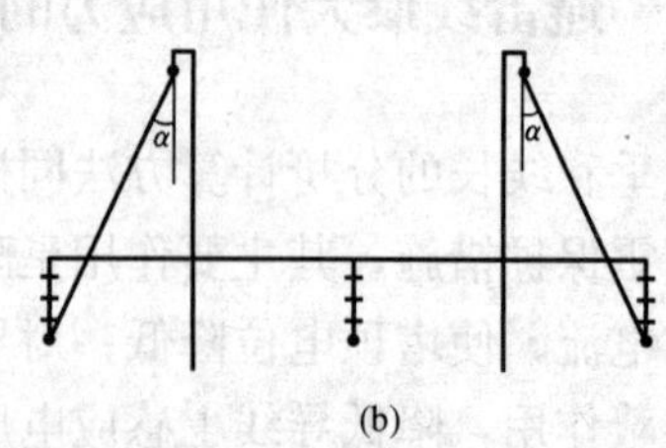

图 2-27 避雷线对导线的保护角
(a) 单杆；(b) 双杆

(6) 杆塔上地线对边导线的保护角（见图 2-27），对于同塔双回或多回路，220kV 及以上线路的保护角均不大于 0°，110kV 线路不大于 10°；对于单回路，500～750kV 线路对导线的保护角不大于 10°，330kV 及以下线路不大于 15°；单地线线路不大于 25°。对中重冰区线路的保护角可适当加大。

杆塔上两根地线之间的距离，不应超过地线与导线间垂直距离的 5 倍。

为防止雷击档距中央避雷线时，导线与避雷线发生闪络，根据运行经验，在气温为＋15℃无风时，档距中央导线和避雷线间的距离必须满足一定的间隙要求。

有避雷线的杆塔应接地，其接地电阻的大小对线路的耐雷水平有显著的影响，在线路施工、运行过程中对杆塔接地电阻应予以足够重视。一般在雷季干燥时，每基杆塔的工频接地电阻不宜大于表 2-17 所列数值。

如土壤电阻率超过 2000Ω·m，接地电阻很难降到 30Ω 时，可采用 6～8 根总长不超过 500m 的放射形接地体或连续伸长接地体，其接地电阻不限制。

中性点非直接接地系统在居民区的无地线钢筋混凝土杆和铁塔应接地，其接地电阻不宜超过 30Ω。

表 2-17 杆塔的接地电阻

土壤电阻率（Ω·m）	100 及以下	100～500	500～1000	1000～2000	2000以上
工频接地电阻（Ω）	10	15	20	25	30

三、避雷线最大使用应力的确定

（一）确定原则

在确定避雷线最大使用应力时，应符合以下两方面要求。

1. 安全系数

避雷线安全系数宜大于同杆塔导线的安全系数。

2. 档中接近距离

当＋15℃无风时，在档距中央导线与避雷线间的距离应符合下述三种不同情况的要求。

(1) 对不很长的小档距，因在雷电流未达到最大值之前，从杆塔接地装置反射回来的负波已到达雷击点，所以限制了雷击点电位的升高。此时，导线与避雷线之间的距离宜符合下列要求：

$$s_1 \geqslant 0.012l + 1 \tag{2-60}$$

式中 s_1——档距中央导线与避雷线间的距离，m；

l——档距，m。

(2) 对于较大档距，即在档距 $l > v\tau_t$ 时（v 为波的传播速度，取 225m/μs；τ_t 为波头长度，一般取 2.6μs），所以 $l > 585$m 时，来自杆塔的负波在雷电流达到最大值之前尚未到达

雷击点，此时雷击点的电压最大值为

$$U = 90I$$

导线与避雷线间的距离应按电压最大值考虑，宜符合要求：

$$s_2 \geqslant 0.1I \tag{2-61}$$

式中　U——雷击点的电压最大值，kV；

I——耐雷水平，kA；

s_2——档距中央导线与避雷线间的距离，m。

（3）当导线与避雷线间的距离较大，以致间隙的平均运行电压梯度小到不足以建立稳定的工频电弧时，即当 $E \leqslant 6$kV（有效值）/m 时，雷电波即使击穿导线与避雷线间的间隙，也不致造成线路跳闸。根据这一条件，导线与避雷线间距离符合式（2-62）要求即能保证安全运行：

$$s_3 \geqslant 0.1U_N \tag{2-62}$$

式中　s_3——导线与避雷线间的距离，m；

U_N——线路额定电压，kV。

在具体档距中，对上述三个公式的要求，只要满足其中最小的一项即可。例如，对 110kV 输电线路，其耐雷水平要求 40～75kA，设档距为 600m，则有

$$s_1 = 0.012l + 1 = 0.012 \times 600 + 1 = 8.2(\text{m})$$
$$s_2 = 0.1I = 0.1 \times 75 = 7.5(\text{m})$$
$$s_3 = 0.1U_N = 0.1 \times 110 = 11(\text{m})$$

根据上述三种不同情况的考虑方法可知，避雷线与导线间距离只要满足 s_3 的要求即可。经推算，常用电压等级的三个公式适用的档距范围如表 2-18 所示。

从表 2-18 可看出，对 110kV 及以上电压等级线路，导线与避雷线间的距离按 s_1 的要求确定是合理的；对 35kV 线路，一般档距为 200m 左右，此时按 s_2 确定的距离略为偏大。

表 2-18　　　　三个公式适用的档距范围

U_N（kV）	35	110	220	330
公式　I（kA）	30	75	120	140
$s_1 \geqslant 0.012l+1$ $s_2 \geqslant 0.1l$ $s_3 \geqslant 0.1U_N$	167m 及以下 167m 以上 不控制	542m 及以下 542m 以上 不控制	917m 及以下 917m 以上 不控制	1083m 及以下 1083m 以上 不控制

（二）最大使用应力确定方法

为了使导线与避雷线在档距中央的接近距离满足过电压保护要求，应从确定导线与避雷线悬点间的距离与适当选择避雷线最大使用应力两方面综合考虑，并进行比较，做到既满足过电压保护的要求，又较经济合理。例如，如果避雷线最大使用应力选得很小，为保证导线与避雷线在档距中央的距离要求，势必需加大导线与避雷线悬点间的距离，增加杆塔高度；反之，导线与避雷线悬点间的距离很小，必须提高避雷线最大使用应力，将使耐张杆塔的受力增大，同时有可能超过避雷线防振对其应力的限制。

现设导线与避雷线悬点间距离已经确定，按导线与避雷线间距离满足 s_1 的要求选择避

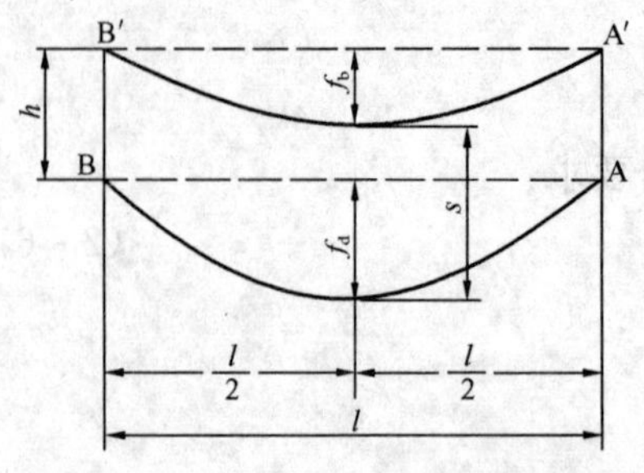

图 2-28　15℃无风时导线和避雷线的弧垂

雷线最大使用应力，其过程一般为：首先按 s_1 的要求求出在＋15℃无风气象条件时的避雷线应力，然后利用状态方程式（2-53）求得最大使用应力，再校验其安全系数是否满足要求。

1. 15℃无风气象条件时避雷线应力的选择

图 2-28 所示为 15℃无风气象条件时的一档导线和避雷线。由图中的几何关系可得

$$s = h + f_d - f_b$$

式中导线和避雷线的档距中点弧垂分别为

$$\left.\begin{aligned} f_d &= \frac{g_d l^2}{8\sigma_d} \\ f_b &= \frac{g_b l^2}{8\sigma_b} \end{aligned}\right\}$$

所以

$$s = h + \frac{l^2}{8}\left(\frac{g_d}{\sigma_d} - \frac{g_b}{\sigma_b}\right) \tag{2-63}$$

式中　s——15℃无风时导线和避雷线在档距中央的垂直距离，m；

h——导线和避雷线悬点高差，m；

l——档距，m；

g_d、g_b——导线和避雷线的自重比载，N/(m·mm²)；

σ_d、σ_b——导线和避雷线在 15℃无风气象条件时的应力，MPa；

f_d、f_b——导线和避雷线弧垂，m。

令 $\Delta s = s - s_1 = s -$（0.012l＋1），则根据过电压保护要求，应有 $\Delta s \geqslant 0$，即

$$h + \frac{l^2}{8}\left(\frac{g_d}{\sigma_d} - \frac{g_b}{\sigma_b}\right) - 0.012l - 1 \geqslant 0 \tag{2-64}$$

为简化公式，令

$$\left.\begin{aligned} P &= \frac{g_d}{\sigma_d} - \frac{g_b}{\sigma_b} \\ C &= h - 1 \end{aligned}\right\} \tag{2-65}$$

且取 $\Delta s = 0$，则

$$\Delta s = \frac{Pl^2}{8} - 0.012l + C = 0 \tag{2-66}$$

将式（2-64）和式（2-65）两式适当变形并联立求得

$$\left.\begin{aligned} \sigma_b &= \frac{g_b}{\dfrac{g_d}{\sigma_d} - P} \\ P &= \frac{8C}{l^2} + \frac{0.096}{l} \end{aligned}\right\} \tag{2-67}$$

由式（2-67）可见，σ_b 的大小取决于 P 值，而 P 值与档距 l 有关。因此，对孤立档确定避雷线最大使用应力时，可直接将档距代入求取。但一般耐张段都是由多个档距组成的，此时必须使耐张段中所有档距均有 $\Delta s \geqslant 0$。为此，我们需分析导线和避雷线档中接近距离 s 和档距 l 间的关系，以合理选择 P 值。

式（2-66）为一元二次方程，它的解为

$$\left.\begin{aligned} l_1 &= \frac{0.048}{P} - \frac{1}{P}\sqrt{0.048^2 - 8PC} \\ l_2 &= \frac{0.048}{P} + \frac{1}{P}\sqrt{0.048^2 - 8PC} \end{aligned}\right\} \tag{2-68}$$

式（2-66）为一抛物线方程，其曲线在坐标系中的位置取决于 P 的值，在实际工程中都是 $P>0$，因此曲线呈上凹形，如图 2-29 所示。

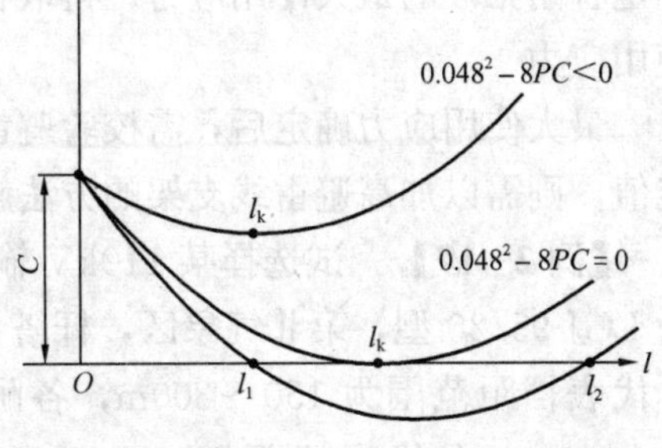

图 2-29　4s 与 P 值的关系曲线示意图

由式（2-68）可知，随着 P 值的不同，有以下三种情况。

（1）如 $0.048^2-8PC>0$，即 $P<\dfrac{2.88\times10^{-4}}{C}$，则方程有两个不相等的实数根 l_1、l_2，此时，当 $l_1<l<l_2$，有 $\Delta s<0$；当 $l<l_1$ 或 $l>l_2$，有 $\Delta s>0$。

（2）如 $0.048^2-8PC=0$，即 $P=\dfrac{2.88\times10^{-4}}{C}$，则有 $l_1=l_2=l_k$，由式（2-68）可得

$$l_k = \frac{0.048}{P} = 166.67C = 166.67C(h-1) \tag{2-69}$$

此时，方程有两个相等的实数根，曲线与横轴相切，则所有档距都有 $\Delta s\geqslant0$（当 $l=l_k$ 时，$\Delta s=0$）。

（3）如 $0.048^2-8PC<0$，即 $P<\dfrac{2.88\times10^{-4}}{C}$，则方程没有实数根，即所有档距均有 $\Delta s>0$。

通过以上分析，当耐张段的代表档距为 l_0，而耐张段中的最大、最小档距分别为 l_m 和 l_n 时，在 15℃无风气象条件，按 $s>s_1$ 的条件选择避雷线应力 σ_b 的方法归纳如下：

首先，根据导线与避雷线悬点高差 h 按式（2-69）计算 l_k，然后根据 l_1、l_2 与 l_k 的大小关系，对照下列情况确定 P 值。

（1）当 $l_n<l_k<l_m$ 时，须使所有档距均有 $\Delta s\geqslant0$，则取

$$P<\frac{2.88\times10^{-4}}{C}=\frac{2.88\times10^{-4}}{h-1}$$

（2）当 $l_m<l_k$ 时，则只需取 $0.048^2-8PC>0$ 的情况中，使 $l_1=l_k$，即取

$$P=-\frac{8(h-1)}{l_m^2}=\frac{0.096}{l_m}$$

（3）当 $l_n>l_k$ 时，则只需取 $0.048^2-8PC>0$ 的情况中，使 $l_2=l_n$，即取

$$P=-\frac{8(h-1)}{l_n^2}=\frac{0.096}{l_n}$$

计算得 P 值后，将 P 值代入式（2-67）计算出 15℃无风时避雷线应力 σ_b。

2. 避雷线最大使用应力确定

当求出 15℃无风时避雷线的应力 σ_b 后，将 σ_b 及其气象条件作为已知条件，利用状态方程式（2-53）求出年平均气温时应力 σ_{b1}，然后将其与年平均运行应力 σ_{bcp} 相比较。如果 $\sigma_{b1}<\sigma_{bcp}$，则仍以 σ_b 及其气象条件为已知条件，利用状态方程求出最大覆冰、最大风速及最

低气温时的应力，取其大者即为所选择的避雷线最大使用应力。如果 $\sigma_{b1} > \sigma_{bcp}$，则需加高避雷线支架后重新计算。

3. 全线避雷线最大使用应力的确定

一条输电线路在一般情况下，全线总是统一选择同一个最大使用应力，此时首先根据全线各耐张段具体情况，估计几个代表档距并确定最小档距和最大档距，然后按上述方法分别确定各耐张段的最大使用应力，再取各耐张段最大使用应力中的最大者作为全线避雷线最大使用应力。

最大使用应力确定后，需校验避雷线的强度安全系数是否满足要求。如安全系数小于规定值，则需以加高避雷线支架的方法解决。

【例 2 - 17】 试选择某 110kV 输电线路避雷线的最大使用应力。已知该线路采用导线为 LGJ-95/20 型，第Ⅱ气象区，杆塔为 $\phi 400$ 等径杆，导线与避雷线悬点高差 $h=3.1$m。估计代表档距范围为 150～300m，各耐张段可能出现的最大、最小档距分别为 $l_m=330$m、$l_n=100$m。在代表档距 $l_0=150～300$m 范围内，15℃无风气象条件时导线的应力均为 $\sigma_d=81.61$MPa。

解 正常避雷线应按表 2 - 16 选择，但本例为了标准过渡，因此选用避雷线选择型号为 GJ-35，解的方法一样。

有关参数如下：

避雷线截面积 $A=37.15\text{mm}^2$

避雷线弹性系数 $E=181\,423$MPa

避雷线热膨胀系数 $\alpha=11.5\times10^{-6}$1/℃

避雷线有关比载 $g_1=83.997\times10^{-3}\text{N/(m}\cdot\text{mm}^2)$

$g_6(30)=133.868\times10^{-3}\text{N/(m}\cdot\text{mm}^2)$

$g_7(5,10)=136.395\times10^{-3}\text{N/(m}\cdot\text{mm}^2)$

导线自重比载 $g_d=35.187\times10^{-3}\text{N/(m}\cdot\text{mm}^2)$

1. 计算 l_k，选择 P 值

$$l_k=166.7(h-1)=166.67\times(3.1-1)=350(\text{m})$$

由于 $l_m=330$（m），即 $l_m<l_k$，所以取

$$P=-\frac{8(h-1)}{l_m^2}+\frac{0.096}{l_m}=-\frac{8\times(3.1-1)}{330^2}+\frac{0.096}{330}=1.366\,4\times10^{-4}$$

2. 确定各耐张段在 15℃无风气象条件时的应力

设耐张段代表档距为 $l_{01}=150$（m），$l_{02}=300$（m），则

$l_{01}=150$（m）时有

$$\sigma_b=\frac{g_b}{\dfrac{g_d}{\sigma_d}-P}=\frac{83.997\times10^{-3}}{\dfrac{35.187\times10^{-3}}{81.61}-1.366\,4\times10^{-4}}=285.20(\text{MPa})$$

$l_{02}=300$（m）时，因 σ_d 相同，所以有 $\sigma_{b2}=\sigma_{b1}=285.20$（MPa）。

3. 确定各耐张段最大使用应力

此时，因 15℃无风即年平均气温气象条件，而 $\sigma_b<\sigma_{bcp}=294$（MPa），所以避雷线最大使用应力确定如表 2 - 19 和表 2 - 20 所示。计算状态方程为

$$A=\frac{Eg_{n}^{2}l^{2}}{24}$$

$$B=\sigma_{m}-\frac{Eg_{m}^{2}l^{2}}{24\sigma_{m}^{2}}-\alpha E(t_{n}-t_{m})$$

$$\sigma_{n}^{2}(\sigma_{n}-B)=A$$

4. 校验强度安全系数

表 2-20 中 $\sigma_{bm}=364$（MPa），查得 $T_{bP}=41\ 834$（N），即避雷线瞬时破坏应力 $\sigma_{bP}=1126$（MPa）。

$$K=\frac{\sigma_{bP}}{\sigma_{bm}}=\frac{1126}{364}=3.09>2.5$$

所以，最终选定的避雷线最大使用应力为 364MPa。

表 2-19 计算参数表

类别		符号	第1次	第2次	第3次	第4次	第5次	第6次
代表档距		l_0（m）	150			300		
已知条件	气温	t_m（℃）	15℃					
	比载	g_m[N/(m·mm²)]	83.997×10^{-3}					
	应力	σ_m（MPa）	285.20			285.20		
待求条件	名称		最低气温	最大风速	最大覆冰	最低气温	最大风速	最大覆冰
	气温	t_n（℃）	−10	10	−5	−10	10	−5
	比载	g_n[N/(m·mm²)]	83.997×10^{-3}	133.868×10^{-3}	136.395×10^{-3}	83.997×10^{-3}	133.868×10^{-3}	136.395×10^{-3}
	应力	σ_n（MPa）						

表 2-20 计算结果汇总表

代表档距（m）	150			300		
15℃无风时应力（MPa）	285.20			285.20		
气象条件名称	最低气温	最大风速	最大覆冰	最低气温	最大风速	最大覆冰
应力（MPa）	333.40	315.16	339.61	324.06	341.29	363.63
各耐张段应力最大值（MPa）	339.61			363.63		
全线选定应力最大值（MPa）	363.63≈364					

复习与思考题

1. 什么是导线的比载，各种比载的意义如何？试计算钢芯铝绞线 JL/G1A-200-26/7 型，通过全国典型气象区Ⅴ类的比载。

2. 什么是导线的应力？导线最大允许应力、最大使用应力和一般指的应力三者有什么区别和联系？

3. 什么是导线松弛应力架设？变电站进出线档为什么要松弛应力架设？其他还有什么情况需松弛应力架设？

4. 导线力学分析中根据精度要求有哪几种计算式？平抛物线近似计算适用于何种条件？写出导线悬挂曲线的平抛物线式解析方程。

5. 什么是弧垂？弧垂、应力及线长有什么关系？

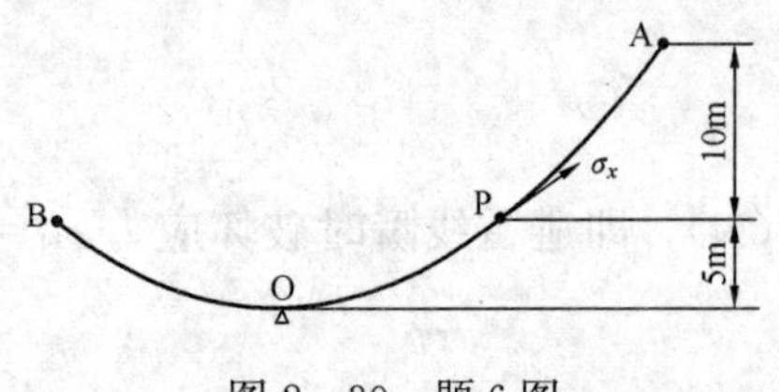

图 2 - 30　题 6 图

6. 如图 2 - 30 所示，一档导线中各点应力间有何关系？若已知导线比载为 $g=34.038\times10^{-3}$ N/(m·mm²)，导线上 P 点的轴向应力 $\sigma_x=80$MPa，问 O 点与 A 点应力分别为多大？

7. 输电线路设计中对悬点应力有何规定？悬点应力的大小与哪些因素有关？

8. 不同电压等级的输电线路交叉，应如何布置，为什么？

9. 什么是水平档距、垂直档距？垂直档距的大小与哪些因素有关？

10. 导线上拔对线路安全运行有何危害？如何进行上拔校验？

11. 导线状态方程的作用是什么？什么是耐张段的代表档距，如何计算？

12. 什么是应力控制条件，常用的有哪几种？

13. 如何进行有效临界档距的判别？举例说明判别结果的意义。

14. 最大垂直弧垂可能发生在哪几种气象条件？如何判别？

15. 避雷线的作用是什么？避雷线的敷设有哪些要求？

16. 避雷线和导线在档中的接近距离是如何考虑的？

17. 避雷线最大使用应力的确定原则是什么？

18. 设需进行最大风速时的弧垂、应力、导线传递给杆塔的水平、垂直荷载计算，分别应取何种比载？如何进行最大覆冰时的计算？

19. 下列说法正确吗？为什么？

（1）导线任意点的强度安全系数不得小于 2.5。

（2）对一确定的杆塔，垂直档距总是随导线应力的增大而增大。

（3）在悬点等高时，水平档距与垂直档距相等，且不随气象条件变化。

（4）一档导线任意两点应力之差等于比载与这两点间的高差的乘积。

（5）经计算，如 l_{AC}＝虚数，就表示 A 和 C 两种控制条件均不起控制作用。

20. 有一悬点等高档距，$l=360$m，导线自重比载 $g_1=34.038\times10^{-3}$ N/(m·mm²)，最高气温时导线应力为 $\sigma_0=67.3$MPa，试计算：

（1）档距中点弧垂；

（2）距杆塔 100m 处弧垂；

（3）悬点应力；

（4）档中导线长度。

21. 有一 110kV 输电线路中某处交叉跨越房屋，档距布置如图 2 - 31 所示，已知最大弧垂时导线比载为 $g_1=34.038\times10^{-3}$ N/(m·mm²)，应力 $\sigma_0=66$MPa，试校验：

（1）最大弧垂时交叉跨越距离能否满足要求？

（2）如在运行中实测得导线与房顶的垂直距离为 5.0m，实测气温为 15℃，已知 $\sigma_{15}=81.6$MPa，交叉跨越距离能否满足要求？

22. 已知 JL/G1A-250-26/7 型导线在第Ⅱ气象区，最大应力气象条件为最大风速，安全

系数 $K=2.5$。试确定最大允许高差和档距间的关系。

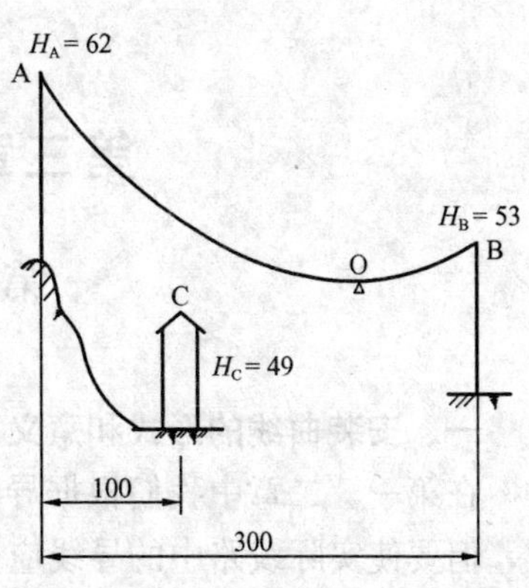

图 2-31 题 21 图

23. 如图 2-32 布置的三档导线，导线为 JL/G1A-125-18/1 型，第Ⅱ气象区。已知最高气温时导线应力为 $\sigma_1=66\text{MPa}$，最低气温时导线应力为 $\sigma_2=103\text{MPa}$，最大覆冰时导线应力为 $\sigma_3=118\text{MPa}$，年平均气温时导线应力为 $\sigma_4=81.6\text{MPa}$。试求：

(1) 最高气温和最大覆冰时作用于 2 号杆塔悬点的水平、垂直比载各为多大？

(2) 3 号杆是否会上拔，最大上拔力为多大？

(3) 设耐张绝缘子串重力为 300N，1 号杆塔耐张绝缘子串是否需倒挂？

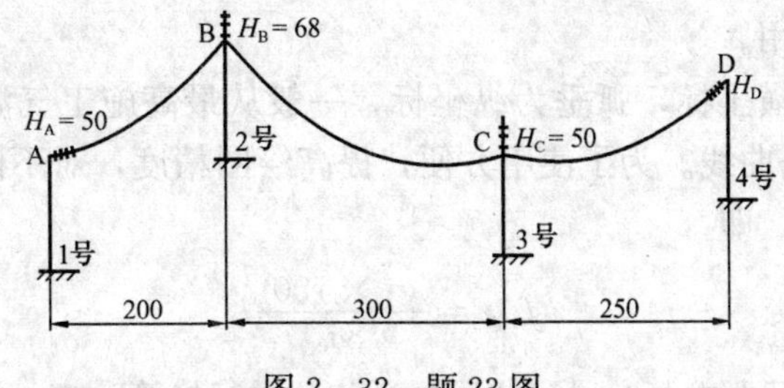

图 2-32 题 23 图

24. 求解下列状态方程：

①$\sigma_n^2(\sigma_n-10)=100$；②$\sigma_n^2(\sigma_n+10)=100$；③$\sigma_n^2(\sigma_n-100)=10\,000$；

④$\sigma_n^2(\sigma_n+100)=10\,000$；⑤$\sigma_n^2(\sigma_n-200)=40\,000$；⑥$\sigma_n^2(\sigma_n+200)=40\,000$。

25. 已知某耐张段代表档距 $l_0=400\text{m}$，导线为 JL/G1A-125-18/1 型，第Ⅱ气象区，且已知大风气象条件时导线应力为 $\sigma_m=130.5\text{MPa}$。试求最高气温时导线应力。

26. 设导线为 JL/G1A-160-26/7 型、第Ⅱ气象区、安全系数 $K=2.5$、年平均运行应力 $\sigma_{cp}=0.250\sigma_P$，试进行临界档距计算和判别。设该线路中有一耐张段各档档距分别为 250、320、310、300、290m，试求该耐张段在最高气温时导线应力。

27. 已知 JL/G1A-125-26/7 型导线在第Ⅱ气象区中，当代表档距在 100～500m 范围时，最高气温气象条件时的最大应力为 71MPa，最小应力为 54MPa，试判别最大垂直弧垂气象条件。

第三章　导 线 安 装 计 算

第一节　导线的安装曲线

一、安装曲线的形式和意义

在第一、二章中我们根据导线的强度和防振要求，分析了导线在各种气象条件时的应力，但要使实际线路中的导线应力与设计值相符合，首先导线在安装时的安装应力必须与设计值相符合。为此，设计部门事前给定各种可能的安装气象条件（气温从最低温至最高温范围、无风、无冰），计算出这些气象条件时导线的张力和弧垂，并将其制作成曲线，即安装曲线，以供施工现场使用。

安装曲线以档距为横坐标，弧垂为纵坐标，一般从最高施工气温至最低施工气温每隔10℃（5℃）绘制的一条曲线。为了使用方便，提高绘图精度，对不同的档距，可根据其应力绘制成百米档距弧垂，即

$$f_{100}=\frac{g_1\times 100^2}{8\sigma_0}$$

观测档距 l 的弧垂可由式（3 - 1）或式（3 - 2）进行换算。有

$$f=f_{100}\times l^2\times 10^{-4}\times\left(1+\frac{4}{3}f_{100}^2 l^2\times 10^{-8}\right)\div\cos\beta \tag{3 - 1}$$

式中　l——为观测弧垂档档距，m；

f_{100}——为观测档的代表档距下 100 m 档距的弧垂，m，查图表得；

β——为观测档导线悬挂点高差角，(°)。

无高差时的计算式为

$$f=f_{100}\left(\frac{l}{100}\right)^2 \tag{3 - 2}$$

式中　l——观测档档距，m；

f——观测档弧垂，m；

f_{100}——百米弧垂，m。

安装曲线在曲线绘制时应考虑“初伸长”的影响。在安装曲线的计算过程中，其应力是通过状态方程求取的，而状态方程中只考虑了弹性变形，实际上金属绞线并非完全弹性体，在张力作用下除产生弹性伸长外，还将产生塑性伸长和蠕变伸长，这两部分伸长变形是永久性变形，总称为塑蠕伸长，工程中称之为初伸长。

初伸长与作用于导线的张力的大小和作用时间的长短有关。初伸长是在张力作用下被逐渐伸展出来的，经测试表明，初伸长需 5～10 年后才趋于某个稳定值，但测试同时表明，导线受张力作用后的开始阶段伸长迅速，而后伸长越来越慢。导线的初伸长使档中导线产生了永久性增长，从而弧垂产生永久性增大，其结果使导线对地和被跨越物的接近距离变小，危及线路的安全运行。因此在线路设计或安装紧线时，导线若为未使用过的新线，则必须考虑初伸长的影响，采用一定方法给以补偿。

补偿初伸长最常用的方法就是在安装紧线时适当减小弧垂，则待初伸长伸展出来后，弧垂增大而恰达到设计弧垂。具体补偿方法如下。

配电线路一般采用减小弧垂法，弧垂减小的百分数为：铝绞线20%；钢芯铝绞线12%；钢绞线7%～8%。

输电线路的导、地线架设后的塑性伸长，应按制造厂提供的数据或通过试验确定，塑性伸长对弧垂的影响宜采用降温法补偿。如无资料，镀锌钢绞线的塑性伸长可采用1×10^{-4}，并降低温度10℃补偿；钢芯铝绞线的塑性伸长及降温值可采用表3-1所列数值。

表3-1　　钢芯铝绞线塑性伸长及降温值

铝钢截面比	塑性伸长	降温值（℃）
4.29～4.38	3×10^{-4}	15
5.05～6.16	3×10^{-4}～4×10^{-4}	15～20
7.71～7.91	4×10^{-4}～5×10^{-4}	20～25
11.34～14.46	5×10^{-4}～6×10^{-4}	25（或根据试验数据确定）

对铝钢截面比大的钢芯铝绞线或钢芯铝合金绞线应由制造厂家提供塑性伸长值或降温值。

钢芯铝绞线的降温值根据铝钢截面比的大小取用，铝钢截面比大的取较大值；反之，铝钢截面比小的取较小值。

采用减小弧垂法或恒定降温法进行初伸长补偿，其实质都是减小安装紧线时的弧垂，因而可以在设计绘制安装曲线时考虑，也可在安装紧线确定观测弧垂时考虑，但不能重复。所以，安装曲线上一般均注有“已考虑初伸长补偿”或“未考虑初伸长补偿”字样，使用时需注意。

【例3-1】　条件同例2-14，试绘制安装曲线，并用恒定降温法进行初伸长补偿，降低的温度值为20℃。

解　(1) 已知条件仍然为表2-14；

(2) 应用状态方程式求解各施工气象（无风、无冰、不同气温）下的安装应力，进而求得相应弧垂，结果如表3-2所示。

表3-2　　各种施工气温下的应力和百米档距弧垂

档距 (m)	0		50		100		150		200		237.4		250	
温度 (℃)	σ_0 (MPa)	f_{100} (m)	σ_0 (MPa)	f_{100} (m)	σ_0 (MPa)	f_{100} (m)	σ_0 (MPa)	f_{100} (m)	σ_0 (MPa)	f_{100} (m)	σ_0 (MPa)	f_{100} (m)	σ_0 (MPa)	f_{100} (m)
40	68.14	0.62	68.48	0.62	69.30	0.61	70.29	0.60	71.20	0.60	71.79	0.59	71.17	0.60
30	82.50	0.51	82.24	0.52	81.56	0.52	80.65	0.53	79.73	0.53	79.11	0.54	77.99	0.54
20	96.87	0.44	96.24	0.44	94.52	0.45	92.07	0.46	89.40	0.47	87.48	0.49	85.82	0.49
10	111.23	0.38	110.37	0.38	107.93	0.39	104.30	0.41	100.07	0.42	96.88	0.44	94.67	0.45
0	125.59	0.34	124.57	0.34	121.63	0.35	117.10	0.36	111.58	0.38	107.22	0.40	104.47	0.41
−10	139.96	0.30	138.82	0.31	135.51	0.31	130.31	0.33	123.75	0.34	118.37	0.36	115.14	0.37

续表

档距（m）	300		350		400		450		500		550		600	
温度（℃）	σ_0（MPa）	f_{100}（m）	σ_0（MPa）	f_{100}（m）	σ_0（MPa）	f_{100}（m）	σ_0（MPa）	f_{100}（m）	σ_0（MPa）	f_{100}（m）	σ_0（MPa）	f_{100}（m）	σ_0（MPa）	f_{100}（m）
40	69.13	0.61	67.66	0.63	66.60	0.64	65.81	0.65	65.23	0.65	64.78	0.66	64.43	0.66
30	74.29	0.57	71.59	0.59	69.65	0.61	68.24	0.62	67.19	0.63	66.40	0.64	65.79	0.65
20	80.20	0.53	76.04	0.56	73.06	0.58	70.90	0.60	69.32	0.61	68.14	0.62	67.23	0.63
10	86.94	0.49	81.08	0.52	76.86	0.55	73.83	0.57	71.63	0.59	70.00	0.61	68.77	0.62
0	94.57	0.45	86.79	0.49	81.11	0.52	77.06	0.55	74.15	0.57	72.01	0.59	70.40	0.60
−10	103.10	0.41	93.23	0.46	85.89	0.49	80.63	0.53	76.89	0.55	74.16	0.57	72.14	0.59

（3）按表 3 - 2 中的弧垂数据绘制−10～40℃共 6 条曲线，如图 3 - 1 所示。

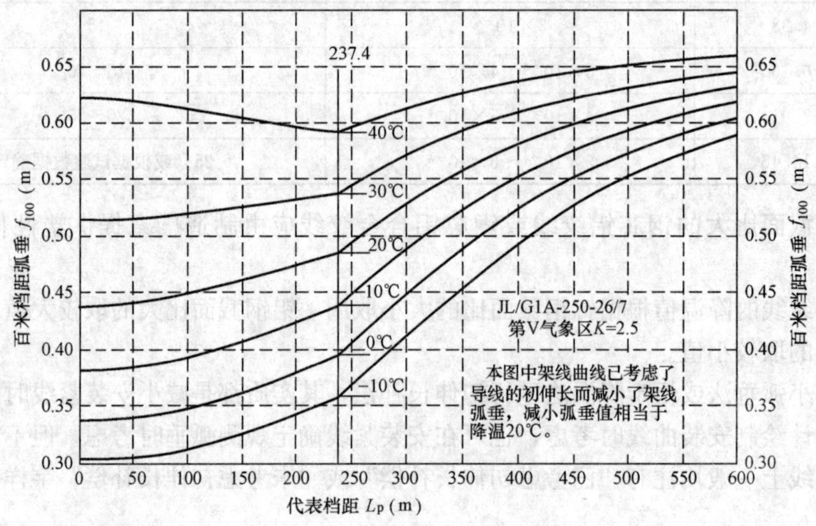

图 3 - 1 百米弧垂曲线

二、安装曲线的使用方法

应用安装曲线确定安装紧线时观测弧垂的步骤如下（设安装曲线未考虑初伸长补偿）：

（1）确定耐张段代表档距 l_0 和弧垂观测档及其档距 l_i。弧垂观测档按以下原则选择：

1）紧线耐张段连续档在 5 档及以下时，靠近中间选择一档；

2）紧线耐张段连续档在 6～12 档时，靠近两端各选择一档；

3）紧线耐张段连续档在 12 档以上时，靠近两端和中间各选择一档；

4）观测档宜选择档距大和悬点高差小的档距，且耐张段两侧第一档不宜作观测档。

（2）带温度计到现场，实测弧垂观测时气温 t_1。如果安装曲线未考虑初伸长补偿时，可根据导线型号确定降温值 Δt，则考虑降温值后的气温为 $t=t_1-\Delta t$ 。如果安装曲线已考虑初伸长，可直接按现场温度查找百米弧垂 f_{100}。

（3）根据紧线耐张段代表档距 l_0 和气温 t 在安装曲线上查得代表档距 l_0 所对应的代表弧垂 f_{100}，当曲线中没有气温为 t 的安装曲线时，可采用插入法查取。

（4）根据式（3 - 1）或式（3 - 2）计算出观测档的观测弧垂。

【例 3 - 2】 对某输电线路耐张段（见图 3 - 2）进行导线安装，导线为 JL/GIA-250-26/

7型，安装曲线如图3-1所示，现场气温为20℃，试确定弧垂观测档及观测弧垂值。

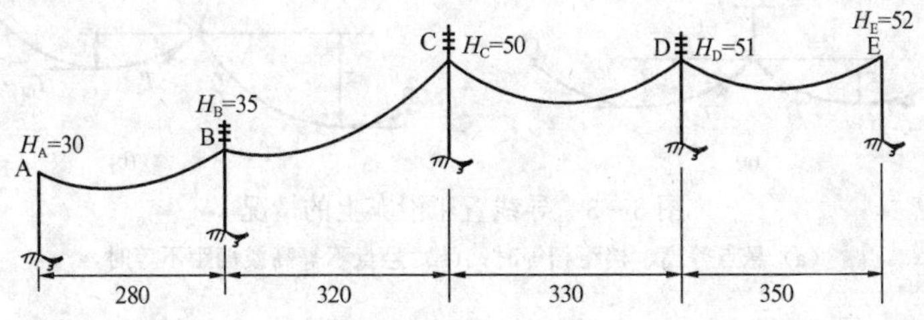

图3-2　紧线耐张段布置图

解　(1) 根据弧垂观测档的选择原则，AB档和DE档不宜作弧垂观测档，因这两档有耐张绝缘子串的影响。BC档和CD档中选择CD档较好，因该档悬点高差较小。现选CD档为弧垂观测档，观测档档距为 $l=330\text{m}$。

该耐张段的代表档距为

$$l_0=\sqrt{\frac{\sum l_i^3}{\sum l_i}}=\sqrt{\frac{280^3+320^3+330^3+350^3}{280+320+330+350}}=323(\text{m})$$

(2) 设现场实测弧垂观测时气温为 $t=20℃$。

(3) 依据 $l_0=323\text{m}$，查图3-1安装曲线 $t=20℃$ 时得 $f_{100}=0.5\text{m}$。

(4) 观测档档距为 $l_i=330\text{m}$，观测档档距高差 $\beta\approx 0$，所以观测弧垂值计算可用式（3-2）计算。

根据式（3-2）得

$$f=f_{100}\left(\frac{l_i}{100}\right)^2=0.5\times\left(\frac{330}{100}\right)^2=5.445(\text{m})$$

答：该耐张段弧垂观测档应选在CD档进行观察，观测弧垂值为5.445m。

第二节　特殊耐张段的安装计算

所谓特殊耐张段主要指连续倾斜档和孤立档耐张段，因这两种耐张段的安装弧垂均不能利用第一节中介绍的安装曲线确定，而由设计部门逐个耐张段提供弧垂安装表，以便施工安装。

一、连续倾斜档的安装计算

1. 连续倾斜档导线安装时的受力分析

输电线路在施工紧线时，总是分耐张段进行的。一般先将导线一端固定在耐张杆塔上，中间各档导线则悬挂在直线杆塔悬垂绝缘子串下端的放线滑车上，然后在耐张段的另一端收紧导线，同时观测弧垂。当弧垂达到设计要求时停止紧线，再将紧线一端的导线通过耐张绝缘子串固定在耐张杆塔上。接着将各直线杆塔滑车上的导线移至悬垂线夹内，并安装防振锤等附件，即完成了整个耐张段的导线安装。

如图3-3所示，当导线置于滑车中紧线时，若不考虑滑车的摩擦力影响，整个耐张段内导线上各点的轴向应力是连续变化的，滑车两侧的导线张力应有 $T_1=T_2$，而在第二章第三节中已知，悬点应力与导线最低点应力间的关系为

$$\sigma_A=\sigma_0+gy_A$$

所以悬点张力 T_i 和最低点张力 T_{0i} 间的关系为

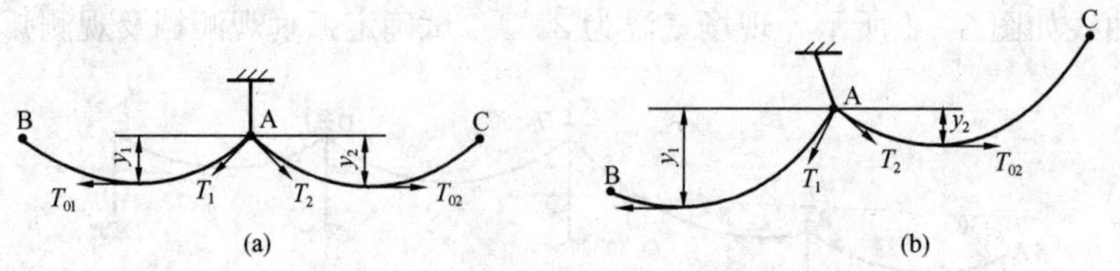

图 3-3　导线置于滑车上的情况

(a) 悬点等高、档距相等时；(b) 悬点不等高或档距不等时

$$T_i = T_{0i} + gAy_i \tag{3-3}$$

式中　g——导线比载，N/（m・mm²）；

A——导线截面积，mm²；

y_i——第 i 档中导线最低点和悬点间高差，m；

T_i——第 i 档导线悬点的张力，N；

T_{0i}——第 i 档导线最低点的张力，N。

图 3-3 中 A 悬点的张力可表示为

$$T_1 = T_{01} + gAy_1$$
$$T_2 = T_{02} + gAy_2$$

因为滑车两侧导线张力相等，即 $T_1 = T_2$，因此上式可写为

$$T_{01} + gAy_1 = T_{02} + gAy_2 \tag{3-4}$$

由式（3-4）可看出：当悬点 A 的两侧档距相等且悬点等高时有 $y_1 = y_2$，因此 $T_{01} = T_{02}$，A 处悬垂绝缘子串处在中垂位置，如图 3-3（a）所示。当 A 悬点两侧档距不等或悬点不等高时，则因 $y_1 \neq y_2$，因此 $T_{01} \neq T_{02}$，导线最低点高的一侧 y 值小，导线水平张力 T_0 大，悬垂绝缘子串向水平张力较大的一侧偏斜，如图 3-3（b）所示。又因各档水平张力不相等，且不等于设计张力，所以应在耐张段中选两档观测弧垂，并以设计应力计算观测弧垂值，其结果将彼此矛盾，即出现档距小（或山上侧）的观测档弧垂已到设计值，而档距大（或山下侧）观测档弧垂还相差很多的现象。

由于上述原因，对于连续上山或下山的连续倾斜档耐张段或档距大小相差悬殊的耐张段，要使紧线安装工作结束后，其导线应力、弧垂符合设计要求，悬垂绝缘子串位于中垂位置，我们就需解决两个问题：一是导线置于滑车中紧线时，观测弧垂如何确定？二是完成紧线后，将导线移置于线夹中，线夹安装位置如何确定？解决这两个问题的方法有：首先在紧线时控制耐张段中总线长为设计线长，以此来确定各档紧线时的应力和观测弧垂；然后调整各档线长使其与设计线长相符，以此确定线夹安装位置。显然，各档线长与设计线长相符，则各档应力和弧垂也是符合设计要求的。

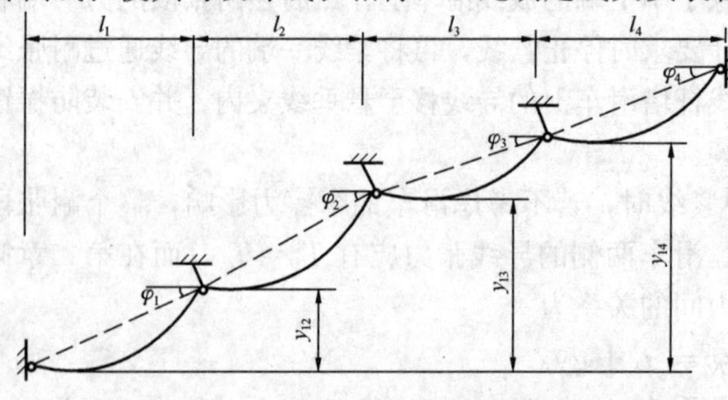

图 3-4　导线通过滑车的连续档

现以连续倾斜档耐张段为例，分析观测弧垂和线夹安装位置的确定方法，其结论也适用于其他各种耐张段。

2. 连续倾斜档观测弧垂的确定

设有一由 n 档组成的连续倾斜档耐张段（见图 3-4，$n=4$），由于悬

点不等高且档距不相等，导线置于滑车中，所以各档导线最低点应力不相等。又因忽略滑车的摩擦力时，整个耐张段内导线各点的轴向应力是连续变化的；由第二章已知，导线任意点应力与导线最低点应力间关系为 $\sigma_x=\sigma_0+gy_x$，从而可知导线任意两点应力差等于两点间高差与比载的乘积。现以耐张段第 l 档导线最低点应力 σ_1 为基准，即可得各档导线最低点应力

$$\left.\begin{aligned} \sigma_1 &= \sigma_1 + gy_{11} \\ \sigma_2 &= \sigma_1 + gy_{12} \\ &\vdots \qquad \vdots \\ \sigma_n &= \sigma_1 + gy_{1n} \end{aligned}\right\} \tag{3-5}$$

式中 σ_1，σ_2，…，σ_n——置于滑车上的各档导线最低点应力，MPa；

y_{11}——第 1 档导线最低点之间的垂直距离，$y_{11}=0$；

y_{12}，…，y_{1n}——第 2 档至第 n 档的导线最低点与第 1 档导线最低点之间的垂直距离，m，高于第 1 档导线最低点时取正值，低于时取负值；

g——计算气象条件时导线比载，N/（m·mm)²。

由此可见，欲求各档应力，关键为求第 1 档导线最低点应力 σ_1。

当导线置于滑车中紧线时，各档导线水平应力分别为 σ_1，σ_2，…，σ_n，而当施工紧线完成后，各档水平应力应相等且等于设计应力值 σ_0。因为紧线时各档应力与设计应力不符，所以两者之间具有应力差，第 i 档紧线时应力与设计应力间的应力差可表示为

$$\Delta\sigma_i = \sigma_i - \sigma$$

由此，紧线时的线长与设计线长也不符，其线长增量可表示为

$$\Delta L = M_i \Delta\sigma_i$$

要使施工紧线完成后，耐张段中各档水平应力、弧垂符合设计要求，首先应控制耐张段总线长等于设计线长，即必须使耐张段中各档线长增量的代数和等于零，即

$$\Delta L = \sum_{i-1}^{n} \Delta L_i = \sum_{i-1}^{n} (M_i \Delta\sigma_i) = 0$$

结合第二章中线长计算式（采用斜抛物线形式），即可得第 1 档导线应控制的应力 σ_1 与设计应力 σ_0 之间的关系式为

$$\left.\begin{aligned} &\sigma_1 = \sigma_0 - \frac{g\sum\limits_{i-1}^{n}(M_i y_{1i})}{\sum\limits_{i-1}^{n} M_i} = \sigma_0 + gy_{10} \\ &\text{其中} \quad y_{10} = \frac{\sum\limits_{i-1}^{n}(M_i y_{1i})}{\sum\limits_{i-1}^{n} M_i} \\ &M_i = -\frac{g^2 l_i^3 \cos\varphi_i}{12\sigma_0^3} + \frac{l_i}{E\cos^2\varphi_i} \end{aligned}\right\} \tag{3-6}$$

式中 σ_0——导线最低点的设计应力，MPa；

E——导线弹性系数，MPa；

l_i——计算档的档距，m；

φ_i——计算档的悬点高差角，(°)；

y_{1i}——计算档导线最低点与第1档导线最低点之间的垂直距离，m；

y_{10}——第1档导线最低点应力为 σ_1 时的最低点高度与应力为 σ_0 时的高度间的垂直距离，m；

M_i——计算档导线最低点应力为设计应力 σ_0 时，增加单位应力引起的线长增量，也可称导线长度变化率，m/MPa；

g——导线比载，N/（m·mm²）。

另外，因为当应力增加量 $\Delta\sigma_i$ 为正值时，$\sigma_i > \sigma_0$，导线收得比设计值紧，即线长比设计线长，线长增量 ΔL_i 为负值；反之，$\Delta\sigma_i$ 为负值，则线长增量为正值。所以，M_i 计算式右侧出现一个负号。

式（3-6）中 y_{1i} 是与各档应力、高差有关的未知数，可以通过试凑求解得到。但工程中如不是编制程序利用计算机求解，一般均从线路平断面图中查出最大弧垂时各档导线最低点的相对高程 y_1，y_2，…，y_n，粗略地算出 $y_{1i}=y_i-y_1$，然后代入式（3-6）中求取第1档导线最低点水平应力 σ_1，再将 σ_1 代入式（3-5）中求取各档导线最低点水平应力 σ_1，σ_2，…，σ_n。

求得各档应力后，求得观测档的观测弧垂为

$$\left.\begin{aligned}&\text{当}\quad h_i/l_i < 10\%\text{ 时}, f_i = \frac{gl_i^2}{8\sigma_i}\\&\text{当}\quad h_i/l_i > 10\%\text{ 时}, f_i = \frac{gl_i^2}{8\sigma_i\cos\varphi_i}\end{aligned}\right\}\qquad(3\text{-}7)$$

式中 h_i——弧垂观测档的悬点高差，m；

l_i——弧垂观测档档距，m；

f_i——观测弧垂，m；

φ_i——弧垂观测档的悬点高差角，(°)；

σ_i——弧垂观测档导线最低点水平应力，MPa。

在导线置于滑车中时，按式（3-7）计算的弧垂进行紧线，则导线紧好后，整个耐张段的总线长等于设计线长，这时可在紧线端划印，安装耐张线夹，然后将导线通过耐张绝缘子串挂在耐张杆塔上。

3. 悬垂线夹安装位置的调整

按上述方法进行紧线，紧线完成后虽然耐张段的总线长等于设计总线长，但各档线长（应力为 σ_i）不等于设计线长（设计应力为 σ_0），悬垂绝缘子串向档中导线最低点高的一侧偏斜。又因总线长符合设计要求，就有可能逐档调整各档线长，使其符合设计要求。这项工作在安装悬垂线夹时进行，即需确定悬垂线夹的安装位置。

已如前述，导线置于滑车中时，各档线长增量 $\Delta L_i=M_i\Delta\sigma_i$，则从第1档开始有

$$\delta_1 = \Delta L_1 = M_1\Delta\sigma_1$$

δ_1 就是第1基直线杆塔上悬垂线夹安装调整距离。在第2基直线杆塔上，第2档本身线长增量为 $\Delta L_2=M_2\Delta\delta_2$，但线夹安装时，线长从第1档又将串入 δ_2，因此第2基直线杆塔上悬垂线夹安装调整距离为

$$\delta_2 = \delta_1 + \Delta L_2 = \delta_1 + M_2\Delta\delta_2$$

由此类推，可得第 i 基直线杆塔上悬垂线夹安装调整距离为

$$\delta_i = \delta_{i-1} + \Delta L_i = \delta_{i-1} + M_i \Delta\sigma_i \qquad (3-8)$$

式中，i 为 1～n 的自然数；δ_i 有正有负，其量取方向如图 3 - 5 所示。

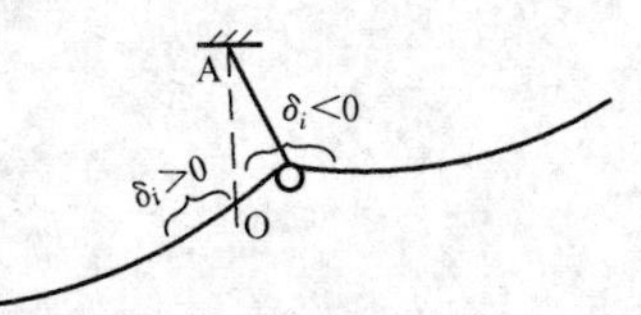

图 3 - 5　悬垂线夹安装位置调整

4. 连续倾斜档安装表

从以上分析可见，连续倾斜档的安装计算较为繁复，在实际工程中由设计部门进行计算后提供表 3 - 3 所示的连续倾斜档安装表，施工单位只需按表中所给数据进行施工。表中一般给出几种不同安装气温时的观测弧垂和线夹安装调整距离值，以供安装时根据实际气温选用相应的数值。

在线夹安装时需注意：

(1) 在前述计算中均未考虑绝缘子串偏斜引起档距变化对线长的影响，因此，线长调整量均应从绝缘子串悬挂点 A 作垂线与导线的交点 O 起算（见图 3-5），且 O 点必须在导线尚悬挂在滑车中时，全耐张段各直线杆塔统一确定，切不可在某几基直线杆塔上线夹安装完毕后，再确定其他杆塔的 O 点位置。

(2) δ_i 是有正负的，必须明确其量取方向。正如前述，山下档线长比设计线长长，山上档线长比设计线长短，因此调整距离 δ_i 可能为正值或负值。当 δ_i 为正值时，表示该档导线在滑车中时的线长比设计线长长，因此对该档导线一侧的悬垂线夹位置进行调整时，其调整距离 δ_i 应从 O_i 点向使该档线长减少的方向量取。若 δ_i 为负值，则应从 O_i 点向使该档线长增加的方向量取，如图 3 - 5 所示。

表 3 - 3　　连续倾斜档安装表

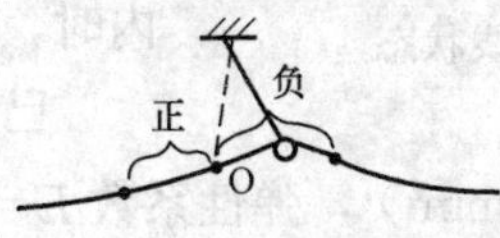

耐张段起止杆号：5 号～8 号

安装气温（℃）		20		10		0	
杆　号	档距 (m)	观测弧垂 (m)	调整距离 (m)	观测弧垂 (m)	调整距离 (m)	观测弧垂 (m)	调整距离 (m)
5							
	250	4.40		4.10		3.80	
6			0.02		0.02		0.02
	340	7.83		7.82		6.81	
7			0.03		0.03		0.02
	290	5.42		5.08		4.74	
8							

5. 避雷线的安装

对于连续倾斜档的避雷线，在紧线安装对的计算与导线的相同。由于避雷线和导线的档

距相同，悬挂点的高差也与导线的接近，因此可以借用导线调整的计算结果进行修正，即可简便地求出避雷线的观测弧垂及线夹安装调整距离，其计算式如下：

$$\left.\begin{aligned}\Delta\sigma_{ib} &\approx \frac{\sigma_b}{g_d}\Delta\sigma_{id}\\ \Delta f_{ib} &\approx \Delta f_{id}\left(\frac{g_b\sigma_{id}}{g_d\sigma_{ib}}\right)^2\\ f_{ib} &= f_{ib0}+\Delta f_{ib}\\ \delta_{ib} &= \delta_{id}\left(\frac{g_b\sigma_{id}}{g_d\sigma_{ib}}\right)^2\end{aligned}\right\}\tag{3-9}$$

式中 σ_{id}、σ_{ib}——导线和避雷线在滑车中时，计算档的水平应力，MPa；

$\Delta\sigma_{id}$、$\Delta\sigma_{ib}$——导线和避雷线在滑车中时的应力与设计应力间应力差，MPa；

g_d、g_b——导线和避雷线在计算气象条件时的比载，N/（m·mm²）；

Δf_{id}、Δf_{ib}——导线和避雷线紧线时观测弧垂与设计弧垂间弧垂差，m；

δ_{id}、δ_{ib}——导线和避雷线的线夹调整距离，m；

f_{ib}、f_{ib0}——避雷线的紧线观测弧垂和设计弧垂，m。

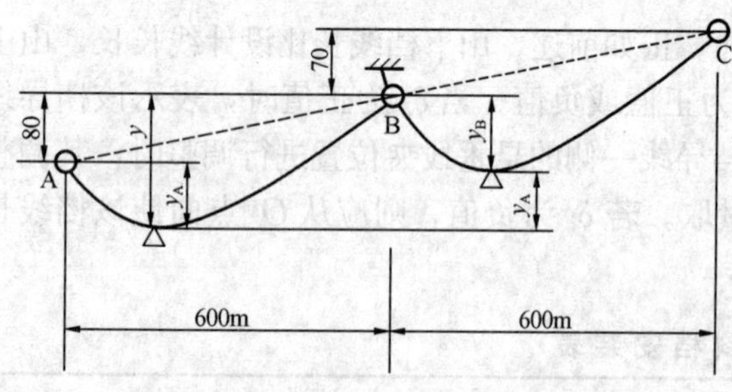

图 3-6 连续倾斜档紧线时导线状态

【例 3-3】 设 110kV 线路有两个连续倾斜档的耐张段，档距为 $l_1=l_2=600$m，悬点高差 $h_1=80$m、$h_2=70$m，如图 3-6 所示。导线为 JL/GIA-250-26/7 型钢芯铝绞线，紧线气温时的应力 $\sigma_0=71.2$MPa。试计算导线置于滑车中紧线时的观测弧垂和将导线由滑车中移置到线夹内时，线夹安装位置的调整距离。

已知 JL/GIA-250-26/7 型导线的自重比载 $g_1=33.961\times10^{-3}$N/(m·mm²)，弹性系数 E=76 000MPa。

解 导线最低点偏移值分别为

$$m_1=\frac{\sigma_0 h_1}{gl_1}=\frac{71.2\times80}{33.961\times10^{-3}\times600}=279.54(\text{m})$$

$$m_2=\frac{\sigma_0 h_2}{gl_2}=\frac{71.2\times70}{33.961\times10^{-3}\times600}=244.60(\text{m})$$

B 悬点与两档导线最低点间高差分别为

$$y_A=\frac{g}{2\sigma_0}x_A^2=\frac{33.961\times10^{-3}}{2\times71.2}\times(300-279.54)^2=0.099\,8(\text{m})$$

$$y_B=\frac{g}{2\sigma_0}x_B^2=\frac{33.961\times10^{-3}}{2\times71.2}\times(300-244.60)^2=1.355\,8(\text{m})$$

因为 $y=h_1+y_A=80+0.099\,8=80.099\,8(\text{m})$

所以 $y_{AB}=y-y_B=80.099\,8-1.355\,8=78.744(\text{m})$

各档导线长度变化率为

因为 $\cos\varphi_1=\dfrac{600}{\sqrt{80^2+600^2}}=0.991\,2,\cos\varphi_2=\dfrac{600}{\sqrt{70^2+600^2}}=0.993\,3$

$$M_1=-\frac{g^2l_1^3\cos\varphi_1}{12\sigma_0^3}+\frac{l_1}{E\cos^2\varphi_1}$$

$$=-\left[\frac{(33.961\times10^{-3})^2\times600^3\times0.9912}{12\times71.2^3}+\frac{600}{76000\times0.9912^2}\right]=-0.065046027$$

$$M_2=-\frac{g^2l_2^3\cos\varphi_2}{12\sigma_0^3}+\frac{l_2}{E\cos^2\varphi_2}$$

$$=-\left[\frac{(33.961\times10^{-3})^2\times600^3\times0.9933}{12\times71.2^3}+\frac{600}{76000\times0.9933^2}\right]=-0.065132871$$

第1档和第2档应力为

$$\sigma_1=\sigma_0-\frac{g\sum_{i-1}^{n}(M_iy_{AB})}{\sum_{i-1}^{n}M_i}$$

$$=71.2-\frac{33.961\times10^{-3}\times(-0.065046027\times78.744)}{-(-0.065046027+0.065132871)}=69.86(\text{MPa})$$

$$\sigma_2=\sigma_0+gy_{AB}=69.86+33.961\times10^{-3}\times78.744=72.53(\text{MPa})$$

各档紧线时的观测弧垂为

$$f_1=\frac{gl_1^2}{8\sigma_1\cos\varphi_1}=\frac{33.961\times10^{-3}\times600^2}{8\times69.86\times0.9912}=22.07(\text{m})$$

$$f_2=\frac{gl_2^2}{8\sigma_2\cos\varphi_2}=\frac{33.961\times10^{-3}\times600^2}{8\times72.53\times0.9933}=21.21(\text{m})$$

直线杆塔上线夹安装位置的调整距离为

$$\delta_1=M_1(\sigma_1-\sigma_0)=-0.065046027\times(69.86-72.53)=0.17(\text{m})$$

验证耐张杆塔上（第2档）调整量是否为零，即

$$\delta_2=\delta_1+M_2\Delta\sigma_2=0.17+[-0.065132871\times(72.53-71.2)]=0.0833(\text{m})$$

如果按 σ_1 和 σ_2 求出的控制弧垂紧线后，不进行线夹安装位置的调整，将引起的弧垂误差为

$$\Delta f_1=\frac{f_1-f_0}{f_0}\times100\%=\frac{\frac{1}{69.86}-\frac{1}{71.2}}{\frac{1}{71.2}}\times100\%=1.918\%$$

$$\Delta f_2=\frac{f_2-f_0}{f_0}\times100\%=\frac{\frac{1}{72.53}-\frac{1}{71.2}}{\frac{1}{71.2}}\times100\%=-1.833\%$$

如果山下档按设计弧垂观测，将引起山上档导线的弧垂误差，因为

$$\sigma_1=\sigma_0=71.2(\text{MPa})$$

所以 $\sigma_2=\sigma_1+gy_{AB}=71.2+33.961\times10^{-3}\times78.744=73.87\ (\text{MPa})$

$$\Delta f_2=\frac{f_2-f_0}{f_0}\times100\%=\frac{\frac{1}{73.87}-\frac{1}{71.2}}{\frac{1}{71.2}}\times100\%=-3.61\%$$

如果山上档按设计弧垂观测，将引起山下档导线的弧垂误差，因为

$$\sigma_2 = \sigma_0 = 71.2(\text{MPa})$$

所以 $\sigma_1 = \sigma_2 - g y_{AB} = 71.2 - 33.961\times10^{-3}\times78.744 = 68.52$ (MPa)

$$\Delta f_1 = \frac{f_1 - f_0}{f_0}\times100\% = \frac{\dfrac{1}{68.52}-\dfrac{1}{71.2}}{\dfrac{1}{71.2}}\times100\% = 3.91\%$$

导线安装时的弧垂允许误差在 GBJ 233—1990《110～500kV 架空电力线路施工及验收规范》中规定 110kV 线路允许误差为＋5%、－2.5%，220kV 及以上的线路允许误差为±2.5%。从以上的各种情况引起的弧垂误差分析可见，山下档按设计弧垂观测，将引起山上档导线的弧垂误差，如果不调整线夹安装位置或按设计弧垂安装紧线，将使弧垂误差超过允许值。山上档按设计弧垂观测，将引起山下档导线的弧垂误差，在允许误差之内。因此，对连续倾斜档耐张段，应按上述方法计算的紧线观测弧垂进行紧线，并进行悬垂线夹安装位置的调整，才能保证线路各档导线的弧垂和应力与设计一致。

二、孤立档的安装特点

孤立档虽然在运行中也有一定优点，但是在经济上的消耗比一般档距为大，且施工困难，所以在输电线路中应尽量避免，特别是小档距孤立档更应避免。但又由于线路进出变电站、跨越障碍物、通过拥挤地段需连续转角等原因，全线总要出现一些孤立档。孤立档由于一档导线两侧均连有耐张绝缘子串，以及受导线紧线安装条件的限制，在确定应力、弧垂时需根据具体档距情况，按不同的方法考虑。

首先，孤立档两端均连有耐张绝缘子串，相当于在导线的两端分别作用有一个附加集中荷载。显然，孤立档的应力、弧垂将受这种附加荷载的影响，尤其对档距较小的孤立档，耐张绝缘子串下垂的距离几乎占全部弧垂值的一半甚至更多。此时如仍按导线自重均布荷载计算导线的弧垂，就会使导线张力增加几倍，甚至破坏杆塔或拉断导线。又因孤立档紧线时为一端已连耐张绝缘子串，另一端尚未连；当施工紧线完成，则两端均连有耐张绝缘子串。所以，孤立档紧线观测弧垂应按一端连有耐张绝缘子串考虑，而竣工验收弧垂应按两端均连有耐张绝缘子串考虑。这两种情况弧垂值是不相同的。计算方法如下。

1. 应力控制条件的确定

孤立档在实际工程中很少遇到年平均运行应力为控制条件的情况。因此应力控制条件，可根据最低气温和最大比载两种情况的临界档距来确定，此临界档距为

$$l_J = \sigma_m\sqrt{\frac{24\alpha(t_A - t_B)}{g_A^2 K_{2A} - g_B^2 K_{2B}}} \tag{3-10}$$

$$K_2 = 1 + \left(\frac{2\lambda}{l}\right)^2\left(\frac{g_J}{g} - 1\right)\left(3 + \frac{2\lambda g_J}{1g} - \frac{4\lambda}{l}\right) \tag{3-11}$$

$$g_J = \frac{G_J}{\lambda A} \tag{3-12}$$

式中 l_J——临界档距，m；

α——导线的热膨胀系数，1/℃；

t_A、t_B——最低气温和最大比载时的气温，℃；

g_A、g_B——最低气温和最大比载时的比载，N/（m·mm²）；

K_{2A}、K_{2B}——最低气温和最大比载时、两端连有耐张绝缘子串时的比载增大系数，按式

(3-11) 计算；

σ_m——导线最大使用应力，MPa；

λ——耐张绝缘子串长，m；

l——孤立档档距，m；

g_J、g——相应气象条件时耐张绝缘子串比载和导线比载，N/(m·mm²)；

G_J——相应气象条件时耐张绝缘子串重力，N；

A——导线截面积，mm²。

2. 两端连有耐张绝缘子串时的应力和中点弧垂

两端连有耐张绝缘子串时导线的状态方程式为

$$\sigma_n - \frac{Eg_n^2 l^2}{24\sigma_n^2}K_{2n} = \sigma_m - \frac{Eg_m^2 l^2}{24\sigma_m^2}K_{2m} - \alpha E(t_n - t_m) \tag{3-13}$$

档距中点弧垂为

$$f_0 = \frac{g_n l^2}{8\sigma_n} + \frac{(g_{Jn} - g_n)\lambda^2}{2\sigma_n} \tag{3-14}$$

式中 n、m——下角标，分别表示待求气象条件和控制气象条件；

f_0——档距中点弧垂，m。

其他符号意义同前。

根据式(3-13)，当已知 m 气象条件时的应力 σ_m，即可求出 n 气象条件时的应力 σ_n，求得的 σ_n 即为已考虑两端耐张绝缘子串重力影响的应力，按式(3-14)求得的弧垂为已考虑两端耐张绝缘子串重力影响的弧垂。

3. 一端连有耐张绝缘子串时的应力和中点弧垂

导线在安装紧线时，只有孤立档的一端有耐张绝缘子串，而当弧垂观测完毕并在紧线操作端挂线后，则档内两端都连有耐张绝缘子串。为了保证导线在安装完毕后及运行过程中，导线的水平应力符合设计要求，需要根据挂线后校核弧垂的气象条件及导线应力(即考虑两端连有耐张绝缘子串重力影响时的应力)，并用下列状态方程求出观测弧垂气象条件时的导线水平应力(此时档内仅一端连有耐张绝缘子串)，以作为紧线观测弧垂的依据。

$$\sigma_n - \frac{Eg_n^2 l^2}{24\sigma_n^2}K_{1n} = \sigma_m - \frac{Eg_m^2 l^2}{24\sigma_m^2}K_{2m} - \alpha E(t_n - t_m) \tag{3-15}$$

$$K_{1n} = 1 + \left(\frac{\lambda}{l}\right)^2\left(\frac{g_{Jn}}{g_n} - 1\right)\left[6 + \frac{4\lambda}{l}\left(\frac{g_{Jn}}{g_n} - 2\right) - 3\left(\frac{\lambda}{l}\right)^2\left(\frac{g_{Jn}}{g_n} - 1\right)\right] \tag{3-16}$$

档距中点弧垂为

$$f_0 = \frac{g_n l^2}{8\sigma_n} + \frac{2(g_{Jn} - g_n)\lambda^2}{g_n l^2} \tag{3-17}$$

式中 σ_m——两端有耐张绝缘子串重力影响时的导线水平应力，MPa；

σ_n——安装气象条件时仅一端有耐张绝缘子串重力影响时的导线水平应力，MPa；

K_{1n}——表示一端有耐张绝缘子串时的比载增大系数；

f_0——档中一端有耐张绝缘子串重力影响时的中点弧垂，m。

4. 孤立档中导线的最大使用应力

在孤立档的应力计算中，对线路中档距较大的孤立档，最大使用应力与连续档耐张段相同，即

$$\sigma_{m}=\frac{T_{p}}{KA}=\frac{\sigma_{p}}{K} \tag{3-18}$$

对变电站进出线档，导线的应力一般受进出线构架允许的最大拉力控制，此时导线最大使用应力为

$$\sigma_{m}=\frac{T}{A} \tag{3-19}$$

式中 σ_m——导线最大使用应力，MPa；

T_p——导线计算破断拉力，N；

K——导线强度安全系数；

A——导线截面积，mm^2；

σ_p——导线计算破坏应力，MPa；

T——进出线构架每相导线的最大允许拉力，N。

输电线路任一耐张段内导线的线长，在弧垂观测时即已按设计要求确定。但在紧线操作端耐张线夹安装完毕进行挂线时，由于导线在滑车上的悬挂点往往低于耐张杆塔上导线的固定孔一段距离，而且耐张绝缘子串的金具等在紧线时不能全部受力拉直达到设计长度，因此欲使导线挂入指定的位置，势必需将导线“过牵引”，以使线端留出适当长度，便于操作。

在第二章中我们已知，当一档导线线长发生微小的变化，也会引起应力、弧垂发生几倍变化，尤其对孤立档特别是小档距孤立档，过牵引有可能拉断导线或使杆塔破坏。因此，对孤立档应进行过牵引验算。一般过牵引后导线的应力 σ_0 必须同时满足下列的两个条件：

$$\left.\begin{aligned}\sigma_{0}&\leqslant\frac{\sigma_{cal}}{2}\\ \sigma_{0}&\leqslant\frac{\Delta T}{A}\end{aligned}\right\} \tag{3-20}$$

式中 ΔT——耐张杆塔设计所允许的每相导线最大不平衡张力，N；

σ_0——过牵引后导线的水平应力，MPa。

验算方法通常有两种：①首先给定过牵引长度 δ，然后计算过牵引后导线应力 σ_0，σ_0 应符合式（3-20）的要求。②以式（3-20）的要求为依据，计算允许过牵引长度，以供紧线时控制。允许过牵引长度一般控制在 50～200mm。若允许过牵引长度过小，施工困难，即应减小紧线气象条件时的设计应力（即减小最大使用应力），以使允许过牵引长度加大。

对孤立档安装，设计部门综合考虑上述各项要求后，设计提供了如表 3-4 所示的孤立档安装表，以供施工运行单位使用。施工时特别应注意过牵引长度必须控制在设计提供的允许范围内。

表 3-4　　孤立档安装表

杆号：4 号～5 号　档距：122m　高差：

气温（℃）	观测弧垂（m）	竣工弧垂（m）	允许过牵引长（m）	说明
0	0.66	0.66	0.07	以最大使用应力 σ_m＝113.8MPa 为控制应力；过牵引时以 σ＝142.2MPa 为控制应力
10	0.76	0.76	0.09	
20	0.88	0.88	0.12	
30	1.02	1.03	0.14	
40	1.20	1.21	0.16	

第三节 邻档断线时交叉跨越限距的校验

在输电线路设计时，对重要交叉跨越如铁路、高速公路、一级和二级公路、一级和二级通信线等，除在最大弧垂时必须满足交叉跨越距离的要求外，在交叉跨越档的相邻档发生断线事故，交叉跨越档导线产生应力衰减、弧垂增大后，导线和被交叉跨越物之间仍需满足一定的交叉跨越距离要求。所以，对重要的交叉跨越需进行邻档断线时交叉跨越距离的校验。

一、断线张力的概念

输电线路的导线（避雷线）由于机械损伤、外力破坏、雷击、振动、严重覆冰或大风等原因，都可能引起断线事故。断线后，对于采用固定横担、固定线夹和悬垂绝缘子串的线路，断线档两侧的直线杆塔将受到不平衡张力的作用，这时悬垂绝缘子串甚至杆塔头部将沿顺线路方向偏斜，如图 3-7 所示。此时由于杆塔及绝缘子串的偏斜，使导线悬挂点发生了位移 δ_i，δ_i 的大小是随着杆塔离开断线点的距离的增加逐渐减小的。由于每基杆塔上悬挂点位移值 δ_i 不相等，所以各档档距 l 也发生了变化，紧靠断线档第 1 档档距改变量 $\Delta L_1=\delta_1-\delta_2$，第 2 档档距改变量 $\Delta L_2=\delta_2-\delta_3$，即第 i 档档距改变量 $\Delta L_i=\delta_i-\delta_{i+1}$，且有 $\Delta L_i\geqslant 0$。由此可知，悬垂绝缘子串偏斜的结果使各档导线的档距缩小，从而使档中导线松弛，张力衰减，弧垂增大。

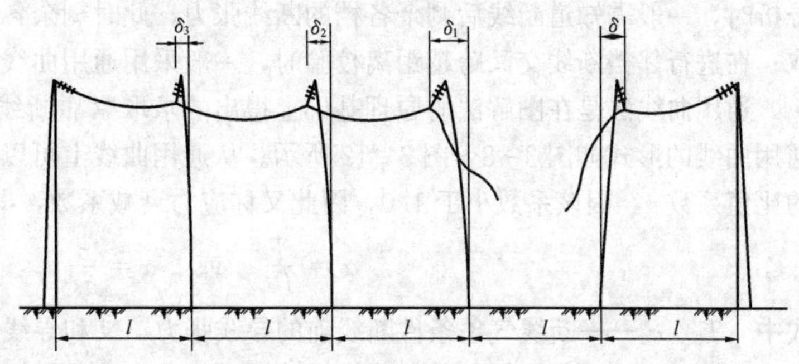

图 3-7 线路断线后的情况

耐张段中某档断线后，对未断线的剩余各档导线常称剩余档，断线档至耐张杆塔间未断线的档数就称剩余档数。

断线张力就是指导线发生断线，剩余各档导线张力衰减后的剩余张力。断线后，由于各档档距改变量是不相等的，所以各剩余档中的断线张力也是不相等的。从图 3-7 中可见，紧靠断线档第 1 档的档距改变量最大，张力衰减最多，断线张力最小，以后各档档距改变量逐档减小，断线张力逐档增大。由于各档断线张力不相等，各直线杆塔上就存在顺线路方向的不平衡张力。因为断线档导线张力为零，所以紧靠断线档第 1 基直线杆塔上的不平衡张力最大，其值等于第 1 档的断线张力。所以，在工程中除特别指明者外，直线杆塔的断线张力均指相邻断线档第 1 档的导线张力。

经研究得知，断线张力的大小与断线后的剩余档数多少有关。剩余档数多，支持不平衡张力的杆塔多，各杆塔分配的不平衡张力值就小，各档张力衰减得慢，断线张力相对地就较大；反之，剩余档数少，断线张力就小。因此，断线后剩余一档时，悬垂绝缘子串偏斜所引起的悬点偏移全部促使导线松弛而弧垂大增，导线张力大大衰减，断线张力很小。但是，断线后如剩余档数很多，第 5 档之后的导线张力衰减很小，因此当遇到剩余档数超过 5 档时，工程中允许按 5 档考虑。

另外，断线张力的大小还和断线后剩余各档的档距大小有关。对断线张力大小影响最大的是紧靠断线档的第1、第2档的档距。一般说，档距越大，断线张力越大；档距越小，断线张力越小。

综上分析可知，对直线杆塔强度进行校验，需求较大断线张力，此时应选断线档为耐张段两端档，且因选耐张段任意一端断线后，剩余档数相同，所以需进一步根据断线后剩余档的第1、第2档档距的大小，来确定断线端。如进行邻档断线交叉跨越距离校验时，因交叉跨越档的相邻档有左右两档，所以应选邻档断线后剩余档数少的，这是因该档断线后交叉跨越档弧垂增加较大。

二、通用曲线法计算断线张力

断线张力的计算目的：一是为计算杆塔强度提供张力数据；二是为校验邻档断线后导线对交叉跨越物的安全距离；三是为进行断线事故分析。根据不同的计算目的和要求，实用中通常采用不同的计算方法。计算杆塔强度时一般按规程规定确定断线张力；在进行断线事故分析时，一般需知道断线后剩余各档的断线张力，此时剩余各档的断线张力可采用图解法求取；在进行邻档断线交叉跨越距离校验时，一般采用通用曲线法求断线张力。

通用曲线法是在图解法的原理基础上得出的求取紧靠断线档第1档的断线张力的方法。通用曲线的形式如图3-8～图3-12所示。从通用曲线上可以查取断线后与断线前导线张力的比值系数α，因该系数小于1.0，因此又称应力衰减系数，即

$$\alpha=\frac{T}{T_0}\quad 或\quad \alpha=\frac{\sigma}{\sigma_0} \tag{3-21}$$

式中 T_0、σ_0——断线气象条件断线前的导线张力，N和导线应力，MPa；

T、σ——断线气象条件断线后的导线张力，N和导线应力，MPa。

于是，根据断线前导线张力（或应力）和衰减系数，即可求取断线后的断线张力（或应力）

$$T=\alpha T_0\quad 或\quad \sigma=\alpha\sigma_0 \tag{3-22}$$

由前面分析已知，断线张力的大小和断线后的剩余档数多少有关。所以，通用曲线有五张，分别表示剩余一档至五档（及五档以上）的情况，如图3-8～图3-12所示。

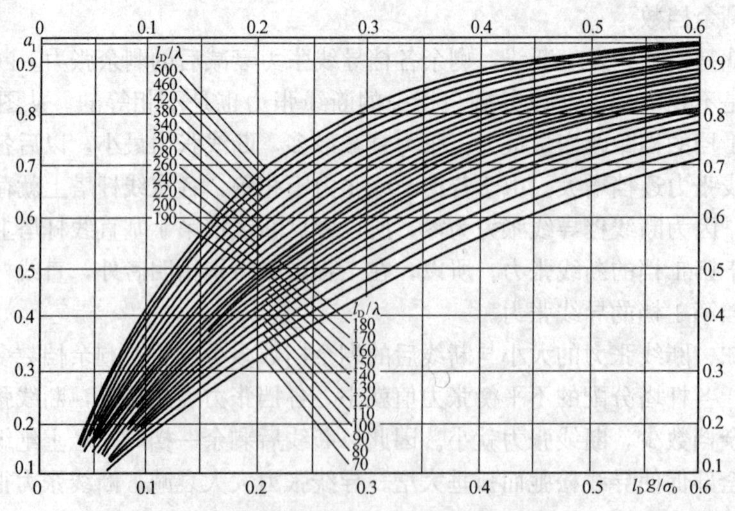

图3-8 断线后剩余一档的应力衰减系数曲线

σ_0、σ—断线前、后的导线应力，MPa；g—导线比载，N/（m·mm²）；

λ—悬垂绝缘子串长，m；l_D—计算档距

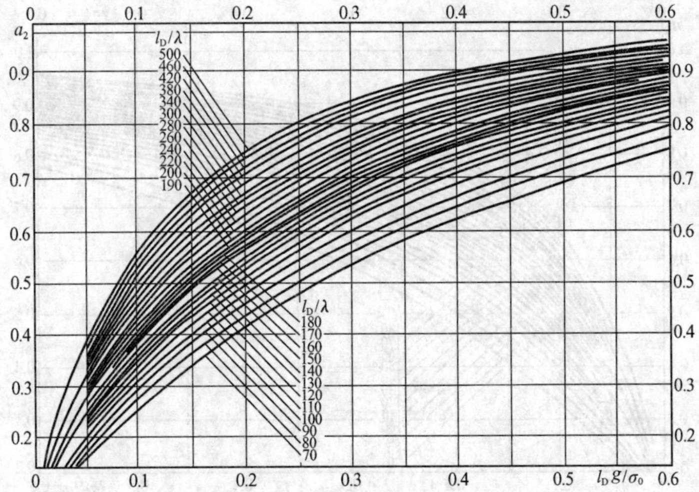

图 3-9　断线后剩余二档的应力衰减系数曲线

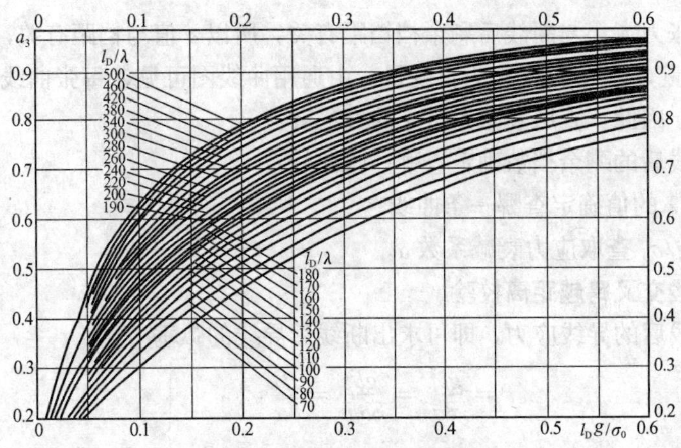

图 3-10　断线后剩余三档的应力衰减系数曲线

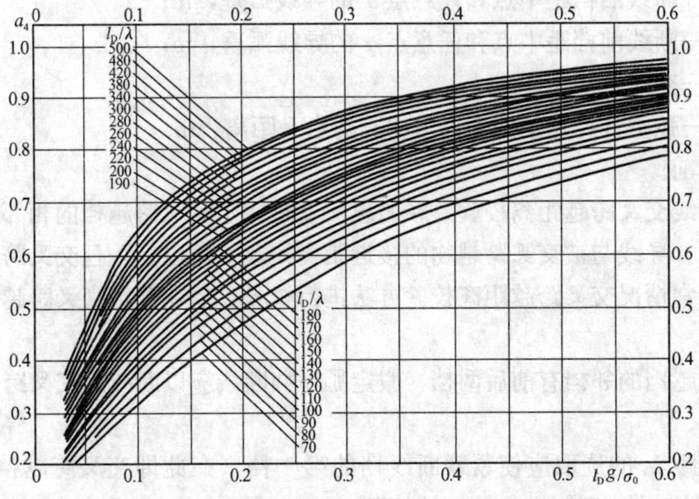

图 3-11　断线后剩余四档的应力衰减系数曲线

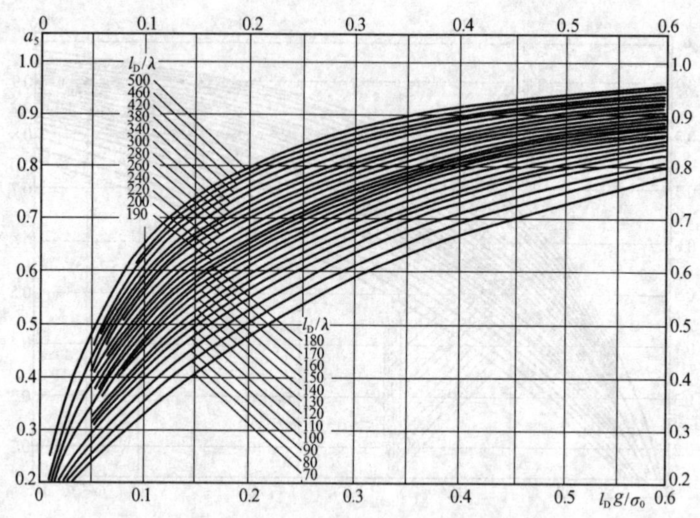

图 3-12　断线后剩余五档的应力衰减系数曲线

另外，断线张力大小与断线后剩余档档距有关，所以 α 值与档距有关，在曲线上反映在以 l_D/λ 作为参变量，以 $l_D g/\sigma_0$ 作为自变量。由通用曲线图可见，每张曲线上按不同 l_D/λ 值绘出了多条曲线，因此，查取衰减系数 α 的方法有：

（1）根据断线后的剩余档数确定查哪一张曲线；

（2）根据 l_D/λ 的值确定查哪一条曲线；

（3）根据 $l_D g/\sigma_0$ 查取应力衰减系数 α。

三、邻档断线交叉跨越距离校验

当求出了断线后的导线应力，即可求出断线后导线的弧垂

$$\left.\begin{aligned} f &= \frac{gl^2}{8\sigma} = \frac{gl^2}{8\alpha\sigma} = \frac{f_0}{\alpha} \\ f_x &= \frac{g}{2\sigma}l_a l_b = \frac{g}{2\alpha\sigma}l_a l_b = \frac{f_{0x}}{\alpha} \end{aligned}\right\} \tag{3-23}$$

式中　f、f_x——断线后档距中点和任意点 x 的导线弧垂，m；

f_0、f_{0x}——断线前档距中点和任意点 x 的导线弧垂，m；

l——交跨档档距，m；

l_a、l_b——弧垂计算点至两侧杆塔中心的水平距离，m。

其他符号意义同前。

所谓邻档断线交叉跨越距离校验，顾名思义就是假定交叉跨越档的相邻档断线，交叉跨越档弧垂增大后，导线与被交叉跨越物的接近距离校验。所以，一旦交叉跨越点的弧垂计算出后，即可按正常情况交叉跨越距离校验方法进行校验。但在确定交叉跨越档导线应力时需注意下列三点：

（1）交叉跨越档的邻档有前后两档，假定哪一档断线应以断线后交叉跨越档所在一侧剩余档数少为原则。

（2）计算档距 l_D 的选取应使紧靠断线档的第 1 档（在此即交叉跨越档）占主要分量，一般取 l_D＝2/3 第 1 档档距＋1/3 第 2 档档距。

（3）邻档断线交叉跨越距离校验的气象条件为15℃、无风，即断线前的导线应力σ_0应取15℃、无风时的应力。

【例3-4】　设某110kV输电线路，导线为JL/G1A-220-26/7型，其中某耐张段布置如图3-13所示，已知15℃、无风气象条件的导线应力$\sigma_0=81.6$MPa，自重比载$g=33.393\times10^{-3}$N/（m·mm²），绝缘子串长度$\lambda=1.73$m。试校验邻档断线后导线对通信线的垂直距离能否满足要求？（$H_A=55$m，$H_B=40$m，$H_C=32$m）

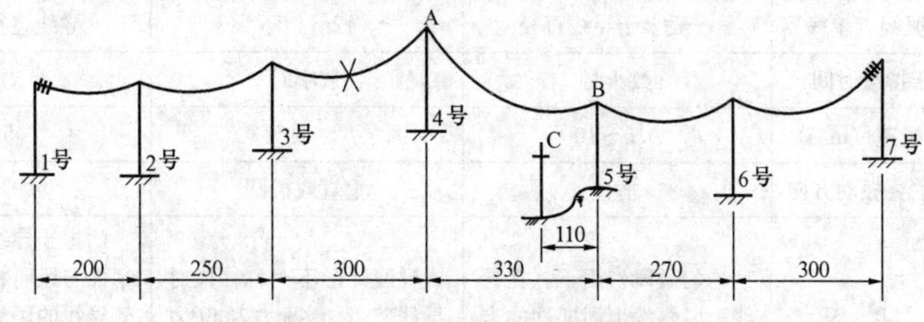

图3-13　邻档断线交叉跨越距离校验

解　（1）选取断线档为第3档，剩余档数为3档。

（2）设第3档断线后，其计算档距为

$$l_D=\frac{2}{3}\times330+\frac{1}{3}\times270=310(\text{m})$$

（3）查取应力衰减系数α，先计算

$$l_D/\lambda=310/1.73=179.2\approx180$$

$$\frac{l_Dg}{\sigma_0}=\frac{310\times3.3933\times10^{-3}}{81.6}=0.1289$$

根据断线后剩余档数为3档，确定查图3-10，然后在$l_D/\lambda=180$的曲线上，根据$\frac{l_Dg}{\sigma_0}=0.1289$查得$\alpha=0.52$。

（4）交叉跨越点的弧垂为

$$f_x=\frac{g}{2\sigma_0}l_al_b=\frac{g}{2\alpha\sigma_0}l_al_b=\frac{3.393\times10^{-3}}{2\times0.52\times81.6}\times110\times220=9.676(\text{m})$$

（5）交叉跨越点导线与通信线的垂直距离为

$$d=H_A-H_C-h_x-f_x=55-32-(55-40)/330\times220-9.676=3.32(\text{m})$$

因为［d］＝3.0m＜d，所以交叉跨越距离满足要求。

第四节　导线的振动和舞动

在气象条件三要素（风速、覆冰厚度和气温）中，风的作用除产生了作用于导线和杆塔的垂直线路方向的水平荷载外，也是导线发生振动和舞动的根本原因。导线的振动和舞动将使导线产生断股、断线或引起相间闪络，造成线路跳闸停电等事故，严重危及输电线路的正常运行。

一、导线受风振动的种类、损害及防护概况

架空线路上导线受风的作用经常出现的是均匀低风速下的微风振动；个别覆冰情况下的舞动；当分裂导线加间隔棒时有时会发生次档距振荡。这些风振的一般特性、危害及其防护

的概况列于表3-5中。

表3-5 导线风振种类、危害及防护概要

<table>
<tr><th colspan="2">振动类别
项目</th><th>微风振动</th><th>舞动</th><th>复导线次档距振荡</th></tr>
<tr><td rowspan="5">振动状态</td><td>频率（Hz）</td><td>3～150</td><td>0.1～1.0
（1～4个波腹/每档）</td><td>1～5
（1至数个波腹/每次档距）</td></tr>
<tr><td>振幅（单峰）</td><td>一般小于导线直径</td><td>12m以下</td><td>导线直径～500mm</td></tr>
<tr><td>持续时间</td><td>数小时</td><td>数小时</td><td>数小时</td></tr>
<tr><td>风速（m/s）</td><td>0.5～10</td><td>5～15</td><td>5～15</td></tr>
<tr><td>主要振动方向</td><td>垂直</td><td>垂直或椭圆</td><td>水平或椭圆</td></tr>
<tr><td rowspan="2">产生振动的原因</td><td>主因</td><td>均匀微风作用下，在导线下风侧发生周期性的卡门涡流激起导线上下振动</td><td>导线外形不对称，风对导线产生上扬力和曳力所致</td><td>两根子导线较近且构成的平面与风向相接近时，上风侧导线的尾流招致下风侧导线失去平衡，又引起上风侧导线同时产生振荡</td></tr>
<tr><td>从因</td><td>导线运行应力大（消耗振动功率小），导线自阻尼性能差，风受到扰乱少的地形，档距长</td><td>覆冰不对称，绞线表面线股凹凸大。导线截面大</td><td>分裂间距与导线直径的比值太小，风很少受干扰的地形，次档距太长</td></tr>
<tr><td colspan="2">危害</td><td>导线疲劳断股，损坏防振装置、绝缘子和金具，振松紧固螺栓、磨损导线</td><td>相间短路烧伤或烧断电线，引起导线、护线条断股，间隔棒、防振装置、绝缘子、金具及杆塔等损坏</td><td>子导线鞭击磨损导线，损坏间隔棒、金具</td></tr>
<tr><td colspan="2">防护措施</td><td>安装防振装置，降低电线运行应力，改善线夹性能，加强悬点抗弯刚度，使用自阻尼好的导线和分裂导线，采用组合线线夹</td><td>增大线间距离和上下线的水平位移，缩小档距，加装相间间隔棒及舞动阻尼器，采用不易覆冰的光滑导线，避开易舞动地区，减小弧垂</td><td>增大子导线间距，变更下风侧子导线位置使不受上风侧子导线的屏蔽。采用阻尼间隔棒等</td></tr>
</table>

二、导线振动的基本理论

（一）振动的起因

架空输电线路的导线（避雷线）受到稳定的微风作用时，便在导线背后形成以一定频率上下交替变化的气流旋涡（见图3-14），从而使导线受到一个上下交变的脉冲力作用。当气流旋涡的交替变化频率与导线的固有自振频率相等时，导线在垂直平面内产生共振即引起导线振动。

导线振动的波形为驻波，即波节不变，波腹上下交替变化，而且一年中导线振动的时间长达全年时间的30%～50%。无论导线以什么频率振动，线夹出口处总是一波节点，所以导线振动使导线在线夹出口处反复拗折，引起材料疲劳，最后导致断股、断线事故，对线路的正常安全运行危害较大。

（二）导线振动的特性和影响因素

1. 导线振动的特性

(1) 振动波形、振幅和振动角。导线的振动是沿整档导线呈驻波分布的，即导线离开平衡位置的位移大小无论在时间上还是沿档距长度上都是按正弦规律变化的。同时在同一频率下，波腹点 a（最大振幅）及波节点 b 在导线上的位置恒定不变。图 3-15 为某一频率时导线振动的波形示意图。O 为波节点，导线离开平衡位置 Ox 轴的距离 A 称为振幅，位移中最大者 A 称为最大振幅。

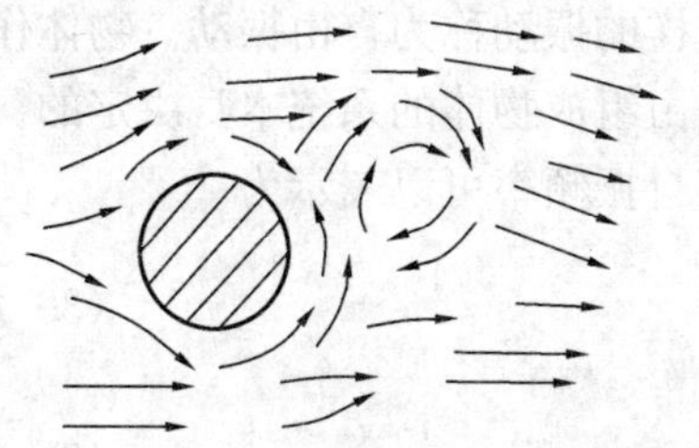

图 3-14 引起导线振动的气流旋涡

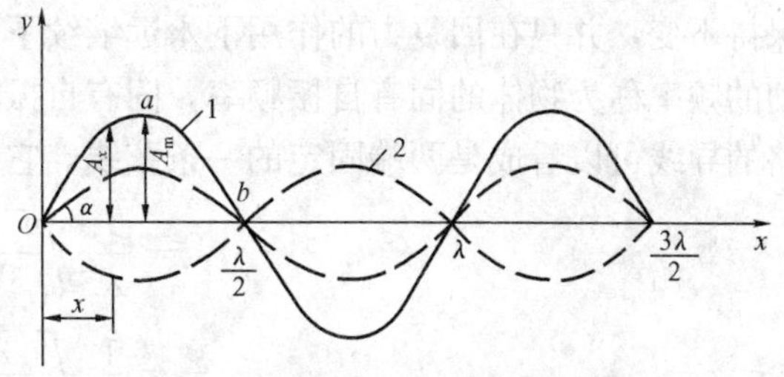

图 3-15 导线振动的波形示意图

1—最大振幅时沿档距的波形；2—非最大振幅时沿档距的波形

试验表明，导线的振幅与导线应力的大小有关。当导线应力为导线破坏应力的 8%时，振幅接近于零；当导线应力增加到导线破坏应力的 10%～15%时，振幅迅速增大；当导线应力增加到破坏应力的 20%以后，振幅趋于饱和而变化很小。

振幅的大小还与空气气流对导线的冲击形式和气流能量的大小有关，并与导线各股间的摩擦有关。波腹点的振幅与波长有关，且在相当于低频率振动又是最大波长时的振幅最大。实际中，振幅一般不超过导线的直径，最大振幅也不会超过导线直径的 2～3 倍。

在评价线夹出口处导线振动弯曲程度时，以线夹出口处的振动角来表示更为直观。所谓振动角是指导线振动波的波节点处，导线对中心平衡位置的夹角，如图 3-15 中的 α。显然 α 就是振动波在节点处的斜率角，且最大振幅时振动角也最大。如果在运行中测得距线夹出口处为 x 点的振幅为 A_x，求得最大振动角 α_m 为

$$\alpha_m = \arctan\left(\frac{2\pi A_x}{\lambda \sin\frac{2\pi x}{\lambda}}\right) \tag{3-24}$$

式中 α_m——最大振动角；

λ——振动波波长，m；

x——测量点与线夹出口处的距离，m；

A_x——测量点振动波的振幅，m。

运行的线路上，导线的振动角一般在 30′～50′之间。当振动特别强烈时接近 1°时，这样大的振动角，不需要很长时间就会使导线断股。因此一般架空输电线路均需采取防振措施，且在导线紧线后应尽快安装防振器具，以使导线的振动角减小到允许范围之内。导线的允许振动角见表 3-6，这是衡量振动的严重程度和评价防振装置的防振效果的标准。

表 3-6 导线的允许振动角

平均运行应力	允许振动角
$\leqslant 25\%\sigma_p$	10′
$>25\%\sigma_p$	5′

（2）导线的振动频率和波长。引起导线振动的原因是气流旋涡的交替变化频率与导线的固有自振频率相等而发生共振。根据试验，当导线受到稳定的微风作用时，气流旋涡的交替变化频率与风速和导线直径有关，其频率计算式为：

$$f_F = 200\,\frac{v}{d} \tag{3-25}$$

式中 f_F——气流旋涡的交替变化频率，Hz；

v——风速，m/s；

d——导线直径，mm。

一个物体在振动过程中，如果没有能够影响它振动的力去干扰它，那么，物体振动的振幅将保持不变，并只在回复力的作用下永远继续下去，这样的振动称为自由振动。物体作自由振动的频率称为物体的固有自振频率，固有自振频率是由组成物体的系统本身决定的。输电线路的导线可以看成是两端固定的一条弦线，它的固有自振频率可以表示为

$$f_D = \frac{1}{\lambda}\sqrt{\frac{9.81T}{W}} \tag{3-26}$$

或

$$f_D = \frac{1}{\lambda}\sqrt{\frac{9.81\sigma}{g_1}} \tag{3-27}$$

式中 f_D——导线的固有自振频率，Hz；

T——导线的张力，N；

W——导线单位长度的重力，N/m；

σ——导线的应力，MPa；

g_1——导线的自重比载，$N/(m \cdot mm)^2$。

导线的振动是在气流旋涡引起的上下交变的冲力作用下维持的振动，因此是一种受迫振动。物体作受迫振动时，其振动频率总是等于策动力的频率，它的振幅与其固有自振频率和策动力的频率有关，当物体的固有自振频率和策动力的频率相等时，其振动的振幅最大，这种现象称为共振。所说的导线振动，就是指导线固有自振频率和气流旋涡的交替变化频率相等时的振动，即 $f_F = f_D$。

由 f_F 和 f_D 计算式可知，导线固有自振频率 f_D 和导线应力 σ 有关，随着应力的变化，导线有不同的固有自振频率。而气流旋涡的交替变化频率 f_F 与风速 v 有关。因此，当气流旋涡的交替变化频率 f_F 与导线某一固有自振频率 f_D 相等时，导线在该频率下产生共振，此时振幅达到最大值。当风速变化致使 f_F 变化时，振幅将有所下降，同时导线应力也有所变化，导线固有自振频率也随之变化，有可能在另一频率下又实现 $f_F = f_D$，产生新的共振。因此，导线振动的频率不是唯一的。

根据共振的条件 $f_F = f_D$，可以求出导线振动波的波长为

$$\lambda = \frac{d}{200v}\sqrt{\frac{9.81\sigma}{g_1}} \tag{3-28}$$

振动波的半波长为

$$\frac{\lambda}{2} = \frac{d}{400v}\sqrt{\frac{9.81\sigma}{g_1}} \tag{3-29}$$

2. 影响导线振动的因素

影响导线振动的因素主要有风速、风向、档距、悬点高度、导线应力以及地形、地物等。

(1) 风的影响。引起导线振动的基本因素是均匀稳定的微风。因为一方面导线振动的产生和维持需要一定的能量（如克服空气阻力、导线股线间的摩擦力等所需的最小能量），而这些能量需由气流旋涡对导线的冲击能量转化而来。一般产生导线振动的最小风速可取

0.5～0.8m/s，风速再小就不会发生振动。另一方面，维持导线的持续振动，则其振动频率必须相对稳定，也即要求风速应具有一定的均匀性，如果风速不规则地大幅度变化，则导线不可能形成持续的振动，甚至不发生振动。影响风速均匀性的因素有风速的大小、导线悬挂高度、档距、风向和地貌等。当风速较大时，由于和地面摩擦加剧，使地面以上一定高度范围内的风速均匀性遭到破坏。如果档距增大，则为保证导线对地距离，导线悬挂点必然增高。离地面越高，风速受地貌的影响越小，均匀性越好。所以必须适当选择引起导线振动的风速范围，防振设计中一般取表 3 - 7 所列数值。

表 3 - 7　　引起导线振动的风速范围

档　距 (m)	悬挂点高度 (m)	引起振动的风速范围（m/s）	
		下限 v_n	上限 v_m
150～250	12	0.5	4.0
300～450	25	0.5	5.0
500～700	40	0.5	6.0
700～1000	70	0.5	8.0

根据在平原开阔地区的观察结果表明，当风向和线路方向成 45°～90°夹角时，导线产生稳定振动；成 30°～45°夹角时，振动的稳定性较小；夹角小于 20°时，则很少出现振动。

(2) 导线的直径和档距的影响。由波长计算式（3 - 29）可知，振动波的波长和导线直径有关；另一方面在振动过程中，档距 l 中振动波的半波数 n 应为整数，即

$$n=\frac{l}{\frac{\lambda}{2}}=\frac{2l}{\lambda}$$

则有

$$\lambda=\frac{2l}{n}$$

将上式代入式（3 - 29）可得

$$n=\frac{l}{d}\times 400v\sqrt{\frac{g_1}{9.81\sigma}}$$

即当风速和导线应力不变时有

$$n\quad\frac{l}{d}$$

由上式可知，档距越大、导线直径越小，档中形成完整半波数的机会越多，也就是导线产生共振的机会越多，导线振动程度也越严重。实际观测证实：档距小于 100m 时，很少见到振动；档距在 120m 以上时，导线振动就多了一些；在跨越河流、山谷等高杆塔大档距的地方，可以观测到较强烈的振动。

综上所述，一般开阔地区易产生平稳、均匀的气流，因而，凡输电线路通过平原、沼地、漫岗、横跨河流和平坦的风道，认为是易振区；且线路走向和全年主导风向垂直或夹角大于 45°时，有较强的振动。

(3) 应力对振动的影响。由前述已知，导线的应力是影响导线振动烈度的关键因素，且对导线振动的频带宽度有直接影响。静态应力越大，振动频带宽度越宽，越容易产生振动。另一方面，导线长期受振动的脉动力作用，相当于一个动态应力叠加在导线的静态应力上，而导线的最大允许应力是一定的。因此可见，静态应力越大，振动越厉害，动态应力越大，

对线路的危害越严重。而且，随着静态应力的增大，导线本身对振动的阻尼作用显著降低，更加重了振动的烈度，更易使导线材料疲劳，引起断股断线事故。

为此，在线路设计考虑防振问题时，选择一个导线长期运行过程中运行时间最多、最有代表性的气象条件，即所谓“年平均气温”气象条件，并规定这个气象条件下导线的实际应力不得超过某一规定值，即“年平均运行应力”。根据运行经验，一般对架空输电线路的导线和避雷线的年平均运行应力和防振措施的规定如表 3 - 8 所示。

表 3 - 8　　架空输电线路的导线和避雷线的年平均运行应力和防振措施

情　况	平均运行张力的上限（拉断力的百分数%）		防 振 措 施
	钢芯铝绞线	镀锌钢绞线	
档距不超过 500m 的开阔地区	16	12	不需要
档距不超过 500m 的非开阔地区	18	18	不需要
档距不超过 120m	18	18	不需要
不论档距大小	22	—	护线条
不论档距大小	25	25	防振锤（阻尼线）或另加护线条

（三）影响疲劳极限的因素

材料的疲劳极限与静态应力（平均应力）的大小有关，线路上的导线是在带有静态拉应力的条件下产生振动的，此时线股的实际疲劳极限（仅有动弯应力）将会降低，特别是对铝股，其数值可根据“古德曼”曲线查取，计算式为

$$\sigma_{am} = \sigma_a\left(1 - \frac{\sigma_m}{\sigma_{ts}}\right) \tag{3 - 30}$$

式中　σ_{ts}、σ_a——铝股材料的破坏强度及其疲劳强度，MPa；

σ_m、σ_{am}——铝股承受静拉平均应力及该应力下的疲劳强度，MPa。

铝单股无静拉张力下的疲劳极限 σ_a 为 57～62MPa，高的可达 70MPa。式（3 - 30）中如已知铝股的 $\sigma_{ts}=169$MPa，$\sigma_a=57$MPa（相当于振动 10^8 次下的值）。当钢芯铝线的平均运行应力（EDS）为破坏应力(σ_{ts})的 25%时，可推算出铝线股承受的平均应力约为 $\sigma_a=30\%\sigma_{ts}$，将其代入式（3 - 30），即算得铝股有静拉应力下的疲劳极限降为 $\sigma_{am}=39.9$MPa，为无静拉应力作用时的 70%。如果考虑铝单丝绞制成导线后，其疲劳极限还要降低，两者的比值为 0.5～0.8（如上例 σ_{am}降为 20～32MPa）。导线在悬垂线夹中，其线夹船体曲率使导线又产生弯曲附加应力以及在防振器、间隔棒等夹具处又产生径向挤压造成压痕以及受力不均等因素，这些夹具处的导线疲劳极限还要再降低至 50%～70%（后者为装护线条时）。因此，铝股的疲劳极限降到仅有 10～20MPa 的水平，其降低程度与线夹类型和质量有关，加装护线条或胶垫能减少降低程度。若限定容许动弯应变 $\varepsilon=\pm150\mu$，铝股弹性系数为63 000MPa，则容许的动弯应力为 $\sigma_b=150\times10^{-6}\times63\,000=9.45$MPa，其值已接近上述实际疲劳极限值。

作为地线使用的钢绞线，使用应力与拉断应力的比值较导线的小，因此一般认为平均静张拉应力对疲劳极限的影响是微小的。钢绞线的疲劳强度大约是铝线的 2 倍。

（四）导线的防振措施

1. 防振措施

根据引起导线振动的原因及其影响因素和导线振动破坏机理，考虑防振措施可从以下两

方面着手。

(1) 设法防止和减弱振动的方法有:

1) 设法从根本上消除引起导线振动的条件。例如线路路径避开易振区;年平均运行应力降低到不易发生振动的程度等。但这些措施在实际工程中往往不易实现,甚至不可能。

2) 设法利用线路设备本身对导线振动的阻尼作用,以减小导线的振动。例如采用柔性横担、偏心导线、防振线夹等。

3) 在导线上加装防振装置以吸收或减弱振动能量,消除导线振动对线路的危害。目前我国广泛采用的防振装置是防振锤和阻尼线。

(2) 提高设备的耐振性能。因为导线振动对线路危害主要是引起线夹出口处导线断股断线,所以提高耐振性能的措施主要有:

1) 在线夹处导线上加装护线条或打背线,以增加线夹出口附近导线的刚性,减少弯曲应力及挤压应力和磨损,同时也能对导线振动起一定阻尼作用。钢芯铝绞线常用的护线条形式有锥形护线条和预绞丝护线条,图 3 - 16 为锥形护线条的组装示意图。打背线是用一段与导线材料相同的线材同导线一起安装于线夹中,并在其两端与导线扎固在一起,如图 3 - 17 所示。

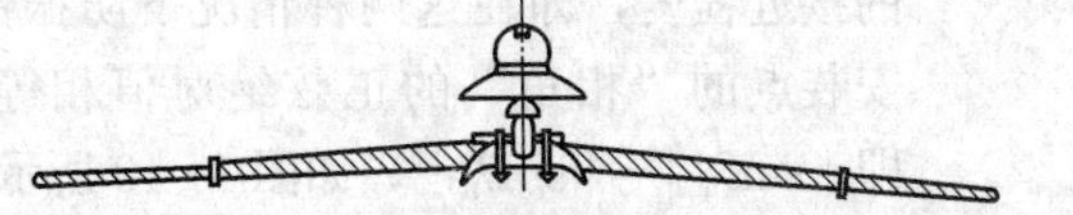

图 3 - 16 锥形护线条安装示意图

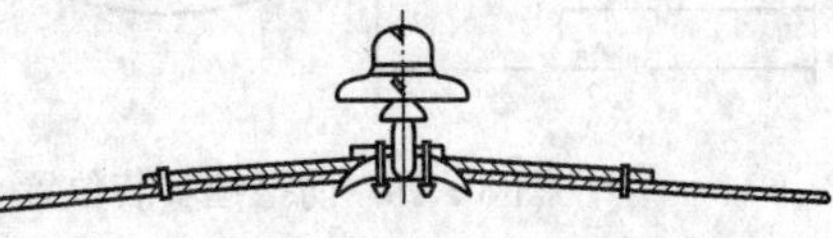

图 3 - 17 打背线

护线条应按导线型号选用相应的型号,打背线也不能在线夹出口处与背线端部之间进行扎固,否则将在护线条或背线端部形成新的波节点,引起该处断股断线。

2) 改善线夹的耐振性能,如要求线夹转动灵活,从而线夹随着导线的上下振功能灵活转动,减小导线在线夹出口处的弯曲应力。

3) 在技术经济条件许可的条件下,尽可能降低导线的静态应力。

在实际工程中,根据需要可选用一种防振措施或两种以上防振措施配合使用。如对一般输电线路普遍采用防振锤防振;有些线路采用防振锤同时加装护线条进行防振;对 500kV 线路的重要跨越档距,有时需专门设计一套综合防振措施。如 500kV 平武输电线路跨越汉江和长江段,跨越塔上的防振装置是由导线线夹两侧各超出槽体鞍座 500mm 的 16 根预绞丝护线条、线夹两侧 5 个花边状弧垂的阻尼线、4 只释放型埋头无晕防振锤组成。

2. 防振锤的安装

最常用的防振锤形状示意图如图 1 - 113 所示,它是由一段短的钢绞线在其两端各装一个重锤,中间有专为装于导线上使用的夹板组成。当导线振动时,夹板随着导线上下移动,由于两端重锤具有较大的惯性而不能和夹板同步移动,致使防振锤的钢绞线不断上下弯曲。重锤的阻尼作用减小了振动的振幅,而钢绞线的变形及股线间的摩擦则消耗了导线振动传给它的能量,从而减小了导线的振动。导线振动的振幅越大,防振锤的钢绞线上下弯曲挠度越大,则消耗的能量越多;振幅减小,防振锤消耗的能量随之下降,最后在能量平衡的条件下导线以很低的振幅振动。从防振锤的防振原理,可以看出,严格地说防振锤并不是"防振",而是将振动限制到无危险的范围。

从防振锤的防振原理可见,要使防振锤能最大限度地消耗导线振动的能量,就要在防振锤选择和安装时,以防振锤的钢绞线能产生最大挠度为原则。

在选择防振锤型号时，首先防振锤的固有自振频率应与导线可能发生的振动频率范围相适应；其次防振锤的质量要适当，太轻则消振效果差，太重则可能在防振锤安装位置形成新的波节点；另外，还应与导线型号相配合。防振锤的选择一般可按表 3 - 9 进行。

在确定防振锤安装位置时，因为导线的振动是沿整档导线呈驻波分布的，导线悬挂点处无论何种频率的振动均为一固定的波节点，因此防振锤应安装在悬点附近。另外，防振锤应安装在波腹点附近，这样防振锤甩动幅度最大，消耗振动能量最多。然而，导线振动的频率和波长并非是唯一的，而是在一定范围内变化，为使防振锤的安装能对各种频率和波长的振动都能发挥一定的防振作用，就应照顾到出现最大及最小半波长时，都能起到一定的防振作用，如此自然对中间波长的振动具有更好的防振效果。

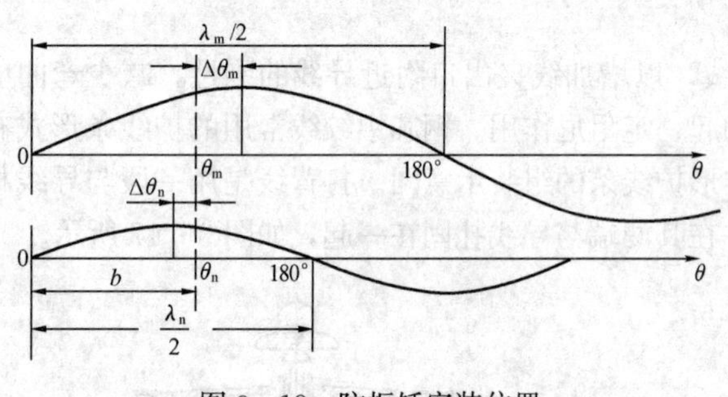

图 3 - 18 防振锤安装位置

综上所述，当安装一个防振锤时，其安装位置的确定原则是：在最大波长和最小波长情况下，防振锤的安装位置在线夹出口处第一个半波范围内，并对这两种波长的波节点或波腹点具有相同的接近程度，即在这两种情况下防振锤安装点的“相角”的正弦绝对值相等，即 $|\sin\theta_m|=|\sin\theta_n|$，如图 3 - 18 所示。

表 3 - 9 防振锤型号及适用绞线截面积

型号	适用绞线截面积（mm²）		质量（kg）
	钢绞线外径	铝绞线或钢芯铝绞线外径	
FD - 2		10.8～14.0	2.4
FD - 3		14.5～17.5	4.5
FD - 4		18.1～22.0	5.6
FD - 5		23.0～29.0	7.2
FD - 6		29.1～35.0	8.6
FG - 70	11.0～11.5		4.2
FG - 100	11.6～13.0		5.9

根据上述原则，可以推得防振锤安装距离计算式为

$$b=\frac{\frac{\lambda_m}{2}\times\frac{\lambda_n}{2}}{\frac{\lambda_m}{2}+\frac{\lambda_n}{2}} \tag{3-31}$$

$$\frac{\lambda_m}{2}=\frac{d}{400v_n}\sqrt{\frac{9.81\sigma_m}{g_1}} \tag{3-32}$$

$$\frac{\lambda_n}{2}=\frac{d}{400v_m}\sqrt{\frac{9.81\sigma_n}{g_1}} \tag{3-33}$$

式中 b——防振锤的安装距离，m；

λ_m——振动波的最大波长，m；

λ_n——振动波的最小波长，m；

σ_m——最低气温时导线应力，MPa；

σ_n——最高气温时导线应力，MPa；

v_m——振动的上限风速，m/s；

v_n——振动的下限风速，m/s。

防振锤的安装距离 b，对悬垂线夹来说，是指自线夹出口至防振锤夹板中心间的距离；对耐张线夹来说，当采用一般轻型螺栓式或压接式耐张线夹时，也指自线夹出口至防振锤夹板中心间的距离，如图 3 - 19 所示。

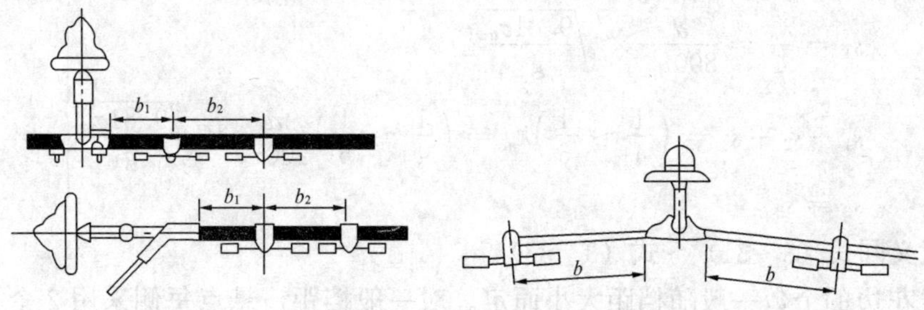

图 3 - 19 防振锤安装

当导线档距较大，悬点高度较高，风的输入能量很大而使导线振动强烈时，安装一个防振锤不足以将此能量消耗至足够低的水平，这时就需装多个防振锤。实际工程中，档距两侧各需安装的防振锤个数一般可按表 3 - 10 确定。

表 3 - 10 **防振锤安装个数**

档距（m） 导线直径（m）	防振锤安装个数 1	2	3
＜12	≤300	300～600	600～900
12～22	≤350	350～700	700～1000
22～37.1	≤450	450～800	800～1200

多个防振锤一般均按等距离安装，即按前述方法计算得到第一个防振锤的安装距离 b，则第二个为 $2b$，第三个为 $3b$，如图 3 - 19 所示。

3. 阻尼线的安装

阻尼线是一种消振性很好的防振装置，它采用一段挠性较好的钢丝绳或与导线同型号的绞线，平行地敷设在导线下面，并在适当的位置用 U 形夹子或绑扎方法与导线固定，沿导线在线夹两侧形成递减型垂直花边波浪线，如图 3 - 20 所示。

阻尼线的防振原理一方面相当于多个联合防振锤，使一部分振动能量被架空导线本身和阻尼线线股之间的摩擦所消耗；另一方面，在阻尼线花边的连接点处，使振动波传来的能量产生分流，振动波在折射（并有少量反射）过程中能量被消耗，并有部分通过

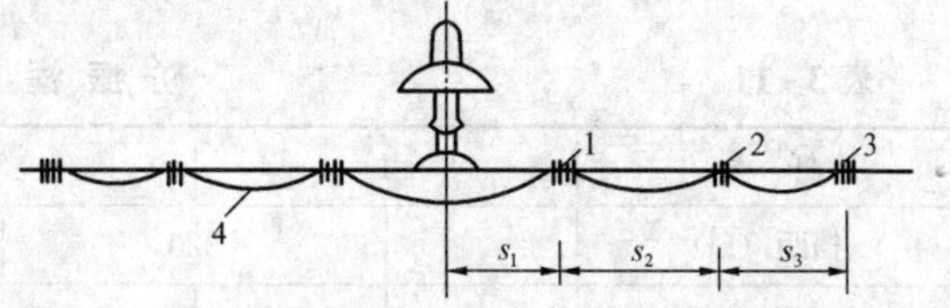

图 3 - 20 阻尼线安装示意图

1、2、3—扎固点；4—阻尼线

花边传到了线夹另一侧，因此，传递至线夹出口处的振动能量很小。

阻尼线取材方便、重力小、频率特性宽。通过试验证实，低频率振动时，防振锤消振效果较好，高频率振动时，阻尼线消振效果较好。从前面分析可知，导线直径小，悬挂点高，导线的振动频率高，所以，阻尼线比较适合于小截面导线的防振。对大跨越档距则往往采用阻尼线加防振锤的联合防振措施，以充分发挥各自的长处。

阻尼线的扎固点应考虑导线发生最大和最小振动波长时均能起到消振作用。当扎固点位于波腹点或两个相邻绑扎点的相对变位最大时消振性能最好。所以，阻尼线扎固点到线夹中心的距离可确定为

$$\left.\begin{aligned} s_1 &= \frac{\lambda_n}{4} = \frac{d}{800v_m} \times \sqrt{\frac{9.81\sigma_n}{g_1}} \\ s_1 + s_2 + s_3 &= \left(\frac{1}{4} \sim \frac{1}{6}\right)\lambda_m = \left(\frac{1}{4} \sim \frac{1}{6}\right)\frac{d}{200v_n} \times \sqrt{\frac{9.81\sigma_m}{g_1}} \\ s_2 &= s_3 \end{aligned}\right\} \tag{3-34}$$

式中符号意义同式（3 - 31）～式（3 - 33）。

阻尼线花边的个数一般随档距大小而定。对一般档距，悬点每侧采用 2 个花边（3 个扎固点）；500m 以上档距采用 3～5 个花边。花边弧垂大小对消振效果影响不大，一般取 50～100mm。从工艺上要求，一般各花边弧垂按图 3 - 20 形式布置，并做成线夹两侧对称。

【例 3 - 5】 某架空输电线路中，有一耐张段各档档距分别为 360、520、800m，导线为 JL/G1A - 200 - 26/7 型，导线直径为 19.8mm，自重比载 $g_1 = 33.933 \times 10^{-3}$，N/（m·mm²），代表档距 $l_0 = 300$m，已知导线最高气温时应力为 68.55MPa，最低气温时的应力为 99.45MPa。试选防振锤型号、安装距离并统计该耐张段所需防振锤个数。

解 由表 3 - 9，选用 FD-4 型防振锤。

选振动风速，$v_m = 5$m/s，$v_n = 0.5$m/s，则有

$$\frac{\lambda_m}{2} = \frac{d}{400v_n}\sqrt{\frac{9.81\sigma_m}{g_1}} = \frac{19.8}{400 \times 0.5} \times \sqrt{\frac{9.81 \times 99.45}{33.933 \times 10^{-3}}} = 16.787(\text{m})$$

$$\frac{\lambda_n}{2} = \frac{d}{400v_m}\sqrt{\frac{9.81\sigma_n}{g_1}} = \frac{19.8}{400 \times 5} \times \sqrt{\frac{9.81 \times 68.55}{33.933 \times 10^{-3}}} = 1.394(\text{m})$$

$$b = \frac{\dfrac{\lambda_m}{2} \times \dfrac{\lambda_n}{2}}{\dfrac{\lambda_m}{2} + \dfrac{\lambda_n}{2}} = \frac{16.787 \times 1.394}{16.787 + 1.394} = 1.287(\text{m})$$

由表 3 - 10 确定，该耐张段所需防振锤个数见表 3 - 11。

表 3 - 11　防振锤安装表

杆　号	1		2		3		4
档距（m）	320		520		800		
防振锤个数	3	3	6	6	9	9	
安装距离（m）	1.287						

第五节　特殊情况导线弧垂应力的分析

一、兼有集中荷载时导线弧垂应力的特点

在导线的弧垂应力计算中，前面章节所采用的计算公式都是导线上为均匀分布荷载的情况。对导线截面为 JL/G1A-200 及以上、避雷线 JG1A-10 及以上的线路，运行检修单位常采用飞车作业。在进行带电作业时，有时使用软硬绝缘梯悬挂在导线上，均使导线承受集中荷载，引起应力和弧垂的增大，影响导线的强度和对地面的距离及作业人员的安全。因此，必须对兼受集中荷载的导线进行弧垂、应力变化的计算，校验导线强度及对地面、跨越物的安全距离。

从实验和分析可知，兼有集中荷载时，导线的弧垂和应力有如下特点：

（1）对于某一档距，当集中荷载处于档距中点时，导线的应力最大；

（2）对于受集中荷载作用的耐张段，档数越少，导线应力增加越多，以孤立档的导线应力为最大；

（3）当集中荷载作用于耐张段中较大的档距中时导线应力也增加较多；

（4）六级以下的风（六级以上不许登杆进行高空作业）对受集中荷载作用的导线应力计算结果影响不大，可忽略不计。

因此，如耐张段中各档均需上人作业时，可取档距最大的一档验算，此档若安全，其他各档必安全。若飞车通过档，则可取该档距中央点验算，如验算符合要求，则飞车在该档其他各点也必符合要求。

一个连续多档的耐张段中，在某档导线上作用有集中荷载，其导线的应力可按状态方程式（3-35）计算。这时将集中荷载作用前的气温、比载及应力作为已知条件，集中荷载作用后的应力为待求条件。

$$\sigma_2-\frac{Eg^2l_0^2}{24\sigma_2^2}-\frac{l_xQ(Q+l_xgA)E}{8A^2\sigma_2^2\sum l_i}=\sigma_1-\frac{Eg^2l_0^2}{24\sigma_1^2}-\alpha E(t_2-t_1) \tag{3-35}$$

式中　σ_1、σ_2——集中荷载作用前和作用后的导线应力，MPa；

t_1、t_2——集中荷载作用前和作用后的气温，℃，一般取 $t_1=t_2$；

Q——集中荷载，N。取工器具及人员总重的 1.3 倍，1.3 为冲击系数；

l_0——耐张段的代表档距，m；

l_x——集中荷载作用档的档距，m；

$\sum l_i$——耐张段长度，m；

g——导线的比载，N/（m·mm²）；

A——导线截面积，mm²；

E——导线的弹性系数，MPa；

α——导线的热膨胀系数，1/℃。

按式（3-35）计算得到导线受集中荷载作用后的应力 σ_2 后，其强度安全系数 K 必须满足

$$K=\frac{\sigma_P}{\sigma_2}\geqslant 2.5 \tag{3-36}$$

式中 σ_P——导线的计算破坏应力，MPa。

另外，挂软梯等上人工作，所挂的导线、避雷线一般不应小于下列截面积（mm^2）：

钢芯铝绞线 125

铜绞线 70

钢绞线 67.8

当需验算集中荷载作用点对地或交叉跨越物的垂直距离时，集中荷载作用点的弧垂的计算式为

$$f_x = \frac{g}{2\sigma_2} l_a l_b + \frac{Q}{l_x \sigma_2 A} l_a l_b \tag{3-37}$$

式中 f_x——集中荷载作用点的导线弧垂，m；

l_a、l_b——集中荷载作用点距两侧导线悬点的水平距离，m。

其他符号意义如前。

二、弧垂调整的概念

在输电线路施工、运行过程中，在下述几种情况下往往需要进行弧垂的调整。

（1）在施工紧线过程中，导线在悬垂线夹处用滑车悬挂进行弧垂观测时，从第二章节中已知，各档观测弧垂都是按滑车无摩擦力计算的。实际线路架线时，由于滑车上作用的荷载不同，以及滑车本身转动的摩擦系数不同，致使各杆塔上的滑车具有不同的摩擦力。特别当线路翻越高山或紧线段内档数较多时，由于摩擦力的影响，往往使紧线端张力与挂线端张力相差悬殊。虽然在观测弧垂过程中采用反复紧、松的办法力求各观测档的弧垂相互一致，但是仍难使全部紧线档的弧垂、应力达到平衡。因此，架线安装完毕后经常出现档间或线间弧垂不一致，以及悬垂绝缘子串偏离中垂位置的现象。当这种偏差超过施工验收规程中的允许值时，就需要对导线弧垂进行调整。

紧线弧垂在挂线后应随即在该观测档检查，其允许偏差一般情况下应符合表 3 - 12 所列规定。

跨越通航河流的大跨越档弧垂允许偏差不应大于+1%，其正偏差不应超过 1m。

导线或架空地线各相间的弧垂应力求一致，当满足表 3 - 12 的弧垂允许偏差标准时，各相间弧垂的相对偏差最大值一般情况下不应超过表 3 - 13 所列规定。

表 3 - 12 弧垂允许偏差

线路电压等级	110kV	220kV 及以上
允许偏差	+5%，−2.5%	±2.5%

表 3 - 13 相间弧垂允许偏差最大值

线路电压等级	110kV	220kV 及以上
相间弧垂允许偏差值（mm）	200	300

注 对架空地线是指两水平排列的同型线间。

对于跨越通航河流大跨越档的相间弧垂最大允许偏差应为 500mm。

架线后应测量导线对被跨越物的净空距离，计入导线蠕变伸长换算到最大弧垂时必须符合设计规定。

悬垂线夹安装后，悬垂绝缘子串应垂直于地平面。个别情况下，其在顺线路方向与中垂位置的倾斜角可不超过 5°，且其最大偏移值不应超过 200mm。

当架线安装完毕后，若发现各档弧垂既不平衡又不同于设计值时，可通过调整档内的导线长度使弧垂达到设计值。此时，先逐档测量调整前各档的弧垂及档距增量，求得调整前各

档导线应力，然后计算各档线长增量，确定各悬垂线夹安装位置的调整量。这种调整，耐张杆塔上的调整量一般不为零。

（2）相分裂导线在紧线安装中，由于滑车的摩擦力以及各线的牵引力不同等因素的影响，往往使分裂导线间的弧垂不一致，且使悬垂线夹产生不同步偏移，弧垂不一致不仅使分裂导线的电气参数变坏，而且会使间隔棒的受力条件变坏，甚至将间隔棒扭折。因此，除了在观测弧垂时尽量调平各线间的弧垂外，当安装线夹过程中及其以后还要注意调平线间的弧垂。

相分裂导线同相子导线的弧垂应力求一致，在满足表 3 - 12 弧垂允许偏差标准时，其相对偏差应符合，不安装间隔棒的垂直双分裂导线，同相子导线间的弧垂允许偏差为＋100mm；安装间隔棒的其他形式分裂导线同相子导线的弧垂允许偏差对 220kV 为 80mm、330～500kV 为 50mm 的规定。在未装间隔棒前，如果发现弧垂的不平衡度超过允许值，则应进行调整。

（3）一条线路如在架线时未补足初伸长，则运行若干年后，由于初伸长的影响将使导线对地和交叉跨越物的垂直距离不足。另外，对旧线路进行升压运行以后，由于绝缘子片数增加，导线悬挂点下移，也会造成导线对地距离减小。为了保证线路的安全运行，必须进行弧垂调整。

对旧线路进行弧垂调整，可采用直接观测法。此时，在各直线杆塔上将悬垂线夹松开，导线移至放线滑车中，然后在耐张段一端紧线，并在选定的弧垂观测档进行弧垂观测，使其符合要求。

更省时省事的方法是通过计算，确定各直线杆塔上悬垂线夹安装位置的移动值后，重新安装悬垂线夹。此时，对经过长期运行的线路，导线弹性系数已为定值，当荷载和气温不变时，线长调整量仅为导线悬挂曲线的伸长部分。弧垂调整前后的导线线长如下所示：

弧垂调整前导线线长为

$$L_1 = l + \frac{l^3 g^2}{24\sigma_1^2} + \frac{h^2}{2l} = l + \frac{8}{3l}f_1^2 + \frac{h^2}{2l}$$

弧垂调整后导线线长为

$$L_2 = l + \frac{l^3 g^2}{24\sigma_2^2} + \frac{h^2}{2l} = l + \frac{8}{3l}f_2^2 + \frac{h^2}{2l}$$

弧垂调整时导线线长调整量为

$$\Delta L = L_2 - L_1 = \frac{8}{3l}(f_2^2 - f_1^2) \tag{3-38}$$

考虑到在调整线夹安装位置时前一档线长调整量的串入，所以具体计算时，首先测量各档弧垂 f_{1i}，并计算调整后各档的设计弧垂 f_{2i}，然后计算第 i 基直线杆塔上线夹安装位置的调整距离为

$$\left.\begin{aligned} \Delta L &= \frac{8}{3l}(f_{2i}^2 - f_{1i}^2) \\ \delta_i &= \delta_{i-1} + \Delta L_i \end{aligned}\right\} \tag{3-39}$$

式中　ΔL——第 i 档线长调整量，m；

L_i——第 i 档档距，m；

δ_i——第 i 基杆塔上线夹调整距离，m；

δ_{i-1}——第 $i-1$ 基杆塔上线夹调整距离，m；

f_{2i}——第 i 档调整后弧垂，m；

f_{1i}——第 i 档调整前弧垂，m。

δ_i 一般为负值，即悬垂线夹应向使第 i 档线长减少的方向移动。另外，计算中未计及悬垂绝缘子串偏斜的影响，所以量取 δ_i 的起点应为过悬垂绝缘子串的悬挂点作一垂线与导线的交点。第三，耐张段中各档线长调整量的代数和一般不为零，即有 n 档导线的耐张段，$\delta_n \neq 0$。此时，如 δ_n 数值不大，可在耐张杆塔上用调整金具进行调整，否则应重新安装耐张线夹。

复习与思考题

1. 什么是导线安装曲线，有何作用？

2. 导线安装曲线中各条曲线的计算气象条件是如何确定的？

3. 什么是导线初伸长，如何补偿？

4. 导线安装时的弧垂观测档如何确定？如某耐张段布置如图3－21所示，弧垂观测档选哪一档较合适？若图3－21所示耐张段布置图未考虑初伸长补偿，导线为JL/G1A－315－45/7型，导线安装时气温为10℃，试确定观测弧垂。

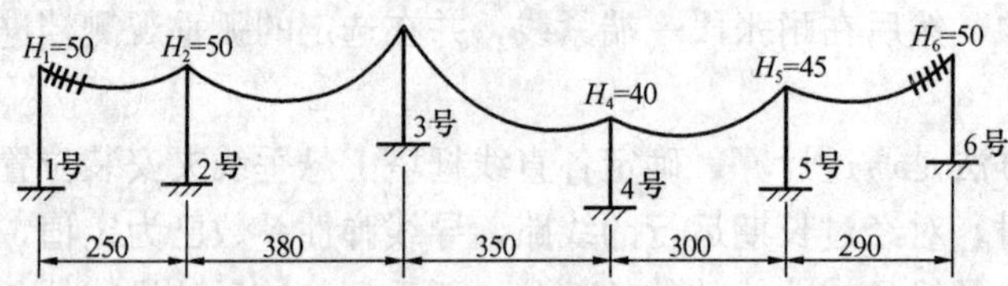

图3－21　耐张段布置图

5. 孤立档紧线时能否用安装曲线确定观测弧垂，为什么？

6. 孤立档紧线观测弧垂与竣工验收弧垂是否相同，为什么？

7. 什么是过牵引？过牵引后导线应力应满足什么条件？

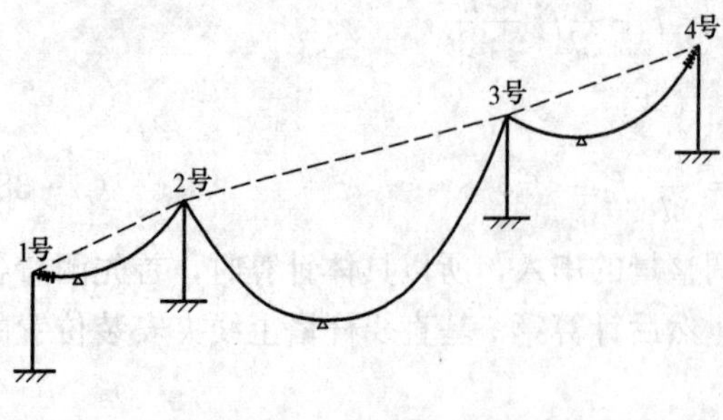

图3－22　耐张段布置图

8. 连续倾斜档在导线安装紧线时有什么现象？为什么？

9. 某耐张段布置如图3－22所示，问导线置于滑车中紧线时各悬垂绝缘子串的偏斜方向及各档导线应力间的大小关系。

10. 进行连续倾斜档安装弧垂的计算和悬垂线夹安装位置调整的目的是什么？悬垂线夹安装时应注意什么？

11. 断线张力的一般定义如何？工程中断线张力常指的是哪一档的张力，为什么？

12. 断线张力的大小与剩余档数及计算档距有何关系？

13. 图3－23所示为一耐张段，欲求作用在直线杆塔上的最大、最小断线张力，应分别设何档断线，为什么？

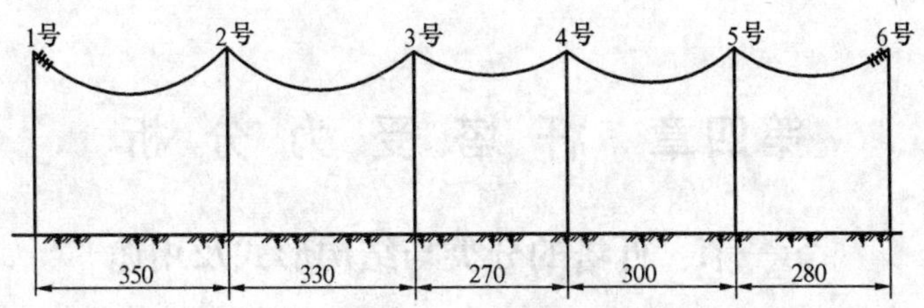

图 3-23 耐张段布置图

14. 图 3-24 所示的耐张段中，在 4 号与 5 号杆塔之间跨越铁路，试进行邻档断线交叉跨越校验。要求导线至轨顶垂直距离 $d \geqslant 7.5\text{m}$，H 已知，校验气象条件（15℃无风）时导线应力 $\sigma_0 = 81.67\text{MPa}$，$g_1 = 35.187 \times 10^{-3}\text{N/(m} \cdot \text{mm}^2)$，悬垂绝缘子串长 $\lambda = 0.71\text{m}$。

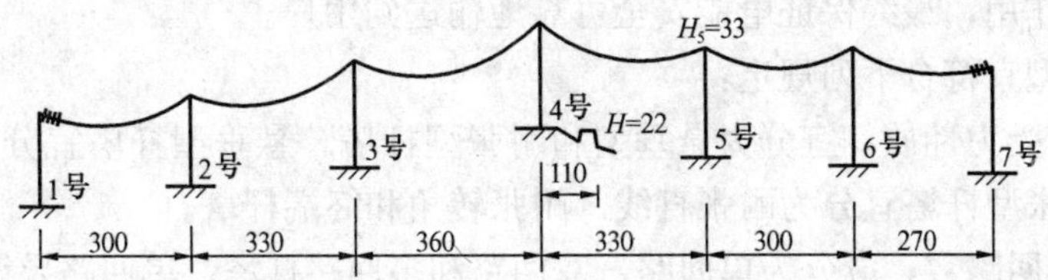

图 3-24 耐张段布置图

15. 微风产生振动的原因是什么？它将产生什么危害？如何采取防护措施？

16. 导线振动是如何产生的？对线路有何危害？影响导线振动的因素有哪些？

17. 导线防振措施有哪两方面内容？以下措施哪些是减小导线振动的？

安装防振锤、护线条、阻尼线、打背线，采用偏心导线、防振线夹，降低导线应力

18. 试述防振锤的消振原理及其安装原则。

19. 导线舞动是如何发生的，有何危害？

20. 影响导线振动的因素主要有哪几方面？

21. 某架空输电线路，导线为 LGJ-200-26/7 型，导线直径 $d = 19.8\text{mm}$，$g_1 = 33.933 \times 10^{-3}\text{N/(m} \cdot \text{mm}^2)$，耐张段各档档距分别为 310、370、380、320m，导线最低气温时应力 $\sigma_m = 96.39\text{MPa}$，最高气温时应力 $\sigma_n = 70.61\text{MPa}$。试选防振锤的规格和安装距离，并统计该耐张段所需导线防振锤只数。

22. 下述说法正确吗？为什么？

（1）工程中断线张力通常均指紧邻断线档第一档的张力是因为断线后该档的张力最大。

（2）在连续倾斜档紧线时，山下第一档导线应力最小，以后逐档增大。

（3）导线振动的频率是唯一的。

（4）孤立档的导线强度安全系数往往都是大于 2.5 的。

23. 兼有集中荷载作用时，导线弧垂、应力有哪些特点？

24. 线路竣工验收时，对导线安装要求如何？不满足要求有什么危害？

25. 运行多年的旧线路，对地或交叉跨越物距离不够，通常是什么原因造成的，如何处理？

第四章　杆 塔 受 力 分 析

第一节　杆塔的分类与结构形式及用途

一、分类

电能在变电站之间转输，需要不同电压等级的输电线路来实现。其中架空输电线路要穿越村庄、农田、森林和高山，跨越河流、公路、铁路、电力线路及通信线路等；遇到重要的设施和不可逾越的障碍需要避开绕行。杆塔结构作为输配电线路的重要组成部分，起着支撑架空电力线路的作用，最终保证电能安全可靠地输送到用户。

（1）杆塔类型宜符合下列规定：

1）杆塔按其受力性质，宜分为悬垂型和耐张型杆塔。悬垂型杆塔宜分为悬垂直线和悬垂转角杆塔；耐张型杆塔宜分为耐张直线、耐张转角和终端杆塔。

2）杆塔按其回路数，应分为单回路、双回路和多回路杆塔。单回路导线既可水平排列，也可三角排列或垂直排列；双回路和多回路杆塔导线可按垂直排列，必要时可考虑水平和垂直组合方式排列。

杆塔的外形规划与构件布置应按照导线和地线排列方式，并应以结构简单、受力均衡、传力清晰、外形美观为原则，同时应结合占地范围、杆塔材料、运行维护、施工方法、制造工艺等因素在充分进行设计优化的基础上选取技术先进、经济合理的设计方案。

总而言之，在线路的直线路径上要设置直线杆塔和耐张杆塔，在线路的转折处要设置转角杆塔，在被跨越物的两侧要设置较高的跨越杆塔，为均衡交流三相导线的电抗，每隔一定距离需设置换位杆塔，在变电站的进出口处要设置终端杆塔。但终端杆塔不一定局限于变电站进出口，凡线路两端张力差过大的杆塔，都有可能采用终端杆塔。

（2）杆塔使用宜遵守以下原则：

1）对不同类型杆塔的选用，应依据线路路径特点，按照安全可靠、经济合理、维护方便和有利于环境保护的原则进行。

2）在平地和丘陵等便于运输和施工的非农田和非繁华地段，可因地制宜地采用拉线杆塔和钢筋混凝土杆。

3）对于山区线路杆塔，应依据地形特点配合不等高基础，采用全方位长短腿结构形式。

4）对于线路走廊拆迁或清理费用高以及走廊狭窄的地带，宜采用导线三角形或垂直排列的杆塔，并考虑V型、Y型和L型绝缘子串使用的可能性，在满足安全性和经济性的基础上减小线路走廊宽度。轻、中冰区线路宜结合远景规划，采用双回路或多回路杆塔；重冰区线路宜采用单回路导线水平排列的杆塔；城区或市郊线路可采用钢管杆。

5）对于悬垂直线杆塔，当需要兼小角度转角，且不增加杆塔头部尺寸时，其转角度数不宜大于3°。悬垂转角杆塔的转角度数，对330kV及以下线路杆塔不宜大于10°；对500kV及以上线路杆塔不宜大于20°。

二、杆塔的结构形式

输电线路中使用的杆塔结构主要是钢筋混凝土电杆、钢管杆和角钢塔，它们的结构形式多种多样。实际工程中究竟使用哪种结构形式杆塔，主要取决于线路的电压等级、回路数、地形地质条件和使用条件等多种因素，最后还要通过经济技术的比较择优选用。就我国已建的输配电线路工程来看，电压等级不低于 110kV 的线路常使用角钢塔，电压等级不高于 66kV 的线路常使用钢筋混凝土电杆和钢管杆；在平坦或稻田地直线路径上，使用拉线结构更为常见；在高电压等级的单回路线路上，常采用电线呈水平排列的结构形式。杆塔结构从使用的材料上划分，主要可分为钢筋混凝土电杆和铁塔两大类；从维持结构整体稳定性上划分，可分为自立式杆塔和拉线式杆塔。

（一）钢筋混凝土电杆的结构形式

1. 单杆电杆

图 4-1 为 35～110kV 单回路单杆电杆，此类电杆依靠自身基础埋深维持整体稳定，所以称为自立式，承受的荷载也较小。主杆一般为预应力钢筋混凝土环形截面的拔梢杆，梢径 ϕ150～ϕ190mm，锥度为 1/75，杆长 15～18m，电杆基础埋深 3m 左右。

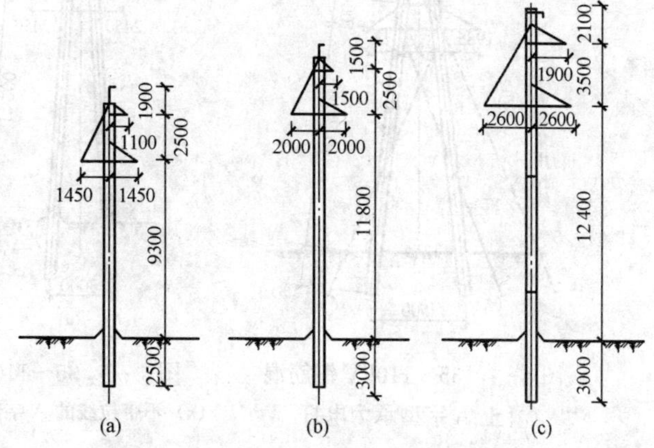

图 4-1 35～110kV 单回路单杆电杆

(a) 35kV 单杆电杆；(b) 66kV 单杆电杆；(c) 110kV 单杆电杆

图 4-2 为 35～110kV 单回路单杆电杆，此类电杆依靠拉线维持结构整体稳定，所以称为拉线式，电杆的拉线通常采用镀锌钢绞线。此类电杆适用于电杆荷载较大（如导线截面大或档距大）情况，与自立式单杆电杆相比，拉线电杆基础的埋深较浅。

对于 35～110kV 线路，若荷载更大时，常采用 A 字型双杆、门型双杆等。

2. A 字型双杆

A 字型双杆由两根拔梢杆构成，根据荷载情况可采用自立式或拉线式。此类电杆结构简单，受力性能好，耗钢量较少。

图 4-3 为 35～110kV 单回路自立式 A 型双杆电杆。

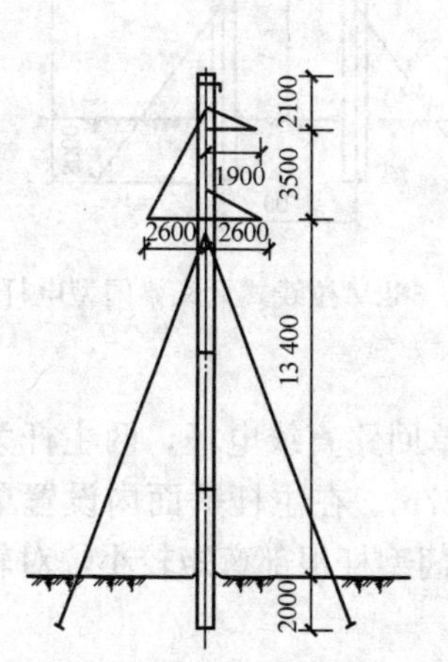

图 4-2 35～110kV 单回路单杆电杆

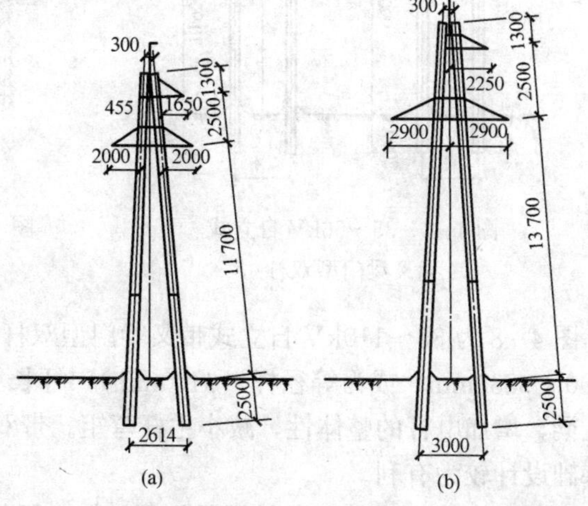

图 4-3 35～110kV 单回路自立式 A 字型双杆电杆

图 4-4 为 35～110kV 承力杆（耐张、转角或终端杆）。小转角时采用 V 字拉线或交叉拉线；大转角时采用八字拉线，必要时设置反向拉线和分角拉线。

图 4-5 为 35～110kV 双回路直线电杆和承力电杆（耐张电杆或小转角电杆）。

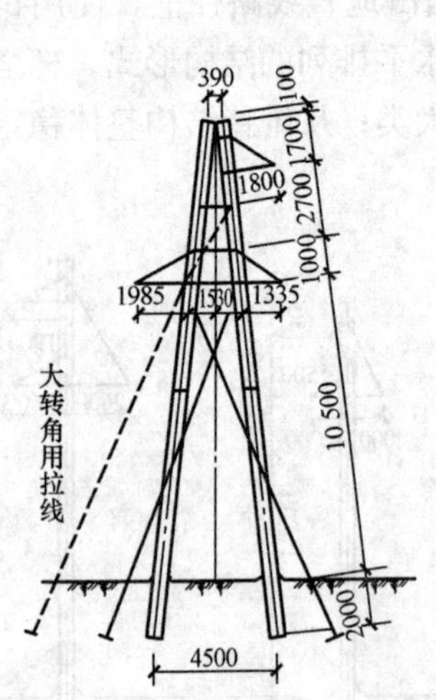

图 4-4 35～110kV 钢筋混凝土 A 字型承力电杆

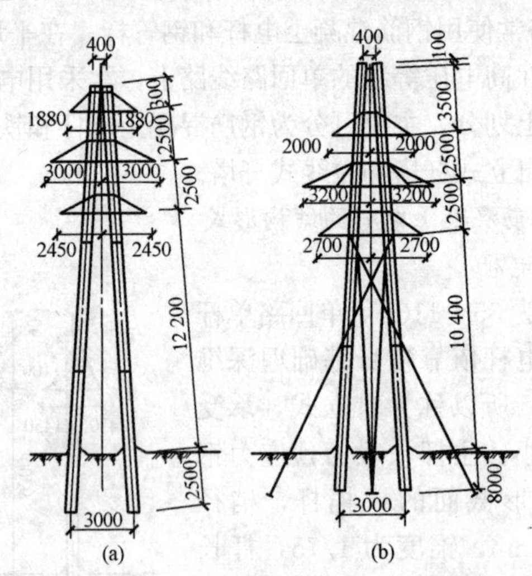

图 4-5 35～110kV 钢筋混凝土 A 字型双杆电杆

（a）不带拉线的 A 字型双杆；（b）带交叉拉线的 A 字型双杆

3. 门型双杆

图 4-6 为 35～66kV 自立式无叉梁门型双杆，用作单回路直线电杆。该电杆无避雷线支架。

图 4-7 为 35～66kV 拉线式无叉梁门型双杆，用作单回路承力电杆。小转角时采用 V 字拉线或交叉拉线；大转角时采用八字拉线，必要时设置反向拉线和分角拉线。

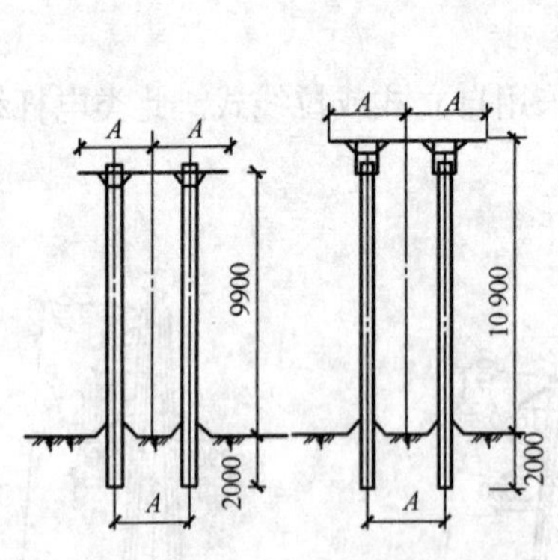

图 4-6 35～66kV 自立式无叉梁门型双杆

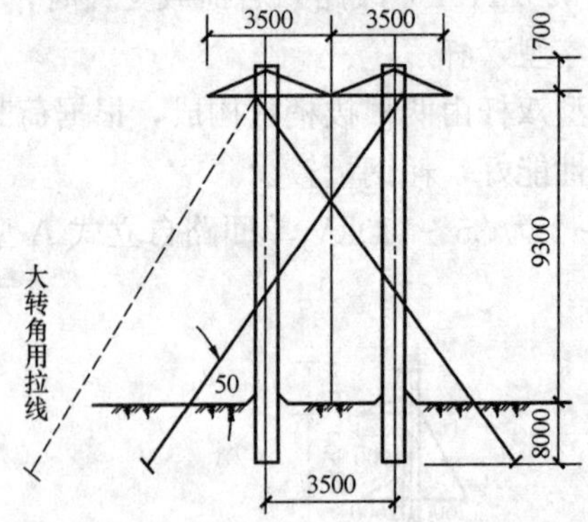

图 4-7 35～66kV 拉线式无叉梁门型电杆

图 4-8 为 35～110kV 自立式带叉梁门型双杆，用作单回路直线电杆，两主杆为拔梢杆（ϕ190～ϕ230mm）或为等径杆（ϕ400mm），杆长为 18～27m。在主杆平面内设置单层或双层叉梁，增加电杆的整体性，减小主杆弯矩。带双层叉梁门型杆根部弯矩较小，对软弱地基的基础设计较为有利。

图 4-9 为 220～330kV 带叉梁门型双杆，用作单回路直线电杆。其中图 4-9（a）为拉

线式带叉梁门型双杆，拉线大多布置成V字拉线或交叉拉线。

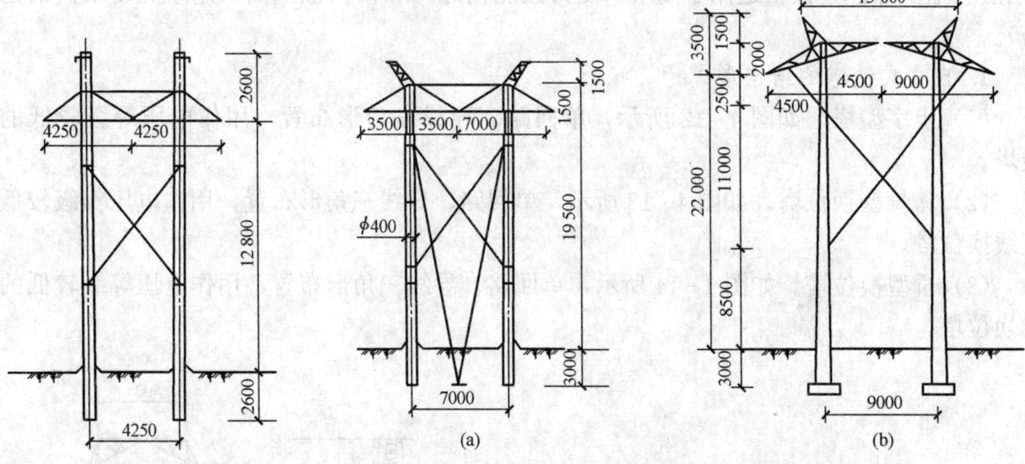

图4-8　35～110kV自立式带叉梁门型双杆

图4-9　220～330kV带叉梁门型双杆
(a) 220kV直线杆；(b) 330kV直线杆

图4-10为220kV拉线式无叉梁门型双杆，分别用作耐张杆和转角杆。

4. 拉线八字型双杆

图4-11为拉线八字型双杆，用作220～330kV线路单回路直线电杆。拉线形式为V字拉线或交叉拉线。在东北地区由于土壤的冻结深度较大，土壤的冻胀力会将卡盘及电杆抬起，一般不宜采用卡盘平衡杆根部的倾覆力矩，而采用拉线维持整体稳定。这种拉线八字型双杆结构简单，耗钢量少，在东北地区有成熟的运行经验。

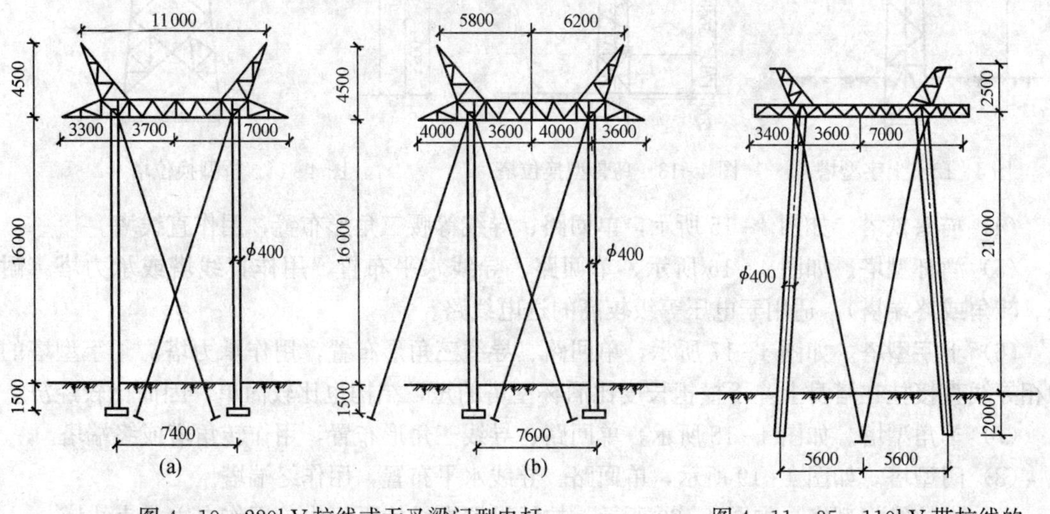

图4-10　220kV拉线式无叉梁门型电杆
(a) 耐张杆；(b) 5°～30°转角杆

图4-11　35～110kV带拉线的八字型双杆

（二）铁塔的结构形式

铁塔结构多用于110～750kV送电线路上。从整体稳定受力特点上可分为自立式铁塔和拉线铁塔，自立式铁塔是靠自身基础维持整体稳定性，而拉线铁塔主要是靠拉线维持整体稳定性。

铁塔结构的构件截面形式有：热轧等边角钢（常用螺栓连接）、冷弯薄壁型钢、钢管（用法兰盘及螺栓连接，适用于高塔，受力性能很好）和格构柱截面（用于高度很高的跨越塔）。

1. 自立式铁塔的结构形式

(1) 上字型塔。如图 4 - 12 所示，单回路、导线三角形布置，用作电压等级较低的直线塔。

(2) 鸟骨型换位塔。如图 4 - 13 所示，单回路、导线三角形布置，用作电压等级较低的直线换位塔。

(3) 桥型换位塔。如图 4 - 14 所示，单回路、导线三角形布置，用作电压等级较低的直线换位塔。

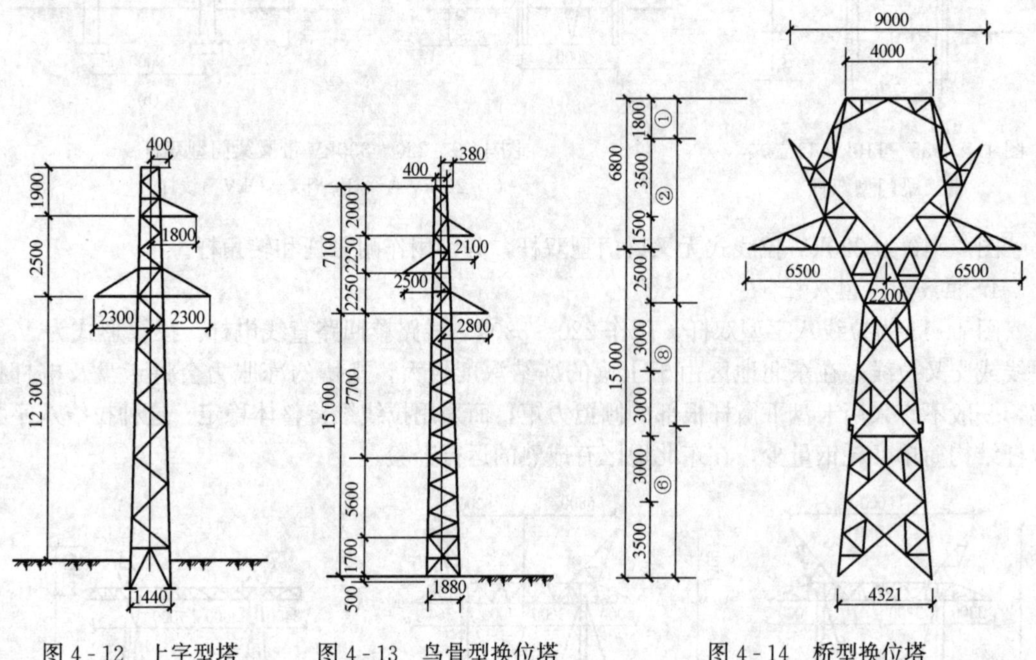

图 4 - 12　上字型塔　　图 4 - 13　鸟骨型换位塔　　图 4 - 14　桥型换位塔

(4) 猫头铁塔。如图 4 - 15 所示，单回路、导线等腰三角形布置，用作直线塔。

(5) 酒杯型塔。如图 4 - 16 所示，单回路、导线水平布置，用作直线塔或承力塔（耐张、转角或终端塔），适用于电压等级较高的送电线路。

(6) 干字型塔。如图 4 - 17 所示，单回路、导线三角形布置，用作承力塔。干字型塔的中相导线直接挂在塔身上，下横担长度比酒杯型塔的短，结构也比较简单，因而比较经济。

(7) 羊角型塔。如图 4 - 18 所示，单回路、导线三角形布置，用作转角塔或终端塔。

(8) 门型塔。如图 4 - 19 所示，单回路、导线水平布置，用作终端塔。

(9) 内拉线门型塔。如图 4 - 20 所示，拉线设置在结构平面内，用作自立式直线塔。

(10) 鼓型塔（六角型）。如图 4 - 21 所示，用作双回路直线塔、承力塔。

(11) 伞型塔。如图 4 - 22 所示，用作双回路承力塔。

(12) 蝶型塔。如图 4 - 23 所示，用作双回路直线塔。

(13) 鼓型分歧塔。如图 4 - 24 所示，是一用双回路分歧塔，两个回路在该塔上分叉，通向不同的变电站。

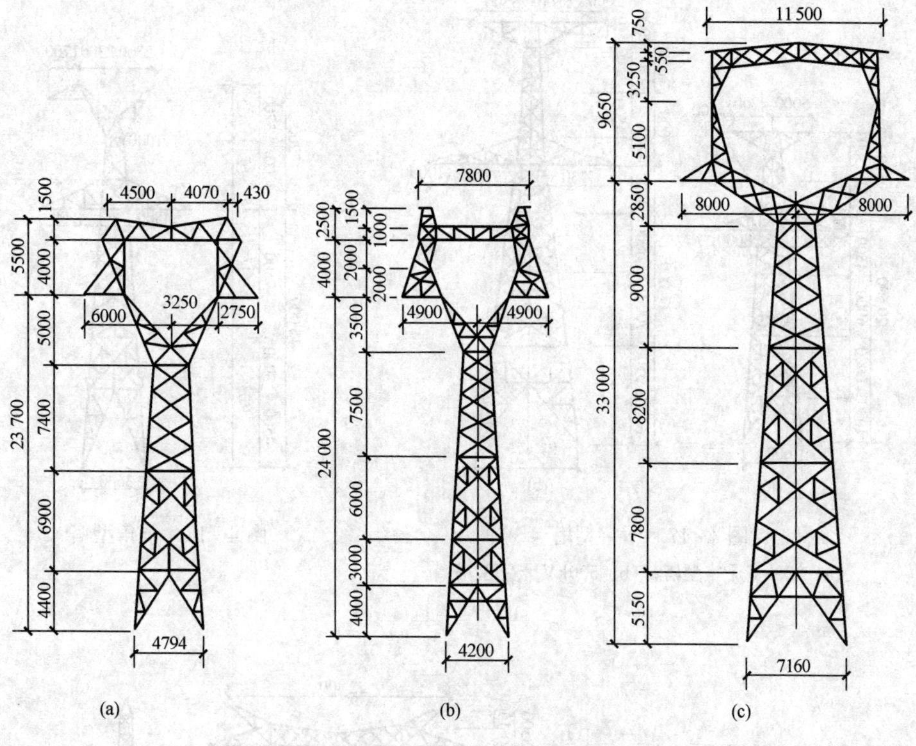

图 4-15 猫头型铁塔

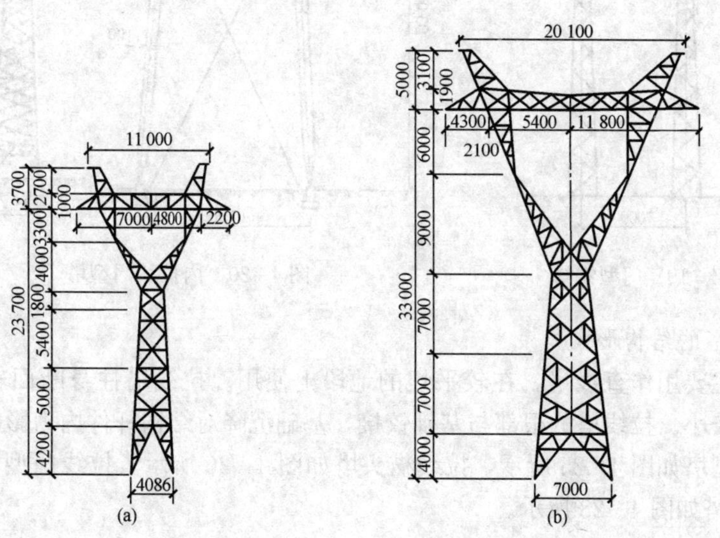

图 4-16 酒杯型塔

(a) 220kV 酒杯型塔；(b) 500kV 酒杯型塔

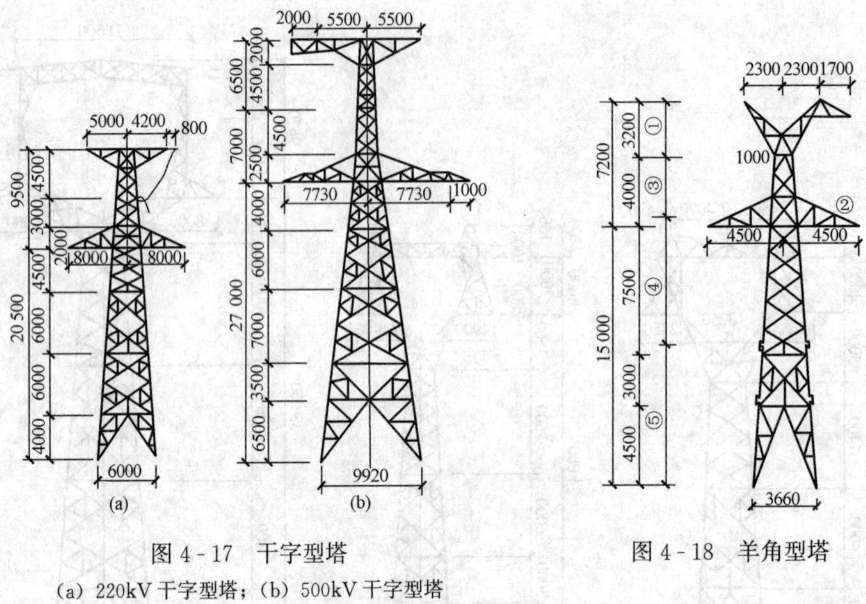

图 4-17 干字型塔
(a) 220kV 干字型塔；(b) 500kV 干字型塔

图 4-18 羊角型塔

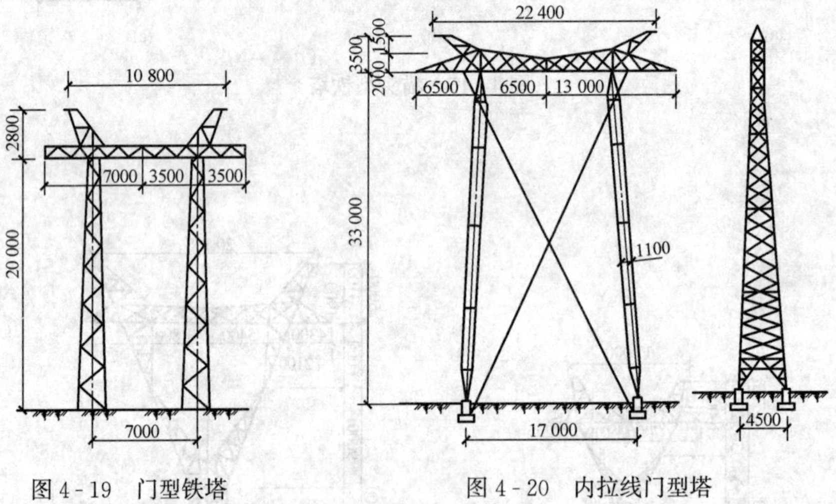

图 4-19 门型铁塔

图 4-20 内拉线门型塔

2. 拉线铁塔的结构形式

拉线铁塔主要用作直线塔，在较平坦的地段上使用。拉线塔柱身断面较小，耗钢量较少，受风荷载较小。拉线塔的根部与基础铰接，基础沉降对结构杆件内力影响较小。

拉线上字型塔如图 4-25 所示，拉线猫头塔如图 4-26 所示。拉线门型塔如图 4-27 所示，拉线 V 型塔如图 4-28 所示。

3. 大跨越塔的结构形式

当送导线路通过大江大河等地形条件时，通常使用大跨越塔来架空导线。河流越宽，跨越的档距越大，所需的杆塔就越高，特别是跨越水位高、有通航要求的江河，所需的杆塔高度就更高。图 4-29 (a) 所示为酒杯型跨越塔，其构件为组合截面，通常由等直角钢组合成

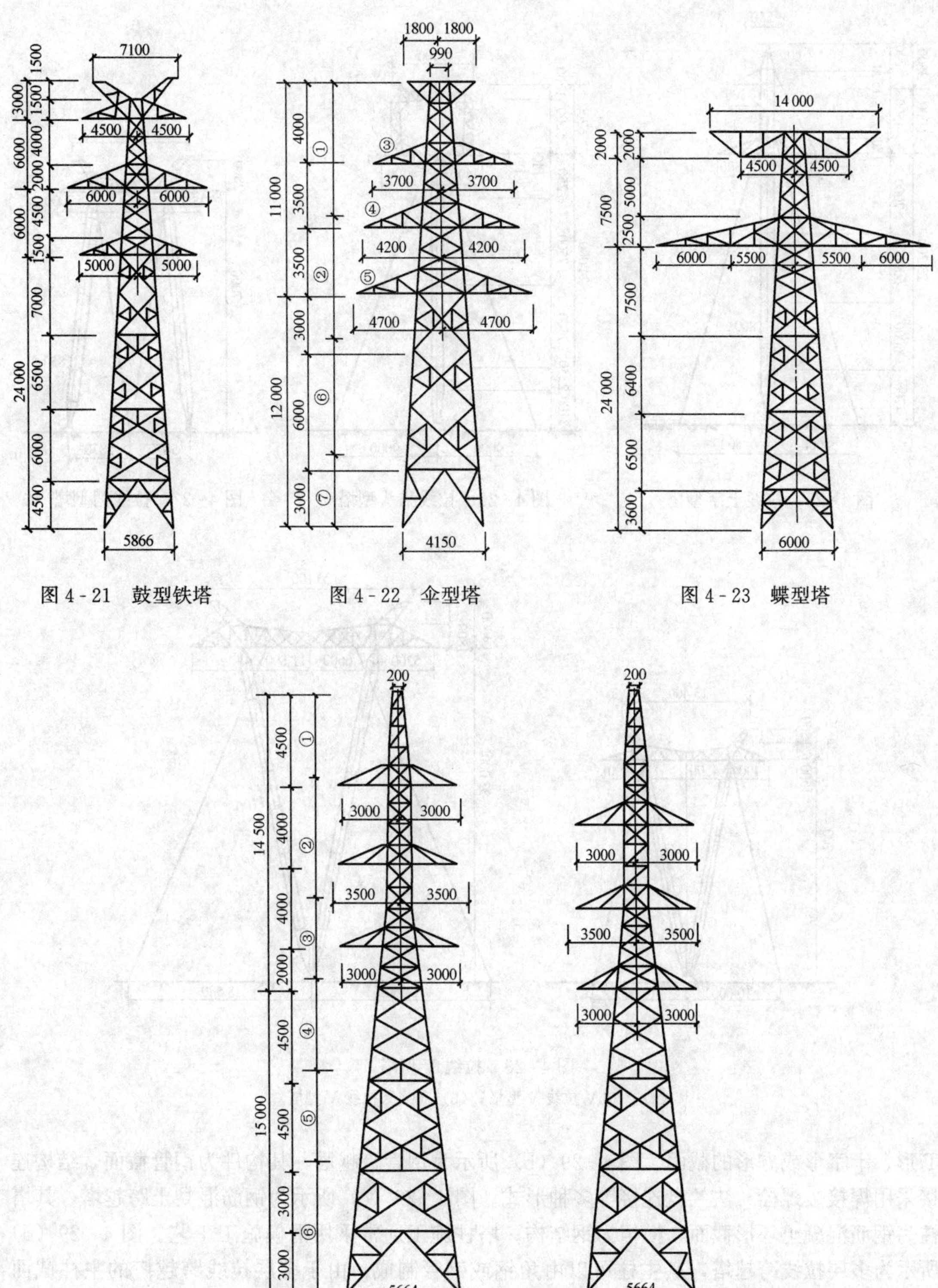

图 4-21　鼓型铁塔

图 4-22　伞型塔

图 4-23　蝶型塔

图 4-24　鼓型分歧塔

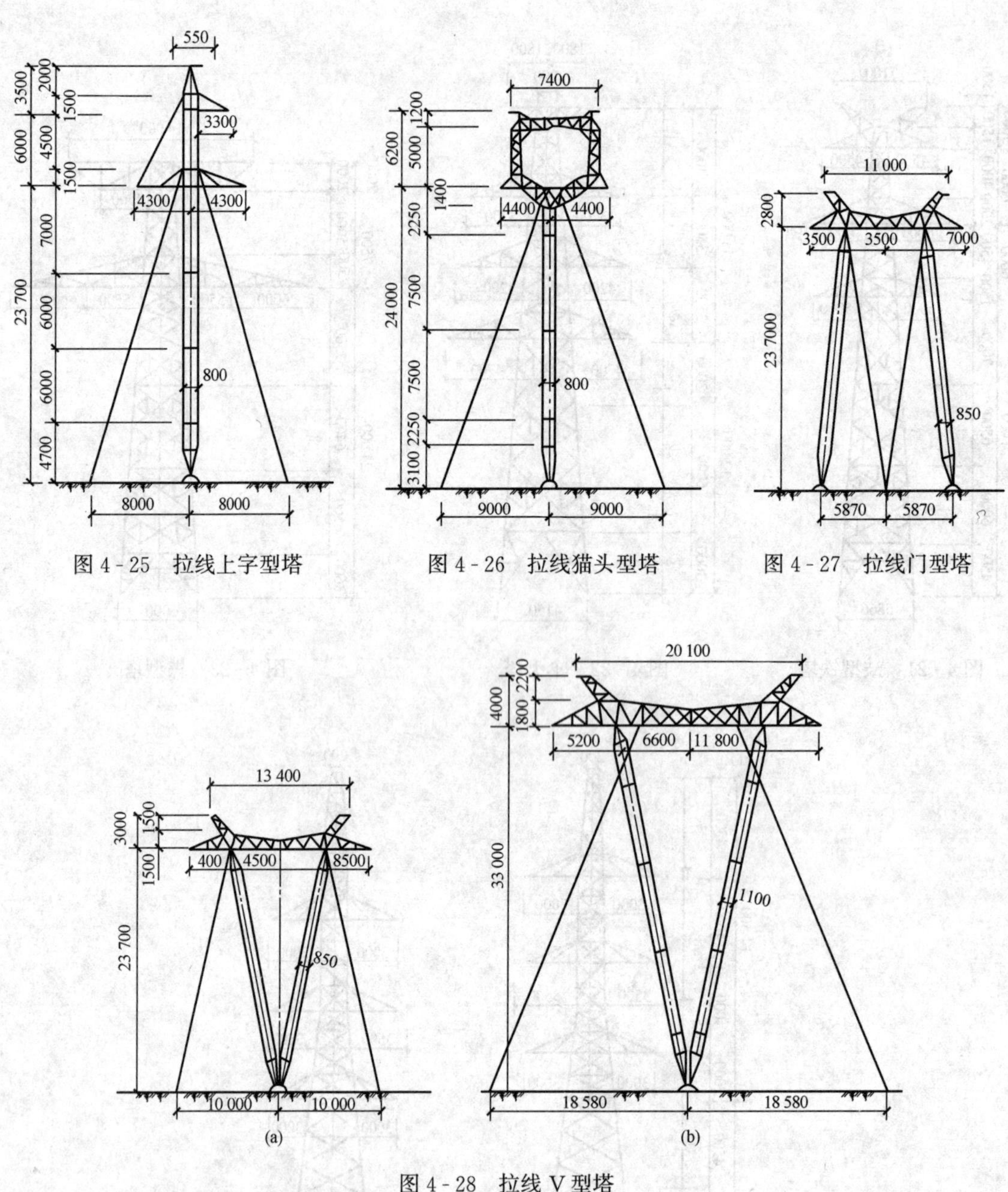

图 4-25　拉线上字型塔　　图 4-26　拉线猫头型塔　　图 4-27　拉线门型塔

图 4-28　拉线 V 型塔

(a) 220kV 拉线 V 型塔；(b) 500kV 拉线 V 型塔

T 形、十字形或方形的截面。图 4-29（b）所示为钢管跨越塔，其构件为钢管截面，结构连接采用焊接、螺栓、法兰盘连接等多种形式。图 4-29（c）所示为钢筋混凝土跨越塔，其塔柱为钢筋混凝土环形截面，横担为钢结构；塔柱施工通常采用滑模施工工艺。图 4-29（d）所示为多层拉线跨越塔，其主柱可以由角钢或钢管制成；由于多层拉线跨越塔的主柱截面小，所以耗钢量小，受风荷载也较小，但拉线占地范围较大。

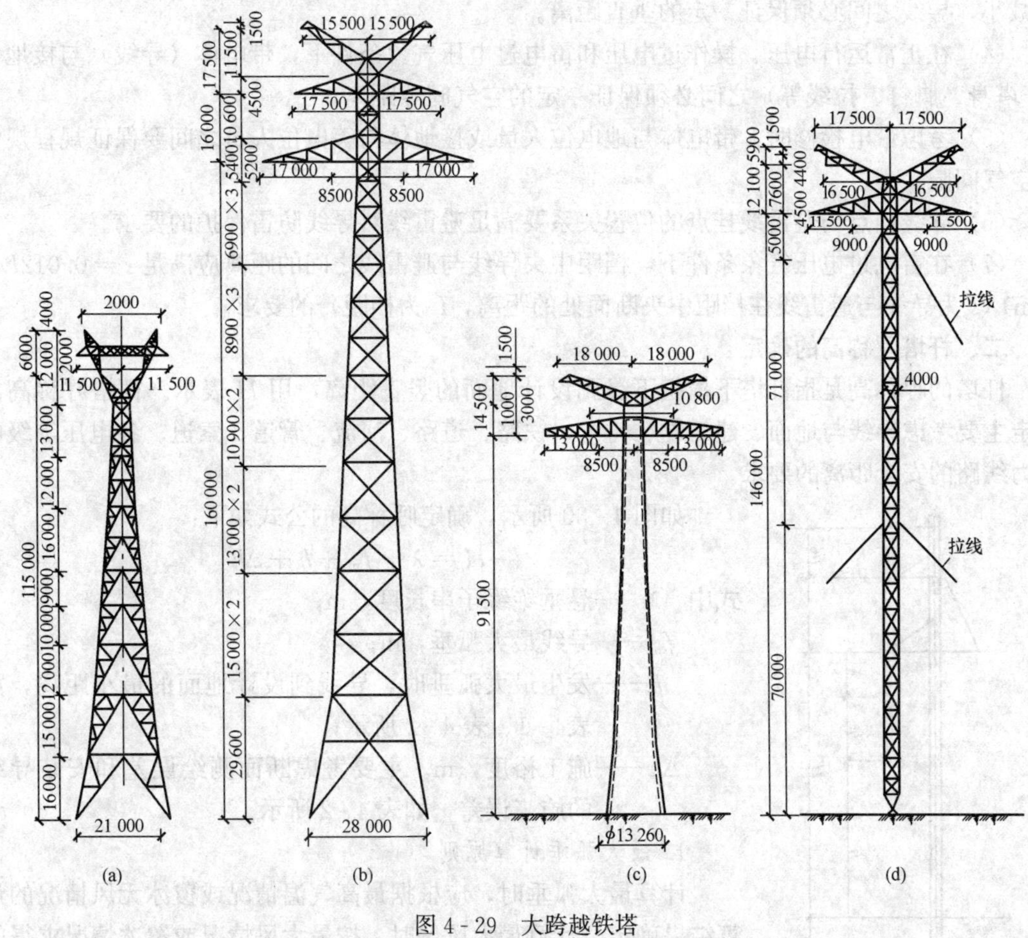

图 4-29 大跨越铁塔

(a) 酒杯型跨越塔；(b) 钢管跨越塔；(c) 钢筋混凝土跨越塔；(d) 多层拉线跨越塔

第二节 杆塔外形尺寸确定

一、确定杆塔外形尺寸的因素

杆塔外形尺寸主要包括杆塔呼称高、横担长度、上下横担的垂直距离、避雷线支架高度和双避雷线挂点之间水平距离等。杆塔用来支持导线和避雷线，其外形尺寸主要取决于导线避雷线电气方面的因素。如导线对地、对交叉跨越物的空气间隙距离，导线之间、导线与避雷线之间的空气间隙距离，导线与杆塔部分的空气间隙距离，避雷线对边导线的防雷保护角，双避雷线对中导线的防雷保护，考虑带电检修带电体与地电位人员之间的空气间隙距离等。具体的有：

(1) 在内部过电压（操作过电压）和外部过电压（雷电过电压）气象条件下，档距中央导线部分对地或对交叉跨越物必须保证一定距离。

(2) 在正常运行电压气象条件下，导线发生不同步摇摆时，使档距中央导线之间的空气间隙减小，导线之间必须保证一定的距离。

(3) 导线覆冰不均匀以及覆冰脱落时的跳跃，使导线之间及导线与避雷线之间的垂直距离减小，导线之间必须保证一定的垂直距离。

（4）在正常运行电压、操作过电压和雷电过电压气象条件下，带电体（导线）与接地体（杆塔身、脚钉、拉线等）之间必须保证一定的空气间隙距离。

（5）考虑带电检修时，带电体与地电位人员或接地体与等电位人员之间要保证规程规定的空气间隙。

（6）导线挂点与避雷线挂点的位置关系要满足避雷线对导线防雷保护的要求。

（7）在雷电过电压气象条件下，档距中央导线与避雷线之间的距离应满足 $s=0.012L+1$(m)（s 为导线与避雷线在档距中央断面处的距离，L 为档距）的要求。

二、杆塔呼称高的确定

杆塔的呼称高是指杆塔下横担下缘到设计地面的竖直距离，用 H 表示。杆塔呼称高的确定主要考虑导线与地面、建筑物、树木、铁路、道路、河流、管道、索道、各电压等级的电力线路的安全距离的要求。

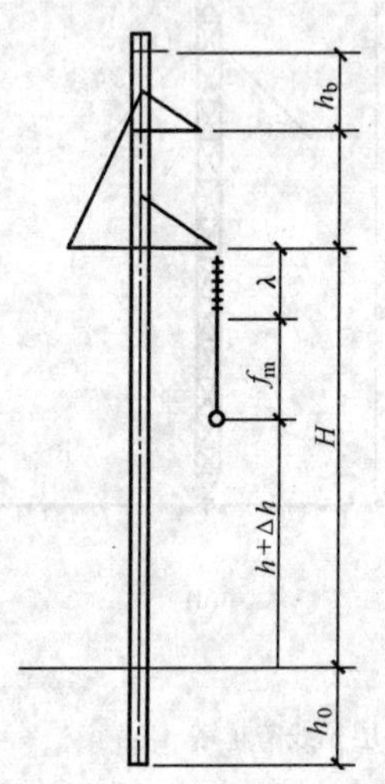

图 4-30　杆塔呼称高

如图 4-30 所示，确定呼称高的公式如下：

$$H=\lambda+f_m+h+\Delta h \tag{4-1}$$

式中　λ——悬垂绝缘子串长度，m；

f_m——导线最大弧垂，m；

h——发生最大弧垂时，导线到设计地面的最小距离，如表4-1、表 4-2 所示；

Δh——施工裕度，m。主要考虑断面测绘误差和安装导线的施工误差，如表 4-2 所示。

1. 最大弧垂计算原则

计算最大弧垂时，应根据最高气温情况或覆冰无风情况的计算结果确定。计算最大风偏时，按最大风情况或覆冰情况求得的结果确定。

计算弧垂可不考虑由于电流、太阳辐射引起的弧垂增加，但需计及导线架线后塑性伸长引起的弧垂增大和设计施工误差可能导致的弧垂增大；重冰区的线路应计算导线覆冰不均匀引起的弧垂增大。

大跨越情况应按导线实际能够达到的最高气温计算导线弧垂。

送电线路与标准轨距铁路、高速公路、一级公路交叉时，如交叉档距超过 200m，最大弧垂应按+70℃计算。

2. 安全距离的确定

安全距离 h 是保证导线安全运行时导线对地面、建筑物、树木、经济作物及城市绿化灌木之间的最小竖直距离，见第二章第四节表 2-4、表 2-5。

3. 绝缘子串长度 λ 的确定

在海拔 1000m 以下空气清洁地区，操作过电压与雷电过电压要求的悬垂绝缘子串的绝缘子片数，不应少于表 4-1 所列数值。

耐张绝缘子串的绝缘子片数较表 4-1 数值上增加，35～66kV、110～330kV 送电线路增加 1 片，500kV 送电线路增加 2 片，对 750kV 输电线路不需增加片数。

全高超过 40m 的有避雷线杆塔，高度每增加 10m，应比表 4-1 增加 1 片相当于高度为

146mm 的绝缘子；全高超过 100m 的杆塔，绝缘子片数应根据运行经验结合计算确定。由于高杆塔而增加绝缘子片数时，雷电过电压最小间隙也相应增大；750kV 杆塔全高超过 40m 时，可根据实际情况进行验算，确定是否需要增加绝缘子和间隙。

表 4-1　操作过电压与雷电过电压要求悬垂绝缘子串的最少片数

标准电压（kV）	35	66	110	220	330	500	750
单片绝缘子长（mm）	146	146	146	146	146	155	170
绝缘子数（片）	3	5	7	13	17	25	32

通过污秽地区的输电线路，绝缘子串片数的确定依据污秽等级，按照规程计算。

高海拔地区污秽绝缘子的闪络电压，随着海拔升高或气压降低而变化，悬垂绝缘子串的片数，宜按式（4-2）进行修正。

$$n_H = ne^{0.1215m_1(H-1)} \tag{4-2}$$

式中 n_H——高海拔地区每串绝缘子所需片数；

H——海拔高度，km；

m_1——特征指数，它反映气压对于污闪电压的影响程度，由试验确定。

4. 施工裕度 Δh 取值

各种档距下杆塔的施工裕度 Δh 参考表 4-2。

表 4-2　施工裕度 Δh

档距（m）	<200	200～350	350～600	600～800	800～1000
施工裕度（m）	0.5	0.5～0.7	0.7～0.9	0.9～1.2	1.2～1.4

5. 杆高允许档距

根据工程设计经验，总结出各电压等级的经济呼称高，如表 4-3 所示。

表 4-3　杆塔经济呼称高　(m)

线路电压等级（kV）	35～60	110	154	220	500	750
钢筋混凝土电杆	12	13	17	21	—	—
铁塔	—	15～18	18～20	23	—	—

电压等级一定时，式（4-1）中的 λ、h、Δh 值一定，而 f_m 随档距增加而增大，致使杆塔呼称高增高。杆塔定位档距增大，则每千米杆塔基数减少，但杆塔的呼称高增高；杆塔定位档距减小，杆塔的呼称高降低，但每千米杆塔基数增多。如果用每千米线路造价来衡量线路的经济情况，一定存在某一档距，使线路造价最为经济。这样的档距称为经济档距，对应的呼称高称为经济呼称高。

目前，35～220kV 线路已有定型设计的杆塔，工程中按照电压等级，选取经济呼称高，按式（4-1）反推最大弧垂 f_m 为

$$f_m = H - (\lambda + h + \Delta h)$$

根据所选用导线和弧垂公式 $f_m = \dfrac{gl^2}{8\sigma}$，算出杆高允许档距 $[L]_H$，在杆塔排位时，尽可能地使定位档距接近杆高允许档距 $[L]_H$，以便充分利用杆高，降低工程建设造价。

三、线间距离的确定

1. 三相导线的布置方式和两相导线的排列关系

送导线路可能是单回路也可能是多回路，但仅就一个回路的三相导线来说，它们的布置方式有三类，如图 4-31 所示。

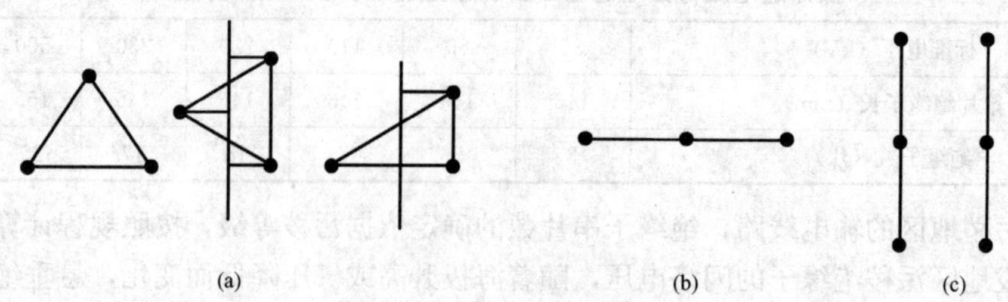

图 4-31 三相导线的布置方式
(a) 三角形布置；(b) 水平布置；(c) 垂直布置

三相导线中的任意两相导线的排列关系可归纳为三种，如图 4-32 所示。

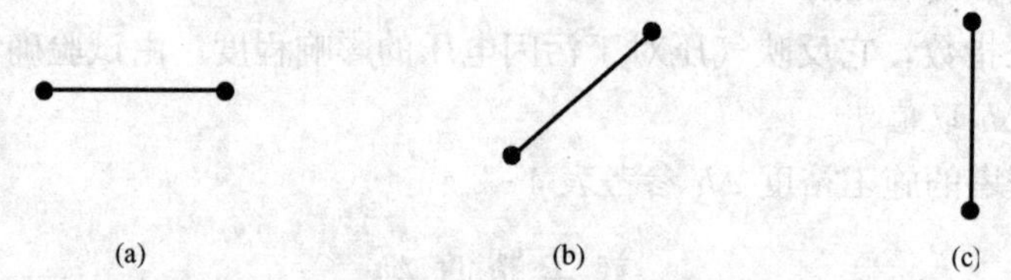

图 4-32 两相导线的排列关系
(a) 水平排列关系；(b) 倾斜排列关系；(c) 垂直排列关系

2. 两相导线水平排列其线间距离的确定

在正常运行电压气象条件下，由于风荷的作用，使整个档距导线发生摇摆，档距中央的导线摆动的幅度最大。当导线发生不同步摇摆时，档距中央导线部分接近，会导致线间空气间隙击穿，从而发生线间闪络。为此，规程中指出：导线的水平线间距离，可根据运行经验确定。1000m 以下的档距计算式为

$$D_m = k_i L_k + \frac{U}{110} + 0.65\sqrt{f_m} \tag{4-3}$$

式中 D_m——水平线间距离，m；

k_i——悬垂绝缘子串系数，宜符合表 4-4 规定的数值；

L_k——悬垂绝缘子串长度，m；

U——系统标称电压，kV；

f_m——导线最大弧垂，m。

表 4-4 **k_i 系数**

悬垂绝缘子串型式	Ⅰ—Ⅰ串	Ⅰ—Ⅴ串	Ⅴ—Ⅴ串
k_i	0.4	0.4	0

一般情况下，使用悬垂绝缘子串的杆塔，其水平线间距离与档距的关系，可按表 4-5 的规定取值。

表 4-5　使用悬垂绝缘子串的杆塔水平线间距离与档距的关系　(m)

水平线间距离		3.5	4	4.5	5	5.5	6	6.5	7	7.5	8	8.5	10	11	13.5	14.0	14.5	15.0
标称电压 (kV)	110	300	375	450	—	—	—	—	—	—	—	—	—	—	—	—	—	—
	220	—	—	—	—	440	525	615	700	—	—	—	—	—	—	—	—	—
	330	—	—	—	—	—	—	—	—	525	600	700	—	—	—	—	—	—
	500	—	—	—	—	—	—	—	—	—	—	—	525	650	—	—	—	—
	750	—	—	—	—	—	—	—	—	—	—	—	—	—	500	600	700	800

弧垂 f_m 与档距的函数关系为 $f_m=\frac{gl^2}{8\sigma}$，代入式（4-3）可得到线间距离与档距的函数关系：档距越大，所需的线间距离就越大。

3. 两相导线垂直排列其线间距离的确定

两相导线垂直排列时，使线间距离接近的因素主要是：导线覆冰不均匀或者导线覆冰脱落产生跳跃或者导线舞动产生大幅度上下运动。在覆冰较少的地区，规程推荐，垂直线间距离取式（4-5）计算结果的3/4，即

$$D_v=\frac{3}{4}D_m \tag{4-4}$$

使用悬垂绝缘子串杆塔时，其垂直线间距离不宜小于表 4-6 所列数值。

表 4-6　使用悬垂绝缘子串杆塔的最小垂直线间距离

电压等级（kV）	35	66	110	154	220	330	500	750
垂直线间距离（m）	2.00	2.25	3.50	4.50	5.50	7.50	10.00	12.50

覆冰地区上下层相邻导线间或地线与相邻导线间的水平偏移，如无运行经验，不宜小于表 4-7 所列数值。

表 4-7　相邻的上下层导线或导线与避雷线之间的最小水平偏移　(m)

电压等级（kV）	35	66	110	220	330	500	750
设计冰厚 10mm	0.20	0.35	0.50	1.00	1.50	1.75	2.0
设计冰厚 15mm	0.35	0.50	0.70	1.50	2.00	2.50	3.0

设计冰厚 5mm 的地区，上下层导线之间和导线与避雷线之间的水平偏移，可以根据运行经验适当减小。

在重冰区，导线应采用水平布置。导线与避雷线之间的水平偏移量，应较表 4-7 中“设计冰厚 15mm”栏内数值至少大 0.5m。

4. 两相导线倾斜排列其等效水平线间距离的计算

两相导线倾斜排列（指三相导线等腰三角形布置情况）时，计算出的等效水平线间距离不应小于按式（4-3）计算出的结果。等效水平线间距离的计算式为

$$D_s=\sqrt{D_h^2+\left(\frac{4}{3}D_v\right)^2} \tag{4-5}$$

式中　D_h、D_v——导线间距离的水平投影和垂直投影。

5. 多回路杆塔的线间距离

对于多回路线路杆塔，不同回路导线间的闪络将影响两个以上回路的供电安全。因此，规程规定：多回路杆塔上不同回路的导线之间的距离（水平距离和垂直距离），应较式（4-3）和式（4-4）计算的线距增大 0.5m，且不应小于表 4-8 所列数值。

表 4-8　　不同回路导线线间的最小距离

电压等级（kV）	3～10	35	66	110	220	330	500	750
最小距离（m）	1.0	3.0	3.5	(4.0)	(6.0)	(8.0)	—	—

注　110kV 以上栏中的数值附加了圆括号，它们为参考值。

四、导线与杆塔之间的空气间隙校验

1. 风偏角

导线和绝缘子串在风荷载作用下，使绝缘子串风偏一定角度，称为风偏角 ϕ，如图 4-33所示。

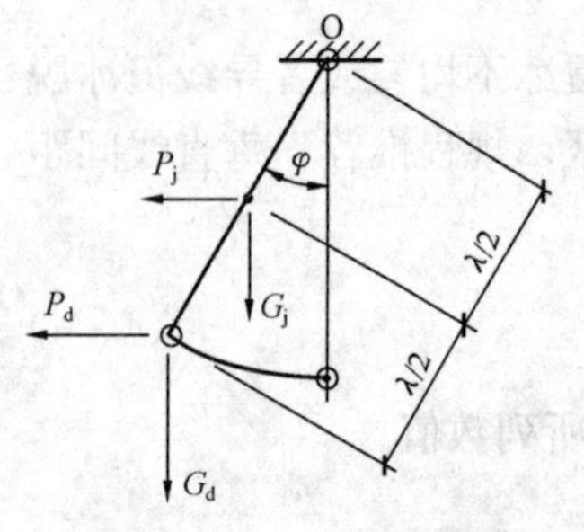

图 4-33　风偏角示意图

假设绝缘子串风偏后处于静止平衡状态，根据力矩平衡方程，有

$$\sum M_0 = G_j\left(\frac{\lambda}{2}\sin\varphi\right) + G_d(\lambda\sin\varphi) - \left(P_j\,\frac{\lambda}{2}\cos\varphi\right) - P_d(\lambda\cos\varphi) = 0$$

整理得

$$\varphi = \arctan\left(\frac{P_d + P_j/2}{G_d + G_j/2}\right)$$

因为　$P_d = g_4 A L_h, G_d = g_1 A L_v$

所以

$$\varphi = \arctan\left(\frac{g_4 A L_h + P_j/2}{g_1 A L_v + G_j/2}\right) \tag{4-6}$$

$$P_j = 9.8(n+1)A_j\,\frac{v^2}{16} \tag{4-7}$$

式中　P_d——导线上的风荷载；

g_1——导线自重比载，N/（m·mm^2）；

g_4——导线风压比载，N/（m·mm^2）；

A——导线截面积，mm^2；

A_j——每一片绝缘子的受风面积，一般单裙绝缘子取 0.03m^2，双裙绝缘子取 0.04m^2；

G_d——一个垂直档的导线重力；

P_j——绝缘子串风荷；

G_j——绝缘子串的重力，N；

L_v——垂直档距，m；

L_h——水平档距，m；

n——每串绝缘子的片数，片；

v——计算情况下的风速，m/s。

2. 正常运行电压、操作过电压和雷电过电压气象条件下空气间隙校验

在正常运行电压、操作过电压和雷电过电压三种气象条件下，相应的风荷使绝缘子串风

偏一窄角度，使得导线与杆塔部分（杆塔身、拉线、脚钉等）空气间隙距离减小。为了确保导线（带电体）与杆塔部分（接地体）之间的空气间隙不被击穿，须对初步设计的塔头部尺寸进行校验。

按照初步确定的线间距离画出塔头。按式（4-6）计算三种气象条件的绝缘子串风偏角：$\varphi_{正}$、$\varphi_{操}$ 和 $\varphi_{雷}$（$\varphi_{正}>\varphi_{操}>\varphi_{雷}$），根据表 4-9 查取三种气象条件的空气间隙值 $R_{正}$、$R_{操}$ 和 $R_{雷}$（$R_{正}<R_{操}<R_{雷}$）；根据计算出的风偏角，标出绝缘子串的相应位置，根据绝缘子串长度，确定风偏后相应的导线挂点位置；分别以相应风偏下的导线挂点为圆心，以各自规定的最小空气间隙值为半径，画间隙圆，如图 4-34 所示。验证间隙圆是否与杆塔部分相切或相离，若不满足要求，需要调整或加大塔头横向尺寸。一般来说，操作过电压和雷电过电压情况下的间隙圆控制着塔头横向尺寸。

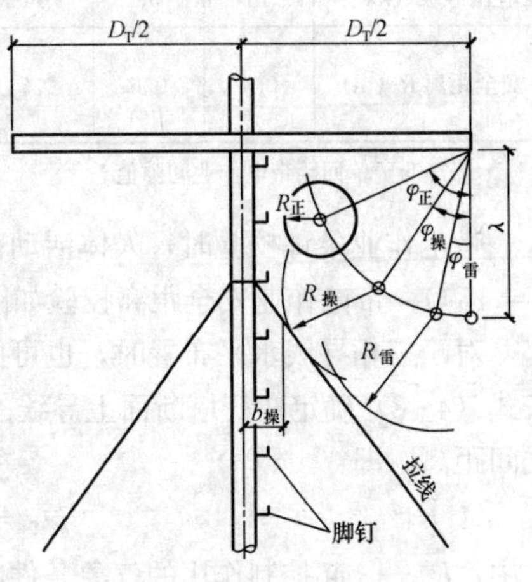

图 4-34 间隙圆校验

规程规定在海拔为 1000m 以下的地区，带电部分与杆塔构件的空气间隙，在相应的风偏下，不应小于表 4-9、表 4-10 所列数值。

表 4-9 带电体与杆塔接地体的最小空气间隙 (m)

电压等级（kV）	<3	3~10	35	66	110	220	330	500	
雷电过电压	0.05	0.20	0.45	0.65	1.00	1.90	2.30	3.30	3.30
操作过电压	0.05	0.20	0.25	0.50	0.70	1.45	1.95	2.50	2.70
工频电压	0.05	0.20	0.10	0.20	0.25	0.55	0.90	1.20	1.30

注 1. 按雷电过电压和操作过电压情况校验间隙时的相应气象条件，参见典型气象区的取值。
2. 按运行电压情况校验间隙时采用最大风速及相应气温。
3. 500kV 空气间隙栏，左侧数据适用海拔高度不超过 500m 的地区，右侧数据适用超过 500m 但不超过 1000m 地区。

表 4-10 750kV 带电部分与杆塔构件的最小间隙 (m)

标称电压（kV）		750	
海拔高度（m）		500	1000
工频电压	Ⅰ串	2.25	2.40
操作过电压	边相Ⅰ串	3.30	3.45
	中相Ⅴ串	5.05	5.30
雷电过电压		4.20（或按绝缘子串放电电压的 0.80 配合）	

注 1. 按雷电过电压和操作过电压情况校验间隙时的相应气象条件。
2. 按运行电压情况校验间隙时风速采用基本风速修正至相应导线平均高度处的值及相应气温。
3. 只适用单回路。

3. 带电作业条件的空气间隙校验

确定塔头横向尺寸时，尚应适当考虑带电作业对安全距离的要求。在海拔高度 1000m 以下地区，为便利带电作业，带电部分对杆塔接地部分的校验间隙不应小于表 4-11 所列数值。

表 4-11 为便利带电作业，带电部分对杆塔与接地部分的校验间隙

电压等级（kV）	10	35	66	110	220	330	500	750
安全距离 R（m）	0.4	0.6	0.7	1.0	1.8	2.2	3.2	*4.00/4.40（边相Ⅰ串/中相Ⅴ）

* 750kV 单回路带电作业间隙值。

带电作业条件校验时，人体活动范围为 0.3～0.5m，气象条件为风速 $v=10\text{m/s}$，气温 $t=15℃$。带电作业安全距离校验如图 4-35 所示。

对于三相导线水平布置时，也可由表 4-9、表 4-10 和表 4-11 给定的空气间隙值，先按式（4-8）确定在杆塔断面上导线的水平线间距离，然后按式（4-3）校验档距中央导线线间距离，即

$$D_T = 2(\lambda\sin\varphi_k + R_k + b_k) \tag{4-8}$$

式中 R_k——起控制作用的气象条件的空气间隙；

φ_k——起控制作用的气象条件的风偏角；

b_k——间隙圆与杆塔接地部分相切时，间隙圆的垂直切线与杆塔垂直中心线间的距离，带电作业气象条件时，b_k 取规定的人体活动范围半径；

λ——绝缘子串长。

4. 杆塔的最大使用档距

受到线间距离的限制档距越大，导线受风荷作用时摆动的幅度越大，线间距离越不容易满足要求。当塔头尺寸确定后，最大使用档距也随之确定。

线间距离允许的最大弧垂计算式为

$$[f_m] = \left(\frac{D_{min} - 0.4\lambda - U/110}{0.65}\right)^2 \tag{4-9}$$

式中 D_{min}——导线水平线间距离和斜向线间距离 D_s 中最小的。

根据 $[f_m]$ 查导线机械特性曲线，得线间距离允许的最大使用档距 $[L]_D$。

5. 避雷线支架高度及避雷线水平线间距离的确定

避雷线支架高度（h_b）是指避雷线金具挂点到上横担导线绝缘子串挂点之间的高度。避雷线支架水平距离是指双避雷线系统的两避雷线挂点之间的水平距离。防雷保护角是在杆塔断面度量的角度，如图 4-36 所示。

避雷线支架高度和避雷线支架水平距离的确定，主要考虑：在雷电过电压气象条件下，杆塔断面位置上避雷线对最危险的边导线防雷保护要求和双避雷线系统中导线的防雷保护，档距中央断面位置上导线与避雷线之间最小距离的要求。

规程规定：

（1）杆塔上地线对边导线的保护角，对于同塔双回或多回路，220kV 及以上线路的保护角均不大于 0°，110kV 线路不大于 10°；对于单回路，500～750kV 线路对导线的保护角不大于 10°，330kV 及以下线路不大于 15°；单地线线路不大于 25°。对中重冰区线路的保护角可适当加大。

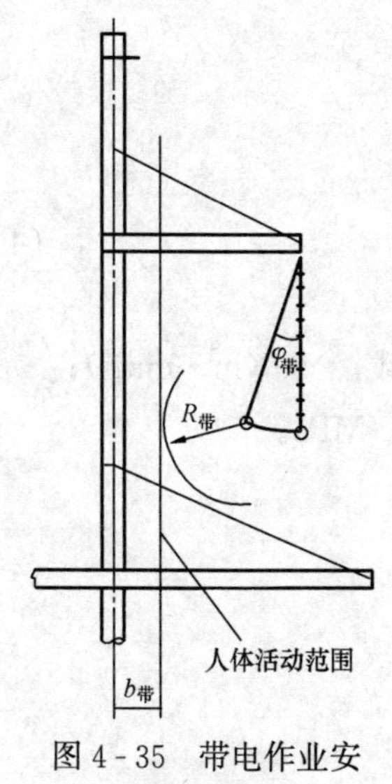

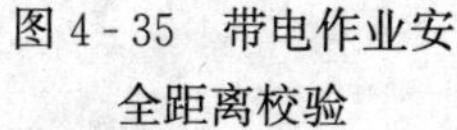
图 4-35 带电作业安全距离校验

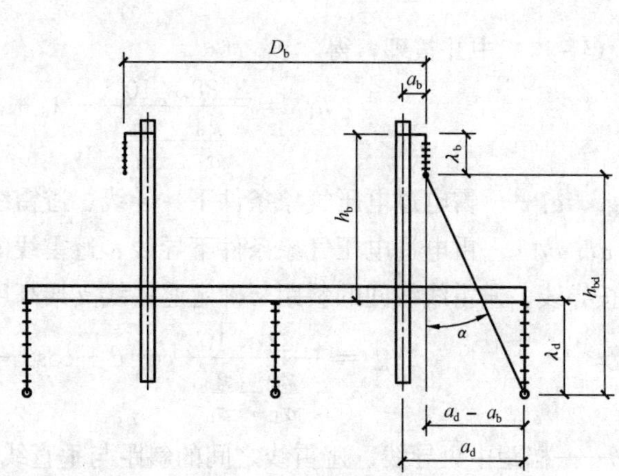

图 4-36 塔头导线与避雷线的相对位置图

(2) 双避雷线之间的水平距离，不应超过导线与避雷线垂直距离的 5 倍，即

$$D_b \leqslant 5h_{bd} \tag{4-10}$$

式中 D_b——避雷线水平线间距离；

h_{bd}——避雷线与导线间的垂直投影距离，如图 4-36 所示。

(3) 在雷电过电压气象条件下（气温 15℃，无风），应保证档距中央导线与避雷线之间距离满足：

$$s \geqslant 0.012L + 1(\text{m}) \tag{4-11}$$

杆塔断面上导线与避雷线间的垂直距离 $h_{bd} = h_b + \lambda d - \lambda b$，根据第（1）条规定，有

$$\tan\alpha = \frac{a_d - a_b}{h_b + \lambda_d - \lambda_b} \leqslant \tan\alpha_1$$

即

$$h_{b1} \geqslant \frac{a_d - a_b}{\tan\alpha_1} - \lambda_d + \lambda_b \tag{4-12}$$

根据第（2）条规定，把 h_{bd} 代入式（4-10），有

$$5(h_b + \lambda_d - \lambda_b) \geqslant D_b$$

即

$$h_{b2} \geqslant D_b/5 + \lambda_b - \lambda_d \tag{4-13}$$

档距中央导线、避雷线线间的垂直距离为

$$s = (h_b + \lambda_d + f_d) - (\lambda_b + f_b) = \Delta h + f_d - f_b$$

其中

$$\Delta h = h_b + \lambda_d - \lambda_b$$

根据第（3）条规定，把 s 代入式（4-11），有

$$\Delta h = f_d - f_b \geqslant 0.012L + 1$$

把弧垂关系式代入，移到不等式右端，得

$$\Delta h \geqslant 0.012L + 1 - \frac{g_d L^2}{8\sigma_d} + \frac{g_b L^2}{8\sigma_b} \tag{4-14}$$

对上式求关于档距 L 的导数并令其为零，得

$$L=\frac{0.048}{\frac{g_d}{\sigma_d}-\frac{g_b}{\sigma_b}}$$

代回式（4-14）中并整理，得

$$h_{b3}=\frac{2.88\times10^{-4}}{\frac{g_d}{\sigma_d}-\frac{g_b}{\sigma_b}}-\lambda_d+\lambda_b+1 \tag{4-15}$$

式中　g_d、g_b——雷电过电压气象条件下，导线、避雷线的比载，N/（m·mm²）；

σ_d、σ_b——雷电过电压气象条件下导线、避雷线的应力，MPa。

如按导线、避雷线线间的斜距 s' 确定避雷线支架高度，有

$$h_{b3}=\frac{2.88\times10^{-4}}{\frac{g_d}{\sigma_d}-\frac{g_b}{\sigma_b}}\cos^2\theta+\cos\theta-\lambda_d+\lambda_b+1 \tag{4-16}$$

式中　θ——档距中央导线、避雷线之间的斜距与垂直线的夹角。

最后确定的避雷线支架高度为

$$h_b=A_{max}(h_{b1},h_{b2},h_{b3})\text{(双避雷线)}$$

$$h_b=A_{max}(h_{b1},h_{b3})\text{(单避雷线)}$$

【例 4-1】　某 110kV 线路，导线为 JL/G1A-315-26/7 型，避雷线为 JG1A-10-7 型，Ⅳ气象区，杆塔采用带拉线的等径水泥杆（见图 4-8），杆径 ϕ300mm，水平档距 $L_h=300$m，垂直档距 $L_v=250$m，导线与水平距离 5m，垂直距离为 3.5m，导线与避雷线间的垂直距离为 2.6m，保护角不大于 22°，导线悬垂绝缘子串长 1.45m，重力为 520N，避雷线金具长 0.182m，导线最大弧垂 $f_m=6.9$m。考虑带电检修，试校验电杆头部外形尺寸。

解　1. 校验头部间隙

根据Ⅳ气象区查表 1-27 可得有关气象参数，从附录 B 表 4 中查得 JL/G1A-315-26/7 型导线截面积 $A=366\text{mm}^2$、$G=1269.7$kg/km、$d=24.9$mm、$g_1=35.752\times10^{-3}$N/(m·mm²)，$g_{4(10)}=7.453\times10^{-3}$N/(m·mm²)、$g_{4(15)}=16.770\times10^{-3}$N/(m·mm²)。

比载计算

$$g_{1(0,0)}=\frac{9.807G}{A}\times10^{-3}=\frac{9.807\times1269.7}{366}\times10^{-3}=34.021\times10^{-3}[\text{N/(m}\cdot\text{mm}^2)]$$

$$\begin{aligned}g_{4(0,10)}&=0.613\alpha u_{sc}\beta_c d\frac{v^2}{A}\times\sin90^\circ\times10^{-3}\\&=0.613\times1.0\times1.1\times1.0\times24.9\times\frac{10^2}{366}\times1\times10^{-3}=4.587\times10^{-3}[\text{N/(m}\cdot\text{mm}^2)]\end{aligned}$$

$$\begin{aligned}g_{4(0,15)}&=0.613\alpha u_{sc}\beta_c d\frac{v^2}{A}\times\sin90^\circ\times10^{-3}\\&=0.613\times1.0\times1.1\times1.0\times24.9\times\frac{15^2}{366}\times1\times10^{-3}=10.322\times10^{-3}[\text{N/(m}\cdot\text{mm}^2)]\end{aligned}$$

P_j 忽略不计，则雷电过电压时有

$$\varphi=\arctan\left[\frac{g_{4(10)}AL_h+P_j/2}{g_1AL_v+G_j/2}\right]=\arctan\left(\frac{4.587\times10^{-3}\times366\times300}{34.021\times10^{-3}\times366\times250+\frac{520}{2}}\right)=8.49^\circ$$

操作过电压时

$$\varphi = \arctan\left[\frac{g_{4(15)}AL_{\rm h}+P_{\rm j}/2}{g_1AL_{\rm v}+G_{\rm j}/2}\right]=\arctan\left(\frac{10.322\times10^{-3}\times366\times300}{34.021\times10^{-3}\times366\times250+\frac{520}{2}}\right)=18.57°$$

查表 4-9 得最小空气间隙雷过电压 $e_1=1.0\text{m}$、操作过电压 $e_2=0.7\text{m}$，带电检修时风速与雷电过电压时风速相同，允许间隙也相同。

图 4-37 分别作出了外过电压、内过电压两种情况的间隙圆图。

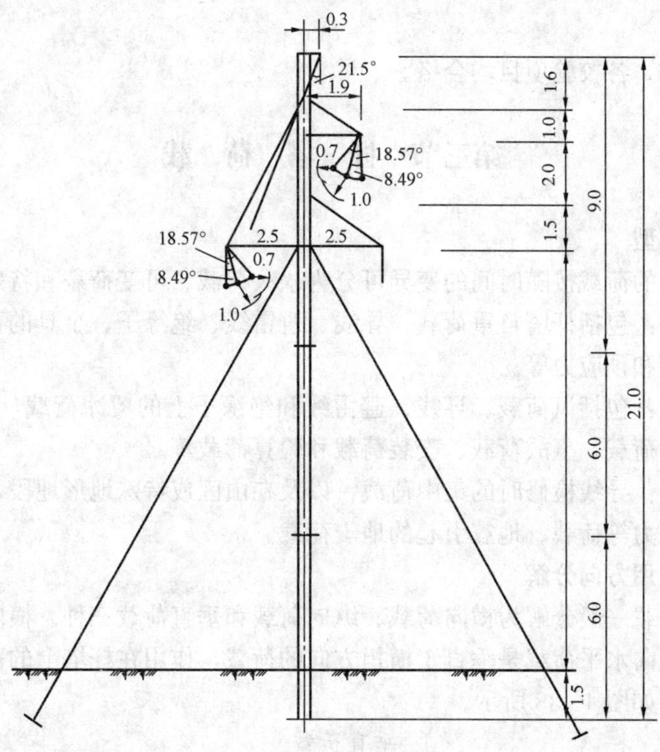

图 4-37　杆形校验

从上导线横担的间隙圆图看出，以上两种情况下导线风偏后对杆身的间隙是满足的，而带电作业时的间隙圆图（与雷电过电压的间隙圆图相同），对人体活动范围尚显不足。

下导线对拉线的间隙圆图受操作过电压控制。因拉线不在悬垂绝缘子串摇摆角平面内，因此图上间隙圆对拉线的距离实为该距离的投影。从图上可见，间隙圆与拉线投影尚未相切，因此合格。

2. 校验档中的线间距离

(1) 导线的水平线间距离。导线的水平线间距离计算式为

$$D_{\rm m}=0.4\lambda+\frac{U}{110}+0.65\sqrt{f_{\rm m}}=0.4\times1.45+\frac{110}{110}+0.65\sqrt{6.9}=3.29\text{m}<5\text{m}$$

合格。

上下导线间的等效水平线间距离计算式为

$$D_{\rm s}=\sqrt{D_{\rm h}^2+\left(\frac{4}{3}D_{\rm v}\right)^2}=\sqrt{(2.5-1.9)^2+\left(\frac{4}{3}\times3.5\right)^2}=4.70\text{m}>D=3.29\text{m}$$

合格。

（2）校验垂直线间距离。根据线路电压 110kV，查表 4－6 得最小垂直线间距离为 3.5m，与该杆的垂直线间距离相等，合格。

（3）导线与避雷线的距离。这里只校验保护角。避雷线对上导线的保护角一般不应大于 25°，该杆的保护角为 18.57°，所以满足防雷保护要求。

（4）上下导线间和导线与避雷线间的水平偏移校验。线路通过Ⅳ级气象区，覆冰厚 5mm。表 4－5 中冰厚 10mm 地区线间最小偏移值 0.5m，而已知该杆的两种偏移均大于此值，满足要求。

根据题目要求，各校验项目均合格。

第三节 杆 塔 荷 载

一、荷载的类型

作用在杆塔上的荷载按随时间的变异可分为永久荷载、可变荷载和特殊荷载。

（1）永久荷载：包括杆塔自重荷载、导线、避雷线、绝缘子、金具的重力及其他固定设备的重力、土压力和预应力等。

（2）可变荷载：包括风荷载、导线、避雷线和绝缘子上的覆冰荷载，导线避雷线张力、人工和工具等附加荷载，事故荷载、安装荷载和验算荷载等。

（3）特殊荷载：导线检修时的集中荷载，以及在山区或特殊地形地段，由于不均匀结冰所引起的不平衡张力等荷载、地震引起的地震荷载。

二、荷载按作用方向分解

杆塔承受的荷载一般分解为横向荷载、纵向荷载和垂直荷载三种。横向水平荷载是沿横担方向的荷载，纵向水平荷载是垂直于横担方向的荷载，作用在杆塔上的垂直荷载是垂直于地面方向的荷载，如图 4－38 所示。

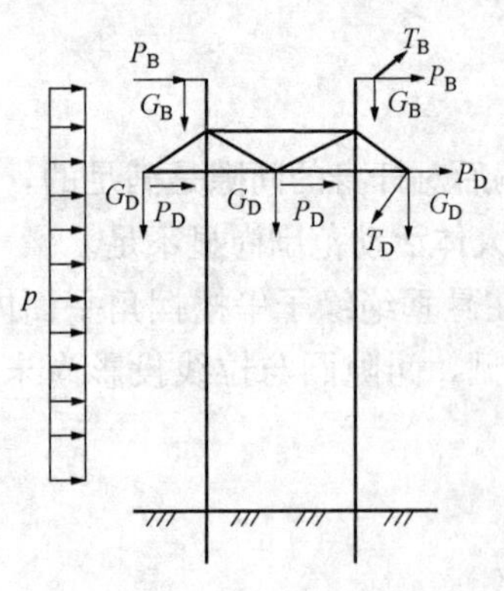

图 4－38 杆塔荷载图（一）

1. 垂直荷载

垂直荷载用 G 表示，它包含：

（1）导线、避雷线、绝缘子串和金具的重力荷载。

（2）杆塔自重荷载。

（3）安装、检修时工人、工具及附件等重力荷载的垂直荷载。

（4）紧线或锚线时安装张力在垂直方向的分量荷载。

2. 水平荷载

（1）导线、避雷线、绝缘子串和金具的风压。

（2）杆塔塔身风载。

（3）转角杆塔上导线及避雷线的角度力。

（4）导线、避雷线的不平衡张力。

（5）导线、避雷线的断线张力和断导线时避雷线对杆塔产生的支持力。

（6）安装导地线时的紧线张力。

以上任何一种荷载均可按其作用方向与横担方向的角度分解为横向荷载和纵向荷载，水平横向水平荷载用 P 表示，纵向水平荷载用 T 表示。

三、荷载的计算条件及规定

（1）直线型杆塔应计算与线路方向成0°、45°（或60°）及90°的三种最大风速的风向。

（2）一般耐张型杆塔可只计算90°一个风向。

（3）终端杆塔，除计算90°风向外，还需计算0°风向。

（4）悬垂转角杆塔和耐张型杆塔转角度数较小时，还应考虑与导线、避雷线张力的横向分力相反的风向。

（5）特殊杆塔应计算最不利风向。

（6）风向与导线、避雷线方向或塔面成夹角时，导线、避雷线风荷载在垂直和顺线路方向的分量，塔身和横担风荷载在塔面两垂直方向的分量，按表4-12选用。

表4-12　不同角度风向时风荷载计算

风向角 θ	导线风荷载		杆塔风荷载		横担风荷载		示意图
	x	y	x	y	x	y	
0°	0	$0.25W_x$	0	W_{Sb}	0	W_{Sc}	
45°	$0.5W_x$	$0.15W_x$	$0.424(W_{Sa}+W_{Sb})K$	$0.424(W_{Sa}+W_{Sb})K$	$0.4W_{Sc}$	$0.7W_{Sc}$	
60°	$0.75W_x$	0	$(0.747W_{Sa}+0.249W_{Sb})K$	$(0.431W_{Sa}+0.144W_{Sb})K$	$0.4W_{Sc}$	$0.7W_{Sc}$	
90°	W_x	0	W_{Sa}	0	$0.4W_{Sc}$	0	

注　1. x为风荷载垂直线路方向的分量，y为风荷载顺线路方向的分量。

2. W_x为风向垂直导线、避雷线作用时，导线、避雷线的风荷载标准值。

3. W_{Sa}、W_{Sb}分别为风垂直于"a"面及"b"面吹时杆身风荷载标准值。

4. W_{Sc}为风垂直于横担正面吹时，横担风荷载标准值。

5. K为塔身风荷载断面形状系数：对单角钢或圆断面构件组成的塔架，取1.0；对组合角钢断面，取1.1。

（7）各类杆塔均应计算线路正常运行情况、断线（含分裂导线时纵向不平衡张力）情况和安装下的组合，必要时尚应验算地震等稀有情况。

（8）终端杆塔应考虑变电所侧导线、避雷线已架设和未架设两种情况，对双回线路及多回线路杆塔应按实际情况考虑分期架设的情况。

四、各类杆塔荷载计算条件的组合

各类杆塔荷载，一般均应计算线路正常运行、断线、安装及特殊情况的强度和稳定。各类杆塔的荷载计算条件组合列于表4-13中，以备查用。

五、杆塔荷载图

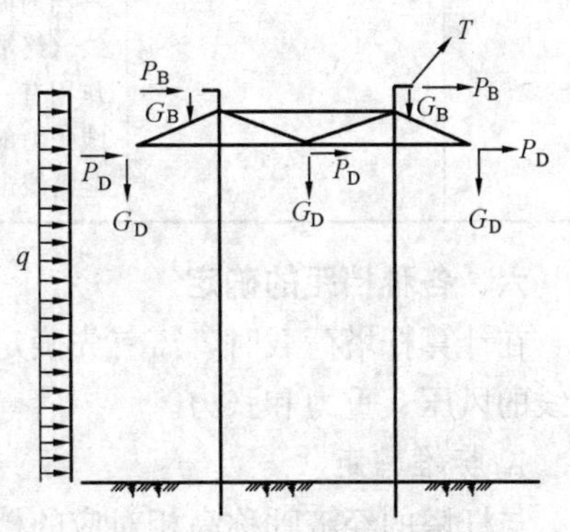

图4-39　杆塔荷载图（二）

通过荷载组合并经线路力学计算，可得到各种荷载组合情况下的导线及避雷线风压、重力、张力等荷载。按杆塔强度计算的要求，杆塔承受的荷载分解为垂直荷载G、横向水平荷载P和纵向水平荷载T三种，作出各种不同荷载组合情况下的荷载图，如图4-39

所示。横向水平荷载 P 是沿横担方向的荷载，纵向水平荷载 T 是垂直于横担方向的荷载，垂直荷载 G 是垂直于地面方向的荷载，如图 4-39 所示。

表 4-13 各类杆塔的荷载计算条件

杆塔类别	运行情况	断线情况	安装情况	特殊情况
直线型杆塔（包括悬垂转角杆塔）	（1）最大风速、无冰、未断线（包括最小垂直荷载和最大水平荷载的组合） （2）覆冰、相应风速、未断线	（1）单回线路与双回线路杆塔断导线：无风、无冰、断一相导线或一相分裂导线出现不平衡张力、避雷线未断 （2）多回线路（3个回线路以上）杆塔断导线：无风、无冰、断任意两相导线或任意两相分裂导线出现不平衡张力、避雷线未断 （3）各种回路杆塔避雷线出现不平衡张力。无风、无冰、导线未断、有一根避雷线出现不平衡张力	（1）各类杆塔的安装情况，应按 10m/s 风速、无冰、相应气温的气象条件计算 （2）提升导线、避雷线及其附件时发生的荷载 （3）导线及避雷线锚线作业时，导线及避雷线的锚线张力	（1）重冰区各类杆塔的断线张力，应按覆冰、无风、气温−5℃计算，断线情况覆冰荷载不应小于运行情况计算覆冰荷载的 50% （2）重冰区的各类杆塔，尚应按三相导线及避雷线不均匀脱冰（即一侧冰重 100%，另一侧冰重 50%）所产生的不平衡张力进行 （3）验算：直线杆塔一般不考虑导线及避雷线同时产生不平衡张力；耐张杆塔应根据具体情况确定 （4）地震烈度为 7 度以上地区的各类杆塔均应进行抗震计算。设计烈度采用基本烈度，验算条件风速取最大风速的 50%、无冰、未断线 （5）安装荷载计算，应考虑下列因素： 1）安装人员及其携带的工具等附加重力荷载； 2）导线及避雷线的初伸长补偿、施工误差及过牵引等产生的影响； 3）牵引或提升导线及避雷线时对杆塔的冲击作用
耐张型杆塔	（1）最大风速、无冰、未断线 （2）覆冰、相应风速、未断线 （3）最低气温、无冰、无风、未断线	（1）无风、无冰、同一档内断任意两相导线（终端杆塔应考虑作用有一相或两相断线张力的不利情况）、避雷线未断荷载组合 （2）断一根避雷线、导线未断、无冰、无风 （3）直流线路杆塔。无风、无冰、同一档内断任意一极导线（终端杆塔应考虑作用有一极或两极断线张力的不利情况）、避雷线未断荷载组合	（1）导线及避雷线荷载 1）锚塔：锚避雷线时，相邻档内的导线及避雷线均未架设；锚导线时，在同档内的避雷线已架设 2）紧线塔：紧避雷线时，相邻档内的避雷线已架设或未架设，同档内的导线均未架设；紧导线时，同档内的避雷线已架设，相邻档内的导线已架设或未架设 （2）临时拉线所产生的荷载	

六、各种档距的确定

在计算杆塔荷载时，需首先确定各种杆塔的标准档距、水平档距和代表档距，以便计算导线的风压、重力和张力。

1. 标准档距

与杆塔的经济呼称高相对应的档距，称为标准档距。在平地标准档距 l_b 为

$$l_b = \sqrt{\frac{8\sigma}{g}(H-\lambda-h-\Delta h)} \tag{4-17}$$

2. 水平档距

水平档距是计算导线、避雷线风压荷载的主要数据之一。杆塔的水平档距应等于杆塔经济呼称高决定的标准档距，但考虑到实际地形变化，在平原地区，取水平档距较标准档距大10%左右，在山区线路的水平档距变化较大，可据具体情况，设计几种不同的水平档距及杆高。

3. 垂直档距

垂直档距决定杆塔的垂直荷载，其大小直接影响横担及吊杆的强度。垂直档距一般取水平档距的1.25～1.7倍，通常取1.5倍左右，或按比水平档距大50～100m来设计。

4. 代表档距

导线、避雷线的张力与代表档距有关。据统计分析，绝大多数的代表档距小于标准档距。一般在计算直线杆塔的风偏角时，取代表档距 $l_0=0.8l_b$；计算耐张杆塔导线、避雷线的张力时，可取 $l_0=0.7l_b$。当杆塔标准档距接近临界档距时，可取标准档距等于临界档距。

七、荷载确定及荷载图

（一）垂直荷载 G

1. 导线、避雷线的垂直荷载

导线、避雷线的垂直荷载有无冰时、覆冰时两种，计算式为

$$G = ngAl_v + G_J（或 G'_J） \tag{4-18}$$

式中 n——每相导线子导线的根数；

l_v——杆塔的垂直档距，m；

g——导线、避雷线无冰或覆冰时的垂直比载，$N/(m\cdot mm^2)$；

A——导线、避雷线截面面积，mm^2；

G_J、G'_J——无冰、覆冰时绝缘子串、金具的垂直力。

2. 绝缘子串、金具的垂直荷载

无冰时绝缘子串、金具垂直力 G_J，可查绝缘子及各组合绝缘子串的金具质量表。

覆冰时绝缘子串、金具垂直力 G'_J，可由无冰时绝缘子串、金具垂直力 G_J 的垂直力乘以覆冰系数而得，即

$$G'_J = KG_J \tag{4-19}$$

式中 K——覆冰系数：设计冰厚5mm时，$K=1.075$；设计冰厚10mm时，$K=1.150$；设计冰厚15mm时，$K=1.225$。

3. 杆塔自重荷载

杆塔自重荷载可根据杆塔的每根构件逐一统计计算而得，也可根据设计经验，参照其他同类杆塔资料，做适当假定获得。

（二）风压荷载的计算

1. 导线、避雷线风荷载的计算

（1）风向垂直于导线、避雷线的风荷载计算。当风向与导线、避雷线垂直时，导线、避雷线的风荷载计算式为

$$P = gAl_p\cos\frac{\alpha}{2} + P_J \tag{4-20}$$

式中 g——相应气象条件的风压比载，N/(m·mm²)；

A——导线、避雷线截面面积，mm²；

l_p——水平档距，m；

α——线路转角，(°)。

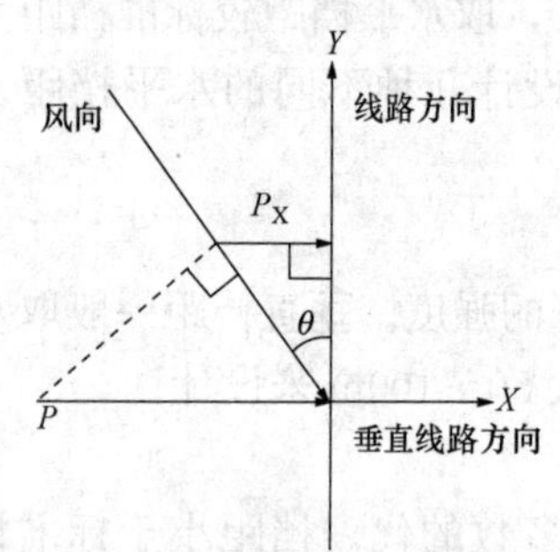

图 4-40 风向与线路不垂直示意图

(2) 风向与导线、避雷线不垂直时风荷载计算。当风向与导线、避雷线成 θ 夹角时（见图 4-40），导线、避雷线风荷载计算式为

$$P_X = P\sin^2\theta \tag{4-21}$$

式中 P_X——垂直导线、避雷线方向风荷载分量，N；

P——垂直导线、避雷线方向风荷载，按式（4-21）计算；

θ——实际风荷载的风向与导线、避雷线的夹角。

2. 杆塔塔身风荷载的计算

风向作用在与风向垂直的结构物表面的风荷载计算式为（单位为 kN）

$$P_S = \mu_Z\mu_S\beta_Z A_f W_0 \tag{4-22}$$

式中 μ_Z——风压高度变化系数；

μ_S——构件体形系数；

β_Z——杆塔风荷载调整系数；

A_f——构件承受风压的投影面积，m²；

W_0——基本风压，kN/m²。

式（4-22）中各参数的物理意义及数值的确定。

(1) 风压高度变化系数 μ_Z。

基本风压的最大设计风速是按物体离地面一定高度为基准确定的，由于地表面粗糙不平对风产生摩擦阻力是随高度而变化的，风压高度变化系数是修正地表面粗糙不平对风产生摩擦阻力，而引起风速沿高度的变化。距地面越近，地面越粗糙，影响就越大。

地表面的粗糙程度，按规程规定，可分为：A 类指近海面和海岛、海岸、湖岸及沙漠地区；B 类指田野、乡村、丛林、丘陵以及房屋比较稀疏的乡镇和城市郊区；C 类指有密集建筑群的城市市区；D 类指有密集建筑群且房屋较高的城市市区。风压高度变化系数 μ_Z，按表 4-14 规定取值，一般地面粗糙度可按 B 类计算。

表 4-14 风压高度变化系数 μ_Z

离地面或海平面高度 (m)	地面粗糙度类别			
	A	B	C	D
5	1.17	1.00	0.74	0.62
10	1.38	1.00	0.74	0.62
15	1.52	1.14	0.74	0.62
20	1.63	1.25	0.84	0.62
30	1.80	1.42	1.00	0.62

续表

离地面或海平面高度（m）	地面粗糙度类别			
	A	B	C	D
40	1.92	1.56	1.13	0.73
50	2.03	1.67	1.25	0.84
60	2.12	1.77	1.35	0.93
70	2.20	1.86	1.45	1.02
80	2.27	1.95	1.54	1.11
90	2.34	2.02	1.62	1.19
100	2.40	2.09	1.70	1.27
150	2.64	2.38	2.03	1.61
200	2.83	2.61	2.30	1.92
250	2.99	2.80	2.54	2.19
300	3.12	2.97	2.75	2.45
350	3.12	3.12	2.94	2.68
400	3.12	3.12	3.12	2.91
≥450	3.12	3.12	3.12	3.12

（2）构件体形系数岸 μ_S。

构件体形系数是修正在相同风力作用下，结构暴露在风中的形状不同而引起的风压值及其分布的改变。结构风载体形系数实质上就是实际风压与理论上的基本风压的比值，一般是通过风洞模型试验进行测定。

构件体形系数 μ_S 采用下列数值：

1）环形截面钢筋混凝土杆为 0.7。

2）圆断面杆件：当 $W_0d^2 \leqslant 0.002$ 时为 1.2，当 $W_0d^2 \geqslant 0.015$ 时为 0.7（上述中间值按插入法计算）。

3）型钢（角钢、槽钢、工字钢和方钢）为 1.3。

4）由圆断面杆件组成的塔架为 $(0.7\sim1.2)\times(1+\eta)$。

5）由型钢杆件组成的塔架为 $1.3(1+\eta)$。

上述各式中 d——圆断面杆件直径，m；

W_0——基本风压，kN/m²；

η——塔架背风面荷载降低系数，按表 4-15 选用。

表 4-15　塔架背风面荷载降低系数 η

b/h \ A_f/A	≤0.1	0.2	0.3	0.4	0.5	>0.6
≤1	1.0	0.85	0.66	0.50	0.33	0.15
2	1.0	0.90	0.75	0.60	0.45	0.30

注 1. A 为塔架的轮廓面积，$A=ha$；h 为塔架迎风面高度；a 为塔架迎风面宽度；b 为塔架迎风面与背风面之间距离。

2. 中间值可按线性插入法计算。

钢管杆多边形截面风载体形系数 μ_S 按表 4 - 16 规定选用。

表 4 - 16　多边形截面杆塔风载体形系数 μ_S

截面形状	μ_S	截面形状	μ_S	截面形状	μ_S
矩形	1.6	正八边形	1.2	正十六边形	0.9
正四边形	1.6	正十二边形	1.1	正十八边形	0.9
正六边形	1.2	正十四边形	1.1	正二十边形	0.9

注　锥形杆与等径杆的 μ_S 相同，表列 μ_S 值中已包括杆身附件的影响。

（3）杆塔风荷载调整系数 β_Z。

理论上是把风压作用的平均值看成稳定风压，实际上风是不规则的，风压将随着风速、风向的紊乱变化而不停改变，风压产生的波动分量（波动风压），使结构在平均侧移附近产生振动效应，致使结构受力增大，因此采用风荷载调整系数考虑这种因素的影响。风荷载调整系数 β_Z 按表 4 - 17 取值。

表 4 - 17　杆塔风荷载调整系数 β_Z

杆塔全高 H（m）		20	30	40	50	60
β_Z	单柱拉线杆塔	1.0	1.4	1.6	1.7	1.8
	自立式杆塔	1.0	1.25	1.35	1.5	1.6

注　1. 中间值按插入法计算。
　　2. 对自立式铁塔，表中数值适用于高度与开根之比为 4～6 的情况。

对杆塔本身，当全高不超过 60m 时，按照表 4 - 17 规定选用，全高均采用一个系数；当杆塔全高超过 60m 时，应按 GB 50009—2001《建筑结构荷载规范》的规定，采用由下到上逐段增大的加权平均的方法计算，但对自立式铁塔不应小于 1.6，对单柱拉线杆塔不应小于 1.8。对基础，当杆塔全高不超过 50m 时，应取 1.0；全高超过 50m 时，应取 1.3。

（4）杆塔塔身构件承受风压的投影面积 A_f。

对电杆、钢管杆杆身，有

$$A_f = h\left(\frac{D_1 + D_2}{2}\right) \tag{4 - 23}$$

对铁塔塔身，有

$$A_f = \varphi h\left(\frac{b_1 + b_2}{2}\right) \tag{4 - 24}$$

式中　h——计算段的高度，m；

D_1、D_2——杆身计算风压段的顶径和根径，m；

b_1、b_2——铁塔塔身计算段内侧面桁架（或正面桁架）的上宽和下宽，m；

φ——铁塔构架的填充系数，一般窄基塔塔身和塔头取 0.2～0.3，宽基塔塔身可取 0.15～0.2；考虑节点板挡风面积的影响，应再乘以风压增大系数，窄基塔取 1.2，宽基塔取 1.1。

（5）基本风压 W_0。

基本风压的计算式为

$$W_0 = \frac{V^2}{1600}(\text{kN/m}^2) \tag{4-25}$$

3. 绝缘子串风荷载的计算

绝缘子串风荷载计算式为

$$P_J = n_1(n_2+1)\mu_Z A_J W_0 \tag{4-26}$$

式中 n_1——一相导线所用的绝缘子串数；

n_2——每串绝缘子的片数，加“1”表示金具受风面相当于1片绝缘子；

μ_Z——风压随高度变化系数，按表4-14取值；

A_J——每片的受风面积，单裙取0.03m²，双裙取0.04m²；

W_0——基本风压，kN/m²。

（三）导线、避雷线张力引起的荷载计算

导线、避雷线安装后，对直线型杆塔来说要求绝缘子串铅垂，即杆塔两侧架空线路的水平张力相等，因此不产生不平衡张力。但当架空线路因某种原因，如气象条件改变时，或因档距、高差不等引起荷载改变，两侧架空线路的水平张力不再相等，直线型杆塔将产生不平衡张力。对于转角杆塔及兼有小转角的直线型杆塔在进行荷载计算时，应将水平张力分解成横向水平荷载（称角度荷载）和纵向水平荷载（称不平衡张力）。断线时，杆塔在纵向产生断线张力。

1. 角度荷载

导线角度荷载如图4-41（a）所示，一相导线的角度荷载为

$$P_J = T_1\sin\alpha_1 + T_2\sin\alpha_2 \tag{4-27}$$

式中 T_1、T_2——杆塔前后导线张力，N；

α_1、α_2——导线与杆塔横担垂线间的夹角，(°)；

P_J——角度荷载，N。

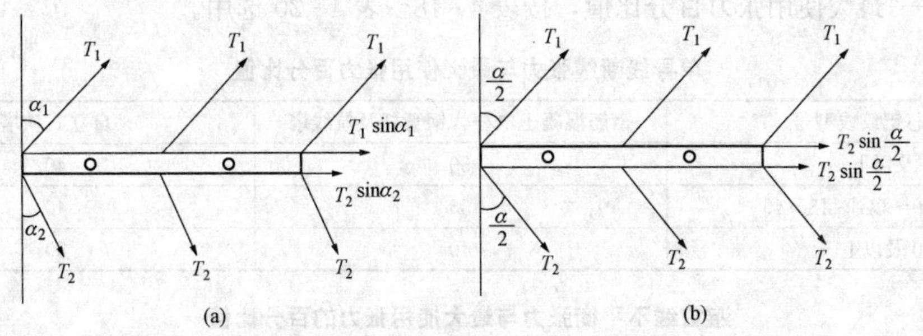

图4-41 导线角度荷载计算示意图

（a）夹角不相同情况；（b）夹角相同情况

当 $\alpha_1=\alpha_2=\alpha/2$ 时，如图4-41（b）所示（α 为线路转角），则

$$P_J = (T_1+T_2)\sin\frac{\alpha}{2} \tag{4-28}$$

2. 不平衡张力

导线不平衡张力如图4-42所示，一相导线的不平衡张力为

$$\Delta T = T_1\cos\alpha_1 - T_2\cos\alpha_2 \tag{4-29}$$

当 $\alpha_1=\alpha_2=\alpha/2$ 时，则

$$\Delta T = (T_1 - T_2)\cos\frac{\alpha}{2} \tag{4-30}$$

当 $\alpha=0$ 时，$\Delta T=T_1-T_2$，如果 $T_1=T_2$，则 $\Delta T=0$。

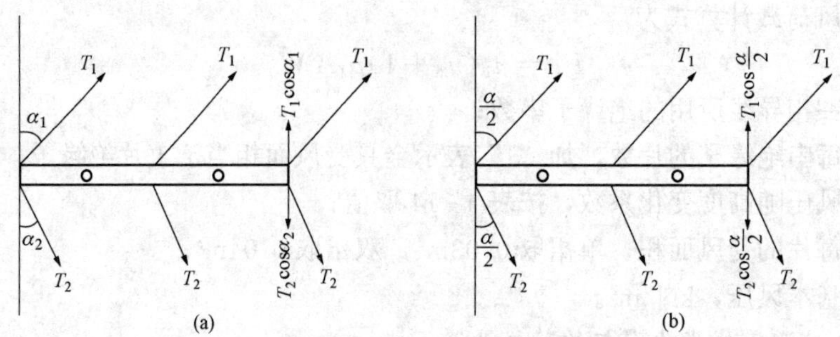

图 4-42 导线不平衡张力计算示意图

(a) 夹角不相同情况；(b) 夹角相同情况

3. 断线张力荷载

(1) 直线型杆塔。规程规定了直线型杆塔的导线、避雷线的断线张力分别取各自最大使用张力乘以一个百分比值，即

$$T_D = T_{Dmax} X\% \tag{4-31}$$

式中 T_D——断线张力，N；

T_{Dmax}——导线、避雷线最大使用张力，$T_{Dmax}=\frac{T_P}{K}$，N；

T_P——导线、避雷线的拉断力，N（查导线规格手册或在附录 B 中查找）；

K——导线、避雷线的设计安全系数，规程规定不应小于 2.5，避雷线的设计安全系数应大于导线的设计安全系数；

$X\%$——最大使用张力百分比值，按表 4-18～表 4-20 选用。

表 4-18 单导线断线张力与最大使用张力百分比值 (%)

钢芯铝绞线型号	钢筋混凝土电杆、钢管杆及拉线塔	自立式铁塔
LGJ-95/20 及以下	30	40
LGJ-120/20～LGJ-185/45	35	40
LGJ-240/20 及以上	40	50

表 4-19 避雷线不平衡张力与最大使用张力的百分比值 (%)

杆塔类别	钢筋混凝土电杆、钢管杆	拉线铁塔	自立式铁塔
330kV 及以下线路	15～20	30	50
500kV 线路	20～30	40	50

表 4-20 直线型杆塔分裂导线断线张力取一相最大使用张力的百分比值

一相线分裂数	一相线最大使用张力百分数（%）		最小限值（kN）
	平地	丘陵及山地	
2	40	50	≥10
≥3	15	20 及 25	≥20

（2）耐张型杆塔、转角杆塔及终端杆塔。对耐张型杆塔、转角杆塔及终端杆塔导线断线张力取最大使用张力的70%，避雷线的断线张力取最大使用张力的80%。

断线时出现的断线张力具有一定的冲击性，断线张力应根据具体情况乘以冲击系数 K_c。直线型杆塔断线冲击系数 K_c 如表4-21所示。

表4-21 直线型杆塔断线冲击系数 K_c

部位	横担部分			塔身部分		
电压等级（kV）	35	110	220	35	110	220
固定横担	1.0	1.1	1.3	1.0	1.0	1.1
转动横担	—	—	—	1.0	1.1	1.2

注 采用转动横担时杆塔塔身的冲击系数，系指横担转动或屈服时的情况。

（四）杆塔安装荷载

杆塔安装荷载应考虑施工现场的各种情况，如直线型杆塔的吊线作业和锚线作业情况；耐张转角杆塔的牵引作业和挂线作业情况；对于钢筋混凝土电杆还要考虑整体吊装时的强度和开裂计算；对采用特殊施工方法（如倒装组立）的杆塔，还应考虑可能发生的另外荷载，须对杆塔进行整体和局部强度的验算。

1. 直线型杆塔安装荷载计算

（1）吊线荷载。在直线型杆塔上安装或检修导线时，需要将导线从地面提升到杆塔上或从杆塔上将导线放下来，此工作过程所引起的荷载叫吊线荷载。在施工中常采用双倍吊线或转向滑车吊线两种方式，如图4-43所示。

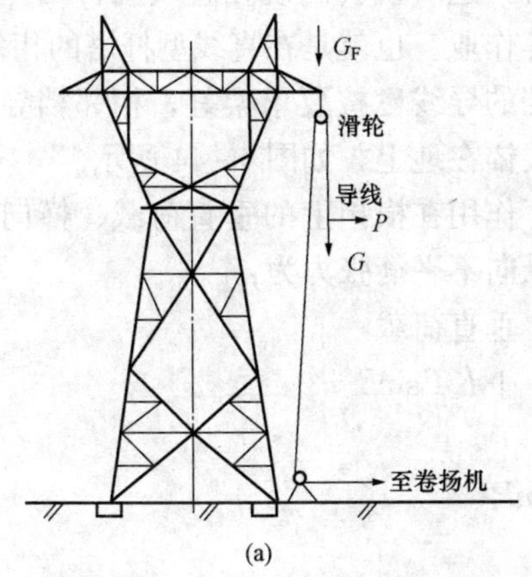

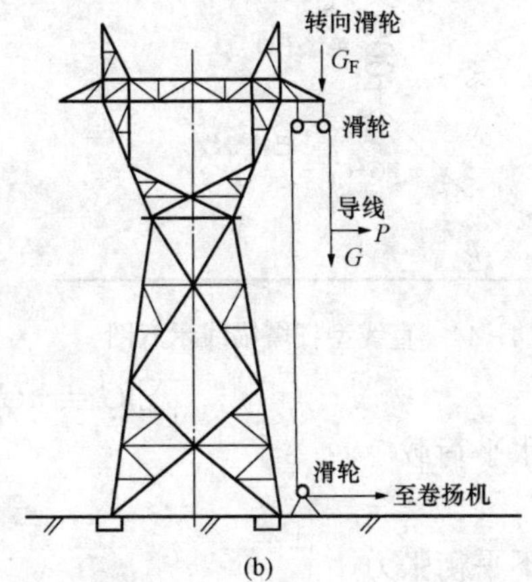

图4-43 直线型杆塔吊线荷载示意图
(a) 双倍吊线方式；(b) 转向滑轮吊线方式

1）采用双倍吊线时，如图4-43（a）所示，作用在滑轮上的荷载为：

垂直荷载

$$\sum G = 2KG + G_F \tag{4-32}$$

横向水平荷载

$$\sum P = P \tag{4-33}$$

式中 K——动力系数，考虑滑动阻力和牵引倾斜等因素，取 $K=1.1$；

G——被吊导线、绝缘子串及金具的重力，N；

G_F——考虑相应部位横担上施工人员和工具所引起的附加荷载，N，按表 4-22 取值；

P——导线风荷载，N。

2）采用转向滑轮吊线时，如图 4-43（b）所示，作用在滑轮上的荷载为：

垂直荷载

$$\sum G = KG + G_F \tag{4-34}$$

横向水平荷载

$$\sum P = KG + P \tag{4-35}$$

式中符号与双倍吊线相同。

表 4-22　附加荷载标准值 G_F　(kN)

项目		电压等级（kV）		
		110	220～330	500～750
导线	直线型杆塔	1.5	3.5	4.0
	耐张型杆塔	2.0	4.5	6.0
地线	直线型杆塔	1.0	2.0	2.0
	耐张型杆塔	1.5	2.0	2.0

（2）锚线荷载。由于施工场地的要求，放线、紧线不一定在耐张型杆塔或者转角杆塔上进行，这时就会出现在直线型杆塔上紧线、锚线等作业。也就是在直线型杆塔的相邻两档中，一档的导线已按要求架好，相邻档导线用临时拉线锚在地上，如图 4-44 所示。

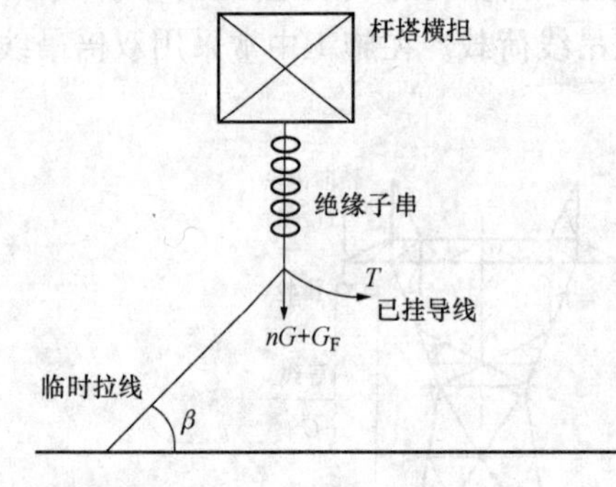

图 4-44　直线型杆塔锚线示意图

作用在横担上的垂直荷载、横向水平荷载及纵向不平衡张力为：

垂直荷载

$$\sum G = nG + G_F + KT\sin\beta \tag{4-36}$$

横向水平荷载

$$\sum P = nP \tag{4-37}$$

纵向不平衡张力

$$\Delta T = KT(1-\cos\beta) \tag{4-38}$$

式中　G、P——所锚导线或避雷线的垂直荷载和横向荷载，N；

T——安装时导线或避雷线的张力，N；

β——临时锚线与地面的夹角，(°)；

n——垂直荷载或横向荷载的分配系数，当相邻档距和高差相等时，一般取 $n=0.5$；

G_F——附加荷载，N；

K——动力系数，考虑滑动阻力和牵引倾斜等因素，取 $K=1.1$。

2. 耐张型杆塔安装荷载计算

在耐张、转角杆塔上架线施工作业有紧线和挂线两种方法。紧线和挂线时对耐张、转角杆塔要产生紧线荷载和挂线荷载。

(1) 紧线荷载。架设导线和避雷线过程中，要通过设在杆塔上的滑车将导线、避雷线拉紧到设计张力，此过程叫紧线荷载，如图 4-45 所示。紧线时作用在杆塔上的荷载分相邻档未挂线和相邻档已挂线两种情况。

1) 相邻档未挂线时作用在横担上的荷载为：

垂直荷载

$$\sum G = nG + T_1 \sin\beta + KT\sin\gamma + G_F \tag{4-39}$$

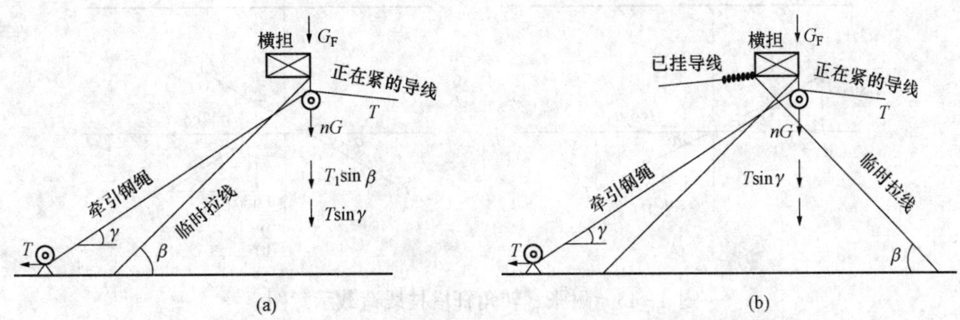

图 4-45 耐张、转角杆塔紧线荷载示意图

(a) 相邻档未挂线；(b) 相邻档已挂线

横向水平荷载

$$\sum P = nP \tag{4-40}$$

纵向不平衡张力

$$\Delta T = 0 \tag{4-41}$$

2) 相邻档已挂线作用在横担上的荷载为：

垂直荷载

$$\sum G = nG + KT\sin\gamma + G_F \tag{4-42}$$

横向水平荷载

$$\sum P = nP \tag{4-43}$$

纵向不平衡张力

$$\Delta T = 0 \tag{4-44}$$

式中 n——导线垂直荷载或横向水平荷载分配系数；

G、P——该根（或相）导线或避雷线的垂直荷载和横向水平荷载，N；

K——动力系数，取 $K=1.2$；

β——临时拉线与地面的夹角，(°)；

γ——牵引钢丝绳与地面的夹角，(°)；

T_1——临时拉线的初张力，一般 $T_1=5000\sim10\ 000$N；

T——导线或避雷线安装张力，N；

G_F——附加荷载，N。

(2) 挂线荷载。当紧线达到导线弧垂的设计要求后，把导线与绝缘子串连接起来挂到杆塔上的作业过程叫挂线。这种操作也只考虑在耐张、转角杆塔上进行，其挂线荷载如图4-46所示，导线挂到杆塔上后松开牵引钢绳，使杆塔受到一个突加的张力荷载。在实际施工中，这种施工操作一般只能逐根（相）进行。由于荷载较大，杆塔设计中可考虑设置临时拉线平衡部分荷载。

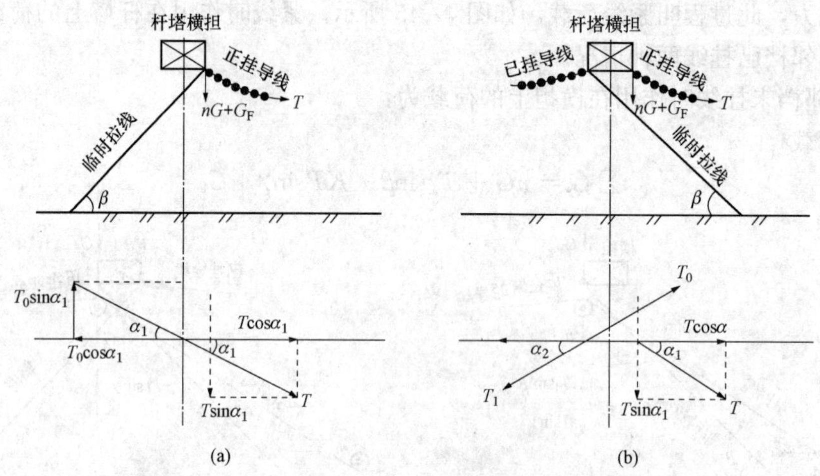

图4-46 耐张、转角杆塔挂线荷载示意图

（a）相邻档的导线未挂；（b）相邻档的导线已挂

1）相邻档导线未挂时荷载为：

垂直荷载

$$\sum G = nG + T_0\tan\beta + G_F \quad (4-45)$$

横向水平荷载

$$\sum P = nP + (KT - T_0)\sin\alpha_1 \quad (4-46)$$

纵向水平张力

$$\Delta T = (KT - T_0)\cos\alpha_1 \quad (4-47)$$

式中 T——导线安装张力，N；

T_0——临时拉线平衡的导线张力，对220kV和500kV线路一般取$T_0=10\,000\sim20\,000$N；

α——转角杆塔导线方向与横担垂线方向间的夹角，当横担方向垂直于线路夹角内角平分线上时，$\alpha_1=\alpha/2$（α为线路转角）；

β——临时拉线与地面间的夹角，$\beta\leqslant45°$；

n——导线垂直荷载或横向水平荷载分配系数。

2）相邻档导线已挂时荷载为：

垂直荷载

$$\sum G = nG + G_F \quad (4-48)$$

横向水平荷载

$$\sum P = nP + KT\sin\alpha_1 \quad (4-49)$$

纵向水平张力

$$\Delta T = KT\cos\alpha_1 \quad (4-50)$$

以上各荷载是作用在被操作的那根（相）导线挂线点上的荷载，其余挂线点上的荷载应根据实际情况另行计算。

【例 4-2】 110kV 单回直线杆的呼称高为 13.4m，导线为 JL/G 1A-250-26/7 型，避雷线为 JG1A-10-7 型，避雷线安全系数取 $K=4.0$。标准档距为 260m，水平档距为 300m，垂直档距为 350m，气象条件见表 4-23，避雷线金具无冰时重力 $G_{JB}=50N$，绝缘子串无冰时重力 $G_{JD}=530N$。试计算该直线杆的荷载，并画出荷载图。

表 4-23　　气象条件

计算条件 \ 气象参数	温度（℃）	风速（m/s）	冰厚（mm）
正常大风	10	27	0
正常覆冰	−5	10	10
安装	−5	10	0

解 （1）导线参数引用例 2-1 的计算结果并列入表 4-24 中：$T_P=87\ 670N$。

（2）避雷线的参数、比载计算同时列入表 4-24 中。

避雷线的参数可查附录 B 表 12 得：$A_b=67.8mm^2$，$T_{bp}=87.4kN$，$G=533.2kg/km$，$d_b=10.53mm$，$K_b=4.0$。

避雷线使用应力为

$$\sigma_{b0}=\frac{T_{bp}}{K_bA}=\frac{87\ 400}{4\times 67.8}=322.27(MPa)$$

避雷线比载：

自重比载

$$g_{1B(0,0)}=\frac{9.807G}{A}\times 10^{-3}=\frac{9.807\times 533.2}{67.8}\times 10^{-3}=77.125\times 10^{-3}$$

覆冰时冰重比载

$$g_{2B(10,0)}=\frac{27.728b(d+b)}{A}\times 10^{-3}$$

$$=\frac{27.728\times 10\times(10.53+10)}{67.8}\times 10^{-3}=83.961\times 10^{-3}$$

覆冰时垂直总比载

$$g_{3B(10,0)}=g_1+g_2=77.125\times 10^{-3}+83.961\times 10^{-3}=161.086\times 10^{-3}$$

风速为 10m/s 时

$$g_{4B(0,10)}=0.613\alpha\mu_{sc}\beta_c d\frac{v^2}{A}\times\sin 90°\times 10^{-3}$$

$$=0.613\times 1.0\times 1.2\times 1.0\times 10.53\times\frac{10^2}{67.8}\times 1\times 10^{-3}=11.424\times 10^{-3}$$

风速为 27m/s 时

$$g_{4B(0,27)}=0.613\alpha\mu_{sc}\beta_c d\frac{v^2}{A}\times\sin 90°\times 10^{-3}$$

$$=0.613\times 0.85\times 1.2\times 1.0\times 10.53\times\frac{27^2}{67.8}\times 1\times 10^{-3}=70.792\times 10^{-3}$$

有冰有风时风压比载

$$\begin{aligned} g_{5B(10,10)} &= 0.613\alpha\mu_{sc}\beta_c(d+2b)\frac{v^2}{A}\times\sin90^\circ\times10^{-3} \\ &= 0.613\times1.0\times1.2\times1.0\times(10.53+2\times10)\times\frac{10^2}{67.8}\times1\times10^{-3} \\ &= 33.123\times10^{-3} \end{aligned}$$

表 4-24　　参 数 及 比 载

项　目	JG1A-10-7 型	JL/G 1A-250-26/7 型
截面积（mm^2）	$A_B=67.8$	$A=291$
应力（MPa）	$\sigma_{b0}=322.27$	$\sigma_0=120.51$
比载［N/（m·mm^2）］	$g_{1B(0.0)}=77.125\times10^{-3}$ $g_{3B(10.0)}=161.086\times10^{-3}$ $g_{4B(0.10)}=11.424\times10^{-3}$ $g_{4B(0.27)}=70.792\times10^{-3}$ $g_{5B(10.10)}=33.123\times10^{-3}$	$g_{1(0.0)}=33.961\times10^{-3}$ $g_{3(10.0)}=64.643\times10^{-3}$ $g_{4(0.10)}=5.144\times10^{-3}$ $g_{4(0.27)}=31.876\times10^{-3}$ $g_{5(10.10)}=10.667\times10^{-3}$

忽略金具及绝缘子串的水平风压。

由表 4-24 可知，该杆塔需计算以下 7 种荷载。

（1）运行情况Ⅰ。由表 4-23 知，其气象条件为：最大设计风速、无冰（$v=27$m/s，$t=+10$℃，$b=0$）。

避雷线重力

$$G_B=g_{1B(0.0)}A_Bl_v+G_{JB}=77.125\times10^{-3}\times67.8\times350+50=1880.18(\text{N})$$

避雷线风压

$$P_B=g_{4B(0.27)}A_Bl_h=70.792\times10^{-3}\times67.8\times300=1439.90(\text{N})$$

导线重力

$$G_D=g_{1(0.0)}Al_v+G_J=33.961\times10^{-3}\times291\times350+530=3988.92(\text{N})$$

绝缘子串的风压：

绝缘子串数 $n_1=1$，每串的片数 $n_2=7$，单裙一片绝缘子挡风面积 $A_J=0.03\text{m}^2$，绝缘子串悬挂高度约 15m，查表 4-14 得高度变化系数 $\mu_Z=1.14$，则

$$\begin{aligned} P_{JD} &= n_1(n_2+1)\mu_ZA_JW_0 \\ &= 1(7+1)\times1.14\times0.03\times\frac{27^2}{1.6}=124.66(\text{N}) \end{aligned}$$

导线风压

$$P_D=g_{4(0.27)}Al_h+P_{JD}=31.876\times10^{-3}\times291\times300+124.66=2903.43(\text{N})$$

图 4-48（a）所示为正常运行情况Ⅰ荷载图。

（2）运行情况Ⅱ。覆冰情况，取相应风速（$v=10$m/s，$t=-5$℃，$b=10$mm），覆冰系数 $K=1.15$。

避雷线重力

$$G_B=g_{3B(10.0)}A_Bl_v+KG_{JB}=161.086\times10^{-3}\times67.8\times350+1.15\times50=3880(\text{N})$$

避雷线风压

$$P_{B}=g_{5B(10.10)}A_{B}l_{h}=33.123\times10^{-3}\times67.8\times300=673.72(N)$$

导线重力

$$G_{D}=g_{3(10.0)}Al_{v}+KG_{JD}$$
$$=64.643\times10^{-3}\times291\times350+1.15\times500=7158.89(N)$$

导线风压

$$P_{D}=g_{5(10.10)}Al_{h}=10.667\times10^{-3}\times291\times300=931.23(N)$$

正常运行情况Ⅱ荷载图，如图 4-48（b）所示。

（3）断线情况Ⅲ、Ⅳ。断上、下导线时，其组合气象条件为无冰、无风。

避雷线重力 $G_{B}=1880.18N$

未断相导线重力 $G_{D}=3988.92N$

断线相导线重力

$$G'_{D}=g_{1(0.0)}A\frac{l_{v}}{2}+G_{JD}=33.961\times10^{-3}\times291\times\frac{350}{2}+530=2259.46(N)$$

断线张力

$$T_{D}=0.4\frac{T_{p}}{K}=0.4\times\frac{87\ 670}{2.5}=14\ 027.2(N)$$

式中 0.4 为系数，由表 4-18 查得，K 为导线安全系数。

断线情况Ⅲ、Ⅳ荷载图为图 4-48（c）、(d)。

（4）避雷线断线张力Ⅴ。其组合气象条件为无冰无风。

避雷线重力 $G'_{B}=\frac{G_{B}}{2}=\frac{1880.18}{2}=940(N)$

导线重力 $G_{D}=3988.92(N)$

避雷线断线张力 $T_{D}=\frac{T_{bp}}{K_{b}}\times X\%=\frac{87\ 400}{4.0}\times0.2=4370(N)$

式中 0.2 为系数，由表 4-19 查得。

图 4-48（e）所示为避雷线断线张力Ⅴ荷载图。

（5）安装情况Ⅵ。起吊导线时，一般取无冰、风速为 10m/s，气温 $t=-5℃$。起吊上导线一般已按避雷线安装，下导线未安装考虑。

避雷线重力 $G_{B}=1880.18N$

避雷线风压

$$P_{B}=g_{4B(10)}A_{B}l_{h}$$
$$=11.424\times10^{-3}\times67.8\times300$$
$$=232.36(N)$$

导线重力 $G_{D}=3988.92N$

导线风压

$$P_{d}=g_{4(10)}Al_{h}$$
$$=5.144\times10^{-3}\times291\times300$$
$$=449.07(N)$$

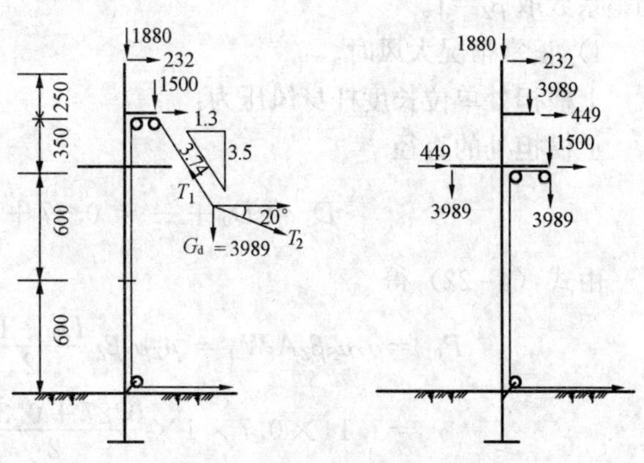

图 4-47 起吊安装示意图

上导线的起吊安装示意图如图 4-47 所示，导线越过下横担时须向外拉，其

拉力 T_2 与水平线的夹角设为 20°，并假设上、下横担间导线被水平拉出 1.3m。根据静力平衡条件，列平衡方程：

取 $\sum X=0$ $$\frac{1.3}{3.74}T_1=T_2\cos20^\circ$$

$$T_1=2.7T_2$$

取 $\sum Y=0$ $$\frac{3.5}{3.74}T_1=G_D+T_2\sin20^\circ$$

$$T_1=\frac{3.74}{3.5}(3988.92+0.342T_2)$$

联立解上二式得

$$T_1=4929.69\text{N}$$
$$T_2=1825.81\text{N}$$

T_1 引起垂直荷载 G_{r1} 和横向荷载 P_{r1} 为

$$G_{T1}=4929.69\times\frac{3.5}{3.74}=4613.35(\text{N})$$

$$P_{T1}=4929.69\times\frac{1.3}{3.74}=1713.53(\text{N})$$

$$\sum G=1.1\times(3989+4613.35)+1500=10\ 102(\text{N})$$

$$\sum P=KP_{r1}+P_d=1.1\times1713.53+449.07=2333.95(\text{N})$$

上式中 1.1 为冲击系数，1500 附加荷载标准值由表 4-14 查得。

安装情况Ⅵ的荷载图，如图 4-48（f）所示。

（6）安装情况Ⅶ。起吊下导线、避雷线和导线的重力及风压均同（5）。正在安装的下导线横担处的总荷载为

$$\sum G=1.1G_D+1500=1.1\times3988.92+1500+1500=7387.81(\text{N})$$

安装情况Ⅶ的荷载图如图 4-48（g）所示。

（7）荷载图。把相应的荷载组合，考虑荷载系数后标在杆头图上，即为杆塔设计荷载图（见图 4-48），以供杆塔设计校验时使用。

（8）杆身风压的计算。

根据已知条件：风压高度变化系数取 $\mu_Z=1.14$，构件体形系数取 $\mu_S=0.7$，杆塔风荷载调整系数取 $\beta_Z=1$。

1）正常情况大风时。

上横担处单位长度杆身风压为：

上横担处的直径

$$D_1=D_0+\frac{h_1}{75}=0.27+\frac{2.5}{75}=0.303(\text{m})$$

由式（4-22）得

$$P_{01}=\mu_Z\mu_S\beta_Z A_f W_0=\mu_Z\mu_S\beta_Z\frac{D_0+D_1}{2}\times\frac{V^2}{1.6}$$

$$=1.14\times0.7\times1\times\frac{0.27+0.303}{2}\times\frac{27^2}{1.6}=104.17(\text{N/m})$$

下横担处单位长度杆身风压为：

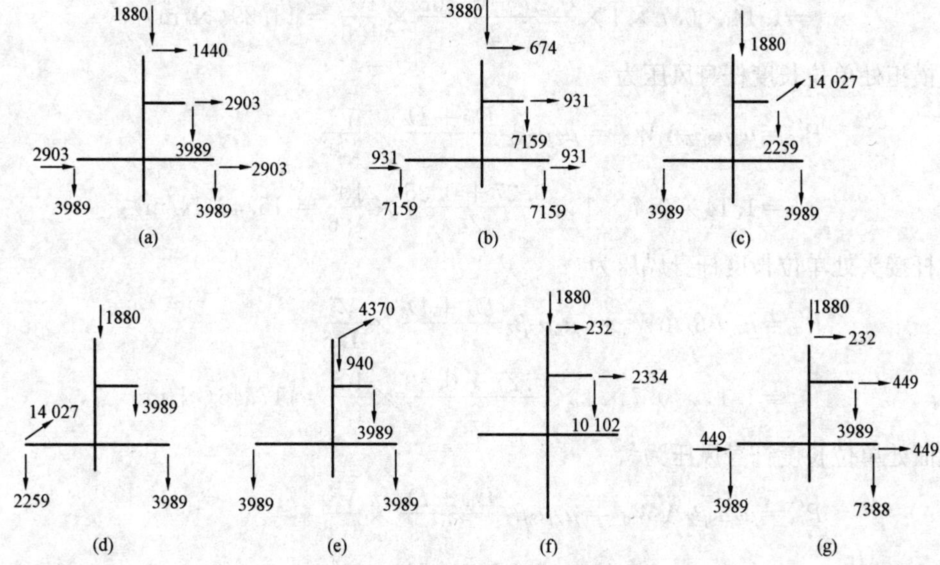

图 4-48　杆塔荷载图

(a) 正常大风；(b) 覆冰；(c) 断上导线；(d) 断下导线；
(e) 避雷线张力差；(f) 起吊上导线；(g) 起吊下导线

下横担处直径

$$D_2 = D_0 + \frac{h_2}{75} = 0.27 + \frac{6}{75} = 0.35\text{(m)}$$

$$P_{02} = \mu_Z\mu_S\beta_Z A_f W_0 = \mu_Z\mu_S\beta_Z \frac{D_0 + D_2}{2} \times \frac{V^2}{1.6}$$
$$= 1.14 \times 0.7 \times 1 \times \frac{0.27 + 0.35}{2} \times \frac{27^2}{1.6} = 112.71\text{(N/m)}$$

电杆接头处单位长度杆身风压为：

电杆接头处直径　$D_3 = D_0 + \frac{h_3}{75} = 0.27 + \frac{12}{75} = 0.43\text{(m)}$

$$P_{03} = \mu_Z\mu_S\beta_Z A_f W_0 = \mu_Z\mu_S\beta_Z \frac{D_0 + D_3}{2} \times \frac{V^2}{1.6}$$
$$= 1.14 \times 0.7 \times 1 \times \frac{0.27 + 0.43}{2} \times \frac{27^2}{1.6} = 127.26\text{(N/m)}$$

地面处单位长度杆身风压为：

地面处直径　$D_4 = D_0 + \frac{h_4}{75} = 0.27 + \frac{18}{75} = 0.51\text{(m)}$

$$P_{04} = \mu_Z\mu_S\beta_Z A_f W_0 = \mu_Z\mu_S\beta_Z \frac{D_0 + D_4}{2} \times \frac{V^2}{1.6}$$
$$= 1.14 \times 0.7 \times 1 \times \frac{0.27 + 0.51}{2} \times \frac{27^2}{1.6} = 141.80\text{(N/m)}$$

2）安装情况。上横担处单位长度杆身风压为

$$P'_{01} = \mu_Z\mu_S\beta_Z A_f W_0 = \mu_Z\mu_S\beta_Z \frac{D_0 + D_1}{2} \times \frac{V^2}{1.6}$$

$$=1.14\times0.7\times1\times\frac{0.27+0.303}{2}\times\frac{10^2}{1.6}=14.29(\text{N/m})$$

下横担处单位长度杆身风压为

$$P'_{02}=\mu_Z\mu_S\beta_Z A_f W_0=\mu_Z\mu_S\beta_Z\frac{D_0+D_2}{2}\times\frac{V^2}{1.6}$$

$$=1.14\times0.7\times1\times\frac{0.27+0.35}{2}\times\frac{10^2}{1.6}=15.46(\text{N/m})$$

电杆接头处单位长度杆身风压为

$$P'_{03}=\mu_Z\mu_S\beta_Z A_f W_0=\mu_Z\mu_S\beta_Z\frac{D_0+D_3}{2}\times\frac{V^2}{1.6}$$

$$=1.14\times0.7\times1\times\frac{0.27+0.43}{2}\times\frac{10^2}{1.6}=17.46(\text{N/m})$$

地面处单位长度杆身风压为

$$P'_{04}=\mu_Z\mu_S\beta_Z A_f W_0=\mu_Z\mu_S\beta_Z\frac{D_0+D_4}{2}\times\frac{V^2}{1.6}$$

$$=1.14\times0.7\times1\times\frac{0.27+0.51}{2}\times\frac{10^2}{1.6}=19.45(\text{N/m})$$

第四节 杆塔内力计算

杆塔的设计过程，一般是在确定杆型以后，首先根据各种设计条件下的荷载，分别计算杆塔构件的内力，然后以此为依据选择断面或配筋（见第五章），以满足各种设计条件下的强度和稳定要求。在计算杆塔构件的内力时，均按设计荷载计算。

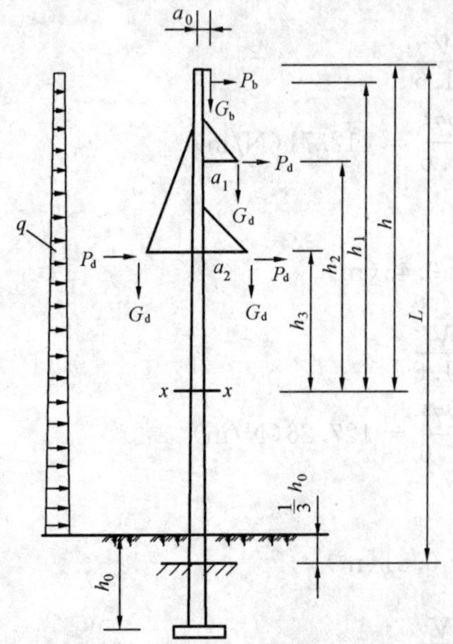

图 4-49 无拉线拔梢单杆

一、无拉线拔梢单杆

无拉线拔梢单杆一般用作 35～110kV 线路的直线杆，其典型尺寸如前所示。

无拉线拔梢单杆具有结构简单、施工方便、运行维护简便、占地面积少和对机耕影响小的特点。无拉线拔梢单杆主要缺点为抗扭性差，荷载大时杆顶容易倾斜，因此一般用于 JL/G1A-200 型以下的导线及平地或丘陵地带较适宜，荷重大的重冰区不宜采用。

1. 正常情况计算

由于不打拉线，所以采用深埋式基础以保证电杆基础稳定可靠。这种杆型的主杆属一端固定，另一端自由的变截面压弯构件，其嵌固点一般假定在地面下 1/3 埋深处，如图 4-49 所示。

在正常运行情况下，水平和不平衡垂直荷载作用在单杆任意截面处的弯矩为

$$M_x=\sum Ga+\sum Ph+P_x z \tag{4-51}$$

$$\sum Ga=G_b a_0+G_d a_1$$

$$\sum Ph=P_b h_1+P_d h_2+2P_d h_3=P_b h_1+P_d(h_2+2h_3)$$

式中 P_x ——计算截面 $x—x$ 以上主杆杆身风压，N，并 $P_x=\frac{9.81Cv^2}{16}\left(\frac{D_0+D_x}{2}\right)h_x$ 对环形截面构件，风载体形系数 $C=0.6$；

D_x ——主杆 $x—x$ 处外径，m；

h_x ——计算截面 $x—x$ 以上主杆高度，m；

z ——计算截面 $x—x$ 以上风压合力作用点的高度。按拔梢杆的重心高，有 $z=\frac{2D_0+D_x-3t}{D_0+D_x-2t}\times\frac{h_x}{3}$，式中 D_0 是梢径；D_x 是根径或任意计算直径；t 是混凝土电杆壁厚；h 是电杆杆高。对等径杆取 $z=h_x/2$，拔梢杆取 $z\approx 0.45h_x$，或为安全计也取 $0.5h_x$。

因为无拉线杆各截面所受弯矩越接近嵌固点越大，嵌固点将产生最大弯矩，所以无拉线直线杆多采用拔梢杆，且根部配筋量也最大。

由于电杆的柔度（长细比）很大，在计算时，除考虑电杆承受水平和不平衡垂直荷载所产生的弯矩（称主弯矩）外，还必须考虑由于挠度和垂直荷载而产生的附加弯矩。此附加弯矩一般为主弯矩的12%～15%。在工程设计中，均取主弯矩的15%计算。所以，单杆任意截面处的计算弯矩为

$$M_x=1.15(\sum Ph+\sum Ga+P_xz) \tag{4-52}$$

2. 断导线情况计算

由于杆的柔度大，在断线张力作用下，将使杆顶发生位移，致使一侧避雷线拉紧，另一侧避雷线放松，从而产生避雷线的支持力 ΔT，如图 4-50 所示。

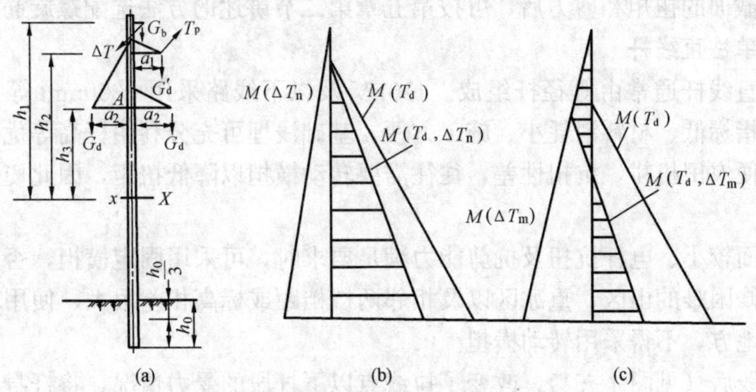

图 4-50 拔梢单杆断线情况及弯矩图

(a) 受力图；(b) 断上导线；(c) 断下导线

这时对电杆截面 $x—x$ 处产生的弯矩，除顺线路方向（ΔT 和 T）引起的弯矩 M_{zx} 外，还有不平衡垂直荷载引起的弯矩 M_{qx}，因此截面 $x—x$ 处总弯矩为

$$M_x=\sqrt{M_{zx}^2+M_{qx}^2} \tag{4-53}$$

当计算主杆强度时，应按最不利情况考虑。如图 4-50（b）所示的弯矩图，在校验下横担以下杆段强度时，取断上导线且有最小避雷线支持力

$$M_x=\sqrt{(K_0T_dh_2-\Delta T_nh_1)^2+(G_ba_0+G'_da_1)^2} \tag{4-54}$$

式中 M_x ——任意截面 $x—x$ 处的总外弯矩，N·m；

K_0——断线时对主杆的冲击系数，单导线时取 $K_0=1.1$；

T_d——断线张力，N；

ΔT_n——避雷线最小支持力，N；

G_b——避雷线重力，N；

G'_d——断线相导线重力，N。

在校验下横担以上主杆各截面强度时，应取断线发生在下导线左边相，且取避雷线有最大支持力 ΔT_n，如图 4-50（c）所示，这时主杆 A 点的最大弯矩为

$$M_A=\sqrt{\Delta T_m^2(h_1-h_2)^2+[G_b a_0+(a_1+a_2)-G_d a_2]^2} \tag{4-55}$$

式中 M_A——主杆 A 点的最大弯矩，N·m；

G_d——未断相导线重力，N。

断导线时电杆还受到扭力矩 M_n 和剪力 Q 的作用，可分别计算如下：

断上导线时

$$M_n=K_0 T a_1 \tag{4-56}$$

断下导线时

$$M_n=K_0 T a_2 \tag{4-57}$$

断线点以上截面的剪力

$$Q=\Delta T_m \tag{4-58}$$

断线点以下截面的剪力

$$Q=K_0 T_d-\Delta T_n \tag{4-59}$$

求得电杆截面的扭矩和剪力后，可按第五章第二节讲述的方法选配螺旋筋。

二、拉线单柱直线杆

拉线单柱直线杆通常由等径杆组成。110kV 及以下线路采用 ϕ300mm 等径杆段。拉线单杆具有经济指标低、材料消耗小、施工方便、基础浅埋可充分利用杆高等优点。其缺点是由于打拉线不便农田机耕，抗扭性差，往往需要转动横担以降低扭矩，因此使用范围受到一定限制。

当导线截面较小、电杆抗扭及抗剪能力满足要求时，可采用固定横担，否则采用转动横担。但对于检修困难的山区、重冰区以及相邻两档档距或标高相差很大，使用转动横担容易发生误转动的地方，不得采用转动横担。

单杆加拉线后（见图 4-51），改变了拉线点以下杆段的受力情况，将杆身所受弯矩转化为压力。进行强度计算时，拉线点以上主杆段可忽略轴向力的影响，按纯弯构件计算；拉线点以下的主杆段按压弯构件计算，如图 4-52 所示。

拉线对地夹角 β 的布置，主要由正常情况的荷载和挠度要求控制。从理论上讲，β 角越小越好。但由于电气间隙和占地面积限制，通常 β 角以不超过 60°为宜。拉线水平夹角 α，习惯采用 45°。但从正常和事故情况下等强度原则考虑，α 角宜在 35°左右，因此建议采用 40°，这对于发挥拉线作用和减少正常情况下的挠度都是可取的。

（一）拉线内力及截面积选择

拉线在正常情况下的受力为

$$T=\frac{1.05R_x}{2\cos\alpha\cos\beta} \tag{4-60}$$

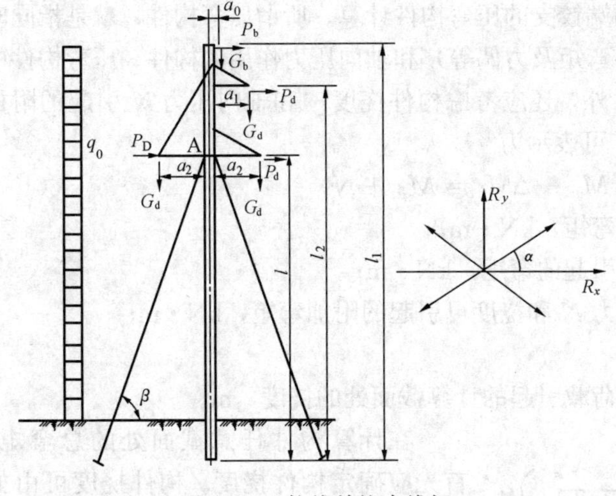

图 4-51　拉线单柱直线杆

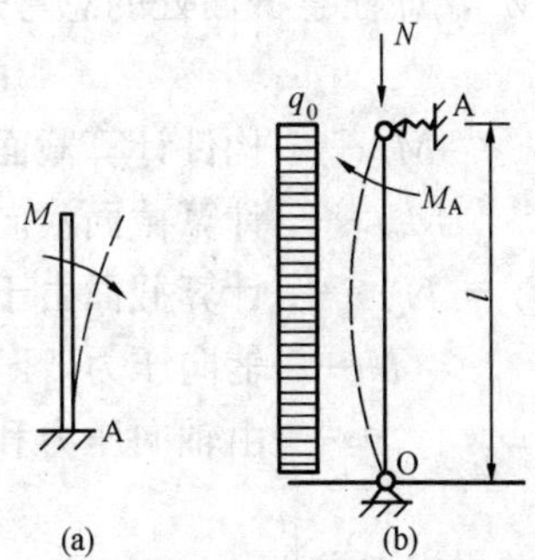

图 4-52　拉线单杆受力图
(a) 拉线点以上；(b) 拉线点以下

断线情况，忽略不平衡垂直荷载影响，拉线受力为

$$T=\frac{1.05R_y}{2\sin\alpha\cos\beta} \tag{4-61}$$

一般地，若 R_x 和 R_y 同时存在，则拉线受力为

$$T=1.05\left(\frac{R_x}{2\cos\alpha\cos\beta}+\frac{R_y}{2\sin\alpha\cos\beta}\right) \tag{4-62}$$

$$R_x=\frac{M_x}{l},\quad R_y=\frac{M_y}{l} \tag{4-63}$$

式中　α——拉线与垂直线路方向的水平投影角，(°)，α 以 35°～45°为宜；

β——拉线与地面的夹角，(°)。β 一般取 60°；

1.05——考虑拉线自重、风压荷载及温度等因素引起的拉线受力增大系数；

R_x、R_y——分别为外力在拉线点引起的垂直线路方向和顺线路方向的反力，N；

M_x、M_y——分别为对某种设计气象条件，垂直线路方向和顺线路方向的外力对杆塔 O 点的力矩，N·m；

l——拉线点至 O 点的距离，m；

T——拉线内力，N。

拉线截面的计算式为

$$A\geqslant\frac{KT_m}{\sigma_p} \tag{4-64}$$

式中　A——所需拉线截面积，mm^2；

K——拉线强度设计安全系数，取 $K=2.2$；

T_m——拉线最大内力，N，T_m 一般由正常大风情况控制；

σ_p——镀锌钢绞线的破坏应力，MPa。

（二）主杆内力计算

1. 主杆受力分析

已如前述，拉线单柱直线杆在计算主杆内力时以拉线点分段，拉线点以上段按下端固定的纯弯构件计算，拉线点以下段按两端铰支的压弯构件计算。所谓压弯构件，就是指同时承受横向荷载（分布荷载、集中荷载、弯矩及力偶等）和轴向压力作用的构件。压弯构件的计算除了考虑横向荷载引起的弯矩 M_{qx} 外，还应考虑构件挠度 y 和轴向压力 N 引起的附加弯矩 ΔM_x，即任意截面处的总弯矩 M_x 可表示为

$$M_x = M_{qx} + \Delta M_x = M_{qx} + Ny \tag{4-65}$$

式中 M_x——构件计算截面处总弯矩，kN·m；

M_{qx}——计算截面横向荷载引起的弯矩，kN·m；

$\Delta M_x = Ny$——计算截面由于轴向力 N 和挠度可引起的附加弯矩，kN·m；

N——辅向压力，kN；

y——由轴向压力和横向荷载引起的计算截面处的挠度，m。

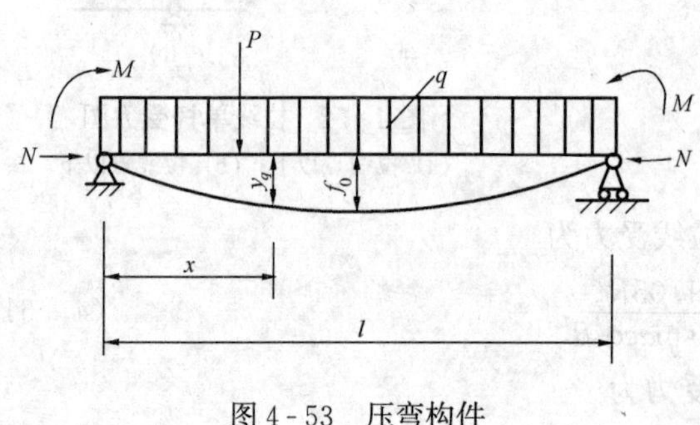

图 4-53　压弯构件

在计算构件任意截面处的总弯矩时，首先应确定构件挠度。构件挠度可由如下三部分组成：

（1）横向荷载引起的挠度 y_q。对于两端铰支的压弯构件（见图 4-53），可近似地假定在横向荷载作用下，构件的变形为一个正弦曲线。这时构件任意截面处的挠度为

$$y_q = f_0 \sin\frac{\pi x}{l} \tag{4-66}$$

式中 y_q——横向荷载引起的任意截面处的挠度，m；

f_0——各横向荷载在跨度中央引起的挠度的代数和，m；

x——计算截面到一端铰接点的距离，m；

l——跨度，m。

（2）初挠度 f_{01} 引起的挠度 y_2 在电杆加工和线路施工中，电杆不可能绝对地铅直，必存在一定的挠曲或偏斜，即存在一定的初挠度。设在跨度中央引起的初挠度为 f_{01}，则由此引起的任意截面 x 处的挠度 y_2 为

$$y_2 = f_{01} \sin\frac{\pi x}{l} \tag{4-67}$$

（3）初偏心 e_0 引起的挠度 y_2 由于轴向力作用的初偏心 e_0，在任意截面 x 处引起的挠度 y_3 为

$$y_3 = \frac{4e_0}{\pi}\frac{N}{N_L} \tag{4-68}$$

式中 N_L——构件的临界压力，kN。

上述挠度均未考虑轴向压力的影响。轴向压力的影响用挠度增大系数 η 来反映，则任意截面处的总挠度可表示为

$$y = \eta\sum y = \frac{1}{1-\dfrac{N}{N_L}}(y_q + y_2 + y_3) \tag{4-69}$$

式中 η——轴向压力引起的挠度增大系数，$\eta=\dfrac{1}{1-\dfrac{N}{N_L}}$。

因此压弯构件任意截面处的总弯矩为

$$M_x = M_{qx} + N\frac{1}{1-\dfrac{N}{N_L}}(y_q + y_2 + y_3) \tag{4-70}$$

由于构件的挠度不与轴向力成正比，所以在确定构件截面的安全度时，不能采用安全系数法，而采用许可荷载法，即把作用于构件的设计荷载（横向荷载和轴向压力）乘以安全系数 K（称为极限设计外荷载），由此求得截面的总弯矩 M_{qx}（称为极限设计外弯矩），然后与截面所具有的极限抵抗力矩相比较以确定安全度。

两端铰支的压弯构件，受极限设计外荷载作用时，任意截面处的极限设计外弯矩计算式为

$$M_{px} = KM_{qx} + KN\frac{1}{1-\dfrac{KN}{N_L}}\left(f_{0K}\sin\frac{\pi x}{l} + f_{01}\sin\frac{\pi x}{l} + \frac{4e_0KN}{\pi N_L}\right) \tag{4-71}$$

式中 M_{px}——计算截面处的极限设计外弯矩，kN·m；

f_{0K}——各横向荷载乘以安全系数 K 后，在跨度中央产生的挠度代数和，m；

K——安全系数，取 $K=1.7$。

2. 正常运行情况主杆受力计算

主杆抗弯强度一般受正常大风情况控制。拉线点以上杆段按纯弯构件计算（见图 4-51），拉线点 A 的主杆弯矩最大，其值为

$$M_A = P_b(l_1 - l) + P_d(l_2 - l) + \frac{q_0(l_1 - l)^2}{2} + G_d a_1 + G_b a_0 \tag{4-72}$$

式中 M_A——拉线点 A 的主杆弯矩，kN·m；

P_b、P_d——避雷线、导线的水平荷载，kN；

q_0——每米杆身风压，kN/m；

G_b、G_d——避雷线、导线的垂直荷载，kN。

拉线点以下杆段按两端铰支的压弯构件计算，在正常大风情况下，横向荷载有杆身均布风压 q_0 和弯矩 M_A，受力计算图如图 4-54 所示。此时，最大弯矩可能发生在跨度中央或 $0.42l$ 处，若忽略初挠度 f_{02} 和偏心距 e_0 的影响，极限设计外弯矩按下述方法确定：

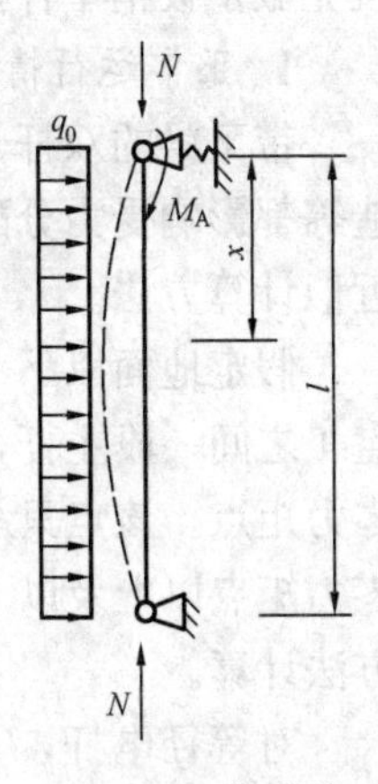

图 4-54 拉线点以下杆段受力计算图

（1）拉线点 A 以下主杆计算截面下压力为

$$N = G_b + 3G_d + G_0 + 2T\sin\beta + g_0 l_x \tag{4-73}$$

式中 N——主杆计算截面下压力，kN；

G_0——横担及支架重力，kN；

g_0——主杆单位长重力，kN/m；

l_x——杆顶到计算截面处长度，m。

（2）跨度中央极限设计外弯矩为

$$M_{p0} = KM_A\left(0.5 + \frac{0.616KN}{N_L - KN}\right) - \frac{Kq_0 l^2}{8}\left(1 + \frac{1.028KN}{N_L - KN}\right) \tag{4-74}$$

(3) 0.42l 处极限设计外弯矩为

$$M_{p(0.42)} = KM_A\left(0.577 + \frac{0.63KN}{N_L - KN}\right) - \frac{Kq_0 l^2}{8.2}\left(1 + \frac{KN}{N_L - KN}\right) \tag{4-75}$$

这里应注意，对直线杆 q 和 M 产生的挠度方向相反，所以两部分弯矩异号。

3. 断线情况主杆受力计算

断线情况，是指断下导线或断上导线或避雷线有张力差时。电杆受断线张力或避雷线张力差作用时，拉线点以上主杆仍按纯弯构件计算；拉线点以下主杆仍按压弯构件计算。电杆截面的弯矩计算与正常情况时相同。但是，由于拉线的存在，断线时的杆顶位移很小，因此可不考虑避雷线的支持力。

断线时主杆承受的剪力 Q 和扭矩 M_n 为

$$Q = K_0 T_d \tag{4-76}$$

$$M_n = K_0 T_d a_1 \text{ 或 } M_n = K_0 T_d a_2 \tag{4-77}$$

式中 T_d——断线张力，kN。

电杆的抗剪抗扭强度，一般受断线情况控制，在求出 M_n 和 Q 后，可为第五章讲述螺旋筋配置提供计算依据。

对于采用转动横担的电杆，扭矩按转动横担的起动力计算，一般起动力取 2～3kN（对 110kV 线路），因此扭矩比按固定横担计算时小得多，此时的扭矩对螺旋筋的配置不起控制作用。

三、拔梢门型直线杆

为了增加电杆横线路方向的强度，拔梢门型直线杆一般装有叉梁，不打拉线，采用深埋式基础，导线横担采用平面桁架横担，杆型如图 4-55 所示。这种杆型占地面积少，有较大的承载能力，断边相导线时，导线横担起杠杆作用，使两根主杆只承受反力而没有扭矩，这就克服了拔梢单杆抗扭性能差的弱点，因此在 110kV 线路普遍采用。

1. 正常运行情况主杆受力计算

带叉梁的双杆，其结构属于超静定体系。电杆在土中的嵌固情况、电杆的刚度、节点构造等都影响受力分配。因此，要十分准确地计算电杆受力是困难的，目前工程上采用下述的近似计算方法。

假定地面以下 1/3 埋深处为电杆嵌固点。在水平荷载作用下，从叉梁的下节点 3 到嵌固点 4 之间一段主杆，存在一个由正弯矩过渡到负弯矩的反弯点，反弯点的弯矩等于零，称为零力矩点。该点只承受轴向力和剪力，可视为一个铰接点。只要确定了零力矩点的位置，则零力矩点以上及以下的主杆均为静定结构。这时可用图 4-56 所示的受力计算图形，用静定方法计算。

对等径电杆，零力矩点的位置在 3、4 的中央 O—O 处，即图 4-55 中的 1/2 处。对拔梢单杆可认为零力矩点距点 3、4 的距离 h_3、h_4，分别与点 3、4 处的断面系数 ω_3、ω_4 成正比，即

$$\frac{h_3}{h_4} = \frac{\omega_3}{\omega_4} \quad \text{或} \quad \frac{h_3}{h_3 + h_4} = \frac{\omega_3}{\omega_3 + \omega_4}$$

因此

$$h_3 = \frac{\omega_3}{\omega_3 + \omega_4}(h_3 + h_4) = \frac{\omega_3}{\omega_3 + \omega_4} h_5 \tag{4-78}$$

其中

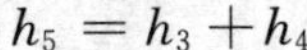

$$h_5 = h_3 + h_4$$

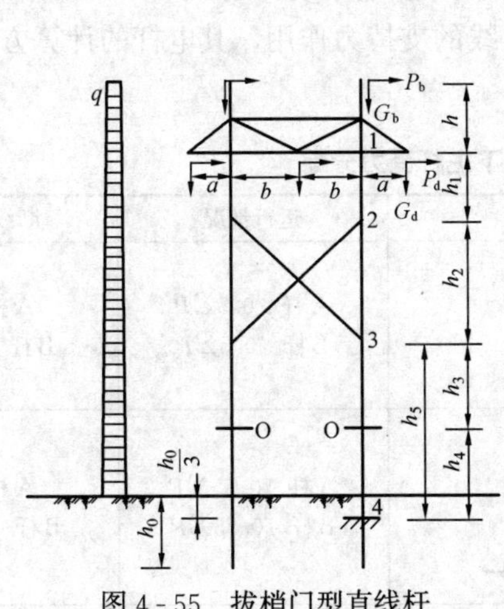

图 4-55 拔梢门型直线杆

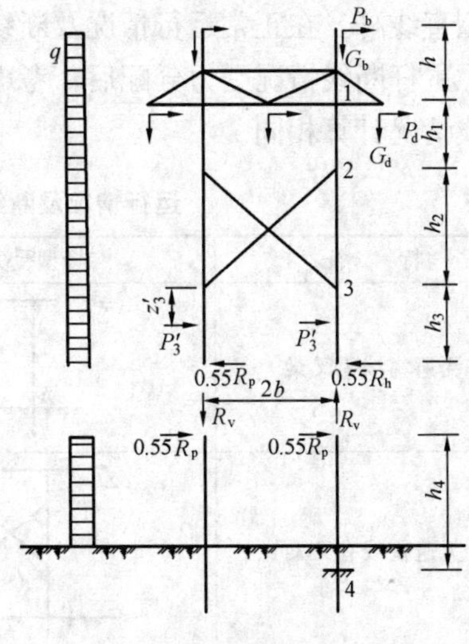

图 4-56 拔梢门型直线杆受力计算图形

对环形截面的断面系数按式（4-53）计算：

$$\omega = \frac{\pi}{32}\left(\frac{D^4 - d^4}{D}\right) \tag{4-79}$$

式中 D、d——环形截面的外径和内径。

零力矩点的位置确定以后，可按图 4-57 用式（4-80）求零力矩点处的水平反力 R_h 和垂直反力 R_v，有

$$R_h = \sum P = 2P_b + 3P_d + 2P \tag{4-80}$$

$$R_v = \frac{1}{2b}[Pz + 2P_b(h + h_1 + h_2 + h_3) + 3P_b(h_1 + h_2 + h_3)] \tag{4-81}$$

式中 P、Pz——零力矩点以上杆身风压及其对零力矩点的弯矩。

考虑两杆受力的不均匀性，主杆各点弯矩计算式为

$$M_1 = 0.55(2P_b + 2P_1 z_1) \tag{4-82}$$

$$M_2 = 0.55[2P_b(h + h_1) + 3P_d h_1 + 2P_2 z_2] \tag{4-83}$$

$$M_3 = 0.55R_h h_3 \tag{4-84}$$

$$M_4 = 0.55R_h h_4 + P_4 z_4 \tag{4-85}$$

式中 P_1、P_2——点 1、2 以上的杆身风压，kN；

P_1z_1、P_2z_2——点 1、2 以上的杆身风压对该点的弯矩，kN·m；

P_4z_4——h_4 处杆身风压对嵌固点 4 的弯矩，kN·m；

0.55——主杆外弯矩分配系数。

带叉梁门型杆弯矩图形如图 4-57 所示，从图中可见，由于叉梁的存在，显著减少了主杆的弯矩。

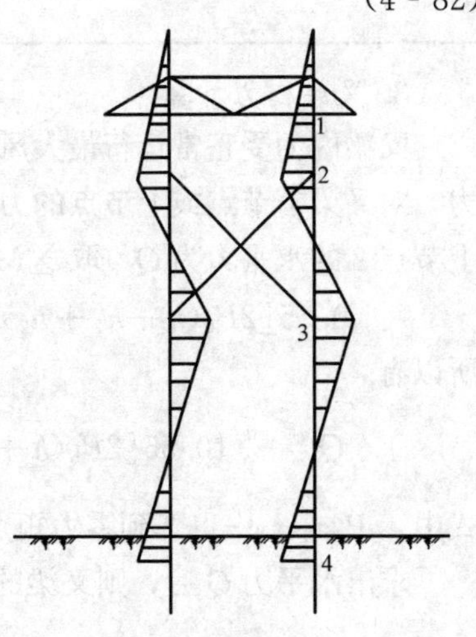

图 4-57 带叉梁门型杆弯矩图形

2. 断导线时主杆受力情况

对门型直线杆，在正常运行情况及断线情况下主杆的受力分配如表 4-25 所示。

确定了主杆断线情况受力分配后，考虑避雷线的支持力作用，其电杆的计算方法与上述的单杆断线情况计算相同。

表 4-25　运行情况及断线情况下主杆受力分配

序号	特　征	杆型受力简图	运行情况	断线情况
1	无避雷线无叉梁	$\overrightarrow{\sum P}$, T_d, A, B	A杆　$0.5\sum P$ B杆　$0.5\sum P$	A杆　0 B杆　$1.0T$
2	无避雷线有叉梁	$\overrightarrow{\sum P}$, T_d, A, B	A杆　$0.55\sum P$ B杆　$0.55\sum P$	A杆　0 B杆　$1.0T_d$
3	有避雷线无叉梁	$\overrightarrow{\sum P}$, T_d, b, a, A, B	A杆　$0.5\sum P$ B杆　$0.5\sum P$	A杆　$0.85\,T_d\,\frac{a}{b}$ B杆　$0.85\,T_d\,\frac{a+b}{b}$
4	有避雷线有叉梁	$\overrightarrow{\sum P}$, T_d, b, a, A, B	A杆　$0.55\sum P$ B杆　$0.55\sum P$	A杆　$0.85\,T_d\,\frac{a}{b}$ B杆　$0.85\,T_d\,\frac{a+b}{b}$
5	有避雷线有叉梁 有顺线路 V 形拉线	$\overrightarrow{\sum P}$, T_d, b, a, A, B	A杆　$0.55\sum P$ B杆　$0.55\sum P$	A杆　$T_d\,\frac{a}{b}$ B杆　$T_d\,\frac{a+b}{b}$

3. 叉梁内力计算

叉梁内力受正常运行最大风情况控制，可通过作用于零力矩点以上一根主杆的所有水平力，对叉梁下节点或上节点的力矩平衡条件求得。今对叉梁下节点 3 求力矩平衡，并设叉梁上节点 2 的水平力为 Q，取 $\sum M_3=0$，则有

$$0.55[2P_b(h+h_1+h_2)+3P_d(h_1+h_2)+P_3z_3-P_3z_3]+R_hh_3-Qh_2=0$$

所以有

$$Q=\frac{1}{2}\{0.55[2P_b(h+h_1+h_2)+3P_d(h_1+h_2)+P_3z_3-P'_3z'_3]+R_hh_3\} \quad (4-86)$$

式中　P_3z_3——点 3 到零力矩点主杆风压对点 3 的弯矩，kN·m。

求出水平力 Q 后，则叉梁的内力 N 计算式为

$$N=\frac{Q}{\sin\theta} \quad (4-87)$$

式中　θ——叉梁与主杆夹角，(°)。

求得叉梁内力后，可按轴心受压和受拉构件计算强度。

四、拉线门型直线电杆计算

1. 拉线门型直线杆及加高杆

图 4 - 58 所示为三种门型拉线直线杆。图 4 - 58（a）、（b）两种杆型应采用深埋式基础，由于采用 V 形拉线，其 α 角较大，一般大于 70°，所以拉线平衡垂直线路方向荷载的能力很低，因此电杆正常运行情况的计算，一般不考虑 V 形拉线受力。此时，图 4 - 58（a）带 V 形拉线有叉梁电杆正常情况的计算与带叉梁门型杆的计算相同，图 4 - 58（b）带 V 形拉线无叉梁电杆相当两根独立的单杆。图 4 - 58（c）带交叉拉线杆由于采用交叉拉线，α 角度可以小于 70°，电杆基础可采用浅埋式，正常运行情况的水平荷载由交叉拉线平衡，因此在正常运行情况下，电杆及拉线的受力计算均与拉线单杆的相同。

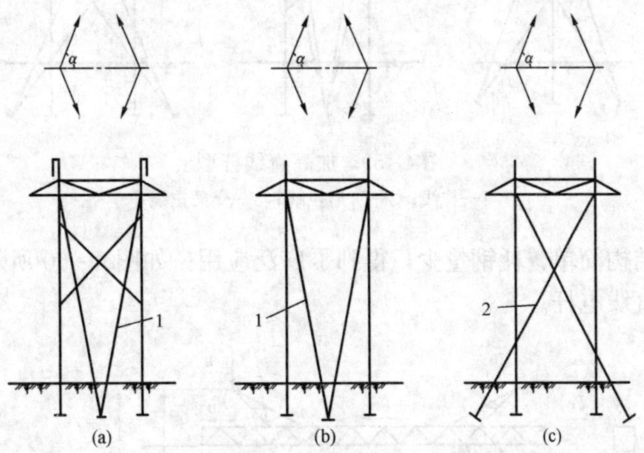

图 4 - 58　拉线门型直线杆

(a) 带 V 形拉线有叉梁；(b) 带 V 形拉线无叉梁；(c) 带交叉拉线

1—V 形拉线；2—交叉拉线

这三种杆型，断线情况的计算都是相似的。当断边导线时，靠近断线相的主杆拉线点的反力 R_A 为

$$R_A=\frac{a+2b}{2b}T_d \tag{4-88}$$

拉线的最大内力为

$$T_m=\frac{1.05R_A}{\sin\alpha\cos\beta} \tag{4-89}$$

拉线门型直线杆的断线张力，靠拉线承担。此时主杆可按在拉线垂直下压力和偏心弯矩作用下的偏心受压构件或压弯构件计算。

当线路跨越铁路、公路、电信线、电力线等，往往将常用的电杆加高 3、6m 或更高一些。如前所述，对拉线点以下的杆段，按压弯构件计算。这时电杆除了满足强度的要求，还须满足压杆的稳定要求，即主杆的长细比不得超过规定的数值（对一般直线杆或耐张杆，主杆的长细比不应超过 180；对转角杆或终端杆不应超过 150）。主杆加高后，其长细比往往超过规定值，为此可采用双层拉线的方法，以缩短计算长度，即减小长细比。

对于不太高的 40m 以下电杆，下层拉线按构造配置，电杆及拉线采取简化计算。也就是说计算拉线时，只考虑上层拉线受力；下层拉线，只起减少杆身计算长度的作用，而不考虑其受力。计算杆内力时计算长度取两跨中较长一跨考虑，其余计算与前述单层拉线相同。

下层拉线与垂直线路方向的水平投影角 α，应使电杆在拉线节点处各个方向保持稳定，

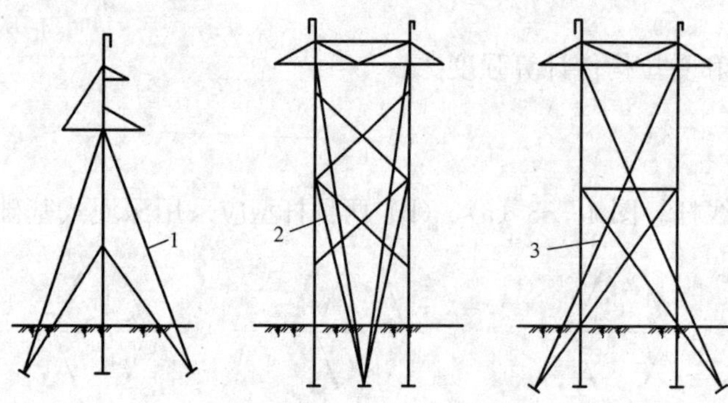

图 4-59 加高直线杆型

1—拉线；2—V形拉线；3—交叉拉线

成为一个不动绞。

常用的加高直线杆型如图4-59所示。一般下层拉线按构造配置时，可取 GJ-50～GJ-70 型钢绞线，下跨主杆配筋应不少于上跨主杆配筋。

2. 带V形拉线的撇腿门型直线杆

对于杆型采用浅埋式基础，电杆的倾覆力采用拉线来维持稳定，带V形拉线的撇腿门型电杆由于结构简单、耗钢量少，得到了广泛应用，如图4-60所示。其一般用在220～500kV线路的直线电杆。

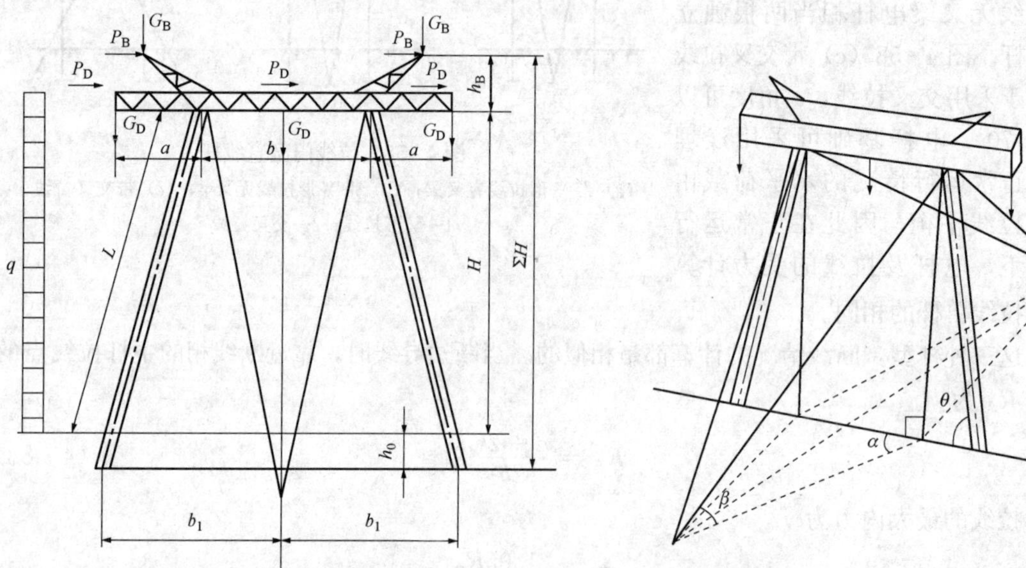

图 4-60 带V形拉线的撇腿门型直线电杆

正常运行情况下作用在拉线点的水平反力为

$$R_x = \sum P = 2P_B + 3P_D + 2q(H + h_B)$$

正常运行情况下拉线受力为

$$T = \frac{1.05R_x}{2(\cos\alpha\cos\beta + \sin\beta\cot\theta)} \tag{4-90}$$

式中 α——拉线与横担轴线的水平夹角；

β——杆柱对地面的夹角。

断边导线情况下，拉线受力按式（4-89）计算。

五、耐张杆拉线计算

耐张杆一般用于线路直线段，必要时也可兼5°以下的小转角，其杆型如图4-61所示。这种杆型在导线横担处安装四根交叉布置的拉线（称导线拉线），在避雷线横担处安装四根

“八字形”布置的拉线（称避雷线拉线）。导线拉线与横担的水平投影角 α_2 约为 65°，在正常运行情况下，承受导线、避雷线和杆身风压的水平力及角度荷载或导线的不平衡张力；断线及安装情况时，承受安装或断线时的水平荷载或顺线路方向的荷载。避雷线拉线和导线拉线共用一个拉线基础，正常运行时，不考虑避雷线对基础的上拔力；仅避雷线断线或安装情况时，才考虑避雷线拉线对基础的上拔力。

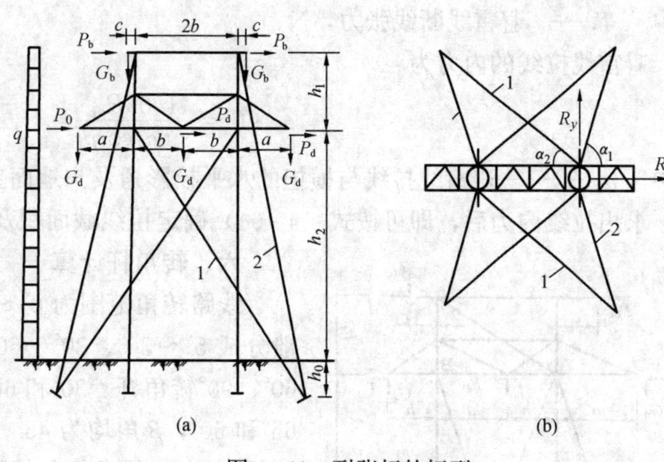

图 4-61 耐张杆的杆型

(a) 立视图；(b) 平视图

1—导线拉线；2—避雷线拉线

1. 导线拉线计算

正常运行情况时，导线拉线承担全部水平荷载和顺线路方向导线的不平衡张力，因此拉线内力为

$$\left.\begin{aligned} T &= \frac{1.05R_x}{\sin\alpha_2\cos\beta_2}+\frac{1.05R_y}{\sin\alpha_2\cos\beta_2} \\ R_x &= \frac{1}{h_2+h_0}[q(h_1+h_2)(h_1+h_2+h_0)+2P_b(h_1+h_2+h_0)]+3P_d \\ R_y &= 1.5\Delta T \end{aligned}\right\} \tag{4-91}$$

式中 α_2、β_2——导线拉线与横担的水平投影角及与地面夹角，(°)；

R_x——杆塔全部水平力在拉线节点的水平反力，N；

q——杆身每米风压，N/m；

R_y——导线顺线路方向不平衡张力在拉线节点的反力，N；

ΔT——每相导线正常运行情况下的不平衡张力，N；

T——拉线内力，N。

事故断导线，一般考虑断中相和边相导线，这时拉线内力为

$$\left.\begin{aligned} T &= \frac{1.05R_x}{2\cos\alpha_2\cos\beta_2}+\frac{1.05R_{yd}}{\sin\alpha_2\cos\beta_2} \\ R_{yd} &= \frac{T(3b+a)}{2b} \end{aligned}\right\} \tag{4-92}$$

式中 R_x——导线和避雷线的角度合力在拉线点的反力，N；

R_{yd}——顺线路方向断线张力在拉线点反力，N。

2. 避雷线拉线计算

只有当避雷线断线时，才考虑避雷线拉线受力。首先把避雷线断线张力折算到拉线节点处，即

$$R_{yb}=\frac{T_b(2b+c)}{2b} \tag{4-93}$$

式中　T_b——避雷线断线张力，N。

避雷线拉线的内力为

$$T=\frac{1.05R_{yb}}{\sin\alpha_1\cos\beta_1} \tag{4-94}$$

式中　α_1、β_1——避雷线拉线与横担的水平投影角及与地面夹角，(°)。

求出拉线内力后，即可按式（4-64）确定拉线截面积及规格。

六、转角杆计算

线路转角范围为0°～90°，转角杆的允许转角范围一般分成5°～30°、30°～60°和60°～90°三种，分别称30°、60°、90°转角杆。30°和60°转角杆导线拉线的α角分别为65°和60°，β角均为45°；避雷线拉线的α角为90°，β角一般为60°。转角杆的杆型如图4-62所示。

转角杆的基础埋深较浅，一般为1.5m。在避雷线横担和主杆的连接点至导线横担和主杆的连接点之间，装设斜拉杆，以便将避雷线的水平力传递给导线拉线。避雷线的拉线只承受避雷线的顺线张力；而导线拉线则承受导线的顺线张力和全部水平力。

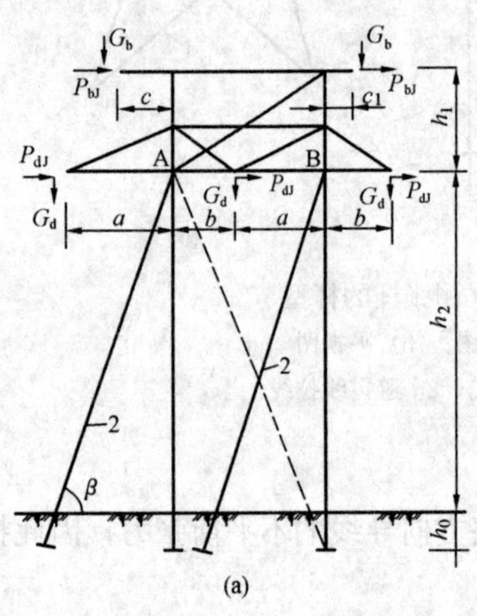

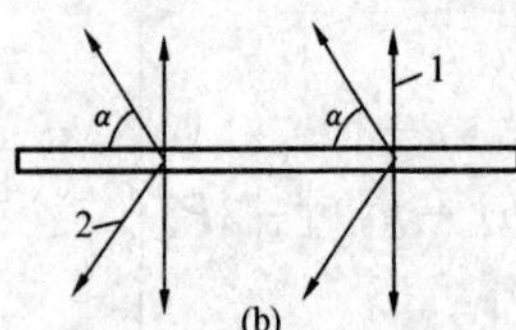

图4-62　转角杆杆型

(a) 立面图；(b) 平面图

1—避雷线拉线；2—导线拉线

在正常情况下，当导线不存在不平衡张力时，导线拉线受力计算式为

$$\left.\begin{aligned}T&=\frac{0.55R_x}{2\sin\alpha\cos\beta}\\R_x&=2P_{bJ}+3P_{dJ}+q(2h_1+h_2)\\P_{bJ}&=P_b+(T_{b1}+T_{b2})\sin\frac{\theta}{2}\\P_{dJ}&=P_d+(T_{d1}+T_{d2})\sin\frac{\theta}{2}\end{aligned}\right\} \tag{4-95}$$

式中　0.55——考虑两杆拉线节点受力分配系数；

R_x——全部导线、避雷线及杆身风压等水平力在拉线点的反力，N；

P_d、P_b——导线、避雷线风压荷载，N；

T_{b1}、T_{b2}——前后档避雷线张力，N；

T_{d1}、T_{d2}——前后档导线张力，N；

θ——线路转角，(°)。

当外角侧和中相断线时（见图4-63），导线拉线受力为

$$\left.\begin{aligned}T&=\frac{1.05R_{xA}}{2\cos\alpha\cos\beta}+\frac{1.05R_{yA}}{\sin\alpha\cos\beta}\\R_{xA}&=2P_{bJ}+2P'_{dJ}+P_{dJ}\\R_{yA}&=\frac{T_d(3b+a)}{a+b}\\P'_{dJ}&=T_d\sin\frac{\theta}{2}\end{aligned}\right\} \tag{4-96}$$

式中 R_{xA}、R_{yA}——总水平反力和顺线路方向 A 杆上的反力，N；

P'_{dJ}——断线相导线张力，N。

当线路转角度数较小时（5°～20°），正常大风时的反向风荷载可能大于导线的角度合力，从而导线拉线不起作用，这时应设置如图 4 - 62 中虚线所示的反向分角拉线（称内拉条）。

反向分角拉线的最大受力 T_f 计算式为

$$T_f = \frac{1.05(\sum P - R_x)}{\cos\beta_3} \tag{4 - 97}$$

$$\sum P = 2P_b + 3P_d + q(2h_1 + h_2)$$

$$R'_x = 2(T_{b1} + T_{b2})\sin\frac{\theta}{2} + 3(T_{d1} + T_{d2})\sin\frac{\theta}{2}$$

式中 β_3——反向分角拉线与地面夹角，(°)，一般取 $\beta_3 = 75°$。

反向分角拉线可固定在电杆的底盘上。转角杆避雷线拉线的计算与耐张杆的相同，这里不再重复讲述。

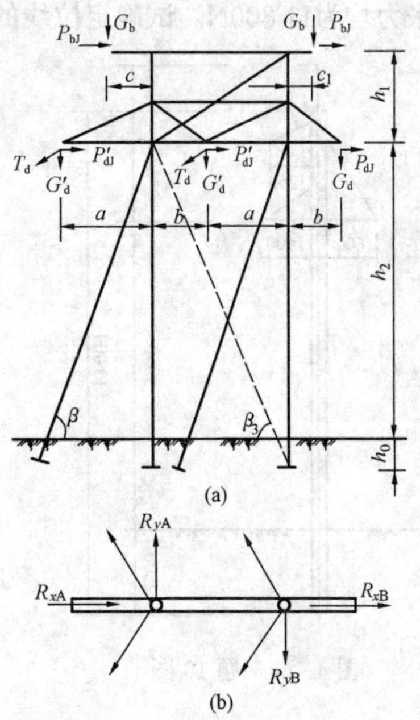

图 4 - 63 转角杆断线情况受力图

复 习 与 思 考 题

1. 杆塔是怎样分类的？各类杆塔的受力特点是什么？
2. 确定杆塔外形尺寸的基本要求有哪些？
3. 荷载怎样分类？怎样计算？
4. 荷载系数是怎样定义的？用途是什么？
5. 拔梢单杆有哪些优缺点？
6. 拔梢单杆的受力特点？最大弯矩点位置？
7. 拉线单杆有哪些优缺点？
8. 门型直线杆的优缺点有哪些？带叉梁的门型直线杆优点是什么？
9. 某 110kV 输电线路，导线采用 JL/G1A-200-26/7 型，避雷线采用 JG1A-10-7 型，上字型；直线杆的设计水平档距为 350m，垂直档距为 450m，第Ⅱ气象区。试计算该直线杆的荷载，并画出杆头荷载图。
10. 设某无拉线拔梢单杆外形尺寸如图 4 - 64 所示，正常大风时的荷载为：避雷线水平荷载 $P_1 = 912$N，垂直荷载 $G_1 = 1138$N，导线水平荷载 $P_2 = 1961$N，垂直荷载 $G_2 = 2589$N。若忽略杆身风压，试计算嵌固点截面处的弯矩。
11. 某拉线单杆的外形尺寸如图 4 - 65 所示，拉线对地面夹角 $\beta = 60°$，与横担方向夹角 $\alpha = 45°$，荷载计算如题 9。试选择拉线所需截面积。
12. 转角杆塔在什么情况下需加反向分角拉线？某线路转角为 12°采用如图 4 - 66 所示杆型，已知杆塔荷载值如题 9，杆身风压设为 100N/m，两侧导线张力均为18 100N，两侧避雷线张力均为11 800N。试确定拉线的配置并选择截面积。

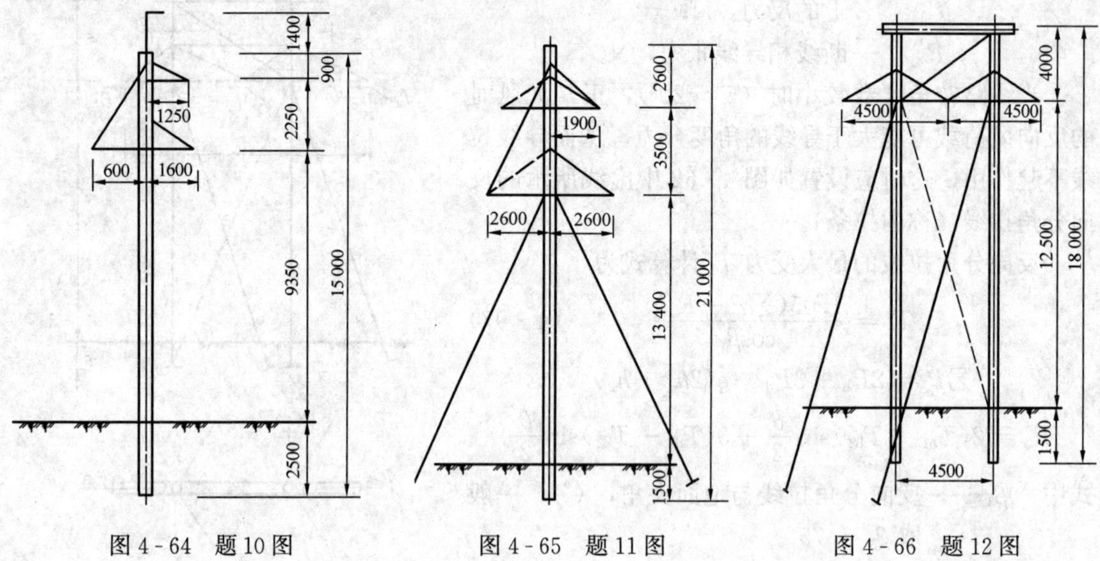

图 4-64　题 10 图　　图 4-65　题 11 图　　图 4-66　题 12 图

第五章 杆塔强度计算

第一节 影响电杆强度的因素

输电线路在长期的运行中，杆塔作为导线和避雷线的支持物，必须能承受一定的荷载，且其变形必须在一定的允许范围之内，即杆塔必须满足一定的强度、稳定性及变形要求。

影响杆塔强度的因素主要有制造杆塔所用的材料、杆塔的受力形式及杆塔的结构形式。

一、混凝土的力学特性

钢筋混凝土是由混凝土和钢筋两种材料结合而成的。由于它们具有几乎相等的温度膨胀系数，相互间又存在很强的黏着力，因此相互结合俨如一个整体而能较好地联合工作，从而充分发挥各自的优点，因此钢筋混凝土已成为目前理想的建筑材料，也是制造电杆的良好材料。钢筋混凝土电杆已广泛应用于220kV及以下电压等级的输配电线路上。

混凝土是用水泥、水、砂子和石子等原材料按一定比例混合，经搅拌后入模浇注，并经养护硬化后做成的人工石材。混凝土的力学特性可用下列强度指标及弹性模量来说明。

1. 混凝土的抗压强度

混凝土抗压强度是指按规定的方法搅拌而成的边长200mm的混凝土立方试块，在室温15～20℃、空气相对湿度90%以上的情况下，养护28天后，以标准试验方法得到的抗压极限强度。该抗压强度的数值即为混凝土的强度等级，例如C20级混凝土，其抗压强度R_{bza}=13.5MPa。

混凝土在空气中凝结时体积会缩小，而在水中或潮湿空气中养护混凝土，可减少收缩裂缝，保证强度。

混凝土的早期硬化速度与气温有很大关系，当气温在0～15℃时，硬化速度较慢，0℃时停止硬化；当环境温度高于20℃时，硬化速度显著加快。因此，冬季浇制混凝土时，应采取保温措施，如蒸汽养护等。

水灰比是水和水泥的质量比。减小水灰比，将会增加混凝土的密实性，从而提高混凝土的抗压强度和对钢筋的保护作用，延长其使用寿命。用离心法浇制的环形截面电杆，在旋转过程中，由于离心力作用，混凝土中的一些水分被甩出，水灰比降低，因而离心法浇制的混凝土强度比振捣法浇制的可提高30%。

混凝土的强度随时间而增长，初期增长速度快，而后增长速度慢并趋于稳定。若以养护28天的混凝土抗压强度为标准，则其相对抗压强度与养护期的关系如表5-1所示。

表5-1 混凝土的相对抗压强度与养护期关系

养护期	28天	90天	180天	360天	720天	8年	12年
相对抗压强度	1.0	1.25	1.5	1.75	2.0	2.25	2.5～3.0

2. 混凝土的轴心抗压强度

同样边长的混凝土试件，随着高度的增加（即由立方体变为棱柱体），其抗压强度将下降。但当高宽比超过 3 以后，降低的幅度不再很大。试验表明，用高宽比为 3～4 的混凝土棱柱体试件测得的抗压强度与以受压为主的钢筋混凝土构件中的混凝土抗压强度基本一致。因此可将它作为以受压为主的钢筋混凝土结构构件的抗压强度，称为轴心抗压强度，或长直强度，用 R_a 表示。

3. 混凝土的弯曲抗压强度

当混凝土梁受一个与梁的轴线垂直的力作用而弯曲时，梁的横截面上将产生以中性平面为界的受压区和受拉区。此时受压区混凝土的弯曲抗压强度用 R_w 表示，其值小于混凝土的标准抗压强度 R_{bza}，大于轴心抗压强度 R_a。

4. 混凝土的抗拉强度

混凝土的最大弱点就是抗拉强度很低，一般只有抗压强度的 1/8～1/20，且不与抗压强度成比例增长。

5. 混凝土的黏着力和抗剪强度

混凝土和钢筋所以能联合工作，主要依靠混凝土和钢筋之间存在的黏着力。黏着力的产生主要有三个方面的原因：一是因为混凝土收缩将钢筋紧紧握固而产生的摩擦力；二是因为混凝土颗粒的化学作用而产生的混凝土与钢筋之间的胶合力；三是由于钢筋表面凹凸不平与混凝土之间产生的机械咬合力。单位表面积上的黏着力称为黏着强度。根据试验表明，普通混凝土的黏着强度接近抗剪强度，光面钢筋的黏着强度为 1.5～3.5MPa。

6. 混凝土的弹性模量

混凝土为弹塑性材料，它在外力作用下的变形包括弹性变形和塑性变形。混凝土受压时，压应力与弹性相对变形的比值，称为混凝土的受压弹性模量 E_h。混凝土受拉弹性模量与受压时基本一致，可取相同数值。以标准试验方法得到的混凝土强度为标准强度。但在实际工程中因受振捣方法、养护条件等限制，混凝土的强度值具有一定的离散性。所以在混凝土构件的强度计算中，均采用混凝土的设计强度，如表 5-2 所示。

表 5-2　混凝土强度标准值、设计值和弹性模量　(N/mm^2)

强度种类	符号	混凝土强度等级										
		C10	C15	C20	C25	C30	C35	C40	C45	C50	C55	C60
轴心抗压	标准值 R_{bza}	6.7	10	13.5	17	20	23.5	27	29.5	32	34	36
	设计值 R_a	5	7.5	10	12.5	15	17.5	19.5	21.5	23.5	25	26.5
弯曲抗压	标准值 f_{cmk}	7.5	11	15	18.5	22	26	29.5	32.5	35	37.5	39.5
	设计值 R_w	5.5	8.5	11	13.5	16.5	19	21.5	23.5	26	27.5	29
抗拉	标准值 R_{bzl}	0.9	1.2	1.5	1.75	2	2.25	2.45	2.6	2.75	2.85	2.95
	设计值 R_l	0.65	0.9	1.1	1.3	1.5	1.65	1.8	1.9	2	2.1	2.2
弹性模量	E_h	1.75×10^4	2.2×10^4	2.55×10^4	2.8×10^4	3×10^4	3.15×10^4	3.25×10^4	3.35×10^4	3.45×10^4	3.55×10^4	3.6×10^4

二、钢筋的力学特性

钢筋是钢筋混凝土最主要的组成部分，钢筋的力学特性如表 5-3、表 5-4 所示。

表 5-3 钢筋强度标准值及设计值 (N/mm²)

种类		R_{gz}或R'_{gz}或R'_{yz}	R_g或R'_g	R_y或R'_y
热轧钢筋	Ⅰ级(Q235)	235	210	210
	Ⅱ级[20MnSi、20MnNb(b)]	325	310	310
	Ⅲ级(20MnSiV,20MnTi、K20MnSi)	400	360	360
	Ⅳ级($40Si_2MnV$、45SiMnV、45 Si_2MnTi)	540	500	400
冷拉钢筋	Ⅰ级($d \leqslant 12$)	280	250	210
	Ⅱ级 $d \leqslant 25$ $d=28 \sim 40$	450 430	380 360	310 310
	Ⅲ级	500	420	360
	Ⅳ级	700	580	400
冷轧带肋钢筋	LL550($d=4 \sim 12$)	550	360	360
	LL650($d=4$、5、6)	650	430	380
	LL800($d=5$)	800	530	380
热处理钢筋	40 Si_2Mn($d=6$) 48 Si_2Mn($d=8.2$) 45 Si_2Cr($d=10$)	1470	1000	400

注 R_{gz}——热轧钢筋和冷拉钢筋的强度标准值;
R'_{gz}——预应力钢筋的强度标准值;
R'_{yz}——热处理钢筋的强度标准值;
R_g、R'_g——通钢筋的抗拉、抗压强度设计值;
R_y、R'_y——预应力钢筋的抗拉、抗压强度设计值。

表 5-4 钢筋、钢丝和型钢弹性模量 (MPa)

种类	E_g
Ⅰ级钢筋、冷拉Ⅰ级钢筋	2.1×10^5
Ⅱ级钢筋、Ⅲ级钢筋、Ⅳ级钢筋、热处理钢筋、碳素钢丝、冷拔低碳钢丝	2.0×10^5
冷轧带肋钢筋	1.9×10^5
冷拉Ⅱ级、冷拉Ⅲ级钢筋、冷拉Ⅳ级钢筋、刻痕钢丝	1.8×10^5
型钢	2.06×10^5

钢筋混凝土分为普通钢筋混凝土和预应力钢筋混凝土两种。普通钢筋混凝土中的钢筋及预应力钢筋混凝土中的非预应力钢筋宜采用Ⅰ级、Ⅱ级、Ⅲ级钢筋及乙级冷拔低碳钢丝。预应力钢筋混凝土中的预应力钢筋宜采用冷拉Ⅱ级、冷拉Ⅲ级、冷拉Ⅳ级钢筋和Ⅴ级(热处理)钢筋、甲级冷拔低碳钢丝、碳素钢丝等。

三、电杆的结构形式

环形截面的构件较其他截面构件,具有各方向承载能力相等、节省材料、便于采用离心机制造以提高质量等优点。因此,在输电线路中广泛采用环形截面的钢筋混凝土构件。其结

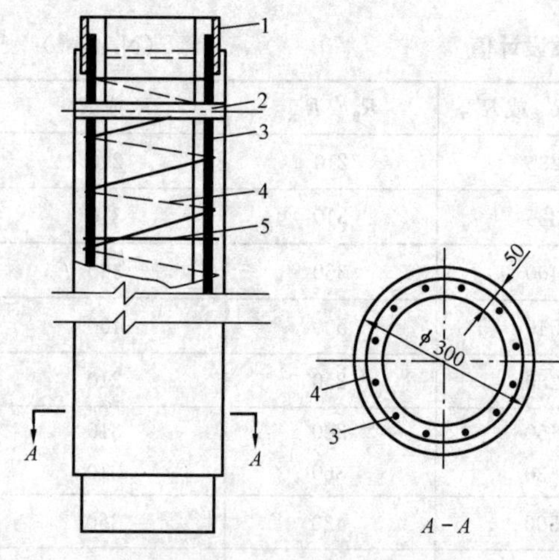

图 5-1 环形截面的钢筋混凝土电杆结构示意图
1—钢箍；2—穿心钢管；3—纵向钢筋；4—螺旋筋；5—水平钢筋

构示意图如图 5-1 所示。

这种构件又分为普通和预应力两种，它们之间的差别在于，预应力构件浇注前，将钢筋施行张拉，待混凝土凝固后撤去张力，这时钢筋回缩而混凝土必然阻止其回缩，因而混凝土受一个预压应力。当构件承载而受拉时，这种预压应力可部分或全部地抵消受拉时应力而不致产生裂缝。

裂缝的危害在于使钢筋表面与潮湿空气中的氧接触，发生锈蚀，影响电杆寿命。

环形截面钢筋混凝土结构的构造要求：

1. 钢筋

预应力钢筋混凝土环形截面受弯构件常用管径的最小配筋量如表 5-5 所示。

表 5-5　预应力混凝土环形截面受弯构件常用管径的最少配筋量

外径（mm）	钢筋标准强度（N/cm^2）		
	65 000	85 000	150 000
$\phi200$	$6\times\phi6$	$6\times\phi6$	$6\times\phi5$
$\phi250$	$10\times\phi6$	$8\times\phi6$	$8\times\phi5$
$\phi300$	$12\times\phi6$	$10\times\phi6$	$8\times\phi6$
$\phi350$	$16\times\phi6$	$12\times\phi6$	$10\times\phi6$
$\phi400$	$18\times\phi6$	$16\times\phi6$	$12\times\phi6$
$\phi550$	$28\times\phi6$	$22\times\phi6$	$16\times\phi6$

主筋直径不小于 5mm，主筋间距不大于 100mm。除满足构件强度计算要求外，主筋净距不小于 30mm。钢筋直径不大于 12mm，主筋根数不应少于 6 根。

钢筋混凝土环形截面受弯构件常用管径的最小配筋量如表 5-6 所示。

表 5-6　钢筋混凝土环形截面受弯构件常用管径的最小配筋量

管径（mm）	$\phi200$	$\phi250$	$\phi300$	$\phi350$	$\phi400$
最小配筋量	$6\times\phi10$	$10\times\phi10$	$12\times\phi12$	$14\times\phi12$	$16\times\phi12$

主筋直径不小 10mm，间距不大于 70mm，根数不少于 6 根。除满足强度要求外，主筋净距不小于 30mm，主筋直径不大于 20mm。

预应力钢筋混凝土及钢筋混凝土构件，当钢筋根数较多，而直径较小（直径在 6mm 以下），在截面中单根布置有困难时，可采用双根并列布置。

预应力钢筋混凝土及钢筋混凝土环形截面构件，须设置等间距的螺旋筋及内钢箍。螺旋筋的间距不小于 50mm，不大于 150mm。内钢箍间距为 500～1000mm。螺旋筋的直径不小于 3.5mm（用低碳冷拔钢丝）。钢板圈厚度不小于 8mm，高不小于 140mm。对锥形杆，小头主筋净距不小于 25mm。

预应力钢筋混凝土环形截面构件中穿筋板上用作连接预应力主筋的孔径不能太大，可较主筋直径大 0.5mm^2。

2. 混凝土

普通钢筋混凝土离心环形电杆的混凝土强度等级不宜低于 C40；预应力混凝土离心环形电杆的混凝土强度等级不宜低于 C50，有条件应采用强度等级更高的混凝土，其他预制构件的混凝土强度等级不应低于 C20。

对于主筋的保护层厚度，均应不小于 15mm；杆段壁厚不小于 40mm。

四、钢筋混凝土构件的刚度

偏心受压构件和压弯构件的强度计算，均涉及构件的刚度。由均质弹性材料制造的构件，其刚度为 EJ，即材料的弹性模量 E 和截面惯性矩 J 的乘积。钢筋混凝土构件，不属于均质弹性材料，因此其刚度不能直接取 EJ 的乘积。

钢筋混凝土构件的刚度与是否出现裂缝有关。混凝土出现裂缝之前，构件所具有的刚度称为第一阶段刚度 B_{I}；出现裂缝之后的刚度称为第二阶段刚度 B_{II}。严格地说，每个阶段的刚度又可分为短期荷载作用下的刚度和长期荷载作用下的刚度。

1. 短期荷载作用下的刚度

(1) 使用阶段不出裂构件。输电线路使用的环形截面普通钢筋混凝土构件，当构件为轴心受压或小偏心受压时，由于构件主要承受压力，其截面的受拉区很小，混凝土不产生裂缝，因此计算时可采用第一阶段刚度 B_{I}。第一阶段刚度 B_{I} 的计算式为

$$B_{\text{I}} = 0.85E_{\text{h}}J_{\text{z}} \times 10^3 \tag{5-1}$$

$$J_{\text{z}} = \frac{\pi(D^4 - d^4)}{64} + \frac{E_{\text{g}}A_{\text{g}}r_{\text{g}}^2}{2E_{\text{h}}} \tag{5-2}$$

式中 B_{I}——第一阶段刚度，kN·m^2；

E_{h}——混凝土的受压弹性模量，MPa；

0.85——考虑短期荷载施加和开始作用后，非弹性变形发展的系数；

J_{z}——构件全部截面折算为混凝土截面时的惯性矩，m^4；

A_{g}——纵筋截面积，m^2；

r_{g}——布筋半径，m；

E_{g}——钢筋的弹性模量，MPa；

D——环形截面外径，m；

d——环形截面内径，m。

用刚度 B_{I} 计算构件的变形，如构件承受长期荷载时，则需额外考虑混凝土的徐变影响，应将按 B_{I} 计算的挠度乘以增大系数 c，其值如下：当干燥气候时取 3，当正常气温、湿度条件时取 2，当潮湿条件时取 1.5。

(2) 使用阶段出裂构件。对于受弯构件和长细比较大的压弯构件，不可避免地要产生裂缝，计算时宜采用第二阶段刚度。经推导，环形截面钢筋混凝土构件的第二阶段刚度 B_{II} 计算式为

$$B_{\text{II}} = \beta E_{\text{g}}Ar_{\text{g}}^2 \times 10^3 \tag{5-3}$$

$$\left.\begin{aligned}\beta &= f(\varphi) = \xi(\alpha)\\ \alpha &= \frac{3E_gA_g}{E_hA_h}\end{aligned}\right\} \tag{5-4}$$

式中 $B_{\text{Ⅱ}}$——第二阶段刚度，$kN \cdot m^2$；

β——与 φ、α 有关的系数；

A_h——混凝土横截面积，mm^2。

在计算出 α 后，可按图 5-2 查出 φ 值，再由 φ 值找出 β 值，从而按式（5-3）计算刚度。

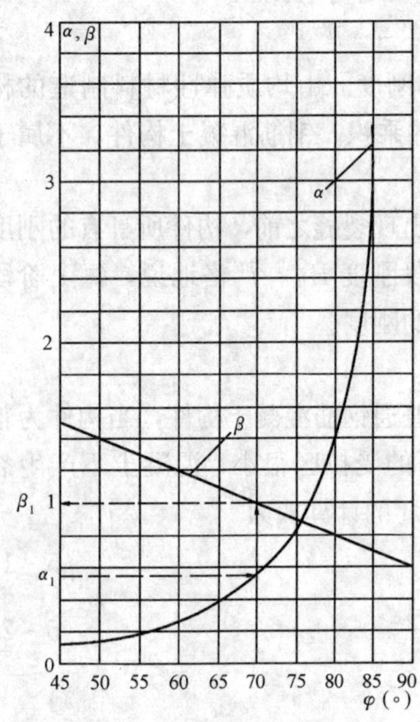

图 5-2 刚度系数 β 计算曲线

2. 长期荷载作用下的刚度

在长期荷载的作用下将会产生一个标准荷载弯矩，当有长期荷载作用时，刚度 B_c 计算式可按式（5-5）计算：

$$B_c = B\frac{M}{M_c\theta + M_d} \tag{5-5}$$

式中 M_c——长期作用的标准荷载所产生的弯矩；

M_d——短期作用的标准荷载所产生的弯矩；

M——全部标准荷载所产生的弯矩，$M+M_c+M_d$；

θ——荷载长期作用下的刚度降低系数，取 $\theta=1.8$；

B——短期荷载刚度 $B_{\text{Ⅰ}}$ 或 $B_{\text{Ⅱ}}$。

对直线杆和耐张杆，风荷载可考虑短期荷载，刚度可用 $B_{\text{Ⅰ}}$ 或 $B_{\text{Ⅱ}}$，对转角杆的导线张力可考虑为长期荷载，而风荷载可考虑为短期荷载，刚度用 B_c。

【例 5-1】 电杆为环形截面构件，外径 $D=40cm$，壁厚 $t=5cm$，混凝土标号为 C40 级，钢筋为Ⅰ级钢筋、冷拉Ⅰ级钢筋，$22\times\phi16(A_g=44.2cm^2)$。求电杆刚度。

解 由表 5-2 查得 C40 级混凝土的弹性模量 $E_h=32\,500MPa$，由表 5-4 查得Ⅰ级钢筋、冷拉Ⅰ级钢筋的弹性模量 $E_g=210\,000MPa$。

混凝土截面积

$$A_h \approx A = (D-t)t\pi = 0.35\times 0.05\pi = 0.054\,98(m^2)$$

$$\alpha = \frac{3E_gA_g}{E_hA_h} = \frac{3\times 210\,000\times 0.004\,42}{32\,500\times 0.054\,98} = 1.558\,4$$

由 $\alpha=1.558\,4$，查图 5-2 得 $\beta=0.788$，所以有

$$B_{\text{Ⅱ}} = \beta E_gAr_g^2\times 10^3 = 0.788\times 210\,000\times 0.004\,42\times 0.175^2\times 10^3 = 2.23\times 10^4(kN\cdot m^2)$$

第二节 环形截面普通钢筋混凝土构件允许荷载的确定

在第四章中分析了各种杆型在设计荷载作用下，主杆任意截面处的内力。此时，若已知相应截面的允许荷载，就可以通过比较，确定该截面强度合格与否。在输电线路中，各种杆塔荷载的受力形式可归纳为轴心受拉（压）（如叉梁）、受弯（如无拉线单杆）、偏心受压

（压弯构件）和受扭。各种受力形式时，构件的允许荷载确定方法简述如下。

一、安全系数

普通钢筋混凝土构件的强度安全系数为1.7，预应力钢筋混凝土构件的强度安全系数为1.8。不允许出裂构件的抗裂安全系数不小于1.0，允许出裂的抗裂安全系数不小于0.7。抗拉强度计算的受拉、受弯构件，强度设计安全系数为2.65。

带拉线的钢筋混凝土电杆主杆的长细比，不超过下列数值：

钢筋混凝土直线杆　180

预应力混凝土直线杆　200

各类耐张转角杆和终端杆　160

二、轴心受拉构件的强度计算

1. 允许混凝土有裂缝出现的构件

允许混凝土有裂缝出现的构件只考虑纵向钢筋受拉力，其抗拉强度应满足

$$KN \leqslant R_g A_g \times 10^3 \tag{5-6}$$

式中 N——轴心拉力，kN；

K——强度安全系数，$K \geqslant 1.7$；

R_g——纵向钢筋的抗拉设计强度，MPa；

A_g——全部纵向钢筋的截面积，m^2。

2. 不允许混凝土出现裂缝的轴心受拉构件

不允许混凝土出现裂缝的构件受拉时，其相对变形不得超过混凝土的极限相对伸长，同时钢筋和混凝土应有相同的伸长量。因为钢筋混凝土产生裂缝前的极限相对伸长 $\varepsilon_h=$ 0.000 1～0.000 15，则钢筋的最大使用应力为

$$\sigma_g = E_g \varepsilon_h = 205\,940 \times 0.000\,1 = 20(\text{MPa})$$

所以，这时轴心受拉构件的强度计算式为

$$K_f N \leqslant (R_l A_h + 20A_g) \times 10^3 \tag{5-7}$$

式中 R_l——混凝土构件的抗拉设计强度，查表5-2，MPa；

A_h——混凝土截面积，m^2；

N——轴心拉力，kN；

K_f——防裂安全系数，取 $K_f=1.0\sim1.3$。

在输电线路结构中，通常是允许有细小裂缝出现的，在运行情况荷载作用下，普通钢筋混凝土构件的裂缝计算宽度不应超过0.2mm。因此一般受拉构件的强度可用式（5-6）计算。只有特殊情况（如有侵蚀性介质，不允许出现裂缝时），才考虑混凝土与钢筋共同工作的情况。这时才用式（5-7）进行计算。

三、轴心受压构件的强度计算

配有纵向钢筋和横向钢筋的轴心受压构件，其抗压强度应满足

$$KN \leqslant \varphi(A_g R'_g + A_h R_a) \times 10^3 \tag{5-8}$$

式中 N——轴心压力，kN；

K——强度安全系数，取 $K \geqslant 1.7$；

φ——构件的纵向弯曲系数，采用表5-7；

R'_g——纵向钢筋的抗压设计强度，MPa；

R_a——混凝土轴心抗压设计强度，MPa。

表 5-7 钢筋混凝土构件纵向弯曲系数 φ

l_0/b	≤8	10	12	14	16	18	20	22	24	26	28	30
l_0/r_0	≤28	35	42	48	55	62	69	76	83	90	97	104
φ	1.0	0.98	0.95	0.92	0.87	0.81	0.75	0.70	0.65	0.60	0.56	0.52
l_0/b	32	34	36	38	40	42	44	46	48	50		
l_0/r_0	111	118	125	132	139	146	453	160	167	174	180	
φ	0.48	0.44	0.40	0.36	0.32	0.29	0.26	0.23	0.21	0.19	0.184	

注 l_0 为构件计算长度；b 为矩形截面的短边尺寸；r_0 为截面最小回转半径。

表中构件的长细比为

$$\lambda = l_0/r_0 \tag{5-9}$$

环形截面构件最小回转半径为

$$r_0 = \frac{1}{4}\sqrt{D^4 + d^4} \tag{5-10}$$

构件计算长度（中心受压及小偏心受压）按以下原则确定（H 为构件长度）：

(1) 两端支承在刚性横向结构上时 $l_0 = 2H$；

(2) 具有弹性移动支座时 $l_0 = 1.25 \sim 1.5H$；

(3) 对一端嵌固在土中，一端自由的独立电杆，$l_0 = 2H$。

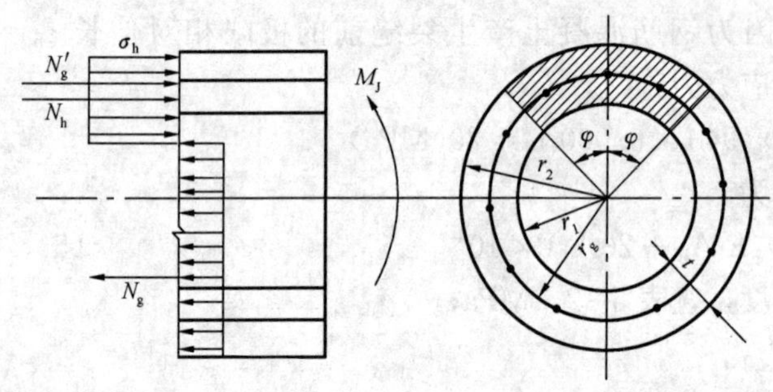

图 5-3 受弯构件的内力分布

四、受弯构件的强度计算

图 5-3 所示的环形截面构件，在外弯矩 M 作用下，其部分截面上的钢筋和混凝土受压，而另一部分截面上的钢筋和混凝土受拉。由受压区混凝土的压应力合力 N_h 和钢筋的压应力合力 N'_q，以及受拉区钢筋的拉应力合力 N_g，建立截面的抵抗弯矩与外弯矩平衡方程式。经推导和整理得到环形截面钢筋混凝土受弯构件极限设计弯矩的计算公式为

$$M_J = K[M] = \frac{10^3}{\pi}\left[R_w A_h \frac{r_1 + r_2}{2} + (R_g + R'_g) A_g r_g\right] \times \sin\frac{\pi R_g A_g}{R_w A_h + (R_g + R'_g) A_g} \tag{5-11}$$

式中 M_J——受弯构件截面的极限设计弯矩，kN·m；

$[M]$——受弯构件截面的允许弯矩，kN·m；

K——强度安全系数，取 $K = 1.7$；

R_w——混凝土构件弯曲抗压强度，MPa；

r_1、r_2——环形截面的内、外半径，m；

r_g——纵向钢筋所在圆的半径，m。

在使用式（5-11）时应满足下列条件：

$$\frac{A_g R_g}{A_h R_w} \leqslant 0.8$$

式中，$\frac{A_g R_g}{A_h R_w}$ 又称配筋率。

从式（5-11）可以看出，环形截面受弯构件的极限设计弯矩是构件尺寸、钢筋和混凝土标号，以及配筋率的函数。在实际工程中常将上式制成配筋曲线，代替繁杂的计算。不同构件尺寸及钢筋和混凝土标号的配筋曲线，可参阅有关定型手册。

【例 5-2】 已知环形截面等径电杆外径 $D=30\text{cm}$，内径 $d=20\text{cm}$，混凝土标号为 C40 级，钢筋为Ⅰ级钢筋、冷拉Ⅰ级钢筋，纵筋为 $12\times\phi12$，$A_g=13.57\text{cm}^2$，配置在杆壁厚中央，电杆的计算弯矩 $M=19.6\text{kN}\cdot\text{m}$。试进行强度校验。

解 查表 5-2 得 C40 级混凝土的 $R_w=21.5\text{MPa}$，查表 5-3 得Ⅰ级钢筋、冷拉Ⅰ级钢筋 $R_g=235\text{MPa}$。

$$r_g=\frac{r_1+r_2}{2}=\frac{15+10}{2}=12.5(\text{cm})=0.125(\text{m})$$

$$A_h=\frac{\pi}{4}(D^2-d^2)=\frac{\pi}{4}(0.3^2-0.2^2)=0.039\,27(\text{m}^2)$$

$$\begin{aligned}M_J&=\frac{10^3}{\pi}\left[R_w A_h\frac{r_1+r_2}{2}+(R_g+R'_g)A_g r_g\right]\times\sin\frac{\pi R_g A_g}{R_w A_h+(R_g+R'_g)A_g}\\&=\frac{0.125\times10^3}{\pi}(21.5\times0.039\,27+2\times235\times0.001\,357)\\&\quad\times\sin\frac{235\times0.001\,357\pi}{21.5\times0.039\,27+2\times235\times0.001\,357}=36.895(\text{kN}\cdot\text{m})\end{aligned}$$

$$K=\frac{M_J}{M}=\frac{36.895}{19.6}=1.882>1.7\quad\text{合格。}$$

五、偏心受压构件的强度计算

当轴向力 N 不作用在中心轴上，而是作用在距中心轴为 e_0 的地方［见图 5-4（a）］，则构件称为偏心受压构件，e_0 称为偏心距。

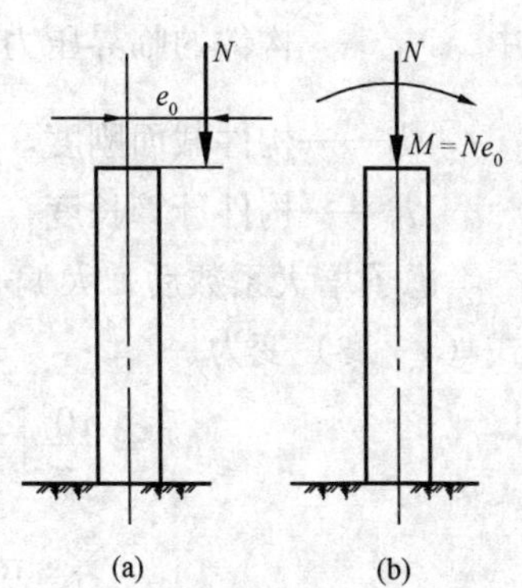

图 5-4 偏心受压构件
（a）偏心受压；（b）偏心受压的简化

偏心受压构件可以看成是轴心压力 N 和弯矩 $M=Ne_0$ 共同作用的构件，如图 5-4（b）所示。

如果偏心距 e_0 和轴向力足够大，使构件截面产生受压区和受拉区。并假设达到极限承载力 N_J 时，受拉区钢筋、受压区钢筋和混凝土三者同时达到设计强度，构件的内力分布如图 5-5 所示。根据断面图上的静力平衡条件，可推出极限设计偏心弯矩为

$$\begin{aligned}M_J=&\frac{10^3}{\pi}\left[R_w A_h\frac{r_1+r_2}{2}+(R_g+R'_g)A_g r_g\right]\\&\times\sin\frac{\pi[KN+R_g A_g\times10^3]}{[R_w A_h+(R_g+R'_g)A_g]\times10^3}\geqslant KNe_0\end{aligned}\qquad(5-12)$$

式中 M_J——大偏心受压构件极限设计偏心弯矩，kN·m；

N——轴向压力，kN；

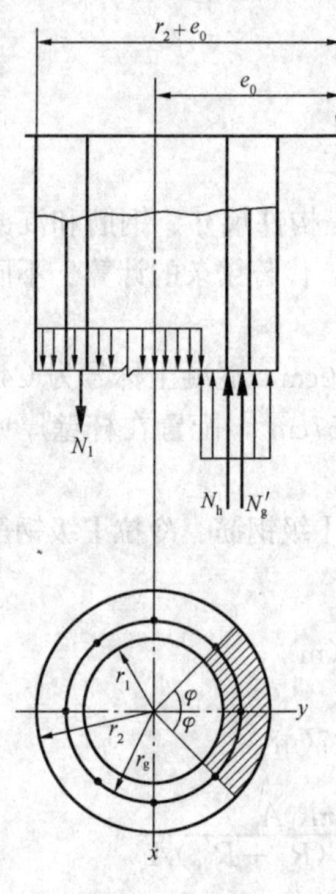

图 5-5 大偏心受压构件内力分布

e_0——偏心距，m。

大量的实验证明，式（5-12）仅适用于大偏心受压情况。所谓大偏心受压是指断面上受拉区大于受压区。可以证明，此时$\dfrac{KN}{R_wA_h\times10^3}\leqslant0.5$。

当$\dfrac{KN}{R_wA_h\times10^2}\leqslant0.5$，即小偏心受压情况，极限设计偏心弯矩为

$$M_J=r_g\left(A_hR_w+\frac{2}{3}R_gA_g\right)\times10^3\geqslant KN(e_0+r_2) \tag{5-13}$$

式中 r_2——环形截面的外半径，m。

线路杆塔的垂直压力一般不是很大的，因此式（5-13）用得很少。

当环形截面偏心受压构件的计算长度与外径的比$\dfrac{l_0}{D}>8$时，必须考虑构件的长细比的影响。这时由于偏心荷载引起的偏心矩的作用，使e_0增大。e_0增大又增加了附加弯矩，如此循环，最后使偏心距增大到m倍。m称偏心距增大系数。对于环形截面普通钢筋混凝土构件，一般其计算式为

$$m=\frac{1}{1-\dfrac{KN}{N_L}}=\frac{1}{1-\dfrac{KNl_0^2}{\pi^2B}} \tag{5-14}$$

式中 N_L——构件的临界压力，kN，对环形截面$N_L=\dfrac{\pi^2B}{l_0^2}$；

B——构件截面刚度，kN·m²；

l_0——构件计算长度，m。

考虑了增大系数后，大偏心受压环形截面普通钢筋混凝土构件的极限设计偏心弯矩的计算式（5-13）变为

$$M_J=\frac{10^3}{\pi}\left[R_wA_h\frac{r_1+r_2}{2}+(R_g+R'_g)A_gr_g\right]\times\sin\frac{\pi[KN+R_gA_g\times10^3]}{[R_wA_h+(R_g+R'_g)A_g]\times10^3}\geqslant KNe_0m \tag{5-15}$$

【例 5-3】 某环形截面普通钢筋混凝土电杆，外径$D=40$cm、内径$d=30$cm、计算长度$l_0=8$m，C40 级混凝土，纵筋为Ⅰ级钢筋、冷拉Ⅰ级钢筋，22×ϕ14。当受到初偏心距为$e_0=0.85$m、轴向偏心压力$N=82.66$kN 作用时，试计算电杆强度。

解 由已知条件得$R_w=21.5$MPa，$A_h\approx A=\dfrac{\pi}{4}(D^2-d^2)=\dfrac{\pi}{4}(40^2-30^2)=549.78(\text{cm}^2)=0.054\,978(\text{m}^2)$，$R_g=R'_g=235$MPa，$A_g=22\times1.539=33.86$（cm²）$=0.003\,386$（m²）。由于$\dfrac{l_0}{D}=\dfrac{8.0}{0.04}=20>8$，因此应考虑长细比影响，由给定的数据可求出

$B_{\mathrm{II}}=1.73\times10^4$ (kN·m²)。所以有

$$m=\frac{1}{1-\frac{KNl_0^2}{\pi^2 B_{\mathrm{II}}}}=\frac{1}{1-\frac{1.7\times82.66\times8^2}{\pi^2\times1.73\times10^4}}=1.056$$

$$\frac{KN}{R_{\mathrm{w}}A\times10^3}=\frac{1.7\times82.66}{0.054\,978\times21.5\times10^3}=0.118\,8<0.5(\text{属大偏心受压})$$

据式（5-15）大偏心受压构件极限设计偏心弯矩为

$$M_{\mathrm{J}}=\frac{10^3}{\pi}\left[R_{\mathrm{w}}A_{\mathrm{h}}\frac{r_1+r_2}{2}+(R_{\mathrm{g}}+R'_{\mathrm{g}})A_{\mathrm{g}}r_{\mathrm{g}}\right]\times\sin\frac{\pi[KN+R_{\mathrm{g}}A_{\mathrm{g}}\times10^3]}{[R_{\mathrm{w}}A_{\mathrm{h}}+(R_{\mathrm{g}}+R'_{\mathrm{g}})A_{\mathrm{g}}]\times10^3}$$

$$=\frac{10^3}{\pi}(21.5\times0.054\,978\times0.175+2\times235\times0.003\,386\times0.175)$$

$$\times\sin\frac{\pi(1.7\times82.66+235\times0.003\,386\times10^3)}{(21.5\times0.054\,978+2\times235\times0.003\,386)\times10^3}=134.81(\mathrm{kN\cdot m})$$

允许初偏心距为

$$e_0=\frac{M_{\mathrm{J}}}{KNm}=\frac{134.81}{1.7\times82.66\times1.056}=0.908>0.85\text{ 合格。}$$

六、压弯构件的强度计算

在输电线路中，带拉线的直线杆、耐张杆、转角杆，其拉线点以下杆段皆为压弯构件。当设计荷载足够大，致使构件断裂破坏时，压弯构件与偏心受压构件的破坏机理相同。实质上偏心受压构件是压弯构件的一种类型。因此压弯构件的极限设计抵抗弯矩可用大偏心受压构件的极限设计偏心弯矩计算式（5-13）进行计算。校验时，先计算出计算截面的极限设计外弯矩 M_{P} 和相应截面的极限设计抵抗弯矩 M_{J}，若 $M_{\mathrm{P}}\leqslant M_{\mathrm{J}}$，则强度合格。

【例 5-4】　已知普通钢筋混凝土拉线直线单杆，全高 18m，埋深 1.0m，拉线固定点距底盘 14m，电杆外径 D=30cm，内径 d=20cm，纵向配筋为 12×ϕ16，Ⅰ级钢筋、冷拉Ⅰ级钢筋，混凝土标号为 C40 级，以离心机制造。拉线点以下的主杆段，杆顶荷载在拉线点的外弯矩 M=29.61kN·m；杆段风压荷载 q=0.156kN/m，对主杆引起的弯矩和 M 相反。拉线点以下跨度中央垂直轴向压力 N=64.5kN，在 $0.42l$ 处的轴向压力 N=63.3kN。电杆的临界压力 N_{L}=312kN。试按安全系数 K=1.7，验算电杆强度。

解　计算图形如图 4-50 所示。

（1）跨度中央极限设计外弯矩，可由式（4-47）求得

$$M_{\mathrm{P0}}=KM_{\mathrm{A}}\left(0.5+\frac{0.616KN}{N_{\mathrm{L}}-KN}\right)-\frac{Kq_0l^2}{8}\left(1+\frac{1.028KN}{N_{\mathrm{L}}-KN}\right)$$

$$=1.7\times29.61\times\left(0.5+\frac{0.616\times1.7\times64.5}{312-1.7\times64.5}\right)$$

$$-\frac{1.7\times0.156\times14^2}{8}\times\left(1+\frac{1.028\times1.7\times64.5}{312-1.7\times64.5}\right)=34.44(\mathrm{kN\cdot m})$$

（2）离拉线点 $0.42l$ 处截面的极限设计外弯矩，可由式（4-48）求得

$$M_{\mathrm{P(0.42)}}=KM_{\mathrm{A}}\left(0.577+\frac{0.63KN}{N_{\mathrm{L}}-KN}\right)-\frac{Kq_0l^2}{8.2}\left(1+\frac{KN}{N_{\mathrm{L}}-KN}\right)$$

$$=1.7\times29.61\times\left(0.577+\frac{0.63\times1.7\times63.3}{312-1.7\times63.3}\right)$$

$$-\frac{1.7\times0.156\times14^2}{8.2}\times\left(1+\frac{1.7\times63.3}{312-1.7\times63.3}\right)=38.55(\text{kN}\cdot\text{m})$$

（3）由于 $M_{P(0.42)}>M_{P0}$，因此取 $x=0.42l$ 处截面进行校验。该处电杆截面的极限抵抗、弯矩可由式（5 - 12）求得

$$M_J=\frac{10^3}{\pi}\left[R_wA_h\frac{r_1+r_2}{2}+(R_g+R'_g)A_gr_g\right]\times\sin\frac{\pi(KN+R_gA_g\times10^3)}{[R_wA_h+(R_g+R'_g)A_g]\times10^3}$$

$$=\frac{0.125\times10^3}{\pi}(21.5\times0.03927+2\times235\times0.0024)$$

$$\times\sin\frac{(1.7\times63.3+235\times0.0024\times10^3)\pi}{(21.5\times0.03927+2\times235\times0.0024)\times10^3}=68.83(\text{kN}\cdot\text{m})$$

因为 $M_J>M_{P(0.42)}$，所以该电杆强度合格。

七、剪切和扭转计算

输电线路的一些构件，常常受弯、受扭或弯扭同时作用。

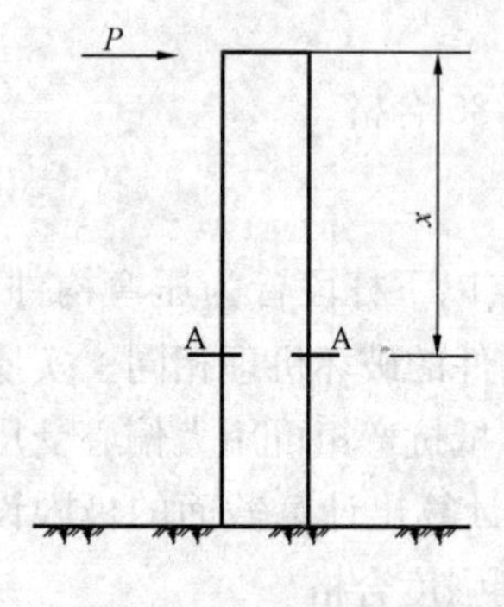

图 5 - 6　截面受弯同时受剪力作用

受弯构件任一计算截面，除了承受弯矩 $M_A=Px$ 作用之外，同时受到剪力 $Q_A=P$ 的作用，如图 5 - 6 所示。这时截面上各点分布有剪应力，其分布是以中性轴处为最大，随远离中性轴而减小，边缘处剪应力为零。对环形截面普通钢筋混凝土构件，最大剪应力为

$$\tau_m=\frac{Q}{1.2tD}\times10^{-3} \qquad (5-16)$$

式中 τ_m——计算截面最大剪应力，MPa；

Q——计算截面计算剪力，kN；

D——环形截面外径，m；

t——环形截面壁厚，m。

由剪应力双生互等定理可知，该应力将促使混凝土沿着横截面和纵截面发生相对滑移而破坏。当 τ_m 满足式（5 - 17）时，剪应力可由混凝土承担，否则应结合下述主拉应力校验结果一并进行处置：

$$K=\frac{R_l}{\tau_m}\geqslant1.7 \qquad (5-17)$$

式中 K——强度安全系数，取 1.7；

R_l——混凝土抗拉设计强度，MPa。

由于混凝土的抗拉强度很低，尽管受弯构件横截面上的正拉应力可以考虑由纵向钢筋来承担，但是在与轴线成 45°角的主平面上，作用的主拉应力却可能使混凝土破坏，因此必须进行主拉应力的计算和校验。

工程上近似地认为最大主拉应力发生在与计算截面中性轴成 45°的平面上，经推导，环形截面钢筋混凝土构件，计算截面的最大主拉应力 σ_1 等于最大剪应力 τ_m，即

$$\sigma_1=\tau_m=\frac{Q}{1.2tD}\times10^{-3} \qquad (5-18)$$

式中 σ_1——受弯构件最大主拉应力，MPa。

环形截面构件在扭矩作用下的主拉应力，按均质弹性体计算，其最大值为

$$\sigma_2 = 5.1\frac{M_n D}{(D^4 - d^4)} \times 10^{-3} \tag{5-19}$$

式中 σ_2——受扭构件最大主拉应力，MPa；

M_n——扭矩，kN·m；

D、d——电杆外径、内径，m。

由于混凝土为弹塑性材料，经试验知环形截面构件最大主拉应力计算值为实测值的 1.6 倍。将此试验结果代入式（5-19），则环形截面普通钢筋混凝土受扭构件的最大主拉应力为

$$\sigma_2 = 3.18\frac{M_n D}{D^4 - d^4} \times 10^{-3} \tag{5-20}$$

弯矩和扭矩同时作用时的构件，其最大主拉应力为

$$\sum\sigma = \sigma_1 + \sigma_2 = \frac{Q}{1.2tD} \times 10^{-3} + \frac{3.18 M_n D}{D^4 - d^4} \times 10^{-3} \tag{5-21}$$

为了避免混凝土出现裂缝，该最大主拉应力应满足下列条件：

$$\sum\sigma \leqslant \frac{R_w}{7}$$

若$\sum\sigma > \frac{R_w}{7}$，必须加大构件截面或提高混凝土标号，使$\sum\sigma \leqslant \frac{R_w}{7}$。

若$\sum\sigma \leqslant \frac{R_w}{7}$，则说明混凝土完全可以承受此最大主拉应力。此时不再需要螺旋筋或箍筋受力，螺旋筋和箍筋可仅按构造要求配置。

若$\frac{R_l}{K} < \sum\sigma \leqslant \frac{R_w}{7}$时，这时混凝土已不能承受此最大主拉应力，则最大主拉应力应全部由螺旋筋和主筋承担。此时螺旋筋截面积为

$$f_g \geqslant \frac{Ka\theta}{\pi r_g R_g} \times 10^{-3} + \frac{KaM_n}{2\sqrt{2}\pi r_g^2 R_g \cos(45^\circ \pm \theta)} \times 10^{-3} \tag{5-22}$$

所需附加的纵向钢筋截面积 Δf_g 或水平钢箍截面积 f_g 为

$$f_g = \Delta f_g = \frac{Ka\theta}{\pi r_g R_g} \times 10^{-3} + \frac{KaM_n}{2\pi r_g^2 R_g} \times 10^{-3} \tag{5-23}$$

式中 a——螺旋筋间距，m；

r_g——布筋半径，m；

R_g——钢筋抗拉设计强度，MPa；

f_g——钢筋截面积，m^2；

θ——螺旋筋螺旋角，(°)。$\theta = \arctan\frac{a}{2\pi r_g}$（$\theta$ 不应取 45°）。

当顺螺旋筋绕向扭转时取$-\theta$，当逆螺旋筋绕向时取$+\theta$，当用水平钢箍时取$\theta=20°$。

式（5-22）、式（5-23）中，右边第一项对应弯矩所配置的钢筋截面积，第二项对应扭矩所配置的钢筋截面积。

【例 5-5】 上字型无拉线单柱直线杆转动横担的起动力定为 2.45kN，横担长度为 2.5m；下导线断线横担转动时，主杆同时承受弯曲和扭转力，剪力为 Q=2.45kN，扭矩为 M_n=2.45×2.5=6.13kN·m；电杆外径 D=30.3cm，内径 d=203cm，混凝土标号 C40 级，强度安全系数 K=1.7。试验算电杆的抗切和抗扭强度。

解 由式（5-21）得

$$\sum\sigma=\frac{Q}{1.2tD}\times10^{-3}+\frac{3.18M_{n}D}{D^{4}-d^{4}}\times10^{-3}=\frac{2.45\times10^{-3}}{1.2\times0.05\times0.303}$$

$$+\frac{3.18\times6.13\times0.303\times10^{-3}}{0.303^{4}-0.203^{4}}=0.1347+0.887=1.011(\text{MPa})$$

查表5-2，C40级混凝土$R_{l}=1.8\text{MPa}$，$\frac{R_{l}}{K}=\frac{1.8}{1.7}=1.0588$（MPa）$\approx\sum\sigma=1.011$（MPa），因此全部拉应力可由混凝土承受，螺旋筋可仅按构造要求配置。

第三节 铁塔型式选择和结构要求

架空输电线路的铁塔是由型钢组成的空间桁架。型钢的断面形状为等边角钢、不等边角钢、槽钢或钢管。在铁塔设计中广泛采用等边角钢，只有极个别构件采用不等边角钢或槽钢。大跨越的高塔有时采用钢管铁塔或型钢组成的组合构件铁塔。

一、塔型选用原则和常用塔型的优缺点

（一）塔型选用原则

在实际设计中，为了加快进度，一般很少重新设计铁塔，而是根据工程情况尽量采用国家电网公司输电线路典型设计。这时，选用铁塔需考虑以下几个方面。

1. 应充分了解拟建输电线路的情况

（1）导线和地线的规格。

（2）气象条件。应了解线路所经地区属于几级气象区，共有几个气象区，线路气象区的分段情况，是否能套用典型气象区等。特别是对导线的覆冰厚度、最大风速、雷电日等气象情况，应列为重点调查研究项目。

（3）导线和地线的安全系数。

（4）铁塔的设计档距。铁塔的水平、垂直、最大允许档距均应小于或等于选用定型铁塔的设计值。任一项不合格均应对所选用的定型铁塔进行验算，无问题后才能选用。

（5）地形条件。应了解线路所经过的地形，如平地、丘陵、山区。根据不同地形，分别选用适合该地形条件的塔杆型。

（6）线路所经过的地质概况。应了解线路所经地区地质情况，如岩石、流砂、一般土或湿陷性大孔性黄土、永久性冻土的土质有无腐蚀性等。应了解土的容重、上拔角，计算抗剪角、地耐力、地下水位高度，还应了解跨越河流的流量、流速和冲刷深度，常年洪水位与最高洪水位、洪水漫延的范围等。

（7）运输条件。应了解线路所在地区铁路、公路、船舶运输情况，还应了解修路、桥梁加固、人力抬运、索道运输等工程量。

（8）加工和施工条件。应了解所选用铁塔的加工厂是否能承担任务、保证供应，对施工是否方便等。

（9）运行维护条件。应了解运行维护巡视、检修、管理等是否方便，保线站设置地点，还应了解检修、维护的工器具及交通工器具情况和事故备料的情况。

（10）材料的来源和价格。应了解材料供应有无问题、价格是否合理等。

2. 掌握杆塔的优缺点

必须清楚地掌握各种塔型的优缺点以及它的适用范围。

3. 合理选用杆型

（1）根据地形条件，规划出合理的档距和常用的铁塔型式，特别是对定线铁塔的型式，应选用最经济合理的塔型和高度。

（2）还应从各种具体条件要求综合考虑，参考类似工程所用铁塔，拟出塔型方案，提出代表性铁塔，进行全面的技术经济比较。

（3）选用铁塔的水平、垂直、最大允许的档距均应小于或等于选用定型铁塔的设计值，任一项不合格时均应对所选用的定型铁塔进行验算，无问题后才能选用。

（4）避雷线支架高度、保护角等应满足防雷保护的规定。

（5）避雷线支架及导线横担绝缘子串悬挂点的连接结构方式，应满足工程使用的要求。

（6）选用铁塔的回路数、分裂数，导线排列方式，避雷线、光缆根数应与全线路其他杆塔相配合。

（7）铁塔用于线路拥挤地带时，应注意所选铁塔的根开大小和埋设基础的可能性，并尽量减少占地面积。

（8）应采用材料（主要是钢材、水泥）消耗量较少的铁塔。应尽量简化塔型尺寸和种类，材料品种不宜过多，以利工厂加工、施工管理和运行维护、检修。

（9）应尽量选用定型铁塔，以减少设计、加工、施工的工作量。

（二）各种塔型的优缺点

根据铁塔结构布置的不同，或导线在铁塔上的不同布置方式，铁塔型式是多种多样的。输电线路常用的铁塔型式和优缺点如下。

1. 输电线路常用的铁塔型式

（1）单回路直线塔：有三角型、上字型、上字型拉线塔、酒杯型及猫头型等。

（2）双回路直线塔：有鼓型塔（或称六角型塔）。

（3）单回路耐张、转角塔：有酒杯型和干字型铁塔。

（4）双回路耐张、转角塔：有鼓型铁塔。

2. 输电线路常用的铁塔型式的优缺点

图 4-12 所示为上字型直线铁塔，该塔的优缺点如下。

上字型直线铁塔的优点是：结构简单传力清晰，断线情况下结构刚度较门型铁塔大；塔身及横担的构造简单，构件数量及规格较其他塔型少，便于加工制造和材料供应；该塔根开小，占地面积少；该塔质量小，可以整体组立或分段组立，施工方便；便于导线换位。

上字型直线铁塔的不足是：采用单根避雷线，比酒杯型铁塔节省钢材；该塔适合与单杆线路配合使用，可用于平地或山区，但不适用于重冰区；由于塔身一侧为一相导线，另一侧为两相导线，因此承受不平衡垂直荷载，使铁塔经常向两相导线侧产生弯矩，从而可能引起塔头的偏斜；由于导线上下两层布置，因此铁塔较高，施工安装上导线时需绕过下横担，施工比较麻烦；由于采用一根避雷线，其保护角较大，所以耐雷水平比两根避雷线的铁塔差，不宜用于重雷区；由于导线分上下两层布置，在考虑带电检修作业时，需加大上下导线的垂直距离和水平位移，因而使铁塔的横担加长，在断线情况下的扭矩增大。

图 4-13 所示为三角型铁塔，也称鸟骨型换位塔。这种铁塔与上字型铁塔的优缺点基本相同。用于山区时，将中横担放在靠近山坡侧，可以充分利用塔高，减少边坡的开挖土石方量，所以这种铁塔用于山区比上字型铁塔较为有利。

图 4-25、图 4-28 所示为上字型拉线和拉线 V 型塔铁塔。上字型拉线铁塔的塔身断面，可用圆钢或角钢做成方形或三角形的。该塔构造简单、加工制造方便、质量小、便于运输和施工组立，适合于山区线路，以代替笨重的钢筋混凝土电杆。其缺点是：由于山区地形复杂，因此拉线的施工比较麻烦；一旦拉线折断，容易造成倒塔事故。

图 4-16 所示为酒杯型直线铁塔。其优点有：适合与双避雷线、导线水平排列的双杆线路配合使用；导线、避雷线对称布置，在正常情况下没有不平衡力矩，塔身稳定性较好；导线水平布置，可以充分利用塔高，同时避免导线舞动时相碰、鞭击或闪络现象，适用于重冰地区；便于带电检修作业；架设两根避雷线，可获得较小的保护角，耐雷水平较高。

它的缺点是：塔头构造复杂，构件数量和规格较多，同时构件长度尺寸难以准确，所以加工制造和施工组装比较麻烦；横担较长，占用线路走廊宽；用于山区时，由于受边导线对山坡距离的控制，因此该塔高度有时不能充分利用；该塔钢材消耗量较上字型或三角型塔为大，因此档距较小时往往造成浪费；中间导线在施工架线或运行检修落地时比较麻烦。

图 4-15 所示为猫头型直线铁塔。该塔中相导线高于边相导线，因此导线间的水平距离可以缩小，从而减少断线时的力臂、降低钢材消耗量，目前多采用这种塔型。

单回路耐张杆或终端塔，220、500kV 多采用图 4-17～图 4-20 所示的铁塔。这种铁塔比酒杯型塔质量小、加工制造方便、便于施工组立、线间距离小，用于线路走廊狭窄的拥挤地带较为有利。

在发电厂或变电站进出线走廊狭窄拥挤的地带，往往采用双回路铁塔，以减少线路走廊宽度，目前经常采用的双回路铁塔，如图 4-21、图 4-22、图 4-24 所示的铁塔。

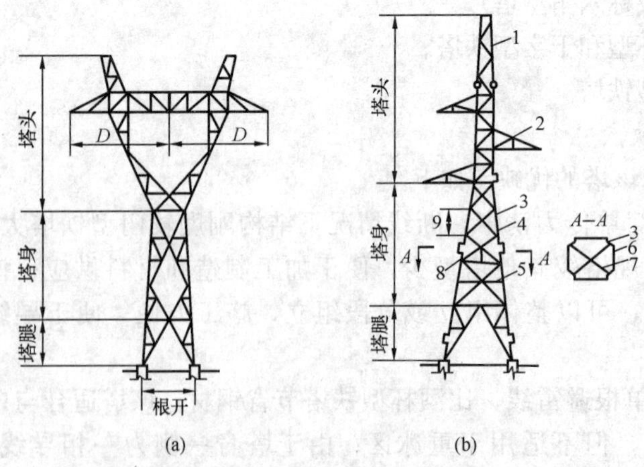

图 5-7　铁塔结构图

(a) 酒杯型塔；(b) 三角型（克里姆型）塔

1—避雷线顶架；2—横担；3—主材；4—斜材；5—辅助材；6—水平材；7—横隔斜材；8—节点；9—节间

二、铁塔结构的基本要求和斜材布置形式

（一）铁塔结构

整个铁塔可分为塔头、塔身和塔腿三部分，如图 5-7 所示。对于上字型或鼓型塔，下导线横担以上称为塔头部分；酒杯型塔或猫头型塔颈部以上称为塔头部分。一般将与基础连接的那段桁架称为塔腿。塔头与塔腿之间的桁架称为塔身。

铁塔的塔身为柱形立体桁架，桁架的断面多呈正方形或矩形。桁架的每一侧面均为平面桁架，立体桁架的四根主要杆件称为主材。在主材的每一个平面上有斜材（或称腹材）连接。为保证铁塔主柱形状不变及个别杆件的稳定性，需在主柱的某些断面中设置横隔材。由于构造上的要求和减少构件的长细比而设置辅助材。

斜材与主材的连接处或斜材与斜材的连接处称为节点，杆件纵向中心线的交点称为节点中心。相邻两节点间的主材部分称为节间。两节点中心间的距离称为节间长度。

1. 组成塔架的杆系形式

塔架一般由若干片平面桁架组成。平面桁架的杆系布置常有单腹杆系、双腹杆系、再分式腹杆系、K形腹杆系、倒K形腹杆系等，如图5-8所示。

单腹杆系如图5-8（a）所示，常用在荷载小、结构尺寸小的结构中。单腹杆系布置比较简单，适用于塔身较窄和受力较小的塔型。斜材与主材最有利的交角为45°，当有水平斜材时，此角可减少至35°左右。如角度太小，则节点板伸得太长，若角度太大，则节点板又太宽，既笨重又不经济，且规程规定斜材与主材之间的夹角不得小于15°。

例如110kV以下的铁塔常用单腹杆系。对主要承受轴向压力的拉线塔主柱也多采用单腹杆系。

双腹杆系，或称交叉斜材，常用于输电线路的自立式铁塔。适用于宽度和受力较大的塔身和塔头。腹杆可以设计成刚性的或柔性的，如图5-8（c）所示。为了减小主材、腹杆的支承长度，可在节间中布置一些辅助杆件，这些杆件在计算中并不受力，但为了可靠地支承主材和腹杆，也必须要有一定的强度和刚度。

K形和倒K形腹杆系［如图5-8（f）、（g）所示］，其结构较复杂，只在塔身较宽，并尽量减小斜材的计算长度以保证足够的刚度时，方才使用。当铁塔宽度较大时常采用K形或倒K形腹杆系。例如大跨越塔的塔身常采用这种腹杆形式。在一般铁塔的腿部常采用K形腹杆系。

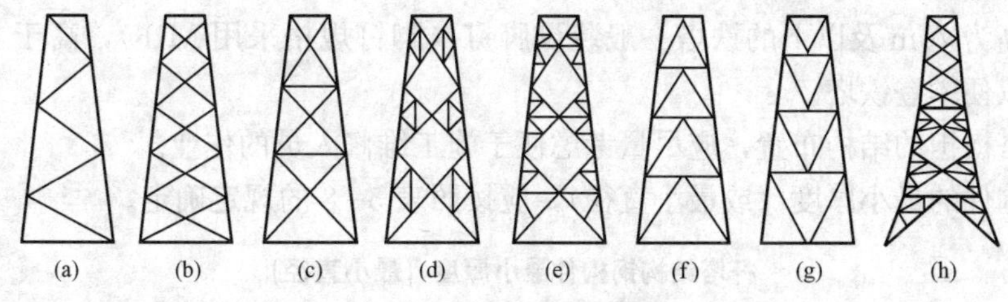

图5-8 平面桁架的杆系形式

（a）单腹杆系；（b）双腹杆系；（c）柔性腹杆系；（d）、（e）有辅助杆件的双腹杆系；（f）K形腹杆系；（g）倒K形腹杆系；（h）混合腹杆系

混合腹杆系如图5-8（h）所示，在一座铁塔中，为适应不同部位受力不同的需要，往往综合应用各种不同的腹杆形式，以达到最经济的效果。

2. 横隔的形式和设置

为了把各片平面桁架组合起来成为一个几何不变形的塔架，或者为了传力的需要，常需设置横隔。横隔常有图5-9的各种形式。横隔一般都应是几何不变形的。如图5-9（b）的形式不能保证塔架横截面的几何形状，一般不采用。

当铁塔承受巨大的压力时，必须增加横隔面来保证整个铁塔的稳定性。因此，铁塔所有承受外荷载的断面及塔身坡度变更处均应设置横隔面。在塔身坡度不变处，也应设置横隔面，其间距，对窄塔取 8m 左右，对宽塔取塔身平均宽度的 1～1.25 倍。横隔材的布置应组成几个三角形，以增加结构的稳定性。

图 5-9（a）常用于塔架横截面尺寸较小的部位，图 5-9（c）～（f）是送电线路铁塔中最常见的形式。图 5-9（d）中的横杆可以用刚性杆件，也可以用柔性拉杆。图 5-9（g）则用于横截面尺寸特别大的跨越高塔上。

在塔架中除在传力处（如有荷载作用的截面、变截面处）都必须设置横隔面外，其余部位可根据构造设置。

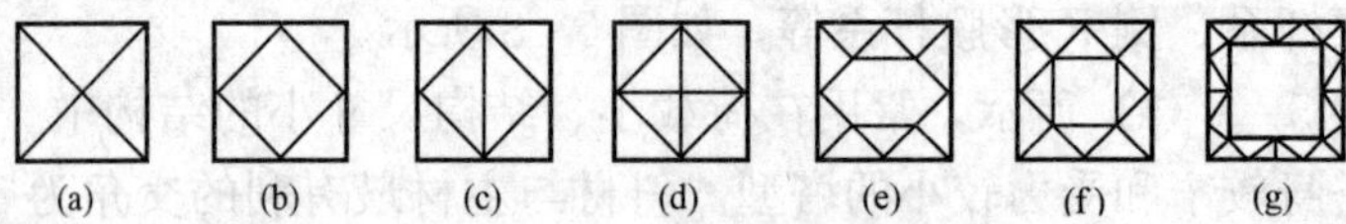

图 5-9 横隔的形式

（二）铁塔结构的基本要求

1. 一般要求

设计铁塔时，其结构布置和构造应考虑如下基本要求：

（1）铁塔的设计，应满足电气绝缘空气间隙的要求，导线的排列方式、避雷线支架高度及保护角等应符合有关规定。

（2）铁塔的结构形式应力求简单，尽量减少构件的弯曲、铲背、切角、压扁等加工，并应力求减少材料规格，以便施工组立。

（3）减少塔身坡度变化次数，以免构件弯曲降低机械强度。

（4）构件应采取热镀锌或其他防腐锈措施。

（5）一般铁塔的根开，对单回路铁塔可取铁塔全高的 1/7～1/10；对双回路铁塔或转角铁塔可取 1/6～1/5，终端铁塔取 1/4～1/4.5。

（6）全高为 70m 及以下的铁塔一般装设脚钉（脚钉规格采用 M16），高于 70m 的铁塔应装设梯子以便攀登铁塔。

（7）铁塔横担的结构布置，应尽量考虑便于施工维修人员的作业。

（8）钢构件的最小厚度（或最小直径），应按照表 5-8 的规定确定。

表 5-8 杆塔结构钢构件最小厚度（最小直径） （mm）

防腐方式 / 构件	热镀锌	涂　料	备　注
主材	4	5	型钢
斜材及辅助材	3	4	型钢
钢板	4	5	
钢管	3		腐蚀严重地区取 4mm
圆钢（柔性腹杆）	12		大跨越杆塔取 16mm

等边角钢型号不宜小于∠40×3；拉线截面积不应小于 35mm²；拉线棒的直径不应小于 16mm，且应根据土壤对其腐蚀情况，比计算直径增大 2～4mm。

(9) 在同一铁塔中，同一边宽的角钢应尽量不用两种厚度，以免混淆；同时，构件的布置，应避免积水以防腐锈；同一构件应采用同一规格的螺栓，以便于加工。

(10) 钢结构的构造力求简单，并使结构受力明确，各受力杆件的形心线（或螺栓准线），尽可能汇交于一点，力求减小偏心。角钢构件的螺栓准线应尽量靠近重心线，减小传力的偏心。主材接头宜采用对接，以减少偏心力矩。

2. 节点构造要求

主、斜材尽可能使用多排（二排或三排）螺栓，斜材尽量直接与主材相连；多用较高强度（6.8级、8.8级）螺栓，减少节点连接螺栓数；为减少斜材长细比而增设的辅助材，两端的支撑位置应尽量减小偏心；塔腿采用平连杆时，平连杆不应在节点处断开；允许辅助材和次要受力材准线错开（较小距离），便于与主材直接相连；节点板较大时，宜将节点板卷边（或增设加劲板）增加刚度，不宜将节点板加至太厚；传力主材在节点处尽可能做到双面传力，做不到时应采取加强措施；在同一受力区间内，主材和斜材接头不应设在同一水平面。

节点板与组合杆件的填板厚度应一致；组合杆件的节点板，尽可能与两根主材的肢相连；组合柱的腹杆两端宜构成切坡形式，与主材的连接尽可能接近铰接；组合杆件的主材，在变断面连接处，应减少偏心。常用节点形式如图5-10所示。

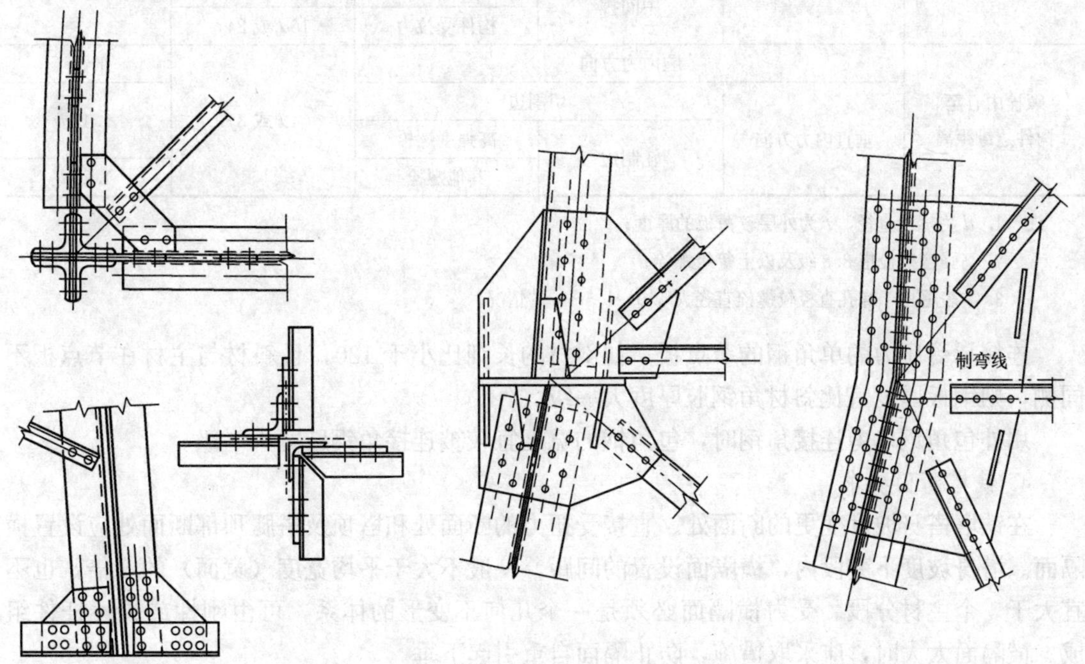

图5-10　常用节点形式

3. 杆件与节点板的连接要求

杆件与节点板的连接焊缝，一般宜采用两面侧焊，也可用三面围焊；对角钢杆件可采用L形围焊；节点板焊在杆件上，一般采用三面围焊，所有围焊的转角处，必须连续施焊，其余的面应用薄焊缝封焊。杆件与节点板的连接焊缝如图5-11所示。

采用螺栓连接时螺栓布置的间距，一般需符合表5-9的要求。用于连接受力杆件的螺栓，其直径宜不小于12mm。主材接头螺栓每端不少于6个，斜材不少于4个，接头应靠近节点。

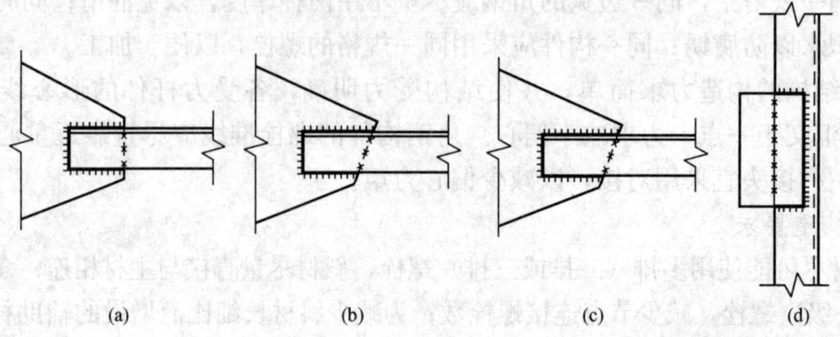

图 5-11　杆件与节点板的连接焊缝

（a）两面侧焊；（b）三面围焊；（c）L形围焊；（d）三面围焊

表 5-9　**螺栓的容许间距**

名称	位置和方向			最大容许距离（取两者的较小值）	最小容许距离
中心间距	任意方向	外排		$8d$ 或 $12f$	$2.5d$
		中间排	构件受压力	$12d$ 或 $18f$	
			构件受拉力	$16d$ 或 $24f$	
螺栓中心至构件边缘距离	顺内力方向			$4d$ 或 $8f$	$1.5d$
	垂直内力方向	切割边			$1.45d$
		轧制边	高强度螺栓		
			其他螺栓		$1.25d$

注　1. d 为螺栓直径，f 为外层较薄板的厚度；

2. 高强度螺栓指 8.8 级及以上等级螺栓；

3. 本表适用于螺孔直径较螺栓直径大 1.0～1.5mm 的情况。

连接承受压力的单角钢的节点板，如斜材的长细比小于 120，且斜材与主材在节点板不同侧，则钢板厚度宜比斜材角钢肢厚度大一级。

用外包角钢单剪连接角钢时，包角钢的宽度宜较被连接角钢肢宽大一级。

4. 铁塔断面要求

在铁塔塔身坡度变更的断面处、直接受扭力的断面处和塔顶及塔腿顶部断面处应设置横隔面。塔身坡度不变段内，横隔面设置的间距，一般不大于平均宽度（宽面）的 5 倍，也不宜大于 4 个主材分段。受力横隔面必须是一个几何不变形的体系，可由刚性或柔性杆件组成。横隔面太大时，应采取措施，防止隔面自重引起下垂。

5. 塔腿主材（角钢）直接插入基础要求

插入角钢材质、规格均不低于塔腿主材。离地面最近的锚固件最小深度可取 $8b$（b 见图 5-12），插入角钢锚固方式列出图 5-12 几种形式，供参考选用。

当插入角钢未伸到基础底面时，需在插入角钢底端增加垫高措施；自立式铁塔底脚板厚度不宜小于 16mm，底脚螺栓垫板厚度不宜小于 12mm。

6. 组合构件的要求

常用组合构件形式如图 5-13 所示。

2 组合构件构造要求如下：

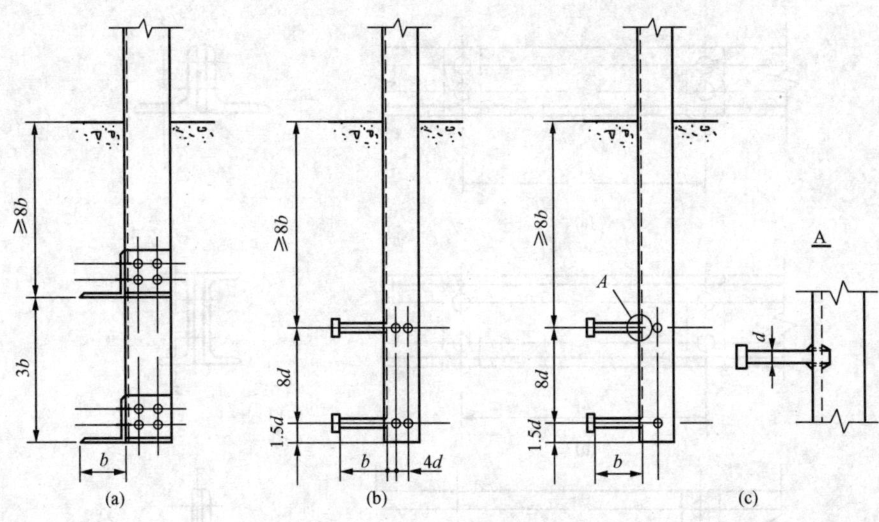

图 5-12 插入角钢锚固方式

注：(1) $d\geqslant16$mm，一般选用 20、24mm；

(2) 图 5-12 所示的锚固方式中 $b=4d$；

(3) 锚固件可用焊接，也可用螺栓连接。

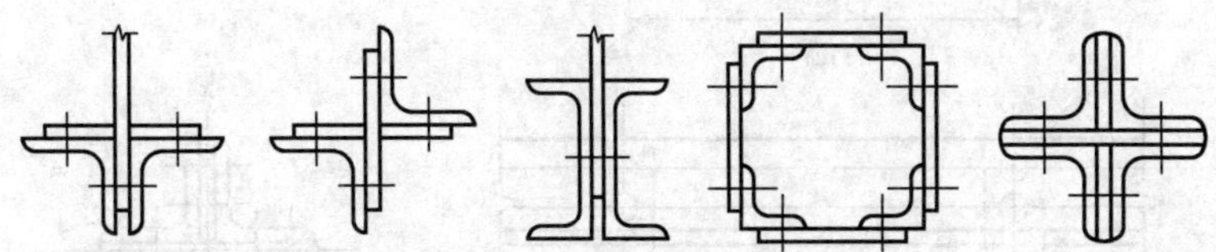

图 5-13 常用组合构件形式

用填板连接而成的双角钢或双槽钢杆件，应按实腹式杆件进行计算，但填板间的距离 L_1 不应超过 $40r_i$（压杆）或 $80r_i$（拉杆）。

当组成图 5-14（a)、(b）所示的双角钢或双槽钢截面时，r_i 为一个角钢或一个槽钢平行于填板的形心轴的回转半径；当组成图 5-14（c）所示的十字形截面时，r_i 为一个角钢的最小回转半径；当组成图 5-14（d）的四角钢十字形截面时，r_i 为组合构件的 $r_y=r_x$。

受压杆件的两个侧向支承点之间的填板数不得少于两个。

四肢组合构件，宜用斜缀条形式，斜缀条与构件轴线间的夹角应在 40°～70°范围。

组合构件塔架中，各组合杆件的形心线（即重心线）尽可能汇交于一点。

（三）杆塔结构使用材料的原则及要求

杆塔使用的钢材一般采用 Q235、Q345，有条件时也可采用 Q390，或钢材强度等级更高的结构钢，质量标准应符合 GB/T 700—2006《碳素结构钢》、GB/T 1591—1994《低合金高强度结构钢》的要求。

对冬季计算温度等于或低于－20℃，对 Q235 钢尚应具有－20℃冲击韧性的合格保证；对 Q345、Q390 钢尚应具有－40℃冲击韧性的合格保证。

对钢材手工焊焊接用焊条应符合 GB/T 5117—1995《碳钢焊条》和 GB/T 5118—1995《低合金钢焊条》的规定。

对自动焊和半自动焊应采用与主体金属强度相适应的焊丝和焊剂，应保证其熔敷金属抗

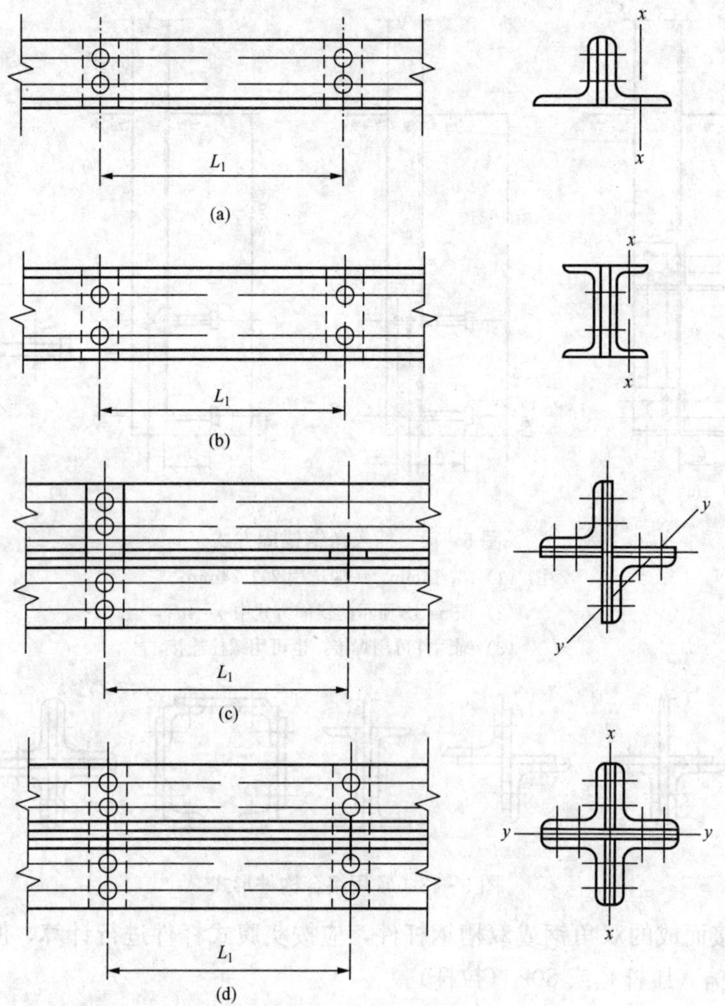

图 5-14　组合构件结构

拉强度不低于相应手工焊焊条的数值。不同强度的钢材相焊接时，可按强度较低的钢材选用焊接材料。焊丝应符合焊接用钢丝 GB/T 14957—1994《熔化焊用钢丝》和 GB/T 14958—1994《气体保护焊用钢丝》规定的要求。

第四节　铁塔构件内力的计算

自立式铁塔大多是由若干片平面桁架组成的空间结构。过去一般都将其分解成若干片平面桁架进行内力分析，这种方法略去了桁架的空间作用，因此是一种近似法。但它对大多数简单的静定结构或超静定次数较低的结构（例如上字型塔、干字型塔、双回路鼓型塔等）所引起的误差不大，因此它仍是一种既简单而又实用的分析方法，被广泛地应用着。对于复杂结构（如酒杯型塔、猫头型塔），由于其实际内力分配十分复杂，欲将其分解成平面桁架计算时，必须引进一些假设，这在一定程度上影响了结构分析的精度。采用空间桁架的原理进行计算时，计算工作又十分繁复，一般很少在工程中采用。20 世纪 60 年代后，东北电力设计院提出了《铁塔对称分析法》，铁塔内力按空间原理进行分析才得到实际应用。这种方法实质上也就是空间力法，只是它充分利用了对称原理，排除了大量超静定分量，而使计算工作大大简化。近年来，随着电子计算机的广泛应用，国内不少单位先后编制了一批杆系有限元法的计算程序，使铁塔内力分析更为精确。

架空输电线路的铁塔系为空间立体桁架结构。根据以往的试验和设计经验，铁塔构件的内力，通常采用以下假定进行计算。

一、内力计算假定条件

(1) 因为铁塔所承受的荷载（无论是纵向荷载或横向荷载），对正面桁架或侧面桁架都是对称的，所以可以将整个铁塔的空间结构分开为平面桁架，并按平面桁架计算。

(2) 按平面桁架计算时，假定所有节点都是铰接的。

(3) 主材应力按正面桁架和侧面桁架计算得的应力叠加考虑。

(4) 根据以往的设计经验，对螺栓连接的构件，由于偏心产生的应力不大，因此在计算构件内力时，可忽略不计。但对焊接连接的构件，其偏心较大，因此对斜材和主材应乘以增大系数。

(5) 由于铁塔挠度产生的附加弯矩甚小，因此在一般计算中，可不予考虑。

(6) 铁塔腿部与基础的连接，一般假定为不移动的铰接。

(7) 构件强度按允许应力方法计算。

(8) 断线情况下，直线铁塔的计算，不考虑避雷线的支持作用。

二、构件内力计算方法

铁塔构件的内力计算方法有图解法、数解法和数解与图解混合法三种。目前广泛采用数解法。数解法又分为节点法和截面法（即力矩点法）两种方法。

1. 节点法

根据作用在节点上的所有力的平衡原理，求出杆件的内力，即利用节点上的杆件内力和作用在该节点上的外力相互平衡，列出平衡方程式：

$$\sum F_x=0,\quad \sum F_y=0$$

从而对每个节点可以解出两个未知力。采用节点法计算构件内力时比较麻烦，各构件内力互相联系，如有差错会影响其他节点构件的内力数值，从而造成连续性的差错，返工工作量较大。另外，在内力的具体分析中，构件受力方向容易搞错，所以在一般计算中较少采用节点法。

2. 截面法

利用截面法求各杆件的内力，是将拟求内力的各个构件截断为两部分而研究其中的一部分，并利用力矩平衡原理求解。因为共面力系的平衡方程式为

$$\sum M=0,\quad \sum M_x=0,\quad \sum M_y=0$$

所以，采用截面法时，一次截取未知内力的构件数不得超过三个。求任意一个构件的内力时，取另外两个构件的交点为力矩中心。如果截取的构件多于三个，但是除拟求内力的构件外，其余各构件都交汇在一点，那么就取这一交点为力矩中心。这样，在$\sum M=0$的方程式里只有一个未知数，能够很快地求出拟求的构件内力。

截面法的优点是，一次能求出桁架内任意构件的内力，而不必计算其他各构件的内力，因此在铁塔的计算中广泛采用截面法。

利用截面法求构件内力的步骤如下：

（1）将桁架截为两部分，截断桁架时，要在截断面内包括拟求内力的构件，同时将未知内力的构件交汇于一点。

（2）将桁架另一部分舍去并用构件的内力代替舍去部分对留下部分的作用。同时假定所有构件受拉，就是说，其内力的方向是离开节点的。

（3）在求某一构件内力时，取其余各构件的汇交点作为力矩中心，并写出作用在留下部分桁架上诸力的力矩平衡方程式。

（4）从列出的方程式中，如果算出的各构件内力是正值（+）的，那么表示该构件受拉，如果是负值（−），则表明构件受压。

三、平面桁架构件内力确定

1. 单斜材桁架

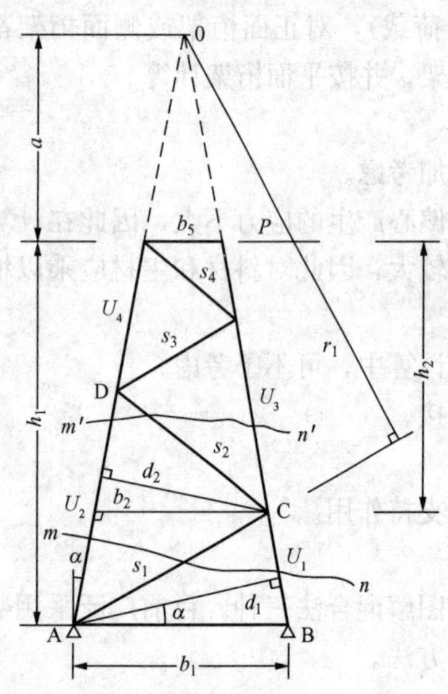

图 5-15 单斜材平面桁架

图 5-15 所示为一单斜材平面桁架，设有一水平力 P 作用其上，则各构件的内力计算如下。

求构件 U_1、U_2 和 s_1 的内力时，可用 m—n 线将这三根构件截断，取 m—n 线以上的桁架部分进行内力分析。若求 U_1 杆的内力时，可将其他两构件 U_2 和 s_1 的交点 A 作为力矩中心，取 $\sum M_A=0$，即

$$Ph_1+U_1d_1=0$$

所以

$$U_1=-\frac{Ph_1}{d_1}=-\frac{Ph_1}{b_1\cos\alpha}\quad（受压）\tag{5-24}$$

同理，求 U_2 构件的内力时，将 U_1 和 s_1 两构件的交点 C 作为力矩中心，取 $\sum M_C=0$，即

$$Ph_2-U_2d_2=0$$

所以

$$U_2=\frac{Ph_2}{d_2}=\frac{Ph_2}{b_2\cos\alpha}\quad（受拉）\tag{5-25}$$

求 s_1 构件的内力时，可将 U_1 和 U_2 两构件的交点 0 作为力矩中心，取 $\sum M_0=0$，即

$$Pa-s_1r_1=0$$

所以

$$s_1=\frac{Pa}{r_1}\quad（受拉）\tag{5-26}$$

当求构件 s_2 和 U_3 的内力时，可用 m'—n' 线将 U_2、s_2、U_3 这三根构件截断，取 m'—n' 线以上的桁架部分进行内力分析。用上述同样的方法即可求出构件 U_3、s_2 的内力。其他构件内力计算依此类推不再赘述。

式（5-26）中的 r_1 为自 0 点至斜材 s_3 的垂直距离，用作图法求得。

交点 0 的距离 a 的计算式为

$$a=\frac{b_5}{b_1-b_5}h_1\tag{5-27}$$

【例 5-6】　图 5-16 所示的单斜材平面桁架，水平作用力 $P=5\text{kN}$，试求主材 $U_1 \sim U_5$ 和斜材 $s_1 \sim s_5$ 的内力。

解　由式（5-27）可得水平力 P 的作用点到主材交点 0 的距离 a 为

$$a=\frac{b_1H}{b_6-b_1}=\frac{1.0\times5}{3.0-1.0}=2.5(\text{m})$$

主材倾角为

$$\tan\alpha=\frac{b_6-b_1}{2H}=\frac{3.0-1.0}{2\times5}=0.2$$

$$\alpha=11.31°,\quad \cos\alpha=0.98$$

由于桁架主材坡度

$$c=\frac{b_6-b_1}{H}=\frac{2}{5}=0.4$$

所以

$$b_2=1.0+1\times0.4=1.4(\text{m})$$
$$b_3=1.0+2\times0.4=1.8(\text{m})$$
$$b_4=1.0+3\times0.4=2.2(\text{m})$$
$$b_5=1.0+4\times0.4=2.6(\text{m})$$

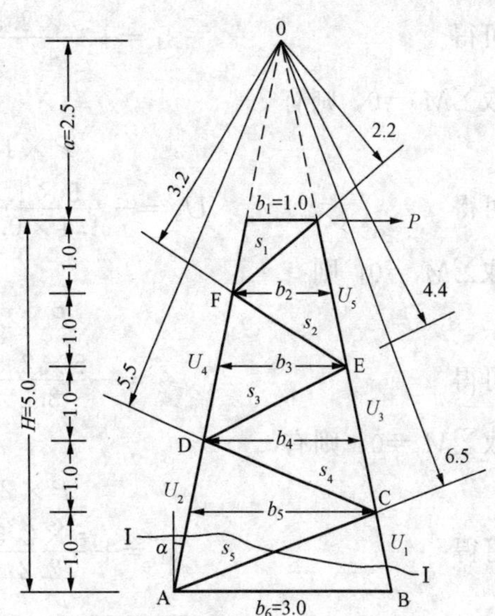

图 5-16　单斜材平面桁架内力计算图

用Ⅰ—Ⅰ线截开 U_1、U_2、s_5 三个构件，按照上述方法，取 $\sum M_A=0$，则有

$$PH+U_1b_6\cos\alpha=0$$

可得　$$U_1=-\frac{PH}{b_6\cos\alpha}=-\frac{5\times5}{3.0\times0.98}=-8.5034(\text{kN})(\text{受压})$$

同理，取 $\sum M_0=0$，则有

$$P\times4-U_2b_5\cos\alpha=0$$

可得　$$U_2=+\frac{5\times4}{2.6\times0.98}=+7.8493(\text{kN})(\text{受拉})$$

取 $\sum M_0=0$，则有

$$P\times2.5-s_5\times6.5=0$$

可得　$$s_5=+\frac{5\times2.5}{6.5}=+1.923(\text{kN})(\text{受拉})$$

取 $\sum M_D=0$，则有

$$P\times3.0+U_3b_4\cos\alpha=0$$

可得　$$U_3=\frac{-5\times3.0}{2.2\times0.98}=-6.9573(\text{kN})(\text{受压})$$

取 $\sum M_0=0$，则有

$$P\times2.5+s_4\times5.5=0$$

可得　$$s_4=\frac{5\times2.5}{5.5}=-2.2727(\text{kN})(\text{受压})$$

取 $\sum M_E=0$，则有

$$P\times2.0-U_4b_3\cos\alpha=0$$

可得　$$U_4=+\frac{5\times2.0}{1.8\times0.98}=+5.6689(\text{kN})(\text{受拉})$$

取$\sum M_0=0$，则有

$$P\times 2.5-s_3\times 4.4=0$$

可得
$$s_3=+\frac{5\times 2.5}{4.4}=+2.8409(\text{kN})(受拉)$$

取$\sum M_F=0$，则有

$$P\times 1.0+U_5 b_2\cos\alpha=0$$

可得
$$U_5=-\frac{5\times 1.0}{1.4\times 0.98}=-3.6443(\text{kN})(受压)$$

取$\sum M_{\dot{0}}=0$，则有

$$P\times 2.5+s_2\times 3.2=0$$

可得
$$s_2=-\frac{5\times 2.5}{3.2}=-3.9063(\text{kN})(受压)$$

取$\sum M_0=0$，则有

$$P\times 2.5-s_1\times 2.2=0$$

可得
$$s_1=+\frac{5\times 2.5}{2.2}=+5.6818(\text{kN})(受拉)$$

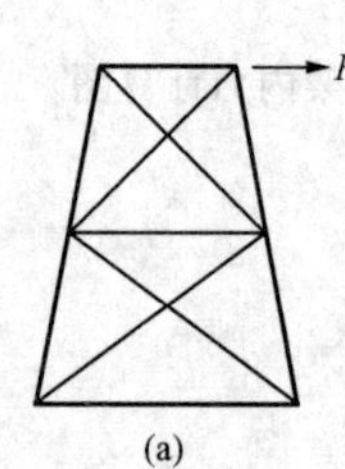

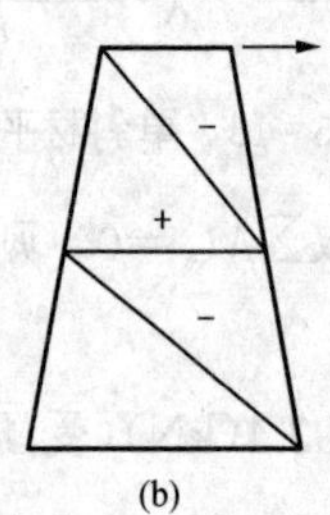

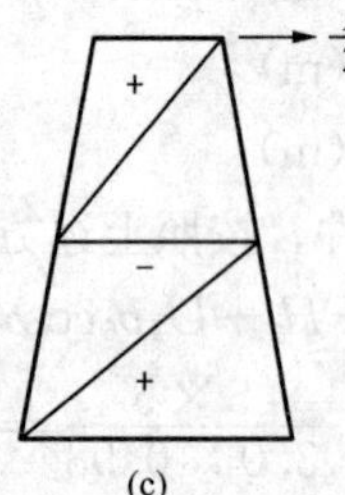

图 5-17 双斜材桁架

2. 双斜材桁架

图 5-17（a）所示为双斜材桁架，一般对这种桁架采用两种假定进行计算。

（1）按两根斜材同时受力考虑。当桁架宽度较小、受力较大，而斜材长度不太长时，可将图 5-17（a)的结构分为两个单斜材的桁架计算，如图 5-17（b)、(c）所示。图中正（+）号表示受拉力，负（−）号表示受压力。

这样的假定，是按两根斜材同时受力考虑，一根斜材受压力时，另一根斜材受拉力，两根斜材受力的大小相等。此时水平材按不受力构件考虑，亦即可以不设置水平材。在计算主材内力时，应取两根斜材的交点作为力矩中心。

如图 5-18 所示，各构件内力的计算如下：

主材内力为

$$U_1=\frac{Ph_1}{b_1\cos\alpha},\quad U_2=\frac{Ph_2}{b_2\cos\alpha} \tag{5-28}$$

斜材内力为

$$s_1=\frac{Pa}{2r_1},\quad s_2=\frac{Pa}{2r_2} \tag{5-29}$$

图 5-18 双斜材平面桁架

（2）按一根斜材受力考虑。当桁架的宽度较大、斜材很长，而受力较小时，一般不按拉压体系考虑，而按纯拉杆体系考虑。即不论外力荷载的方向如何，均按一根斜材受拉力、另一根斜材不受力、水平横材受压力考虑，如图 5-19 所示。

图中虚线表示不受力构件。

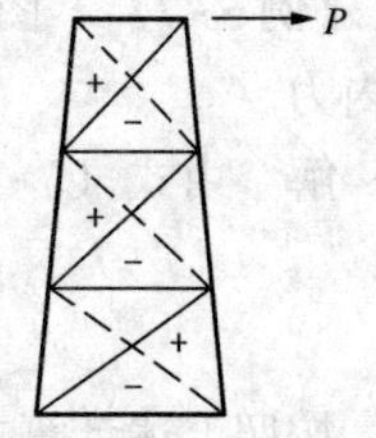

图 5 - 19 双斜材桁架

当双斜材结构按纯拉杆体系考虑时，必须有水平材，否则此体系就不存在。

图 5 - 20 所示的双斜材桁架，其各杆件的内力计算与单斜材体系相同，即主材内力为

$$U_1 = \frac{Ph_1}{b_1 \cos\alpha}, \quad U_2 = \frac{Ph_2}{b_2 \cos\alpha} \tag{5-30}$$

斜材内力为

$$s_1 = \frac{Pa}{r_1}, \quad s_2 = \frac{Pa}{r_2}, \quad s_3 = \frac{Pa}{r_3} \tag{5-31}$$

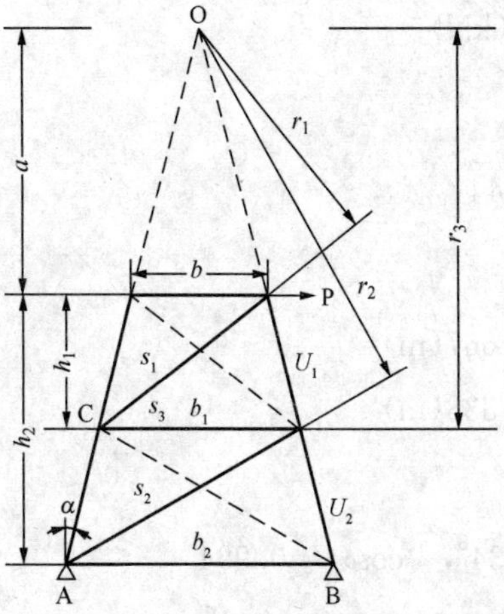

图 5 - 20 双斜材桁架

其中，斜材 s_1、s_2 受拉力作用，s_3 受压力作用。

3. K 形斜材桁架

图 5 - 21 所示为 K 形斜材平面桁架，其斜材受力与双斜材的拉压体系相同。

主材内力计算如下：

取$\sum M_{01}=0$，则有 $U_1=0$。

取$\sum M_{02}=0$，则有

$$U_2 = -\frac{Ph_1}{b_2 \cos\alpha} \tag{5-32}$$

取$\sum M_{03}=0$，则有

$$U_3 = -\frac{P(h_1+h_2)}{b_3 \cos\alpha}$$

斜材内力计算如下：

取$\sum M_0=0$，则斜材内力分别为

$$s_1 = \frac{Pa}{2r_1}, \quad s_2 = \frac{Pa}{2r_2}, \quad s_3 = \frac{Pa}{2r_3}, \quad s_4 = \frac{Pa}{2r_4}, \quad s_5 = \frac{Pa}{2r_5}$$

由上面的计算公式知道，K 形斜材布置的桁架，主材内力比其他的桁架主材内力较小。

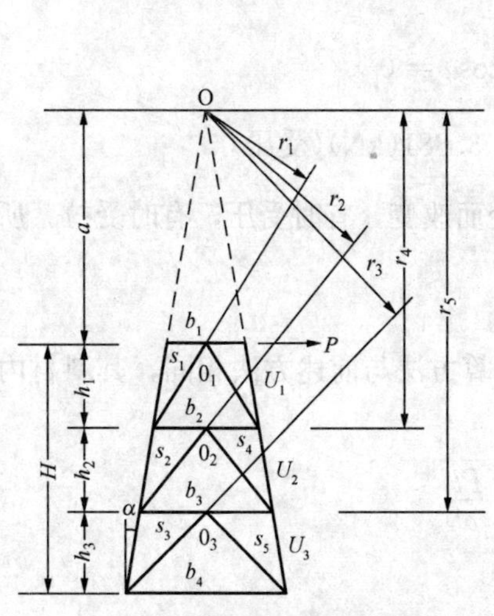

图 5 - 21 K 形斜材平面桁架

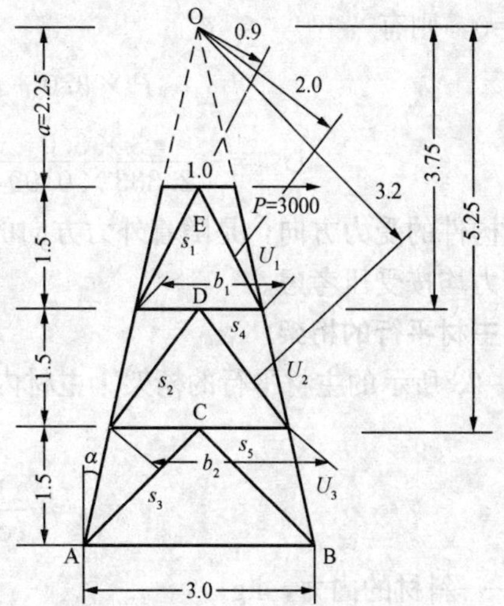

图 5 - 22 K 形斜材平面桁架

【例5-7】 图5-22所示的K形斜材平面桁架，水平作用力P=3kN，试求主材及斜材的内力。

解 由式（5-4）求得距离a为

$$a=\frac{1.0\times4.5}{3.0-1}=2.25(\text{m})$$

按照上述计算方法，取$\sum M_0=0$，求得各斜材内力分别为

$$s_1=\frac{3\times2.25}{2\times0.9}=3.75(\text{kN}),\quad s_2=\frac{3\times2.25}{2\times2.0}=1.687(\text{kN}),$$

$$s_3=\frac{3\times2.25}{2\times3.2}=1.055(\text{kN}),\quad s_4=\frac{3\times2.25}{2\times3.75}=0.9(\text{kN}),$$

$$s_5=\frac{3\times2.25}{2\times5.25}=0.643(\text{kN})$$

由主材坡度

$$c=\frac{3.0-1.0}{4.5}=0.444$$

求得

$$b_1=1+0.444\times1.5=1.667(\text{m})$$

$$b_2=1+0.444\times3.0=2.333(\text{m})$$

因为

$$\tan\alpha=\frac{3.0-1.0}{2\times4.5}=0.1111,\quad \alpha=6.34°,\quad \cos\alpha=0.994$$

所以取$\sum M_E=0$，得$U_1=0$。

取$\sum M_D=0$，则有

$$P\times1.5+U_2b_1\cos\alpha=0$$

求得
$$U_2=-\frac{3\times1.5}{1.667\times0.994}=-2.716(\text{kN})(\text{受压})$$

取$\sum M_C=0$，则有

$$P\times3.0+U_3b_2\cos\alpha=0$$

求得
$$U_2=-\frac{3\times3.0}{2.333\times0.994}=-3.881(\text{kN})(\text{受压})$$

由于构件的受力方向，是随着外力方向的改变而改变，有时受压，有时受拉，所以铁塔构件的内力均按受压考虑。

四、主材平行的桁架

图5-23所示的主材平行的桁架。主材内力计算方法与前述方法相同，其斜材内力计算式为

$$s=\frac{P}{\cos\beta}=\frac{Pl}{a} \tag{5-33}$$

式中 s——斜材的内力，kg；

l——斜材长度，m；

a——主材间距离，m；

β——斜材与水平方向的夹角。

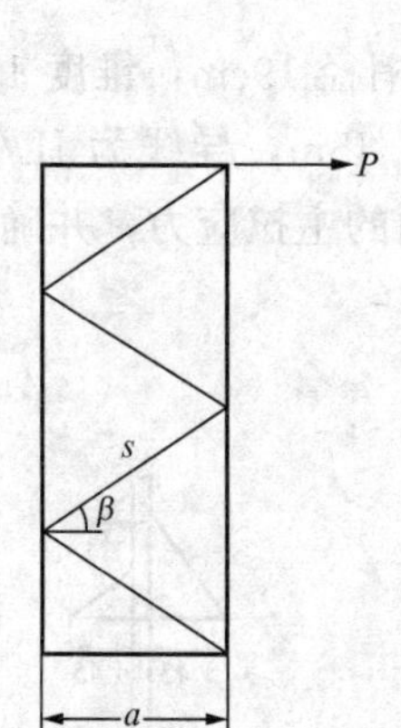

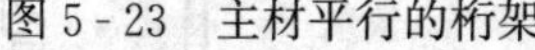

图 5 - 23　主材平行的桁架

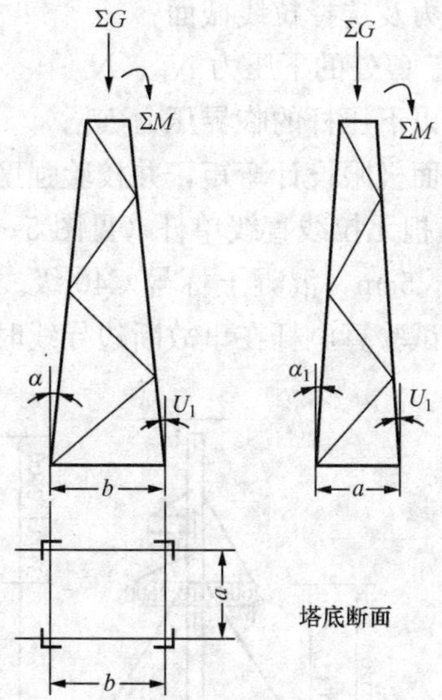

图 5 - 24　空间桁架铁塔正、侧面结构

五、空间桁架铁塔主材计算

图 5 - 24 所示为一空间桁架铁塔的正面和侧面结构，分别作用着弯矩 M_x 和 M_y。垂直荷载为 $\sum G$，主材应力计算式为

$$U_1 = \pm \frac{\sum M_x}{2a\cos\alpha_1} \pm \frac{\sum M_y}{2b\cos\alpha} - \frac{\sum G}{4} \tag{5 - 34}$$

当铁塔为正方形时 $a=b$，则式（5 - 34）可简化为

$$U_1 = \pm \frac{\sum M_x + \sum M_y}{2b\cos\alpha} - \frac{\sum G}{4} \tag{5 - 35}$$

复 习 与 思 考 题

1. 混凝土强度与哪些因素有关？

2. 普通钢筋混凝土杆件与预应力钢筋混凝土杆件的差别是什么？

3. 主筋与螺旋筋的用途是什么？

4. 拉线单杆作为压弯杆件计算，其最大弯矩点可能在什么位置？

5. 已知环形截面钢筋混凝土电杆 ϕ400mm，壁厚 $t=5$cm，在壁厚中央配 18×ϕ14Q235 钢筋。试计算受弯曲的极限设计弯矩。

6. 设某 110kV 上字型横担拉线直线单杆，杆型尺寸如图 5 - 25 所示。主杆采用 ϕ300 环形截面等径钢筋混凝土电杆，壁厚 5cm，混凝土标号为 C40 级，钢筋为 Q235、12×ϕ12，电杆每米重力为 1kN；导线为 JL/G1A-200-26/7 型，避雷线为 GJ - 35 型；水平档距为 250m，垂直档距为 350m，最大风速 30m/s，避雷线金具重力为 50N，绝缘子串重力 500N。试计算正常情况下：

（1）导线、避雷线及杆身的荷载；

（2）拉线点以下的弯矩 M_A 并校验强度；

（3）拉线受力及选择拉线截面；

（4）计算 B、C 处的下压力 N_B、N_C；

（5）拉线点以下压杆的临界压力 N_L；

（6）计算截面极限设计弯矩，并校验强度。

7. 上字型横担无拉线直线单杆（见图 5－26），电杆梢径 19cm，锥度 1/75，全高 18m，埋深 3.0m，壁厚 5cm，混凝土标号 C40 级。横担臂长 1.45m，导线为 JL/G1A-63-6/1 型，正常应力架设。试验算电杆在事故断边导线时，危险截面的主拉应力，并确定螺旋筋配置。

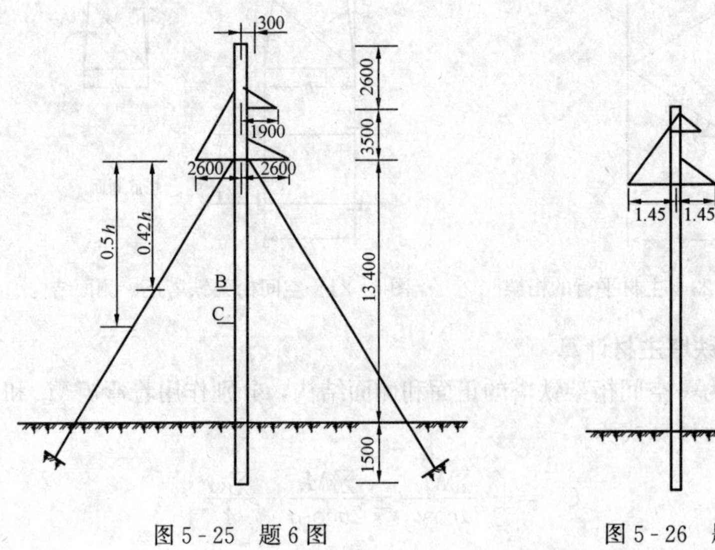

图 5－25　题 6 图　　　　图 5－26　题 7 图

第六章 杆 塔 基 础

第一节 概 述

一、基础分类及一般要求

输电线路的杆塔及拉线的基础，应使杆塔在各种受力情况下不下陷、不上拔和不倾覆。钢筋混凝土电杆直接将杆腿埋入地下，铁塔则借助于混凝土的基础和底脚来固定。

输电线路基础型式多样，杆塔对基础产生的作用可主要分为上拔、下压、倾覆三种，基础设计过程中，也是按此三种作用来计算。选用杆塔基础的时候，应根据杆塔型式、地形、工程地质、水文、施工及运输等条件，综合考虑确定。

（一）各基础型式及相关要素简述

基础型式的选择，应综合考虑沿线地质、施工条件和杆塔型式等因素，有条件时，应优先采用原状土基础；一般情况下，铁塔可以选用现浇钢筋混凝土基础或混凝土基础；岩石地区可采用锚筋基础或岩石嵌固基础；软土地基可采用大板基础、桩基础或沉井等基础；运输或浇筑混凝土有困难的地区，可采用预制装配式基础或金属基础；电杆及拉线宜采用预制装配式基础。

在山区线路应采用全方位长短腿铁塔和不等高基础配合使用的方案。

1. 原状土基础

利用机械（或人工）在天然土（岩）中直接钻（挖）成所需要的基坑，将钢筋骨架和混凝土直接浇注于基坑内而成的基础。通常指岩石基础、掏挖基础、钻（挖）孔（灌注）桩基础，如图 6-5（c）所示。

2. 混凝土台阶式基础

基础底板的台阶高宽比不小于 1.0，基础底板内不配置受力钢筋的混凝土基础（简称台阶式基础），如图 6-1（a）所示。

3. 钢筋混凝土板式基础

基础立柱和底板内均配置受力钢筋，其底板的台阶宽高比不小于 1.0（不宜大于 2.5）的钢筋混凝土基础（简称板式基础），如图 6-1（b）所示。

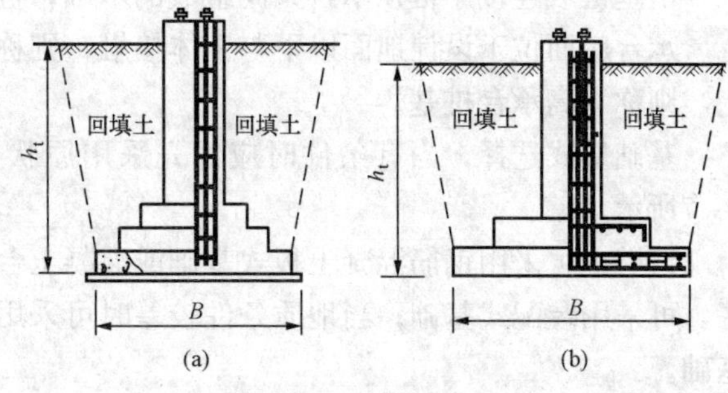

图 6-1 基础形式图

（a）台阶式基础；（b）钢筋混凝土板式基础

4. 岩石基础

通过水泥砂浆或细石混凝土在岩孔内的胶结，使锚筋与岩体结成整体的岩石锚杆、岩石锚桩基础。

利用机械（或人工）在岩石地基中直接钻（挖）成所需要的基坑，将钢筋骨架和混凝土直接浇注于岩石基坑内而成的岩石嵌固基础，如图 6-7 所示。

5. 装配式基础

用两个或两个以上预制构件拼装组合而成的基础，如图 6-4（a）～（c）所示。

6. 斜柱式基础

基础的立柱与基础底板不垂直的一种基础形式。斜柱式分为角钢插入式和地脚螺栓式斜柱式基础，该基础是台阶或板式基础的特殊形式，如图 6 - 5（c）所示。

7. 联合式基础

铁塔四个基础墩用一个底板连成整体且基础墩间用横梁连接而成的基础。

8. 重力式基础

基础抗拔稳定主要靠基础的重力，且其重力大于上拔力的基础。

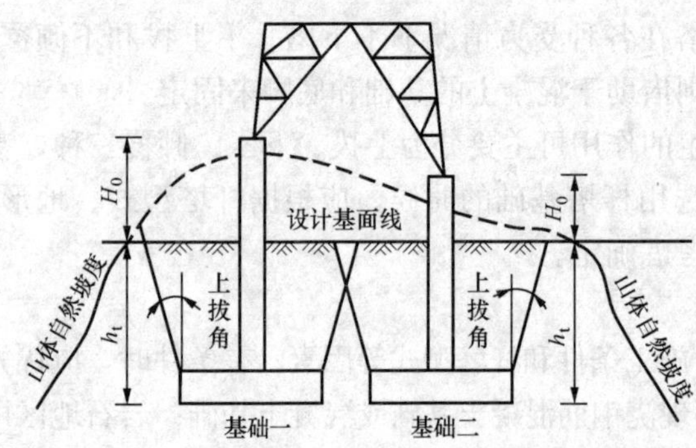

图 6 - 2 不等高基础示意图

9. 不等高基础

在一基塔的基础中某一个腿的基础，其立柱露出设计基面线的高度 H_0 与其他腿基础不同时（见图 6 - 2），就称该铁塔的基础为不等高基础。

10. 复合式沉井基础

上部为混凝土承台，下部是薄壁钢筋混凝土沉井联合组成的基础。

11. 预制基础

采用工厂化一次性预制而成的（如电杆的底盘、拉盘、卡盘等）基础。

12. 半掏挖基础

基础底板在原状土内掏挖，掏挖部分以上按普通基础开挖回填而成的基础，如图6 - 5（c）所示。

13. 桩基础

由基桩或连接于桩顶承台共同组成的基础，桩基础分为单桩基础和群桩基础。

承台底面位于设计地面以下与土体接触，则称为低承台桩基；承台底面位于设计地面以上，则称为高承台桩基。

基础形式选择，当有条件时应优先采用原状土（不含桩基础）基础，如图 6 - 5 和图 6 - 7所示。

铁塔也可采用钢筋混凝土板式基础或混凝土台阶式基础；运输或浇制混凝土有困难的地区，可采用装配式基础；当地质条件较差时可采用桩基础；电杆及拉线盘宜采用预制装配式基础。

（二）基础的分类

上拔、下压类基础主要承受的荷载力为上拔力或下压力，兼受较小的水平力。属于此类基础的杆塔如图 6 - 3 所示的带拉线电杆基础和分开式铁塔基础等。

输电线路的基础指带拉线电杆和铁塔基础，如图 6 - 3 所示。按承载特性大致可分为大开挖、掏挖扩底、爆扩桩、岩石锚桩、钻孔灌注桩和倾覆基础六大类。

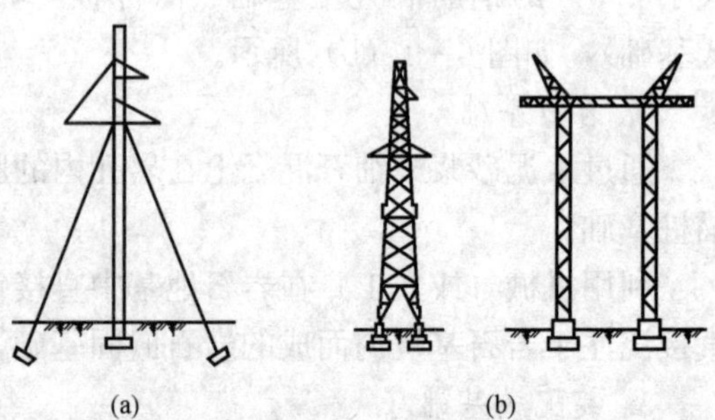

图 6 - 3 上拔、下压类杆塔基础

（a）带拉线电杆基础；（b）分开式铁塔基础

1.“大开挖”基础类

“大开挖”基础是指将基础埋置于预先挖好的基坑内，并将回填土夯实。它是以受扰动的回填土体构成抗拔土体来维持基础上拔稳定的。这类基础施工简便，但由于回填土夯实也很难恢复到原状土体的强度，为满足上拔稳定性的要求，必须加大基础尺寸，从而提高基础造价。

“大开挖”基础类常用基础形式有：

(1) 装配式基础：是用单个或多个部件拼装而成的预制混凝土基础、金属基础或混合结构基础，如图 6-4 (a) ～ (c) 所示。

(2) 现浇台阶式基础：如图 6-4 (d) ～ (g) 所示。

(3) 拉线基础：如图 6-4 (h) ～ (i) 所示。

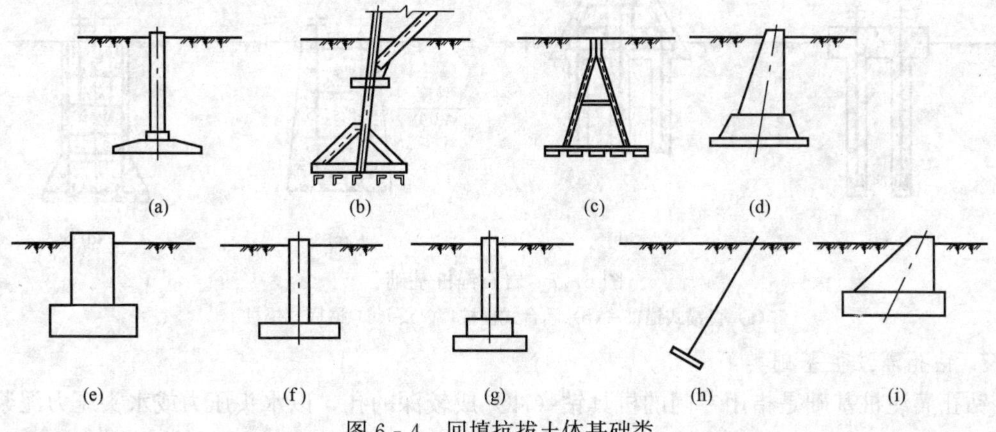

图 6-4　回填抗拔土体基础类

(a) ～ (c) 装配式基础；(d) ～ (g) 浇筑基础；(h)、(i) 拉线基础

2. 掏挖扩底基础类

掏挖扩底基础是指用人工或机械掏挖成扩底土膜后，把钢筋骨架放入土模内，然后注入混凝土。它们适用于掏挖和浇注混凝土过程中无水渗入基坑的黏性土。它们是利用天然土体的强度和重量来维持上拔稳定的，并具有较大的横向承载力。这类基础节省模板等材料和回填土工序，降低工程造价。图 6-5 所示为掏挖扩底基础。

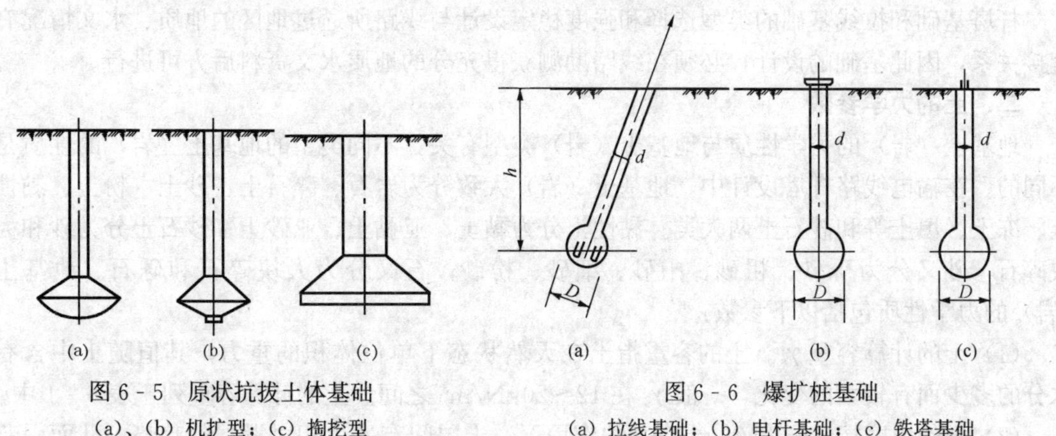

图 6-5　原状抗拔土体基础

(a)、(b) 机扩型；(c) 掏挖型

图 6-6　爆扩桩基础

(a) 拉线基础；(b) 电杆基础；(c) 铁塔基础

3. 爆扩桩基础类

爆扩桩基础是指以爆扩成型土模，在扩大端放入钢筋骨架注入混凝土。它是短柱基础，

适用于硬塑和可塑的黏性土中，在可爆扩成型的密实砂土及碎石土中也可应用。它利用接近天然状态土体保持抗拔稳定，其下压承载力也比一般平面底板基础有所提高。但施工成型工艺及尺寸检查还有一定的困难。图 6 - 6 为三种比较典型的爆扩桩基础。

4. 岩石锚桩基础类

岩石锚桩基础是指在岩石上钻凿成孔，放入钢筋并注入水泥砂浆或细石混凝土。它们具有较好的抗拔性能，且上拔和下压地基变形比其他类基础都小，适用于山区岩石覆盖层较浅的塔位。这类基础充分利用了岩石的力学特性，可大量节省材料，特别是在运输困难的高山地区更具有明显经济效益，但岩石地基的工程地质鉴定比较麻烦。图 6 - 7 为四种岩石锚桩基础。

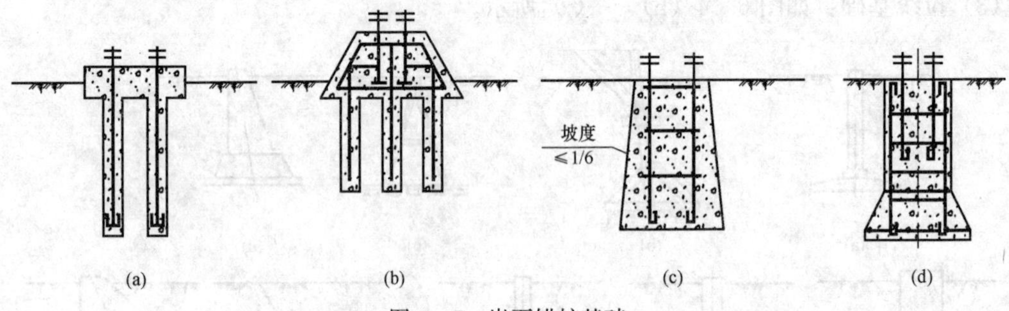

图 6 - 7　岩石锚桩基础

(a) 直锚式锚桩；(b) 承台式锚桩；(c)、(d) 嵌固式锚桩

5. 钻孔灌注桩基础类

钻孔灌注桩基础是指用专门的机具钻（冲）成较深的孔，以水头压力或水头压力泥浆护壁，放入钢筋骨架和水下浇注混凝土。它是深型基础，适用于地下水位较高的黏性土和砂土等地基，特别是跨河塔位。图 6 - 8 所示为五种比较典型的灌注桩基础。

6. 倾覆基础类

倾覆基础是指埋置在夯实的回填土体中承受较大倾覆力矩的电杆基础，窄基铁塔单独基础和宽基铁塔的联合基础。电杆的倾覆基础被广泛采用。而铁塔的联合基础只用于荷载较大、地基差，用其他类型基础技术上有困难的情况下，联合基础施工较复杂，耗用材料多。图 6 - 9 所示为三种倾覆基础。

杆塔基础和拉线基础的类型选择和强度稳定设计与线路所通过地区的地质、水文情况有直接关系，因此基础的设计，必须在线路勘测获得充分的地质水文资料后方可进行。

二、土的力学参数

地基土（岩）的力学性质与地基土（岩）类型有关，不同类型的地基土（岩）的性质是不同的。在输电线路杆塔设计中，地基土（岩）大致分为岩石、碎石土、砂土、粉土、黏性土、冻土、填土等和砂石土两大类。黏性土分为黏土、亚黏土、亚砂土；砂石土分为砂和大块碎石，砂又分为砾砂、粗砂、中砂、细砂、粉砂；石又分为大块碎石和砾石。地基土（岩）的力学性质包括以下参数：

（1）土的计算容重 γ_s。土的容重指土在天然状态下单位体积的重力，其值随土中含有水分的多少而有较大的变化，一般 γ_s 在 12～20kN/m^3 之间。土的计算容重列于表 6 - 1 中。

（2）土的内摩擦角 ϕ 和 β。土在力的作用下，土层间有发生相对滑移的趋势，从而引起内部土层间相互摩擦的阻力，称内摩擦阻力 T，内摩擦阻力与土所受的正压力 N 有关。对于黏性土而言，土的抗剪力 V 除了土的内摩擦力外，还有土的凝聚力 C，即 $V=T+C$，土

的凝聚力 C 与土的压力无关。

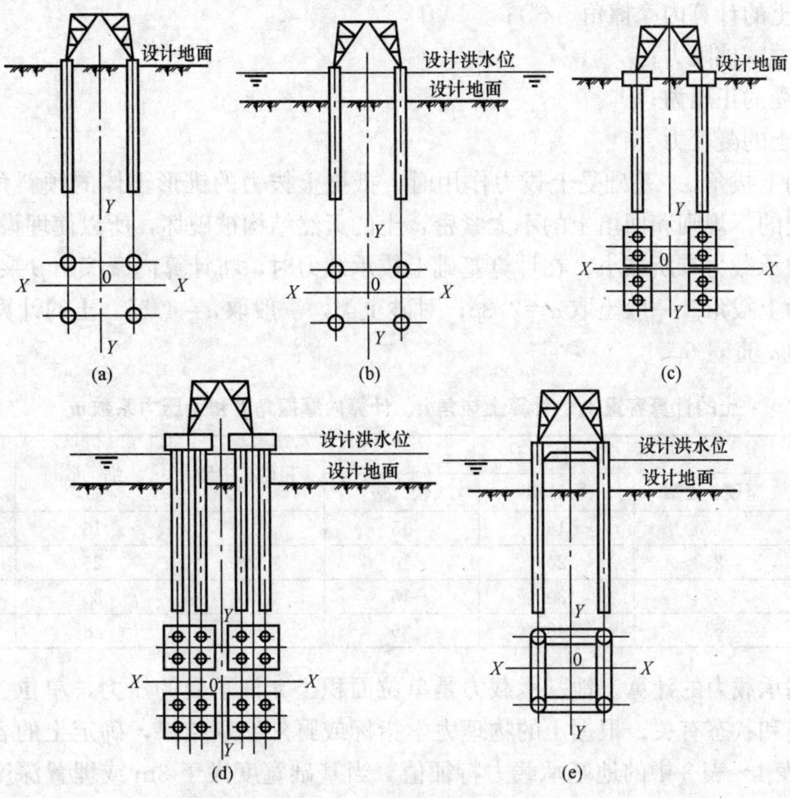

图 6-8　钻孔灌注桩基础

(a) 低单桩；(b) 高单桩；(c) 低桩承台；(d) 高桩承台；(e) 高桩框架

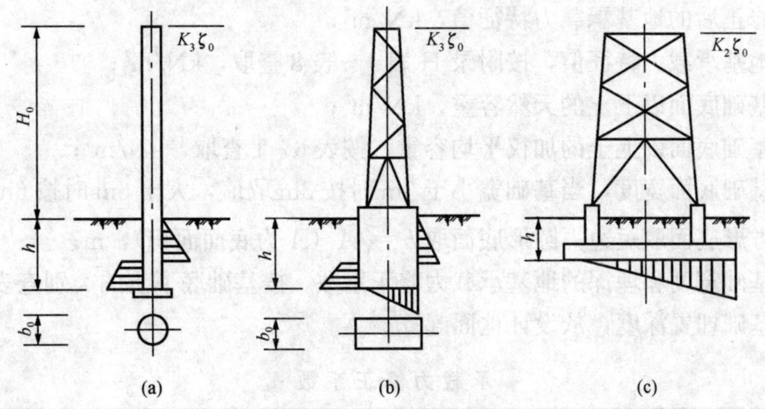

图 6-9　倾覆基础的基本形式

(a) 电杆基础；(b) 窄基铁塔基础；(c) 宽基铁塔基础

以上四个参数的关系为

$$\phi = \arctan\frac{T}{N}$$

$$\beta = \arctan\left(\frac{C}{N} + \tan\phi\right)$$

式中 ϕ——土的内摩擦角，（°）；

β——土的计算内摩擦角，（°）；

T——内摩擦阻力；

N——受的正压力；

C——土的凝聚力。

（3）土的上拔角 α。基础受上拔力作用时，抵抗上拔力的锥形土体的倾斜角为上拔角。由于坑壁开挖的不规则和回填土的不太紧密，土的天然结构被破坏，所以使埋设在土壤中的上拔基础抗拔承载力有所减小。在计算基础上拔承载力时，将计算内摩擦角 β 乘以一个降低系数后，即为上拔角。一般土取 $\alpha=2/3\beta$；对砂土类，一般取 $\alpha=4/5\beta$。土的计算内摩擦角 β 和土的上拔角 α 查表 6-1。

表 6-1 土的计算容重 γ_s、计算上拔角 α、计算内摩擦角 β 和土压力系数 m

土的状态	黏性土			粗砂、中砂	细砂	粉砂
	坚硬、硬塑	可塑	软塑			
γ_s（kN/m³）	17	16	15	17	16	15
α（°）	25	20	10	28	26	22
β（°）	35	30	15	35	30	30
m（kN/m³）	63	48	26	63	48	48

（4）地基承载力的计算。地基承载力是单位面积土允许承受的压力，单位为 kN/mm²，它与土的种类和状态有关。根据土的物理力学指标或野外鉴别结果，确定土的容许承载力，可取附录 H 表 1～表 8 中的地基承载力特征值。当基础宽度大于 3m 或埋置深度大于 0.5m 时，地基承载力特征值修正公式为

$$f_a = f_{ak} + \eta_b\gamma(b-3) + \eta_d\gamma_s(h_0-0.5) \tag{6-1}$$

式中 f_a——修正后的地基承载力特征值，kN/m²；

f_{ak}——地基承载力特征值，按附录 H 表 1～表 8 查取，kN/m²；

γ——基础底面以下土的天然容重，kN/m²；

γ_s——基础底面以上土的加权平均容重，按表 6-1 查取，kN/m³；

b——基础底面宽度，当基础宽小于 3m 时按 3m 取值，大于 6m 时按 6m 取值，对长方形底面取短边，圆形底面取 $b=\sqrt{A}$（A 为底面面积），m；

η_b、η_d——基础宽度和埋深的地基承载力修正系数，按基础底下土的类别查表 6-2 确定；

h_0——基础埋置深度，从设计地面起算。

表 6-2 承载力修正系数

土的类别		宽度修正系数 η_b	深度修正系数 η_d
淤泥和淤泥质土		0	1.0
人工填土 e 或 I_L 不小于 0.85 的黏性土		0	1.0
红黏土	含水比 $\alpha_w>0.8$	0	1.2
	含水比 $\alpha_w\leqslant0.8$	0.15	1.4
大面积压实填土	压实系数大于 0.95、黏粒含量 $\rho_c\geqslant10\%$ 的粉土	0	1.5
	最大干密度大于 2.1t/m³ 的级配砂石	0	2.0

续表

土　的　类　别		宽度修正系数 η_b	深度修正系数 η_d
粉　土	黏粒含量 $\rho_c \geqslant 10\%$ 的粉土	0.3	1.5
	黏粒含量 $\rho_c < 10\%$ 的粉土	0.5	2.0
e 及 I_L 均小于 0.85 的黏性土		0.3	1.6
粉砂、细砂（不包括很湿与饱和时的稍密状态）		2.0	3.0
中砂、粗砂、砾砂和碎石土		3.0	4.4

注　1. 强风化和全风化的岩石，可参照所风化成的相应土类取值，其他状态下的岩石不修正；
2. I_L 为液性指数。

当偏心距 $e \leqslant 0.033$ 倍基础底面宽度时（直线杆塔），也可根据土的抗剪强度指标确定地基承载力特征值，计算式为

$$f_a = M_b \gamma b + M_d \gamma_s h_0 + M_c C_K \tag{6-2}$$

式中　f_a——由土的抗剪强度指标确定的地基承载力特征值；

M_b、M_d、M_c——承载力系数，按表 6-3 查取；

γ、γ_s、h_0——与式（6-1）中符号意义相同；

b——基础底面宽度，大于 6m 时按 6m 取值，对于砂土小于 3m 时按 3m 取值，对圆形底面取 $b=\sqrt{A}$（A 为基础底面积），m；

C_K——基础底面下一倍短边宽深度内土的黏聚力标准值。

表 6-3　承载力系数 M_b、M_d、M_c

基底下一倍短边宽深度内土的内摩阻角 ϕ（°）	M_b	M_d	M_c	基底下一倍短边宽深度内土的内摩阻角 ϕ（°）	M_b	M_d	M_c
0	0	1.00	3.14	22	0.61	3.44	6.04
2	0.03	1.12	3.32	24	0.80	3.87	6.45
4	0.06	1.25	3.51	26	1.10	4.37	6.90
6	0.10	1.39	3.71	28	1.40	4.93	7.40
8	0.14	1.55	3.93	30	1.90	5.59	7.95
10	0.18	1.73	4.17	32	2.60	6.35	8.55
12	0.23	1.94	4.42	34	3.40	7.21	9.22
14	0.29	2.17	4.69	36	4.20	8.25	9.97
16	0.36	2.43	5.00	38	5.00	9.44	10.80
18	0.43	2.72	5.31	40	5.80	10.84	11.73
20	0.51	3.06	5.66				

三、基础极限状态表达式

基础设计应采用以概率理论为基础的极限状态设计法，用可靠指标度量基础与地基的可靠度，具体采用荷载分项系数和地基承载力调整系数的设计表达式。

（1）基础上拔和倾覆稳定采用的极限状态表达式为

$$\gamma_f T_E \leqslant A(\gamma_K、\gamma_S、\gamma_C \cdots) \tag{6-3}$$

式中 γ_f——基础附加分项系数，按表 6-4 取值；

T_E——基础上拔或倾覆外力设计值；

$A(\gamma_K、\gamma_S、\gamma_C\cdots)$——基础上拔或倾覆承载力函数；

γ_K——几何参数的标准值；

γ_S、γ_C——土及混凝土有效容度设计值（取土及混凝土的实际重度），当位于地下水位以下时，取有效重度。

表 6-4　基础附加分项系数 γ_f

设计条件	上拔稳定		倾覆稳定
基础形式 / 杆塔类型	重力式基础	其他各类型基础	各类型基础
直线杆塔	0.90	1.10	1.10
耐张（0°）转角及悬垂转角杆塔	0.95	1.30	1.30
转角、终端、大跨越塔	1.10	1.60	1.60

（2）地基承载力与基础底面压力采用下述极限状态表达式：

1）当轴心荷载作用时，有

$$P \leqslant f_a/\gamma_{rf} \tag{6-4}$$

式中 P——基础底面处的平均应力设计值；

f_a——修正后的地基承载力特征值；

γ_{rf}——地基承载力调整系数，宜取 $\gamma_{rf}=0.75$。

2）当偏心荷载作用时，不但应满足式（6-4），还要满足

$$P_{max} \leqslant 1.2f_a/\gamma_{rf} \tag{6-5}$$

式中 P_{max}——基础底面边缘的最大压应力设计值。

【例 6-1】 某土的孔隙比 $e=0.71$，含水量 $W=36.4\%$，液限 $W_L=48\%$、塑限 $W_P=25.4\%$。要求计算该土的塑性指标 I_P 并确定该土的名称；计算该土的液性指标，并按液性指标 I_L 确定土的状态；根据土的名称和状态确定该土承载力特征值。

解　（1）计算塑性指标 I_P 为

$$I_P = W_L - W_P = 48 - 25.4 = 22.6 > 17$$

由附录 I 表 5 得土的名称为黏性土。

（2）计算液性指标 I_L 为

$$I_L = \frac{W - W_P}{I_P} = \frac{36.4 - 25.4}{22.6} = 0.487$$

由附录 I 表 6 得土的状态为可塑。

（3）土的承载力特征值。根据土的名称、孔隙比 e 和液性指标 I_L 查附录 H 表 4 得 $f_a=263(\text{kN/m}^2)$。

四、杆塔基础的基本规定

杆塔基础必须保证杆塔在各种受力情况下不倾覆、不下沉和不上拔，使线路安全可靠、耐久的运行。为了保证杆塔以及基础本身承载力的正常使用，基础效验计算时应考虑地基承载力的计算、被动土抗力的计算、基础的强度计算几方面。

对于基础稳定、基础承载力的计算，应采用荷载的设计值进行计算；对于地基的不均匀沉降、基础位移等计算，应采用荷载的标准值进行计算。

基础设计方案，应根据塔位具体条件推荐“不等高基础”与铁塔长短腿配合使用，并应考虑自然地貌恢复方案。

基础形式选择，当有条件时应优先采用原状土（不含桩基础）基础。铁塔也可采用钢筋混凝土板式基础或混凝土台阶式基础；运输或浇制混凝土有困难的地区，可采用装配式基础；当地质条件较差时可采用桩基础；电杆及拉线盘宜采用预制装配式基础。

基础设计必须保证地基的稳定和结构的强度。对处于软弱地基的转角、终端杆塔的基础应进行地基的变形计算，并使地基变形控制在使用的容许范围内。当地基土为砂类土时，计算荷载可取短期荷载标准值；当地基土为黏性土时，计算荷载可取长期荷载标准值。

基础设计应考虑地下水位季节性变化的影响。位于地下水位以下的基础容度和土体容度应按浮容度考虑，其混凝土基础的浮重度取 12kN/m³；钢筋混凝土基础的浮重度取 14kN/m³。土的浮重度应根据土的密实度取 8～11kN/m³。基础设计应考虑受地下水、环境水、基础周围土壤对其腐蚀的可能性，必要时应采取有效的防护措施。

土体上拔和倾覆稳定计算，分原状土和回填土两种。回填土按已夯实考虑，即基坑回填土夯实程度已达到现行施工验收规范中要求的标准。原状土基础在计算上拔稳定时，其抗拔深度应扣除表层非原状土的厚度。

基础的埋深应大于 0.5m，在季节性冻土地区，当地基土具有冻胀性时应大于土壤的标准冻结深度，在多年冻土地区应遵照相应规范。当基础置于地下水位以下或软弱地基时，应铺设垫层或采取其他措施。

在河滩上或内涝积水地区设置塔位时，除有特殊要求外，基础主柱露出地面高度不应低于 5 年一遇洪水位高程。若需在水中设置塔位，其基础设计时，应考虑洪水冲刷、流水动压力、漂浮物等影响，必要时可采取防护措施，尚应考虑冻融期的拥冰堆积作用。

在基础设计（包括地脚螺栓、插入角钢设计）时，其基础作用力计算应计入杆塔风荷载调整系数，当杆塔全高超过 50m 时，取风荷载调整系数为 1.3；当杆塔全高不大于 50m 时，取风荷载调整系数为 1.0。

对大跨越杆塔及特殊重要的杆塔基础，当位于地震烈度为 7 度及以上的地区且场地为饱和砂土和饱和粉土时，或对 220kV 及以上的耐张型转角塔基础，当位于地震烈度为 8 度以上时，均应考虑地基液化的可能性，并采取必要的稳定地基或基础的抗震措施。

转角、终端塔的基础应采取预偏措施，预偏后的基础顶面应在同一坡面上。

在环境对基础有腐蚀作用（如海水侵蚀、大气污染、地下水腐蚀、盐碱地等）时基础混凝土不允许出现裂缝；当钢筋混凝土板式基础用于非直线塔时，不允许出现裂缝；允许出现裂缝的构件，裂缝宽度限值取 0.2mm。

基础的附加分项系数按表 6 - 4 确定。

第二节 基础的上拔计算

基础上拔稳定计算，应根据抗拔土体的状态分别采用剪切法或土重法。剪切法适用于原状抗拔土体；土重法适用于回填抗拔土体。

抗拔土体的状态分为原状抗拔土体和回填抗拔土体。原状抗拔土体是指处于天然结构状态的黏性土和经夯实达到天然结构状态密实度的砂类回填土。回填抗拔土体是指回填土体经夯实后不能达到天然结构状态，或由于土体受到其他扰动其强度有很大的降低。

剪切法和土重法适用于上拔深度较浅的基础类型。

剪切法：基础埋深与圆形底板直径之比（h_t/D）不大于 4 的非松散砂类土；基础埋深与圆形底板直径之比（h_t/D）不大于 3.5 的黏性土。

土重法：基础埋深与圆形底板直径之比（h_t/D）小于 4、与方形底板边长之比（h_t/B）不大于 5 的非松散砂类土；基础埋深与圆形底板直径之比（h_t/D）不大于 3.5、与方形底板边长之比（h_t/B）不大于 4.5 的黏性土。

一、剪切法

“剪切法”除适用于人工掏挖扩底基础和机扩型基础外，还适用于砂类夯实土体基础类型。例如大开挖基础、回填砂类土体、经夯实达到天然结构状态密实度的情况。此类基础按“剪切法”计算时，基底直径按等效方法确定，即将方形底板周长等效成圆形底板周长，从而得出等效直径 D。

掏挖扩底基础的钢筋骨架宜采用焊接以保持必要的刚度；计算上拔土体深度时应扣除表层非原状土层的厚度，一般扣除 0.3m，水稻田扣除 0.5m，剩余的深度即是未受扰动的天然抗拔土体深度。

对于人工掏挖扩底基础，为确保施工中人身安全和施工操作，基础尺寸以基柱直径不小于 0.8m，埋深和扩底直径不大于 3m 为宜。对机扩型基础，基柱直径不宜小于 0.3m。

“剪切法”计算上拔稳定时的抗拔土体简图如图 6-10 所示。

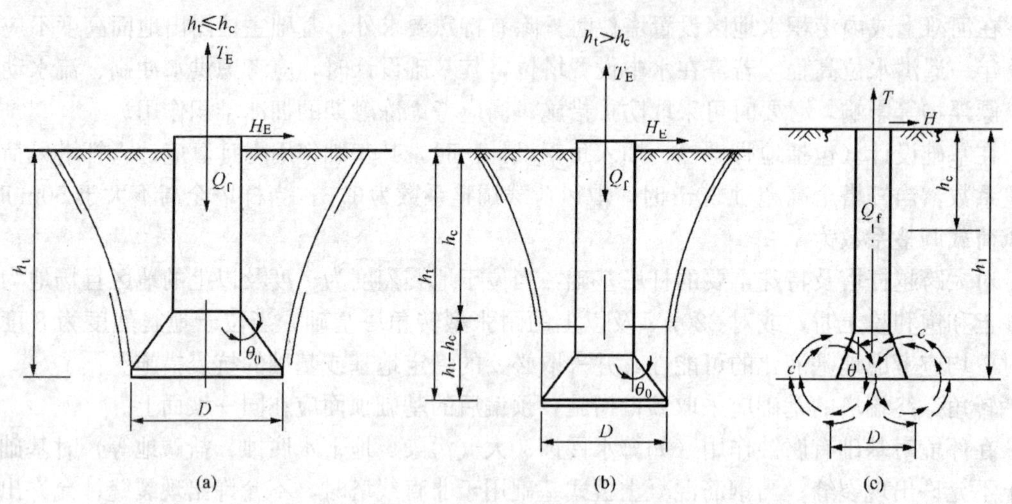

图 6-10 “剪切法”计算上拔稳定的抗拔土体简图

（a）浅基础；（b）中深基础；（c）软土深基础

（1）当 $h_t \leqslant h_c$ 时，即基础上拔深度不大于抗拔土体的临界深度时，如图 6-10（a）所示。

$$\gamma_f T_E \leqslant \gamma_E \gamma_\theta (0.4 A_1 c_w h_t^2 + 0.8 A_2 \gamma_s h_t^3) + Q_f \tag{6-6}$$

（2）当 $h_t > h_c$ 时，如图 6-10（b）所示。

$$\gamma_f T_E \leqslant \gamma_E \gamma_\theta \left\{ 0.4 A_1 c_w h_c^2 + \gamma_s \left[0.8 A_2 h_c^3 + \frac{\pi}{4} D^2 (h_t - h_c) - \Delta_v \right] \right\} + Q_f \tag{6-7}$$

$$c_w=\begin{cases}c+2\dfrac{90\%-S_r}{10\%} & 当 S_r 小于 90\% 时\\ c-2\dfrac{90\%-S_r}{10\%} & 当 S_r 大于 90\% 时\end{cases}$$

$$\gamma_f T_E \leqslant 8D^2 c_w + Q_f（软塑黏性原状土中的基础） \tag{6-8}$$

式中 γ_f——基础附加分项系数，按表 6 - 4 确定；

T_E——基础上拔力设计值，kN；

γ_E——水平力影响系数，根据水平力风与上拔力 H_E 的比值按表 6 - 6 确定；

A_1——无因次系数，按图 6 - 11 确定，当 φ 于 20°时，按条文说明原型公式计算；

h_t——基础的埋置深度，m；

A_2——无因次系数，按图 6 - 12 和图 6 - 13 确定；

γ_s——基础底面以上土的加权平均容度，见表 6 - 1，kN/m³；

D——圆形底板直径，m；

Δ_v——（h_t-h_c）范围内的基础体积，m³；

h_c——基础上拔临界深度，按表 6 - 5 确定，m；

Q_f——基础自重力，kN；

γ_θ——基底展开角（见图 6 - 10 中 θ_0）影响系数，当 $\theta_0>45°$时取 $\gamma_\theta=1.2$，当 $\theta_0\leqslant45°$时取 $\gamma_\theta=1.0$；

c_w——计算凝聚力，kPa；

c——按饱和不排水剪或相当于饱和不排水剪方法确定的凝聚力，kPa；

S_r——地基土的实际饱和度，%。

表 6 - 5　　剪切法临界深度 h_c

土的名称	土的状态	基础上拔临界深度 h_c
碎石、粗砂、中砂	密实～稍密	3.0D～4.0D
细砂、粉砂、粉土	密实～稍密	2.5D～3.0D
黏性土	坚硬～可塑	2.5D～3.5D
	可塑～软塑	1.5D～2.5D

注 计算上拔时的临界深度 h_c，即为土体整体破坏的计算深度。

表 6 - 6　　水平荷载影响系数 γ_E

水平力 H_E 与上拔力 T_E 的比值	水平力影响系数 γ_E	水平力 H_E 与上拔力 T_E 的比值	水平力影响系数 γ_E
0.15～0.40	1.0～0.9	0.70～1.00	0.8～0.75
0.40～0.70	0.9～0.8		

表 6 - 7　　相邻基础影响系数 γ_{E2}

相邻上拔基础中心距离 L（m）	影响系数 γ_{E2}	相邻上拔基础中心距离 L（m）	影响系数 γ_{E2}
$L\geqslant D+2\lambda h_t$ 或 $L\geqslant D+2\lambda h_c$	1.0	$L=D$ 和 $3.0D<h_t$ 或 $h_c\leqslant4.0D$	0.55
$L=D$ 和 h_t 或 $h_c\leqslant2.5D$	0.7	$D+2\lambda h_t$ 或 $D+2\lambda h_c>L>D$	按插入法确定
$L=D$ 和 $2.5D<h_t$ 或 $h_c<3.0D$	0.65		

注 λ 为与相邻抗拔土体剪切面有关的系数，当 $h_t\geqslant1.0D$ 时，可按表 6 - 7 查取；L 为相邻上拔基础中心距离，m。

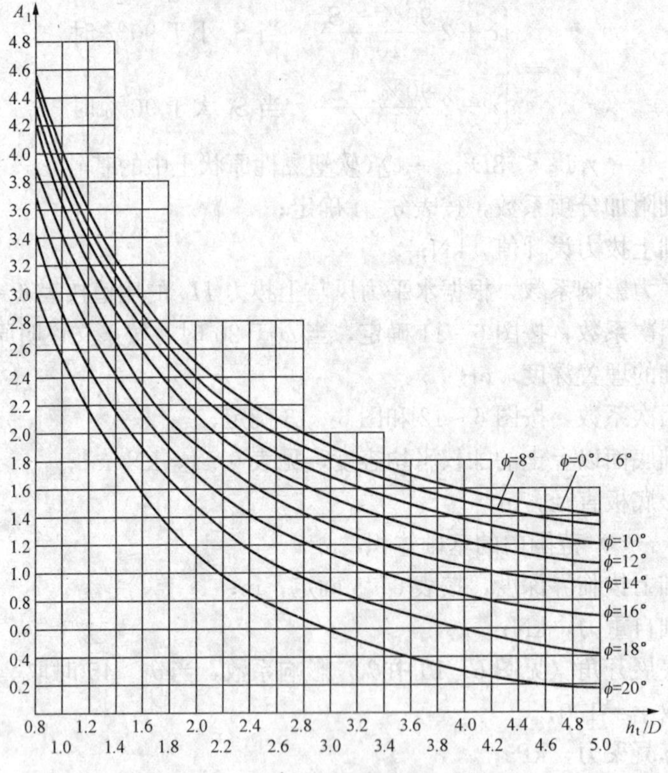

图 6-11 $A_1=f(\phi,\ h_t/D)$曲线图

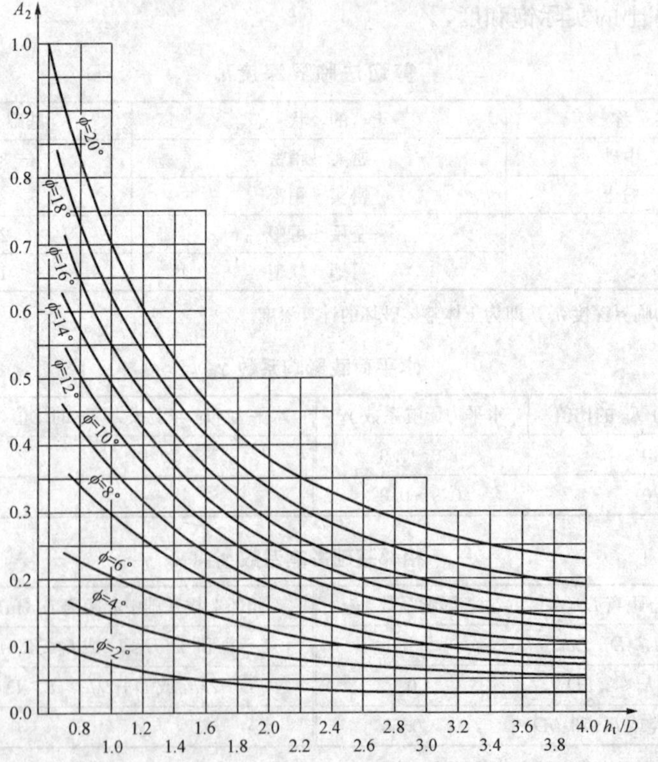

图 6-12 $A_2=f(\phi,\ h_t/D)$曲线图（1）

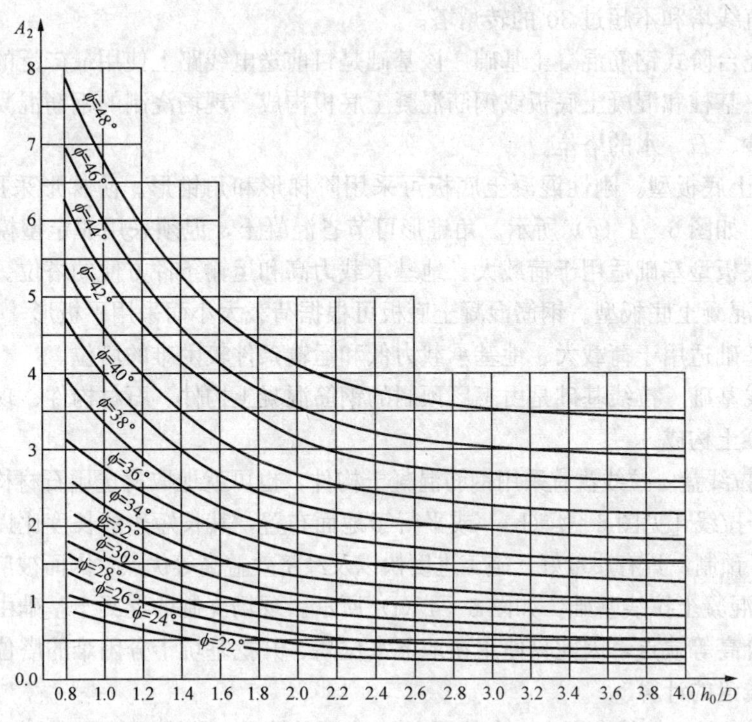

图 6-13 $A_2=f(\phi, h_t/D)$曲线图（2）

二、土重法

承受上拔力的基础，如直线型铁塔、转角杆塔外侧基础等阶梯式分开基础，拉线杆塔的拉线盘等。此类基础一般采取开挖基坑施工。当采用大开挖式基础型式时，因为基础周围土壤受到破坏，所以在计算上拔稳定时不考虑摩擦阻力，只计算基础本身自重及上拔倒截四棱土锥台的重力，以抵抗上拔力，计算中称为土重法。

土重法适用的主要基型和要求如下：

（1）装配式基础。这种基础包括用多个部件拼装而成的预制钢筋混凝土基础，金属基础和角锥支架基础等，具有工厂制造、保证质量和加速工程施工进度等优点。装配式基础适用于缺少砂、石和水的地区或严冬现场浇制混凝土有困难的线路，一般用于地下水位较深的塔位。

1）预制钢筋混凝土基础。一般由基柱和底板两个单件在现场用螺栓或焊接组成整体，如图 6-4（a）所示。基柱由方形或环形截面组成。底板可为方形或圆形。截面宜选择梯形。预制钢筋混凝土基础适用于运输条件较方便的风化岩石或坚硬土酌直线塔位。

2）金属基础。塔腿主角钢延伸直接与金属底板连接，全部由角钢组成的基型，俗称花窗基础，如图 6-4（b）所示。底板由互相交叉的角钢组成空心网格状。实践说明，金属基础适用于无侵蚀性风化岩石的直线塔位，特别是在运输条件极端困难的高山大岭的塔位使用更具有显著的经济效益。

3）角锥支架基础。这种基型是由角钢组成的角锥形支架，通过槽钢或钢筋混凝土横梁用螺栓与钢筋混凝土板条连接成整体的钢和钢筋混凝土的混合结构，如图 6-4（c）所示。

当荷载较小和允许单件重力较大，支架也可由钢筋混凝土构件组成。对塔基位于运输特别困难的高山大岭，底板的板条也可用型钢组成的网格体系代替。角锥支架基础适用于山区荷载较大的直线塔和不超过30°的转角塔。

(2) 现浇台阶式钢筋混凝土基础。该基础是目前送电线路上使用最广泛的基型，是由方形钢筋混凝土基柱和混凝土底板或钢筋混凝土底板构成。现场浇制的钢筋混凝土基础适用于线路附近有砂、石、水的塔位。

1）混凝土底板型。刚性混凝土底板可采用阶梯形和角锥形。阶梯形采用定型钢模板，施工较方便，如图6-4（g）所示。角锥形可节省混凝土，但须采用非定型模板，施工较麻烦。混凝土底板型基础适用于荷载大、地基承载力高和运输条件方便的塔位。

2）钢筋混凝土底板型。钢筋混凝土底板可根据荷载大小而采用平板形［见图6-4（f)］或阶梯形。基础适用于荷载大、地基承载力低和运输条件较困难的塔位。

(3) 拉线基础。拉线基础是由工厂预制的钢筋混凝土构件、石材构件、现场浇制的混凝土和钢筋混凝土构成。

1）预制拉线盘。拉线盘宜采用钢筋混凝土构件，也可就地取材选用石材构件。拉线盘上平面以垂直于拉线［见图6-4（h)］或平行于地面布置，其长短边的长度比以2～3较适宜。拉线盘在工厂预制，具有质量好、施工进度快以及经济效益高等优点，因而被广泛的应用。

2）浇制混凝土拉线基础，如图6-4（i）所示。现场浇制的混凝土基础由于耗材多、施工麻烦和造价高等缺点，因此只使用在地下水位高、开挖基坑十分困难的塔位。

三、拉线盘的计算

根据地质条件，拉线盘埋入土中的深度 h_0 有两种情况，即浅埋和深埋，如图6-14所示。

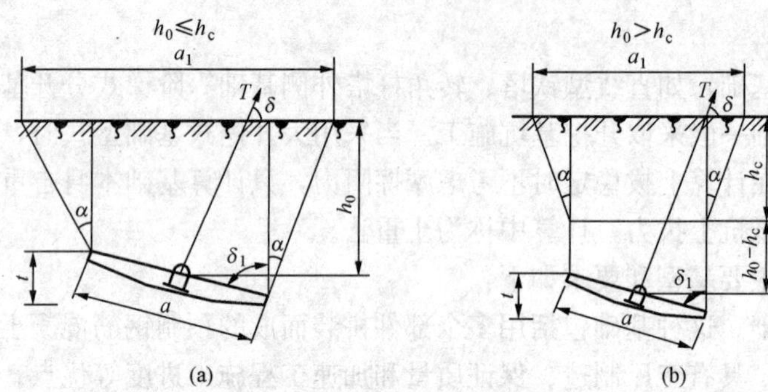

图6-14　拉线盘计算简图

(a) 浅埋；(b) 深埋

由图6-14可知，拉线斜向受力为 T，T 可分解为垂直分力 $N_y=T\sin\delta$ 时和水平分力 $N_x=T\cos\delta$，δ 为拉线与地面的夹角，一般 $\delta \geqslant 45°$。

1. 拉线盘上拔稳定计算

拉线盘计算极限抗拔力须满足上拔的稳定安全条件，即

$$\gamma_f N_y \leqslant V_T \gamma_s + Q \tag{6-9}$$

式中 N_y——作用于基础顶面的设计上拔力，kN；

γ_f——基础附加分项系数，查表6-4；

V_T——埋深 h_0 抗拔土的体积；

γ_s——土的计算容重；

Q——拉线盘自重，$Q=V_h\gamma_h$（V_h 为拉线盘的体积，γ_h 为混凝土的容重），kN。

(1) 当 $h_0 \leqslant h_c$ 时，如图 6-15 所示，上拔土锥体为四棱倒截土锥台，体积可分为四部分来计算，有

$$V_T = V_1 + 2V_2 + 4V_3 + 2V_4 = h_0 ba\sin\delta_1 + 2\times\frac{1}{2}h_0 a\sin\delta_1 h_0\tan\alpha + 2\times\frac{1}{2}h_0 b h_0\tan\alpha + 4\times\frac{1}{3}h_0 h_0\tan\alpha h_0\tan\alpha$$

$$V_T = h_0\left[ba\sin\delta_1 + (a\sin\delta_1 + b)h_0\tan\alpha + \frac{4}{3}h_0^2\tan^2\alpha\right] \tag{6-10}$$

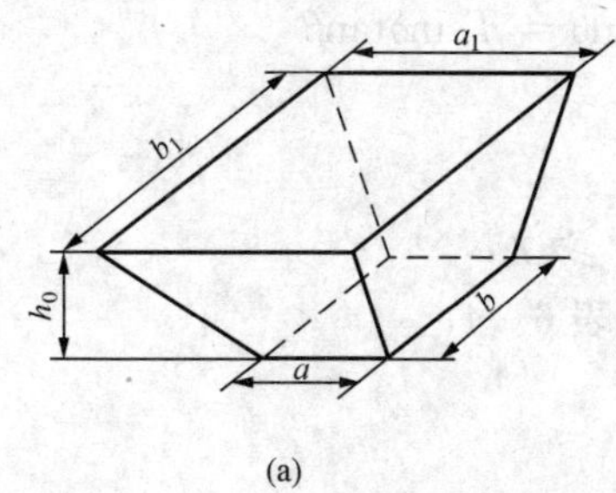

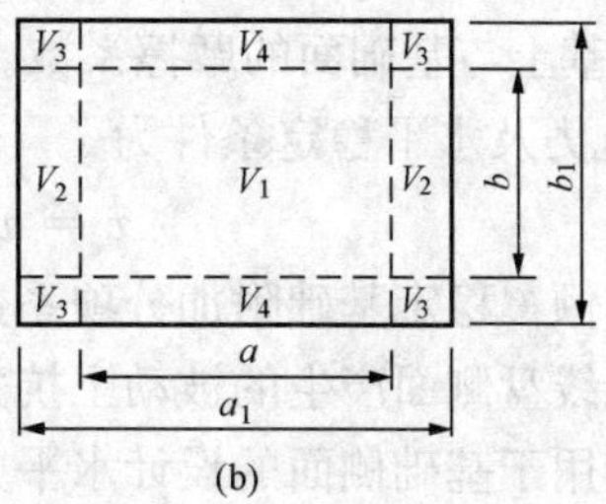

图 6-15 倒截土锥体

(a) 立体图；(b) 平面图

(2) 当 $h_0 > h_c$ 时，有

$$V_T = h_0\left[ba\sin\delta_1 + (a\sin\delta_1 + b)h_0\tan\alpha\,\frac{4}{3}h_0^2\tan^2\alpha\right] + ab(h_0 - h_c)\sin\delta_1 \tag{6-11}$$

式中 δ_1——拉线盘上平面与铅垂方向的夹角，当拉线与拉线盘上平面垂直时，$\delta_1=\delta$；

α——土的计算上拔角；

a、b——拉线盘的短边和长边；

h_0——基础埋深；

h_c——回填土的临界埋深度，查表 6-8。

表 6-8　　土重法临界深度 h_c

土 的 名 称	土的天然状态	基础上拔临界深度 k	
		圆 形 底	方 形 底
砂类土、粉土	密实～稍密	2.5D	3.0B
黏性土	坚硬～硬塑	2.0D	2.5B
	可塑	1.5D	2.0B
	软塑	1.2D	1.5B

注 1. 长方形底板当长边 f 与短边 b 之比不大于 3 时，取 $D=0.6\ (b+l)$。

2. 土的状态按天然状态确定。

2. 拉线盘水平方向的稳定验算

在拉线水平分力 N_x 的作用下，使拉线盘沿拉线方向水平移动，这时拉线盘侧面产生的被动土抗力为

$$x_1 = mh_0tb = \gamma_s \tan^2\left(45° + \frac{\beta}{2}\right)h_0tb$$

式中 m——被动土压系数；

h_0——拉线盘埋设深度，m；

t——拉线盘的计算厚度，m，$t=a\cos\delta_1$；

b——拉线盘长边宽度，m；

γ_s——土壤计算容重，查表 6-11；

β——土壤的抗剪角。

由垂直分力 N_y 产生水平抗力为

$$T_1 = N_y f = N_y \tan\beta = T\sin\delta\tan\beta$$

式中 f——地基土与基础面的摩擦系数。

综合水平抗力及水平稳定条件为

$$x = x_1 + T_1 \geqslant \gamma_f N_x \tag{6-12}$$

式中 γ_f——抗倾覆稳定基础附加分项系数，查表 6-4；

x_1——拉线盘侧面产生的被动土抗力；

N_x——作用于基础侧面的设计水平力。

3. 拉线盘强度计算

图 6-16 为拉线盘配筋结构图。基础在土反力的作用下，在两个方向都要发生弯曲，所以两方向都要配筋。钢筋面积按两个方向的最大弯矩分别进行计算。

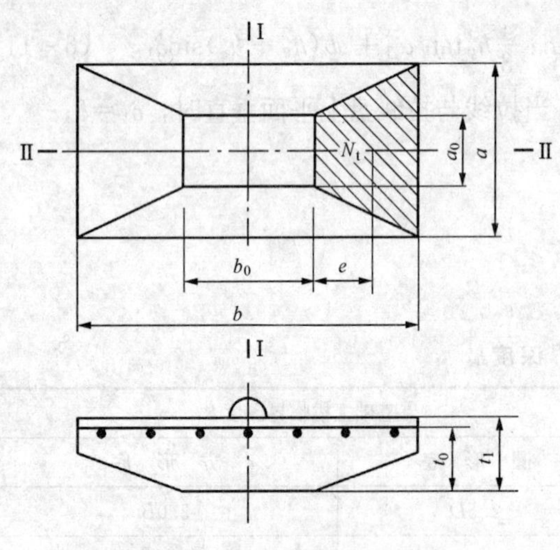

图 6-16 拉线盘配筋结构图

对Ⅰ—Ⅰ截面处的外力矩为

$$M_{\text{I}} = N_t e = gAe$$

式中 g——单位面积上的土反力，N/m²。拉线盘平放时，$g=\frac{N_y}{ab}$；拉线盘斜放时，$g=\frac{T}{ab}$。

A——阴影梯形面积的面积，m²，$A=\frac{1}{2}(a+a_0)\times\frac{b-b_0}{2}=\frac{(a+a_0)(b-b_0)}{4}$。

e——梯形面积的重心，m，$e=\frac{1}{3}\left(\frac{b-b_0}{2}\right)\left(\frac{2a+a_0}{a+a_0}\right)$。

将 g、A、e 的计算式代入 M_{I} 计算式得

$$M_{\text{I}} = \frac{N_y}{24ab}(b-b_0)^2(2a+a_0) \tag{6-13}$$

同理，对Ⅱ—Ⅱ截面处的外力矩为

$$M_{\text{II}} = \frac{N_y}{24ab}(a-a_0)^2(2b+b_0) \tag{6-14}$$

钢筋的面积计算式为

$$\left.\begin{aligned} A_s &= \frac{M_{\mathrm{I}}}{0.875 t_0 f_y} \\ A_s &= \frac{M_{\mathrm{II}}}{0.875 t_0 f_y} \end{aligned}\right\} \tag{6-15}$$

式中 M_{I}、M_{II}——Ⅰ—Ⅰ、Ⅱ—Ⅱ截面的设计弯矩；

t_0——截面有效高度；

f_y——钢筋强度设计值；

0.875——由经验得出的内力臂系数。

当拉线盘尺寸及配筋为已知时，验算拉线盘抗拔力的计算式如下：

根据Ⅰ—Ⅰ截面的外力矩等于内力矩，即

$$\frac{N_y}{24ab}(b-b_0)^2(2a+a_0) = 0.865 t_0 A_s f_y$$

解得拉线盘允许抗上拔力为

$$N_y = \frac{21ab t_0 A_s f_y}{(b-b_0)^2(2a+a_0)} \tag{6-16}$$

同理得Ⅱ—Ⅱ截面处拉线盘允许抗上拔力为

$$N_y = \frac{21ab t_0 A_s f_y}{(a-a_0)^2(2b+b_0)} \tag{6-17}$$

为了便于选用和估算材料，将拉线盘的常用规格列于表 6-9 中。

表 6-9　　钢筋混凝土拉线盘的常用规格

规　格 $a\times b\times t_1$（m×m×m）	质　量 （kg）	体　积 （m^3）	钢筋（Ⅰ级）		容许拉力 （kN）
			数　量	质量（kg）	
0.3×0.6×0.20	80	0.032	4×ϕ8/4×ϕ10	10.5	94
0.4×0.8×0.20	135	0.054	6×ϕ8/6×ϕ10	11.6	108
0.5×1.0×0.20	210	0.084	7×ϕ8/6×ϕ12	14.6	122
0.6×1.2×0.20	300	0.118	9×ϕ8/8×ϕ12	19.0	136
0.7×1.4×0.20	410	0.165	11×ϕ8/8×ϕ14	28.2	161
0.8×1.6×0.20	540	0.234	13×ϕ8/8×ϕ14	31.3	141
0.9×1.8×0.25	695	0.290	15×ϕ8/8×ϕ14	34.5	162
1.0×2.0×0.25	855	0.356	15×ϕ8/10×ϕ14	41.9	182
1.1×2.2×0.25	1170	0.490	17×ϕ8/10×ϕ14	46.1	166

注 1. 表中容许拉力为拉线盘的强度计算值；

2. 表中钢筋数量栏内，分子表示宽方向的钢筋量，分母表示长方向的钢筋量；

3. 混凝土等级为 C20 级。

【例 6-2】 某拉线直线杆塔，拉线拉力设计值 $T=124\text{kN}$，埋深 2.5m，选择拉线盘规格为 0.6×1.2×0.2，拉线盘自重 $Q=3\text{kN}$，拉线与地面夹角 $\delta=50°$，拉线盘上平面与铅垂方向的夹角 $\delta_1=\delta=50°$，土壤为硬塑性状态，地面有 0.3m 的耕土层。验算其上拔及水平稳定。

解 （1）基本参数：

上拔力 $N_y = T\sin\delta = 124\sin50° = 95$（kN）；

水平力 $N_x = T\cos\delta = 124\cos50° = 80(\text{kN})$；

基础附加分项系数 $\gamma_f = 1.1$；

土的计算容重 $\gamma_s = 17$（kN/m^3）；

上拔角 $\alpha = 25°$；

土压力参数 $m = 48$（kN/m^3）；

计算内摩擦角 $\beta = 30°$。

（2）上拔稳定计算：

上拔深度为

$$h_0 = 2.5 - 0.3 = 2.2(\text{m})$$

临界深度为

$$l/b = 1.2/0.6 = 2 < 3$$

查表 6 - 8，有 $$D = 0.6(l + b)$$

$$h_0 = 1.5D = 1.5 \times 0.6(1.2 + 0.6) = 1.62(\text{m}) < h_0 = 2.2(\text{m})$$

采用式（6 - 11）计算抗拔土的体积 V_T 为

$$V_T = h_0\left[ba\sin\delta_1 + (a\sin\delta_1 + b)h_0\tan\alpha + \frac{4}{3}h_0^2\tan^2\alpha\right] + ab(h_0 - h_c)\sin\delta_1$$

$$= 2.2 \times \left[1.2 \times 0.6\sin50° + (0.6\sin50° + 1.2) \times 2.2\tan25° + \frac{4}{3}2.2^2\tan25°\right]$$

$$+ 0.6 \times 1.2 \times (2.2 - 1.62)\sin50°$$

$$= 2.2 \times (0.5516 + 1.7025 + 1.4032) + 0.3199 = 8.0462 + 0.3199 = 8.3661(\text{m}^3)$$

设计上拔力为

$$\gamma_f N_y = 1.1 \times 95 = 105.5(\text{kN})$$

基础抗拔力为

$$V_T N_y + Q = 8.3661 \times 17 + 3 = 145.2234(\text{kN})$$

基础抗拔力145.223 4kN 大于设计上拔力 105.5kN，上拔验算合格。

（3）水平稳定验算：

被动土抗力为

$$x_1 = mh_0bt = \gamma_s\tan^2\left(45° + \frac{\beta}{2}\right)h_0tb$$

$$= 17 \times \tan^2\left(45° + \frac{30°}{2}\right) \times 2.2 \times 1.2 \times 0.6 \times \cos50° = 51 \times 1.0182 = 51.93(\text{kN})$$

由垂直分力 N_y 产生水平抗力为

$$T_1 = N_y f = N_y\tan\beta = T\sin\delta\tan\beta = 124\sin50°\tan30° = 54.83(\text{kN})$$

$$x = x_1 + T_1 = 51.93 + 54.83 = 106.76(\text{kN})$$

水平稳定抗力为

$$\gamma_f N_x = 1.1 \times 80 = 88.0(\text{kN})$$

综合水平抗力大于水平稳定抗力，因此水平验算合格。

四、阶梯式基础计算

1. 阶梯式基础的上拔稳定计算

阶梯式基础上拔稳定应满足稳定安全条件的要求，即

$$\gamma_f N_y \leqslant \gamma_E \gamma_{\delta 1}(V_T - \Delta V - V_0)\gamma_s + Q_f \tag{6-18}$$

式中 γ_f——基础附加分项系数，查表 6-4；

N_y——基础上拔力设计值，kN；

γ_E——水平力影响系数，根据水平力 N_x 与上拔力 N_y 的比值按表 6-6 确定；

$\gamma_{\delta 1}$——基础刚性角影响系数。当刚性角 $\delta<45°$时，取 $\gamma_{\delta 1}=0.8$，当刚性角 $\delta \geqslant 45°$时，取 $\gamma_{\delta 1}=1.0$；

γ_s——土壤的计算容重；

Q_f——基础自重；

ΔV——相邻基础重复部分土的体积，m^3；

V_0——h_0 深度内的基础体积，m^3；

V_T——h_0 深度内土和基础的体积，m^3。

(1) 当 $h_0 \leqslant h_c$ 时，如图 6-17 (a) 所示。

对于方形底板，有

$$V_T = h_0\left(B^2 + 2Bh_0\tan\alpha + \frac{4}{3}h_0^2\tan^2\alpha\right) \tag{6-19}$$

对于圆形底板，有

$$V_T = \frac{\pi}{4}h_0\left(D^2 + 2Dh_0\tan\alpha + \frac{4}{3}H_0^2\tan^2\alpha\right) \tag{6-20}$$

(2) 当 $h_0 > h_c$ 时，如图 6-17 (b) 所示。

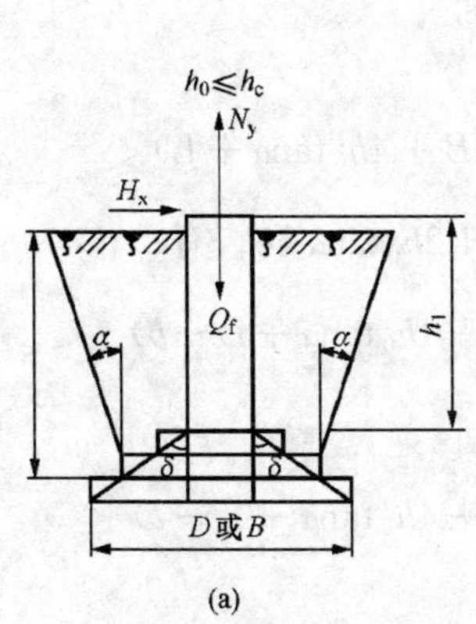

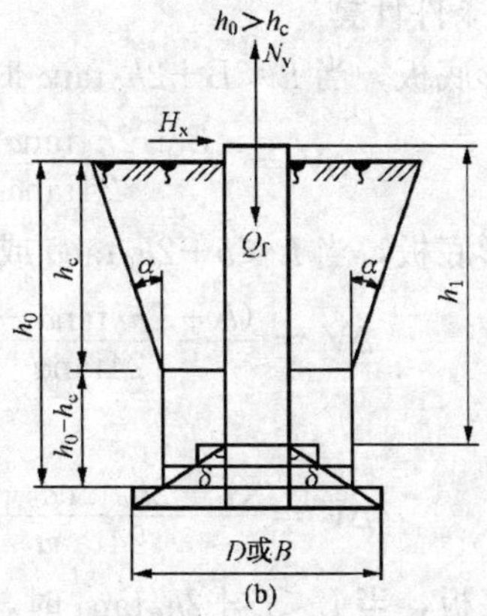

图 6-17 单个上拔基础

(a) $h_0 \leqslant h_c$；(b) $h_0 > h_c$

对于方形底板，有

$$V_T = h_c\left(B^2 + 2Bh_c\tan\alpha + \frac{4}{3}h_c^2\tan^2\alpha\right) + B^2(h_0 - h_c) \tag{6-21}$$

对于圆形底板，有

$$V_{\mathrm{T}}=\frac{\pi}{4}\left[h_{\mathrm{c}}\left(D^{2}+2Dh_{\mathrm{c}}\tan\alpha+\frac{4}{3}h_{\mathrm{c}}^{2}\tan^{2}\alpha\right)+D^{2}(h_{0}-h_{\mathrm{c}})\right] \tag{6-22}$$

式中 B——方形底板边长；

D——圆形底板直径；

h_0——基础埋深；

α——土的计算上拔角；

h_c——回填土的临界埋深度，查表 6-8。

2. 相邻基础重复部分土的体积计算

当相邻基础同时受上拔力，两柱中间距离 $L<B+2h_0\tan\alpha$ 时，则计算上拔土锥体的体积时，应减去其重叠部分土的体积 ΔV，如图 6-18 所示。

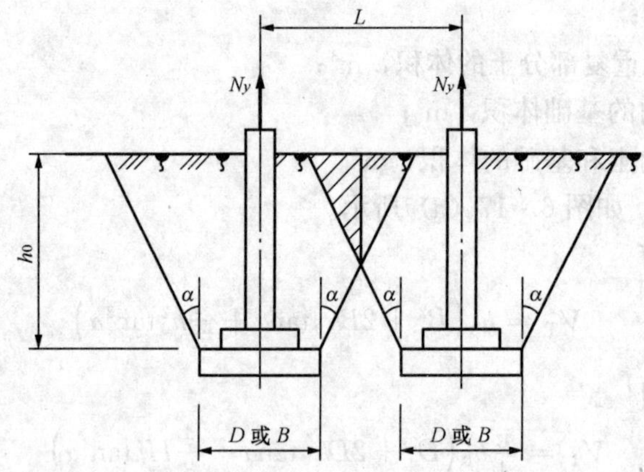

图 6-18 两相邻上拔基础计算简图

ΔV 按下述条件计算。

(1) 正方形底板，当 $L<B+2h_0\tan\alpha$ 时，有

$$\Delta V=\frac{(B+2h_0\tan\alpha-L)^2}{24\tan\alpha}(2B+4h_0\tan\alpha+L) \tag{6-23}$$

(2) 长方形底板，当 $L<b+2h_0\tan\alpha$ 或当 $L<l+2h_0\tan\alpha$ 时，有

$$\Delta V=\frac{(b+2h_0\tan\alpha-L)^2}{24\tan\alpha}(3l+4h_0\tan\alpha+L-b) \tag{6-24}$$

或

$$\Delta V=\frac{(l+2h_0\tan\alpha-L)^2}{24\tan\alpha}(3b+4h_0\tan\alpha+L-l) \tag{6-25}$$

(3) 圆形底板，当 $L<D+2h_0\tan\alpha$ 时，有

$$\Delta V=\frac{(D+2h_0\tan\alpha)^2}{12}\left(\frac{D}{2\tan\alpha}+h_0\right)K_{\mathrm{v}} \tag{6-26}$$

式中 B——正方形底板边长；

b、l——长方形底板的短边和长边；

D——底板直径；

K_v——土重法圆形底板相邻上拔基础影响系数，按表 6-10 查取。

表 6 - 10　　土重法圆形底板相邻上拔基础影响系数 K_v

$l/(D2h_0\tan\alpha)$	1.0	0.9	0.8	0.7	0.6	0.5	0.4	0.3	0.2
K_v	0	0.02	0.05	0.10	0.33	0.35	0.55	0.85	1.0

注　如 $h_0>h_c$ 时，取 $h_0=h_c$。

3. 阶梯基础强度计算

阶梯式基础的台阶段设计成刚性基础，即上拔时基础底部反力对台阶不发生弯矩。在台阶上部的柱子段，假设其周围土壤不起抗弯作用，因此在水平力 x、y 方向作用下任意截面处所产生的弯矩（见图 6 - 17）为

$$M_x=H_xh_1\quad M_y=H_yh_1 \tag{6-27}$$

当柱身截面及配筋量给定时（见图 6 - 19），可根据外力等于内力或外力矩等于内力矩的原理进行验算。

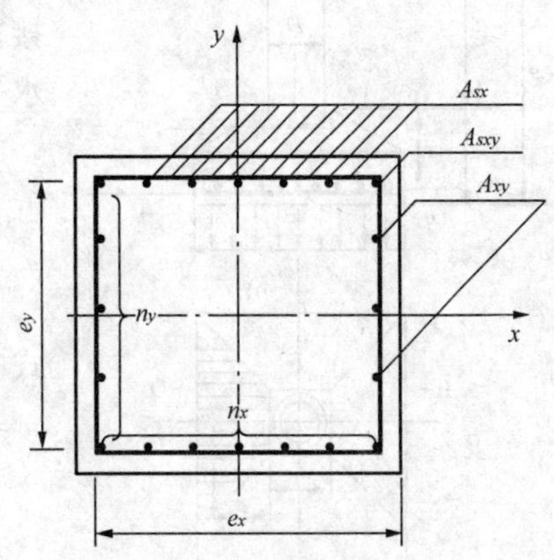

图 6 - 19　柱身配筋图

若外力矩等于内力矩时，抗弯所需单根钢筋截面面积为沿 y 方向，有

$$A_{sMy}=\frac{M_x}{n_ye_xf_y}=\frac{H_xh_1}{n_ye_xf_y} \tag{6-28}$$

沿 x 方向，有

$$A_{sMx}=\frac{M_y}{n_xe_yf_y}=\frac{H_yh_1}{n_xe_yf_y} \tag{6-29}$$

若外力等于内力时，抗上拔力所需单根钢筋截面面积为

$$A_s=\frac{N_y-Q}{nf_y}\approx\frac{N_y}{nf_y} \tag{6-30}$$

由式（6 - 28）～式（6 - 30）可得在上拔力 N_y 与水平力共同作用下的钢筋截面面积。

与 y 轴平行的单根钢筋的总截面面积为

$$A_{sy}=\frac{1}{f_y}\left(\frac{N_y-Q}{n}+\frac{H_xh_1}{n_ye_x}\right) \tag{6-31}$$

与 x 轴平行的单根钢筋的总截面面积为

$$A_{sx}=\frac{1}{f_y}\left(\frac{N_y-Q}{n}+\frac{H_yh_1}{n_xe_y}\right) \tag{6-32}$$

四个角落处的单根钢筋的总截面面积为

$$A_{sxy}=\frac{1}{f_y}\left(\frac{N_y-Q}{n}+\frac{H_xh_1}{n_ye_x}+\frac{H_yh_1}{n_xe_y}\right) \tag{6-33}$$

式中　f_y——钢筋强度设计值；

N_y——基础上拔力；

Q——计算截面以上柱子重力，由于重力小，一般可略去不计；

n——计算截面内钢筋的总根数；

H_x、H_y——作用在 x 方向和 y 方向的水平力；

e_x、e_y——x 方向和 y 方向的布筋范围；

n_x、n_y——x 方向和 y 方向钢筋的根数；

h_1——基础柱子的高度。

第三节 基础的下压计算

输电线路中有些基础是以下压力为主导的，如转角杆塔内角侧基础和带拉线杆塔的基础，但除任何情况不受下压力的拉线基础，杆塔基础均应进行下压稳定及强度计算。

一、底盘计算

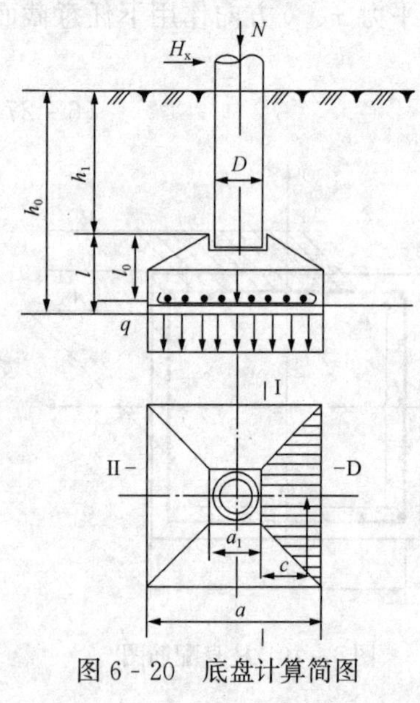

图 6 - 20 底盘计算简图

底盘常作为钢筋混凝土电杆承压基础。如图 6 - 20 所示，由于电杆坐落在预制的底盘上，杆柱与底盘间无连接，在结构上称为“简支”，所以在计算上假设它不承受水平力和弯矩，按轴心受压基础计算。

1. 抗压承载力的计算

(1) 底盘底面压应力为

$$P=\frac{N+\gamma_G G}{A} \tag{6-34}$$

式中 P——基础底面处的平均应力设计值；

N——基础上部结构传至基础的竖向压力设计值；

γ_G——永久荷载分项系数。对基础有利时，宜取 $\gamma_G=1.0$，不利时应取 $\gamma_G=1.2$；

G——基础自重和基础上方土重力；

A——底盘的面积。

(2) 抗压承载力验算。底盘底面的压应力应符合的要求为

$$P\leqslant f_a/\gamma_{rf} \tag{6-35}$$

式中 f_a——修正后的地基承载力特征值，按本章第一节所述计算；

γ_{rf}——地基承载力调整系数，宜取 $\gamma_{rf}=0.75$。

2. 底盘强度计算

基础底部的压应力可看作底盘底面积的匀布荷载，即 $q=\dfrac{N+\gamma_G G}{A}$，截面Ⅰ—Ⅰ的弯矩为

$$M_{\mathrm{I}}=qAe \tag{6-36}$$

$$A=\frac{1}{4}(a^2-a_1^2)$$

式中 A——带阴影线的梯形面积；

$a_1=\sqrt{\dfrac{\pi}{4}D^2}$——梯形短边长，一般和电杆腿直径相近，按电杆直径折算；

e——梯形面积形心点至计算截面Ⅰ—Ⅰ的距离，$e=\dfrac{1}{6}\dfrac{(a-a_1)(2a+a_1)}{a+a_1}$。

将 q、e 代入式 (6 - 36) 得

$$M_{\mathrm{I}}=\frac{q}{24}(a-a_1)^2(2a+a_1)$$

底盘配筋面积仍用卡盘配筋截面面积公式，即

$$A_s=\frac{M}{0.875t_0f_y} \tag{6-37}$$

式中 t_0——底盘的有效高度。

为便于选用和估计材料，将底盘的常用规格列于表 6-11 中。

表 6-11　　底盘的常用规格

规格 $a\times b\times t_1$ (m×m×m)	质量 (kg)	体积 (m^3)	钢筋（Ⅰ级）		容许力 (kN)
			数量	质量 (kg)	
0.6×0.6×0.18	156	0.065	12×ϕ10	6.0	110
0.8×0.8×0.18	277	0.115	16×ϕ10	9.6	120
1.0×1.0×0.21	448	0.187	20×ϕ10	14.0	140
1.2×1.2×0.21	597	0.249	24×ϕ10	17.4	150
1.4×1.4×0.24	904	0.377	28×ϕ10	25.8	180

注 1. 表中容许压力为底盘的强度计算值；
2. 混凝土为 C20 级。

二、阶梯式基础的下压计算

铁塔基础一般做成刚性的混凝土阶梯式基础，每一台阶高度，一般在 300～600mm 之间为宜，如图6-21所示。所谓刚性基础是按照扩大结构的刚性角，增加基础宽度，使阶梯式基础形成正锥形的基础（如图 6-21 上的虚线所示），这样基础抗压强度较大，体积也较小，底板可以不计算配筋，施工方便，但不承受拉力和弯矩。为避免刚性材料被拉裂，设计要求阶梯基础外伸宽度 b' 与基础阶梯总高度 H_1 的比值有一定限度，即

$$\frac{b'}{H_1}\leqslant\left[\frac{b'}{H_1}\right]=\tan\delta \tag{6-38}$$

式中 $\left[\frac{b'}{H_1}\right]$——宽高比容许值，混凝土宽高比容许值为 1∶1.5～1∶1。

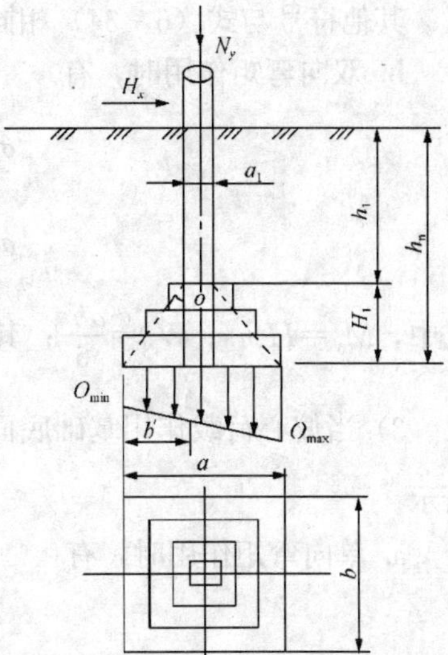

图 6-21　阶梯式下压基础计算简图

确定基础底面宽度的计算式为

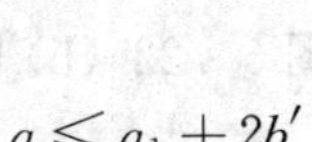

$$a\leqslant a_1+2b'$$

即

$$a\leqslant a_1+2H_1\tan\delta \tag{6-39}$$

式中 b'——阶梯基础外伸宽度；
a——基础底面宽度；
H_1——阶梯总高度；
a_1——柱子的宽度，与铁塔座板尺寸有关；

δ——刚性角，混凝土刚性角为 34°～45°。

1. 抗压承载力验算

（1）基础底面压应力。阶梯基础要承受垂直力（中心压力）和水平力（偏心压力），偏心受压又分为受单向弯矩作用和受双向弯矩作用两种情况。根据作用力的不同，底面压应力的分布有梯形（见图 6 - 21）和三角形［见图 6 - 22（a）］。

1）当轴心荷载作用时，有

$$P=\frac{N+\gamma_G G}{A} \tag{6-40}$$

式中符号与式（6 - 34）相同。

2）当偏心荷载作用基础底面边缘的压应力分布为梯形时$\left(e_x<\frac{a}{6}\right)$。

a. 单向弯矩作用时（见图 6 - 21），基础底面边缘的压应力为梯形，其计算式为

$$\left.\begin{aligned}\sigma_{\max}&=\frac{N+\gamma_G G}{A}+\frac{M_x}{W_x}\\ \sigma_{\min}&=\frac{N+\gamma_G G}{A}-\frac{M_x}{W_x}\end{aligned}\right\} \tag{6-41}$$

式中 M_x——由水平力 H_x 产生的弯矩，$M_x=H_x h_0$；

W_x——抗弯截面模量，$W_x=\frac{ba^2}{6}$。

其他符号与式（6 - 34）相同。

b. 双向弯矩作用时，有

$$\left.\begin{aligned}\sigma_{\max}&=\frac{N+\gamma_G G}{A}+\frac{M_x}{W_x}+\frac{M_y}{W_y}\\ \sigma_{\min}&=\frac{N+\gamma_G G}{A}-\frac{M_x}{W_x}-\frac{M_y}{W_y}\end{aligned}\right\} \tag{6-42}$$

式中，$M_y=H_y h_0$；$W_y=\frac{ab^2}{6}$；其余与式（6 - 41）相同。

3）当偏心荷载作用基础底面边缘的压应力分布为三角形时$\left(e_x>\frac{a}{6}\right)$，如图 6 - 22（a）所示。

a. 单向弯矩作用时，有

$$\sigma_{\max}=\frac{2(N+\gamma_G G)}{Cb} \tag{6-43}$$

式中 C——压应力分布计算宽度［见图 6 - 22（b）］。其中 $C=3\left(\frac{a}{2}-e_x\right)$，$e_x=\frac{M_x}{N+\gamma_G G}$。

b. 双向弯矩作用时，有

$$\sigma_{\max}=0.35\,\frac{(N+\gamma_G G)}{C_x C_y} \tag{6-44}$$

式中 C_x——压应力计算宽度，$C_x=\frac{a}{2}-\frac{M_x}{N+\gamma_G G}$；

C_y——压应力计算宽度，$C_y=\frac{b}{2}-\frac{M_y}{N+\gamma_G G}$。

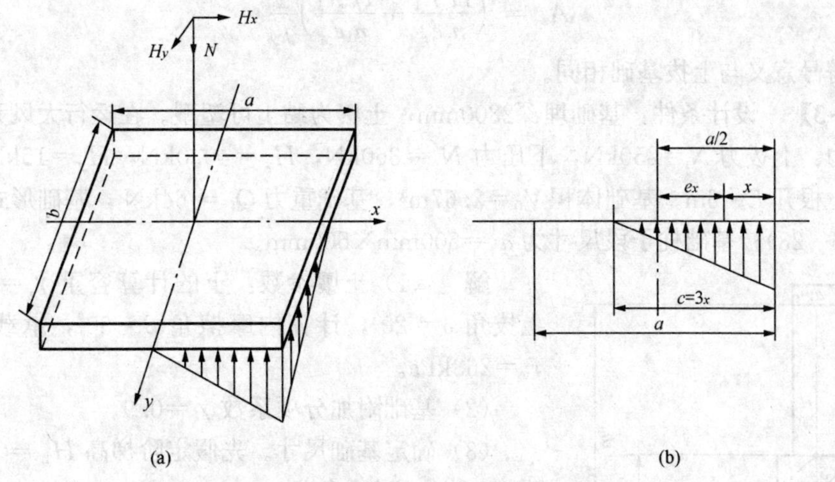

图 6-22 底面边缘的压应力分布为三角形

(a) 应力分布图；(b) 应力分布宽度计算图

工程中设计受压基础时，一般不宜出现压应力呈三角形分布，除非基础底宽受到限制时才采用。基底压应力分布不出现三角形分布的条件是

$$\left.\begin{aligned} a &> 6e_x \\ b &> 6e_y \end{aligned}\right\} \tag{6-45}$$

(2) 抗压承载力验算。

1) 当轴心荷载作用时，有

$$P \leqslant f_a/\gamma_{rf} \tag{6-46}$$

2) 当偏心荷载作用时，有

$$P \leqslant 1.2f_a/\gamma_{rf} \tag{6-47}$$

式中 P——基础底面压应力，取式（6-41）～式（6-44）中的大者；

f_a——修正后的地基承载力特征值，按本章第一节所述计算；

γ_{rf}——地基承载力调整系数，宜取 $\gamma_{rf}=0.75$。

2. 基础强度的计算

阶梯式基础已将它考虑为刚性基础，在阶梯 H_1 段不需配筋，只对柱身段 h_1 按水平力产生的弯曲进行配筋，柱身配筋与上拔相同，只是上拔时柱身受拉而此时则受压，不过，因柱身截面较大，混凝土型号不低于 C15 级，压应力均能满足强度要求，因此可不考虑受压的强度问题，只接受弯构件计算配筋。

(1) 当有横向水平力 H_x 作用时，与 y 轴平行的单根钢筋截面面积为

$$A_{sy} = \frac{H_x h_1}{n_y e_x}\frac{1}{f_y}$$

(2) 当有纵向水平力 H_y 作用时，与 x 轴平行的单根钢筋截面面积为

$$A_{sx} = \frac{H_y h_1}{n_x e_y}\frac{1}{f_y}$$

(3) 当有 H_x 与 H_y 同时作用时，四个角落处单根钢筋截面面积为

$$A_{sy}=\left(\frac{H_xh_1}{n_ye_x}+\frac{H_yh_1}{n_xe_y}\right)\frac{1}{f_y}$$

式中符号意义与上拔基础相同。

【例 6-3】 设计条件：基础埋深2800mm，土壤为黏土可塑型。在运行大风无冰情况下基础作用力：上拔力 $N=250\text{kN}$，下压力 $N'=360\text{kN}$，$H_x=40.0\text{kN}$，$H_y=15\text{kN}$。适用直线型铁塔，根开 $L=6\text{m}$。基础体积 $V_0=2.67\text{m}^3$，基础重力 $Q_f=64\text{kN}$，基础形式为阶梯基础（见图 6-23），基础柱子段尺寸为 $a_1=500\text{mm}\times500\text{mm}$。

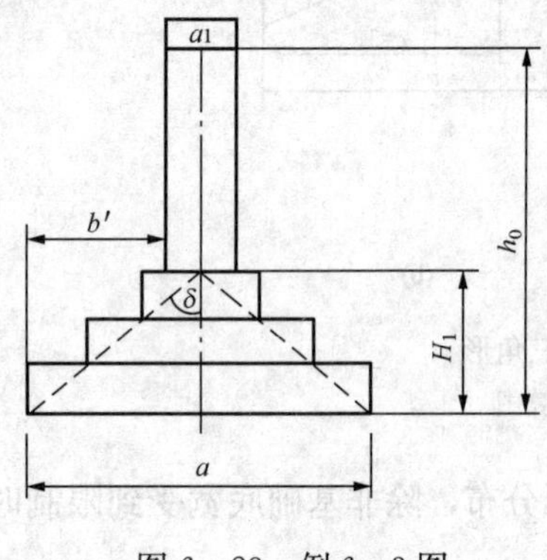

图 6-23 例 6-3 图

解 （1）土壤参数：土的计算容重 $\gamma_s=16\text{kN/m}^3$，上拔角 $\alpha=20°$，计算内摩擦角 $\beta=30°$，承载力特征值 $f_a=263\text{kPa}$。

（2）基础附加分项系数 $\gamma_f=0.9$。

（3）确定基础尺寸。先假定阶梯高 $H_1=300\times3=900(\text{mm})$，刚性角 $\delta=40°$，$1:1.5<\tan\delta=\tan40°=\dfrac{b'}{H_1}<1:1$，则有

$$b'=H_1\tan40°=900\tan40°=755(\text{mm})$$

$$B=500+2\times755=2010(\text{mm})$$

基础埋深 $h_0=2\,800\text{mm}$。

（4）上拔稳定验算。

查表 6-10 得

$L=6000>B+2h_0\tan\alpha=2010+2\times2010\tan20°=3473$（mm），不计相邻基础重复部分土的体积。

土壤条件为黏土可塑，查表 6-8 得 $h_c=2B$。

$h_0=2800<h_c=2B=2\times2010=4020$，按式（6-19）计算上拔土的体积为

$$V_T=h_0\left(B^2+2Bh_0\tan\alpha+\frac{4}{3}h_0^2\tan^2\alpha\right)$$

$$=2.8\times\left(2.010^2+2\times2.010\times2.8\tan20°+\frac{4}{3}\times2.8^2\tan^2 20°\right)$$

$$=26.661(\text{m}^3)$$

基础体积 $V_0=2.67\text{m}^3$，基础重力 $Q_f=64\text{kN}$，则

$$\gamma_fN_y\leqslant\gamma_E\gamma_{\delta1}(V_T-\Delta V-V_0)\gamma_s+Q_f$$

$$0.9\times250=225\leqslant1.0\times0.8\times(26.661-2.67)\times16+64=371.08(\text{kN})$$

上拔稳定合格。

（5）承载力计算。

基础上方土重和基础重力 $G=(2.01^2\times2.8-2.67)\times16+64=202.3(\text{kN})$，则有

$$M_x=H_xh_0=40\times2.8=112(\text{kN}\cdot\text{m})$$

$$e_x=\frac{M_x}{N+\gamma_GG}=\frac{112}{460+1.2\times202.3}=0.159(\text{m})<a/6=0.335(\text{m})$$

压力为梯形分布，则

$$P=\frac{N+\gamma_GG}{A}+\frac{M_x}{W_x}+\frac{M_y}{W_y}$$

$$= \frac{460 + 1.2 \times 202.3}{2.01 \times 2.01} + \frac{40 \times 2.8}{\frac{2.8^3}{6}} + \frac{15 \times 2.8}{\frac{2.8^3}{6}} = 181(\text{kPa})$$

地基承载力设计值 f_a 为

$$f_a = f_{ak} + \eta_b \gamma (b-3) + \eta_d \gamma_s (h_0 - 0.5) = 263 + 0 + 1.0 \times 16 \times (2.8 - 0.5) = 299.8(\text{kPa})$$

$$P = 181 \leqslant 1.2 f_a / \gamma_{rf} = 1.2 \times 299.8 / 0.75 = 479.68(\text{kPa})$$

安全。

第四节 倾覆类基础的计算

一、电杆倾覆基础的计算

电杆倾覆基础的作用是保证电杆在水平荷载作用下不倾覆。抵抗倾覆保持电杆稳定有三种方法：

(1) 无卡盘，只靠电杆埋入地下部分的被动土压力，如图 6 - 24 (a) 所示；

(2) 除电杆埋入地下部分的被动土压力外，在地面以下 1/3 埋深处加上卡盘，如图 6 - 24 (b) 所示；

(3) 除加上卡盘外，另加下卡盘，如图 6 - 24 (c) 所示。

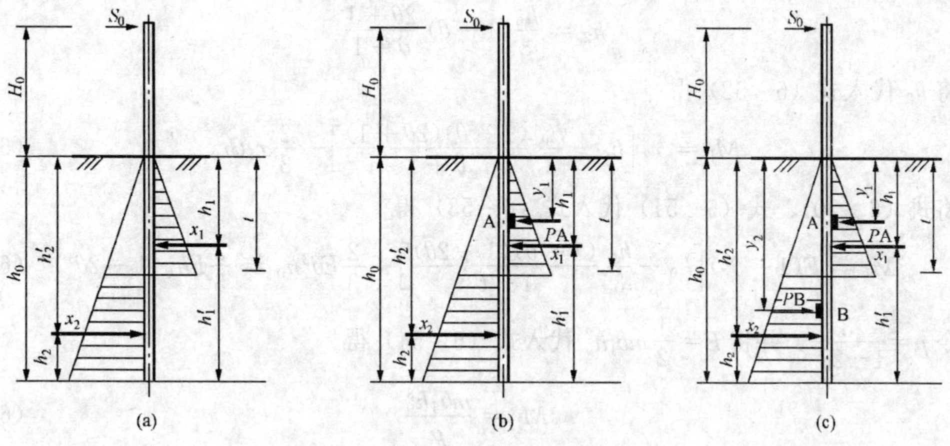

图 6 - 24 电杆基础倾覆稳定计算简图

(a) 无卡盘；(b) 带上卡盘；(c) 带上、下卡盘

1. 不带卡盘倾覆基础的稳定计算

不带卡盘倾覆基础计算简图如图 6 - 24 (a) 所示，无拉线单杆直线电杆在水平力作用下保持稳定的条件为

$$S_J \geqslant \gamma_f S_0 \tag{6-48}$$

$$M_J \geqslant \gamma_f H_0 S_0 \tag{6-49}$$

式中 S_J——基础的极限倾覆力，kN；

M_J——基础的极限倾覆力矩，kN·m；

S_0——杆塔水平作用力设计值总和，kN；

H_0——S_0 作用点至设计地面处的距离，m；

γ_f——基础附加分项系数，按表 6 - 4 查取。

基础的极限倾覆力矩可由土力学知识导出（参见图 6 - 24）。

被动土抗力 $\sigma_t = mt$、$\sigma_h = mh_0$，则有

$$x_1 = \frac{1}{2}\sigma_t b_J t = \frac{1}{2} m b_J t_2$$

$$x_1 + x_2 = \frac{1}{2}\sigma_h b_J h_0 = \frac{1}{2} m b_J h_0^2$$

令 $E = x_1 + x_2 = \frac{1}{2} m b_J h_0^2$，$\frac{t}{h_0} = \theta$，$t = \theta h_0$，则有

$$x_1 = \frac{1}{2} m b_J h_0^2 \theta^2 = E\theta^2 \tag{6 - 50}$$

$$x_2 = E - x_1 = E - E\theta^2 = E(1-\theta^2) \tag{6 - 51}$$

被动土极限倾覆力矩为

$$M_J = x_2(h_0 - h_2) - \frac{2}{3}x_1 t \tag{6 - 52}$$

由于 $\sigma_t = mt$，$\sigma_h = mh_0$，$t = \theta h_0$，便得

$$h_2 = \frac{h_0 - t}{3} \times \frac{2\sigma_t + \sigma_h}{\sigma_t + \sigma_h}$$

$$h_2 = \frac{h_0}{3}(1-\theta)\frac{2\theta+1}{\theta+1}$$

将 h_2 代入式（6 - 52）得

$$M_J = x_2\left[h_0 - \frac{h_0}{3}\frac{(1-\theta)(2\theta+1)}{\theta+1}\right] - \frac{2}{3}x_1\theta h_0 \tag{6 - 53}$$

将式（6 - 50）、式（6 - 51）代入式（6 - 53）得

$$M_J = E(1-\theta^2)\left[h_0 - \frac{h_0}{3}\frac{(1-\theta)(1+2\theta)}{1+\theta}\right] - \frac{2}{3}E\theta^3 h_0 = \frac{2}{3}Eh_0(1-2\theta^3) \tag{6 - 54}$$

令 $\mu = \frac{3}{1-2\theta^3}$，并将 $E = \frac{1}{2} m b_J h_0^2$ 代入式（6 - 54）得

$$M_J = \frac{m b_J h_0^3}{\mu} \tag{6 - 55}$$

令 $\frac{H_0}{h_0} = \eta$ 或 $\frac{h_0}{H_0} = \frac{1}{\eta}$，可得极限抗倾覆力为

$$S_J = \frac{M_J}{H_0} = \frac{m b_J h_0^3}{\mu H_0} = \frac{m b_J h_0^2}{\mu\eta} \tag{6 - 56}$$

式中 m——土压力系数，kN/m³，按表 6 - 1 取值；

b_J——基础的计算宽度。

b_J 的计算方法如下：

（1）单柱电杆基础的计算宽度为

$$b_J = K_0 b_0$$

$$K_0 = 1 + \frac{2}{3}\xi\tan\beta\cos\left(45° + \frac{\beta}{2}\right)\frac{h_0}{b_0} \tag{6 - 57}$$

式中 b_0——基础的实际宽度，对电杆 b_0 等于电杆直径 D；

K_0——基础宽度增大系数，可计算求得，也可从表 6 - 12 中查取；

ξ——土壤侧压力系数，黏土取 0.72，亚黏土或亚砂土取 0.6，砂土取 0.38。

表 6 - 12　　基础宽度增大系数 K_0 值

β		15°	30°	30°	35°		
土　名		黏土、粉质黏土、粉土		粉砂、细砂	黏土	粉质黏土、粉土	粗砂、中砂
h_t/b	11	1.72	2.28	1.81	2.71	2.41	1.90
	10	1.65	2.16	1.73	2.56	2.28	1.82
	9	1.59	2.05	1.66	2.40	2.15	1.74
	8	1.52	1.93	1.58	2.23	2.02	1.66
	7	1.46	1.81	1.51	2.08	1.90	1.57
	6	1.39	1.70	1.44	1.93	1.77	1.49
	5	1.33	1.58	1.37	1.78	1.63	1.41
	4	1.26	1.46	1.29	1.62	1.51	1.33
	3	1.20	1.35	1.22	1.46	1.38	1.25
	2	1.13	1.23	1.15	1.31	1.25	1.16
	1	1.07	1.12	1.08	1.15	1.13	1.08
	0.8	1.05	1.09	1.06	1.12	1.10	1.07
	0.6	1.04	1.07	1.05	1.09	1.08	1.05

(2) 双柱电杆。如图 6 - 25 所示，当双柱电杆中心距 $L\leqslant 2.5b_0$ 时，基础计算宽度为

$$b_J=(b_0+L\cos\beta)K_0 \tag{6 - 58}$$

$$b_J=2b_0K_0 \tag{6 - 59}$$

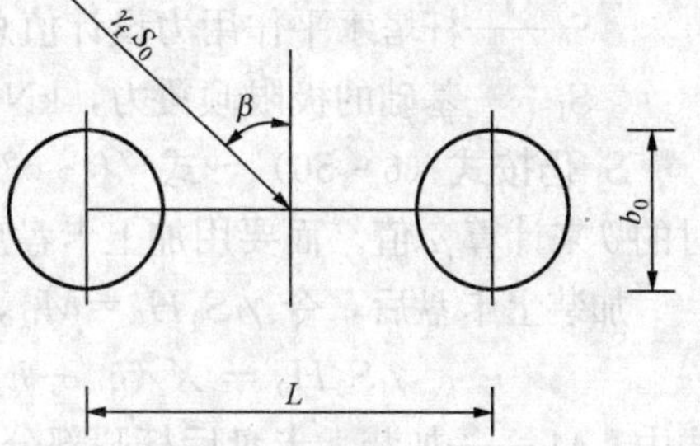

图 6 - 25　双柱电杆基础计算简图

取上两式中较小者。从式（6 - 56）可以看出，求得 μ 便可计算 S_J，而 $\mu=\dfrac{3}{1-2\theta^3}$。

下面导出 θ 的求解方法：

取力的平衡式 $\sum x=0$，即

$$\gamma_f S_0-S_J=0$$

而极限抗倾覆力 S_J 应等于被动土抗力之和，即

$$S_J=x_1-x_2=E\theta^2-E(1-\theta^2)=E(2\theta^2-1) \tag{6 - 60}$$

由式（6 - 54）和式（6 - 56）又可得

$$S_J=\frac{M_J}{H_0}=\frac{2}{3H_0}Eh_0(1-2\theta^3) \tag{6 - 61}$$

根据式（6 - 60）和式（6 - 61）可得出计算 θ 的三次方程式，即

$$\theta^3+\frac{3}{2}\eta\theta^2-\frac{3}{4}\eta-\frac{1}{2}=0 \tag{6 - 62}$$

η、θ、μ 已制成表格（见表 6 - 13），以便查用。

表 6 - 13 **η、θ及μ值**

η	θ	μ	$\eta\mu$	η	θ	μ	$\eta\mu$
0.10	0.784	82.9	8.3	5.00	0.720	11.8	59.1
0.25	0.774	41.3	10.4	6.00	0.718	11.6	69.0
0.50	0.761	25.3	12.7	7.00	0.716	11.3	79.0
1.00	0.746	17.7	17.7	8.00	0.715	11.2	89.2
2.00	0.732	14.1	28.1	9.00	0.714	11.0	99.3
3.00	0.725	12.6	37.8	10.00	0.713	11.0	109.1
4.00	0.722	13.1	48.5	—	—	—	—

2. 带上卡盘倾覆基础的稳定计算

加上卡盘的条件为 $\gamma_f S_0 > S_J$ 应加卡盘。

（1）上卡盘抗倾覆力的计算。设上卡盘抗倾覆力为 P_k，加装上卡盘前，有

$$\gamma_f S_0 > S_J$$

加装上卡盘后，令 $\gamma_f S_0 = S_{J1}$（S_{J1} 为加上卡盘后的综合抗倾力），取 $\sum x = 0$，即 $\gamma_f S_0 + x_2 - x_1 - P_k = 0$，$x_1 = E\theta^2$，$x_2 = E(1-\theta^2)$，于是有

$$\gamma_f S_0 = x_1 - x_2 + P_k = E\theta^2 - E(1-\theta^2) + A = S_J + P_k$$

因为 $\gamma_f S_0 = S_{J1} = S_J = P_k$，所以上卡盘抗倾覆力为

$$P_k = \gamma_f S_0 - S_J$$

式中 γ_f——基础附加分项系数，按表 6 - 4 查取；

S_0——杆塔水平作用力设计值总和，kN；

S_J——基础的极限倾覆力，kN。

S_J 仍按式（6 - 56）～式（6 - 62）计算，但加上卡盘后 S_J 将变小，因此不能用无卡盘时的 θ 来计算 μ 值，而要用加上卡盘后的计算公式算出的 θ 值来计算 μ。

加装上卡盘后，令 $\gamma_f S_0 H_0 = M_{J1}$，（$M_{J1}$ 为加装上卡盘后的总抗倾覆力矩），即

$$\gamma_f S_0 H_0 = X_2(h_0 - h_2) - X_1(h_0 - h_1') - P_k y_1 = M_J - P_k y_1 \tag{6 - 63}$$

式中 M_J——加装上卡盘后杆腿部分土壤的抗倾覆力矩，仍用式（6 - 54）计算，但应按加装上卡盘后的计算公式计算出的 θ 值计算 μ 值；

P_k——上卡盘抗倾覆力；

y_1——上卡盘抗倾覆力作用点至地面的距离。

从图 6 - 24（b）中可以看出：

$$h_1 = h_0 - h_1' = \frac{2}{3}t$$

由于 $t = h_0\theta$，所以得

$$h_1 = \frac{2}{3}h_0\theta \tag{6 - 64}$$

$$h_2 = \frac{h_0 - t}{3} \times \frac{2\sigma_t + \sigma_h}{\sigma_t + \sigma_h}$$

由于 $\sigma_t = mt = mh_0\theta$，$\sigma_h = mh_0$，所以得

$$h_2 = \frac{h_0(1-\theta)(1+2\theta)}{3(1+\theta)} \tag{6-65}$$

$$P_k = \gamma_f S_0 - S_J = \gamma_f S_0 - (X_1 - X_2) = \gamma_f S_0 - E\theta^2 + E(1-\theta^2) \tag{6-66}$$

将式（6－64）～式（6－66）、$E=\frac{1}{2}mb_J h_0^2$ 代入式（6－63），并经整理得

$$2\theta^3 - \frac{3y_1}{h_0}\theta^2 + \frac{3y_1}{2h_0} - 1 + \frac{3\gamma_f S_0}{mb_J h_0^2}\left(\frac{y_1}{h_0} + \eta\right) = 0 \tag{6-67}$$

一般上卡盘加在埋深 1/3 处，将 $y_1 = h_0/3$ 代入式（6－67），整理得

$$\frac{\gamma_f S_0(1+3\eta)}{mb_J h_0^2} = -2\theta^3 + \theta^2 + \frac{1}{2}$$

令 $F = \frac{\gamma_f S_0(1+3\eta)}{mb_J h_0^2} = -2\theta^3 + \theta^2 + \frac{1}{2}$，计算并将 F_1 与 θ 的值列于表 6－14 中，以备查用。

表 6－14　　F_1 和 θ 值

θ	F_1	θ	F_1	θ	F_1	θ	F_1
0.600	0.428	0.660	0.360	0.714	0.282	0.740	0.237
0.610	0.418	0.670	0.347	0.716	0.279	0.750	0.219
0.620	0.408	0.680	0.334	0.718	0.275	0.760	0.200
0.630	0.397	0.690	0.319	0.720	0.272	0.770	0.180
0.640	0.385	0.707	0.293	0.725	0.263	0.780	0.159
0.650	0.373	0.712	0.285	0.730	0.255	—	—

（2）卡盘长度的计算。取上卡盘为一隔离体（见图 6－26），作用在隔离体上的力如下：

被动土抗力为

$$x_2 = my_1 l_1 b$$

顶面土压力为

$$N_1 = \gamma\left(y_1 - \frac{b}{2}\right)hl_1$$

顶面摩擦力为

$$f_1 = N_1 f = N_1 \tan\beta$$

底面土压力为

$$N_2 = \gamma\left(y_1 + \frac{b}{2}\right)hl_1$$

底面摩擦力为

$$f_2 = N_2 f = N_2 \tan\beta$$

$\Sigma x=0$，所以上卡盘的抗倾覆力为

$$P_k = x_2 + f_1 + f_2 = my_1 l_1 b + \gamma\left(y_1 - \frac{b}{2}\right)hl_1 \tan\beta + \gamma\left(y_1 + \frac{b}{2}\right)hl_1 \tan\beta$$

为了计算简化，一般取$\left(y_1 - \frac{b}{2}\right)$及$\left(y_1 + \frac{b}{2}\right) = y_1$，经整理得

$$P_k = l_1 y_1 (mb + 2\gamma h \tan\beta)$$

$$l_1=\frac{P_k}{y_1(mb+2\gamma h\tan\beta)} \tag{6-68}$$

式中 P_k——上卡盘抗倾覆力；

l_1——上卡盘计算长度；

m——被动土压系数；

b——卡盘的垂直高度；

h——卡盘的水平宽度；

y_1——上卡盘抗倾覆力作用点至地面的距离；

f——地基土与基础面的摩擦系数，$f=\tan\beta$；

γ——基础底面计算容重，kN/mm^3。

上卡盘的实际长度 l 应为计算长度 l_1 加上卡盘位置处的电杆直径 D，即 $l=l_1=D$。

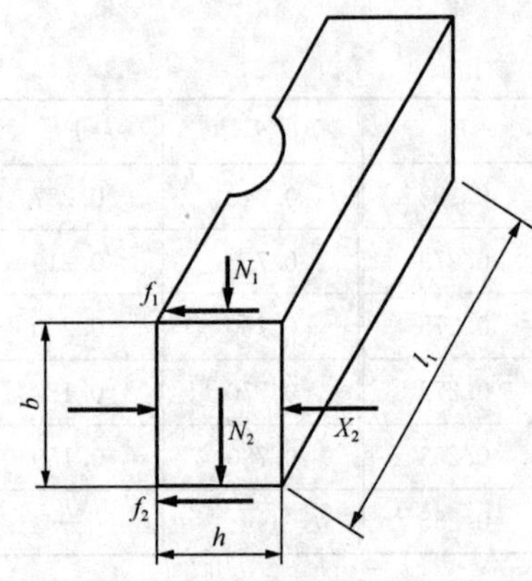

图 6-26　上卡盘受力分析图

(3) 带上、下卡盘倾覆基础的稳定计算。当电杆受总的水平荷载过大，致使加装的上卡盘长度较大，卡盘结构不合理时，可加装下卡盘。此时的设计原则是：设基础总的水平荷载为 $\gamma_f S_0$，基础的极限倾覆力为 P_J，$\gamma_f S_0$ 与 P_J 之差部分由上、下卡盘共同承担。上、下卡盘抗倾覆力的计算如图 6-24 (c) 所示。

取 $\sum M_B=0$，得

$$P_A=\frac{(\gamma_f S_0-P_J)(H_0+y_2)}{y_2-y_1}$$

取 $\sum M_A=0$，得

$$P_B=\frac{(\gamma_f S_0-P_J)(H_0+y_1)}{y_2-y_1}$$

式中 P_A——上卡盘抗倾覆力；

P_B——下卡盘抗倾覆力；

P_J——基础的极限倾覆力。

上、下卡盘的计算长度为

$$l_1=\frac{P_A}{y_1(mb+2\gamma h\tan\beta)} \tag{6-69}$$

$$l_2=\frac{P_B}{y_2(mb+2\gamma h\tan\beta)} \tag{6-70}$$

式中 b——上、下卡盘的垂直高度；

h——上、下卡盘的水平宽度。

(4) 卡盘的强度计算。卡盘内力计算简图如图 6-27 所示，卡盘承受匀布荷载 $q=\frac{P_A}{l-D}$ 或 $q=\frac{P_B}{l-D}$。卡盘一般为矩形截面对称配筋的受弯构件。

卡盘的剪力为

$$V=\frac{P_A}{2} \text{ 或 } V=\frac{P_B}{2}$$

卡盘所受弯矩为

$$M = ql_0 \frac{l_0 + D}{2} = \frac{q(l^2 - D^2)}{8} \quad (6-71)$$

式中 M——设计弯矩；

l——卡盘实际长度；

D——卡盘位置处电杆的直径。

卡盘钢筋截面面积为

$$A_s = \frac{M}{0.875 h_0 f_y} \quad (6-72)$$

式中 h_0——卡盘有效高度；

f_y——钢筋强度设计值；

0.875——根据经验确定的内力臂系数。

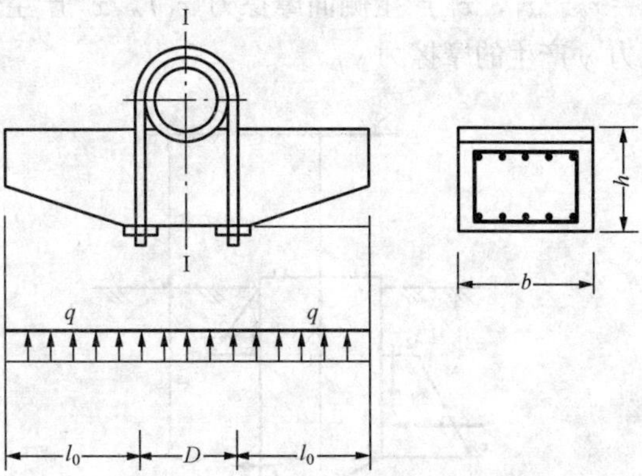

图 6-27 卡盘内力计算简图

当设计剪力 $V \leqslant 0.07 f_c b h_0$ 时，按基础构造要求配置箍筋；否则，配置箍筋的计算式为

$$\frac{nA_{sv1}}{S} \geqslant \frac{V - 0.07 f_c b h_0}{1.5 f_{yv} h_0} \quad (6-73)$$

式中 n——在同一截面内箍筋的肢数；

A_{sv1}——单肢箍筋的截面面积；

S——沿卡盘长度方向上箍筋的间距；

V——设计剪力；

f_c——混凝土抗压强度设计值；

f_{yv}——箍筋抗拉强度设计值。

为了对卡盘的选用和材料的估算，将常用的卡盘规格列于表 6-15 中。

表 6-15 钢筋混凝土卡盘的常用规格

规格 $L\times b\times h$（m×m×m）	质量（kg）	体积（m^3）	钢筋（Ⅰ级）		容许力（kN）
			数量	质量（kg）	
0.8×0.3×0.2	115	0.048	6×ϕ12	4.2	52
1.0×0.3×0.2	144	0.060	6×ϕ14	7.5	65
1.2×0.3×0.2	173	0.072	6×ϕ14	8.8	54
1.4×0.3×0.2	202	0.084	6×ϕ18	17.3	67
1.6×0.3×0.2	231	0.096	6×ϕ18	18.2	59
1.8×0.3×0.2	259	0.108	6×ϕ18	22.3	52

注 1. 表中容许力为卡盘的强度恒；

2. 混凝土强度等级为 C20。

二、窄基铁塔基础的倾覆稳定计算

图 6-28 所示为窄基铁塔基础倾覆稳定计算简图。窄基铁塔基础为整体式基础，并分为无阶梯型和有一个阶梯型的两种。应用条件必须满足分层夯实（每回填 300mm，夯实为 200mm），且基础的埋深与宽度之比大于 3。

（1）无阶梯型倾覆基础。如图 6-28（a）所示，作用在基础上的力有：极限抗倾覆力

$S_J = x_2 - x_1$，x_1 产生侧面摩擦力 $x_1 f$，x_2 产生侧面摩擦力 $x_2 f$，地面垂直反力 y，地面垂直反力 y 产生的摩擦力 y_f。

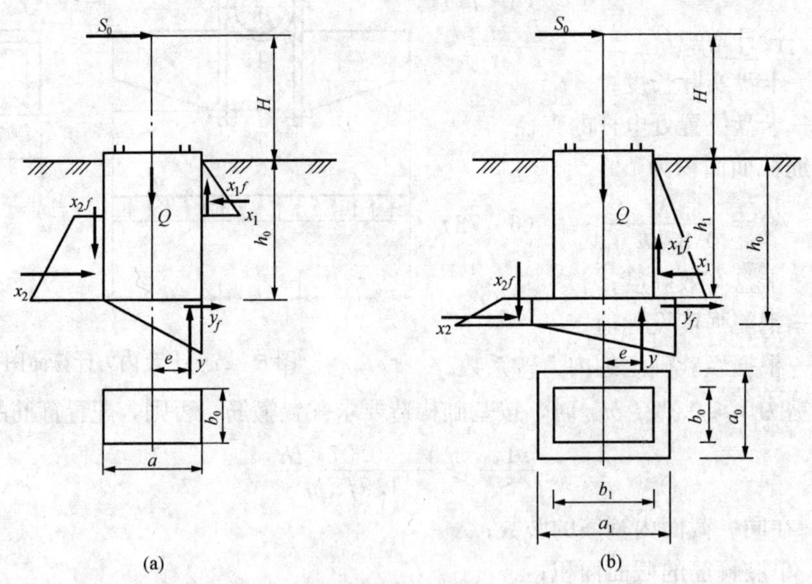

图 6-28　窄基铁塔基础倾覆稳定计算简图

(a) 无阶梯型倾覆基础；(b) 有一个阶梯型倾覆基础

由基础受力平衡方程式 $\sum x=0$，$\sum y=0$，得

$$yf + x_2 - x_1 + \gamma_f S_0 = 0$$
$$y - x_2 f + x_1 f - Q = 0$$

两式联立求解得

$$y = \frac{Q - \gamma_f S_0 f}{1 + f^2} \leqslant 0.8ab_0 f_a \text{ 且 } y > 0 \tag{6-74}$$

当基础的埋深和截面尺寸确定后，无阶梯型倾覆基础极限倾覆力矩应满足的条件为

$$M_J + ye + yfh_0 + \frac{a}{2}x_1 f + \frac{a}{2}x_2 f \geqslant \gamma_f S_0 H_0$$

$$\frac{2}{3}Eh_0(1 - 2\theta^3) + ye + yfh_0 + \frac{a}{2}x_1 f + \frac{a}{2}x_2 f \geqslant \gamma_f S_0 H_0$$

整理得

$$\frac{2}{3}Eh_0(1 - 2\theta^3) + y(e + fh_0) + \frac{a}{2}fE \geqslant \gamma_f S_0 H_0 \tag{6-75}$$

$$E = \frac{1}{2}mb_J h_0^2$$

$$\theta^2 = \frac{\gamma_f S_0 + Qf}{2E(1 + f^2)} + \frac{1}{2} < 1$$

$$b_J = K_0 b_0$$

式中　E——被动土抗力总和；

e——地基垂直反力 y 的偏心距，可近似取 $e=0.4a$，m；

f——被动土摩擦系数；

Q——杆塔和基础的全部重力，kN；

b_J——基础受力面的计算宽度；

K_0——基础宽度增大系数；

b_0——基础受力面的实际宽度。

（2）有一个阶梯型倾覆基础。图 6－28（b）所示为有一个阶梯型倾覆基础倾覆稳定计算简图。

由基础受力平衡方程式$\sum x=0$，$\sum y=0$，得

$$y=\frac{Q+G-\gamma_f S_0 f}{1+f^2}\leqslant 0.8a_1 a_0 f_a \text{ 且 } y>0 \quad (6-76)$$

式中 y——地基垂直反力，$y=\frac{Q+G-\gamma_f S_0 f}{1+f^2}>0$；

G——阶梯正上方土的重力，kN；

Q——杆塔和基础的全部重力，kN；

f——被动土摩擦系数；

γ_f——基础附加分项系数，按表 6－4 查取；

a_0——基础侧面的实际宽度，m；

f_a——修正后的地基承载力特征值。

当基础埋深和阶梯截面尺寸确定后，其极限倾覆力矩应满足的条件为

$$\frac{mh_0^3}{3}[a-\theta^3(b+a)]+y(e+fh_0)+\frac{E}{2}\left[(1-\theta^2)fa_1+\theta^2 f\frac{bb_1}{a}\right]\geqslant\gamma_f S_0 H_0 \quad (6-77)$$

$$\theta^2=\frac{[\gamma_f S_0+(Q+G)f]a}{(1+f^2)(a+b)E}+\frac{a}{a+b}<1$$

$$a=\frac{K_0 h_0^2-K'_0 h_1^2}{h_0^2-h_1^2}a_0$$

式中 a——基础底板侧面的计算宽度，m；

$b=K_0 b_0$——基础柱子受力面的计算宽度，m；

K_0、K'_0——按 h_0/a_0、h_1/a_0 的值确定基础宽度增大系数，按式（6－57）计算求得或查表 6－11。

【例 6－4】 试对某输电线路无拉线单杆直线电杆基础进行倾覆稳定验算。已知土壤为中砂土，其容重 $\gamma_s=17\text{kN/m}^3$，计算内摩擦角 $\beta=35°$，土压力参数 $m=63\text{kN/m}^3$。大风情况下，水平荷载的合力 $S_0=6.5\text{kN}$，其合力作用点高度 $H_0=6.6\text{m}$，电杆埋深 $h_0=2.2\text{m}$，电杆腿部外径 $D=0.3\text{m}$。

解 （1）抗倾覆稳定验算。

1）基础的计算宽度 b_J 为

$$\frac{h_0}{b_0}=\frac{2.2}{0.3}=7.33$$

$$K_0=1+\frac{2}{3}\xi\tan\beta\cos\left(45°+\frac{\beta}{2}\right)\frac{h_0}{b_0}=1+\frac{2}{3}\times 0.38\times\tan 35°\cos\left(45°+\frac{35°}{2}\right)\times 7.33=1.60$$

$$b_J=K_0 b_0=1.60\times 0.3=0.48(\text{m})$$

2）计算 μ。由于 $\eta=\frac{H_0}{h_0}=\frac{6.6}{2.2}=3$，查表 6－12 得 $\mu=12.6$，则有

$$M_J=\frac{mb_Jh_0^3}{\mu}=\frac{63\times0.48\times2.2^3}{12.6}=25.56(\mathrm{kN\cdot m})$$

3）抗倾覆稳定验算。查表 6 - 4 得基础附加分项系数 $\gamma_f=1.1$，则有

$$\gamma_fH_0S_0=1.1\times6.6\times6.5=47.19(\mathrm{kN\cdot m})>M_J=25.56(\mathrm{kN\cdot m})$$

需要加卡盘。

（2）加上卡盘后的抗倾覆稳定验算。

1）设卡盘位置 $y_1=\frac{h_0}{3}=\frac{2.2}{3}=0.73(\mathrm{m})$，并选择卡盘截面为 $b\times h=0.3\times0.2$。

2）求 θ。由于有

$$F=\frac{\gamma_fS_0(1+3\eta)}{mb_Jh_0^2}=\frac{1.1\times6.5(1+3\times3)}{63\times0.048\times2.2^2}=0.342$$

查表 6 - 13 得 $\theta=0.67$。

3）计算 E。其计算式为

$$E=\frac{1}{2}mb_Jh_0^2=\frac{1}{2}\times63\times0.48\times2.2^2=73.2(\mathrm{kN})$$

4）计算基础的极限倾覆力为

$$S_J=x_1-x_2=E\theta^2-E(1-\theta^2)=E(2\theta^2-1)=73.2(2\times0.67^2-1)=-15.09(\mathrm{kN})$$

5）计算上卡盘的抗倾覆力 P_k 为

$$P_k=\gamma_fS_0-S_J=1.1\times6.5-15.09=-8(\mathrm{kN})$$

6）计算卡盘长度。卡盘的截面尺寸为 $b\times h=0.3\times0.2$，则有

$$l_1=\frac{P_k}{y_1(mb+2\gamma h\tan\beta)}=\frac{8}{0.73(63\times0.3+2\times17\times0.2\tan35^\circ)}=0.49(\mathrm{m})$$

7）卡盘实际长度为

$$L=l_1+D=0.49+0.3=0.79(\mathrm{m})$$

选择上卡盘规格为 1.0×0.3×0.2。

复 习 与 思 考 题

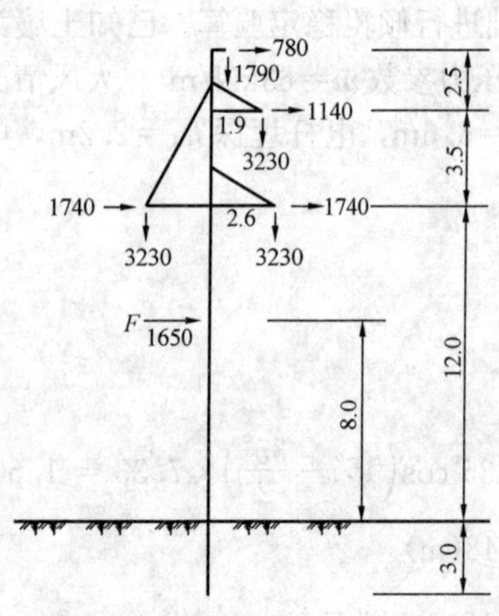

图 6 - 29 题 4 图

1. 杆塔基础分哪几类？

2. 土的力学特性参数有哪些？土的主动侧压力与被动侧压力有何区别？

3. 倾覆类基础的抗覆力矩是如何形成的？写出无拉线单杆不带卡盘时的抗倾覆稳定条件的两种表达式。

4. 某电杆梢径 ϕ270mm，正常大风时荷载如图 6 - 29所示，假设土壤为细砂，无地下水，试进行倾覆稳定计算。图中 F 为杆身风压总荷载及作用点。荷载单位为 N，长度单位为 m。

5. 下压基础的稳定应满足什么要求？

6. 铁塔的分开式基础属何类型基础？如何确定作用于基础的垂直力和水平力？

7. 在基础上拔稳定计算中，临界深度 h_c 的意义是什么？

8. 某 110kV 线路 ϕ300mm 等径拉线杆，杆高 21m，荷载值如题 4 值，且横担重力为 2kN，电杆每米重力 $g_0=1.1$kN/m，拉线张力 $T=12.16$kN，拉线与地面夹角 $\delta=60°$，拉线盘埋深为 2.0m，底盘埋深为 1.0m，土为细砂、无地下水。试选拉线盘和底盘的尺寸，并进行稳定校验。

第七章　输电线路路径选择和杆塔定位

第一节　输电线路的路径选择

输电线路路径选择的目的，就是要在线路起讫点间选出一个全面符合国家建设的各项方针政策的线路路径。因此，选线人员在选择线路路径时，应遵照各项方针政策。对运行安全、经济合理、施工方便等因素进行全面考虑，综合比较。

选线工作，一般按设计阶段分两步进行，即初勘选线和终勘选线。

一、线路路径选择的原则

（1）路径选择宜采用卫片、航片、全数字摄影测量系统和红外测量等新技术；在地质条件复杂地区，必要时采用地质遥感技术；综合考虑线路长度、地形地貌、地质、冰区、交通、施工、运行及地方规划等因素，进行多方案技术经济比较，使路径走向安全可靠、环境良好、经济合理。

（2）路径选择应避开军事设施、大型工矿企业及重要设施等，符合城镇规划。

（3）路径选择宜避开不良地质地带和采动影响区，当无法避让时，应采取必要的措施；宜避开重冰区、易舞动区及影响安全运行的其他地区；宜避开原始森林、自然保护区和风景名胜区。

（4）路径选择应考虑与邻近设施如电台、机场、弱电线路等的相互影响。

（5）路径选择宜靠近现有国道、省道、县道及乡镇公路，改善交通条件，方便施工和运行。

（6）大型发电厂和枢纽变电站的进出线、两回或多回路相邻线路应统一规划，在走廊拥挤地段宜采用同杆塔架设。

（7）、轻、中、重冰区的耐张段长度分别不宜大于 10、5、3km，且单分裂导线线路不宜大于 5km。当耐张段长度较长时应考虑防串倒措施。在高差或档距相差悬殊的山区或重冰区等运行条件较差的地段，耐张段长度应适当缩短。

（8）选择路径和定位时，应注意限制使用档距和相应的高差，避免出现杆塔两侧大小悬殊的档距，当无法避免时应采取必要的措施，提高安全度。

（9）与大跨越连接的输电线路路径，应结合大跨越的选点方案，通过综合技术经济比较确定。

二、初勘选线

（一）图上选线

图上选线是进行大方案的比较，从若干个路径方案中，经比较后选出较好的线路路径方案。图上选线的方法步骤如下：

（1）图上选线前应充分了解工程概况及系统规划，明确线路起讫点及中途必经点的位置、线路输送容量、电压等级、回路数与导线标号等设计条件。

（2）图上选线所用地形图的比例以 1∶50 000 或 1∶10 000 为宜。先在图上标出线路起讫点及中间必经点位置，以及预先了解到的有关城市规划，军事设施，工厂、矿山发展规划，地下埋藏资源开采范围，水利设施规划，林区及经济作物区，已有及拟建的电力线、通信线或其他重要管线等的位置、范围；然后按照线路起讫点间距离最短的原则，尽量避开上述影响范围，考虑地形、交通条件等因素，绘出若干个图上选线方案（一般经反复比较后保留1～2个方案）作为收资及初勘方案。

（3）对已选定的路径方案，根据与通信线的相对位置，远景系统规划的短路电流及该地区大地电导率情况计算对铁路、邮电、军事等主要通信线的干扰及危险影响。根据计算结果，便可对已选定的路径方案进行修正或提出具体措施。

（二）收资及初勘

1. 收集资料

收集资料的主要目的是要取得线路通过地区对路径有影响的地上、地下障碍物的有关资料及所属单位对路径通过的意见。由所属单位以书面文件或在路径图上签署意见的形式提供资料，作为设计依据。若同一地区涉及单位较多又相互关联时，可邀集有关单位共同协商，并形成会议纪要。如果最终的路径走向满足对方的要求，可不再办理手续。但当路径靠近障碍物的边沿或厂、矿区内通过时，应在线路施工图设计后以“回文”（或兼附图）的形式说明路径通过位置及要求，以防对方将来有可能发展时影响线路的建设与安全运行。

收集资料阶段，调查了解的单位一般应包括大行政区及省、市地区的有关部门和重要厂、矿企业及军事部门。收集资料的内容一般为有关部门所属现有设施及发展规模、占地范围、对线路的技术要求及意见等。在取得对方的书面意见前，应充分了解对方的设施情况与要求，并详细向对方介绍线路的情况，在协商的基础上取得对方同意线路通过的文件。

收集资料的单位与内容通常可参考表7-1。

表7-1　收资单位及内容一览表

序号	收集资料单位	收资内容提要
1	各军区司令部	邀集空军、作战、通信、炮兵、装甲兵、后勤等有关单位，了解现有及拟建的与各路径方案有关的军事设施的位置、影响范围及有关规定。取得对路径通过的要求或同意的文件
2	城市建设局或建设规划部门	取得城镇现有与规划平面图及同意线路走廊的文件，并请提供协议单位名单
3	地区铁路局及铁道设计单位	收集沿线现有及拟建的铁道、通信信号等设施资料及对保护措施的意见，并收集线路运行中的风、冰等灾害资料
4	各级邮电电信局、邮电设计单位	收集沿线现有及拟建的地上及地下通信设施资料及线路运行中的风、冰等灾害资料，征求对通信保护方面意见
5	民航局	收集现有及拟建的民用与农用机场的位置、等级、起降方向以及导航台的位置、气象资料等，了解影响线路通过的有关规定，取得对方的意见
6	气象局（台）	收集设计所需要的气象资料及取得有关气象数据的鉴定性意见
7	地质局及所属勘探公司	收集沿线矿藏分布、储量、品位，开采价值及沿线地质构造、地震烈度等资料
8	矿务局	收集矿区矿藏分布、开采情况、采空区范围、深度及沉陷情况；露天开采时的爆破影响范围，火药库的位置、储量、库房规格，事故爆炸时影响范围。了解矿区对线路走线有影响的有关技术规定，取得对线路通过的意见

续表

序号	收集资料单位	收资内容提要
9	煤炭、有色金属管理局	收集沿线矿藏分布、开发情况、远景规划、设计单位等，并取得对线路通过的意见
10	各地水利局、航运管理局	收集江河上现有及规划的水库、电站、排灌系统等水利设施的位置、淹没范围；收集河流水文资料，其中包括百年一遇洪水位、流速、漂浮物及河道变迁、封冻期的最高冰面、流冰水位及流速、冰块大小等资料。通航河流尚应收集航运及五年一遇时的最高水位、船舶种类、桅杆高度、航道位置。若在水库下方通过时，还应收集水坝建设标准、溢洪道位置和排流方向以及水坝的可靠性等资料。征求对线路跨越水库的意见
11	广播事业管理局	收集现有及拟建电台、电视台天线位置、高度、用途以及对线路通过的要求等资料
12	各地交通（或公路）局	收集沿线现有及拟建的公路走向、等级及重要桥涵等设施资料、并了解农村简易公路的情况
13	各地林业局	收集沿线森林分布采伐情况，其中包括树木种类、密度、高度、直径等资料。如果是果树和其他经济作物，尚应了解自然生长高度和修剪高度以及对线路通过的要求
14	发电厂、变电站、电业局、电力设计单位	收集线路进出线走廊平面图及走廊内地上、地下设施与涉及的单位，征求对出线走向的意见，收集已有线路的运行资料与设计气象条件等
15	石油、化工管理局、油田、炼油	收集现有及拟开发的油田范围、地上、地下管线、设备等建设位置，线路穿过油田时对线路的要求。收集化工厂或炼油厂排出物（气、水、灰等）扩散范围以及对线路的影响等资料
16	火药库、油库、采石场、砂石管理所、沿线工、矿企业	收集建筑设施位置、正常及事故时对线路的影响范围。采石场尚应了解已开采年限、产值、规模及营业情况（包括有否经政府批准的文件）

2. 初勘

初勘是按图上选定的线路路径到现场进行实地勘察，以验证它是否符合客观实际并决定各方案的取舍。

初勘方法可以是沿线了解、重点勘察或仪器初测，按实际需要确定。

野外初勘应由送电设计（包括电气、土建、通信保护）、概算、测量、水文、地质等专业的人员组成，并邀请施工、运行单位参加。

初勘工作一般应包括如下内容：

（1）应根据地形、地物找出图上选线的实地位置并沿线勘察；对特殊大跨越，应进行实地选线、定线、平断面图草测及地质水文勘察；在某些协议区及复杂地段，需要将线路路径或具体塔位，用仪器测量落实或测绘有关平断面图。

（2）由收资、协议人员到沿线的县、乡及有关厂、矿补充收集沿线有影响的障碍、设施资料与办理初步协议，并收集沿线交通、污秽等资料。

（3）重点踏勘可能影响路径方案的复杂地段及仅凭图样资料难以落实路径位置的地段。通常包括：重要或特殊跨越；进出线走廊、城镇拥挤地段；穿越或靠近有影响的障碍物协议区；不良地质、恶劣气象地段及交通困难、地形复杂地段；可能出现多方案地段。

（4）初勘时各有关专业组尚应做好拆迁、砍树（范围、树种、高度）、修桥补路、所需建筑材料产地、材料站设置及运距的调查。

初勘结束后，根据初勘中获得的新资料修正图上选线路径方案，并组织各专业进行方案比较，包括：线路亘长、交通运输条件、施工、运行条件、地形、地质条件、大跨越情况等技术比较；线路投资、年运行费、拆迁赔偿和材料消耗量等经济比较。按比较结果提出初步设计的推荐路径方案，编写路径部分说明并整理有关协议文件，同时办理最终协议文件。

三、终勘选线

终勘选线是将批准的初步设计路径在现场具体落实，按实际地形情况修正图上选线，确定线路最终的走向，设立临时标桩。终勘选线工作对线路的经济、技术指标和施工、运行条件起着重要作用。因此，要正确地处理各因素的关系，选出一条既在经济技术上合理，又方便施工、运行的线路路径。

终勘选线一般应在线路终勘时提前一段时间进行，也可以与定线工作合并进行，需视线路的复杂程度而定。在选线中应做到“以线为主、线中有位”，即在选线中要兼顾杆（塔）位的技术经济合理性和关键塔位成立的可能性（如转角点、大档距和必须设立杆塔的特殊地点等），个别特殊地段应反复选线比较，必要时草测断面进行定位比较后优选。

（一）终勘选线的基本原则

（1）选线人员要认真贯彻国家建设的各项方针政策。在选线中要对运行安全、经济合理、施工方便等因素进行全面考虑，综合比较。

（2）尽可能选择长度短、特殊跨越少、水文和地质条件较好的路径方案。

（3）应尽可能避开森林、绿化区、果木林、公园、防护林带等，当必须穿越时，应尽量选取最窄处通过，以减少砍伐树木。

（4）应尽可能少拆迁房屋及其他建筑物，应尽量少占农田。

（5）应尽可能避开地形、地质复杂和基础施工挖方量大或排水量大以及杆塔稳定受威胁的不良地形、地质地段。

（二）终勘选线的一般技术要求

1. 山区路径选择

（1）线路经过山区时，应避免通过陡坡，悬崖峭壁、滑坡、崩塌区、不稳定岩石堆、泥石流、卡斯特溶洞等不良地质地带。当线路与山脊交叉时，应尽量从平缓处通过。

（2）在山区选线往往发生交通运输、地势高低与路径长短之间的矛盾。为此，应从技术经济与施工运行条件上作好方案比较。努力做到既合理地缩短路径长度、降低线路投资又保证线路安全可靠、运行方便。

（3）山区河流多为间歇性河流，其特点是流速大、冲刷力强。因此，线路应避免沿山间干河沟通过，如必须通过时，塔位应设在最高洪水位以上不受冲刷的地方，处理好“线位”关系。

2. 跨河段路径选择

（1）线路跨越河流（包括季节性河流）时，尽量选在河道狭窄、河床平直、河岸稳定、两岸尽可能不被洪水淹没的地段。

（2）选线时应调查了解洪水淹没范围及冲刷等情况，预估跨河塔位并草测跨越档距，尽量避免出现特殊塔的设计。

（3）应避免与一条河流多次交叉。

（4）避免在支流入口处及河道弯曲处跨越河流，应尽量避开旧河道或排洪道和在洪水期容易改为主河道的地方。

（5）不要在码头和泊船地区跨越河流。

（6）跨河塔位的地质条件：

1）河岸地层稳定，无严重的河岸冲刷现象（如蛇曲、塌岸等）。

2）两岸土质均匀良好，无软弱地层（如淤泥或淤泥质土）及易产生液化的饱和砂土。

3）地下水埋藏较深。

3. 转角点选择

（1）转角点不宜选在山顶、深沟、河岸、悬崖边缘、坡度较大的山坡，以及易被洪水淹没、冲刷和低洼积水之处；并应尽量与其他技术要求而需设置耐张杆结合起来考虑。

（2）线路转角点应放置在平地或山麓缓坡上，并应考虑有足够的施工场地和便于施工机械的到达（直线塔允许紧线作业者例外）。

（3）选择转角点时应考虑前后相邻两基杆（塔）位的合理性，以免造成相邻两档过大、过小而造成不必要的升高杆塔或增加杆塔数量等不合理现象。

4. 线路接近炸药库附近时的路径选择

应避开炸药库事故爆炸的影响范围。各种爆破及爆破器材仓库意外爆炸时，爆炸源与人员和其他保护对象之间的安全距离，应按各种爆破效应（地震、冲击波、个别飞散物等）分别核定并取最大值。

（1）爆破震动安全允许距离，可按式（7-1）计算：

$$R=\left(\frac{K}{v}\right)^{\frac{1}{\alpha}}Q^{\frac{1}{3}} \tag{7-1}$$

式中 R——爆破震动安全允许距离，m；

Q——炸药量，齐发爆破为总药量，延时爆破为最大一段药量，kg；

v——保护对象所在地质点振动安全允许速度，cm/s；

K、α——与爆破点至计算保护对象间的地形、地质条件有关的系数和衰减指数，可按表7-2选取，或通过现场试验确定。

表7-2 **爆区不同岩性的K、α值**

岩 性	K	α
坚硬岩石	50～150	1.3～1.5
中硬岩石	150～250	1.5～1.8
软岩石	250～350	1.8～2.0

群药包爆破，各药包至保护目标的距离差值超过平均距离的10%时，用等效距离 R 和等效药量 q 分别代替 R 和 Q 值。R_c 和 Q_e 的计算采用加权平均值法。

（2）露天裸露爆破大块时，一次爆破的炸药量不应大于20kg，并应按式（7-2）确定空气冲击波对在掩体内避炮作业人员的安全允许距离，即

$$R_k=25\sqrt[3]{Q} \tag{7-2}$$

式中 R_k——空气冲击波对掩体内人员的最小允许距离，m；

Q——一次爆破的炸药量，秒延时爆破取最大分段药量计算，毫秒延时爆破按一次爆破的总药量计算，kg。

（3）个别飞散物安全距离。爆破时（抛掷爆破除外）个别飞散物对人员的安全距离不得

小于表 7-3 的规定；对设备或建筑物的安全距离，应由设计计算确定。

表 7-3　爆破（抛掷爆破除外）时个别飞散物对人员的安全距离

爆破类型和方法	个别飞石对人的最小安全距离（m）	爆破类型和方法	个别飞石对人的最小安全距离（m）
（1）破碎大块岩咯①		（5）深孔爆破	按设计，但不小于 200
裸露药包爆破法②	400	（6）深孔药壶爆破	按设计，但不小于 300
浅眼爆破法	300	（7）浅眼眼底扩壶	50
（2）浅眼爆破③	200	（8）深孔孔底扩壶	50
（3）浅眼药壶爆破	300	（9）洞室爆破	按设计，但不小于 300
（4）蛇穴爆破	300		

①　沿山坡爆破时，下坡方向的飞石安全距离应增大 50%；

②　同时起爆或毫秒延期起爆的裸露爆破装药量（包括同时使用的导爆索装药量），不应超过 20kg；

③　复杂地质条件下或未形成台阶工作面时，安全距离不小于 300m。

（4）设置爆破器材仓库或露天堆放爆破器材时，仓库或药堆至外部各种被保护对象的距离，应按下列条件确定：

1）设置爆破器材仓库或露天存放爆破器材时，储药点至库区外保护对象的外部允许距离，应按以保护对象重要程度划分的防护等级分别确定；储存点之间的内部允许距离，应按不殉爆原则确定。

2）允许距离的起算点是仓库的外墙墙根、药堆的边缘。

3）确定外部距离时，可不考虑炸药性质和仓库有无土堤；确定内部距离时，应考虑炸药性质和土堤的影响。

4）库区内有一个以上仓库或药堆时，应按每个仓库或药堆分别核定外部距离和内部距离。

5）地面仓库外部安全允许距离。每个仓库或药堆至小型工矿企业围墙或 100～200 住户或村庄边缘的距离，应不小于表 7-4 的规定。

表 7-4　地面爆破器材库或药堆至住宅区或村庄边缘的最小外部距离

存药量（t）	≤200 ≥150	<150 ≥100	<100 ≥50	<50 ≥30	<30 ≥20	<20 ≥10	<10 ≥5	<5
安全允许距离 a（m）	1000	900	800	700	600	500	400	300

注　表中安全允许距离 α 适用于平坦地形，遇到下列几种特定地形时，其数值可适当增减：

（1）当危险建筑物紧靠 20～30m 高的山脚下布置，山的坡度为 10°～25°，爆破器材库与山背后建筑物之间的距离，与平坦地形相比，可适当减小 10%～30%；

（2）当危险建筑物紧靠 30～80m 高的山脚下布置，山的坡度为 25°～35°，爆破器材库与山背后建筑物之间的距离，与平坦地形相比，可适当减小 30%～50%；

（3）在一个山沟中，一侧山高为 30～60m，坡度 10°～25°，另侧山高 30～80m，坡度为 25°～35°，沟宽为 100m 左右，沟内两山坡脚下爆破器材库直对布置的建筑物之间的距离，与平坦地形相比，应增加 10%～50%；

（4）在一个山沟中，一侧山高为 30～60m，坡度 10°～25°，另侧山高为 30～80m，坡度为 25°～35°，沟宽为40～100m，沟的纵坡为 4%～10%，爆破器材库沿沟纵深和沟的出口方向建筑物之间的距离，与平坦地形相比，应适当增加 10%～40%。

6）确定仓库或药堆至企业的住宅区或村庄边缘的距离应遵守：地面库房或药堆不小于表 7-4 的规定；隧道式洞库不小于表 7-5 的规定。

表 7-5 隧道式洞库至住宅区或村庄边缘的最小外部距离

存药量（t） 距离（m） 与洞口轴线交角 α	≤100 ≥50	<50 ≥30	<30 ≥20	<20 ≥10	<10 ≥5	<5
0°<α≤50°	1500	1250	1100	1000	850	750
50°<α≤70°	800	650	550	500	450	350
70°<α≤90°	450	400	350	300	250	250
90°<α≤180°	300	250	200	150	120	100

7）仓库或药堆至其他保护对象的距离，应先按表 7-6 确定各种保护对象的保护等级系数，并以规定系数分别乘以表 7-4 或表 7-5 规定的距离来确定。

表 7-6 各种被保护对象的防护等级系数

被保护对象		防护等级系数		
		地面库	隧道式洞库	
			0°～90°	90°～180°
村庄边缘、企业住宅区边缘、其他单位的围墙、区域变电站的围墙		1.0	1.0	1.0
送电线路（kV）	500	1.5	2.0	1.5
	300	1.2	1.8	1.2
	220	1.0	1.5	1.0
	110	0.7	1.0	0.7
	35	0.4	0.6	0.4

注 洞轴线±900，±180 范围内，如有送电线高塔时，应通过地震安全性评价，专门确定防护等级系数。

5. 通过特殊地带的路径选择

（1）线路通过矿区应避开爆炸开采的爆炸影响范围、未稳定的塌陷区及可能塌陷的地区。

（2）线路经过大孔性黄土地区时，应尽量避开冲沟特别发育的地段，要特别注意立塔条件，选线时就要考虑排塔位情况，做到“线中有位”。

（3）线路应避开采石场，一般情况下应离开采石场 200m 以上，但遇到表 7-4中的特定地形时，应根据该说明情况适当地予以增减。

（4）线路应尽量避开沼泽池、水草地、已大量积水或易积水及严重的盐碱地带。

（5）线路与喷水池、冷却塔及生产过程中能排出腐蚀性气体或液体的工厂接近时，要查明其危害范围，分析其危害程度。并尽量使线路与这些工厂保持必要的距离，最好在上风向通过，以减少或避开其影响。

6. 通过严重覆冰地区的路径选择

（1）在严重覆冰地区选线时，应着重调查该地区线路附近的已有电力线路、通信线路、植物等的覆冰情况、覆冰厚度，调查突变范围、覆冰时季节风向、覆冰类型、雪崩地带等。

（2）应特别注意地形对覆冰的影响，避免在覆冰严重地段通过，如必须通过时，应调查了解易覆冰的地形特征，选择较为有利的地形通过（如线路宜在地势低下的背风坡通过）。

（3）在开阔地区尽量避免靠近湖泊，且在结冰季节的下风向侧通过，以免由于湿度大，大量过冷却水滴吹向导线，造成严重覆冰。

（4）应尽量避免出现过大档距。

（5）应特别注意交通运输情况，尽量创造维护抢修的方便条件。

7. 利用航测照片配合地形图选线

由于航测照片的比例较大（1～2万分之一），村庄、房屋、河道、冲沟等地物以及山势大小，树林疏密程度等显示清晰。借助立体镜可看出立体形象，即使是小型障碍物也能辨认清楚。因此，利用航测照片配合地形图选择路径，能更好地保证路径质量。特别是在高山大岭、人烟稀少、工作生活条件困难的地方或路径受地形、地物控制的地方，利用航测照片选线其优越性更加突出，既方便又可提高选线精度，加快选线进度，可选出理想的送电线路路径，避免一些不必要的返工。

第二节　输电线路杆塔定位及有关规定

在已经选好的线路路径上，进行定线、断面测绘，在纵断面图上配置杆塔的位置，称为定位。定位是送电线路设计的一个重要环节。定位的质量关系到线路的造价和施工、运行的方便与安全。所以，提倡深入实际，调查研究，进行细致工作，排出各种杆塔配置方案，进行优选。

一、定位准备工作

为了便于定位工作的顺利进行，需要事先将线路主要的有关技术资料和要求及注意事项汇编成“线路工程定位手册”，并准备好必要的工具，如弧垂模板及有关计算工具，空白的杆（塔）位明细表（参见表1-1）等。“线路工程定位手册”一般包括下列几方面内容：

（1）线路概要，如线路起讫点、回路数、长度及选线和定位的主要设计原则等。

（2）送、受电端的进出口线平面图或进、出口构架数据，如构架位置、挂线点标高、线间距离、相序排列及允许张力等。

（3）导线、地线型号及力学特性曲线，如使用两种或两种以上的不同电线型号或应力标准时，应标明各自架设的区段。

（4）悬垂绝缘子串形式、串长及使用地点，如有加强绝缘区段，应说明绝缘子形式、串长、片数及使用地点和附加要求。

（5）防震措施的安装规定。

（6）按档距长度需要安装间隔棒的数量。

（7）全线计划换位系统图及换位塔位的附加要求。

（8）不同气象区分段（如有两种或两种以上气象区时）。

（9）各型杆塔接地装置选配一览表及接地装置形式选配的有关规定。

（10）各种悬垂绝缘子串允许的垂直档距。

（11）线路采用飞车进行带电作业时，与被跨越线路交叉垂直距离的规定。

（12）各队划分（两个及以上勘测队）及标桩编号的有关规定。

（13）杆塔及基础使用条件一览表如表7-7所示。

（14）导线对地及对各种交叉物的距离及交叉跨越方式的要求。

（15）各型杆塔使用的原则（各型杆塔使用地点及其要求）。

（16）耐张段长度的有关规定。

（17）线路纵断面图的比例、图幅及边线测量的有关要求。

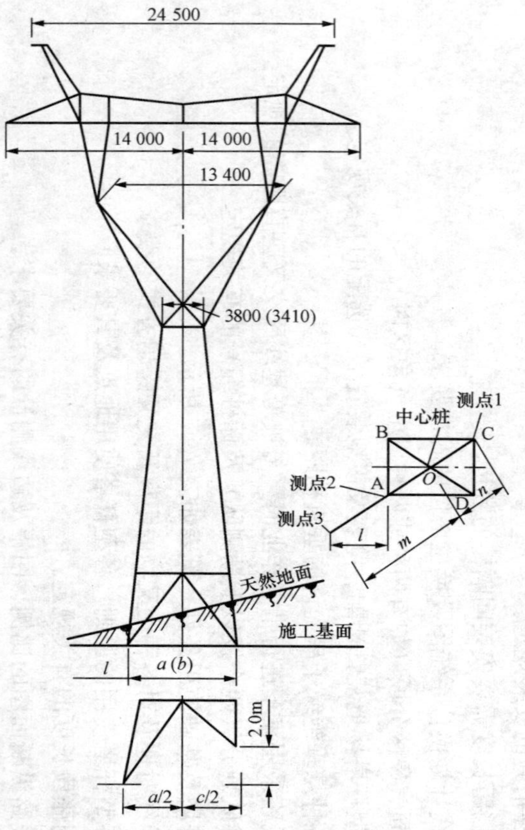

图 7-1 长短腿

表 7-7 杆塔及基础使用条件一览表

塔型	呼称高(m)	使用档距(m)		根开(m)				长短腿（见图7-1）D	测定施工基面有关数值				塔重(t)
		水平	垂直	最大	正面 a	侧面 b	长短腿 c		e	m	n	θ (°)	
ZB_5	27.0	600	850		6.49	5.11	6.00	2.0	3.0	8.0	4.0	38.2	9.81
	30.0				7.16	5.53	6.71	2.0	3.0	8.3	4.5	37.6	10.84
	33.0				7.83	5.95	7.38	2.0	3.0	8.7	5.0	37.2	11.58
	36.0				8.5	6.38	8.05	2.0	3.0	9.1	5.5	36.8	12.36
	39.0	500	700		9.15	6.78	8.70	2.0	3.0	9.4	5.7	36.5	14.48
	42.0				9.84	7.22	9.39	2.0	3.0	9.8	6.1	36.2	16.07
	45.0				10.50	7.70	10.11	2.0	3.0	10.2	6.5	35.80	17.55
	48.0				11.17	8.05	10.7	2.0	3.0	10.6	6.9	35.8	19.67

施工基面测量说明：

(1)测量测点 3 与塔位中心桩间的高差，以决定施工基面；

(2)测量测点 1、2 与塔位中心桩间的高差用以决定使用长短腿。

图 7-1 中：测点 3 为线路左（右）侧山坡下方的一个测点，距中心桩为 m；测点 1 为C、D 腿中较低一个腿的位置；测点 2 为 A、B 腿中较低一个腿的位置。

(18) 定位使用的模板 K 值曲线、摇摆角等各种校验曲线及图表。

(19) 对地裕度及有关交叉跨越特殊校验条件的规定。

(20) 对各型转角杆（塔）位位移距离的规定。

(21) 采用重锤片数的计算原则。

(22) 线路边导线与建筑物之间距离的有关规定。

(23) 基础形式的选用原则。

(24) 通信保护要求及明确一、二级通信线位置。

(25) 其他特殊要求。

二、定位方法

“定位”是一项实践性很强的技术工作，这主要是因为现场地形地物千变万化，而塔位、塔高及塔型等，必须根据这些千差万别的情况合理安排，才能做出质量优良、技术经济合理的设计。

“定位”方法共有以下三种。

1. 院内定位法

由勘测人员在现场进行勘测，回设计院（室）后提出勘测资料（包括测量、水文、地质资料），供设计人员进行排位；然后再到现场交桩修正部分塔位。

院内定位法的主要特点是测断面、定位、交桩三工序串接进行。因而工序流程时间较长，近年来工程上已很少采用。

2. 现场定位法

由测量、地质、水文、设计人员在现场边测断面边定塔位。定位后按塔位进行地质鉴定，供设计基础及选配接地装置用。

现场定位法的主要特点是测断面、定位、交桩三项工作在一道工序内完成，工序简单。此定位法的另一特点是具有“以位正线”的反馈作用。所谓“以位正线”的反馈作用，是指在定位过程中，当发现某些塔位非常不合理而通过修改部分路径来解决才比较合适时，则可及时对该段路径进行修改。这一点之所以在“现场定位”中易于实现，主要是因为选线、断面、定位在同一现场、同一段时间内进行，各组之间的联系较为及时。其缺点则主要是不能对整个定位段进行方案比较，因而其经济合理性差。一般常在 220kV 以下工程中采用，现场定位法的大致工序如下：

(1) 先由定线组按选线确定的方向和目标定出线路中心线，并埋设直线桩和转角桩，测得各标桩的距离、高程并标注在线路断面图上。

(2) 定位组测量人员从起始塔位（如转角点）开始沿线路进行方向，向前测绘出 1～2 档的轮廓纵断面。将测点绘于米格纸断面图上。

(3) 定位组设计人员估计代表档距，选出相应 K 值的弧垂模板，在断面图上比拟出杆塔的大约位置，并根据弧垂曲线补测控制点的距离及高程，添绘于断面图上。

(4) 排出塔位位置，查看施工、运行条件，按定位手册要求的内容对各项使用条件进行检查，满足要求后，埋设塔位中心桩及塔号桩并实测档距、高程、施工基面、高低腿等，将测量结果填入断面图。

(5) 在测定一、两个耐张段后，应在室内进行仔细校核、验算并反复进行定位方案比较，如发现原定方案不够经济、合理，应以新的定位方案重返现场修改，并拔掉原定塔位标桩，以免施工弄错。

（6）根据塔位地质情况，选配接地装置及基础形式，填写塔位明细表，整理断面图等内业工作。

3. 现场室内定位法

测量人员先在现场测平断面，所测平断面够一定位段后（如两转角塔之间或两死塔位之间，一般往往是 3～8km），即交设计人员在现场住地进行室内定位，然后共同到现场交桩。同时由地质、水文人员按塔位进行地质、水文鉴定。

现场室内定位法的主要特点是测断面、定位、交桩三工序可平行交叉进行，因而工序流程时间接近于现场定位，较“院内定位法”时间要短得多。另外，也具有“以位正线”的反馈作用。一般对投资较高的 220kV 及以上线路多采用现场室内定位法。其工序如下：

（1）在定线的同时测绘线路断面图。此时室内定位人员最好参加断面测绘工作，了解沿线地形、地物，对可能立塔地段做到心中有数，并作好调查和记录，掌握图样难以反映但对定位有密切关系的感性材料。

（2）在测完一定位段的断面图后，定位人员在断面图上试排塔位，反复进行塔位方案比较及各项验算，最后定出一个技术经济比较合理的方案。

（3）由现场定位组（或原定线、断面组）将室内定位方案拿到现场实地验证，逐塔查看塔位处的施工、运行条件、校测和补测危险点和控制点断面，根据实际情况调整室内定位方案，埋设塔位标桩，测量施工基面、高低腿等，并填绘于断面图上。

（4）进行内业整理，填写塔位明细表，加工整理断面图。

三、断面图测绘要求

线路断面图包括线路纵断面图、个别横断面图和线路带状平面图，均为定位的主要资料。线路纵断面图如图 7-2 所示。

1. 线路纵断面、平面图

（1）线路纵断面图表示沿线路中心线（及高边线）的地形起伏变化的形状、高程和交叉跨越物的位置及高程。弧垂对地面最近的区段断面点应适当加密，并应保证高程误差不超过±0.5m。

（2）纵断面图使用毫米方格纸，其比例一般采用：纵为 1/500，横为 1/5000 或纵为 1/200，横为 1/2000。

（3）在纵断面图下方还应草绘沿线路中心线左右各 50m 范围内的平面图。在平面图上绘出：线路转角塔位的转角度数；杆塔位置；交叉跨越物（电力线、通信线、铁路、道路、河流、地上、下管道等）与线路的交叉角度、去向或与线路平行接近的位置、长度；线路中心线附近的建筑物位置和接近距离；陡坡、冲沟、坟地的位置、范围；耕地、树林、沼泽地等的位置和边界。

（4）纵断面图下方需要标注：里程（百米值）、塔位标高、杆塔档距、耐张段长度、代表档距及弧垂模板 K 值；在断面图中标注杆塔转角、直线桩里程、标高，交叉跨越物的里程、标高、名称；在图上绘出杆塔位置、定位高度，弧垂安全地面线，标注杆塔编号、型号、呼称高及施工基面等数据。

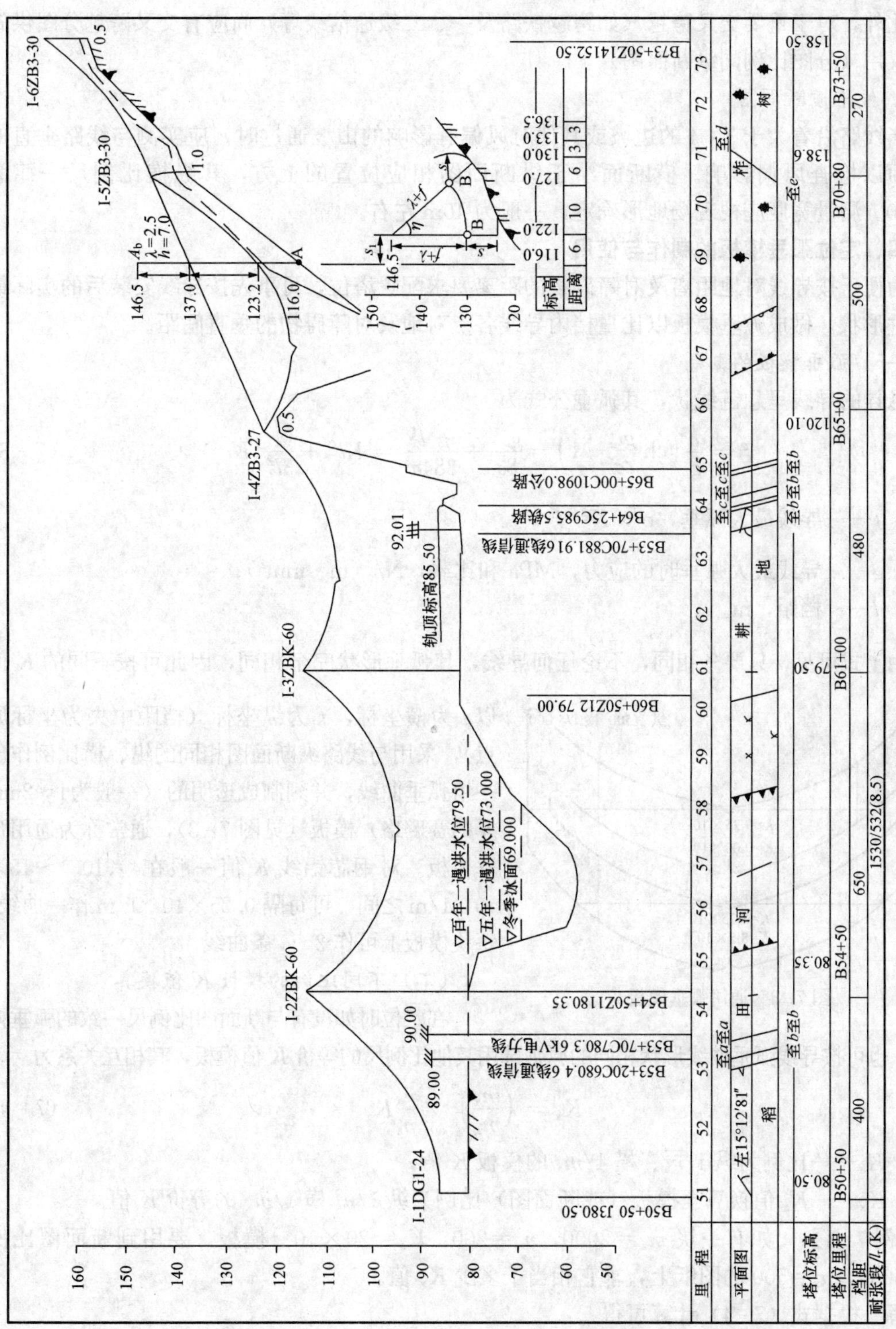
I-1DG1-24
I-2ZBK-60
I-3ZBK-60
I-4ZB3-27
I-5ZB3-30
I-6ZB3-30
▽百年一遇洪水位79.50
▽五年一遇洪水位73.000
▽冬季冰面69.000
轨顶标高85.50
B50+50 J380.50
B53+20C680.4 6线通信线
B53+70C780.3 6kV电力线
B54+50Z1180.35
B60+50Z12 79.00
B53+70C881.91 6线通信线
B64+25C985.5铁路
B65+00C1098.0公路
B73+50Z14152.50
标高
距离
里程
平面图
塔位标高
塔位里程
档距
耐张段l_r(K)
1530/532(8.5)

图 7-2 线路纵断面图

标桩编号所用的拼音字母是由 Z 表示直线杆塔；J 表示转角杆塔；N 表示耐张杆塔；H 表示换位杆塔。

此外，对于重要交叉跨越（如跨越铁路及一、二级通信线等）尚应有交叉跨越分图供施工协议用（分图比例同纵断面图）。

2. 线路横断面图

当线路沿着大于 1∶4 的边坡或其他对风偏有影响的山坡通过时，应实测与线路垂直的横断面以检查风偏影响。横断面绘于纵断面图相应位置的上方，其纵横比例尺一律为 1∶500。测量宽度应视现场地形确定，一般为 40m 左右。

四、定位弧垂模板的制作与使用

为便于按导线对地距离及对障碍物的距离要求配置塔位，可事先按导线安装后的实际最大弧垂形状，做成弧垂模板以比量档内导线各点对地及对障碍物的垂直间距。

（一）弧垂模板的刻制

悬挂的导线呈悬链线状，其弧垂公式为

$$f=\frac{\sigma}{g}\left(\operatorname{ch}\frac{gl}{2\sigma}-1\right)=\frac{gl^2}{8\sigma}+\frac{g^3l^4}{384\sigma^3}=Kl^2+\frac{4}{3l^2}(Kl^2)^3 \tag{7-3}$$

式中 f——导线最大弧垂，m，$K=\dfrac{g}{8\sigma}$；

σ、g——导线最大弧垂时的应力，MPa 和比载，N/（m·mm²）；

l——档距，m。

由上式可见，只要$\dfrac{g}{\sigma}$相同，不论任何导线，其弧垂形状完全相同，因此可按不同的 K 值以 l 为横坐标，f 为纵坐标（档距中央为坐标原点），采用与线路纵断面图相同的纵、横比例作出一组弧垂曲线，并刻制成透明的（一般为1～2mm厚的赛璐珞）模板（见图 7-3），通常称为通用弧垂模板。对钢芯铝线 K 值一般在4×10^{-5}～15×10^{-5}1/m之间，可每隔 0.25×10^{-5}1/m 作一曲线，每块模板上可作 2～4 条曲线。

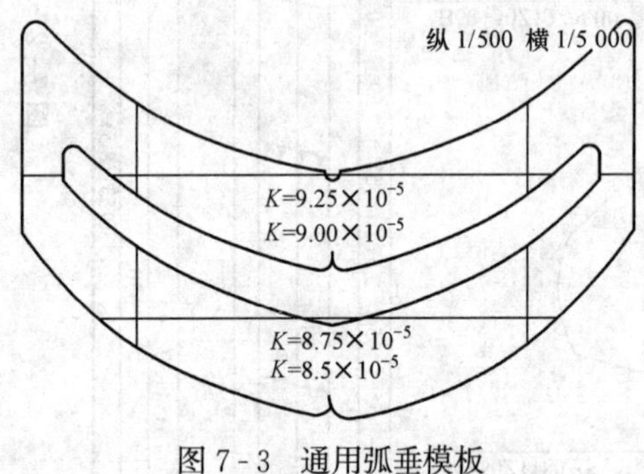

图 7-3 通用弧垂模板

（二）不同比例的模板 K 值换算

在定位时如没有与断面图比例尺一致的弧垂模板时，也可按导线弧垂曲线形状相同的原则选用其他比例尺的等价 K 值模板，其相互关系为

$$K_x=\left(\frac{m_a}{m_x}\right)^2\times\frac{n_x}{n_a}K_a \tag{7-4}$$

式中 K_a——比例为纵 $1/n_a$、横 $1/m_a$ 的模板 K 值；

K_x——K_a 值换算至模板（或断面图）比例为纵 $1/n_x$ 横 $1/m_x$ 的等价 K 值。

【例 7-1】 如有一块 $m_a=2000$，$n_a=200$，$K_a=20\times10^{-5}$模板，要用到断面图比例 $m_x=5000$，$n_x=500$ 的图纸上，求它相当于多少 K_x 值。

解 根据式（7-4）计算可得

$$K_x=\left(\frac{m_a}{m_x}\right)^2\times\frac{n_x}{n_a}K_a=\left(\frac{2000}{5000}\right)^2\times\frac{500}{200}\times20\times10^{-5}=0.16\times0.5\times20\times10^{-5}=8.0\times10^{-5}$$

即一块纵为 1/200、横为 1/2000，$K=20\times10^{-5}$ 的模板，在一张纵为 1/500、横为 1/5000的断面图上可当 $K=8\times10^{-5}$ 的模板用。

（三）定位模板的使用

1. 模板的选用

由于各耐张段的代表档距不同，所用的模板 K 值也不同（弯曲度不同），为便于定位时选择模板，可事先根据不同代表档距下，导线最大弧垂时的应力和比载，算出图 7-4 中所示模板 K 值曲线。

开始定位时，可先根据地形及常用的各种杆塔排位来估计待定耐张段的代表档距，并从 K 值曲线中查出初步选用的模板。整个耐张段定位完毕后，应计算实际的代表档距 $\left(l_r^2=\frac{\sum l^3}{\sum l}\right)$，核对所估选的模板是否正确，其误差应在 $+0.2\times10^{-5}\sim-0.05\times10^{-5}$ 以内，否则应按实际模板 K 值重新画弧垂线（即断面图中的安全地面线）并调整杆位、杆高，重新计算代表档距，直至所选用的模板与最终确定的代表档距相符为止。

2. 杆塔定位高度

杆塔的高度主要是根据导线对地面的允许距离决定的。为了便于检查导线各点对地的距离，通常在断面图上绘制的弧垂曲线并非导线的真实高度，而是导线的对地安全线，即将导线在杆塔上向下移动一段对地距离值后，画出的弧垂曲线（见图 7-5），只要该线不切地面，即满足对地距离要求。杆塔定位高度 h_1：

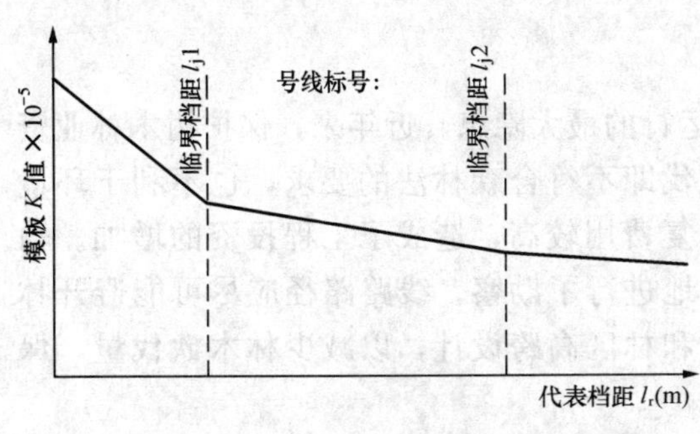

图 7-4　模板 K 值曲线

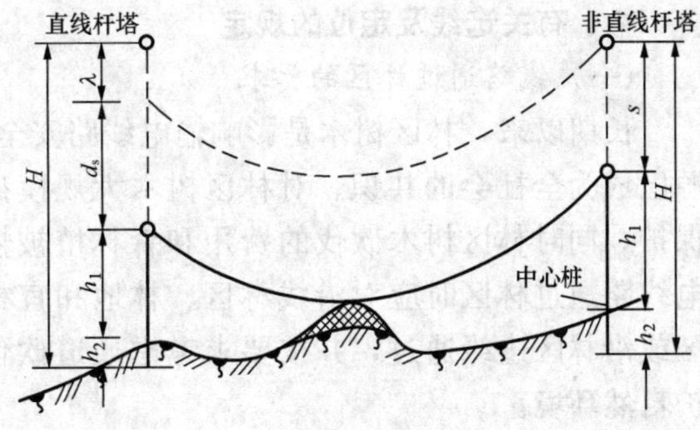

图 7-5　导线有效定位高度示意图

对直线杆塔：$h_1=H$（呼称高）$-d_s$（对地安全距离）$-\lambda$（悬垂绝缘子串长）$-\delta$（考虑各种误差而采取的定位裕度）$-h_2$（杆塔施工基面）。

对非直线杆塔：$h_1=H$（呼称高）$-d_s$（对地安全距离）$-\delta$（考虑各种误差而采取的定位裕度）$-h_2$（杆塔施工基面）。

导线对地距离 d_s 参见表 2-4，不同档内若对地距离不同，定位高度中应考虑相应的 d_s 值。

考虑到勘测设计及施工误差，定位时应根据档距的大小预留定位裕度 δ，一般档距 700m 以下取 1.0m，大于 700m 及孤立档取 1.5m，大跨越取 2～3m。

五、定位的原则

1. 杆（塔）位的选定原则

（1）应尽量少占耕地和好地；减少土石方量。

（2）杆（塔）位应尽可能避开洼地、泥塘、水库、冲沟发育地段、断层等水文、地质条件不良的处所，对于带拉线的杆塔还应考虑打拉线处的条件。

（3）应具有较好的施工［组、立杆（塔）和紧线］条件。

2. 档距的配置

（1）最大限度地利用杆塔强度，并严格控制杆塔使用条件。

（2）相邻档距的大小应不十分悬殊，以免过大地增加纵向不平衡张力。

（3）当不同的杆（塔）型或不同的导线排列方式相邻时，档距的大小应考虑到档中导线的接近情况，如换位杆（塔）间由于导线的交叉要适当减小档距。

（4）当杆塔的摇摆角不足时，应首先考虑在不增加杆高的情况下调整塔位和档距来解决。

（5）尽量避免出现孤立档（特别是小档距孤立档）。

3. 杆塔的选用

（1）尽可能地选用最经济的杆塔形式或高度，充分利用杆塔的使用荷载条件。

（2）尽量避免特殊设计杆塔，对较大转角杆塔应尽量降低杆塔高度。

（3）为充分利用地形，排位时高、矮塔应尽量配合使用。

杆位、杆型排定后，在断面图杆型头部标注杆塔号、杆型代号和杆高（铁塔一般标呼称高），在断面图下部说明栏的相应栏目中填写塔位标高、塔位里程、档距、耐张段长度和代表档距。

六、有关选线及定位的规定

（一）线路通过林区的要求

长期以来，林区树木是影响输电线路安全运行的最大隐患。近年来，保护树木林业资源已成为全社会的共识。对林区树木大规模砍伐即不符合森林法的要求，也不利于环境保护，同时林区树木砍伐的费用和森林植被恢复费用较高，造成了工程投资的增加。输电线路通过林区时应对沿线林区、林地和宜林地进行了勘察，线路路径应尽可能避开林区或沿林区边缘通过，并按要求考虑通道砍伐和林区高跨设计，以减少林木砍伐量，保护自然环境。

林区高跨是按树木的自然生长高度采用高塔跨越设计，其基本原则是：对竹林、成片树林、风景林、主要道路两旁的防护林、经济林等按高跨进行设计，对稀疏的个别林木（非古树和特殊保护的林木）在过分加高铁塔不经济的情况下，予以砍伐。

林区通道砍伐出的通道净宽度不应小于线路宽度加林区主要树种高度的 2 倍。通道附近超过主要树种高度的个别树木应砍伐。

（二）线路与建筑物平行接近和交叉的要求

送电线路不应跨越屋顶为易燃材料做成的建筑物。对耐火屋顶的建筑物，也应尽量不跨越，如需跨越时，应与有关单位协商或取得当地政府的同意。导线与建筑物之间的垂直距离在最大计算弧垂情况下，不应小于表 2 - 4 所列数值。

在无风情况下，导线与不在规划范围内的城市建筑物之间的水平距离，不应小于表 2 - 4 所列数值。

500kV 送电线路跨越非长期住人的建筑物或邻近民房时，房屋所在位置离地 1m 处最大未畸变电场不得超过 4kV/m。

距输电线路边导线投影 20m 处，80%时间，80%置信度，频率 0.5MHz 时的无线电干扰值应满足表 7-8 无线电干扰限值的要求。

表 7-8　无线电干扰限值

标称电压（kV）	110	220～330	500	750
限值（dB）	46	53	55	55～58

距输电线路边导线投影 20m 处，湿导线条件下的可听噪声限值应满足表 7-9 可听噪声限值的要求。

表 7-9　可听噪声限值

标称电压（kV）	110～500	750
限值 dB（A）	55	55～58

（三）线路与各种工程设施交叉和接近时的基本要求

1. 有关交叉跨越的定义

（1）居民区：工业企业地区、港口、码头、火车站、城乡等人口密集地区。

（2）非居民区：上述居民区以外的地区，均属非居民区。对于时常有人、有车辆或农业机械到达的房屋稀少的地区，也属非居民区。

（3）交通困难地区：车辆、农业机械不能到达的地区。

（4）通信线路：系指电报、电话、有线广播、铁道闭塞装置与信号、遥控、遥测等弱电流线路，按其重要性分三级：

一级——首都与各省（市）、自治区所在地及其相互间联系的主要线路；首都至各重要工矿城市、海港的线路以及由首都通达国外的国际线路；由邮电部指定的其他国际线路和国防线路；铁道部与各铁路局及各铁路局之间联系用的线路；以及铁路信号自动闭塞装置专用线路。

二级——各省（市）、自治区所在地与各地（市）、县及其相互间的通信线路；相邻两省（自治区）各地（市）、县相互间的通信线路；一般市内电话线路；铁路局与各站、段及站段相互间的线路，以及铁路信号闭塞装置的线路。

三级——县至区、乡的县内线路和两对以下的城郊线路；铁路的地区线路及有线广播线路。

2. 导线对地距离及交叉跨越

导线与地面、建筑物、树木、铁路、道路、河流、管道、索道及各种架空线路的距离，应根据最高气温或覆冰情况求得的最大弧垂和最大风速情况或覆冰情况求得的最大风偏进行计算。

计算上述距离，可不考虑由于电流、太阳辐射等引起的弧垂增大。但应计入导线架线后塑性伸长的影响和设计、施工的误差。重冰区的线路，还应计算导线覆冰不均匀情况下的弧垂增大。

大跨越的导线弧垂应按导线实际能够达到的最高温度计算。

送电线路与标准轨距铁路、高速公路及一级公路交叉，如交叉档距超过 200m，最大弧垂应按导线温度为+70℃（或+80℃）计算。

导线与地面的距离，在最大计算弧垂情况下，导线与山坡、峭壁、岩石之间的净空距离在最大计算风偏情况下，不应小于表 2-4 所列数值。

送电线路跨越弱电线路时，其交叉角、应符合表 7-10 的要求。

表 7-10　35～500kV 送电线路与弱电线路的交叉角

弱电线路等级	一级	二级	三级
交叉角	≥45°	≥30°	不限制

送电线路与甲类火灾危险性的生产厂房、甲类物品库房、易燃、易爆材料堆场以及可燃或易燃、易爆液（气）体储罐的防火间距不应小于杆塔高度加 3m，还应满足其他的相关规定（在通道非常拥挤的特殊情况下，可与相关部门协商，在适当提高防护措施，满足防护安全要求后，可相应压缩防护间距）。

送电线路与铁路、公路、河流、管道、索道及各种架空线路交叉或接近，应符合表 2-5 的要求。

公路等级的可划分为：

（1）高速公路为专供汽车分向、分车道行驶并应全部控制出入的多车道公路。

四车道高速公路应能适应将各种汽车折合成小客车的年平均日交通量25 000～55 000 辆；

六车道高速公路应能适应将各种汽车折合成小客车的年平均日交通量45 000～85 000 辆；

八车道高速公路应能适应将各种汽车折合成小客车的年平均日交通量 60 000～100 000辆。

（2）一级公路为供汽车分向、分车道行驶，并可根据需要控制出入的多车道公路。

四车道一级公路应能适应将各种汽车折合成小客车的年平均日交通量15 000～30 000 辆；

六车道一级公路应能适应将各种汽车折合成小客车的年平均日交通量25 000～55 000 辆。

（3）二级公路为供汽车行驶的双车道公路。

双车道二级公路应能适应将各种汽车折合成小客车的年平均日交通量 5000～15 000 辆。

（4）三级公路为主要供汽车行驶的双车道公路。

双车道三级公路应能适应将各种汽车折合成小客车的年平均日交通量 2000～6000 辆。

（5）四级公路为主要供汽车行驶的双车道或单车道公路。

双车道四级公路应能适应将各种汽车折合成小客车的年平均日交通量 2000 辆以下；

单车道四级公路应能适应将各种汽车折合成小客车的年平均日交通量 400 辆以下。

第三节　施工图设计阶段测量

一、选线测量

应配合设计人员根据批准的初步设计路径方案，应用仪器实地选定路径转角位置，并宜测定转角值。

为了保证协议区选定路径或坐标放线的准确性，应具备测量控制资料或地形图，设计人员应在现场指明相对位置。

当线路跨越一、二级通信线及地下通信电缆且交叉角小于或接近限值时，应用仪器测定路径，并施测其交叉角。应架设仪器于交叉点直接施测交叉角，提供锐角值。当交叉点位于水塘或其他不能设站或不能立尺时，仪器应设在路径直线上和被交叉线上组成三角形解析，如图 7-6 所示。

仪器分别架于β、γ测站，测取β、γ角值，则送电线路与通信线交叉角$\alpha=\beta+\gamma$。也可以根据现场条件利用测角和测边间接测量方法，应用三角函数关系计算求得交叉角值。

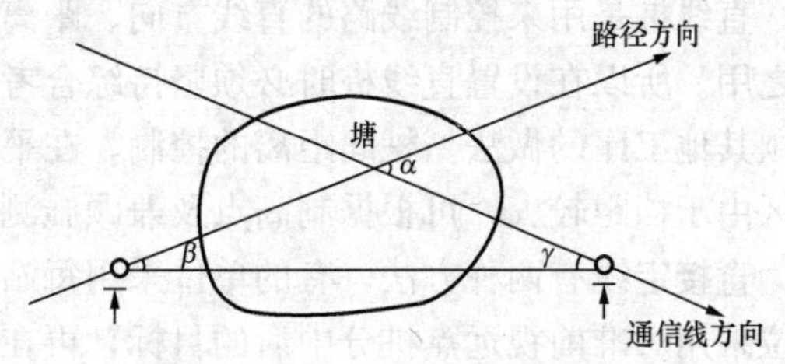

图 7-6　通信线与送电线路交于水塘时的测量方法

二、定线测量

（一）直接定线

直接定线可采用距离分中法或角度分中法。距离分中法的前视点位应取经纬仪正倒镜不同位置的中点。角度分中法的前视点位，应取经纬仪正倒镜两水平角的平分点。当采用电子经纬仪不能倒镜时，应逆时针加测水平角半测回。

直接定线后，应检测水平角半测回，并作记录，其角值允许偏差范围±1′。

直线桩（z）、转角桩（J）应分别按顺序编号，严禁重号。固定标桩的埋设，可根据工程具体情况确定。标桩规格可参照图 7-7。

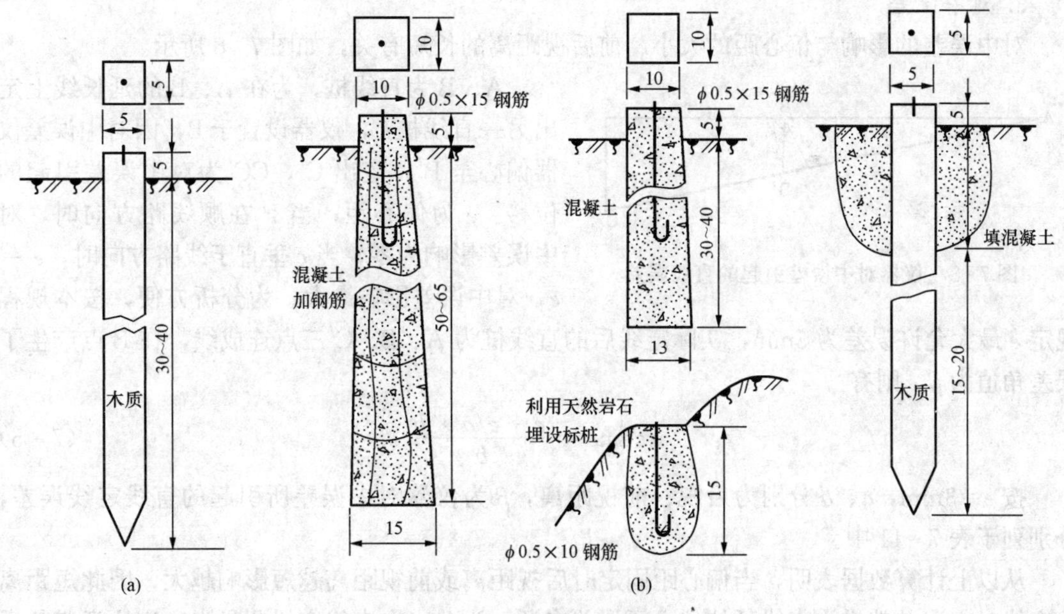

图 7-7　测量标桩规格

（a）一般标桩；（b）固定标桩

送电线路的标桩，主要有转角桩、直线桩、塔位桩以及测站加桩。由于我国幅员广阔、地理自然条件不同，多年来对于标桩的规格及埋设要求未能统一，从调研中了解多数单位是以木桩为主，也有的单位采用混凝土、铁桩，标桩的规格及尺寸也不一。从施工单位反映近些年来标桩的丢失损坏十分严重，给复测带来极大的困难。有些单位采取了经济措施，如与附近农民签订托管合同，收到一定的成效，值得发扬推广。但考虑到若离施工期较长，应适当埋设混凝土桩、铁桩之类的固定标桩。各地可结合工程的具体情况，因地制宜参照执行。

直线桩是用来控制线路的直线方向、距离、高程的，为施测平断面、交叉跨越、测定塔位之用。所以在设置直线桩时必须坚持综合考虑，力求兼顾的原则，要防止桩间距离超限而不顾其他工序的做法。桩间距离的控制，在平丘地区应以方便施测平断面和定塔位为主。在山区由于档距较大，可根据制高点及兼顾施测平断面、塔位位置选择桩位。

直接定线有两种方法，有的单位采用每站只钉一个前视桩就搬动仪器，逐站延伸。有的单位采用对准前视远点桩分中后的目标，再在其间加定直线桩。两种方法各有优缺点，各单位可根据自然地形条件和作业习惯作出选择。应用连续延伸直线法时，条文对于桩间累计距离也作了限制。至于高山区相对高差较大，档距超过 1km 以上的应以实际地形和档距而定。

（二）主要定线测量误差来源

1. 仪器误差

由于经纬仪校正不良而使水平角产生竖轴误差、视准轴误差和横轴误差。若取正倒镜读数的平均值，除竖轴误差不能消除外，其他误差均可得到消除。

2. 读数误差

如果刻度分划大，读数误差就大。若刻度最小分划值为 g，其读数中误差 $m_1 = \pm 0.116g$。对 DJ6 类型仪器，最小分划值为 $1'$ 时，读数中误差为 $7''$。若照明情况不佳，显微镜的目镜未调好焦，以及观测者的技术不熟练时，则读数中误差可能大大超过此值。

3. 对中误差

对中误差的影响与偏心距的大小、前后视距离的长短有关，如图 7-8 所示。

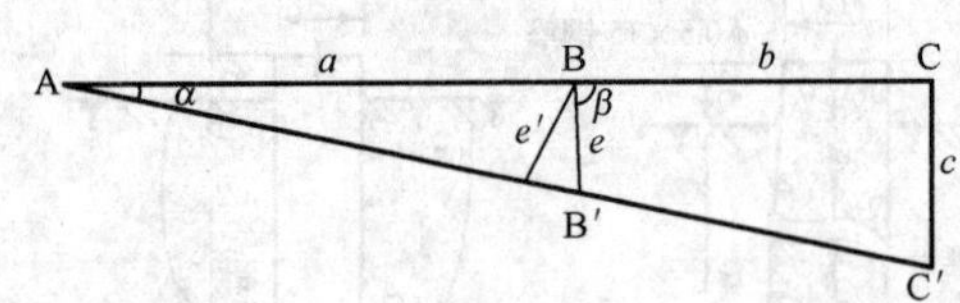

图 7-8 仪器对中误差引起的直线误差

A、B 为直线桩，为在 A、B 的延长线上定出另一直线桩 C，仪器设置于 B，因对中误差仪器偏心至 B′，定出 C′，CC′为对中误差引起的位移。e 为偏心距，当 P 在顺线路方向时，对中误差影响为零，当 e 垂直于线路方向时，$e'=e$，对中误差影响最大。为分析方便，按本规程规定 e 最大允许误差为 3mm，实际定线后的直线桩为 A、B、C′三点连成线，在 B 点产生了误差角值为 β。则有

$$\arctan\rho = \frac{e + e/a \times b}{b} \tag{7-5}$$

按 e=3mm，a、b 分别为后视、前视距离，β 为仪器对中误差所引起的直线定线误差，分别列于表 7-11 中。

从以上计算数据表明，当偏心距固定时后视距离或前视距离越短影响越大，因此短距离的定线对中误差就成为直线延伸的主要误差来源。为此，在直线定线测量中，应注意避免后视距离或前视距离 200m 以下。

表 7-11　对中误差所引起的直线定线误差

a（m）	b（m）	β	a（m）	b（m）	β	a（m）	b（m）	β
10	10	2′3.8″	20	10	1′32−8″	30	10	1′22.5″
	20	1′32.8″		20	1′01.9″		20	51.6″
	30	1′22.5″		30	1′51.6″		30	41.2″
	40	1′17.4″		40	46.4″		40	36.1″

续表

a（m）	b（m）	β	a（m）	b（m）	β	a（m）	b（m）	β
10	50	1′14.3″	20	50	43.3″	30	50	33.0″
	100	1′8.1″		100	37.1″		100	26.8″
	200	1′5.0″		200	34.0″		200	23.7″
	300	1′3.9″		300	33.0″		300	22.7″
	400	1′3.4″		400	32.5″		400	22.2″
	500	1′3.1″		500	32.2″		500	21.9″
	1000	1′2.5″		1000	31.6″		1000	21.2″
	1200	1′2.4″		1200	31.5″		1200	21.1″
	1500	1′2.3″		1500	31.4″		1500	21.0″
40	10	1′17.4″	50	50	1′43.3″	80	10	1′9.6″
	20	46.4″		20	43.3″		20	38.7″
	30	36.1″		30	33.0″		30	28.4″
	40	30.9″		40	27.8″		40	23.2″
	50	27.8″		50	24.8″		50	20.1″
	100	21.7″		100	18.6″		100	13.9″
	200	18.6″		200	15.5″		200	10.8″
	300	17.5″		300	14.4″		300	9.8″
	400	17.0″		400	13.9″		400	9.3″
	500	16.7″		500	13.6″		500	9.0″
	1000	16.1″		1000	13.0″		1000	8.4″
	1200	16.0″		1200	12.9″		1200	8.2″
	1500	15.9″		1500	12.8″		1500	8.2″
100	40	21.7″	200	40	18.6″	300	300	4.1″
	50	18.6″		50	15.5″		400	3.6″
	80	13.9″		80	10.8″		500	3.3″
	100	12.4″		100	9.3″		1000	2.7″
	200	9.3″		200	6.2″		1200	2.6″
	300	8.2″		300	5.2″		1500	2.5″
	400	7.7″		400	4.6″		350	3.5″
	500	7.4″		500	4.3″		400	3.3″
	1000	6.8″		1000	3.7″		500	3.0″
	1200	6.7″		1200	3.6″		1000	2.3″
	1500	6.6″		1500	3.5″		1500	2.2″
500	500	2.5″	600	600	2.1″	700	700	1.8″
	1000	1.9″		1000	1.7″		1000	1.5″
	1200	1.8″		1200	1.6″		1200	1.4″
	1500	1.7″		1500	1.4″		1500	1.3″

中心偏距的大小与作业时气候条件及对中方法有关。当采用垂球对中时，受风力影响很大，风力4级以上时，可使偏距达到8mm，应避免采用。随着测绘仪器的发展，目前一般均采用光学对中，因此一般情况 $e=3$mm 是可以达到的，并考虑到定线后视与前视长度在300m以上时，按计算可取对中误差 $m_m=5''$。

因为一经对中后，则前后视点之差反映不出来，所以对分中后点位的影响仍为 m_m。

根据多年送电线路定线实践总结，短距离条件定线的情况很少出现，只有出现“面包型”山脊或山间砍伐树木较多时，不得已情况下才会遇见。为了减小短距离定线的误差，应采用以下措施：

（1）在架设仪器时，为减少对中误差，仪器基座三个脚螺旋应使其中两个与直线方向平行，而第三个脚螺旋调整使其对中后，另两个脚螺旋只是在直线方向上调整移动；

（2）清除桩位视线障碍物，力求瞄准桩上钉子；

（3）无法瞄准钉子时，用仪器竖丝指挥目标立直，并用支撑立稳，尽可能照准目标下部。

过去一些人认为，后视距离远，前视短，定直线精度高，从表7-11统计证明，前视或后视距离的同样大小所产生直线误差是一样的。而且前视距离短，再向前延伸直线，转站后原前视距离变为后视距离，影响直线误差更大。

4. 照准误差

十字丝和所照准的测杆各有粗细，因此，当观测点近时［见图7-9（a）］，应使十字丝位于测杆的中心，而当观测点远时，［见图7-9（b）］，应使测杆物像位于十字丝的中心。即使如此，在任何情况下，照准误差也多少是不可避免的。

照准误差随观测点的远近而不同。通常观测用的测杆有：直径为30mm的花杆，直径为20mm的金属标杆及直径为4mm的测杆等。照准距离 l 和视准误差 α 的关系如图7-10所示。照准距离越短，则视准误差就越大。因此，为了精确地观测水平角，应采用较细的测杆，并应使照准距离长一些。

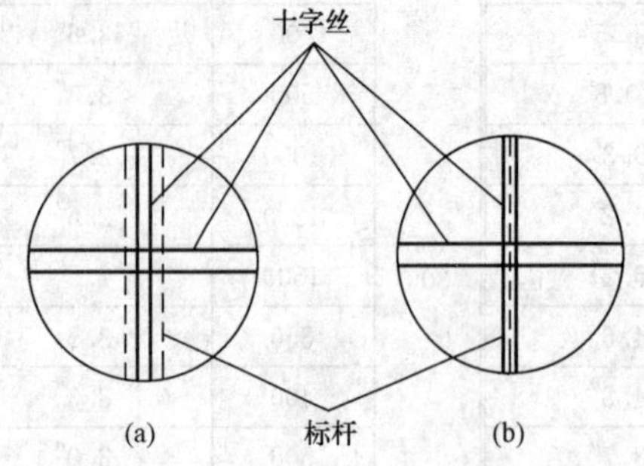

图7-9　十字丝和测杆物象的关系
（a）双丝夹目标；（b）单丝平分目标

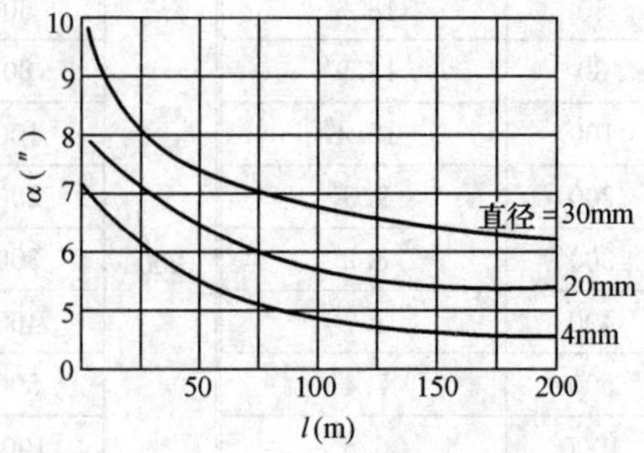

图7-10　照准距离 z 和视准误差 α 的关系

影响照准精度的因素很多，如望远镜的放大倍率、照准方法、成像清晰、背景好坏、气流影响以及十字丝粗细等。现单从分析望远镜的鉴别率着手。设人眼的鉴别率为 P，则人眼通过望远镜照准目标时鉴别率 $\alpha=P/V$（V 为望远镜放大倍率），一般 $P=30''\sim120''$。当观测条件不好时，可取 $P=120''$，若 $V=25$，则 $\alpha=5''$。另据我国仪器标准规定：对于DJ6型经纬仪鉴别率不应大于4.5″，因此可取$\alpha=5''$。

设一次照准的中误差为m_z，前后视照准两次决定一个点位，其照准误差的影响为$\sqrt{2}m_z$。两次点位之差的中误差为$\sqrt{2}\times\sqrt{2}m_z$，取中后照准误差的影响为$\sqrt{2}\times\sqrt{2}m_z/2=m_z$，所以也是相当于单次照准时误差的影响，即$m_q$。

5. 目标倾斜误差

如图7-11所示，A为测站，B为立花杆点，花杆长BC为h，对垂直位置的倾角为α，则由于目标倾斜产生的直线偏移角Q为

$$Q=h\times\alpha/S \tag{7-6}$$

式中　h——照准目标的高度，m；

α——目标倾斜度，(′)；

S——照准目标距离，m。

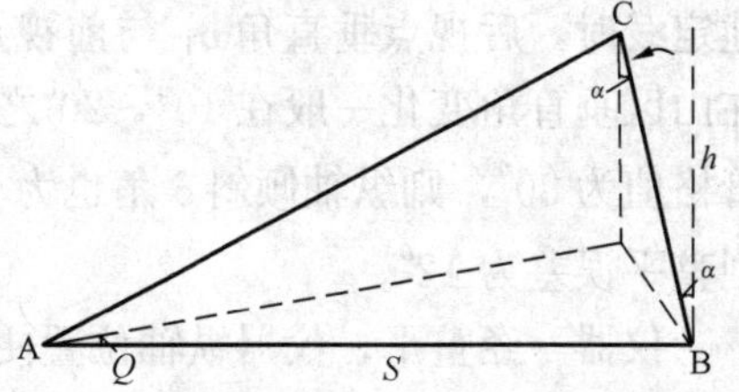

图7-11　目标倾斜产生的直线偏移角

由于花杆倾斜时，可用仪器纵丝指挥立直，花杆的倾角α平均在30′左右。当用仪器纵丝指挥立直后，且用小竹竿支撑握牢，则可达到15′以内，现分别取$\alpha=30'$、$\alpha=15'$，代入式（7-4），其结果见表7-12、表7-13。

表7-12　目标倾斜30′产生的直线偏移角

h（m） \ Q（′） \ S（m）	100	200	300	400	500
3	0.90	0.45	0.30	0.22	0.18
2	0.60	0.30	0.20	0.15	0.12
1	0.30	0.15	0.10	0.08	0.06
0.5	0.15	0.08	0.05	0.04	0.03

表7-13　目标倾斜15′产生的直线偏移角

h（m） \ Q（′） \ S（m）	100	200	300	400	500
3	0.45	0.22	0.15	0.11	0.09
2	0.30	0.15	0.10	0.08	0.06
1	0.15	0.08	0.05	0.04	0.03
0.5	0.08	0.04	0.02	0.01	0.01

目标竖立不直或偏心，其误差影响与仪器对中的情况相似，即偏心相同时，边短者，其影响大，但与角度的大小无关。当目标倾斜的方向和直线方向一致时，则误差影响为零；当目标倾斜方向与直线方向相垂直时，则误差影响为最大。并与目标倾斜偏离直线的距离、前后视距离的长短有关。

由于前后四次照准时目标倾斜误差的影响也是同照准误差一样，所以也是相当于单次照准时目标倾斜误差的影响，即m_q。

考虑送电线路定线前视或后视距离在 300m 以上，一般照准目标 1.5m 左右的高度，因此可取 $m_q=6''$。

6. 仪器整平误差

仪器整平误差的影响有两种，一种是使度盘不水平，另一种是使水平轴不水平，由于延长直线时，不需用度盘读数，因此第一种影响可以不考虑。第二种情况，因水平轴倾斜在平地定线时，后视点垂直角 α_1 与前视点垂直角 α_2 关系为 $\alpha_1\approx\alpha_2\approx0°$，则整平误差影响很小。在山区垂直角变化一般在 10°～20°之间，整平误差允许气泡偏一格，根据 DJ6 型经纬仪水准管格值为 30″，则纵轴倾斜 δ 角也为 30″，一般取倾角 $i=\delta/\sqrt{2}$，考虑最不利情况 $\Delta i=0.6i$，则整平误差为 12″。

仪器一经整平，仪器纵轴位置便已固定，所以在两前视点中也反映不出来，因此对分中后的影响仍为 m。

根据误差传播定律写成：

$$m_{\Sigma}=\pm\sqrt{m_r^2=m_m^2+m_q^2+m_z^2+m^2} \tag{7-7}$$

由前面分析过的数据：山区定线

$m_r=\pm7''$、$m_m=\pm5''$、$m_q=\pm5''$、$m_z=\pm5''$、$m=\pm12''$ 代入式（7-5）得 $m_{\Sigma}=\pm16''$，最大误差则为±32″。

若平地定线，则 $m_{\Sigma}=\pm\sqrt{m_r^2+m_m^2+m_q^2+m^2}$，将前述数据代入得 $m_{\Sigma}=\pm11''$，最大误差则为±22″。当采用正倒镜距离分中法时不存在水平角读数误差。

结论：应用 DJ6 型经纬仪正倒镜分中定线测量，其分中后点位偏离直线的精度：山区不超过 32″，平地不超过 22″。考虑到实际作业时受外界各种影响较大，前后视距离不一定相近，因此本条规定直线桩中心允许偏差范围为±1′。采用本规定方法是可以满足要求的。从设计要求看，当直线塔中心偏离直线方向 3′～4′时，对塔所引起的垂直于直线方向的水平荷重、导线放电间隙的改变及绝缘子串歪斜都是允许的。从施工工艺的要求看，当直线精度满足 1′时，对于塔中心偏离直线及绝缘子歪斜，肉眼是觉察不出的。综合上述，认为定线精度规定为±1′是合理的。

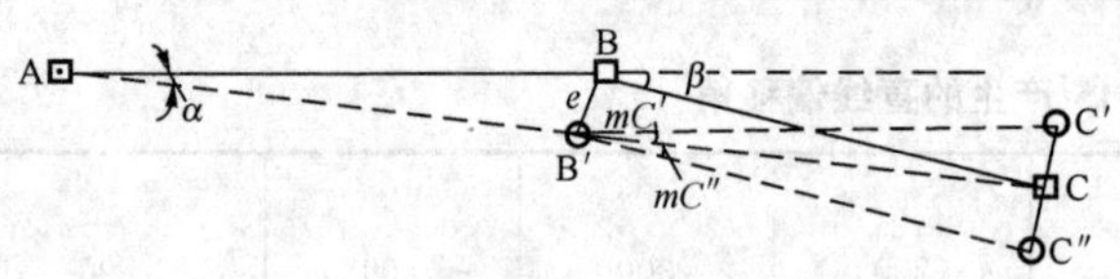

图 7-12　直线定线检测误差图

定好前视直线桩后，检测半测回，如图 7-12 所示。

仪器设站于 B，实际对中于 B′，检测半测回 C 点角值对于 C′（或 C″）所得点位中误差为

$$mC'=\pm\sqrt{(\sqrt{2}m_z)^2+(\sqrt{2}m_q)^2+(\sqrt{2}m_r)^2} \tag{7-8}$$

将前述分析数据代入得 $m_{C'}=\pm12''$，最大误差为±24″，因为仪器没有重新对中，实际上的对中误差没有反映出来，检测的角值是正倒镜分中后的角值，因此半测回检测直线的误差并不能反映直线的精度，只能判断直线定线是否存在着粗差。

根据对定线的误差分析，由于短距离定线，对中、照准的误差影响很大，必须采取相应的措施才能满足±1′范围内的要求。

正倒镜两前视点点位之差的限差要求作出规定才能确保直线的精度，如图 7-13 所示。

因为直线定线是按设定的180°放样的，在延伸直线仪器对中设站后中误差、整平误差在直线误差中反映不出来，所以首先考虑读数误差、照准误差及目标倾斜误差的影响。定一前视点是通过两次照准，因此一前视点点位中误差（即半测回）为

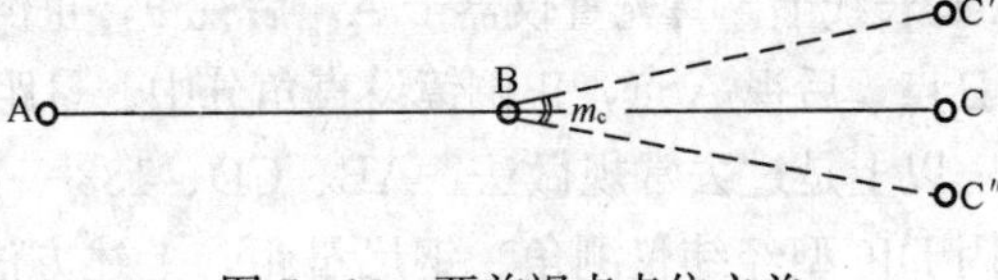

图7-13　两前视点点位之差

$$m' = \pm\sqrt{(\sqrt{2}\times m_z)^2 + (\sqrt{2}\times m_q)^2 + (\sqrt{2}\times m_r)}\qquad(7-9)$$

两前视点之差的中误差（即测回）为

$$m'' = \pm\sqrt{2}m' = \pm 2\times\sqrt{m_z^2 + m_q^2 + m_r^2}\qquad(7-10)$$

将 $m_z = \pm 5''$、$m_q = \pm 5''$、$m_r = \pm 7''$ 代入式（7-8）得 $m_\Sigma = \pm 20''$，最大误差为±40″。当采用正倒镜距离分中法时，不存在水平角读数误差。

因为考虑到仪器视准轴和水平轴的影响，特别是竖轴误差的影响以及对中、整平等误差的影响，则最大容许误差可取±1′。

在图7-13中，B为测站点，A为后视点，C为直线延长线上桩位。m_Δ为两前视点点位之中误差，C′及C″就是由于定线误差而定出的两前视点。对于直线BC不同的长度，相应有一个C′C″值，在定线测量时，根据不同的距离，来控制两前视点间的位移值，便能使定线误差阻止在1′之内，近似值每百米按比例递增为6cm，精确值按允许中误差 $m = S\times\tan 0.02'$（S为距离，单位为m）。

根据送电线路直线允许偏离范围不应大于±1′的要求，对于转角塔位同样适用。按照此要求对于施工复测时与设计值之差不应大于1′30″是一致的，因为两次之差的允许值为

$$2\sqrt{2}\times 30'' = 84'' \approx 1'30''$$

表7-14为用OJ2型经纬仪检验DJ6型经纬仪直线定线精度表。

表7-14　　用OJ2型经纬仪检验DJ6型经纬仪直线定线精度表

后视		前视		正倒镜两前视点之差			用DJ2检测直线的误差值		
距离（m）	高差（m）	距离（m）	高差（m）	最小值（m）	最大值（m）	平均值（m）	最小值	最大值	平均值
300	+4.18	500	−10.1	0.044	0.118	0.073	180°0′0″	180°0′4″	180″0′3″
80	−8.8	420	−44.5	0.068	0.092	0.081	180°0′1″	180°0′6″	180°00′25″

要满足测角误差±1′的要求，采用DJ6型经纬仪即可，但必须指出：转角的施测必须照准相邻的两直线桩测角，禁止对转角附近的方向桩测角，以免引起误差的超限。测角记录应记至秒，成果取至分。这对于离施工期较长需要交桩恢复直线桩位有益处。

7. 间接定线误差

间接定线影响直线精度主要是横向误差，现将两种图形精度分析如下。

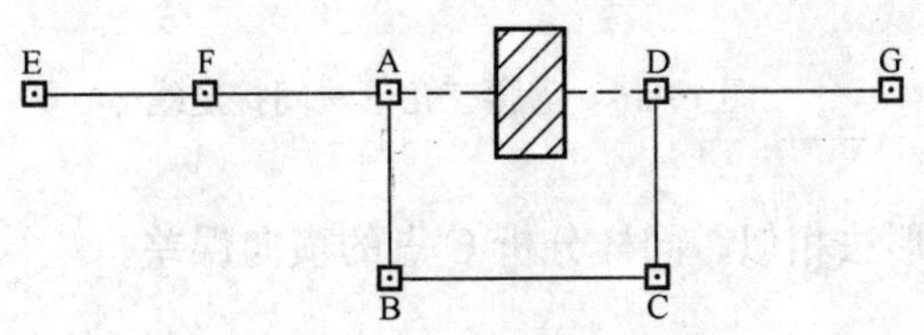

图7-14　矩形法定线示意图

（1）矩形法定线，如图7-14所示。

图7-14中F、A、D应为一条直线上，因有障碍物，使AD不通视，为定出D使其在

FA延长线上。首先置仪器于A，后视F，正倒镜设直角、量距取中分中定出B点。再置仪器于B点，后视A点，正倒镜设直角分中、量距取中后定出C，同法置仪器于C，定出D。

以上是过去常规做法，AB、CD、133一般边长较短，根据误差分析和多年的实际经验，运用DJ6型经纬仪测角、钢尺量距，上述方法是不能满足直线偏离允许±1′要求的。

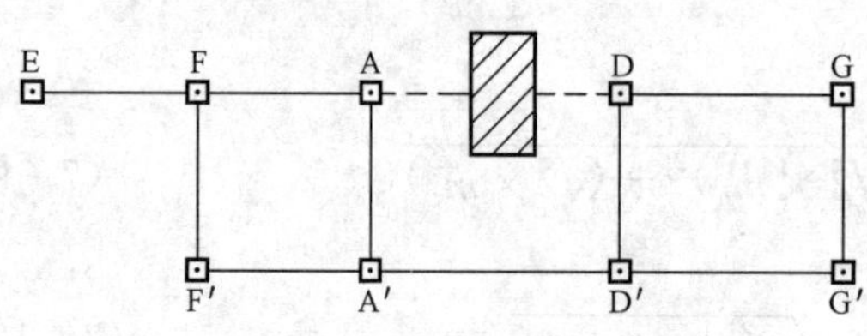

图7-15 双矩形法间接定线

作为送电线路的直线定线含义是指三点连成的相邻两条线是否是一条直线，以中间点来说，后视一条边，前视一条边，其测量误差造成中间点夹角。F、A、D之间边长较短，允许的横向误差较小，矩形的边长也很短，从前面论述，对中误差、照准误差等很大，造成的测角中误差很大。障碍物周围地形条件并非很平坦，有些地方还有草丛灌木，量距不便，特别是钢尺量距，精度较低。根据以往对某些工程复测检查结果，用DJ6型经纬仪测角、钢尺量距延伸的直线偏离误差±1′内要求达不到。其解决的方法是采用双矩形法，如图7-15所示。

在图7-15中，AD不通视，置仪器于F，后视E，正倒镜分中定出A和转90°定出F′，再设站于A转270°量取AA′等于FF′。仪器设站于F′后视F转90°对准A′检查误差是否在容许范围之内。若满足要求则以向前纵丝定出D′、G′，再分别设站D′、G′后视F′转90°定出D、G。为确保直线可靠性，在D站转90°检验G是否在直线上，若满足要求再往前延伸直线。

直线上的横坐标理论值为0，纵坐标值为各点累距，各点累距之差为桩间距离。

影响直线横坐标误差公式为

$$M_y^2 = (S \times \sin\alpha \times \Delta S/S)^2 + (S \times \cos\alpha \times \Delta\alpha)^2 \tag{7-11}$$

式中 M_y——横坐标误差，m；

S——矩形边长，m；

ΔS——量距误差，m；

α——转角度；

$\Delta\alpha$——测角误差。

根据式（7-9）可以看出，转角90°（或270°）时，测角误差引起的正弦函数值变化影响很小，这样影响横坐标误差主要是取决于量距的精度。在F′、D站又可对直线精度进行校核，因此所定直线的精度是可靠的。

（2）等腰三角形法，如图7-16所示。

在图7-16中，F、A为直线桩，欲定出C桩，中间遇有障碍物不通视，为此，先置仪器于A，后视F，正倒镜设角180°+β，量距S定B，再置仪器于B，后视A，正倒镜设角180°—2β，量距S定C，最后置仪器于C，后视B正倒镜分中设角180°+β，则可定出G。

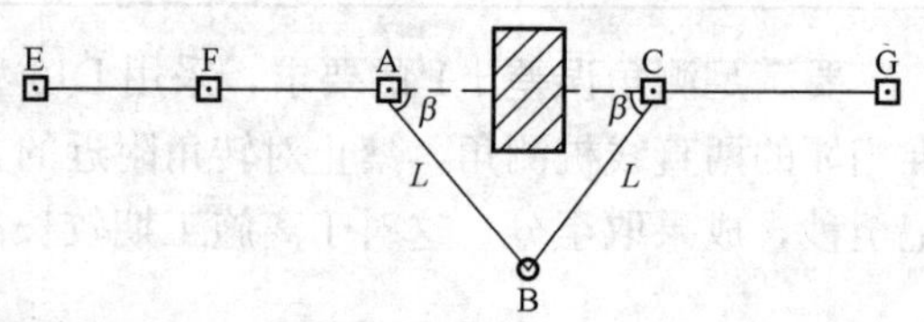

图7-16 等腰三角形法间接定线

由于设角、量距误差，引起G点的位移，与矩形法相似，同样分析C点的横向误差。

根据误差传播定律，则C点的横向误差为

$$m_C^2 = m_{CA}^2 + m_{CB}^2 + 2m_{CS}^2 \tag{7-12}$$

式中　m_C——C 点横向位移中误差；

m_{CA}——A 点设角误差对 m_C 的影响；

m_{CB}——B 点设角误差对 m_C 的影响；

m_{CS}——量距误差对 m_C 的影响。

又根据测角量距等影响原则可得

$$m_L = \pm m_C/2 \times \sin\beta \quad (7-13)$$

$$m_\beta = \pm \rho \times m_C/\sqrt{2} \times \sqrt{5} \times S \times \cos\beta \quad (7-14)$$

式中　m_L——量距中误差，m；

m_C——C 点横向位移中误差，$m_C = AC \times 1/\rho/2$；

β——角值；

ρ——206 265″。

从式（7-11）、式（7-12）可以看出，量距、测角精度与 AC 间距离长短及夹角大小有关。

为了检核延伸直线是否满足允许偏差 ±1′之内，可采用 AC 延长线上加测一点，如图7-17所示。

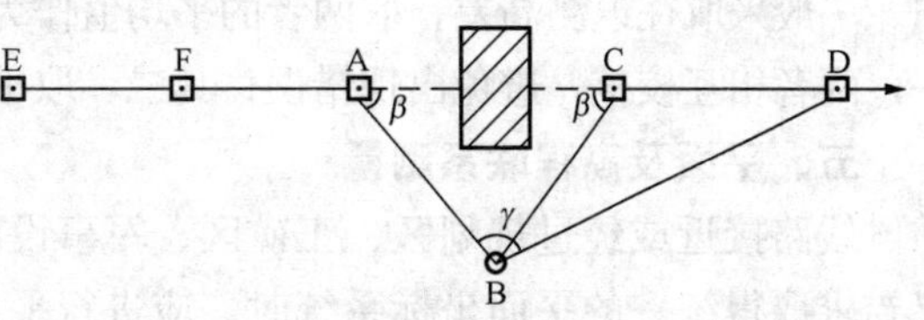

图 7-17　等腰三角形法间接定线加测点检测

当仪器架设 B 站放样 C 点的同时，根据所测，角值与 D 横坐标值为 0 的函数关系，算出 BD 间距离定出 D 桩。在 C 站根据等腰三角形角值关系所得延伸直线方向是否与 D 点一致，若相差在±1′以内，证明直线是比较可靠的。CD 间距大于 100m 为宜。

三、桩间距离测量

随着新技术新设备的运用与发展，目前各大勘测单位运用光电测距仪已很普遍，采用光电测距仪测距具有精度高、速度快、经济效益好的优点。对于 500kV 送电线路来说，规程规定应采用光电测距仪测距，淘汰视距法测距的落后作业方式，是符合先进技术发展的潮流。

两测回距离较差的相对误差不大于 1/1000，并不是指测距本身的精度要求，而是以此判断是否发生粗差问题。超限时，应补测一测回，选用其中合格的两测回成果，否则应重新施测两测回。

由于光电测距仪具有测距长、精度高、速度快等优点，如果是一个作业组专门进行定线和测距，逐站观测当然工作失误少，但为了减少频繁迁站、减少砍伐树木、提高工作效率，也可以以同一测站连续测取多段距离求得其他相邻桩间距离和高差。根据以往经验，只要认真画好桩位关系草图和注记，距离高差数据是可以避免发生错误的，而工作效率则大大提高了。

光电测距应遵守下列规定：

（1）必须严格执行仪器使用说明书的规定和操作步骤；

（2）测距时宜暂停对讲机通话；

（3）架设仪器后，测站、镜站不得离人；

（4）当两镜站处于同一视准线高度时，应测定一站后，再安置另一站的棱镜，不得将棱镜同时对准测距仪；

（5）严禁将照准头对向太阳。

四、高差测量

高差测量应与测距同时进行，其要求应采用三角高程测量两测回。两测回的高差较差不应大于 $0.4S_m$（S 为测距边长，以 km 计，小于 0.1km 时按 0.1km 计）。仪器高和棱镜高均量至厘米，高差计算至厘米，成果采用两测回高差的中数，取至分米。

由于采用光电测距仪，因此量距精度易达到 1/2000 以上。配备的经纬仪有 DJ6、DJ2 型两种，即使以 DJ6 型经纬仪取测角精度 $m_a=\pm0.5'$，垂直角在 20°的情况下，以 2 倍中误差为极限误差，也能满足 $\pm0.4S_m$ 的限差要求。

当距离超过 400m 时，高差应按式（7-15）进行地球曲率和大气折光差改正：

$$r=(1-K)/2R\cdot S^2 \tag{7-15}$$

式中　R——地球平均曲率半径，m。当纬度为 35°时，R=6371km。

S——边长，m。

K——大气折光差系数，取 0.13。

当高差较差超限时，应补测一测回，选用其中两测回合格的成果，否则应重新施测两测回。一般采取往返测高差，取两者的平均值作为高差。采用往返测高差具有两方面的好处，其一，两者相互校核，避免出现错误；其二，取平均值可以抵消地球曲率和大气折光差改正。

五、平面及高程联系测量

线路接近或经过规划区、工矿区、军事设施区、收发信号台及文物保护区等地段，当协议要求取得统一的平面坐标系统时，应进行平面坐标联系测量。

平面联系测量方法，宜采用 GPS 测量，也可采用图解、导线及交会等方法。

平面联系测量中，转角塔中心点位中误差的精度限差，不应大于协议区用图图面的 0.6mm。有特殊要求时，按其精度要求执行。

线路起讫点，宜采用与变电站统一的高程系统。

线路通过河流、湖泊、水库、河网地段及水淹区域，应根据水文专业的需要进行洪痕点及洪水位高程的联系测量。

高程联系测量可采用光电测距三角高程测量或图根水准测量。当测量的路线长度大于 10km 时，应采用四等水准测量或四等三角高程测量。有特殊要求时，应按其要求确定高程测量等级。

光电测距三角高程测量精度要求应符合表 7-15 规定。图根水准测量技术要求应符合表 7-16 规定。

表 7-15　　光电测距三角高程测量精度要求

等级	仪器型号	测　回　数	指标差较差	垂直角测回较差	对向观测高差较差（m）	附和或环形闭合差（m）
一级	DJ2	中丝法 2	±15	±15	±0.2S	$\pm0.07\sqrt{n}$
二级	DJ2	中丝法 1	—	±30	±0.4S	$\pm0.1\sqrt{n}$
	DJ6	中丝法 2				

注　1. S—测距边长，km；n—测距边数，条。

2. 仪器高和照准目标高均量至 0.5cm。

3. 垂直角计算至秒，高程算至毫米，成果取中数，取位至厘米。

4. 计算高差时应进行地球曲率和大气折光差改正。

表 7-16　　图根水准测量技术要求

每千米高差中误差(mm)	附和路线长度(km)	水准仪型号	水准尺	观测次数	往返测较差(mm)	
					平 地	山 地
±20	≤10	S10	普通	往返各一次	$\pm 40\sqrt{S}$	$\pm 12\sqrt{n}$

注　S—路线长度（km）；n—测站数。

六、平面及断面测量

（一）一般规定

当设计需要时，应搜集或施测线路的起讫点和变电站相对位置的平面图。变电站进出线平面图图式如图 7-18 所示。

对线路中心线两侧各 50m 范围内有影响的建（构）筑物、道路、管线、河流、水库、水塘、水沟、渠道、坟地、悬岩和陡壁等，应用仪器实测并绘于平面图上。线路通过森林、果园、苗圃、农作物及经济作物区时，应实测其边界，注明作物名称、树种及高度。

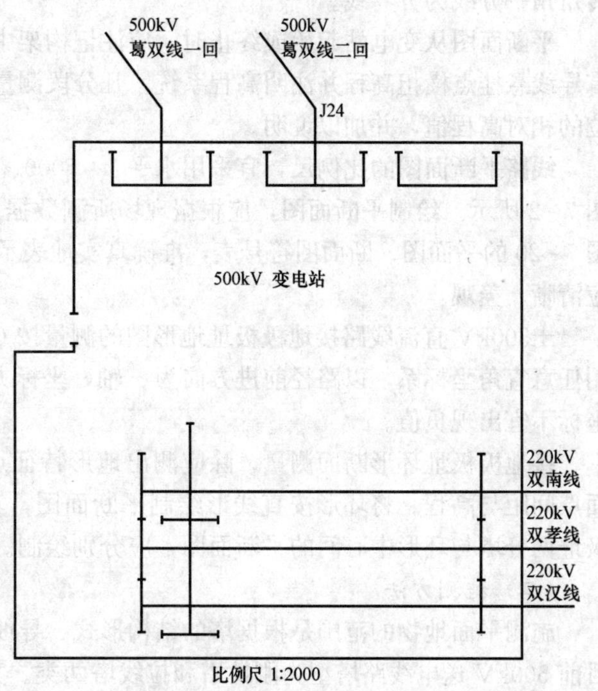

图 7-18　变电站进出线平面图图式

注：1. 应由设计人员提供变电站总平面布置图和相关的放样数据；
2. 应配合选线人员现场确定的位置进行施测。

线路平行接近通信线、地下电缆时，应按设计要求实测或调绘其相对位置。

断面测量可采用视距、光电测距、直接丈量等方法测定距离和高差，施测平断面应绘草图。当采用视距半测回测定断面点的高差时，垂直度盘的指标差不应大于 0.5′，超限时应进行改正。断面点宜就近桩位观测。视距长度不宜超过 300m，否则应进行正倒镜观测一测回，其距离较差的相对误差不应大于 1/200，垂直角较差不应大于 1′，成果取中数。

当桩间距离较大或地形与地物条件复杂时，应加设临时测站。采用光电测距仪加设临时测站，应同向两测回或对向各一测回，距离较差相对误差不大于 1/1000。采用视距加设临时测站，应进行对向各一测回，距离较差相对误差不大于 1/200，高差较差限差与上述相同。

选测的断面点应能真实地反映地形变化和地貌特征。断面点的间距，平地不宜大于 50m。独立山头不得少于三个断面点。在导线对地距离可能有危险影响的地段，断面点应适当加密。对山谷、深沟等不影响导线对地距离安全之处可中断。

当边线地形比中心断面高出 0.5m 时，必须加测边线断面，施测位置应按设计人员现场确定的导线间距而定。路径通过缓坡、梯田、沟渠、堤坝时，应选测有影响的边线断面点。

当遇边线外高宽比为 1∶3 以上边坡时，应测绘风偏横断面图或风偏点。风偏横断面图的水平与垂直比例尺应相同，可采用 1∶500 或 1∶1000，一般以中心断面为起画基点。当中心断面点处于深凹处不需测绘时，可以边线断面为起画基点。当路径与山脊斜交时，应选测两个以上的风偏点，各点以分式表示，分式上方为点位高程，下方为垂直中线的偏距，偏距前面冠以 L 或 R（L 表示左风偏点，R 表示右风偏点）。

平断面测量，直线路径应以后视方向为 0°，前视方向为 180°。当在转角桩设站测量前视方向断面点时，应将水平度盘置于 180°，对准前视桩方向。前后视断面点施测范围，是以转角角平分线为分界线。

平断面图从变电站起始或终止时，应注记构架中心地面高程，并根据设计需要，施测已有导线悬挂点横担高程并注明高程系统。凡分段测量，相邻两段均应在图纸上注明接合处桩位的相对高程值，并加以说明。

线路平断面图的比例尺，宜采用水平 1∶5000、垂直 1∶500。输电线路平、断面图样如图 7-2 所示。绘制平断面图，应根据现场所测数据和草图，依照 GB/T 5791 及图 7-19 与图 7-20 的平面图、断面图符号表，准确真实地表示地物、地形特征点的位置和高程。图面应清晰、美观。

±500kV 直流线路接地极极址地形图的测量按 GB 50026 有关规定执行。坐标系统可采用任意直角坐标系，以路径前进方向为 x 轴，坐标方位角为 0°，与之相垂直的方向为 y 轴。坐标不宜出现负值。

接地极极址环形断面测量，除应测出地形特征点外，还应在环形线上每隔 20m 测出断面点间距与高程。将环形按直线形绘制平断面图，其表示方法按图 7-19、图 7-20 所示。极址两分塔与环形中心间的平断面图，应分别绘制。

（二）施测方法

施测平面地物的范围是根据塔的结构形式、导线水平排列宽度和电气的影响而定的。就目前 500kV 送电线路塔型为刚性塔和拉线塔两类。其中以拉 V 塔的平面影响范围大。从设计文献中得知，最高拉 V 塔呼称高为 36m，从中求得拉线投影的距离和拉线盘的保护范围合计约为 35m，为了满足设计排位的要求，应配合设计人员对现场地物范围进行测绘。

由于森林法的实施及国家对农民利益的保护政策，对路径跨越植被品种、范围等应由概算人员调查清楚。

施测断面的方法有两种情况：一是全档观测（从设站桩测至邻桩断面点）；另一种是近站观测（在设站处观测两侧各不大于 1/2 桩间距离的断面点）。前者架站少，在山区断面观测中多被采用。后者架站多，需逐站挺进。从实践和理论分析证明，全档视距观测精度低，即使采用光电测距仪精度很高，但由于视线长，观测员或绘图员对地形地物勾绘或连接困难，容易造成漏测或错绘现象，因此要求近站观测。

中线断面点的选取直接与设计排位有关。断面点的选取，应从导线弧垂变化对地面安全距离的相互关系中，以及使用塔型的条件需要进行考虑，应能反映地形变化特征和地物的位置。根据山区实际情况，塔位立在山头制高点或附近位置，而导线最大弧垂处，一般对应地

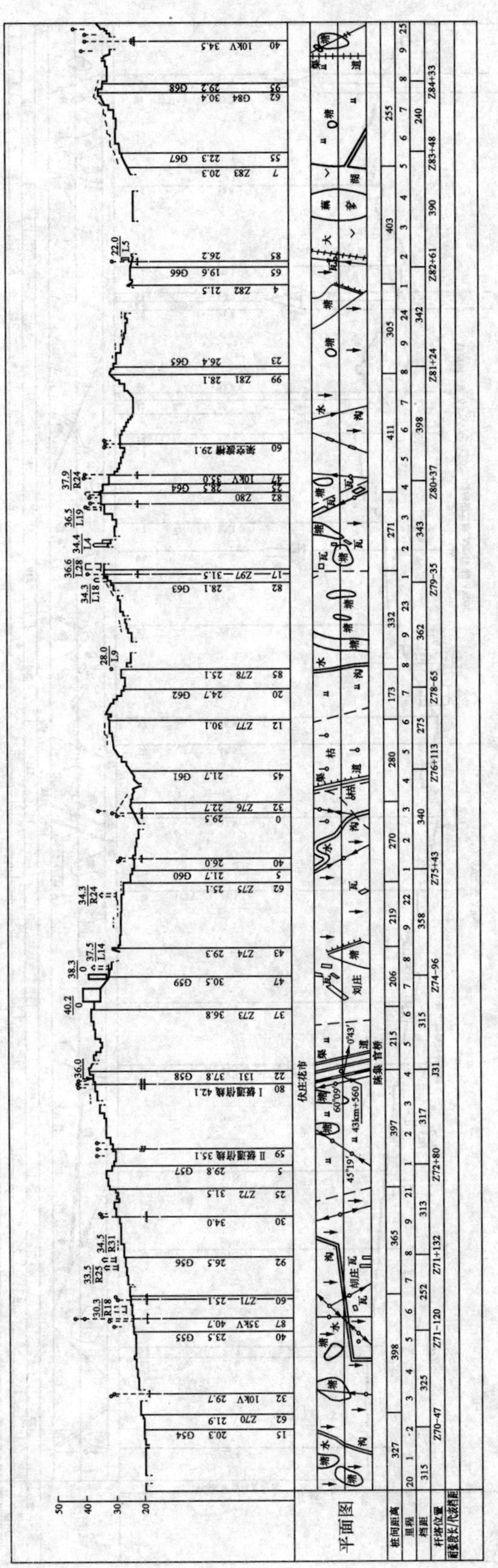

图7-19　输电线路平断面图样图（平丘区）

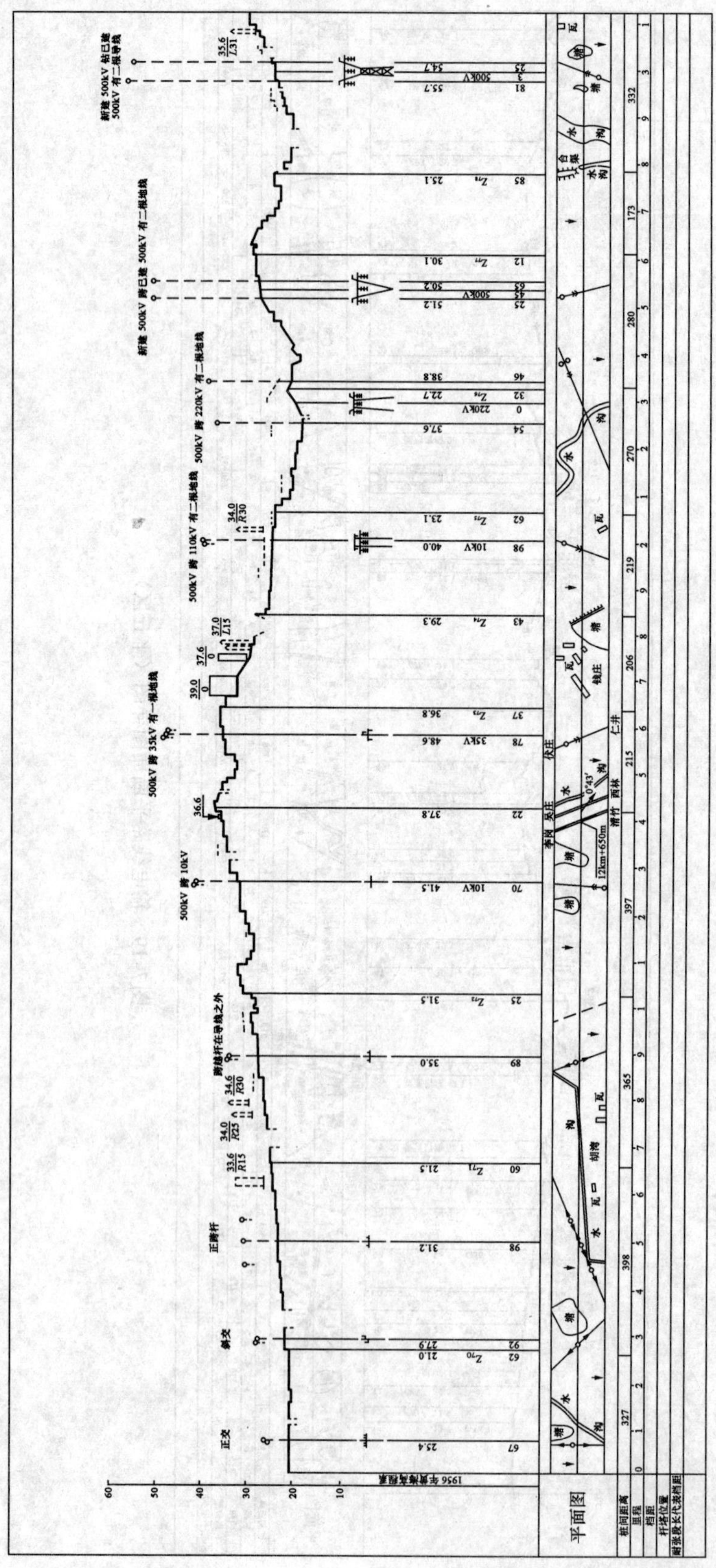

图7-20　输电线路平断面图样图（交叉跨越图例）

形为深凹山谷，断面点可少测或不测。而在离塔位1/4档距区段内，地形高差变化大，导线轨迹对地切线变化也较大，应加密地形测点。测量主要错误有测错、读错、报错、输入错、听错、记错、写错以及计算错，又未严格校核；仪器设站少或棱镜立不到点位，以及目估替代实测出入较大。应防止测错和漏测现象的发生。近几年来个别工程因漏测山头或塔位附近断面测点不足，有的用虚线绘示，与实际地形相差较大，影响设计正确排位，造成重大质量事故时有发生，应引起高度重视。平断面测量应做到站站清、日日清。

我国500kV送电线路一般为单回路，其下导线为四分裂三排平行导线，边导线对地净空安全距离的要求和中线同等重要。边导线对应的地形高出中线地形0.5m时，应测绘边线断面。对于±500kV直流送电线路，因为只有两排平行的分裂导线，分挂在塔的两侧，无中间导线，但为了勘测与设计实用考虑，仍以测绘交流线路各项要求相同。

施测边线位置离中线的距离由设计人员确定，施测方法可根据现场情况和各单位作业习惯而定。

当送电线路通过缓坡、梯田、沟渠、堤坝交叉角较小时，边线对应中线高出0.5m以上位置很长，应注意选测正确位置。

考虑导线受最大风力作用产生风偏位移，对接近的山脊、斜坡、陡岩和建构筑物安全距离不够而构成危险影响。为保证电气对地有一定的安全距离，应施测风偏横断面或风偏危险点，其施测风偏距离计算式为

$$S = d + (\lambda + f)a\sin\eta \tag{7-16}$$

式中　S——风偏距离；

d——导线间距；

λ——绝缘子串长度；

f——设计最大风偏时风偏处的弧垂；

η——导线最大风偏角；

a——安全距离。

在等效档距导线弧垂最低点，风偏影响施测的最大宽度见表7-17。

表7-17　等效档距时风偏影响施测的最大宽度

档　距（m）	300	400	500	600	700
离线路中心线的水平距离（m）	24	28	32.5	38.5	46

对于悬崖峭壁之类，考虑导线最大风偏，凡在危险风偏影响内，应在断面图上标注出危险点。标注方式如下：

$$\frac{\text{测点高程(m)}}{\text{L(R) 测点垂直于线路中心线的水平距离(m)}} \tag{7-17}$$

式中　L——左边；

R——右边。

因考虑导线最大风偏和电场场强影响，应测示屋顶，屋顶材料标注于断面图上，并标注出危险点，标注方式如下：

$$\frac{\text{屋顶测点高程(m)}}{\text{L(R) 垂直于线路中心线的水平距离(m)}} \tag{7-18}$$

在断面图下的平面图内，相应作出示意图。对于房屋是尖顶或平顶应在纵断面图上加以区别。

风偏横断面各点连线应是垂直于送电线路的纵向，如图 7-21 所示。而在山区，送电线路的纵向多数与山脊呈斜交，如图 7-22 所示。

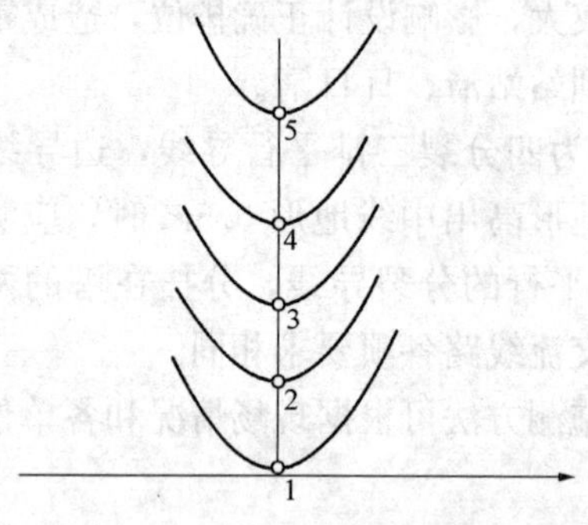

图 7-21　线路纵向与山脊垂直

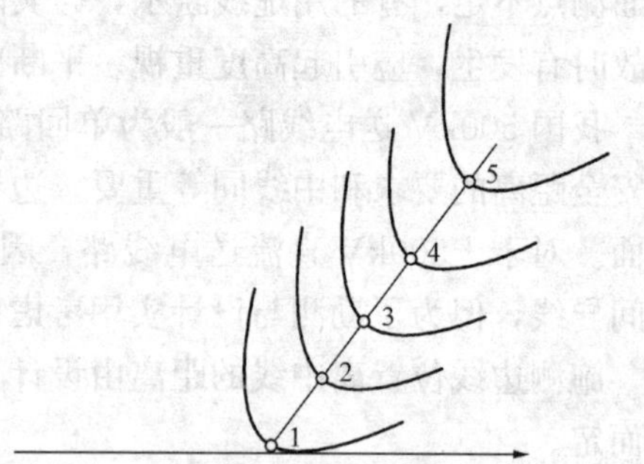

图 7-22　线路纵向与山脊斜交

对于第一种情况应按本规程有关规定及图示测绘，对于第二种情况根据电气影响范围适当选测点位，以风偏点形式表示。

平断面的测量，以后视方向为 0°，前视方向为 180°。当需要对准前视时，仪器度盘和记录上应统一为 180°。当遇见转角设站测绘前视方向平断面、边线、风偏横断面、风偏点，必须注意以度盘 180°对准前视桩位。

七、交叉跨越测量

由于 500kV 送电线路线间距离较宽，一般为 8～14m，不仅要测中线交叉点的线高，还要施测边线交叉点的线高，特别是斜交或左右杆不等高时，应选测较高的交叉点位置。对于影响范围内的杆顶，必须测出杆顶高。

应注意准确施测各交叉点的正确位置，有时遇到交叉点无法立尺（立镜）或设站时，应采取间接方法测量并加以计算求得成果。遇有重要交叉跨越时，必须要求设计人员在现场配合。当观测不能准确判断交叉点时，宜分别在两站进行观测，若距离较差大于 1/200、高差较差大于 0.3m 时应分析原因进行重测。当大风时，导线摇摆不定时，应停止观测。

由于光电测距仪的普及与推广，用光电测距仪施测平断面和交叉跨越，其测距精度是相当高的。为了减少工作量，对一般交叉跨越可作半测回测量，但要防止漏测。

送电线路交叉跨越一般河流、水库和水淹区，如果水文专业需要，应向测量提供联测的洪迹和发生的年、月、日。至于在河中立塔，这里主要是指我国北方地区季节性河流，河面很宽，需要在河床上抬高基础立塔，应测量河床纵断面或横断面。

交叉跨越测量可采用视距、光电测距及直接丈量等方法测定距离和高差。对一、二级通信线，10kV 及以上的电力线，有危险影响的建构筑物，宜就近桩位观测一测回。

线路交叉跨越通信线时，应测量中线交叉点的上线高。中线或边线跨越电杆时，应施测杆顶高程。当左右杆不等高时，还应选测有影响一侧的边线或风偏点高程，并注明杆型及通向。对设计要求的一、二级通信线，应施测交叉角（图面应注记锐角值）。

线路从已有超高压、高压电力线上方交叉跨越，应测量中线与地线两个交叉点的线高。

当已有电力线左右杆塔不等高时，还应施测有影响一侧边线交叉点的线高及风偏点的线高。注明其电压等级、两侧杆塔号及通向。交叉跨越中低电压电力线时，应测量中线交叉点线高。当已有电力线左右杆不等高时，还应施测有影响一侧边线交叉点的线高及风偏点的线高，注明其电压等级。当中线或边线跨越杆塔顶部时，应施测杆塔顶部高程。

线路从已有 500kV 电力线下方交叉钻越，应测量中线两个交叉点导线线高和最低一侧边线及风偏导线线高。当已有电力线塔位距离较近时，应测量塔高。

线路平行接近已建 110kV 及以上电力线，应测绘左右杆高和高程；对平行接近 20m 范围内的已建 35kV 以上电力线，应测绘其位置、高程和杆高；当跨越多条互相交叉的电力线或通信线，又不能正确判断哪条受控制影响时，应测绘各交叉跨越的交叉点、线高或杆高等，并以分图绘示。

线路交叉铁路和主要公路时，应测绘交叉点轨顶及路面高程，注明通向和被交叉处的里程。当交叉跨越电气化铁路时，还应测绘机车电力线交叉点线高。

线路交叉跨越一般河流、水库和水淹区，根据设计和水文需要，应配合水文人员测绘洪水位及积水位高程，并注明由水文人员提供的发生时间（年、月、日）以及施测日期。当在河中立塔时，应根据需要进行河床断面测量。

线路交叉跨越或接近房屋中心线 30m 以内时，应测绘屋顶高程及接近线路中心线的距离。对风偏有影响的房屋应予以绘示。在断面上应区分平顶与尖顶形式，平面上注明屋面材料和地名。

线路交叉跨越索道、特殊（易燃易爆）管道、渡槽等建构筑物时，应测绘中心线交叉点顶部高程。当左右边线交叉点不等高时，应测绘较高一侧交叉点的高程，并注明其名称、材料、通向等。

线路交叉跨越电缆、油气管道等地下管线，应根据设计人员提出的位置，测绘其平面位置、交叉点的交叉角及地面高程，并注明管线名称、交叉点两侧桩号及通向。

线路交叉跨越拟建或正在建设的设施时，应根据设计人员现场指定的位置和要求进行测绘。

八、计算机辅助制图

线路测量计算机辅助制图内容包括数据采集、平断面图绘制，其各项应用软件应满足测量作业步骤、技术标准及设计对测量的要求。所采用的软件必须是经过电力设计院级及以上技术管理机构鉴定的有效版本。

线路测量数据库的内容包括：图形类信息，如平断面模型、定位模型；非图形类信息，如数据文件、表格、文本等。

数据库文件应保留现场采集环境下的原始数据文件，如斜距、水平角、天顶距、仪器高、呼标高、编码或特性等。原始数据的修改必须通过外业重测或核准，严禁随意修改。

数据库各类文件的转换，应使用软件自动完成，避免交互手工输入。当修改某一个文件时，必须联动修改所有的相关文件。数据信息的交流宜采用数据通信或磁盘复制、打印机或绘图机硬件输出。

线路数据库图形类文件，应包括的内容：平断面模型、定位测量模型及两者的叠加模型，耐张段模型和各类交叉跨越模型。各类模型的比例、单位、符号、线型、层、坐标系，应采用统一的图形支撑软件系统，并应为设计专业提供用户接口。

线路数据库非图形类信息文件，应包括：测量原始数据文件，如转角度、量距、平断面、联系测量、定位测量、定位及检查测量形成的数据文件；以图幅为单位的数据类文件；以耐张段为单位的数据类文件；管理文本文件。

各类文件的命名应有规律、明了易记、易于查询。同图幅、同耐张段的文件名应相同，用不同后缀加以区别。

线路CAD成果的校审，应按原始数据、中间成果和最终提交的成果进行，重点校审输入和交互式编辑内容。

平断面图是送电线路测量中最重要、最复杂的图件，由于各单位电气专业CAD技术的发展水平不一致，管理体制的差异，可根据实际情况满足电气专业对平断面模型的要求。

非图形信息是生成送电线路平断面模型和定位模型所用的所有数据文件。电气专业以图形信息与电气子系统遵循共同的技术约定，利用自己的应用软件从中提取，转换成图形信息。非图形信息完全可以包含在图形信息内部，两种信息反映的是同一内容。鉴于目前许多电气专业应用软件还达不到只交换图形信息的水平，所以仍要求保留非图形信息。

鉴于CAD成品校审技术水平还不很高，所以要求必须保留反映当时环境下的原始数据。

尽量避免交互式手工输入，仍是为了保持各相关的非图形属性信息文件的一致性，以免发生错误和增加工作量。

若要达到电气专业只需接收图形文件、不需数据文件时，图形支撑系统、图形比例、单位、坐标系、图层、线型名以及符号名等的约定是至关重要的。

测量原始数据文件和管理文本为测量专业必须保留的文件。以图幅或耐张段为单位的数据文件类主要是为电气专业提供的文件。

校审重点应放在数据输入和交互式编辑内容上，这是送电线路测量通过多个工程实践反复验证无误的经验总结，其次工序的控制也很重要。

九、定位测量

定位前必须向设计人员索取两项资料，尤其是平断面图由设计人员排位绘出弧垂线后，可以判断危险点加以检测。若设计人员在室内不能预先提供，应在实地指明危险点或疑点加以检测。

巡视检查是十分重要的，对于平地而言主要是看有无重要地物和交叉跨越物遗漏未测。对山区地形，居高临下，细心察看是否遗漏山头未测和判断边线、风偏点漏测和测点不足等，并及时予以补测。

塔位桩的直线方向宜采用前视法测定，若用此法可不必正倒镜测水平角，但高程仍需正倒镜测取垂直角。

山区塔位所处地形千变万化，为减少土石方开挖量，减低塔高，降低造价，保护环境，以便于正确确定施工基面、选择合适的接腿和基础形式，因此自立塔塔位除平地外，应按结构设计人员现场要求的范围进行施测塔基断面。图7-23、图7-24所示绘图的两种形式可任选一种。

至于拉线塔，对拉线基础与立柱基础高差在10m以上，或拉线基础10m范围内地物影响埋设拉盘时，应配合设计人员进行测量或调整塔位。

塔位在水田或耕作的旱地中，因桩位不能保存，只有定在塔位桩直线附近埂堤上为宜，并提供桩位里程和高程。另外为校测起见，对塔位处也要施测距离和高程，不必钉桩。

关于定位过程中的检查测量，送电线路经过地段千差万别，相关要素复杂，作业过程中的情况也比较复杂，为保证线路的测量成果质量，必须把握定位中的检查。

危险断面点的检查测定（包括边线、风偏横断面）：在经设计图上模板排位之后，从导线对地安全曲线中可以直观出什么位置切地、何处裕度比较大，再在现场巡视对照，从中可以发现实地是否有影响。我们把受控制的断面点视为危险断面点，而用仪器进行检测。

从断面点的测定误差、图样上高程的概括误差的综合影响分析对裕度的比较结果认为图上定位地面安全曲线离断面点的距离（包括边线点、横断面点、风偏点等）在山区 1m 以内，平地 0.5m 以内，均属危险断面点范围。

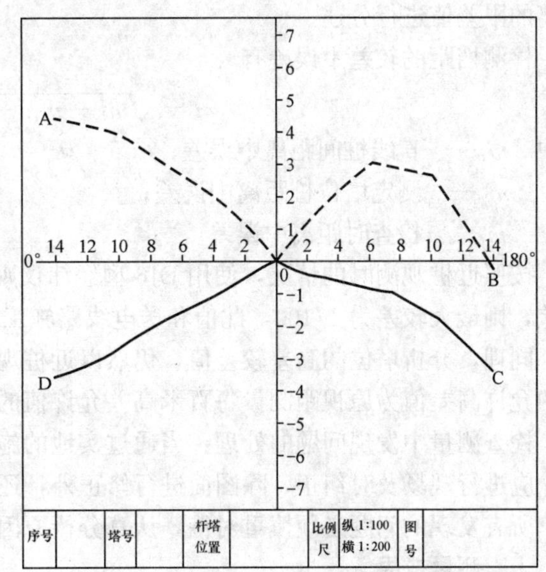

图 7-23　塔基断面图样图（一）

注：1. 竖轴线代表高差，两根线交点为塔位桩原点。高差正值为上，负值为下。距离向左向右均为正值；
2. A、B、C、D 为塔脚方向线，其角值大小由塔型或转角度而定，以后视为零度，顺时针分别代表所在的四个象限内，但根据高差情况，在具体点位上下移动。

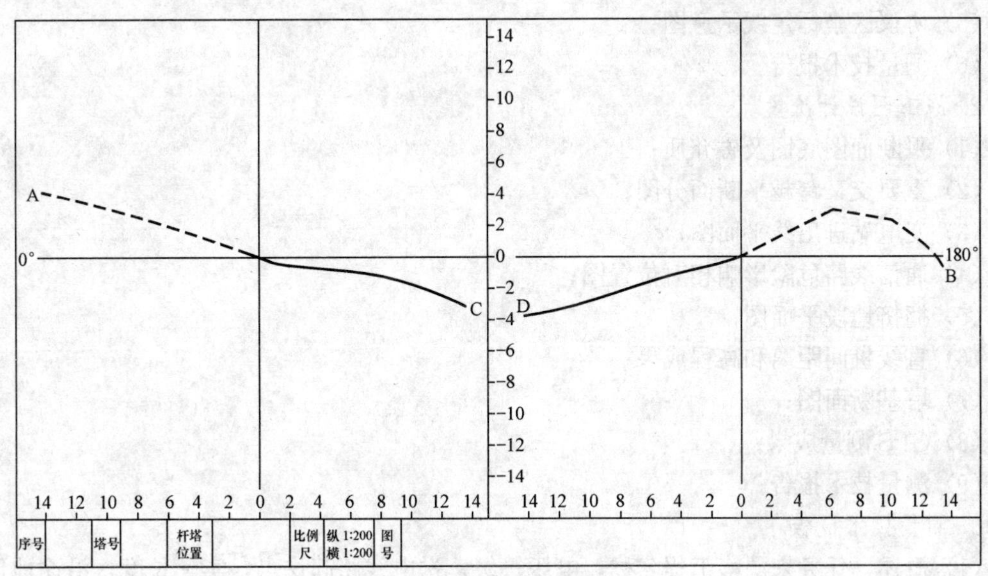

图 7-24　塔基断面图样图（二）

档距的检查测量：对于档距的检查测量，由于地形条件的不一样，检测的方法也各不相同。在平地多数直接测定档距与直线桩闭合，山区则仍借助直线桩测定为多数，下面就检测距离的限差值进行分述。

检测档距的较差中误差有

$$m=\sqrt{m_1^2+m_{11}^2+m_{12}^2+m_J^2} \tag{7-19}$$

式中 m_1——直线桩间距离中误差；

m_{11}、m_{12}——测定塔位桩距离中误差；

m_J——检查时距离中误差。

按照近桩观测时的情况，使用DJ6型经纬仪则检测档距为1/200，取2倍中误差为允许误差，则最大较差为1/100，此值和送电线路施工验收规范是一致的。

同理，分析塔位的高差较差值，仍然以近桩观测为依据，按照误差传播定律求得，检测时的允许高差值为原视距测量每百米高差允许值的压倍，此数则为检核标准。

检查测量中发现问题的处理：当通过实地的施测发现检测数与原成果数的差数出现超限时，应进行现场及时纠正，除图面进行修正外，还要同时通知设计人员在现场用模板核实排位。所有发现的问题必须慎重对待，认真分析原因，确保工程质量。

十、测量成果

测量成果应符合质量要求。所有资料应认真整理、分类、提交，并及时归档。

各勘测阶段测量成果应包括下列内容。

1. 初步设计阶段

（1）重要交叉跨越平断面分图；

（2）变电站进出线平面图；

（3）通信线路危险影响相对位置图；

（4）拥挤地段平面图；

（5）协议区坐标定线示意图；

（6）测量技术报告。

2. 施工图设计阶段

（1）平断面图底图及磁介质；

（2）重要交叉跨越平断面分图；

（3）变电站进出线平面图；

（4）通信线路危险影响相对位置图；

（5）拥挤地段平面图；

（6）直线桩间距离和高程成果；

（7）塔基断面图；

（8）GPS测量成果；

（9）测量技术报告。

3. 测量技术报告

（1）概述：任务来源，工程名称，电压等级，送电线路起讫点，实际长度，沿途地形地貌，交通条件，平地、丘陵、山区所占比例，参加人员，工程负责人，起止时间，平均日进度，完成的工作量及工效统计（折合标准工作量以平方千米计算）。

（2）人员分工、测量方法及精度分析。

（3）采用新技术或用特殊方法解决问题的情况及其效果。

（4）提交资料项目。

（5）检查验收情况。

（6）存在问题及建议。

由于各单位专业配合分工及各工程自身特点不尽相同，设计人员对测量专业要求提交的资料有所增减，但应以满足任务书要求为原则。

测量技术报告书是对整个工程测量工作的全面阐述，重点是说明测量的方法、精度、工效以及尚待深化研究的问题，总结经验，使送电线路工程测量水平不断地提高。

第四节　3S 技术在输电线路勘测中的应用

全球定位系统（Global Positioning System，GPS）、遥感（Remote Sensing，RS）技术、地理信息系统（Geographic Information System，GIS），三个技术的终合，称之为 3S 技术。3S 技术代表了目前测绘行业以及其他一些相关行业的最新科技成果。引用“3S”技术到传统的输电线路勘测设计，能够优化线路路径，节省投资，减少测量劳动强度，也是技术不断发展新的生产条件下劳动生产发展的必然需要。

3S（GPS、RS、GIS）技术已从各自独立发展阶段进入相互融合、共同发展的阶段，并且在车船导航、环境监测、资源调查、区域管理以及城市规划等诸多领域得到了迅速广泛的应用。3S 技术在输电线路设计中的应用也已起步。3S 技术的科学方法和技术手段不仅可为输电线路设计提供及时、可靠的地理基础信息，而且可对输电线路设计和杆塔定位进行综合分析和处理，应用前景非常广阔。

一、3S 的概述及终合

（一）全球定位系统（GPS）

为了利用卫星技术为地面运动目标，如舰艇等进行导航服务，美国海军于 1958 年开始建立用于军用舰艇导航的卫星系统，即“海军卫星导航系统”（Navy Navigation Satellite System，NNSS），因该系统的卫星轨道都通过地极，因此也称“子午仪卫星系统”。该系统于 1964 年建成并投入使用，1967 年解密，可供民用。由于该系统不受气候条件的影响，自动化程度高，且在当时具有很好的定位精度，因此很快在动态导航和静态定位领域得到广泛的应用。

“子午仪卫星系统”在卫星导航技术发展中具有划时代意义，但由于该系统卫星数目少（5～6 颗），运行高度较低（100km），周期短（107min），平均要 1.5h 才能进行一次定位，且精度为 40m 左右，无法提供连续实时三维导航，难以满足军方对高动态运动目标导航的要求。为此，1973 年美国国防部开始组织海陆空三军，共同研究和建立新一代卫星导航系统，即“全球定位系统”（Global Positioning System，GPS）。GPS 是在“子午仪卫星系统”的基础上发展起来的，它采纳了“子午仪卫星系统”的成功经验，克服其缺点，采用“多星、高轨、测时—测距”体制，具有全球覆盖、全天候、高精度和抗干扰能力强等优点，实现了三维实时导航、定位。目前 GPS 已经建成并投入使用，并且该系统还在不断地发展和完善，其应用领域也在不断地扩大。

GPS 于 1973 年起步，1978 年首次发射卫星，1994 年完成 24 颗中高度圆轨道（MEO）卫星组网，共历时 16 年、耗资 120 亿美元。为提高 GPS 系统的性能，美国先后实施了

“GPS现代化计划”、“导航站”计划和“GPS—3卫星计划”，已先后发展了三代卫星，共发射了41颗。目前在轨卫星有28颗，主要是第二代卫星2R。

全球定位系统（GPS）由三大部分组成：空间部分、地面监控部分和用户接收机。

1. 空间部分——GPS卫星

GPS卫星如图7-25（c）所示。全球定位系统的空间部分由24颗卫星组成，其中21颗为工作卫星，3颗为备用卫星。工作卫星分布在6个等间隔的轨道平面内，每个轨道面分布4颗卫星。卫星轨道半径约为26 600km（地心到卫星的距离），轨道面倾角为55°，相邻轨道面的邻近卫星的相位差40°。GPS卫星的分布如图7-25（a）所示，其某一时刻的平面投影如图7-25（b）所示。GPS卫星运行周期为11时58分，在同一测站上每天出现的卫星分布图相同，只是每天提前约4min。每颗卫星每天约有5h在地平线上，同时位于地平线上的卫星数目随时间和地点而异，最少为4颗，最多为11颗。这样的卫星分布，可保证在地球上任何时间、任何地点至少同时观测到4颗卫星。这就保证了连续、实时全球导航能力。

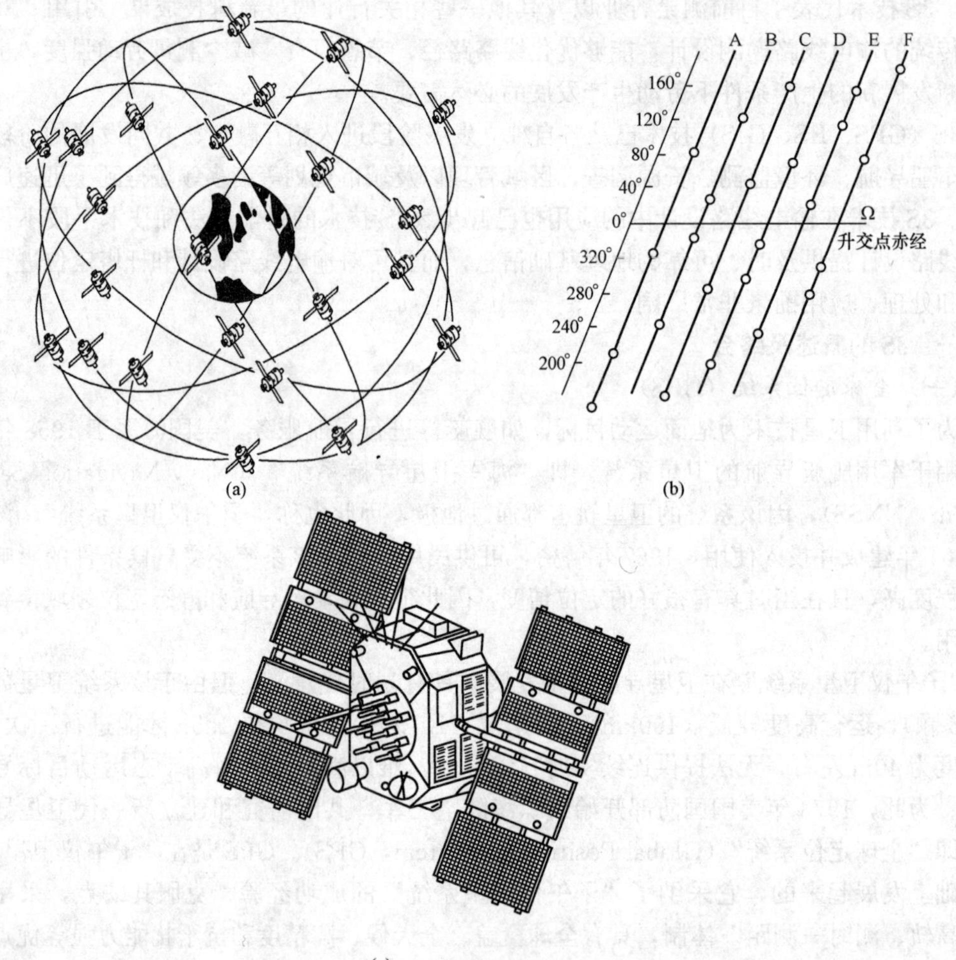

图7-25　GPS卫星的星座

（a）卫星星座；（b）星座的平面投影；（c）GPS卫星

通常采用三种不同的方法标识不同的GPS卫星：一是给每个轨道面分配一个字母，即

A、B、C、D、E、F，在一个平面内给每颗卫星分配一个1～4的号码，如C4表示轨道面C内的第4颗卫星；二是采用美国空军分配的NAVSTAR号，一般由字符串SVN加相应的数字表示，如SVN19表示NAVSTAR19卫星；三是每颗卫星的伪随机码产生器的结构不同，利用其产生的独特的伪随机码来区分。

2. 地面监控部分

GPS的地面监控部分由一个主控站、5个监控站和4个上行注入站组成。主控站设在美国的科罗拉多州斯平士城范尔肯（Falcon）空军基地，它负责地面监控站的全面控制。主控站的主要任务是收集各监控站的观测数据，经过修正后，计算每颗GPS卫星的时钟、星历和历书数据的估计值，并以此外推一天以上的卫星星历及钟差，按一定格式转化为导航电文，由上行注入站注入各GPS卫星。主控站还监控整个系统的可靠性。

5个监控站分别设在主控站、夏威夷、太平洋的卡瓦加林（Kwajalein）岛、大西洋的阿松森（Ascension）岛、印度洋的迭戈加西亚（DiegoGarcia）岛。在监控站设有GPS用户接收机、铯原子钟，收集当地气象数据的传感器和进行数据预处理的计算机。监控站的主要任务是取得卫星的观测数据，并将这些数据送至主控站。监控站为无人值守的数据采集中心。

4个上行注入站分别设在卡瓦加林岛、阿松森岛、迭戈加西亚岛和卡纳维尔（Canaval）岛。其主要任务是在每颗卫星运行至上空时，把导航数据和主控站指令注入到卫星，对每颗卫星每天至少进行一次注入。地面监控部分的系统框图如图7-26所示。

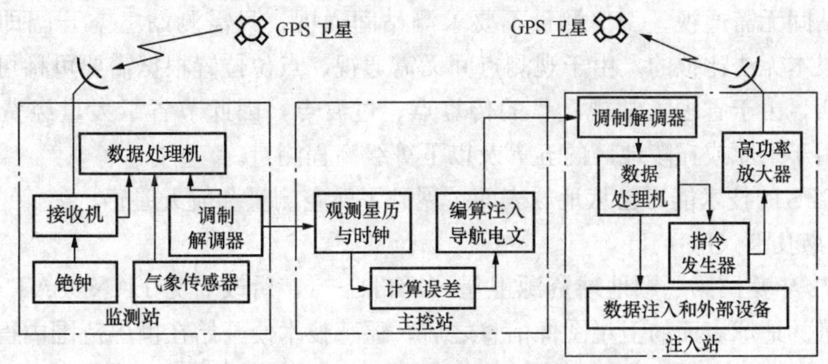

图7-26　地面监控系统框图

3. 用户接收机

用户接收机的主要功能是接收卫星发射的信号并利用本机产生的伪码取得距离观测量和导航电文，并根据导航电文提供的卫星位置和钟差信息解算接收机的位置。

GPS接收机主要由天线、信号捕获与跟踪通道、微处理器、输入/输出单元以及电源组成，典型的GPS接收机如图7-27所示。

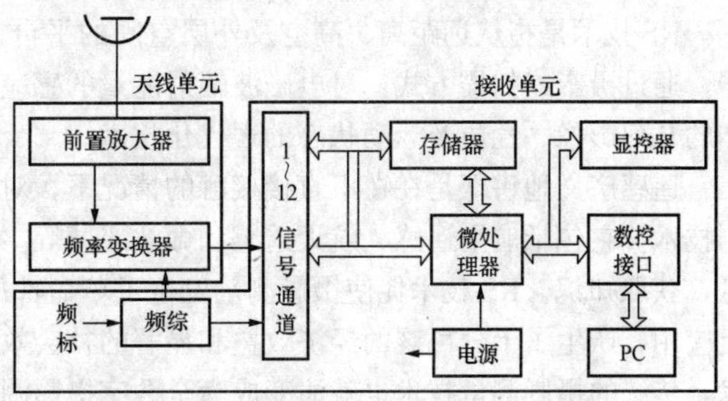

图7-27　GPS接收机的基本结构

GPS接收机可能同时接收P码和C/A码，也可能只跟踪C/A码，这两种接收机对天线的带宽要求、信号捕获与接收通道功能不同。GPS接收机的使用环境也不同，有的应用于高动态环境，如星载、机载 GPS 接收机；有的应用于低动态环境，如车载 GPS 接收机；有的应用于静态测量。因此 GPS 接收机有多种不同的类型，表 7-18 给出了简单的分类。

表 7-18 GPS 接收机分类

分类方法	种类	
按使用环境	低动态接收机	高动态接收机
按精度	单频粗码接收机	双频精码接收机
按用途	导航型接收机	精密定位型接收机

目前使用较多的 GPS 接收机有 TRIMBLE、ASHTECH、ROGUE 等系列，每个系列又包括不同型号。

4. GPS 特点

(1) 定位精度高。我国应用实践表明，在 50km 以内，相对定位精度达 10^{-6}，100～500km 达 10^{-7}，1000km 及以上可达 10^{-9}。实时动态差分定位精度可达厘米级，能满足高精度实时数据采集的精度要求。

(2) 观测时间短。20km 以内相对静态定位仅需 15～20min；快速静态相对定位测量，每个流动站上观测时间仅需 1～2min；动态相对定位测量，流动站出发时观测 1～2min，然后可随时定位，每站仅需几秒。

(3) 测站间无需通视。GPS 测量不要求测站间通视，只需测站上空开阔即可。这一点是常规测量根本无法比拟的。由于观测点间无需通视，点位位置根据需要可稀可密，使选点工作更为灵活，由于省去了常规测量的传算点、过渡点，因此节省了大量经费。GPS 高程拟合测量适用于平原或丘陵地区的五等及以下等级高程测量。

现在，GPS 的技术能力已从地球表面扩展到了航空测量和航天遥感。

(二) 遥感技术 (RS)

自从 1972 年美国第一颗地球资源卫星（ERTS－1，后改名为 LANDSAT－1）成功地发射获取大量的地球表面的卫星图像信息之后，遥感技术便开始在世界范围内得到了迅速的发展和广泛的应用。在科学技术蓬勃发展的今天，通过航空摄影测量技术与遥感技术的结合，利用遥感卫星获取地球表面自然和人工景观的信息，再将信息进行处理、加工后，与地理信息系统技术相结合，为遥感信息的充分利用提供了广阔的前景。遥感信息的动态性与地理信息系统的分析功能强大性的配合，再加上精确的全球定位系统，使得信息获取与应用有了全新的概念。

RS 技术是指从远距离、高空及外层空间的平台上，利用可见光、红外、微波等探测仪器，通过摄影或扫描方式，对电磁波辐射能量的感应、传输等进行处理，从而识别出地面物体的几何影像、性质及运动状态的现代化技术。

遥感广义地讲即是在在不直接接触的情况下，对目标物或自然现象远距离感知的一种探测技术。它包括航空遥感、航天遥感和微波遥感等。遥感的根本目的是为了从图像上提取信息，获取知识。RS 技术促使摄影测量发生了革命性的变化，它在地理学和环境学方面的广泛应用，产生了十分可观的经济效益和显著的社会效益。当计算机技术彻底地改变了测量技术，传统的摄影测量技术也就演变成为全数字摄影测量系统。简单地说它就是一个计算机图形图像工作站＋全数字摄影测量系统软件＋辅助配件，传统的摄影测量处理的全过程都由计算机完成，因此不管是卫星影像、航空相片、地面摄影都可以由全数字摄影测量系统软件处理。将卫星遥感影像合理有效应用于架空送电线路工作，为送电线路的优化设计提供了一种全新的途径。

RS 技术具有以下特点：

（1）新型传感器不断出现。目前，除了框幅式可见光黑白摄影、多谱摄影、彩色摄影、红外摄影以及紫外摄影外，还有全景摄影机、红外扫描仪、红外辐射计、多谱段扫描仪、成像光谱仪、合成孔径雷达和激光测高仪等。这些传感器采用不同的方式，对电磁波不同的谱段获得的对地观测数据，以硬拷贝的返回方式和软拷贝的传输方式提供原始的遥感数据。

（2）影像分辨率形成多级序列，可提供从粗到精的对地观测数据。采用多级分辨率，使人们可以在粗分辨率的影像上快速发现可能发生变化的地区，进而在精分辨率的影像上详细地分析、研究这些变化。

（3）以多光谱段获取遥感数据。一方面充分利用能透过大气的各类电磁波谱段，向红外、远红外和微波方面扩展；另一方面细分光谱段，提高识别和区分各种地面目标的能力，以利于影像自动解释。

综合上述特点，未来的卫星遥感技术将向集多种传感器、多级分辨率、多光谱段和多时相为一体的方向发展，并将与 GPS 等技术结合，从而以更快的速度、更高的精度和更大的信息量获取对地观测数据。

遥感图像处理系统是对从遥感器获取的数据进行管理和分析，从中提取有用信息的设备、方法和技术的总称。总体上说，遥感图像处理方法分为模拟方法（主要是光学方法）和数字方法（即计算机数据处理方法）两种。随着遥感图像数字化程度的不断提高和计算机技术的迅速发展，数字方法已成为了遥感图像处理的主要方向。

（三）地理信息系统

地理信息系统（GIS）是采集、存储、描述、检索、分析和应用与空间位置相关信息的计算机系统，是集计算机学、地理学、测绘遥感学、环境科学、空间科学、信息科学、管理科学和现代通信技术为一体的一门新兴边缘学科。GIS 有两个显著特征：一是可以像传统的数据库管理系统（DBMS）那样管理数字和文字（属性）信息，并且可以管理空间（图形）信息；二是可以利用各种空间分析的方法，对多种不同信息进行综合分析，寻求空间实体间的相互关系，分析和处理分布在一定区域内的现象和过程。

GIS 是遥感技术、计算机辅助制图技术在地理学中应用的进一步延伸和发展。GIS 软件的研制和开发取得了很大进展，涌现出一些可在工作站或微机上运行的有代表性的 GIS 软件，如 ARCINFO、MAPINFO 等。GIS 的发展是从应用开始的，在应用中不断开展理论研究，使 GIS 技术不断完善。

GIS 的应用范围极广。在全球范围内，GIS 技术可用于全球变化与监测的研究。在国家范围内，可用来进行全国范围的自然资源调查和宏观决策分析等。在一个城市范围内，可用作土地管理和城市规划等。在一个企业范围内，可用作生产和经营管理。目前 GIS 以前所未有的发展速度在科学界、技术界和商业界全面发展和推广应用。

（四）RS、GPS、GIS 技术综合

以 GIS 为核心的 3S 技术终合，构成了对空间数据进行实时采集、更新、处理、分析及为各种实际应用提供科学决策的强大技术体系。从实际需要出发，3S 技术的结合一般有以下方式：

(1) GPS、GIS技术综合，它们可利用GIS中的电子地图和GPS接收机的实时差分定位技术，组成各种电子导航系统，用于车船自行驾驶，航空遥感导航等。

(2) RS、GIS技术综合。RS是各种GIS重要的外部信息源，是其数据更新的重要手段。GIS则可为RS的图像处理提供所需要的一切辅助数据，增大遥感图像的信息量和分辨率，提高解释精度。在与GIS数据和DBMS组合的问题上，当前流行的遥感图像处理软件大都采用了动态连接技术，可以不经格式转换直接读取和处理外部数据，将遥感图像处理结果按照GIS要求的格式输出到地理信息系统中。

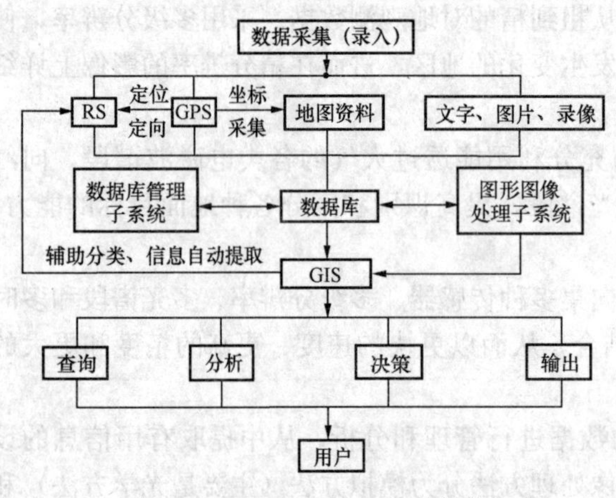

图7-28 RS、GPS、GIS的整体组合

(3) 3S技术的整体综合。集RS、GPS、GIS技术的功能为一体，可构成高度自动化、实时化和智能化的地理信息系统，为各种应用提供科学的决策咨询，解决用户可能提出的各种复杂问题。典型的3S技术的整体结合方式如图7-28所示。

与3S技术集成密切相关的是人工智能领域中最为活跃的专家系统（ES）。ES模拟专家的推理思维过程，将专家的知识和经验，以知识库的形式存入计算机，使计算机对有关问题的求解达到专家的水平。目前ES广泛应用于地学分析、疾病诊断和军事领域。

二、3S技术在路径选择及杆塔定位中的应用

输电线路的路径选择即选线是一项比较复杂的工作，社会的、经济的、环境的以及自然的因素等都对其有重要影响。采用传统的方法进行选线往往在时间、人力和物力上消耗甚大，其效果还并不十分理想。当应用GIS进行选线，将会极大地提高工作效率。其主要过程包括：

(1) 图形资料数字化。对地形图、影像图、地质图、规划设计图等多种信息资源，进行A/D转换、坐标转换，形成各类数据文件存入数据库。在地形图数字化的过程中，需对各类影响路径的空间要素进行分层的空间数据管理，为建立地理数据库做好准备。主要的空间数据层有地形层、地质图层、城市层、村庄层、公路层、铁路层、建筑物层和水利设施层等。对空间数据层的分类应尽可能的详细，避免遗漏，使用的资料应为最新资料，保证空间数据的时效性及其效率。

(2) 建立地理数据库。地理数据库是数字化的分层数据以及其他相关数据的集合。地理数据库的建立，应尽可能充分考虑影响输电线路选线的各种因素。GIS数据库中包含两类数据：空间（图形）数据和非空间（属性）数据。地理数据库资料的完整性、有效性和适用性，是输电线路选线的关键。

(3) 地理数据的空间分析。根据选线的原则，在空间分析的过程中调用地理数据库的各类空间数据，在计算机终端上显示出工程技术人员感兴趣的资料，进行空间数据的拓扑分析，从中选定出符合设计要求的方案。地理空间分析是GIS选线的核心。在地理数据空间

分析中，应能及时查询、显示各类数据和输出成果。

（4）建立数字地面模型。数字地面模型可为选线提供直观图形，并可以与 GIS 的空间分析结果进行叠加分析。

（5）利用专家系统对路径方案进行评价。专家系统集中线路设计有关方面的专家经验，其中包括许多非定量因素的子模块，可对 GIS 选出的路径方案进行技术经济分析和比较。如果 GIS 选择的路径不符合专家系统的要求，可在计算机上方便地进行修改。

（6）输出结果。将 GIS 选线的最终结果，以图表、图形、数字的形式输出。

采用 GIS 进行输电线路的选线是一种有效的方法，但由于影响选线的因素太多，目前尚未有公认的商业软件。许多大型的 GIS 软件如 ARCINFO 等具有通过多种方式生成三维地表模型的功能，可在经过渲染的三维地表模型上显示路径以及进行线路勘测。它们或者通过现有地形图（等高线图）的扫描——矢量化——分析，或者接收遥感分析处理软件如 ERDAS 等的数据，或者接收现有的电子地形图，生成立体地表图形，如图 7 - 29 所示。

图 7 - 29　经过渲染的三维地表模型和输电线路及杆塔布置图

随着 GPS 定位系统的应用，产生了一种称为“飞行勘测”生成三维地形的技术。这种方法通过直升飞机上安装的激光 GPS 定位仪，在空中对地面高程进行测量，一天内可测完 $100km^2$ 的地形，测量精度可达到垂直方向 12cm、水平方向 15cm 以上。

3S 技术成果应用到架空送电线路的选定线及终勘定位。在以往工程中，线路路径初选线一般在 1/5 万地形图上进行，由于 1/5 万地形图更新太慢，1/5 万地形图大部分是 20 世纪 90 年代初修编的，而现场变化很大，室内规划的路径到现场往往发现不理想，调整幅度较大。需要对线路路径进行修改调整，增加投资。传统作业初步设计中的重要环节就是踏勘，用来弥补地图已经太陈旧的现象，不过现场踏勘只能看到局部的地物，而不能全局的看整个线路路径。但 GPS 等先进技术手段对线路路径及杆塔位优化，应用三维景观显示，实时的路径断面提取，人工辅助排位，路径技术经济指标统计分析（包括路径长度、跨越房屋面积及跨越河流等），在路径方案确定后，利用航测及全数字地面信息处理系统等先进技术优化路径，避让原始森林、高海拔及重冰区，同时使线路更靠近公路，便于施工及运行，使线路经济合理可行，在人口密集地区，避开城镇，村庄，减少线路转角，缩短线路长度，大大减少了房屋拆迁面积，降低工程造价。全线定线及定位采用GPS进行测量工作，确保数据的准确性和精确性，减少外业强度，提高工作效率。

三、海拉瓦全数字化摄影系统介绍

海拉瓦（Helava）全数字化摄影系统是通过高精度的扫描仪和计算机信息处理系统，将各种影像资料（如航片、卫片、激光数据及遥感片等）生成二维和三维数字模型，并以标准格式输出图像和数字信息，经处理后变为服务于不同目的的数字化新产品的技术。

海拉瓦全数字化摄影系统由德国莱卡公司研制，是目前世界上一种先进的地理测量技术，它借助卫星、飞机、GPS等高科技手段，通过高精度的扫描仪和计算机信息处理系统，将各种影像资料生成正射影像图、数字地面模型和具有立体图效果的三维景观图，并以标准格式输出输像和数字信息。

该系统的意义在于帮助工程设计人员尽可能减少传统方式的实地测量、定位信息的误差，同时勘测、设计人员不必到气候等自然条件恶劣的地区或山区翻山越岭获取技术信息等，大大降低劳动强度，工作人员主要在卫星、飞机、GPS等设施工作的前提下，在计算机旁借助海拉瓦全数字化摄影系统生成的图像、三维景观图一目了然地掌握工程实地的情况，完成一系列工程设计。该技术已在三峡工程中得以应用。

利用最新的航空影像，在海拉瓦全数字化摄影系统上建立三维可视化的数据平台，以真实的数据辅助规划设计人员在室内进行输电线路路径的方案比选和优化。主要应用在输电线路的可行性研究、初步设计和终勘设计等阶段。

辅助路径优化是通过对输电线路走廊进行航飞（或者激光数据采集），结合野外的控制调绘数据，在海拉瓦全数字化摄影系统上恢复实际的三维视觉模型，以全面、真实的数据和便捷快速的量测、计算、统计等工具，有效辅助相关人员在室内条件下快速选择、调整输电线路的路径，追求最优化的设计。

路径优化绘图软件施测平断面图，详细量测出线路两侧的障碍物（如房屋、道路、水系、植被、重大交叉跨越及其他地物），为勘测设计人员提供了翔实的数据依据，大大减少了野外勘测设计工作的强度，提高了勘测设计作业效率，缩短了勘测设计工期和提高了勘测设计的质量，节约了投资，保护了环境。

利用辅助优化排位技术，在测量的平断面数据上，对线路的杆塔基础、钢材指标、杆塔利用率等进行进一步的优化，可以辅助设计人员快速、直观、有效地进行相关的设计方案比选、调整和精细化，实现集约化设计和实时设计。提高工程设计质量，合理节约工程投资。

将4S技术（全球卫星定位技术GPS、遥感技术RS、地理信息系统技术GIS、数字摄影测量技术DPS）完整地集成应用到电力工程勘测设计工作中，并提供了优质的产品，最终形成了一个辅助多专业协同优化设计的统一平台，使电力勘测设计提升到一个新的、更高的水平。

经过渲染的三维地表模型十分直观，山川河流、高程走向一目了然。按选定的路径将杆塔定位其上，即可直观观察、任意浏览，达到“不到现场，胜到现场”的效果。图7-27所示为经渲染的三维地表模型和输电线路及杆塔布置图。

由于遥感技术是集成了空间、电子、光学和计算机等的最新成就，因此这些相关技术的发展特别是20世纪90年代以后的突飞猛进，从根本上推动了遥感技术的发展和进步。目前，由于各个国家对于遥感技术进行了广泛的研究、实验和应用，又因其他高新技术的发展和融合到RS技术中来，使RS技术出现突飞猛进的发展。在遥感数据处理方面，计算机容量和计算速度以惊人的速度扩大和加快，使海量遥感数据的同时快速处理成为现实，加上互联网技术和信息高速公路技术的成熟，将使得遥感图像的索取、显示、处理和分析也能实现实时化。我国研制的航空遥感实时传输系统是用于应急灾害监测和灾情评估的实时系统的一个例子。

GIS的发展和应用，使遥感技术的潜力得到进一步的发挥。遥感图像与GIS数据库中的大量背景数据的叠合分析，大大提高了遥感图像的识别能力和可信度，GIS还是遥感探测成果的评价和空间分析的一种有效工具，而遥感也为地理信息系统数据库更新提供现时信息的最佳手段之一，两者的结合势在必行。GPS为遥感图像提供精确的实时定位数据，使得遥感图像的实时几何校正处理和遥感图像与GIS数据的精确配准成为可能。RS与GIS的集成是遥感地学分析的重要发展趋势，一方面RS是GIS的重要数据源和数据更新手段；另一方面，在GIS辅助信息的支持下（如土地利用图地形地貌图，数字高程等），可以大大提高判读的精度。我们国家目前也发射了资源系列卫星，主要用于国土资源调查、地质气象调查。

中国目前以2亿欧元加入了伽利略计划，有其完全使用权和部分所有权利，伽利略系统具有更高的定位精度和更广阔的覆盖面，届时会逐步取代现在广泛使用的美国的GPS，随着计划的实施，3S技术也将会得到更好的结合，能够满足更高精度的工程需要。知识工程技术即所谓专家系统，为遥感图像理解和自动判读提供了一种基于知识的高水平的分析方法。这些技术与遥感技术的集成和融合，必将为遥感技术的发展，开辟前所未有的美好前景。基于遥感影像的矢量建库GIS功能也是一个必然的趋势。它更能直观地显现现场的地形地貌地物类别，为管理者的决策提供准确可靠的信息，卫星遥感影像在电力设计中的应用为GIS构建了一个全新的平台。卫星遥感影像结合GPS、GIS将可以构建三维电力运行管理综合系统，配合现有电力运行管理系统，可以更加快速高效高质量地进行电网管理工作。

复习与思考题

1. 输电线路路径选择的目的是什么？路径选择应考虑哪些因素？
2. 图上选线的方法步骤有哪些？
3. 初勘工作一般应包括哪些内容？
4. 山区路径选择技术要求是什么？
5. 通过特殊地带的路径选择是什么？
6. 通过严重覆冰地区的路径选择是什么？
7. 线路工程定位一般包括哪几方面内容？
8. “定位”方法共有几种？
9. 什么是输电线路的平断面图？图中主要反映了哪些内容？
10. 线路纵断面、平面图绘制要求是什么？

11. 什么是杆塔的定位高度，如何确定？

12. 什么是定位模板，是如何制作的？

13. 主要定线测量误差来源有哪些？

14. 定线测量中常用哪些措施以保证所定直线和读数的准确性？

15. 各勘测阶段测量成果应包括哪些内容？

16. 3S 技术是哪 3S?

17. GPS 具有以什么特点？

18. 全球定位系统的地面 5 个监控站分别设什么地方？

19. 3S 技术在输电线路中有哪些方面的应用？

附　录

附录A　产品型号与IEC代号对照表

表1　**产品型号与IEC代号对照表**

产品名称	国际型号	IEC代号
铝绞线	JL	A1
铝合金绞线	JLHA2、JLHA1	A2、A3
钢芯铝绞线	JL/G1A、JL/G1B、JL/G2A、JL/G2B、JL/G3A	A1/S1A、A1/S1B、A1/S2A、A1/S2B、A1/S3A
防腐型钢芯铝绞线	JL/G1AF、JL/G2AF、JL/G3AF	—
钢芯铝合金绞线	JLHA2/G1A、JLHA2/G1B、JLHA2/G3A	A2/S1A、A2/S1B、A2/S3A
钢芯铝合金绞线	JLHA1/G1A、JLHA1/G1B、JLHA1/G3A	A3/S1A、A3/S1B、A3/S3A
铝合金芯铝绞线	JL/LHA2、JL/LHA1	A1/A2、A1/A3
铝包钢芯铝绞线	JL/LB1A	A1/SA1A
铝包钢芯铝合金绞线	JLHA2/LB1A、JLHA1/LB1A	A2/SA1A、A3/SA1A
钢绞线	JG1A、JG1B、JG2A、JG3A	S1A、S1B、S2A、S3A
铝包钢绞线	JLB1A、JLB1B、JLB2	SA1A、SA1B、SA2

附录B　架空导线和钢绞线的规格和性能（GB/T 1179—2008）

表1　**JL型铝绞线性能**

标称截面铝	规格号	面积 (mm^2)	单线根数 n	直径 (mm)		单位长度质量 (kg/km)	额定抗拉力 (kN)	直流电阻20℃ (Ω/km)
				单线	绞线			
10	10	10	7	1.35	4.05	27.4	1.95	2.8633
16	16	16	7	1.71	5.12	43.8	3.04	1.7896
25	25	25	7	2.13	6.40	68.4	4.50	1.1453
40	40	40	7	2.70	8.09	109.4	6.80	0.7158
63	63	63	7	3.39	10.2	172.3	10.39	0.4545
100	100	100	19	2.59	12.9	274.8	17.00	0.2877
125	125	125	19	2.89	14.5	343.6	21.25	0.2302
160	160	160	19	3.27	16.4	439.8	26.40	0.1798
200	200	200	19	3.66	18.3	549.7	32.00	0.1439
250	250	250	19	4.09	20.5	687.1	40.00	0.1151
315	315	315	37	3.29	23.0	867.9	51.97	0.0916
400	400	400	37	3.71	26.0	1102.0	64.00	0.0721
450	450	450	37	3.94	27.5	1239.8	72.00	0.0641
500	500	500	37	4.15	29.0	1377.6	80.00	0.0577
560	560	560	37	4.39	30.7	1542.9	89.60	0.0515

续表

标称截面铝	规格号	面积（mm^2）	单线根数 n	直径（mm）		单位长度质量（kg/km）	额定抗拉力（kN）	直流电阻 20℃（Ω/km）
				单线	绞线			
630	630	630	61	3.63	32.6	1738.3	100.80	0.045 8
710	710	710	61	3.85	34.6	1959.1	113.60	0.040 7
800	800	800	61	4.09	36.8	2207.4	128.00	0.036 1
900	900	900	61	4.33	39.0	2483.3	144.00	0.032 1
1000	1000	1000	61	4.57	41.1	2759.2	160.00	0.028 9
1120	1120	1120	91	3.96	43.5	3093.5	179.20	0.025 8
1250	1250	1250	91	4.18	46.0	3452.6	200.00	0.023 1
1400	1400	1400	91	4.43	48.7	3866.9	224.00	0.020 7
1500	1500	1500	91	4.58	50.4	4143.1	240.00	0.019 3

表 2　JLHA2 型铝合金绞线性能

标称截面铝合金	规格号	面积（mm^2）	单线根数 n	直径（mm）		单位长度质量（kg/km）	额定抗拉力（kN）	直流电阻 20℃（Ω/km）
				单线	绞线			
20	16	18.4	7	1.83	5.49	50.4	5.43	1.789 6
30	25	28.8	7	2.29	6.86	78.7	8.49	1.145 3
45	40	46.0	7	2.89	8.68	125.9	13.58	0.715 8
75	63	72.5	7	3.63	10.9	198.3	21.39	0.454 5
120	100	115	19	2.78	13.9	316.3	33.95	0.287 7
145	125	144	19	3.10	15.5	395.4	42.44	0.230 2
185	160	184	19	3.51	17.6	506.1	54.32	0.179 8
230	200	230	19	3.93	19.6	632.7	67.91	0.143 9
300	250	288	19	4.39	22.0	790.8	84.88	0.115 1
360	315	363	37	3.53	24.7	998.9	106.95	0.091 6
465	400	460	37	3.98	27.9	1268.4	135.81	0.072 1
520	450	518	37	4.22	29.6	1426.9	152.79	0.064 1
580	500	575	37	4.45	31.2	1585.5	169.76	0.057 7
650	560	645	61	3.67	33.0	1778.4	190.14	0.051 6
720	630	725	61	3.89	35.0	2000.7	213.90	0.045 8
825	710	817	61	4.13	37.2	2254.8	241.07	0.040 7
930	800	921	61	4.38	39.5	2540.6	271.62	0.036 1
1050	900	1036	91	3.81	41.8	2861.1	305.58	0.032 1
1150	1000	1151	91	4.01	44.1	3179.0	339.53	0.028 9
1300	1120	1289	91	4.25	46.7	3560.5	380.27	0.025 8
1450	1250	1439	91	4.49	49.4	3973.7	424.41	0.023 1

表 3　JLHA1 型铝合金绞线性能

标称截面铝合金	规格号	面积 (mm²)	单线根数 n	直径 (mm)		单位长度质量 (kg/km)	额定抗拉力 (kN)	直流电阻 20℃ (Ω/km)
				单线	绞线			
20	16	18.6	7	1.84	5.52	50.8	6.04	1.789 6
30	25	29.0	7	2.30	6.90	79.5	9.44	1.145 3
45	40	46.5	7	2.91	8.72	127.1	15.10	0.715 8
75	63	73.2	7	3.65	10.9	200.2	23.06	0.454 5
120	100	116	19	2.79	14.0	319.3	37.76	0.287 7
145	125	145	19	3.12	15.6	399.2	47.20	0.230 2
185	160	186	19	3.53	17.6	511.0	58.56	0.179 8
230	200	232	19	3.95	19.7	638.7	73.20	0.143 9
300	250	290	19	4.41	22.1	798.4	91.50	0.115 1
360	315	366	37	3.55	24.8	1008.4	115.29	0.091 6
465	400	465	37	4.00	28.0	1280.5	146.40	0.072 1
520	450	523	37	4.24	29.7	1440.5	164.70	0.064 1
580	500	581	37	4.47	31.3	1600.6	183.00	0.057 7
650	560	651	61	3.69	33.2	1795.3	204.96	0.051 6
720	630	732	61	3.91	35.2	2019.8	230.58	0.045 8
825	710	825	61	4.15	37.3	2276.2	259.86	0.040 7
930	800	930	61	4.40	39.6	2564.8	292.80	0.036 1
1050	900	1046	91	3.83	42.1	2888.3	329.40	0.032 1
1150	1000	1162	91	4.03	44.4	3209.3	366.00	0.028 9
1300	1120	1301	91	4.27	46.9	3594.4	409.92	0.025 8

表 4　JL/G1A、JL/G1B、JL/G2A、JL/G2B、JL/G3A 型钢芯铝绞线性能

标称截面铝/钢	规格号	钢比 (%)	面积 (mm²)			单线根数 n		单线直径		直径 (mm)		单位长度质量 (kg/km)	额定抗拉力 (kN)					直流电阻 20℃ (Ω/km)
			铝	钢	总和	铝	钢	铝	钢	钢芯	绞线		JL/G1A	JL/G1B	JL/G2A	JL/G2B	JL/G3A	
16/3	16	17	16	2.67	18.7	6	1	1.84	1.84	1.84	5.53	64.6	6.08	5.89	6.45	6.27	6.83	1.793 4
25/4	25	17	25	4.17	29.2	6	1	2.30	2.30	2.30	6.91	100.9	9.13	8.83	9.71	9.42	10.25	1.147 8
40/6	40	17	40	6.67	46.7	6	1	2.91	2.91	2.91	8.74	161.5	14.40	13.93	15.33	14.87	16.20	0.717 4
65/10	63	17	63	10.5	73.5	6	1	3.66	3.36	3.66	11.0	254.4	21.63	20.58	22.37	21.63	24.15	0.455 5
100/17	100	17	100	16.7	117	6	1	4.61	4.61	4.61	13.8	403.8	34.33	32.67	35.50	34.33	38.33	0.286 9
125/7	125	6	125	6.94	132	18	1	2.97	2.97	2.97	14.9	397.9	29.17	28.68	30.14	29.65	31.04	0.230 4
125/20	125	16	125	20.4	145	26	7	2.47	1.92	5.77	15.7	503.9	45.69	44.27	48.54	47.12	51.39	0.231 0
160/9	160	6	160	8.89	169	18	1	3.66	3.36	3.36	16.8	509.3	36.18	35.29	37.42	26.80	38.67	0.180 0
160/26	160	16	160	26.1	186	26	7	2.80	2.18	6.53	17.7	644.9	57.69	55.86	61.34	59.51	64.99	0.180 5
200/11	200	6	200	11.1	211	18	1	3.76	3.76	3.76	18.8	636.7	44.22	43.11	45.00	44.22	46.89	0.144 0

续表

标称截面铝/钢	规格号	钢比（%）	面积（mm^2）			单线根数 n		单线直径		直径（mm）		单位长度质量（kg/km）	额定抗拉力（kN）					直流电阻 20℃（Ω/km）
			铝	钢	总和	铝	钢	铝	钢	钢芯	绞线		JL/G1A	JL/G1B	JL/G2A	JL/G2B	JL/G3A	
200/32	200	16	200	32.6	233	26	7	3.13	2.43	7.30	19.8	806.2	70.13	67.85	74.69	72.41	78.93	0.1444
250/25	250	10	250	24.6	275	22	7	3.80	2.11	6.34	21.6	880.6	68.72	67.01	72.16	70.44	75.60	0.1154
250/40	250	16	250	40.7	291	26	7	3.50	2.72	8.16	22.2	1007.7	87.67	84.82	93.37	90.52	98.66	0.1155
315/22	315	7	315	21.8	337	45	7	2.99	1.99	5.97	23.9	1039.6	79.03	77.51	82.08	80.55	85.13	0.0917
315/50	315	16	315	51.3	366	26	7	3.93	3.05	9.16	24.9	1269.7	106.83	101.70	114.02	110.43	121.20	0.0917
400/28	400	7	400	27.7	428	45	7	3.36	2.24	6.73	26.9	1320.1	98.36	96.42	102.23	100.29	106.10	0.0722
400/50	400	13	400	51.9	452	54	7	3.07	3.07	9.21	27.6	1510.3	123.04	117.85	130.30	126.67	137.56	0.0723
450/30	450	7	450	31.1	181	45	7	3.57	2.38	7.14	28.5	1485.2	107.47	105.29	111.82	109.64	115.87	0.0642
450/60	450	13	450	58.3	508	54	7	3.26	3.26	9.77	29.3	1699.1	138.42	132.58	146.58	142.50	154.75	0.0643
500/35	500	7	500	34.6	535	45	7	3.76	2.51	7.52	30.1	1650.2	119.41	116.99	124.25	121.83	128.74	0.0578
500/65	500	13	500	64.8	565	54	7	3.43	3.43	10.3	30.9	1887.9	153.80	147.31	162.87	158.33	171.94	0.0578
560/40	560	7	560	38.7	599	45	7	3.98	2.65	7.96	31.8	1848.2	133.74	131.03	139.16	136.45	144.19	0.0516
560/70	560	13	560	70.9	631	54	19	3.63	2.18	10.9	32.7	2103.4	172.59	167.63	182.52	177.56	192.45	0.0516
630/45	630	7	630	43.6	674	45	7	4.22	2.81	8.44	33.8	2079.2	150.45	147.40	156.55	153.50	162.21	0.0459
630/80	630	13	630	79.8	710	54	19	3.85	2.31	11.6	34.7	2366.3	191.77	186.19	202.94	197.36	213.32	0.0459
710/50	710	7	710	49.1	759	45	7	4.48	2.99	8.96	35.9	2343.2	169.56	166.12	176.43	172.99	182.81	0.0407
710/90	710	13	710	89.9	800	54	19	4.09	2.45	12.3	36.8	2666.8	216.12	209.83	228.71	222.42	240.41	0.0407
800/35	800	4	800	34.6	835	72	7	3.76	2.51	7.52	37.6	2480.2	167.41	164.99	172.25	169.83	176.74	0.0361
800/65	800	8	800	66.7	867	84	7	3.48	3.48	10.4	38.3	2732.7	205.33	198.67	214.67	210.00	224.00	0.0362
800/100	800	13	800	101	901	54	19	4.34	2.61	13.0	39.1	3004.9	243.52	236.43	257.71	250.61	270.88	0.0362
900/40	900	4	900	38.9	939	72	7	3.99	2.66	7.98	39.9	2790.2	188.33	185.61	193.78	191.06	198.83	0.0321
900/75	900	8	900	75.0	975	84	7	3.69	3.69	11.1	40.6	3074.2	226.50	219.00	231.75	226.50	244.50	0.0322
1000/45	1000	4	1000	43.2	1043	72	7	4.21	2.80	8.41	42.1	3100.3	209.26	206.23	215.31	212.28	220.93	0.0289
1120/50	1120	4	1120	47.3	1167	72	19	4.45	1.78	8.90	44.5	3464.9	234.53	231.22	241.15	237.84	247.77	0.0258
1120/90	1120	8	1120	91.2	1211	84	19	4.12	2.47	12.4	45.3	3811.5	283.17	276.78	295.94	289.55	307.79	0.0258
1250/50	1250	4	1250	52.8	1303	72	19	4.70	1.88	9.40	47.0	3867.1	261.75	258.06	269.14	265.44	276.53	0.0231
1250/100	1250	8	1250	102	1352	84	19	4.35	2.61	13.1	47.9	4253.9	316.04	308.91	330.29	323.16	343.52	0.0232

注 表中性能同样适用于 JFL/G1A、JFL/G2A、JFL/G3A 防腐型钢芯铝绞线。

表 5　JLHA2/G1A、JLHA2/G1B、JLHA2/G3A 型钢芯铝合金绞线性能

标称截面铝合金/钢	规格号	钢比（%）	面积（mm^2）			单线根数 n		单线直径（mm）		直径（mm）		单位长度质量（kg/km）	额定抗拉力（kN）			直流电阻 20℃（Ω/km）
			铝	钢	总和	铝	钢	铝	钢	钢芯	绞线		JLHA2/G1A	JLHA2/G1B	JLHA2/G3A	
18/3	16	17	18.4	3.07	21.5	6	1	1.98	1.98	1.98	5.93	74.4	9.02	8.81	9.88	1.7934
30/5	25	17	28.8	4.80	33.6	6	1	2.47	2.47	2.47	7.41	116.2	13.96	13.62	15.25	1.1478
40/7	40	17	46.0	7.67	53.7	6	1	3.13	3.13	3.13	9.38	185.9	22.02	21.25	24.17	0.7174
70/12	63	17	72.5	12.1	84.6	6	1	3.92	3.92	3.92	11.8	292.8	34.68	33.48	37.58	1.4555
115/6	100	6	115	6.39	121	18	1	2.85	2.85	2.85	14.3	366.4	41.24	40.79	42.97	0.2880

续表

标称截面铝合金/钢	规格号	钢比(%)	面积(mm²)			单线根数 n		单线直径(mm)		直径(mm)		单位长度质量(kg/km)	额定抗拉力(kN)			直流电阻20℃(Ω/km)
			铝	钢	总和	铝	钢	铝	钢	钢芯	绞线		JLHA2/G1A	JLHA2/G1B	JLHA2/G3A	
145/8	125	6	144	7.99	152	18	1	3.19	3.19	3.19	16.0	458.0	51.23	50.43	53.47	0.2304
145/23	125	16	144	23.4	167	26	7	2.65	2.06	6.19	16.8	579.9	69.86	68.22	76.42	0.2310
185/10	160	6	184	10.2	194	18	1	3.61	3.61	3.61	18.0	586.2	65.58	64.56	68.03	0.1800
185/30	160	16	184	30.0	214	26	7	3.00	2.34	7.01	19.0	742.3	88.52	86.42	96.61	0.1805
230/13	200	6	230	12.8	243	18	1	4.04	4.04	4.04	20.2	732.8	81.97	80.69	85.04	0.144
230/38	200	16	230	37.5	268	26	7	3.36	2.61	7.83	21.3	927.9	110.64	108.02	120.77	0.1444
290/28	250	10	288	28.3	316	22	7	4.08	2.27	6.80	23.1	1013.5	117.09	115.12	124.72	0.1154
290/45	250	16	288	46.9	335	26	7	3.75	2.92	8.76	23.8	1159.8	138.31	135.03	150.96	0.1155
365/25	315	7	363	25.1	388	45	7	3.20	2.14	6.41	25.6	1196.5	136.28	134.52	143.30	0.0917
365/60	315	16	363	59.0	422	26	7	4.21	3.28	9.83	26.7	1461.4	171.90	166.00	188.44	0.0917
460/30	400	7	460	31.8	492	45	7	3.61	2.41	7.22	28.9	1519.4	172.10	169.87	180.69	0.0722
460/60	400	13	460	59.7	520	54	7	3.29	3.29	9.88	29.7	1738.3	201.46	195.49	218.17	0.0723
520/35	450	7	518	35.8	554	45	7	3.83	2.55	7.66	30.6	1709.3	193.61	191.10	203.28	0.0642
520/67	450	13	518	67.1	585	54	7	3.49	3.49	10.5	31.5	1955.6	226.64	219.93	245.44	0.0643
575/40	500	7	575	39.8	615	45	7	4.04	2.69	8.07	32.3	1899.3	215.12	212.33	225.86	0.0578
575/75	500	13	575	74.6	650	54	7	3.68	3.68	11.1	33.2	2172.9	251.82	244.36	269.73	0.0578
645/45	560	7	645	44.6	689	45	7	4.27	2.85	8.54	34.2	2127.2	240.93	237.82	252.97	0.0516
645/80	560	13	645	81.6	726	54	19	3.90	2.34	11.7	35.1	2420.9	283.21	277.49	305.25	0.0516
725/30	630	4	725	31.3	756	72	7	3.58	2.39	7.16	35.8	2248.0	249.62	247.43	258.08	0.0459
725/90	630	13	725	91.8	817	54	19	4.13	2.48	12.4	37.2	2723.5	318.61	312.18	343.4	0.0459
820/35	710	4	817	35.3	852	72	7	3.80	2.53	7.60	38.0	2533.4	281.32	278.85	290.85	0.0407
820/100	710	13	817	104	921	54	19	4.39	2.63	13.2	39.5	3069.4	359.06	351.82	387.01	0.0407
920/40	800	4	921	39.8	961	72	7	4.04	2.69	8.07	40.4	2854.6	316.98	314.19	327.72	0.0361
920/75	800	8	921	76.7	997	84	7	3.74	3.74	11.2	41.1	3145.1	356.03	348.35	374.44	0.0362
1040/45	900	4	1036	44.8	1081	72	7	4.28	2.85	8.6	42.8	3211.4	356.60	353.47	368.69	0.0321
1040/85	900	8	1036	86.3	1122	84	7	3.96	3.96	11.9	43.6	3538.3	400.53	391.90	421.25	0.0322
1150/95	1000	8	1151	93.7	1245	84	19	4.18	2.51	12.5	45.9	3916.8	446.37	439.81	471.67	0.0289
1300/105	1120	8	1289	105	1394	84	19	4.42	2.65	13.3	48.6	4386.8	499.93	492.59	528.27	0.0258

表6　JLHA1/G1A、JLHA1/G1B、JLHA1/G3A型钢芯铝合金绞线性能

标称截面铝合金/钢	规格号	钢比(%)	面积(mm²)			单线根数 n		单线直径(mm)		直径(mm)		单位长度质量(kg/km)	额定抗拉力(kN)			直流电阻20℃(Ω/km)
			铝	钢	总和	铝	钢	铝	钢	钢芯	绞线		JLHA2/G1A	JLHA2/G1B	JLHA2/G3A	
18/3	16	17	18.6	3.10	21.7	6	1	1.99	1.99	1.99	5.96	75.1	9.67	9.45	10.53	1.7934
30/5	25	17	29.0	4.84	33.9	6	1	2.48	2.48	2.48	7.45	117.3	14.96	14.62	16.27	1.1478
35/7	40	17	46.5	7.75	54.2	6	1	3.14	3.14	3.14	9.42	187.7	23.63	22.85	25.79	0.7174
70/12	63	17	73.2	12.2	85.4	6	1	3.94	3.94	3.94	11.8	295.6	36.48	35.26	39.41	1.4555
115/6	100	6	116	6.46	123	18	1	2.87	2.87	2.87	14.3	369.9	45.12	44.67	46.86	0.2880
145/8	125	6	145	8.07	153	18	1	3.21	3.21	3.21	16.0	426.3	56.08	55.27	58.34	0.2304
145/23	125	16	145	23.7	169	26	7	2.67	2.67	6.22	16.9	585.4	74.88	73.22	81.50	0.2310
185/10	160	6	186	10.3	196	18	1	3.63	3.63	3.63	18.1	591.8	69.92	68.89	72.40	0.1800
185/30	160	16	186	30.3	216	26	7	3.02	2.35	7.04	19.1	749.4	94.94	92.82	103.11	0.1805
230/13	200	6	232	12.9	245	18	1	4.05	4.05	4.05	20.3	739.8	87.40	86.11	90.50	0.1444

续表

标称截面铝合金/钢	规格号	钢比（%）	面积（mm^2）			单线根数 n		单线直径（mm）		直径（mm）		单位长度质量（kg/km）	额定抗拉力（kN）			直流电阻 20℃（Ω/km）
			铝	钢	总和	铝	钢	铝	钢	钢芯	绞线		JLHA2/G1A	JLHA2/G1B	JLHA2/G3A	
230/38	200	16	232	37.8	270	26	7	3.37	2.62	7.87	21.4	936.7	118.67	116.02	128.89	0.144 4
290/28	250	10	290	28.5	319	22	7	4.10	2.28	6.83	23.2	1023.2	124.02	122.02	131.72	0.115 4
290/45	250	16	290	47.3	338	26	7	3.77	2.93	8.80	23.9	1170.9	145.43	142.12	158.21	0.115 5
365/25	315	7	366	25.3	391	45	7	3.22	2.15	6.44	25.7	1207.9	148.56	146.78	155.64	0.091 7
365/60	315	16	366	59.6	426	26	7	4.23	3.29	9.88	26.8	1475.3	180.86	174.90	197.55	0.091 7
460/30	400	7	465	32.1	497	45	7	3.63	2.42	7.25	29.0	1533.9	183.03	180.78	191.71	0.072 2
460/60	400	13	465	60.2	525	54	7	3.31	3.31	9.93	29.8	1754.9	217.32	211.29	234.19	0.072 3
520/35	450	7	523	36.1	559	45	7	3.85	2.56	7.69	30.8	1725.6	205.91	203.38	215.67	0.064 2
520/67	450	13	523	67.8	591	54	7	3.51	3.51	10.5	31.6	1974.2	239.26	232.48	255.52	0.064 3
575/40	500	7	581	40.2	621	45	7	4.05	2.70	8.11	32.4	1917.3	228.79	225.98	239.63	0.057 8
575/75	500	13	581	75.3	656	54	7	3.70	3.70	11.1	33.3	2193.6	265.84	258.31	283.91	0.057 8
645/45	560	7	651	45.0	696	45	7	4.29	2.86	8.58	34.3	2147.4	256.24	253.09	268.39	0.051 6
645/80	560	13	651	82.4	733	54	19	3.92	2.35	11.8	35.3	2444.0	298.92	293.15	321.17	0.051 6
725/30	630	4	732	31.6	764	45	7	3.60	2.40	7.20	36.0	2269.4	266.64	264.42	275.18	0.045 9
725/90	630	13	732	92.7	825	54	19	4.15	2.49	12.5	37.4	2749.5	336.28	329.79	361.32	0.045 9
820/35	710	4	825	35.6	961	72	7	3.82	2.55	7.64	38.2	2557.6	300.50	298.00	310.12	0.040 7
820/100	710	13	825	104	929	54	19	4.41	2.65	13.2	39.7	3098.6	378.98	371.67	407.20	0.040 7
920/40	800	4	930	40.2	970	72	7	4.05	2.70	8.11	40.5	2881.8	338.59	335.78	349.43	0.036 1
920/75	800	8	930	77.5	1007	84	7	3.75	3.75	11.3	41.3	3175.1	378.01	370.26	396.60	0.036 2
1040/45	900	4	1046	45.2	1091	72	7	4.30	2.87	8.60	43.0	3242.0	380.91	377.75	393.11	0.032 1
1040/85	900	8	1046	87.1	1133	84	7	3.98	3.98	11.9	43.8	3572.0	425.26	416.54	446.17	0.032 2
1150/95	1000	8	1162	94.6	1257	84	19	4.20	2.52	12.60	46.2	3954.1	473.86	467.24	499.40	0.028 9
1300/105	1120	8	1301	106	1407	84	19	4.44	2.66	13.3	48.9	4428.6	530.72	523.30	559.33	0.025 8

表 7　JL/LHA2 型铝合金芯铝绞线性能

标称截面铝/铝合金	规格号	直径（mm）		单线根数 n		面积（mm^2）			单位长度质量（kg/km）	额定抗拉力（kN）	直流电阻 20℃（Ω/km）
		单线	导体	铝	铝合金	铝	铝合金	总和			
10/7	16	1.76	5.28	4	3	9.73	7.30	17.0	46.6	3.85	1.789 6
15/10	25	2.20	6.60	4	3	15.2	11.4	26.6	72.8	5.93	1.145 3
24/20	40	2.78	8.35	4	3	24.3	18.3	42.6	116.5	9.25	0.715 8
40/30	63	3.49	10.5	4	3	38.3	28.7	67.1	183.5	14.38	0.454 5
60/45	100	4.40	13.2	4	3	60.8	45.6	106	291.2	22.52	0.286 3
80/50	125	2.97	14.9	12	7	83.3	48.6	132	362.7	27.79	0.230 2
105/60	160	3.36	16.8	12	7	107	62.2	169	464.2	35.04	0.179 8
135/80	200	3.76	18.8	12	7	133	77.8	211	580.3	43.13	0.143 9
170/95	250	4.21	21.0	12	7	167	97.2	264	725.3	53.92	0.115 1
130/140	250	3.04	21.3	18	19	131	138	269	742.2	60.39	0.115 4

续表

标称截面铝/铝合金	规格号	直径（mm）		单线根数 n		面积（mm²）			单位长度质量 (kg/km)	额定抗拉力 (kN)	直流电阻 20℃ (Ω/km)
		单线	导体	铝	铝合金	铝	铝合金	总和			
265/60	315	3.34	23.4	30	7	263	61.3	324	892.6	60.52	0.091 6
165/170	315	3.42	23.9	18	19	165	174	339	935.1	76.09	0.091 6
335/80	400	3.76	26.3	30	7	334	77.8	411	1133.5	75.19	0.072 1
210/220	400	3.85	27.0	18	19	210	221	431	1187.5	95.58	0.072 1
375/85	450	3.99	27.9	30	7	375	87.6	463	1275.2	84.59	0.064 1
235/250	450	4.08	28.6	18	19	236	249	485	1335.9	107.52	0.064 1
415/95	500	4.21	29.4	30	7	417	97.3	514	1416.9	93.98	0.057 7
260/275	500	4.31	30.1	18	19	262	277	539	1484.3	119.47	0.057 7
465/110	560	4.45	31.2	30	7	467	109	576	1586.9	105.26	0.051 5
505/65	560	3.45	31.0	54	7	504	65.4	570	1571.9	101.54	0.051 6
455/205	630	3.71	33.4	42	19	454	205	660	1820.0	130.25	0.045 8
270/420	630	3.79	34.1	24	37	271	417	688	1897.5	160.19	0.045 8
514/230	710	3.94	35.5	42	19	512	232	743	2051.2	146.78	0.040 7
307/470	710	4.02	36.2	24	37	305	470	775	2138.4	180.53	0.040 7
580/260	800	4.18	37.6	42	19	577	261	838	2311.2	165.39	0.036 1
345/530	800	4.27	38.4	24	37	344	530	873	2409.5	203.41	0.036 1
650/295	900	4.43	39.9	42	19	649	294	942	2600.1	186.06	0.032 1
570/390	900	3.66	40.2	54	37	567	388	955	2638.4	199.54	0.032 1
820/215	1000	3.80	41.8	72	19	816	215	1032	2849.1	190.94	0.028 9
630/430	1000	3.85	42.4	54	37	630	432	1061	2931.6	221.71	0.028 9
915/240	1120	4.02	44.2	72	19	914	241	1155	3191.0	213.85	0.025 8
705/485	1120	4.08	44.9	54	37	705	483	1189	3283.4	248.32	0.025 8
1020/270	1250	4.25	46.7	72	19	1020	269	1289	3561.4	238.68	0.023 1
790/540	1250	4.31	47.4	54	37	787	539	1327	3664.5	277.14	0.023 1
1145/300	1400	4.50	49.4	72	19	1143	302	1444	3988.8	267.32	0.020 7

表 8　　　JL/LHA1 型铝合金芯铝绞线性能

标称截面铝/铝合金	规格号	直径（mm）		单线根数 n		面积（mm²）			单位长度质量 (kg/km)	额定抗拉力 (kN)	直流电阻 20℃ (Ω/km)
		单线	导体	铝	铝合金	铝	铝合金	总和			
10/7	16	1.76	5.29	4	3	9.78	7.33	17.1	46.8	4.07	1.789 6
15/10	25	2.21	6.62	4	3	15.3	11.5	26.7	73.1	6.29	1.145 3
24/20	40	2.79	8.37	4	3	24.4	18.3	42.8	117.0	9.82	0.715 8
40/30	63	3.50	10.5	4	3	38.5	28.9	67.4	184.3	14.80	0.454 5
60/45	100	4.41	13.2	4	3	61.1	45.8	107	292.5	23.49	0.286 3
80/50	125	2.98	14.9	12	7	83.7	48.8	132	364.1	29.29	0.230 2
105/60	160	3.37	16.9	12	7	107	62.5	170	466.0	36.95	0.179 8
135/80	200	3.77	18.8	12	7	134	78.1	212	582.5	44.78	0.143 9
170/95	250	4.21	21.1	12	7	167	97.6	265	728.1	55.98	0.115 1
130/140	250	3.05	21.4	18	19	132	139	271	746.0	64.67	0.115 4

续表

标称截面铝/铝合金	规格号	直径（mm）		单线根数 n		面积（mm²）			单位长度质量（kg/km）	额定抗拉力（kN）	直流电阻20℃（Ω/km）
		单线	导体	铝	铝合金	铝	铝合金	总和			
265/60	315	3.34	23.4	30	7	263	61.4	325	894.4	62.40	0.091 6
165/175	315	3.43	24.0	18	19	166	175	341	940.0	81.48	0.091 6
335/80	400	3.77	26.4	30	7	334	78.0	412	1135.8	76.82	0.072 1
210/220	400	3.86	27.0	18	19	211	222	433	1193.7	100.30	0.072 1
375/85	450	3.99	28.0	30	7	376	87.7	464	1277.8	86.42	0.064 1
235/250	450	4.10	28.7	18	19	237	250	487	1342.9	112.84	0.064 1
415/95	500	4.21	29.5	30	7	418	97.5	515	1419.8	96.03	0.057 7
260/275	500	4.32	30.2	18	19	263	278	542	1492.1	125.38	0.057 7
465/110	560	4.46	31.2	30	7	468	109	577	1590.1	107.55	0.051 5
505/65	560	3.45	31.1	54	7	505	65.5	570	1573.9	103.53	0.051 6
455/205	630	3.72	33.4	42	19	456	206	662	1826.0	134.59	0.045 8
270/420	630	3.80	34.2	24	37	272	420	692	1909.0	169.14	0.045 8
514/230	710	3.95	35.5	42	19	514	232	746	2057.8	151.68	0.040 7
307/470	710	4.03	36.3	24	37	307	473	780	2151.4	190.61	0.040 7
580/260	800	4.19	37.7	42	19	579	262	840	2318.7	170.90	0.036 1
345/530	800	4.28	38.5	24	37	346	533	879	2424.2	214.78	0.036 1
650/295	900	4.44	40.0	42	19	651	294	945	2608.5	192.27	0.032 1
570/390	900	3.66	40.3	54	37	569	390	959	2649.5	207.79	0.032 1
820/215	1000	3.80	41.8	72	19	818	216	1034	2855.4	195.47	0.028 9
630/430	1000	3.86	42.5	54	37	632	433	1066	2943.9	230.88	0.028 9
915/240	1120	4.02	44.3	72	19	916	242	1158	3198.1	218.92	0.025 8
705/485	1120	4.09	45.0	54	37	708	485	1194	3297.2	258.58	0.025 8
1020/270	1250	4.25	46.8	72	19	1022	270	1292	3569.3	244.33	0.023 1
790/540	1250	4.32	47.5	54	37	791	542	1332	3679.9	288.60	0.023 1
1145/300	1400	4.50	49.5	72	19	1145	302	1447	3997.6	273.65	0.020 7

表 9　JL/LB1A 型铝包钢芯铝绞线性能

标称截面铝/铝包钢	规格号	钢比（%）	面积（mm²）			单线根数 n		单线直径（mm）		直径（mm）		单位长度质量（kg/km）	额定抗拉力（kN）	直流电阻20℃（Ω/km）
			铝	铝包钢	总和	铝	铝包钢	铝	铝包钢	铝包钢芯	绞线			
15/3	16	16.7	15	2.56	17.9	6	1	1.81	1.81	1.81	5.43	59.0	5.91	1.792 3
24/4	25	16.7	24	4.00	28.0	6	1	2.26	2.26	2.26	6.78	92.1	9.00	1.147 1
38/5	40	16.7	38	6.40	44.8	6	1	2.85	2.85	2.85	8.55	147.4	14.21	0.916 9
60/10	63	16.7	60	10.08	70.6	6	1	3.58	3.58	3.58	10.7	232.2	21.17	0.455 2
95/15	100	16.7	96	16.00	112.0	6	1	4.51	4.51	4.51	13.5	368.6	31.84	0.286 8
125/5	125	5.6	123	6.85	130	18	1	2.95	2.95	2.95	14.8	384.3	29.18	0.230 4
120/20	125	16.3	120	19.6	140	26	7	2.43	1.89	5.66	15.4	460.8	44.49	0.230 8
160/10	160	5.6	158	8.77	167	18	1	3.34	3.34	3.34	16.7	491.9	36.38	0.180 0
155/25	160	16.3	154	25.00	179	26	7	2.74	2.13	6.40	17.4	589.8	56.18	0.180 3
200/10	200	5.6	197	10.96	208	18	1	3.74	3.74	3.74	18.7	614.9	43.62	0.144 0

续表

标称截面铝/铝包钢	规格号	钢比(%)	面积(mm²)			单线根数 n		单线直径(mm)		直径(mm)		单位长度质量(kg/km)	额定抗拉力(kN)	直流电阻20℃(Ω/km)
			铝	铝包钢	总和	铝	铝包钢	铝	铝包钢	铝包钢芯	绞线			
200/30	200	16.3	192	31.3	223	26	7	3.07	2.39	7.16	19.4	737.2	69.27	0.1443
250/25	250	9.8	244	24.0	268	22	7	3.76	2.09	6.26	21.3	830.9	67.80	0.1153
250/40	250	16.3	240	39.1	279	26	7	3.43	2.67	8.00	21.7	921.5	86.58	0.1154
310/20	315	6.9	310	21.4	331	45	7	2.96	1.97	5.92	23.7	996.4	78.33	0.0917
300/50	315	16.3	303	49.3	352	26	7	3.85	2.99	8.98	24.4	1161.1	107.58	0.0916
345/25	400	6.9	393	27.2	420	45	7	3.34	2.22	6.67	26.7	1265.3	97.50	0.0722
387/50	400	13.0	387	50.2	438	54	7	3.02	3.02	9.07	27.2	1402.9	124.20	0.0723
440/30	450	6.9	442	30.6	473	45	7	3.54	2.36	7.08	28.3	1423.4	107.48	0.0642
435/35	450	13.0	436	56.5	492	54	7	3.21	3.21	9.62	28.9	1578.2	139.72	0.0642
490/35	500	6.9	492	34.0	525	45	7	3.73	2.49	7.46	29.8	1581.6	119.42	0.0578
485/60	500	13.0	484	62.8	547	54	7	3.38	3.38	10.14	30.4	1753.6	153.99	0.0578
550/40	560	6.9	550	38.1	589	45	7	3.95	2.63	7.89	31.6	1771.4	133.75	0.0516
545/70	560	12.7	543	68.8	612	54	19	3.58	2.15	10.73	32.2	1956.3	169.36	0.0516
620/40	630	6.9	619	42.8	662	45	7	4.19	2.79	8.37	33.5	1992.8	150.47	0.0458
610/75	630	12.7	611	77.3	688	54	19	3.79	2.28	11.38	34.2	2200.9	190.52	0.0459
700/50	710	6.9	698	48.3	746	45	7	4.44	2.96	8.89	35.6	2245.8	169.57	0.0407
700/85	710	12.7	688	87.2	775	54	19	4.03	2.42	12.08	36.3	2480.3	214.72	0.0407
790/35	800	4.3	791	34.2	826	72	7	3.74	2.49	7.48	37.4	2412.8	167.67	0.0361
785/65	800	8.3	784	65.3	849	84	7	3.45	3.45	10.34	37.9	2598.9	206.37	0.0362
775/100	800	12.7	775	98.2	874	54	19	4.28	2.57	12.83	38.5	2794.7	241.94	0.0361
900/40	900	4.3	890	38.5	929	72	7	3.97	2.65	7.94	39.7	2714.4	188.63	0.0321
880/75	900	8.3	882	73.5	955	84	7	3.66	3.66	10.97	40.2	2923.8	224.82	0.0321
990/45	1000	4.3	989	42.7	1032	72	7	4.18	2.79	8.37	41.8	3016.0	209.59	0.0289
1110/45	1120	4.2	1108	46.8	1155	72	19	4.43	1.77	8.85	44.3	3372.6	233.48	0.0258
1110/90	1120	8.1	1098	89.4	1187	84	19	4.08	2.45	12.24	44.9	3628.4	282.88	0.0258
1235/50	1250	4.2	1237	52.2	1289	72	19	4.68	1.87	9.35	46.8	3764.1	260.58	0.0231
1225/100	1250	8.1	1225	99.8	1325	84	19	4.31	2.59	12.93	47.4	4049.5	315.72	0.0231

表 10　　JLHA2/LB1A 型铝包钢芯铝合金绞线性能

标称截面铝/铝包钢	规格号	钢比(%)	面积(mm²)			单线根数 n		单线直径(mm)		直径(mm)		单位长度质量(kg/km)	额定抗拉力(kN)	直流电阻20℃(Ω/km)
			铝	铝包钢	总和	铝	铝包钢	铝	铝包钢	铝包钢芯	绞线			
15/5	16	16.7	17.6	2.93	20.5	6	1	1.93	1.93	1.93	5.79	67.5	8.7	1.7694
25/5	25	16.7	27.5	4.58	32.0	6	1	2.41	2.41	2.41	7.23	105.4	13.59	1.1324
45/10	40	16.7	43.9	7.32	51.2	6	1	3.05	3.05	3.05	9.15	168.7	21.74	0.7077
70/10	63	16.7	69.2	11.5	80.7	6	1	3.83	3.83	3.83	11.5	265.6	33.09	0.4494
110/20	100	16.7	110	18.3	128	6	1	4.83	4.83	4.83	14.5	421.6	50.70	0.2831
140/10	125	5.6	142	7.87	149	18	1	3.16	3.16	3.16	15.8	441.4	51.21	0.2293
135/20	125	16.3	137	22.4	160	26	7	2.59	2.02	6.05	16.4	527.2	67.40	0.2279
180/10	160	5.6	181	10.1	191	18	1	3.58	3.58	3.58	17.9	565.0	64.94	0.1792
175/30	160	16.3	176	28.6	205	26	7	2.93	2.28	6.85	18.6	674.8	86.27	0.1781
227/10	200	5.6	227	12.6	239	18	1	4.00	4.00	4.00	20.0	706.2	80.67	0.1433

续表

标称截面铝/铝包钢	规格号	钢比(%)	面积（mm²）			单线根数 n		单线直径（mm）		直径（mm）		单位长度质量(kg/km)	额定抗拉力(kN)	直流电阻20℃(Ω/km)
			铝	铝包钢	总和	铝	铝包钢	铝	铝包钢	铝包钢芯	绞线			
220/35	200	16.3	220	35.8	256	26	7	3.28	2.55	7.66	20.8	843.5	107.84	0.1425
280/30	250	9.8	280	27.5	307	22	7	4.02	2.24	6.71	22.8	952.9	115.53	0.1144
275/45	250	16.3	275	44.8	320	26	7	3.67	2.85	8.56	23.2	1054.4	134.79	0.1140
355/25	315	6.9	355	24.6	380	45	7	3.17	2.11	6.34	25.4	1143.9	134.36	0.0912
345/55	315	16.3	346	56.4	403	26	7	4.12	3.20	9.61	26.1	1328.5	169.84	0.0904
450/30	400	6.9	451	31.2	483	45	7	3.57	2.38	7.15	28.6	1452.5	170.62	0.0718
445/60	400	13.0	444	57.5	501	54	7	3.23	3.23	9.70	29.1	1606.8	199.94	0.0715
560/35	450	6.9	508	35.1	543	45	7	3.79	2.53	7.58	30.3	1634.1	191.94	0.0638
500/65	450	13.0	499	64.7	564	54	7	3.43	3.43	10.3	30.9	1807.7	223.64	0.0636
565/40	500	6.9	564	39.0	603	45	7	4.00	2.66	7.99	32.0	1815.7	213.27	0.0574
555/70	500	13.0	555	71.9	627	54	7	3.62	3.62	10.8	32.6	2008.5	245.62	0.0572
630/45	560	6.9	632	43.7	676	45	7	4.23	2.82	8.46	33.8	2033.6	238.86	0.0513
630/75	560	12.7	622	78.8	701	54	19	3.83	2.30	11.5	34.5	2241.0	277.95	0.0511
710/50	630	6.9	711	49.2	760	45	7	4.49	2.99	8.97	35.9	2287.8	268.72	0.0456
700/90	630	12.7	700	88.6	788	54	19	4.06	2.44	12.2	36.5	2521.1	312.69	0.0454
800/55	710	6.9	801	55.4	857	45	7	4.76	3.17	9.52	38.1	2578.3	302.84	0.0405
790/100	710	12.7	788	99.9	888	54	19	4.31	2.59	12.9	38.8	2841.3	352.39	0.0403
910/40	800	4.3	909	39.3	949	72	7	4.01	2.67	8.02	40.1	2772.7	315.46	0.0360
900/75	800	8.3	899	74.9	974	84	7	3.69	3.69	11.1	40.6	2982.3	347.72	0.0359
890/115	800	12.7	888	113	1001	54	19	4.58	2.75	13.7	41.2	3201.5	397.06	0.0358
1025/45	900	4.3	1023	44.2	1067	72	7	4.25	2.84	8.51	42.5	3119.3	354.89	0.0320
1015/85	900	8.3	1012	84.3	1096	84	7	3.92	3.92	11.7	43.1	3355.1	391.18	0.0319
1140/50	1000	4.3	1137	49.1	1186	72	7	4.48	2.99	8.97	44.8	3465.9	394.32	0.0288
1275/55	1120	4.2	1274	53.8	1327	72	19	4.75	1.90	9.49	47.5	3875.8	440.26	0.0257
1260/100	1120	8.1	1260	103	1362	84	19	4.37	2.62	13.1	48.1	4164.0	494.70	0.0257
1420/60	1250	4.2	1421	60.0	1482	72	19	5.01	2.01	10.0	50.1	4325.6	491.36	0.0231
1405/115	1250	8.1	1406	114	1520	84	19	4.62	2.77	13.8	50.8	4647.3	552.12	0.0230

表 11　　JLHA1/LB1A 型铝包钢芯铝合金绞线性能

标称截面铝/铝包钢	规格号	钢比(%)	面积（mm²）			单线根数 n		单线直径（mm）		直径（mm）		单位长度质量(kg/km)	额定抗拉力(kN)	直流电阻20℃(Ω/km)
			铝	铝包钢	总和	铝	铝包钢	铝	铝包钢	铝包钢芯	绞线			
15/5	16	16.7	17.7	2.96	20.7	6	1	1.94	1.94	1.94	5.82	68.1	9.31	1.7691
25/5	25	16.7	27.7	4.62	32.3	6	1	2.42	2.42	2.42	7.26	106.4	14.54	1.1323
45/5	40	16.7	44.3	7.39	51.7	6	1	3.07	3.07	3.07	9.21	170.2	23.27	0.7077
70/10	63	16.7	69.8	11.6	81.4	6	1	3.85	3.85	3.85	11.6	268.0	34.79	0.4493
110/20	100	16.7	110	18.5	129	6	1	4.85	4.85	4.85	14.6	425.5	53.38	0.2831
143/5	125	5.6	143	7.94	151	18	1	3.18	3.18	3.18	15.9	445.5	55.97	0.2293
140/20	125	16.3	139	22.6	161	26	7	2.61	2.03	6.08	16.5	532.0	72.17	0.2279
185/10	160	5.6	183	10.2	193	18	1	3.60	3.60	3.60	18.0	570.3	69.21	0.1792
180/30	160	16.3	178	28.9	206	26	7	2.95	2.29	6.88	18.7	680.9	92.38	0.1781
230/15	200	5.6	229	12.7	241	18	1	4.02	4.02	4.02	20.1	712.8	86.00	0.1433

续表

标称截面铝/铝包钢	规格号	钢比（%）	面积（mm^2）			单线根数 n		单线直径（mm）		直径（mm）		单位长度质量（kg/km）	额定抗拉力（kN）	直流电阻20℃（Ω/km）
			铝	铝包钢	总和	铝	铝包钢	铝	铝包钢	铝包钢芯	绞线			
220/36	200	16.3	222	36.1	358	26	7	3.30	2.56	7.69	20.9	851.2	115.47	0.142 4
282/30	250	9.8	282	27.7	310	22	7	4.04	2.25	6.74	22.9	961.7	122.25	0.114 4
275/45	250	16.3	277	45.2	323	26	7	3.69	2.87	8.60	23.4	1064.0	141.57	0.114 0
360/25	315	6.9	359	24.8	384	45	7	3.19	2.12	6.37	25.5	1154.6	146.38	0.091 2
350/55	315	16.3	349	56.9	406	26	7	4.14	3.22	9.65	26.2	1340.6	178.38	0.090 4
455/30	400	6.9	456	31.5	487	45	7	3.59	2.39	7.18	28.7	1466.1	181.32	0.071 8
450/60	400	13.0	448	58.1	506	54	7	3.25	3.25	9.75	29.3	1621.6	215.22	0.071 5
515/35	450	6.9	513	35.4	548	45	7	3.81	2.54	7.62	30.5	1649.4	203.99	0.063 8
505/65	450	13.0	504	65.3	569	54	7	3.45	3.45	10.3	31.0	1824.3	240.81	0.063 6
570/40	500	6.9	570	39.4	609	45	7	4.01	2.68	8.03	32.1	1832.6	226.65	0.057 4
560/70	500	13.0	560	72.6	632	54	7	3.63	3.63	10.9	32.7	2027.0	259.07	0.057 2
640/45	560	6.9	638	44.1	682	45	7	4.25	2.83	8.50	34.0	2052.6	253.85	0.051 3
630/80	560	12.7	628	79.5	707	54	19	3.85	2.31	11.5	34.6	2261.6	293.05	0.051 1
715/50	630	6.9	718	49.6	767	45	7	4.51	3.00	9.01	36.1	2309.1	285.58	0.045 6
705/90	630	12.7	706	89.4	795	54	19	4.08	2.45	12.2	36.7	2544.3	329.68	0.045 4
810/55	710	6.9	809	55.9	865	45	7	4.78	3.19	9.57	38.3	2602.3	321.85	0.040 5
800/100	710	12.7	796	101	896	54	19	4.33	2.60	13.0	39.0	2867.4	371.55	0.040 3
920/40	800	4.3	918	39.7	958	72	7	4.03	2.69	8.06	40.3	2798.8	336.79	0.036 0
910/75	800	8.3	908	75.6	983	84	7	3.71	3.71	11.1	40.8	3010.0	369.11	0.035 9
900/115	800	12.7	896	114	1010	54	19	4.60	2.76	13.8	41.4	3230.9	418.64	0.035 8
1035/45	900	4.3	1033	44.6	1077	72	7	4.27	2.85	8.55	42.7	3148.6	378.89	0.032 0
1020/80	900	8.3	1021	85.1	1106	84	7	3.93	3.93	11.8	43.2	3386.3	415.24	0.031 9
1150/50	1000	4.3	1148	49.6	1197	72	7	4.50	3.00	9.01	45.0	3498.5	420.99	0.028 8
1290/55	1120	4.2	1286	54.3	1340	72	19	4.77	1.91	9.54	47.7	3912.3	470.12	0.025 7
1270/105	1120	8.1	1271	104	1375	84	19	4.39	2.63	13.2	48.3	4202.7	524.73	0.025 7
1435/60	1250	4.2	1435	60.6	1495	72	19	5.04	2.01	10.1	50.4	4366.4	524.68	0.023 1
1420/115	1250	8.1	1419	116	1535	84	19	4.64	2.78	13.9	51.0	4690.5	585.64	0.023 0

表 12　JG1A、JG1B、JG2A、JG3A 型钢绞线性能

标称截面钢	规格号	面积（mm^2）	单线根数 n	直径（mm）		单位长度质量（kg/km）	额定抗拉力（kN）				直流电阻20℃（Ω/km）
				单线	绞线		JG1A	JG1B	JG2A	JG3A	
30	4	27.1	7	2.22	6.66	213.3	36.3	33.6	39.3	43.9	7.144 5
40	6.3	42.7	7	2.79	8.36	335.9	55.9	51.7	60.2	67.9	4.536 2
65	10	67.8	7	3.51	10.53	533.2	87.4	80.7	93.5	103.0	2.857 8
85	12.5	84.7	7	3.93	11.78	666.5	109.3	100.8	116.9	128.8	2.286 2
100	16	108.4	7	4.44	13.32	853.1	139.9	129.0	199.7	164.8	1.786 1
100	16	108.4	19	2.70	13.48	857.0	142.1	131.2	152.9	172.4	1.794 4
150	25	169.4	19	3.37	16.85	1339.1	218.6	201.6	238.9	262.6	1.148 4
250	40	271.1	19	4.26	21.31	2142.6	349.7	322.6	374.1	412.1	0.717 7
250	40	271.1	37	3.05	21.38	2148.1	349.7	322.6	382.3	420.2	0.719 6
400	63	427.0	37	3.83	26.83	3383.2	550.8	508.1	589.3	649.0	0.456 9

表 13　　JLB1A、JLB1B 型铝包钢绞线性能

标称截面钢	规格号	面积 (mm²)	单线根数 n	直径（mm）		单位长度质量（kg/km）		额定抗拉力（kN）		直流电阻 20℃ (Ω/km)
				单线	绞线	JLB1A	JLB1B	JLB1A	JLB1B	
15	4	12	7	1.48	4.43	80.1	79.4	16.08	15.84	7.159 2
20	6.3	18.9	7	1.85	5.56	126.2	125.0	25.33	24.95	4.545 5
30	10	30	7	2.34	7.01	200.3	198.5	40.20	39.60	2.863 7
35	12.5	37.5	7	2.61	7.84	250.4	248.1	50.25	49.50	2.291 0
50	16	48	7	2.95	8.86	320.5	317.5	64.32	63.36	1.789 8
75	25	75	7	3.69	11.08	500.7	496.2	93.75	99.00	1.145 5
120	40	120	7	4.67	14.02	801.2	793.9	132.00	158.40	0.715 9
120	40	120	19	2.84	14.18	805.0	797.7	160.80	158.40	0.719 4
200	63	189	19	3.56	17.79	1267.9	1256.4	240.03	249.48	0.456 8
300	100	300	37	3.21	22.49	2017.3	1999.0	402.00	396.00	0.288 4
350	125	375	37	3.59	25.15	2521.7	2498.7	476.25	495.00	0.230 7
450	160	480	37	4.06	28.45	3227.7	3198.3	580.80	633.60	0.180 3
600	200	600	37	4.54	31.81	4034.7	3997.9	684.00	792.00	0.144 2
600	200	600	61	3.54	31.85	4040.6	4003.8	762.00	792.00	0.144 4

表 14　　JLB2 型铝包钢绞线性能

标称截面钢	规格号	面积 (mm²)	单线根数 n	直径（mm）		单位长度质量 (kg/km)	额定抗拉力 (kN)	直流电阻 20℃ (Ω/km)
				单线	绞线			
35	16	36.2	7	2.56	7.69	216.4	39.04	1.789 6
55	25	56.5	7	3.21	9.62	338.2	61.00	1.145 4
100	40	90.4	7	4.05	12.2	541.1	97.61	0.715 9
100	40	90.4	19	2.46	12.3	543.7	97.61	0.719 3
150	63	142	19	3.09	15.4	856.4	153.73	0.456 7
220	100	226	37	2.79	19.5	1362.6	244.02	0.288 4
300	125	282	37	3.12	21.8	1703.2	305.02	0.230 7
350	160	362	37	3.53	24.7	2180.1	390.43	0.180 3
450	200	452	37	3.94	27.6	2725.1	488.03	0.144 2
450	200	452	61	3.07	27.6	2729.1	488.03	0.144 4

附录C 镀锌钢绞线的规格与力学性能

表 1 **钢绞线内拆股钢丝力学性能**

<table>
<tr><th rowspan="3">钢丝公称直径（mm）</th><th rowspan="3">直径允许偏差（mm）</th><th rowspan="3" colspan="4">公称抗拉强度（MPa）</th><th rowspan="3">伸长率（%）（L_n=200mm）</th><th colspan="4">扭转/（次/360°）（$L=100d$）</th></tr>
<tr><th colspan="4">公称抗拉强度（MPa）</th></tr>
<tr><th>1270</th><th>1370</th><th>1470</th><th>1570</th></tr>
<tr><td></td><td></td><td colspan="9">不 小 于</td></tr>
<tr><td>1.00</td><td rowspan="8">±0.05</td><td rowspan="20">1270</td><td rowspan="20">1370</td><td rowspan="20">1470</td><td rowspan="20">1570</td><td rowspan="8">2.0</td><td rowspan="8">18</td><td rowspan="8">16</td><td colspan="2" rowspan="8">14</td></tr>
<tr><td>1.10</td></tr>
<tr><td>1.20</td></tr>
<tr><td>1.30</td></tr>
<tr><td>1.14</td></tr>
<tr><td>1.50</td></tr>
<tr><td>1.60</td></tr>
<tr><td>1.70</td></tr>
<tr><td>1.80</td><td rowspan="4">±0.06</td><td rowspan="7">3.0</td><td rowspan="5">16</td><td rowspan="5">14</td><td colspan="2" rowspan="5">12</td></tr>
<tr><td>2.00</td></tr>
<tr><td>2.20</td></tr>
<tr><td>2.40</td></tr>
<tr><td>2.60</td><td rowspan="5">±0.08</td></tr>
<tr><td>2.80</td><td rowspan="7">14</td><td rowspan="7">12</td><td colspan="2" rowspan="7">10</td></tr>
<tr><td>3.00</td></tr>
<tr><td>3.20</td><td rowspan="4">4.0</td></tr>
<tr><td>3.50</td></tr>
<tr><td>3.80</td><td rowspan="3">±0.10</td></tr>
<tr><td>4.00</td></tr>
</table>

表 2 **钢绞线最小破断拉力**

结构		1×3					
公称直径（mm）		全部钢丝断面面积（mm^2）	参考质量（kg/100m）	公称抗拉强度（MPa）			
钢绞线	钢丝			1270	1370	1470	1570
				钢绞线最小破断拉力（kN）			
6.2	2.90	19.82	16.49	23.10	24.90	26.80	28.60
6.4	3.20	24.13	20.09	28.10	30.40	32.60	31.80
7.5	3.50	28.86	24.03	33.7	36.30	39.00	41.60
8.6	4.00	33.70	31.38	44.00	47.50	50.90	54.40

表 3 **钢绞线最小破断拉力**

结构		1×7					
公称直径（mm）		全部钢丝断面面积（mm^2）	参考质量（kg/100m）	公称抗拉强度（MPa）			
				1270	1370	1170	1570
钢绞线	钢丝			钢绞线最小破断拉力（kN）			
3.0	1.00	5.50	4.58	6.42	6.92	7.43	7.91
3.3	1.10	6.65	5.54	7.77	8.38	8.99	9.60
3.6	1.20	7.92	6.59	9.25	9.97	10.70	11.40
3.9	1.30	9.29	7.73	10.80	11.70	12.50	13.40
4.2	1.40	10.78	8.97	12.50	13.50	14.50	15.50
4.5	1.50	12.37	10.30	14.40	15.50	16.70	17.80
4.8	1.60	14.07	11.71	16.40	17.70	19.00	20.30
5.1	1.70	15.89	13.23	18.50	20.00	21.40	22.90
5.4	1.80	17.81	14.83	20.80	22.40	24.00	25.70
6.0	2.00	21.99	18.31	25.60	27.70	29.70	31.70
6.6	2.20	26.61	22.15	31.00	33.50	35.90	38.40
7.2	2.40	31.67	26.36	37.00	39.90	42.80	45.70
7.8	2.60	37.16	30.93	43.40	46.80	50.20	53.60
8.4	2.80	43.10	35.88	50.30	54.30	58.20	62.20
9.0	3.00	49.48	41.19	57.80	62.30	66.90	71.40
9.6	3.20	56.30	46.87	65.70	70.90	76.10	81.30
10.5	3.50	67.35	56.07	78.60	84.80	91.00	97.20
11.4	3.80	79.39	66.09	92.70	100.00	107.00	114.00
12.0	4.00	87.96	73.22	102.00	110.00	118.00	127.00

表 4 **钢绞线最小破断拉力**

结构		1×19					
公称直径（mm）		全部钢丝断面面积（mm^2）	参考质量（kg/100m）	公称抗拉强度（MPa）			
				1270	1370	1470	1570
钢绞线	钢丝			钢绞线最小破断拉力（kN）			
5.0	1.00	14.92	12.42	17.00	18.40	19.70	21.00
5.5	1.10	18.06	15.03	20.60	22.20	23.80	25.50
6.0	1.20	21.49	17.89	24.50	26.50	28.40	30.30
6.5	1.30	25.22	20.99	28.80	31.00	33.30	35.60
7.0	1.40	29.25	24.35	33.40	36.00	38.60	41.30
8.0	1.60	38.20	31.80	43.60	47.10	50.50	53.90
9.0	1.80	48.35	40.25	55.20	59.60	63.90	68.30
10.0	2.00	59.69	49.69	68.20	73.60	7890	84.30
11.0	2.20	72.22	60.12	82.50	89. 00	95.50	102.00

续表

结构		1×19					
公称直径（mm）		全部钢丝断面面积（mm^2）	参考质量（kg/100m）	公称抗拉强度（MPa）			
				1270	1370	1470	1570
钢绞线	钢丝			钢绞线最小破断拉力（kN）			
12.0	2.40	85.95	71.55	98.20	105.00	113.00	121.00
12.5	2.50	93.27	77.64	106.00	114.00	123.00	131.00
13.0	2.60	100.88	83.98	115.00	124.00	133.00	142.00
14.0	2.80	116.99	97.39	133.00	144.00	154.00	165.00
15.0	3.00	134.30	118.80	153.00	165.00	177.00	189.00
16.0	3.20	152.81	127.21	174.00	188.00	202.00	215.00
17.5	3.50	282.80	152.27	208.00	225.00	241.00	258.00
20.0	4.00	238.76	198.76	272.00	294.00	315.00	337.00

表 5　　钢绞线最小破断拉力

结构		1×37					
公称直径（mm）		全部钢丝断面面积（mm^2）	参考质量（kg/100m）	公称抗拉强度（MPa）			
				1270	1370	1470	1570
钢绞线	钢丝			钢绞线最小破断拉力（kN）			
7.0	1.00	29.06	24.19	31.30	33.80	36.30	38.70
7.7	1.10	35.16	29.27	37.90	40.90	43.90	46.90
9.1	1.30	49.11	40.88	53.00	57.10	61.30	65.50
9.8	1.40	56.96	47.42	61.40	66.30	71.10	76.00
11.2	1.60	74.39	61.92	80.30	86.60	92.90	99.20
12.6	1.80	94.15	78.38	101.00	109.00	117.00	125.00
14.0	2.00	116.24	96.76	125.00	135.00	145.00	155.00
15.5	2.20	140.65	117.08	151.00	163.00	175.00	187.00
16.8	2.40	167.38	139.34	180.00	194.00	209.00	223.00
17.5	2.50	181.62	151.19	196.00	211.00	226.00	242.00
18.2	2.60	196.44	163.53	212.00	228.00	245.00	262.00
19.6	2.80	227.83	189.66	245.00	265.00	284.00	304.00
21.0	3.00	261.54	217.72	282.00	304.00	326.00	349.00
22.4	3.20	297.57	247.72	321.00	346.00	371.00	397.00
24.5	3.50	355.98	296.34	384.00	414.00	444.00	475.00
28.0	4.00	464.95	387.06	501.00	541.00	580.00	620.00

表 6 钢丝锌层质量

<table>
<tr><th rowspan="2">钢丝公称直径
(mm)</th><th colspan="3">锌层质量（g/m²）不小于</th><th rowspan="2">缠绕试验芯杆直径为
钢丝直径倍数</th></tr>
<tr><th>特 A</th><th>A</th><th>B</th></tr>
<tr><td>1.00</td><td rowspan="3">180</td><td rowspan="6">160</td><td rowspan="4">110</td><td rowspan="9">12</td></tr>
<tr><td>1.10</td></tr>
<tr><td>1.20</td></tr>
<tr><td>1.30</td><td rowspan="4">200</td></tr>
<tr><td>1.40</td><td rowspan="4">130</td></tr>
<tr><td>1.50</td></tr>
<tr><td>1.60</td><td rowspan="3">180</td></tr>
<tr><td>1.70</td><td rowspan="2">220</td></tr>
<tr><td>1.80</td><td rowspan="2">160</td></tr>
<tr><td>2.00</td><td rowspan="2">230</td><td rowspan="2">200</td><td rowspan="10">14</td></tr>
<tr><td>2.20</td><td>180</td></tr>
<tr><td>2.40</td><td>240</td><td rowspan="2">220</td><td rowspan="2">200</td></tr>
<tr><td>2.60</td><td>250</td></tr>
<tr><td>2.80</td><td>270</td><td rowspan="2">250</td><td rowspan="3">230</td></tr>
<tr><td>3.00</td><td>270</td></tr>
<tr><td>3.20</td><td>280</td><td>260</td></tr>
<tr><td>3.50</td><td rowspan="3">290</td><td rowspan="3">270</td><td rowspan="3">250</td></tr>
<tr><td>3.80</td></tr>
<tr><td>4.00</td></tr>
</table>

附录 D 架空导线的弹性系数、线膨胀系数

表 1 铝绞线的弹性系数和线膨胀系数

<table>
<tr><th rowspan="2">单线根数</th><th colspan="2">最终弹性系数（实际值）</th><th rowspan="2">线膨胀系数
(1/℃)</th><th rowspan="2">单线根数</th><th colspan="2">最终弹性系数（实际值）</th><th rowspan="2">线膨胀系数
(1/℃)</th></tr>
<tr><th>MPa</th><th>kgf/mm²</th><th>MPa</th><th>kgf/mm²</th></tr>
<tr><td>7</td><td>59 000</td><td>6000</td><td>23.0×10⁻⁶</td><td>37</td><td>56 000</td><td>5700</td><td>23.0×10⁻⁶</td></tr>
<tr><td>19</td><td>56 000</td><td>5700</td><td>23.0×10⁻⁶</td><td>61</td><td>54 000</td><td>5500</td><td>23.0×10⁻⁶</td></tr>
</table>

表 2 钢芯铝绞线的弹性系数和线膨胀系数

<table>
<tr><th colspan="2">结构</th><th rowspan="2">铝钢截
面比</th><th rowspan="2">最终弹性系数
（实际值）
(MPa)</th><th rowspan="2">线膨胀系数
（计算值）
(1/℃)</th><th colspan="2">结构</th><th rowspan="2">铝钢截
面比</th><th rowspan="2">最终弹性系数
（实际值）
(MPa)</th><th rowspan="2">线膨胀系数
（计算值）
(1/℃)</th></tr>
<tr><th>铝</th><th>钢</th><th>钢</th><th>铝</th></tr>
<tr><td>6</td><td>1</td><td>6.00</td><td>79 000</td><td>19.1×10⁻⁶</td><td>30</td><td>7</td><td>4.29</td><td>80 000</td><td>17.8×10⁻⁶</td></tr>
<tr><td>7</td><td>7</td><td>5.06</td><td>76 000</td><td>18.5×10⁻⁶</td><td>30</td><td>19</td><td>4.37</td><td>78 000</td><td>18.0×10⁻⁶</td></tr>
<tr><td>12</td><td>7</td><td>1.71</td><td>105 000</td><td>15.3×10⁻⁶</td><td>42</td><td>7</td><td>19.44</td><td>61 000</td><td>21.4×10⁻⁶</td></tr>
<tr><td>18</td><td>1</td><td>18.00</td><td>66 000</td><td>21.2×10⁻⁶</td><td>45</td><td>7</td><td>14.46</td><td>63 000</td><td>20.9×10⁻⁶</td></tr>
<tr><td>24</td><td>7</td><td>7.71</td><td>73 000</td><td>19.6×10⁻⁶</td><td>48</td><td>7</td><td>11.34</td><td>65 000</td><td>20.5×10⁻⁶</td></tr>
<tr><td>26</td><td>7</td><td>6.13</td><td>76 000</td><td>18.9×10⁻⁶</td><td>54</td><td>7</td><td>7.71</td><td>69 000</td><td>19.3×10⁻⁶</td></tr>
<tr><td></td><td></td><td></td><td></td><td></td><td>54</td><td>19</td><td>7.90</td><td>67 000</td><td>19.4×10⁻⁶</td></tr>
</table>

注 1. 弹性系数的精确度为±3000MPa。

2. 弹性系数适用于受力在 15%～50%计算拉断力的钢芯铝绞线。

表 3　　LGJ 型钢芯铝绞线（GB 1179—1983）

标称截面积 铝/钢（mm^2）	根数/直径（根/mm）		计算截面积（mm^2）			外径（mm）	直流电阻不大于（Ω/km）	计算拉断力（N）	单位长度质量（kg/km）	交货长度（m）
	铝	钢	铝	钢	总计					
10/2	6/1.50	1/1.50	10.60	1.77	12.37	4.50	2.706	4120	42.9	3000
16/3	6/1.85	1/1.85	16.13	2.69	18.82	5.55	1.779	6130	65.2	3000
25/4	6/2.32	1/2.32	25.36	4.23	29.59	6.96	1.131	9290	102.6	3000
35/6	6/2.72	1/2.72	34.86	5.81	40.67	8.16	0.823 0	12 630	141.0	3000
50/8	6/3.20	1/3.20	48.25	8.04	56.29	9.60	0.594 6	16 870	195.1	2000
50/30	12/2.32	7/2.32	50.73	29.59	80.32	11.60	0.569 2	42 620	372.9	3000
70/10	6/3.80	1/3.80	68.05	11.34	79.39	11.40	0.421 7	23 390	275.2	2000
70/40	12/2.72	7/2.72	69.73	40.67	110.40	13.60	0.414 1	58 300	511.3	2000
95/15	26/2.15	7/1.67	94.39	15.33	109.72	13.61	0.305 8	35 000	380.8	2000
95/20	7/4.16	7/1.85	95.14	18.82	113.96	13.87	0.301 9	37 200	408.9	2000
95/55	12/3.20	7/3.20	96.51	56.30	152.81	16.00	0.299 2	78 110	707.7	2000
120/7	18/2.90	1/2.90	118.89	6.61	125.50	14.50	0.242 2	27 570	379.0	2000
120/20	26/2.38	7/1.85	115.67	18.82	134.49	15.07	0.249 6	41 000	466.8	2000
120/25	7/4.72	7/2.10	122.48	24.25	146.73	15.74	0.234 5	47 880	526.6	2000
120/70	12/3.60	7/3.60	122.15	71.25	193.40	18.00	0.236 4	98 370	895.6	2000
150/8	18/3.20	1/3.20	144.76	8.04	152.80	16.00	0.198 9	32 860	461.4	2000
150/20	24/2.78	7/1.85	145.68	18.82	164.50	16.67	0.198 0	46 630	549.4	2000
150/25	26/2.70	7/2.10	148.86	24.25	173.11	17.10	0.193 9	54 110	601.0	2000
150/35	30/2.50	7/2.50	147.26	34.36	181.62	17.50	0.196 2	65 020	676.2	2000
185/10	18/3.60	1/3.60	183.22	10.18	193.40	18.00	0.157 2	40 880	584.0	2000
185/25	24/3.15	7/2.10	187.04	24.25	211.29	18.90	0.154 2	59 420	706.1	2000
185/30	26/2.98	7/2.32	181.34	29.59	210.93	18.88	0.159 2	64 320	732.6	2000
185/45	30/2.80	7/2.80	184.73	43.10	227.83	19.60	0.156 4	80 190	848.2	2000
210/10	18/3.80	1/3.80	204.14	11.34	215.48	19.00	0.141 1	45 140	650.7	2000
210/25	24/3.33	7/2.22	209.02	27.10	236.12	19.98	0.138 0	65 990	789.1	2000
210/35	26/3.22	7/2.50	211.73	34.36	246.09	20.38	0.136 3	74 250	853.9	2000
210/50	30/2.98	7/2.98	209.24	48.82	258.06	20.86	0.138 1	90 830	960.8	2000
240/30	24/3.60	7/2.40	244.29	31.67	275.96	21.60	0.118 1	75 620	922.2	2000
240/40	26/3.42	7/2.66	238.85	38.90	277.75	21.66	0.120 9	83 370	964.3	2000
240/55	30/3.20	7/3.20	241.27	56.30	297.57	22.40	0.119 8	102 100	1108	2000
300/15	42/3.00	7/1.67	296.88	15.33	312.21	23.01	0.097 24	68 060	939.8	2000
300/20	45/2.93	7/1.95	303.42	20.91	324.33	23.43	0.095 20	75 680	1002	2000
300/25	48/2.85	7/2.22	306.21	27.10	333.31	23.76	0.094 33	83 410	1058	2000
300/40	24/3.99	7/2.66	300.09	38.90	338.99	23.94	0.096 14	92 220	1133	2000

续表

标称截面积 铝/钢（mm²）	根数/直径（根/mm）		计算截面积（mm²）			外径（mm）	直流电阻不大于（Ω/km）	计算拉断力（N）	单位长度质量（kg/km）	交货长度（m）
	铝	钢	铝	钢	总计					
300/50	26/3.83	7/2.98	299.54	48.82	348.36	24.26	0.096 36	103 400	1210	2000
300/70	30/3.60	7/3.6	305.36	71.25	376.61	25.20	0.094 63	128 000	1402	2000
400/20	42/3.51	7/1.95	406.40	20.91	427.31	26.91	0.071 04	88 850	1286	1500
400/25	45/3.33	7/2.22	391.91	27.10	419.01	26.64	0.073 70	95 940	1295	1500
400/35	48/3.22	7/2.50	390.88	34.36	425.24	26.82	0.073 89	103 900	1349	1500
400/50	54/3.07	7/3.07	399.73	51.82	451.55	27.63	0.072 32	123 400	1511	1500
400/65	26/4.42	7/3.44	398.94	65.06	464.00	28.00	0.072 36	135 200	1611	1500
400/95	30/4.16	19/2.50	407.75	93.27	501.02	29.14	0.070 87	171 300	1860	1500
500/35	45/3.75	7/2.50	497.01	34.36	531.37	30.00	0.058 12	119 500	1642	1500
500/45	48/3.60	7/2.80	488.58	43.10	531.68	30.00	0.059 12	128 100	1688	1500
500/65	54/3.44	7/3.44	501.88	65.06	566.94	30.96	0.057 60	154 000	1897	1500
630/45	45/4.20	7/2.80	623.45	43.10	666.55	33.60	0.046 33	148 700	2060	1200
630/55	48/4.12	7/3.20	639.92	56.30	696.22	34.32	0.045 14	164 400	2209	1200
630/80	54/3.87	19/2.32	635.19	80.32	715.51	34.82	0.045 51	192 900	2388	1200
800/55	45/4.80	7/3.20	814.30	56.30	870.60	38.40	0.035 47	191 500	2690	1000
800/70	48/4.63	7/3.60	808.15	71.25	879.40	38.58	0.035 74	207 000	2791	1000
800/100	54/4.33	19/2.60	795.17	100.88	896.05	38.98	0.036 35	241 100	2991	1000

注 综合拉断力为计算拉断力的95%。

附录E GB/T 7253—2005 标准与 GB/T 7253—1987 和 JB 9681—1999 典型盘形悬式绝缘子串元件型号对照

表1 GB/T 7253—2005 标准与 GB/T 7253—1987 和 JB 9681—1999 典型盘形悬式绝缘子串元件型号对照

本附录型号	GB/T 7253—1987 或 JB 9681—1999 型号	机电或机械破坏负荷（kN）	绝缘件最大公称或公称直径 D（mm）	公称结构高度 P（mm）	最小公称爬电距离（mm）	标准连接标记 d	备注
U70BS	XP-70	70	255	127	295	16	
U70BL	XP1-70 LXP1-70	70	255	146	295	16	
U70BL	XWP2-70	70	255	146	400	16	
U70BL	XWP1-70 XWH1-70	70	255	160	400	16	适用于国内使用
U70BELP	XWP3-70	70	280	160	450	16	适用于国内使用
U100BL	XP-100 LXP-100	100	255	146	295	16	

续表

<table>
<tr><th>本附录型号</th><th>GB/T 7253—1987
或 JB 9681—1999
型号</th><th>机电或机械
破坏负荷
(kN)</th><th>绝缘件最大公
称或公称直径
D
(mm)</th><th>公称结构高度
P
(mm)</th><th>最小公称
爬电距离
(mm)</th><th>标准连
接标记
d</th><th>备注</th></tr>
<tr><td>U100BEL</td><td>XWP1 - 100</td><td rowspan="3">100</td><td>255</td><td rowspan="3">160</td><td rowspan="2">400
500</td><td rowspan="3">16</td><td rowspan="3">适用于国内使用</td></tr>
<tr><td>U100BELP</td><td>XWP2 - 100</td><td>280</td></tr>
<tr><td>U100BEL</td><td>XHP1 - 100</td><td>270</td><td>400</td></tr>
<tr><td rowspan="2">U120B</td><td>XP - 120</td><td rowspan="2">120</td><td rowspan="2">255</td><td rowspan="2">146</td><td rowspan="2">295</td><td rowspan="2">16</td><td rowspan="2"></td></tr>
<tr><td>LXP - 120</td></tr>
<tr><td>U160BS</td><td>XP2 - 160</td><td>160</td><td>280</td><td>146</td><td>295</td><td>16</td><td></td></tr>
<tr><td rowspan="2">U160BM</td><td>XP - 160</td><td rowspan="2">160</td><td>255</td><td rowspan="2">155</td><td>305</td><td rowspan="2">20</td><td rowspan="2">适用于国内使用</td></tr>
<tr><td>LXP - 160</td><td>280</td><td>330</td></tr>
<tr><td rowspan="4">U160BM</td><td>XWP1 - 160</td><td rowspan="4">160</td><td rowspan="3">280</td><td rowspan="4">160</td><td rowspan="4">400</td><td rowspan="4">20</td><td rowspan="4">适用于国内使用</td></tr>
<tr><td>XWP6 - 160</td></tr>
<tr><td>XHP1 - 160</td></tr>
<tr><td>XHP1 - 160</td><td>300</td></tr>
</table>

附录F　我国部分地区大风时的空气密度 ρ

表1　　**我国部分地区大风时的空气密度 ρ**　　(kg/m^3)

地区	纬度	海拔 (m)	气温 (℃)	气压 (hPa)	绝对湿度 (hPa)	空气密度 ρ (kg/m^3)	$2/\rho$ (m^3/kg)
海拉尔	49°13′	676.6	13.8	941.11	1.333	1.142	1.751
武　汉	30°38′	23.0	2.6	1024.51	6.400	1.292	1.548
哈尔滨	45°45′	145.1	2.8	970.91	6.307	1.223	1.635
长　春	43°52′	215.7	5.2	982.78	5.333	1.229	1.627
沈　阳	41°47′	44.3	12.3	998.86	10.000	1.215	1.646
塘　沽	38°59′	5.0	14.0	1002.57	10.933	1.212	1.650
北　京	39°57′	52.3	12.5	1001.15	4.453	1.219	1.641
重　庆	29°30′	260.6	12.1	987.19	10.933	1.202	1.664
成　都	30°46′	553.4	20.8	1010.35	14.053	1.192	1.678
赤　峰	42°17′	575.4	2.6	937.24	2.880	1.183	1.691
西　安	34°15′	416.0	11.4	971.89	9.400	1.186	1.686
南　京	32°04′	61.5	20.6	1001.14	22.466	1.178	1.698
青　岛	36°04′	77.0	19.0	984.78	20.266	1.166	1.715
上　海	30°11′	5.0	23.1	985.30	25.493	1.148	1.742
酒　泉	39°50′	1478.2	9.0	856.02	0.0133	1.057	1.892
贵　阳	26°34′	1071.2	18.91	888.74	18.546	1.052	1.901
昆　明	26°02′	1893.3	17.6	806.73	9.520	0.963	2.077

附录G 导线力学计算公式

表1 导线力学计算公式汇总表

参数 \ 公式类别	悬链线公式	斜抛物线公式	平抛物线公式
悬挂曲线方程	$y=\frac{\sigma_0}{g}\left(\text{ch}\frac{g}{\sigma_0}x-1\right)=\left(\frac{gx^2}{2\sigma_0}+\frac{g^3x^4}{24\sigma_0^3}+\cdots\right)$	$y=\frac{gx^2}{2\sigma_0\cos\varphi}$	$y=\frac{g}{2\sigma_0}x^2$
最大弧垂	$f_m=\frac{\sigma_0}{g}\left[\frac{h}{l}\left(\text{arcsh}\frac{h}{l}-\text{arcsh}\frac{h}{\frac{2\sigma}{g}\text{sh}\frac{gl}{2\sigma_0}}\right)-\sqrt{1+\left(\frac{h}{l}\right)^2}+\sqrt{1+\left(\frac{h}{\frac{2\sigma_0}{g}\text{sh}\frac{gl}{2\sigma}}\right)^2}\text{ch}\frac{gl}{2\sigma_0}\right]$	$f_0=\frac{gl^2}{8\sigma_0\cos\varphi}$ 档距中点	$f_0=\frac{gl^2}{g\sigma_0}$ 档距中点
任意点弧垂	$f_x=\frac{2\sigma_0}{g}\text{sh}\frac{g(x_B-x)}{2\sigma_0}\text{sh}\frac{g(x_B+x)}{2\sigma_0}+\frac{h}{c}(x_B+x)$	$f_x=\frac{g}{2\sigma_0\cos\varphi}l_al_b$	$f_x=\frac{g}{2\sigma_0}l_al_b$
悬点应力	$\sigma_A=\sigma_0\text{ch}\frac{g}{\sigma_0}x_A$	$\sigma_A=\frac{\sigma_0}{\cos\varphi}+\frac{g^2l^2}{8\sigma_0\cos\varphi}+\frac{gh}{2}$	$\sigma_A=\sigma_0+\frac{g^2l^2}{8\sigma_0}+\frac{\sigma_0h^2}{2l^2}+\frac{gh}{2}$
	$\sigma_B=\sigma_0\text{ch}\frac{g}{\sigma_0}x_B$	$\sigma_B=\frac{\sigma_0}{\cos\varphi}+\frac{g^2l^2}{8\sigma_0\cos\varphi}-\frac{gh}{2}$	$\sigma_B=\sigma_0+\frac{g^2l^2}{8\sigma_0}+\frac{\sigma_0h^2}{2l^2}-\frac{gh}{2}$
一档线长	$L=\sqrt{\left(\frac{2\sigma_0}{g}\text{sh}\frac{gl}{2\sigma_0}\right)^2+h^2}$	$L=\frac{l}{\cos\varphi}+\frac{g^2l^3\cos\varphi}{24\sigma_0}$	$L=\frac{l}{\cos\varphi}+\frac{g^2l^3}{24\sigma_0}$
水平档距		$l_h=\left(\frac{l_1}{\cos\varphi_1}+\frac{l_2}{\cos\varphi_2}\right)/2$	$l_h=\frac{l_1+l_2}{2}$
垂直档距	$l_v=l_h+\frac{\sigma_0}{g}\times\left[\pm\text{arcsh}\frac{gh_1}{2\sigma_0\text{sh}(gl_2/2\sigma_0)}\pm\text{arcsh}\frac{gh_2}{2\sigma_0\text{sh}(gl_2/2\sigma_0)}\right]$	$l_v=l_h+\frac{\sigma_0}{g}(\pm\sin\varphi_1+\sin\varphi_2)$	$l_v=l_h\pm\frac{\sigma_0}{g}\left(\pm\frac{h_1}{l_1}\pm\frac{h_2}{l_2}\right)$

续表

参数 \ 公式类别	悬链线公式	斜抛物线公式	平抛物线公式
代表档距		$l_0=\sqrt{\dfrac{\sum(l_i^3\cos^2\varphi_i)}{\sum(l_i/\cos\varphi_i)}}$	$l_0=\sqrt{\dfrac{\sum l_i^3}{\sum l_i}}$
状态方程		$\sigma_n-\dfrac{g_n^2l_0^2E}{24\sigma_n^2}=\sigma_m-\dfrac{g_m^2l_0^2E}{24\sigma_m^2}-\alpha_pE\ (t_n-t_m)$ $\alpha_p=\alpha\dfrac{\sum l_i}{\sum(l_i/\cos\varphi_i)}$	$\sigma_n-\dfrac{g_n^2l_0^2E}{24\sigma_n^2}=\sigma_m-\dfrac{g_m^2l_0^2E}{24\sigma_m^2}-\alpha E\ (t_n-t_m)$
临界档距			$l_j=\sqrt{\dfrac{\dfrac{24}{E}(\sigma_m-\sigma_n)+24\alpha(t_m-t_n)}{\left(\dfrac{g_m}{\sigma_m}\right)^2-\left(\dfrac{g_n}{\sigma_n}\right)^2}}$
导线最低点偏移植	$m=\dfrac{\sigma_0}{g}\mathrm{arcsh}\dfrac{gh}{2\sigma_0\mathrm{arcsh}-\dfrac{gl}{2\sigma_0}}$	$m=\dfrac{\sigma_0h}{gl}\cos\varphi$	$m=\dfrac{\sigma_0h}{gl}$

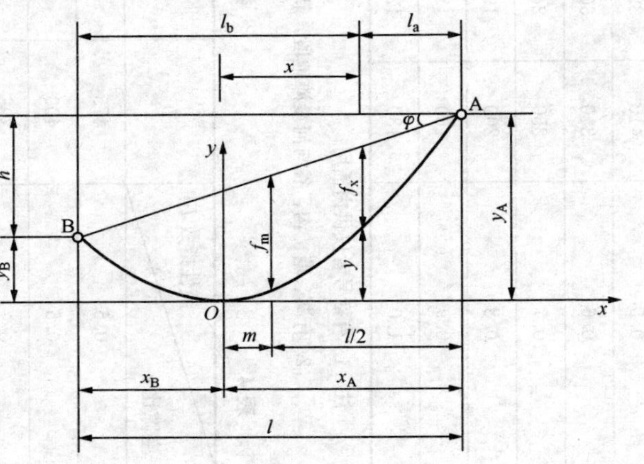

注 σ_0、σ_m、σ_n——应力，MPa；

g、g_m、g_n——比载，N/（m·mm²）；

l、l_1、l_2、l_i——档距，m；

h、h_1、h_2——高差，m；

φ、φ_1、φ_2、φ_i——高差角，(°)；

t_m、t_n——气温，℃；

α——温度热膨胀系数，1/℃；

E——弹性系数，MPa；

α_p——代表温度热膨胀系数，1/℃。

附录H 承载力特征值

表1 岩石承载力特征值 (kN/m²)

岩石类别 \ 风化程度	强风化	中等风化	微风化
硬质岩石	500～1000	1500～2500	≥4000
软质岩石	200～500	700～1200	1500～2000

表2 碎石土承载力特征值 (kN/m²)

土的名称 \ 密实度	稍密	中密	密实
卵石	300～400	500～800	800～1000
碎石	200～300	400～700	700～900
圆砾	200～300	300～500	500～700
角砾	150～200	200～400	400～600

注 1. 表中数值适用于骨架颗粒空隙全部由中砂、粗砂或硬塑、坚硬状态的黏性土所填充。

2. 当颗粒为中等风化或强风化时，适当降低承载力标准值［R］值；当颗粒间呈半胶结状时，可适当提高承载力标准值。

表3 粉土承载力特征值 (kN/m²)

孔隙比 e \ 含水量 ω (%)	10	15	20	25	30	35	40
0.5	410	390	(365)				
0.6	310	300	280	(270)			
0.7	250	240	225	215	(205)		
0.8	200	190	180	170	(165)		
0.9	160	150	145	140	130	(125)	
1.0	130	125	120	115	110	105	(100)

注 1. 有括号者仅供内插用；

2. 有湖、塘、沟、谷与河漫滩地段，新近沉积的粉土的工程性质一般较差，应根据当地实践经验取值。

表4 黏性土承载力特征值 (kN/m²)

空隙比 e \ 液性指数 I_L	0	0.25	0.50	0.75	1.00	1.20
0.5	475	430	390	(360)		
0.6	400	360	325	295	(265)	
0.7	325	295	265	240	210	170

续表

空隙比 e \ 液性指数 I_L	0	0.25	0.50	0.75	1.00	1.20
0.8	275	240	220	200	170	135
0.9	230	210	190	170	135	105
1.0	200	180	160	135	115	
1.1		160	135	115	105	

注 有括号者按插入法使用。

表 5 沿海地区淤泥和淤泥质土承载力特征值

天然含水量 W（%）	36	40	45	50	55	65	75
f_0（kN/m²）	100	90	80	70	60	50	40

注 对内陆淤泥和淤泥质土可参照使用。

表 6 红黏土承载力特征值 （kN/m²）

土的名称	液塑指数	含水比 u					
		0.50	0.60	0.70	0.80	0.90	1.00
红黏土	≤1.7	380	270	210	180	150	140
	≥2.3	280	200	160	130	110	100
次生红黏土		250	190	150	130	110	100

注 本表为地区性土，可参考采用。

表 7 素填土承载力特征值

压缩模量（$\times10^6$kN/m²）	7	5	4	3	2
f（kN/m²）	160	135	115	85	65

注 本表只适用堆填时间超过 10 年的黏性土，以及超过 5 年的粉土。

表 8 压实填土地基承载力特征值

填土类别	压实系数 λ_c	承载力标准值 f_k（kN/m²）
碎石、卵石	0.94～0.97	200～300
砂夹石（其中碎石、卵石重占 30%～50%）		200～250
土夹石（其中碎石、卵石重占 30%～50%）		150～200
粉质黏土、粉土（$8<I_p\sim14$）		130～180

表 9 混合土承载力特征值（可按土的干密度 ρ_d 或空隙比 e 确定）

干密度 ρ_d（t/m³）	1.6	1.7	1.8	1.9	2.0	2.1	2.2	
f_k（kN/m²）	170	200	240	300	380	480	620	
空隙比 e	0.65	0.60	0.55	0.50	0.45	0.40	0.35	0.30
f_k（kN/m²）	190	200	210	230	250	270	320	400

附录Ⅰ 混凝土及钢材强度

表1 **混凝土强度标准值** (MPa)

强度种类	符号	混凝土强度等级				
		C20	C25	C30	C35	C40
轴心抗压	f_{ck}	13.4	16.7	20.1	23.4	26.8
轴心抗拉	f_{tk}	1.54	1.78	2.01	2.20	2.39

表2 **混凝土强度设计值** (MPa)

强度种类	符号	混凝土强度等级				
		C20	C25	C30	C35	C40
轴心抗压	f_c	9.6	11.9	14.3	16.7	19.1
轴心抗拉	f_t	1.10	1.27	1.43	1.57	1.71

表3 **混凝土弹性模量** E (MPa)

混凝土强度等级	C20	C25	C30	C35	C40
弹性模量	2.55×10^4	2.80×10^4	3.00×10^4	3.15×10^4	3.25×10^4

表4 **普通钢筋强度设计值和弹性模量** (MPa)

种　类		抗拉强度 f_y	抗压强度 f'_y	弹性模量 E_s	抗剪强度 E_τ	
热轧钢筋	HPB235（Q235）	210	210	2.1×10^5	115	
	HRB335（20MnSi）	300	300	2.0×10^5	155	
	HRB400（20MnSiV、20MnSiNb、20MnTi）	360	360	2.0×10^5	180	
	RRB400（20MnSi）	360	360	2.0×10^5	195	

注 在钢筋混凝土结构中，轴心受拉和小偏心受拉构件的钢筋抗拉强度设计值大于300MPa时，仍然按300MPa取用。

表5 **地脚螺栓的强度设计值** (MPa)

种　类	抗拉强度设计值
Q235	160
35号优质碳素钢	190
45号优质碳素钢	215

注 45号优质碳素钢因易断、焊接困难等原因，应慎用。若要采用时，则应采取预热等措施。

参 考 文 献

[1] 董吉谔. 电力金具手册. 北京：中国电力出版社，2010.
[2] 国家电力公司东北电力设计院. 电力工程高压送电线路设计手册. 北京：中国电力出版社，2003.
[3] 刘树堂. 输电杆塔结构及其基础设计. 北京：中国水利水电出版社，2005.
[4] 邵天晓. 架空送电线路的电线力学设计. 北京：中国电力出版社，2003.
[5] 孟遂民，孔伟. 架空输电线路设计. 北京：中国电力出版社，2008.
[6] 周智敏，陆必应，宋千. 航天无线测控原理与系统. 北京：电子工业出版社，2008.
[7] 陈祥和，刘在国，肖琦. 输电杆塔及基础设计. 北京：中国电力出版社，2008.